Handbuch der Feuerungstechnik und des Dampfkesselbetriebes

unter besonderer Berücksichtigung der Wärmewirtschaft

von

Dr.-Ing. Georg Herberg
Stuttgart
Ingenieurbüro für Kraft- und Wärmewirtschaft

Vierte, erweiterte Auflage

Mit 84 Textabbildungen, 118 Zahlentafeln
sowie 64 Rechnungsbeispielen

Berlin
Verlag von Julius Springer
1928

ISBN-13:978-3-642-89835-8 e-ISBN-13:978-3-642-91692-2
DOI: 10.1007/978-3-642-91692-2

Softcover reprint of the hardcover 4th edition 1922

Aus dem Vorwort zur ersten, zweiten und dritten Auflage.

Verfasser, der lange Jahre auf dem Gebiete des Kesselhausbetriebes und der Feuerungstechnik praktisch und theoretisch tätig ist und vielfach die Lücken der bisherigen Literatur empfunden hat, beabsichtigt, mit diesem Handbuche eine zugleich einfache und doch möglichst vollständige Darstellung dieses Fachgebietes und seiner wissenschaftlichen Arbeitsweise zu geben. Es soll allen denen ein Dienst erwiesen werden, welche dieses Fachgebiet studieren und die beruflich in die Lage kommen, Berechnungen von Dampfanlagen anstellen zu müssen, solche anzulegen und zu bauen oder den Betrieb von Kesselhausanlagen zu überwachen. Der wissenschaftliche Teil führt alle die Feuerungstechnik betreffenden Rechnungen aus unter Berücksichtigung der neuesten Versuchsergebnisse, die sich in den verschiedensten Zeitschriften zerstreut finden, und eigener Versuche.

Dabei sind aber nicht nur die einfachen Formeln sowie überschlägige und genaue Rechnungsweisen nebst Fehlergrenzen gegeben, wobei es dann jedem einzelnen überlassen bliebe, deren Anwendung zu suchen und sich durch ein Gemenge von Zahlen und Formeln hindurchzufinden, sondern es wird besondere Sorgfalt verwendet auf eine klare und übersichtliche Darstellung der Zusammenhänge der verschiedenen Größen und Vorgänge. Denn die gegebenen Formeln und Verhältniszahlen usw. gewinnen erst das rechte Leben, wenn man sie angewendet sieht. Deshalb sind außer Zahlentafeln sehr viele zeichnerische Darstellungen eingefügt, die teils die Rechnung ersetzen, teils klarere Übersichten bieten als einfache Zahlenreihen, weil man auf einen Blick bei Änderung einer Größe die Wirkung auf eine andere Größe übersieht, und weil sich solche Schaubilder leicht dem Gedächtnisse einprägen. Soweit es nützlich und angängig erschien, wurden die gegebenen Beziehungen sofort an Hand von Beispielen, die alle aus wirklichen Betriebsverhältnissen und eigenen Messungen entnommen sind, ausgewertet.

Besonderer Wert ist auf eine genügende Beachtung der wirtschaftlichen Verhältnisse gelegt. Das Kesselhaus wird als wirtschaftliche Einheit betrachtet, aber nur als Einzelglied des ganzen Werkes. Diese

Betrachtungsweise zieht sich durch das ganze Buch hindurch als Ergänzung der rein technischen Seite. Denn der Ingenieur darf nicht allein Konstrukteur sein, sondern seine Arbeiten soll ein echter kaufmännischer Geist durchwehen, der den wirtschaftlichen Wert der Stoffe und des Geldes richtig abschätzt gegenüber den rein technischen Möglichkeiten. Gerade die Feuerungstechnik, welche den kostbaren, in seiner Menge begrenzten Brennstoff, die Kohle, verwendet, ist verpflichtet, mit diesem Schatze so sparsam wie möglich umzugehen, bis die fortschreitende Technik neue Kraftquellen erschlossen hat.

Die erste Auflage des Handbuches fand ihren Hauptabsatz gerade zur Zeit des großen Weltkrieges, was auch als Zeichen des im deutschen Wesen tief begründeten Erkenntnisdranges und Sinnes für Gründlichkeit und Wissenschaft anzusehen ist, der selbst in den härtesten Zeiten noch nach Befriedigung ringt und uns hoffen läßt, daß wir auch diese schwere Prüfung des Krieges und der Nachkriegszeit, die noch erhöhte Forderungen an unsere geistige Energie stellt, standhaft überstehen. Bei der Bearbeitung der zweiten Auflage, mit der mich der Verlag noch während des Krieges beauftragt hatte, habe ich mich nach meiner Rückkehr aus dem Felde bemüht, der technischen Entwicklung und den neuen Forschungen gerecht zu werden. Der Stoff erfuhr dabei eine teilweise Umstellung und Erweiterung an vielen Stellen.

Der wirtschaftliche Gesichtspunkt, der ja das ganze Buch durchzieht, wurde noch schärfer herausgearbeitet. Die Neuordnung der Beziehungen des sozialen Organismus möge dabei alle brauchbaren Kräfte zur Mitarbeit freimachen. Aber auch für die technischen Berufsstände sollte endlich die Zeit gekommen sein, viel mehr als bisher ihre wirtschaftliche Schulung, „die Erziehung zum Wirkungsgrade", und das im Berufe erworbene technische und soziale Denken und Wissen zum Besten des deutschen Volkes in öffentlicher Mitarbeit zu verwerten. Diese Dreiheit, Wirtschaft, geistige Kultur und rechtlich-staatliches Leben, muß den Grund bilden, auf dem das neue Reich aufzubauen ist.

Nach kaum $1^1/_2$ Jahren schon machte sich das Bedürfnis nach der dritten Auflage geltend. Diese erfuhr in einzelnen Teilen notwendige Ergänzungen und Änderungen.

Grundsätzliche Erörterungen über wirtschaftliche Fragen im großen Rahmen und über die Stellung der Technik im gesamten sozialen Organismus bringt der neu eingeführte Abschnitt „Zur Einführung".

Von der Beschreibung baulicher Einzelheiten der Kessel, Feuerungen, Apparate usw., die sich reichlich in der Fachliteratur und den Werbeschriften der Firmen finden, wurde ebenso wie früher möglichst abgesehen, im Interesse des Bestrebens, das Kesselhaus als wirtschaftliche Einheit zur Darstellung zu bringen.

Halle a. d. S., im Januar 1913.
Stuttgart, im August 1919.
Stuttgart, im Dezember 1921.

Dr.-Ing. **Georg Herberg.**

Vorwort zur vierten Auflage.

Nachdem in den letzten Jahren die Dampftechnik durch Einführung der Kohlenstaubfeuerungen und des Hochdruckdampfes so große Fortschritte gemacht hat und das Interesse für Wärmewirtschaft erheblich gewachsen ist, mußte diese Auflage in großen Teilen ganz umgearbeitet und auf den neuesten Stand der Technik und Forschung gebracht werden, was überall bemerkbar sein wird.

Vorangestellt wurde Abschnitt I über die Wärme, worin versucht wird, das qualitative Wesen derselben, wie es sich in ihren Erscheinungen offenbart, darzustellen auf Grund der Erkenntnisse, wie sie uns von Dr. Rudolf Steiner in so tiefgründiger Weise gegeben wurden.

Durch Herausgabe der neuen Dampftabellen von Knoblauch, Raisch und Hausen, die mit freundlicher Erlaubnis der Verfasser und des Verlages am Schlusse als Zahlentafel 117/18 aufgenommen wurden, machte es sich notwendig, sämtliche Rechnungen nach diesen Tafeln umzuändern. Viele neue Kurven zur erleichterten Rechnung und Übersicht wurden eingefügt. Nomogramme wurden nicht dargestellt; sie gestatten wohl rasche Rechnung für den Kundigen, aber lassen den inneren Zusammenhang der einzelnen Größen nicht mehr anschaulich erkennen, so daß nur noch ein automatisches und abstraktes Rechnen bleibt. Die Berechnungen über Luftbedarf, Verbrennungsmengen, Luftüberschuß, Wärmeverluste usf. in Abschnitt 7 bis 12 wurden unter Berücksichtigung der neuen „Richtlinien“, welchen der obere Heizwert zugrunde liegt, durchgeführt und erweitert. Neu aufgenommen wurde vor allem Abschnitt 14 über gasförmige Brennstoffe, Abschnitt 17 über Hochdruckdampf und Hochdruckmaschinen, Abschnitt 18 über kombinierte Kraft- und Wärmewirtschaft, Abschnitt 21 über Luftvorwärmer, Abschnitt 24 über Dampf- und Heizwasserspeicher, Abschnitt 25 über Elektro-Dampfkessel.

Zum Schlusse sei Herrn Dipl.-Ing. R. Kaden, welcher mich bei Umarbeitung und Umrechnung in wertvoller Weise unterstützt hat, und den Firmen, welche die Abbildungen der neuesten Konstruktionen und Kurven bereitwilligst zur Verfügung gestellt haben, der gebührliche Dank gesagt.

Es stammen die Abb. Nr. 3, 19, 45–48, 55–58 von J. A. Topf & Söhne, Erfurt; Nr. 35–38 von L. & C. Steinmüller, Gummersbach; Nr. 1, 2, 14–16 von Deutsche Babcock u. Wilcox Dampfkesselwerke A.-G., Oberhausen; Nr. 39 von Moritz Jahr, Gera; Nr. 17, 18 von Fränkel & Viebahn, Leipzig; Nr. 22 von der Hanomag, Hannover-Linden; Nr. 51 von Dipl.-Ing. H. Föge, Hannover; Nr. 83 von Dr. Martin Böhme, Berlin-W.

Auch diesmal danke ich der Verlagsbuchhandlung und allen denen, die durch eingehende Besprechungen, Äußerung von Wünschen und Ratschlägen an der Neufassung der vierten Auflage mitgeholfen haben.

Stuttgart, im November 1927.

Dr.-Ing. **Georg Herberg.**

Inhaltsverzeichnis.

V. Die Kesselheizfläche.

VI. Wärmewirtschaftliche Einrichtungen.

VII. Die Einmauerung der Kessel und der Schornstein.

Druckfehlerberichtigung.

Auf Seite 308 soll es in Zeile 7 von oben richtig heißen:

$$D_2 = \frac{W_1(i_1' - i_2') - A}{\frac{i_1'' + i_2''}{2} - i_2'} \text{ in kg} \quad \ldots \ldots \ldots \quad 106)$$

und in der 9. Zeile von oben:

$$W_1 = D_2 \frac{\left[\frac{(i_1'' + i_2'')}{2} - i_2'\right] + A}{i_1' - i_2'} \text{ in kg} \quad \ldots \ldots \quad 107)$$

Zur Einführung.

Neue Aufgaben, die weit über den Rahmen der bloßen Technik als solche hinausragen, sind in den Gesichtskreis des Ingenieurs getreten, und er muß sich mit ihnen auseinandersetzen. Der Verfasser sieht sich gedrängt, hierzu Stellung zu nehmen.

Es muß klar erkannt werden, daß die Technik letzten Endes nicht Selbstzweck ist (man kann eine technische Einrichtung ja nicht um ihrer selbst willen bauen, sondern um damit zu arbeiten), sondern daß sie in dem gesamten Volksorganismus ein dienendes Glied darstellt, dessen Aufgabe es ist, die körperlichen und darauf fußend in letzter Linie die seelischen und geistigen Bedürfnisse der Menschheit zu befriedigen. Die Frage lautet also für die Technik:

„Wie stellt sich die Technik richtig mit ihrem Schaffen in den sozialen Organismus hinein?"

Die technische Arbeit ist eben nur eine Seite, eine Ausdrucksform des vielgestaltigen Menschenwesens, und zwar die, welche hauptsächlich auf intellektuellen Kräften, nämlich dem mathematisch-mechanischen Denken beruht, und welche ganz mit Zentral- und Potentialkräften arbeitet; denn die Mathematik und Bewegungslehre sind gänzlich aus dem Menscheninnern herausgesponnen und vom Menschen ohne Vorbild in der Natur geschaffen; sie haben beide völlig nur für die technischen und mechanischen leblosen Werke Geltung. Die Technik greift in vielgestaltigster Weise in den gesamten sozialen Organismus ein, ja sie gibt heute dem ganzen Zeitalter sein Gepräge. So viel Gutes die Technik auf der einen Seite schuf, ebensoviel Schaden stiftete sie auf der anderen in der Art, wie sie das menschlich Seelische beiseite drückte. Da die Wirtschaft, deren eines Glied die Technik ist, nur mit Waren zu tun hat, nämlich mit der Erzeugung, der Verteilung und dem Verbrauch der Waren — etwas anderes kommt in der Wirtschaft nicht vor —, so hat sie die Neigung, alles, was in ihren Bereich tritt, den in ihr tätigen Menschen ebenfalls, zur Ware zu machen; das ist auch mit dem Arbeiter sehr weitgehend geschehen; beim Beamten beginnt dieser Prozeß bereits auch zu wirken. Das Seelenleben der Menschen verödet um so mehr, je stärker die Industrie ihren Einfluß geltend macht. Die soziale Frage mit allen Erschütterungen drängte herauf, erst dumpf, dann immer klarer im Bewußtsein der Menschen, die sich in ihren besten innerlichen Gütern der Seele bedrängt sahen.

Damit ist aber in die gesamte Technik und Wirtschaft ein ganz neues Moment hereingezogen, das nicht mehr ausgeschaltet werden kann und mit dem man rechnen muß. In die Masse des Volkes kommt ein Bewußtsein vom Wert der Persönlichkeit herein; der einzelne will selbst aktiv teilnehmen am Wirtschaftsprozesse und nicht mehr bloßes Objekt der Wirtschaft sein. Der Mensch als solcher muß also wieder der Mittelpunkt und das Ziel der gesamten menschlichen Arbeit werden, wenn den Zeitforderungen, die Menschheitsforderungen sind, Rechnung getragen werden soll. Heute aber hat die Technik die Stellung nicht, die ihr zukommt, sondern sie ist in den Dienst der industriellen Unternehmungen gespannt, welche mit ihrer Hilfe ihren eigenen Zielen nachgehen, nämlich dem Ansammeln von Kapital, und die sich selbst und ihr Bestehen als Selbstzweck betrachten. Das Verhältnis hat sich also gerade umgekehrt und das Kapital ist, statt die Mittel zur Umsetzung der technischen Möglichkeiten für den Menschheitsfortschritt zu liefern, zum Selbstzwecke geworden. Der Gesichtspunkt, welche Bedürfnisse im sozialen Organismus sind wirklich vorhanden und wie können sie mit dem geringsten Aufwande gedeckt werden, ist nicht mehr allein maßgebend, sondern wurde immer mehr zurückgedrängt zugunsten des Strebens nach größter Produktion und größtem Gewinn, wozu eine künstliche Bedürfnissteigerung hervorgerufen wurde. Wirtschaft nach dem wirklichen Bedarfe und nicht planloses Drauflosproduzieren jedes Unternehmens muß das Ziel der kommenden Wirtschaftsführung werden, hervorgehend aus Assoziationen der Produzenten und Konsumenten, während heute eigentlich allein die Maßgebenden in der Wirtschaft die Produzenten sind. Das muß klar erkannt werden, wenn die dringendste Frage Mitteleuropas und hiervon ausgehend der ganzen zivilisierten Welt, nämlich die soziale Frage, ihrer Lösung entgegengehen soll.

Den Ingenieur in die Bedeutung der sozialen Arbeit einzuführen, ist gerade die Wärmewirtschaft so recht geeignet, denn sie, welche den gemeinsamen Schatz der Menschheit, die Kohle, verwertet, mit ihrer Hilfe Kraft erzeugt und die Wärmevorgänge leitet, ist nicht allein eine technische Frage, sondern in erhöhtem Maße eine soziale.

Wärmewirtschaft kann nur wirklich richtig fortschreiten und gedeihen, wenn sie unter diesem Gesichtspunkt geführt wird. Soweit sie sich im Rahmen des einzelnen Unternehmens auswirkt und sich hier unmittelbar in ihren Maßnahmen sichtlich bezahlt macht, tritt der soziale Gesichtspunkt noch nicht so stark in den Vordergrund, obgleich die allgemeine Kohlennot bereits hereinspielt. Aber wo zwei oder mehrere Beteiligte dabei sind, verschiebt sich die Sachlage sofort. Ein Beispiel: An irgendeinem Platze liege etwa eine Maschinenfabrik, die in erster Linie Kraft nötig hat und für die Abfallwärme des Auspuffdampfes, wie es meistenteils der Fall ist, nicht genügend eigene Verwertung besitzt, oder ein keramisches Unternehmen, das stets Wärmeüberschuß aufweist; dicht daneben oder nicht weit davon arbeitet ein anderer Betrieb, der besonders Verbraucher niedergespannter Wärme ist, z. B. eine Brauerei, Färberei, Zuckerfabrik o. dgl. Das erste Unternehmen läßt den Dampf in die Luft puffen oder im besten Falle vernichtet es die Wärme höchst unvorteilhaft im Kühlturm oder Kondensator, um einen geringen Kraftgewinn zu erzielen; das zweite Werk aber muß die Wärme von neuem erzeugen und nochmals Kohlen aufwenden. Vorausschauendes soziales Verständnis wird hier den Weg weisen müssen, wie durch Vereinbarung das eine Werk mit seiner überschüssigen Wärme dem benachbarten aushelfen kann, ohne daß erst die allgemeine Notlage dazu zwingen muß. Jeder Teil müßte allerdings geringe Konzessionen an den anderen machen. Eigentlich sollte das gar nichts so ungewohnt Neues sein; denn die Elektrizitätswirtschaft ist ja mit ihrer Stromlieferung von einer Zentralstelle aus bereits vorangegangen, indes liegen hier die Wärmewirtschaftsverhältnisse noch viel ungünstiger. Riesige Wärmemengen, etwa das 4—5fache dessen, was zur Krafterzeugung ausgenutzt wird, gehen fast unbenutzt verloren. Wenn z. B. ein Elektrizitätswerk 100 000 t Kohlen im Jahre verbraucht, so setzt es etwa 15%, entsprechend 15 000 t, in Kraft um; der Wärmewert der nach Abzug der Verluste in der Kesselanlage restlichen etwa 60 000 t Kohle wird in der Kondensation oder im Kühlturm unter Gewinnung einer geringen Mehrkraft vernichtet; Elektrizitätswerke, ebenso Kraftzentralen von Industriewerken sind nämlich vorzügliche Einrichtungen als Krafterzeuger, die denkbar schlechtesten als Wärmeverwerter. Hier müssen ganz neue Gesichtspunkte maßgebend werden. Kraftwirtschaft in der gesamten Industrie allein, ohne Rücksicht auf Wärmewirtschaft, ist nicht mehr denkbar. Es müssen Dampfkraftwerke so gebaut und angeordnet werden, daß die Abfallwärme gleichzeitig nutzbringend verwertet werden kann; hierin ist ein Hinweis auf grundlegend neue Gesichtspunkte für eine zukünftige Anlage von Industriewerken, Verteilung von Industriegelände und ein assoziatives Zusammenarbeiten gegeben. Die Anlage eines Industriebezirkes muß in Rücksicht auf gegenseitigen restlosen Austausch von Wärme und Kraft geplant werden. Also Gruppierung von Wärmeverbrauchern um Krafterzeugungszentren wie Elektrizitätswerke oder solche Unternehmen, die Wärme im Überschuß abgeben können. Ein Bau von Elektrizitätswerken, weit draußen auf freiem Felde vor den Städten oder gar ganz abgelegen auf den Braunkohlengruben selbst, weitab von sonstigen Siedlungen und Industrie, ist als grundsätzlich falsch zu beurteilen. Auch die innere Ausgestaltung der einzelnen industriellen

Werke sollte nach Möglichkeit durch Angliederung passender Fabrikationszweige so geschehen, daß sich Kraft- und Wärmeverbrauch die Wage halten.

Die gekennzeichnete technische Entwicklung, wobei ein Industriezweig auf den anderen keine Rücksicht nimmt, ist neben dem Mangel an sozialem Verständnis ganz wesentlich mit hervorgerufen durch die Spezialisierung aller Berufszweige, die sogar bis in die einzelnen technischen Wissensgebiete hineinreicht, so daß dieselben die nötige Fühlung untereinander verloren haben. Man beachte den Entwicklungsprozeß der Arbeitsteilung. Vor Heraufkommen des industriellen Zeitalters haben die Menschen, indem sie das Werk, das sie verrichteten, von Beginn der Herstellung bis zur Verwendung überschauen konnten, mit ihrem seelischen Interesse an ihrer Arbeit gehangen. Heute ist der Mensch meist nicht mehr in dem Maße mit seiner Arbeit verbunden; der Arbeiter schon lange nicht mehr, insofern er als Spezialist fortgesetzt Teilarbeit leistet; beim Beamten beginnt der Loslösungsprozeß sich ebenfalls heranzubilden, da auch hier die spezialisierte Arbeitsteilung, welche die Arbeit immer einseitiger gestaltet, mehr und mehr um sich greift (Offertbureau, Berechnungsbureau, Kontrollbureau, Schraubenbureau usf.) und sich die einzelnen Werksabteilungen gegeneinander abschließen. Die Spezialisierung drang bis in die Hochschulen und veranlaßte die Trennung der einzelnen Fachwissenschaften, die bloß noch lose nebeneinander stehen; der junge Student oder Ingenieur spezialisiert sich bereits, ehe er überhaupt den Umfang seines Berufes erkannt hat, und nur wenige sind befähigt, über den engen Rahmen ihres Sondergebietes in Nachbargebiete hinauszusehen und die wirtschaftlichen und technischen größeren Zusammenhänge zu erkennen oder gar einen tieferen Einblick in andere Berufe zu gewinnen. Wir haben heute wohl Spezialisten für den Feuerungs-, Kessel-, Überhitzer- oder Economiserbau für Dampfmaschinen sowie für Maschinen und Einrichtungen, welche die erzeugte Wärme verbrauchen; aber nur wenige überschauen den ganzen Prozeß, in dem diese Einrichtungen darinnen stehen und wirken, in dem Maße, daß sie imstande sind, ein wirklich wirtschaftliches Zusammenarbeiten aller dieser vielen Wärme- und Kraft-Erzeuger und -Verbraucher herzustellen. Wie gar selten sind wissenschaftlich und praktisch gut ausgebildete Wärmeingenieure und noch seltener solche, die außerdem noch über die ausreichende Allgemeinbildung verfügen, um den gesamten volkswirtschaftlichen Zusammenhang ihrer Arbeit mit dem sozialen Organismus zu erfassen.

Um welche großen Werte es sich bei zweckmäßiger Wärmewirtschaft handelt, mag nachstehende Aufstellung[1]) verdeutlichen. Schätzungs-

---

[1]) Nach Dr.-Ing. Reutlinger, Jahrb. d. Brennkrafttechn. Gesellschaft 1920.

weise bleiben uns heute jährlich zur Verfügung etwa 140 000 000 t Brennstoffe, umgerechnet auf Steinkohlen, gegenüber 220 Mill. t im Jahre 1913. Könnte man die technischen Möglichkeiten ausbeuten, so ließen sich folgende Ersparnisse erzielen:

1. Ersparnis durch Verbesserungen und Betriebsüberwachung aller Feuerungsstätten . . . . etwa bis	10	Mill.	t
2. Verbesserung der Hausbrandöfen . . . . etwa	5	„	t
3. Abdampfverwertung bei gleichzeitiger Ausnützung der Überschußenergie . . . . etwa	5—10	„	t
4. Verwertung der Abhitze, die sehr reichlich vorhanden, deren Ausnützung aber nicht immer lohnend ist wegen ungünstiger Verhältnisse, einschließlich Abgasverwertung der Verbrennungsmaschinen . . . . etwa	2— 3	„	t
5. Ausbau der Wasserkräfte	4— 5	„	t
Summa	26—33	Mill.	t,

worin noch kleinere Ersparnisse an anderen Wärmequellen eingerechnet sein sollen; d. h. es ergeben sich also, bezogen auf die heute verfügbaren Kohlenmengen, etwa 19—23 vH Ersparnisse.

Dazu kommt noch ein heute völlig außer acht gelassener Posten, der erst durch eine neu zu schaffende Industriewissenschaft erfaßt und richtig bewertet werden kann. Ihre Aufgabe wäre es, festzustellen: Wo steckt unproduktive Arbeit und wie muß der gesamte Wirtschaftsverkehr untereinander und die Abwicklung der geschäftlichen Vorgänge gestaltet werden, daß an jedem Platze, also nicht bloß innerhalb der einzelnen Fabrikbetriebe, unproduktive Arbeit und unnützer Materialaufwand vermieden wird. Die Beantwortung dieser Frage ist nicht immer leicht, da man heute noch geneigt ist, jede menschliche Tätigkeit für wertvoll zu halten, wenn sie nur dem sie Ausübenden seinen Lebensunterhalt gewährt und nicht gegen die Gesetze verstößt. Der Maßstab nach dem wirklichen, inneren, wirtschaftlichen und geistigen Wertgehalte der Arbeit wird dabei gar nicht angelegt.

Hier sei nur kurz auf eine Reihe unproduktiver Arbeiten hingewiesen, die aus Gründen des Eigeninteresses und aus dem Konkurrenzkampfe von einzelnen industriellen Unternehmungen oder Gruppen von solchen gegeneinander entspringen, von Behörden und Ämtern gegen andere, ja von einzelnen Bundesstaaten gegen andere (im Eisenbahnbetriebe) usf. Ein Übermaß von Reklame und aller damit in Verbindung stehenden Bemühungen, um einen Auftrag an sich heranzuziehen, wie Ausarbeiten von Angeboten, Projekten und Kostenanschlägen, vielfache Reisen der verschiedensten Bewerber zur Gewinnung des gleichen Auftrages, gehören hierher. Ein großer Teil der gesamten technischen und kaufmännischen Tätigkeit und von Organisationsmaßnahmen wird damit umfaßt. Hierher rechnen auch das Ausstatten der Waren mit unnötig kostbaren Verpackungen, Herstellen minderwertiger, nicht haltbarer Waren, bei denen ein unverhältnismäßig hoher Aufwand an menschlicher Arbeit verbraucht wird, Hemmungen im Wirtschaftsleben durch bureaukratische Maßnahmen, Formulare, Bescheinigungen, Zollschranken aller Art, Kämpfe zwischen Eisenbahnen und Kanälen, falsche Verteilung von Kohlen, indem minderwertige Heizstoffe weit verfrachtet werden, jede Art von Material- und Zeitverschwendung u. a. m. Die Zahl der Beispiele läßt sich beliebig vermehren. Welche riesenhafte Belastung der Produktions- und Verkehrsmittel, wie der Post, Eisenbahn, Telephone, Geschäfte, welcher Verbrauch von Papier und sonstiger Materialien drückt sich darin aus! Dazu kommen, das mag hier nur angedeutet sein, ähnliche Auswirkungen auf geistigem Gebiete, wie Überhandnehmen von Schundliteratur und bloßer Unterhaltungslektüre, unökonomisches Verarbeiten des Lernstoffes auf Schulen und Unterrichtsanstalten, Belasten der Lernenden mit Gedächtniskram, Zeitverschwenden mit Prüfungs- und Doktorarbeiten rein für Examenzwecke u. dgl. Auch das rechtlich politische Gebiet ist voll von solchen Hemmungen. Erinnert sei an das Überhandnehmen von Ämtern, Kammern und Behörden, die Umständlichkeit der Gerichtsverfahren, das Anwachsen von Gesetzen, Verordnungen und deren fortgesetzte Abänderung und vieles andere.

Bis zu welchen chaotischen Verhältnissen die Weltwirtschaft gelangt war, ohne daß sich eine Stimme dagegen regte, zeigt die Ein- und Ausfuhrtabelle der Kohle vom Jahr 1921/22 Zahlentafel 36. Ein Land, das so viel eigene Kohlenschätze besitzt, wie Deutschland, daß es früher noch andere mitversorgen konnte, mußte durch den Zwangsvertrag von Versailles, der den Wirrwarr auf allen Gebieten erst recht beschleunigt hat, jetzt seine eigenen Kohlen herschenken, um selbst mit ungeheuren Kosten und wirtschaftlichen Belastungen unter Inanspruchnahme von vielen Transporteinrichtungen Kohlen aus fremden Ländern, die selbst wieder von uns Kohlen geschenkt bekamen, sogar aus Australien und Afrika einzuführen, um seine Wirtschaft erhalten zu können; — alles das unter der Devise „für Freiheit und Recht“. Das ganze ist eine typische Erscheinung, die Folge der großen Urteilslosigkeit in wirtschaftlichen Verhältnissen, zu der die gesamte Menschheit allmählich gekommen ist und des Übergriffes des politischen Machtwillens in die Wirtschaft.

Wirtschaftlich machen sich alle solche unproduktiven Arbeiten im Kohlenverbrauch bemerkbar. Wer einen Einblick in diese Verhältnisse sucht, wird finden, daß der hierdurch bedingte Mehraufwand an Kohlen mit 15—20% sehr niedrig angesetzt ist. Addiert man diese Zahl zu den vorhin durch entsprechende technische Einrichtungen erreichbaren Ersparnissen hinzu, so kommt man auf die durch ihre Höhe überraschende Zahl einer selbst unter heutigen Umständen noch möglichen Kohlenersparnis von 35—45 vH, d. h. wir könnten mit etwa 55—60 vH der noch heute uns verfügbaren Kohlenmengen auskommen. Der Einwand, daß durch Arbeiten obiger Art viele Menschen ihr Auskommen und ihren Lebensunterhalt finden, ist eingehender Erkenntnis gegenüber nicht stichhaltig. Unproduktive Arbeit nämlich schafft kein Brot, keine volkswirtschaftlichen Werte, sondern bietet nur dem Menschen Beschäftigung und belastet die gesamte Wirtschaftsführung. Und was bedeutet dies alles in letzter Linie?

Durch technische und wirtschaftliche Ersparnis obiger Art ergäbe sich nämlich aus rein sachlichen Gründen heraus, ohne die Notwendigkeit irgendwelcher gesetzlichen Bestimmungen, die Möglichkeit, die Arbeitszeit der Menschen herabzusetzen, ohne daß die Wirtschaft und notwendige Gütererzeugung irgendwie Mangel litte. Denn im Grunde genommen führt alle unproduktive Arbeit nur zur Verlängerung der Arbeitszeit, ohne daß indeß Mehrwerte geschaffen würden. Gerade der Mangel an sozialem Denken hat ja die erwähnten mißlichen Verhältnisse herbeigeführt. Es ist eben heute vielfach nicht mehr möglich, trotzdem die technischen Wege überall gangbar sind, die unter 1—4 aufgeführten Ersparnisquellen auch wirklich alle auszuwerten; selbst der Wille dazu scheitert eben oftmals an wirtschaftlichen Schwierigkeiten. Wir Ingenieure haben uns den Weg dazu selbst verbaut und sind heute zu Riesenverschwendungen an Kohle und Wärme durch eigene Schuld auf lange Zeit hinaus gewungen.

Man sieht, wie die Wege zur Lösung der sozialen Frage durchaus von verschiedensten Seiten her beschritten werden können, sogar aus ganz realen wirtschaftlichen Notwendigkeiten heraus erzwungen werden. Dabei steht im Vordergrunde als Grundlage der gesamten Wirtschaft eine neue sachgemäße Preisgestaltung und geänderte Wirtschaftsauffassung.

Den großen rein technischen und wissenschaftlichen Fortschritten, die der ganzen internationalen Welt gehören, konnten die wirtschaftlichen Einrichtungen nicht folgen. Wir stehen mit diesen noch völlig unter dem Gesichtspunkte der Volkswirtschaft (Zölle usf.), ja sogar teilweise unter dem längst durch die Ereignisse überholten der Einzelwirtschaft und haben uns zu dem Übergange zur Weltwirtschaft noch nicht durchringen können. Deshalb bei allen Kulturvölkern die vielen schweren sozialen und wirtschaftlichen Krisen in Verbindung mit dem bisher völlig ungelösten Problem der Arbeitslosigkeit. Sie beweisen deutlich, daß mit den bisherigen wirtschaftlichen und sozialen Mitteln ein gesunder Wirtschaftsorganismus nicht erreichbar ist.

Notwendig aber zur Bewältigung aller dieser Probleme ist ein gewisses Umlernen und Ablegen alter Gewohnheiten, hervorgehend aus einem freien Geistesleben und Ablösung desselben aus bisher gewohnten, aber als solchen nicht genügend erkannten Abhängigkeiten, sowie ein Wirtschaftsleben[1]), das, unabhängig von staatlichen und politischen Einflüssen auf sich selbst gestellt, sich frei entwickeln kann. Lebenskräftige Ansätze dazu sind überall vorhanden. Und wir Ingenieure sind vor allem mitberufen an der Lösung der Probleme.

---

[1]) Näheres siehe Dr. R. Steiner, „Die Kernpunkte der sozialen Frage in den Lebensnotwendigkeiten der Gegenwart und Zukunft". Der kommende Tag A.-G. Verlag, Stuttgart.

I. Über die Wärme.

Da das ganze folgende Buch von der Wärme, ihrer technischen Verwendung und Wirkung handelt und rein rechnerisch, quantitativ mit ihr umgeht, so wie es die heutige physikalische und chemische Erkenntnis bedingt, so erscheint es wesentlich und für uns Techniker fruchtbar, auf das Wesen der Wärme einmal von ganz anderem Gesichtspunkte aus qualitativ einzugehen. Dabei fühlt man sich in das ganz eigenartig Wesenhafte und in die besondere Stellung der Wärme in der physikalischen Erscheinungswelt ein, besonders wenn man die Beziehung der Wärme zum Seelischen des Menschen und den anderen Naturreichen sucht und findet, wie äußere Naturkräfte ihr seelisches Korrelat im Menscheninneren besitzen; ja wie sie gerade durch die Beziehung zum Menscheninneren erst verständlich werden. Der Mensch selbst als Reagenz der äußeren Natur, der Mikrokosmos Mensch ein Abbild des Makrokosmos, das ist ein Zukunftsziel der Naturerkenntnis. Tatsächlich haben die heutigen Anschauungen über Wärmestrahlung, Wärmeleitung, Wärmekonvektion, die in der letzten Zeit sehr starke Wandlungen durchgemacht haben, weil man das völlig Unzulängliche in der Erkenntnis des Wärmewesens merkte, bisher zu keinen wirklich brauchbaren Ergebnissen auf Grund von Messungen und mathematischen Berechnungen für den Techniker geführt. Das weiß ein jeder, der mit Hilfe empirischer oder mathematisch aufgestellter Formeln Wärmeübergänge, Wärmedurchgänge usf. berechnen will. Man tappt innerhalb weiter Grenzen im Unsicheren umher und muß sich mit großen Sicherheitswerten und eigener Erfahrung helfen. Professor Groeber[1]) bestätigt dieses Ergebnis der heutigen Forschung. Vielleicht hilft eine überhaupt ganz neue Einstellung zum Wärmewesen erst weiter? So bitte ich das Nachfolgende aufzunehmen. Für uns Techniker, die wir in der erstarrten toten Welt des Mineralischen wirken, erscheint es fruchtbar, wenn wir uns lebendigere Begriffe aneignen. Angeregt ist das Folgende durch die Erkenntnisse, welche uns Dr. Rudolf Steiner[2]) in vielen Vorträgen und im II. naturwissenschaftlichen Kurse in so überreichem Maße gegeben hat.

---

1) Z. d. V. d. I. 1926. S. 1125: „Überblick über die Lehre von der Wärmeübertragung.

2) Vgl. auch Dr. Günther Wachsmuth: „Die ätherischen Bildekräfte in Kosmos, Erde und Mensch". Der Kommende Tag A.-G. Verlag, Stuttgart.

1. Das Wesen der Wärme.

a) Allgemeines.

Wärme erhält das Leben aller Organismen und läßt sie gedeihen. Sie ist eine belebende Kraft.

In der anorganischen Welt der Mineralien und der toten Stoffe, mit denen die Technik arbeitet, hat die Wärme ebenfalls eine ähnliche, überragende Bedeutung. Sie ist das Wirksame im Wandel der Stoffe, das treibende Element, das die Aggregatzustände verändert, die Körper ausdehnt, die festen Stoffe in flüssige und gasige hinüberführt, sie aus der festen, erdgebundenen Materialität ins feinere Stoffliche wandelt; sie ist ein triebhaftes Element, das Bewegung in die Stoffe hineinbringt, die Ruhe zerstört; und hinter den Prozessen steht, die sie verursacht.

Um das Wesen der Wärme, ebenso dasjenige der anderen Aggregatzustände des Festen, Flüssigen, Gasförmigen zu erkennen, müssen wir in unser eigenes Seelenwesen untertauchen und dort zu ergründen suchen, wie sich Wärme äußert. Wir empfinden sie in zweifacher Weise als äußere Wärme und als innere rein seelische Wärme. Die äußere Wärme können wir in ihren Wirkungen, die sie im Stofflichen ausübt, beobachten und sie messen, die innere Wärme nur seelisch im Empfindungsleben erfühlen.

Wärme selbst ist unfaßbar, nicht stofflich wahrnehmbar. Physikalisch erkennbar ist die Wärme in ihrer Intensität durch das Thermometer auf Grund der durch sie bedingten Wirkung der Raumausdehnung der Stoffe. Technisch pflegt man die Wärme durch Wärmeeinheiten zu messen; aber man mißt eigentlich nicht die Wärmemenge selbst, sondern erkennt nur vermittels des Thermometers, daß eine bestimmte wägbare Stoffmenge (1 kg) eine bestimmte Energiemenge aufgesammelt hat. Man bestimmt also den Zuwachs an innerer Energie durch eine Gewichtsmessung und die Messung einer räumlichen Ausdehnung. Diesen Wert benutzt man dann bei der weiteren Messung als Vergleichszahl, wobei 1 kcal = 427 m/kg gesetzt ist.

Physikalische Dimension . . . $1 \text{ kcal} = \frac{g_r \cdot \text{cm}^2}{\text{sec}^2} = \frac{M L^2}{T^2}$

Technische Dimension . . . . $1 \text{ kcal} = \text{kg} \cdot \text{m} = K \cdot L.$

In unserem Körper haben wir aber ein Instrument, welches uns unmittelbar den Wärmeunterschied erkennen läßt. Das ist unser wogender Wärmeorganismus in dem wir leben, unsere Blutwärme, die an verschiedenen Stellen des Körpers verschiedene Wärme aufweist. Wir erleben unmittelbar, ob ein Körper wärmer oder kälter als unser Blut ist. Wir empfinden ganz genau, wie es das Thermometer auch tut, nur Wärmeunterschiede. Nur hat das Thermometer einen Nullpunkt, von dem aus wir die Differenzen in Graden messen. Diesen Nullpunkt besitzt aber unser Organismus nicht. Wir empfinden die Wärme mit unserem ganzen Körper und leben mit unserem Bewußtsein und mit unserem Ich in der Wärmeempfindung. Unsere eigene Wärmeorganisation regelt sich selbst streng innerhalb sehr enger Grenzen und, abgesehen von geringen täglichen, periodischen Schwankungen hält sie die Körpertemperatur konstant. Dabei ist diese Körpertemperatur, und das ist ganz wesentlich, völlig unabhängig von den um uns befindlichen Außentemperaturen; wir sind innerlich frei von den Wärmeprozessen der Umwelt und bilden ein eigenes Reich innerhalb der organischen und unorganischen Welt. Störungen im Wärmeorganismus äußern sich als Fieber oder Unterkühlung, also als Krankheiten.

Auf unser Seelisches übt die Wärme bestimmte Wirkungen aus. Wir erleben eine innerlich-seelische Wärme oder Kälte in unserem Gefühlsleben als Sympathie und Antipathie. Wir empfinden sie unmittelbar in uns lebend als Reaktion der Innenwelt auf die Außenwelt. In zwei Formen also offenbart sich das Wärmewesenhafte: als äußerliche Wärme in der organischen und anorganischen Natur, als Gefühlswärme in der menschlichen Seele.

Leicht sind die Wirkungen beider Arten erkenntlich und verständlich, wenn wir vom Farbenspektrum ausgehen. Das Farbenband des Lichtes zeigt auf der einen Seite Rot, auf der anderen Seite Blau und Violett. Dazwischen stehen alle Übergänge. Auf der roten Seite sind die Wärmestrahlen wirksam. Ein in das Spektrum an dieser Stelle hineingehaltenes Thermometer steigt an. Eine in den Strahlengang eingeschaltete Lösung von Alaun hält die Wärmewirkung zurück und das Thermometer fällt auf die Temperatur der Umgebung herab. Auf der blauen Seite sind die chemischen Wirkungen besonders stark, z. B. auf die photographische Platte usw. Eine in den Lichtweg eingeschaltete Lösung von Äskulin verhindert die chemische Wirkung. Die stärkste Lichtwirkung ist in dem gelben Bereiche vorhanden. Eine eingeschaltete Lösung von Jod-Schwefelkohlenstoff löscht das Licht aus und macht das Spektrum dunkel.

Aber während der Weg von Rot bis Blau, also von der Wärmewirkung über die Lichtwirkung bis zur chemischen Wirksamkeit durchlaufen wird, erleben wir innerlich seelisch einen parallelen Ablauf der Gefühle, ein Seelenspektrum. Rot löst in uns ein Gefühl der Wärme, des Erregtseins aus, Gelb ein solches des Lichtmäßigen, des Hellen, des Sonnigen, Blau ein Gefühl der Stille, der Kühle und Violett ein Gefühl feierlicher, sakramentaler, mystischer Stimmung. Physikalische Wirksamkeiten und die Reagenswirkung auf das menschliche Innere gehen parallel. Der Mensch selbst ist die Reagens der rein physikalischen Prozesse. Beide sind durcheinander verständlich und erklärbar.

Wärme hat die ureigene Tendenz hinauszuströmen, sich in die Umgebung zu verbreiten, zentrifugal auszustrahlen, ebenso wie das Licht. Sie durchsetzt alle anderen Zustände, den festen, flüssigen und gasförmigen. Ein Körper kann flüssig und durch und durch warm sein, aber nicht flüssig und fest; das ist eine sehr wesentliche Eigenschaft der Wärme, die nur ihr allein eigentümlich ist. Die anderen Aggregatzusände treten nur für sich abgesondert auf. Wärme offenbart sich als ein Strömendes, ewig Bewegliches und kann durch kein physikalisches Mittel zusammengehalten werden; man kann ihr Ausströmen nur verlangsamen, niemals unterbrechen. Die Wärme verweilt bei keinem Körper, den sie durchdrungen hat, sie strömt wieder hinaus. Ihr Wesen ist die Ausbreitung in den Raum. Sie will nicht beisammenbleiben, sie will sich den angrenzenden Körpern mitteilen, sie ebenfalls durchdringen, ihnen auch von ihrem Wesen und ihrer Fülle abgeben, selbstlos bis zur Aufopferung. Sie strahlt hinaus in den Weltenraum, pflanzt sich in den Körpern fort durch Mitteilung von einer Stelle zur anderen; teilt sich durch Berührung anderen Körpern mit, und wo sie auftrifft, verändert der betreffende Stoff seine Wesensart. Überall bewirkt die Wärme Veränderumg, bringt stoffliches Bewegtsein hervor, wirkt, schafft und leistet Arbeit. Sie ist stets tätig.

Sucht man den seelischen Parallelvorgang zur äußeren Wärmewirkung, so findet man als solchen die vom tätigen Willen durchpulste Liebe, die nach außen trägt und strahlt, das lebensvolle Willenselement. In unserer körperlichen Wärmeorganisation leben wir mit unserem Ich im Willenselement, fühlen uns nah dem Wesenhaften der schöpferischen Weltenwärme, das opfernd hinausstrahlt in die Welt und durch seine Aktivität die Welt bewegt. Überall, wo Weltenprozesse vor sich gehen, da steht die Wärme als Treibendes am Anfang aller Entwicklung. Weltenwärme und schöpferische Willenskräfte sind urwesensverwandt.

Verfolgt man physikalisch die Wärmeprozesse, so findet man, daß überall da, wo Kräfteprozesse ausgelöst werden, die Wärme beteiligt ist. Wird z. B. ein Körper örtlich erwärmt, so ruft bereits ein Grad Temperaturunterschied durch die Dehnung dieselbe Formänderung hervor, wie 25 kg/cm² Spannungsunterschied. Also 40° Temperaturunterschied bewirken schon 1000 kg/cm², also die zulässige Dehnungsspannung eines Kessels.

Nur vermittels der Wärme sind bis heute für den Menschen Kräfteprozesse und Krafterzeugung möglich. Die Kohle ist aufgespeicherte Wärme, ebenso wie das Holz, das in der Pflanze durch die Licht- und Wärmekräfte der Sonne heranwächst. Durch Verbrennen gewinnen wir die Wärme und vermögen durch sie über den Umweg des Wasserdampfes nutzbringende Kraft zu erzeugen und Arbeit zu leisten. Auch die Wasserkraft, das andere noch vorhandene Triebmittel, ist potentielle

Energie, gespeichert und verursacht durch die Wärmewirkung der Sonne. Bei allen chemischen Prozessen ist Wärme aktiv tätig; Explosionen sind Wärmewirkungen. Wärme hat im Erdenleib gewirkt beim Schmelzen der Gesteine, der Gestaltung der Erde; sie verursacht die Luft- und Wasserströmungen, das Steigen des Wassers, die Wolkenbildung, das Verdunsten usw. Die Erde ist in einen Wärmemantel eingehüllt. Einzig die Wärme kann Kräfte erzeugen. Elektrizität selbst wird erst durch Maschinen hervorgerufen, die letzten Endes von der Wärme betrieben werden. Kosmisch können wir Elektrizität nicht gewinnen. Auch mit ihr und ihren Wirkungen ist Wärme verbunden. Diese ist an allen physikalischen und chemischen Prozessen beteiligt. Überall äußert sich in ihrem Wesen eine opfernde Willenskraft.

b) Über die Wärme und ihre Wirkung.

Sobald Wärme zu einem Körper hinzutritt, gehen mit ihmwesentliche Änderungen vor sich.

Der feste Körper ist ein in sich abgeschlossenes Gebilde mit einer Eigenform; er besitzt ein individuelles Dasein; man kann bestimmte Stücke von ihm abtrennen, die dann für sich bestehen bleiben. Der feste Körper trägt die Schwerkraftswirkung in sich; in ihm sind Kräfte tätig, die seine Form erhalten, oder neu bilden (z. B. Kristalle). Hier äußert sich die formbildende Kraft in der Einhaltung bestimmter Winkel und ausgezeichneter Richtungen. Gerade die Kugelform tritt aber nicht auf. Die festen Körper dehnen sich alle verschieden stark aus und stehen in verschiedener Beziehung zur Wärme. Wird Wärme an einen festen Körper herangebracht, so erhöht sich seine Temperatur; er vergrößert sein Volumen und wird bei bestimmter Temperatur flüssig; dann hört die Temperatursteigerung auf, bis die Auflösung der Form vollendet und er flüssig geworden ist.

Ohne Sonnenwirkungen wären diese Erscheinungen, die auch unter dem Einflusse der Wärme geschehen, nicht möglich; sie wären nicht möglich, wenn die Erde nur sich selbst überlassen wäre. Der feste Körper will fest bleiben und geht nicht von selbst in den nächst höheren Zustand, den flüssigen oder gasförmigen über. Für alle festen Körper ist der feste Zustand der natürlich gegebene, in den sie unter irdischen Verhältnissen stets zurückzufallen streben. Sie stehen ganz unter dem Einflusse der Gesetzmäßigkeit der Erde. Ja, das Festwerden beruht gerade darauf, daß das Irdische sich aus dem Kosmischen losreißt und sich seine eigenen Gesetze gibt. Anders verhält sich

Der flüssige Körper. Er hat keine eigene Gestalt, keine ausgezeichnete Richtung mehr und nimmt jede beliebige Form an, die von außen an ihn herangebracht wird; sowohl die Begrenzung durch Gefäße, wie auch die freie Oberfläche, welche die Flüssigkeit mit allen Flüssigkeiten der Erde gemeinsam hat, kommen allein durch äußere Kräfte zustande. Alle Flüssigkeiten der Erde schließen sich zu einer gemeinsamen Form, der Kugelform der Erde, zusammen. Kugelform tritt bei kleinen Mengen auf in der Tropfenbildung, auch z. B. bei dem letzten Reste einer auf einer heißen Platte ausgebreiteten, verdampfenden Flüssigkeit, wobei die Kugelform als Zwischenzustand durchlaufen wird. Unter dem Einflusse der Wärme dehnt sich die Flüssigkeit aus und bei bestimmter Temperatur und zugehörigem Druck beginnt sie zu verdampfen. Die Temperatur bleibt solange konstant, bis die Flüssigkeit vollkommen gasförmig geworden ist. Dabei wird die Verdampfungswärme r, auch latente genannt, aufgenommen.

Bei den Gasen ist das Formprinzip völlig aufgehoben. Das Gas dehnt sich in den Raum hinein aus. Man muß es ganz in eine äußere Form einschließen, wenn man es zusammenhalten will. Das Gas macht mit, was die Wärme tut, es folgt der steigenden und fallenden Wärme mit Ausdehnung und Zusammenziehung, mit steigendem und fallendem Druck; es ist ein Bild der Wärme. Zwischen Gas und Wärme besteht ein Wechselverhältnis, das sich ausdrückt in der Beziehung: Das Volumen vergrößert sich im Verhältnis der absoluten Temperaturen und verkleinert sich umgekehrt mit dem Drucke. Das Wesen der Wärme äußert sich im Gase also in zweifacher Weise: in Volumenvergrößerung, und wenn diese nicht eintreten kann, in Drucksteigerung; ein Gleichgewichtszustand herrscht in der Art, daß $p \cdot v =$ konst ist.

Alle Gase bilden eine Einheit und haben gleiches Ausdehnungsprinzip und gleiche physikalische Gesetzmäßigkeiten. Sie stehen in ihrer Gesetzmäßigkeit unter dem Einflusse des für die ganze Erde einheitlichen Sonnenwesens. Das Individuelle des festen Körpers ist ausgelöscht. Gase haben vollkommene Ausdehnbarkeit, vollkommene Durchdringbarkeit für Wärme, Licht und alles Strahlende, geringsten Widerstand gegen das Eindringen in ihre Sphäre, Durchsichtigkeit, Strukturlosigkeit und Formlosigkeit; sie sind das genaue Gegenteil zu den Metallen und festen Körpern. Als materielle Körper sind die Gase der Schwerewirkung ausgesetzt. Hinzu tritt aber durch die Wirkung der beim Übergange vom flüssigen zum gasförmigen Zustande aufgenommenen Wärme die ihnen ureigene Ausdehnungstendenz, die auf Verbreitung in den Raum hinwirkt und sich als Druck äußert. In den Gasen wirkt also im Gegensatze zu den festen Körpern das umgekehrte Prinzip, nämlich Ausdehnung, Abstoßungskraft, negative Schwerkraft.

Leistet man Arbeit durch Reibung, wobei Stoffteilchen abgerissen und abgesplittert werden und sich neue Körperchen bilden, so wird Wärme frei, sie entweicht. Frei wird sie auch aus chemischer Energie beim Verbrennen.

Brennbare Stoffe. Gewisse Stoffe, auf die Entzündungstemperatur erhitzt, ändern sich ohne weitere äußere Einwirkung durch die in ihnen auftretende Reaktionswärme, wenn sie mit Luft oder besser mit Sauerstoff in Verbindung bleiben. Sie verlieren ihre Form, verbrennen, d. h. sie lösen sich direkt in Gase auf. Bei Verbrennungsvorgängen tritt dreierlei ein. Aus Wärme wird das Licht frei, es bildet sich dabei Gasförmiges und es wird ein mineralischer Rest zurückgelassen, die Asche. Die Wärme also, die gerade an der Grenze von Physischem und Nichtphysischem steht, läßt aus sich etwas hervorgehen, was über ihr steht; etwas Immaterielles, nicht mehr Physisches, das Licht (oder den Lichtäther), das selbst nicht mehr physisch wahrnehmbar ist, sondern nur noch erkenntlich wird, wenn es auf physische Gegenstände auftrifft, sie beleuchtet und ihre Oberfläche in ebenfalls nicht mehr physischen Farben aufleuchten läßt. Auf der anderen Seite muß dies damit erkauft werden, daß der Rauch, das Gas, als Physisches gebildet wird; und als rein mineralischer Erdenrest bleibt die feste Asche zurück. Die Wärme differentiiert sich also in zweierlei: in das höhere Ätherische, das Licht, das sie aussendet und in das tiefer stehende Gasförmige, das sie ins Materielle herabsendet.

Bei Holz (Kohlen usw.) wurden beim Wachstum die mineralischen Salze durch die organisierende Wirkung der in den Pflanzen tätigen Lebenskräfte aufgenommen, die unter dem Einflusse von Wärme und Licht diese Stoffe chemisch verändern und zu solchen Verbindungen gestalten, daß umgekehrt wieder durch einen äußeren Anlaß die Imponderabilien heraustreten.

Dagegen besteht zwischen den Gasen und dem Lichte kein Wechselverhältnis. Licht kann sich frei im Gase auswirken und dort seine Bilder entwerfen, Farben erscheinen lassen usw., ohne daß der Zustand der Gase irgendwelche Veränderung erfährt.

Wärme wirkt formauflösend. Sie hat die Tendenz, die formhaften Körper ins Formlose, ins Gasige zu führen und weiter hinein ins Immaterielle. Sie leitet Entmaterialisierungsprozesse ein und führt hinaus ins Gebiet der Lichtwirkungen. Wärme und Licht treten, abgesehen von den Phosphoreszenzerscheinungen, stets gemeinsam auf. Überall, wo in der uns bekannten Welt Formen entstehen und Formen vergehen, muß Wärme beteiligt sein als Urelement des Wirkens. Wärme äußert sich zuerst im Gasigen bei der Entstehung der Welten. Und umgekehrt: ein Flüssigwerden, Erstarren, Formbilden, Individuellwerden tritt auf bei Abkühlung oder bei Freigabe von Wärme. In der Reihe nach unten über das Gasige, Flüssige, Feste hinunter treten die individuellen, gestaltenbildenden Materialisierungsprozesse auf. Wärme steht in der Mitte. Faßt man also zusammen, so ergibt sich:

Gestalten lösen sich unter dem Einfluß der Wärme; Individuelles wird aus dem Sonderdasein in einheitliche Erscheinungsformen gewandelt; und umgekehrt: Formbildung, Gestaltung tritt unter Freigabe von Wärme auf. (Kondensationswärme, Erstarrungswärme.) Wärme wandelt die Schwerkraftwirkung in ihr Gegenteil, in Ausdehnungskraft um; sie äußert sich geradeso in ihrer Wirkung wie umgekehrte Schwerkraft.

In zweifacher Weise äußert sich das Wesen der Wärme bei der Ausbreitung, als Wärmeleitung und Wärmestrahlung.

c) Wärmeleitung.

Sie ist gebunden an die stoffliche, wägbare Materie, beeinflußt dieselbe und ist in ihrer Ausbreitungsfähigkeit (λ) gebunden an die Art der Stofflichkeit, in der die Wärme wirksam ist. Die Wärme breitet sich um so schneller aus, λ ist um so größer, je massiger, spezifisch schwerer die Körper sind (vgl. Zahlentabelle 24). Metalle leiten am besten und raschesten. Sie setzen der Wärmeverbreitung den geringsten Widerstand entgegen. So ist $\lambda = 20$ bei Stahl mit $\gamma = 7{,}85$ bis $\lambda = 330$ bei Kupfer mit $\gamma = 8{,}9$. Die Gesteine weisen ein sehr viel kleineres λ auf, etwa 0,8 bis 2,0 bei $\gamma = 1{,}8$ bis 3,0.

Flüssigkeiten bieten noch größeren Widerstand. Wasser z. B. besitzt $\lambda = 0{,}5$.

Gase leiten noch schwerer. Luft besitzt $\lambda = 0{,}02$; Wasserstoff $\lambda = 0{,}14$.

Und am schwersten dringt Wärme durch poröse lufterfüllte Stoffe, wie Kork, Wolle, Seide, die sog. Isolierstoffe $\lambda = 0{,}2$ bis 0,03.

Der Ausdehnungstendenz der Wärme stellt sich die Individualisierungstendenz der festen Stoffe (Metalle) entgegen. Sie lassen die Wärme nicht frei hindurchstrahlen wie die Gase, sondern halten sie im Innern fest, lassen sie aber dafür frei im Inneren beweglich sein und durchströmen. Hierin besteht ein polarer Gegensatz zu dem Verhalten der Gase. Flüssigkeiten leiten schlecht, wenn sie stillstehen, erwärmen sich nur schichtenweise; aber wenn sie bewegt und gerührt werden, gleicht sich die Wärme rasch aus.

d) Strahlende Wärme.

Hier finden wir uns dem eigentlichen Wesen der Wärme selbst gegenüber, das sich ausbreiten will, hinausstrahlen nach allen Seiten, sich mitteilen; dabei ist für ihre Wesensart gleichgültig das, was ihr im Wege steht. Hier kann sich ihre Eigentendenz frei auswirken; die Wärme wird gewissermaßen hinausgesaugt in den Raum. Die strahlende Wärme beeinflußt dabei in keiner Weise das Stoffliche selbst, durch das hindurch sie sich ausbreitet. Ihre Fortpflanzungsgeschwindigkeit ist umgekehrt wie bei der Ausbreitung in festen Stoffen, um so größer, je weniger wägbare Materie der durchmessene Raum enthält, also je spezifisch leichter der durchstrahlte Körper ist, am größten also im luftleeren Raume. Die Wärme strahlt aber auch durch feste Körper hindurch, z. B. durch Glas, ja sogar durch eine Linse von Eis; ein Thermometer, das in den Brennpunkt gehalten wird, steigt an, ohne daß aber das Eis selbst geschmolzen wird, oder daß sich die durchstrahlte Luft erwärmt. Die Strahlung selbst ist an keine Materie gebunden. Erst dann, wenn ihrem Wege feste Stoffe mit ihrer Individualisierungstendenz entgegentreten, erwärmt sie diese.

e) Wasser und Dampf.

Wasser ist die Flüssigkeit, die am meisten vorkommt. Es umfaßt die Erde in Kugelgestalt und bildet selbst überall eine kugelige Oberfläche, die uns allerdings bei geringer Ausdehnung als Ebene erscheint. In kleinster Menge zeigt Wasser, wie jede andere Flüssigkeit, die Kugelform als Tropfen. Wasser ist überall über und unter der Erde vorhanden; es ist in der mineralischen Welt als Nässe und als Kristallwasser an die Mineralien gebunden; in ihm spielen sich chemische Prozesse ab. Diese treten ohne das Element des Flüssigen nicht auf. In der organischen Welt ist das Wasser Träger der Stoffwechsel- und der Lebensprozesse im Säfte- und Blutstrom. Der Rhythmus des Blutes (flüssiger Zustand) ist viermal so groß als der des Atems (gasförmiger Zustand). Tritt Wärme zum Wasser hinzu, so ändert es wie jede andere Flüssigkeit seine Form, den Aggregatzustand, es wird gasförmig. Man beobachtet, daß die Verdampfungswärme r des Wassers von allen bekannten Stoffen die größte ist, nämlich annähernd 540 kcal/kg; sie fällt mit dem Drucke ab. Ein Teil, die sog. innere Verdampfungswärme ψ, wird verbraucht, um das innere Gefüge des Wassers zu ändern und das Wasser in Dampfform auseinanderzutreiben. Die Dampfwärme i'' steigt mit dem Drucke an, ebenso die Flüssigkeitswärme $c_p\,(t_2 - t_1)$ mit steigender Temperatur. Was heißt das? Das bedeutet, daß das Wasser sich seiner inneren Natur nach sträubt, seinen flüssigen Zustand zu verlassen und in Gasform überzugehen, es will in seiner Flüssigkeitsform verharren und fällt aus der Dampfform immer wieder in leichtester Weise in die flüssige Form zurück, oder wie man sagt: es kondensiert überaus leicht.

Der Dampf hat vom Wärmeelement aufgenommen und ist dessen Tendenz, sich nach außen hin zu verbreiten und zu verteilen, gefolgt. Tritt eine Behinderung ein, etwa durch Einschließen in einen Raum, so äußert sie sich als Druck; ganz geringe Wärmezufuhr über die Verdampfungstemperatur hinaus läßt den Druck schon sehr stark wachsen.

20 kcal/kg genügen bereits, um den Dampf vom spannungslosen Zustand von 100° auf 152° zu bringen und den Druck auf 5,5 ata zu steigern. Je mehr der Dampf sich vom Übergangszustand entfernen soll, desto mehr wehrt er sich, in den gasförmigen Zustand einzutreten. Die spezifische Wärme steigt an, d. h. es müssen pro Gewichtseinheit immer mehr Wärmeeinheiten zugeführt werden; der Druck aber bzw. der Widerstand wächst rascher als der Wärmeverbrauch. Überhitzt man Dampf bei konstantem Drucke, so gilt das gleiche, die spezifische Wärme steigt erheblich an, vgl. Abb. 5. Der Dampf entfernt sich immer mehr vom Grenzzustand, verliert immer mehr seine individuellen Eigenschaften und wird bei Überhitzung vollständig zum Gas, wobei er physikalisch dieselben Eigenschaften wie dieses annimmt.

Aus alledem geht hervor, daß das Wasser im Gegensatz zum Wasserstoff in erster Linie ein irdisches Element ist, eng verbunden mit dem Erdenwesen.

f) Die Wärme und die Naturreiche.

Das Mineral besitzt keine eigene Wärme. Es nimmt diejenige der Umgebung an. Wärmemengen schlummern in ihm gespeichert, die durch äußere Anlässe zur Auswirkung kommen können. Die Zustandsänderungen werden den mineralischen Stoffen durch die Wärme von außen aufgezwungen. Das äußere Aussehen, oft auch die innere Struktur, ob amorph, kristallinisch, auch Farbe, Größe der Leitfähigkeit, schwere oder leichtere Schmelzbarkeit, spezifische Wärme u. a. m. weisen hin auf frühere Wirksamkeit und jetziges Verhalten gegenüber den Einflüssen der Wärme. Hohe und tiefe Wärmegrade wandeln das Mineralische um, aber an sich bleibt es unzerstörbar den Wärmeeinflüssen gegenüber. Die mineralische Welt besteht zwischen den höchsten Wärmegraden und der tiefsten Kälte.

Die Pflanzen sind in ihren Lebensprozessen an enge Temperaturgrenzen gebunden; Wärme bedingt ihr Leben. Die Tötung der Keime erfolgt meist schon bei Temperaturen unter 100° oder bei tieferen Kältegraden.

Eine eigene Wärme besitzt das Pflanzenreich nicht, geringe Wärmeentwicklungen vermögen nur einzelne Pflanzen in ihrer Blüte hervorzubringen. Die Wärme wirkt nur von außen herein. Das Holz und das ins Mineralische umgewandelte Holz, nämlich die Kohlen, speichern die während des Lebensprozesses empfangene Sonnenwärme auf, die dann beim Verbrennen wieder frei wird.

Beim Tierreich beginnt die Wärme ins Innere einzuziehen. Die niederen Tiere und die Kaltblütler nehmen noch die Temperatur ihrer Umgebung an, sie haben noch keine innere Wärme, aber mit dem Aufstieg in der Tierreihe wird die Wärme ganz innerlich, vom Organismus selbst erzeugt und innerhalb ganz enger Grenzen konstant gehalten, unabhängig von der Außentemperatur. Noch bei gewissen Tieren nimmt während des Winterschlafes auch ihre innere Temperatur bis auf ganz niedrige Werte ab. Schon bei diesem Zustandswechsel ist der Einfluß der inneren Wärme auf den Bewußtseinszustand zu beobachten.

Aber erst beim Menschen ist die Wärme ganz verinnerlicht, und der Mensch lebt mit seinem Seelenwesen und mit seinem Ich in derselben. Diese eingezogene Wärme ermöglicht es dem Menschen erst, sich von der äußeren Natur abzuschließen und die Freiheit des Selbstbewußtseins zu erlangen.

II. Die Kesselhausanlagen.

2. Die Einrichtung von Kesselhäusern.

a) Grundsätze für die Einrichtung.

Bei der Anlage von neuen Kesselhäusern und bei der Umänderung bestehender Anlagen wird man eine Reihe von Grundsätzen zur Anwendung bringen, die davon ausgehen, daß das Kesselhaus ein einheitliches Gefüge ist, dessen Einzelteile keinen Selbstzweck besitzen, sondern nur einem gewissen Endziele zu dienen haben, nämlich der Erzeugung von billigem Dampf. Diese Erkenntnis ist noch nicht alt, sondern erst ein Gewinn dieses Jahrhunderts.

Als die Kosten der Brennstoffe und Heizerlöhne gegenüber den anderen Kosten und Sorgen der rasch sich entwickelnden Industrie noch nicht so sehr ins Gewicht fielen, da konnte man noch das Kesselhaus als notwendiges Übel betrachten, als eine nicht zu umgehende Beigabe. Aus dieser Zeit stammen alle die verbauten und verschmutzten Anlagen, die oft noch dazu luft- und lichtlos sind, wo der Staub fingerdick liegt und das Interesse der Bedienungsmannschaften an den Einrichtungen erstickt, ein höchst unangenehmer Aufenthalt für alle, die darin zu tun haben.

Heute jedoch hat man, wie überall in der Industrie, auch im Dampfbetriebe rechnen gelernt; dies ist um so nötiger, weil ja auch die körperlich arbeitenden Volkskreise berechtigterweise eine angemessene Lebensführung anstreben und die heraufdrängende soziale Frage, die eine Lösung fordert, eine Umbildung aller Preise hervorruft. Die Ausgaben fallen um so mehr ins Gewicht, als der Krieg und die allgemein notwendige Umstellung der gesamten Wirtschaftsführung von der

Volkswirtschaft zur Weltwirtschaft tiefeinschneidende Veränderungen gebracht hat, die auf erhöhte Sparsamkeit drängen.

Und so ist auch dieser Betrieb immer mehr und mehr der Mechanisierung unterworfen.

Eine zweite Erkenntnis ist hinzugekommen, nämlich die, daß der kostspielig erzeugte Dampf so wirtschaftlich als möglich verwendet werden muß. Benötigt wird er für die Krafterzeugung und die allererdenklichsten Zwecke in der Fabrikation und für Heizung. Es sind also Dampferzeugung, Krafterzeugung und Dampfverwendung ein organisches Ganzes, dessen Einzelteile ohne schlimmen Schaden zu stiften nicht, wie es leider noch vielfach geschieht, getrennt behandelt werden dürfen.

So führt ein ganz natürlicher Weg vom Kesselbetriebe zur Wärmewirtschaft (davon mehr auf S. 238).

Das Streben nach Ersparnis in der Anschaffung und Wirtschaftlichkeit im Kessel-Betriebe ist in folgenden Leitsätzen niedergelegt:

1. Der ganze Fabrikbetrieb ist nach den Grundsätzen einer rationellen Wärmewirtschaft zu gestalten hinsichtlich Kraft- und Wärmeerzeugung sowie Verwertung der Abwärme für Heizen, Kochen, Wasservorwärmung und Gewinnung von Überschußkraft in der Oberstufe aus dem Dampfe, ehe derselbe zu Heiz- und Kochzwecken benutzt wird.

2. Der Brennstoff ist so zu wählen, daß der Wärmepreis, das sind die Kosten für 100000 kcal, frei Verbrauchsstelle ein möglichst niedriger wird (vgl. S. 102).

3. Die Anlagekosten sind in Rücksicht auf die Größe der Gesamtanlage und ihre tägliche Betriebsdauer so zu bemessen, daß nicht durch zu hohe Zins- und Abschreibungslasten die Wirtschaftlichkeit des Betriebes in Frage gestellt wird.

4. Der Kostenaufwand für die Bedienung des gesamten Dampfkesselbetriebes einschließlich Förderanlagen, Reinigung des Kessels und der Kesselzüge, Entfernung der Flugasche und Bedienung sämtlicher Nebenapparate soll durch zweckmäßige und selbsttätige Einrichtung auf ein Mindestmaß beschränkt werden.

5. Der mittlere Wirkungsgrad der Anlage ist durch sachgemäße Einrichtung, laufende sorgfältige Instandhaltung und durch entsprechende Betriebsüberwachung so hoch wie möglich zu halten.

6. Die Anlage muß in jedem Falle unbedingte Betriebssicherheit gewähren und alle zweckmäßigen und notwendigen Einrichtungen enthalten.

7. Es muß ein gewisser Betrag, der nicht zu knapp bemessen werden soll, auf Ersatz und Betriebsverbesserungen verwendet werden, um den gesamten Betrieb auf dem jeweiligen höchsten Stande der fortgeschrittenen Technik zu halten.

Erst eine Anlage, welche nach diesen 7 Grundsätzen eingerichtet und betrieben wird, kann einen Aufbau ergeben, welcher der Bedeutung der Kesselhausanlage im Gesamtbetriebe der Fabrik angemessen ist.

Forderung 1 umfaßt die Grundfrage der gesamten Fabrikanlage. Diese muß unbedingt von vornherein in Rücksicht auf Erzeugung und Verteilung der Kraft, Erzeugung und Verwertung der Wärme eingerichtet sein. Ganz wesentlich für die gesamte Wirtschaftlichkeit ist die Entscheidung, ob eine Kondensations-, Auspuff- oder Gegendruckmaschine aufzustellen ist, je nachdem der Betrieb hauptsächlich ein Kraftverbraucher, z. B. eine Maschinenfabrik, Holzwarenfabrik oder dgl. ist, oder ein Wärmeverbraucher, wie eine Färberei, Zuckerfabrik, oder ein günstiges Zusammenwirken beider darstellt, wie etwa eine Brauerei, welche völlige Verwertung für die eigene überschüssige Wärme hat. Unter Umständen sind für den Überschuß an Kraft oder Wärme von vornherein Abnehmer zu suchen, etwa durch Zusammenarbeiten mit benachbarten Betrieben, die sich entsprechend ergänzen können, oder durch Hinzufügen besonderer Abteilungen, wenn dies die sonstige Fabrikation gestattet. Diese Fragen können für die Lage des Betriebes zu anderen Industrien maßgebend sein (vgl. Einführung zu Abschn. 5). Hier tritt bereits die Bedeutung der Wirtschaftsführung des Einzelunternehmens im Zusammenhange mit der Gesamtwirtschaft des Volkes hervor. Ein grundsätzlicher Fehler auf diesem Gebiete ist später meist nur unter sehr hohen Kosten wieder rückgängig zu machen, und den Schaden hat, neben der Fabrik selbst, die Allgemeinheit durch erhöhten Verbrauch an Kohlen.

Forderung 2 berührt die Kernfrage des Dampfbetriebes, die Brennstoffwahl. Unter mehreren zur Eignung erkannten, sonst gleichwertigen Brennstoffen hat man sich für den zu entscheiden, welcher eine bestimmte Wärmemenge zum billigsten Preise liefert, damit von vornherein der Betrieb auf eine wirtschaftliche Grundlage gestellt wird. In gewissen Gegenden z. B. hätte man die Wahl zwischen Steinkohlen und Braunkohlen bzw. Braunkohlenbriketts zu treffen; auch der Verwertung von minderwertigen Brennstoffabfällen, wie Koksgrus, Abfallkohle u. dgl. ist Aufmerksamkeit zu schenken. Man hat neben dem Wärmepreis auch noch darauf zu achten, daß man beim Versagen der Lieferung infolge irgendwelcher Zufälligkeiten nicht allein auf eine Lieferungsquelle angewiesen ist. Die Wahl der Kohlensorte ist entscheidend für die Anlage des Kesselhauses, da fast alle Einrichtungen desselben sich danach zu richten haben. Die Feuerungseinrichtung ist deshalb so zu treffen, daß eine möglichst reichhaltige Auswahl von Kohlen nach Stückgröße und Beschaffenheit sich darauf verfeuern läßt, daß man sich also eines augenblicklich günstigen Angebotes wegen nicht etwa bloß an Grus- oder Nußkohle u. dgl. bindet. Unter Umständen kann bei mehreren

Kesseln der eine oder andere mit einer Spezialfeuerung für Braunkohle oder für Steinkohle eingerichtet werden.

Punkt 3 verlangt, daß man die Anlage nicht kostspieliger gestalten soll, als wie es dem jeweiligen Zwecke entspricht, natürlich unter Wahrung einer angemessenen Ausstattung. Je länger die tägliche Betriebsdauer und je höher die auf die Kesseleinheit bezogene Dampfleistung ist, desto größer darf auch der Bauaufwand sein.

Forderungen 4—6 sprechen aus, daß sich die Bedienung und der Betrieb der Kesselanlage so billig wie möglich gestalten soll, ohne indes die Betriebssicherheit zu vernachlässigen. Dies läßt sich in erster Linie durch selbsttätige Einrichtungen erzielen, welche die menschliche Arbeit nach Möglichkeit ersetzen. Dazu gehört auch ein richtiges Verhältnis zwischen Kesselbelastung und Wirkungsgrad der Anlage; dieses wird am besten durch einen oder mehrere unter den üblichen Betriebsverhältnissen, also nicht unter besonders dazu hergestellten vorteilhaften Umständen vorgenommene Heizversuche ermittelt, um für die Betriebsführung gewissermaßen ein Vorbild zu schaffen, dem sie sich im Dauerbetriebe zu nähern hat. Dabei ist auch besonderes Augenmerk darauf zu richten, daß der Betrieb mit einer möglichst geringen Anzahl Kessel geführt wird. Unter den meisten Umständen wird man auf eine höhere Anstrengung des Kessels, also stärkere Ausnutzung des aufgewendeten Betriebskapitals sehen müssen. Da der Kessel dann einen geringeren Wirkungsgrad aufweist, so muß man den Verlust durch Einbau eines reichlicher bemessenen Rauchgasvorwärmers und Lufterhitzers ausgleichen. Man wird dabei besser fahren, als wenn man einen hohen Wirkungsgrad durch geringe Kesselbelastung, also niedrige Ausnutzung des Baukapitals zu erzielen strebt. Bei sehr teuren Brennstoffen wird man stets besonders scharf auf hohen Wirkungsgrad der Anlage sehen müssen, weil in diesem Falle der Kohlenaufwand im Verhältnis zu den anderen Unkosten sehr groß ist (vgl. Abb. 84). Im allgemeinen hat man für kleine Anlagen mehr auf geringere Anlagekosten zu achten, für größere Anlagen mehr auf billigen Betrieb (vgl. Zahlentafel 40).

Forderung 7. Die Höhe der für Ersatz und Verbesserung zurückgelegten Gelder, die sich in der Abschreibung (vgl. Abschn. 40) ausdrückt, darf ja nicht zu niedrig angesetzt werden. Ein nach wirtschaftlichen Grundsätzen arbeitender Betrieb wird verhältnismäßig hoch abschreiben, einmal, um eine Rücklage zu haben, dann, um ungehindert durch hohe Bewertung des Besitzes, rasch technischen Neuerungen folgen zu können. Man tut deshalb gut, die Abschreibungen höher anzusetzen, als einem voraussichtlichen Lebensalter der betreffenden Einrichtung entsprechen würde. Auch sollte die Abschreibung nicht, wie vielfach üblich, stets in gleichbleibenden Hundertteilen vom jeweiligen Aufnahmebestande erfolgen, sondern der Anschaffungspreis soll die Grundlage bilden. Mehr als 12—15 Jahre Lebensdauer sollte man bei keinem Kessel ansetzen, besonders nicht bei den empfindlicheren Röhrenkesseln. Feuerungen, insonderheit mechanische Röhrenvorwärmer, Überhitzer u. dgl. sollte man in kürzerer Zeit erledigen. Tun sie länger ihren Dienst, dann um so besser. Dabei möge der Grundsatz gelten, daß Instandsetzungsarbeiten und Verbesserungen, soweit sie nicht eine ausgesprochene Wertsteigerung der betreffenden Einrichtung hervorrufen, möglichst im gleichen Jahre abgeschrieben, also unter Betriebsunkosten verrechnet werden.

An zweckmäßigen Einrichtungen, die wirtschaftliche Vorteile oder Betriebserleichterungen versprechen, und die sich in kurzer Zeit bezahlt machen, soll man nicht sparen, ebensowenig an Ersatz abgebrauchter und veralteter Anlageteile, weil dieselben gewöhnlich hohe laufende Betriebsausgaben durch teure Arbeitsweise und Ausbesserungen verursachen. Gar nicht zu rechnen der Ausfall an Erzeugnissen durch Betriebsstörungen.

Bei Gebäuden, die zu technischen Zwecken dienen, ist eine oft noch übliche, von Wohngebäuden übernommene Abschreibung von 2 vH verfehlt, weil zu niedrig; $3^1/_2$—4 vH sind zu fordern. Umbauten, Änderungen, Erweiterungen, Abbruch einzelner Teile infolge Einbaues neuer Apparate (z. B. Höherlegen des Daches beim Einbau von Überhitzern oder stehenden Kesseln und Vorwärmern, Ausbrechen von Wänden bei Einführung selbsttätiger Bekohlungsanlagen u. dgl.) verändern oft in wenigen Jahren ein Kesselhaus so, daß gewissermaßen vom alten nichts mehr vorhanden ist. Unvermutete Änderungen treten immer wieder ein, dafür sorgt der rasche Fortschritt der Technik. In allen diesen Fragen wird der Ingenieur oftmals seinen Einfluß beim Kaufmann geltend machen müssen.

Schon bei diesen einleitenden Besprechungen ist die Notwendigkeit einer umfassenden technischen, wirtschaftlichen und sozialen Bildung des mit diesen Aufgaben betrauten Wärme-Ingenieurs ersichtlich; auch zeigt sich der hohe Wert von sorgfältigen Aufstellungen der Kesselhausunkosten. Es sei daher bereits hier auf den Abschnitt 40 hingewiesen.

b) Wichtige Einzelheiten für Kesselhäuser.

Man soll den Kesseldruck bei Neuanschaffung von Kesseln ohne Rücksichtnahme auf bereits vorhandene Kessel so hoch als angängig wählen; bei kleinen Anlagen nicht unter 18 atü, bei größeren möglichst nicht unter 25—30 atü; der Mehrpreis ist gegenüber dem Anschaffungspreise der Kessel nur unwesentlich; dagegen bietet ein hoher Druck jede Möglichkeit, den Fortschritten der Technik zu folgen, zumal ja auch mit hohem Betriebsdrucke wesentliche Vorteile verbunden sind. Die Dampfleitungen können für höhere Drücke, also auch für größere Dampfgeschwindigkeiten, kleineren Durchmesser erhalten, sie werden billiger; ebenso wie die teuren Absperrventile und Rohrumhüllungen. Vor allem bleibt stets die Möglichkeit gewahrt, die Kondensation abzuschalten, und den Zwischen- oder Auspuffdampf für Fabrikations- und Heizzwecke zu verwenden (vgl. S. 234).

Für einen guten Wärmeschutz aller wärmeführenden Teile der Anlage ist Sorge zu tragen; es sind also alle Rohrleitungen, einschließlich Flanschen, Ventilen und Sammelstutzen zu umhüllen, ebenso Vorwärmer und wenn möglich Heißwasserbehälter; desgleichen muß bei Ausführung des Kesselmauerwerks auf Dichtigkeit und geringste Wärmeverluste nach außen Bedacht genommen werden. Aneinander gebaute Kessel müssen gut isolierte Zwischenwände erhalten, damit bei Reinigung des einen stillgelegten Kessels die nötigen Arbeiten ohne zu große Hitzebelästigung durch den im Betrieb befindlichen Nebenkessel sorgsam durchgeführt werden können. Werden alle diese Vorkehrungen gegen unnötige Wärmeausstrahlung getroffen, so kann auch besondere Entlüftung durch Ventilatoren in Fortfall kommen, zumal wenn noch dafür gesorgt wird, daß Staubbelästigung und Verschlechterung der Luft durch Schwelgase nicht entstehen kann, durch Verlegen der Ascheabfuhr unter Flur. Denn Ventilatoren verbrauchen Kraft, verursachen Zug, verstärken dadurch die Wärmeverluste und schaffen überflüssig viel kalte Luft hinein, die wieder erwärmt werden muß.

Zugänglichkeit aller Teile ist ein Hauptererfordernis für Wartung und Auswechseln. Deshalb sollen große Wasserrohrkessel höchstens zu zweit in einem Blocke vereinigt werden; und zwischen den einzelnen Blöcken muß ein reichlich breiter Gang, nicht unter 1,4 m, frei bleiben.

Vor den Feuerungen soll mindestens ein Raum von 2,5—3,0 m verfügbar sein für die Bedienung der Feuerungen mit Schaufel, Schüreisen und Krücke sowie für die Ascheentfernung und das Hinlegen von Kohle bei Handfeuerungen. Auch muß das Ausfahren von mechanischen Feuerungen und bei Lokomobilen das Herausziehen von Röhren sich noch leicht ermöglichen lassen. Ähnliches gilt für den Raum hinter den Kesseln. Auch hier sind allerlei Arbeiten vorzunehmen. Flugasche muß aus Flammrohren und Zügen herausgeholt werden, die Rohrverschlüsse von Wasserrohrkesseln sind nachzusehen und bei Reinigung zu entfernen, die Verbrennungsvorgänge müssen durch Schaulöcher beobachtet werden und es müssen sich auch längere Thermometer einführen lassen; ein Abstand von 1,2 m bis zur Wand ist wünschenswert.

Bei großen Anlagen sollen die Speiseleitungen und Hauptdampfleitungen als Ringleitungen eingerichtet werden, um ein Absperren, Ausbessern sowie Auswechseln einzelner Teile während des Betriebes zu ermöglichen. Für richtige Aufhängung, für Festpunkte und Dehnungslager, für Ausgleichbögen, Windkessel und Entwässerungen an geeigneter Stelle ist Sorge zu tragen, ebenso für Wasserführung besonders beim Einmünden von Leitungen, derart, daß keine Wasserschläge auftreten können.

Alle Rohrleitungen sind unter größter Rücksichtnahme auf Bedienen, Instandhalten durch Verpackung, Auswechseln einzelner Ventile u. dgl. auf kürzestem Wege, aber nicht zu dicht an die Wand und möglichst geschweißt zu verlegen. Jedes Ineinanderschachteln von Leitungen verhindert die Zugänglichkeit und Übersichtlichkeit, die in Fällen der Gefahr besonders wertvoll ist. Hauptspeise- und Dampfabsperrventile sollen deshalb bei höherliegenden Rohrleitungen von unten bequem durch Ketten- oder Zahnstangenantrieb zu bedienen sein, ohne daß erst eine Leiter herangeholt werden muß. Man sollte auch bedenken, daß nachträglich oft noch Änderungen an Leitungen und Hinzulegen neuer erforderlich sind; dazu muß der Platz reichen. Ein Anstreichen der Rohrleitungen in den vom Verein deutscher Ingenieure aufgestellten Farbenarten[1]) empfiehlt sich sehr wegen der raschen Übersicht.

Durchaus erforderlich ist es auch, daß für genaue Zeichnungen der Kesselanlage gesorgt wird, in denen alle Rohrleitungen farbig angelegt, Ventile, Anschlußstücke einschließlich Angabe der Rohrdurchmesser, Hauptlängenmaße usw. enthalten sind. Die Zeichnungen sind für jede Besprechung und geplante Betriebserweiterung von unschätzbarem Werte.

Bei der Bestimmung der Höhenlage, welche die Kessel erhalten sollen, muß Rücksicht auf den Grundwasserstand genommen werden; alle Teile der Anlage müssen unbedingt trocken bleiben, damit nicht unter dem Einflusse der im Mauerwerk hochziehenden Nässe Verwitterungen des Mauerwerkes und Rosten der Eisenteile eintritt. Auch ein Naßwerden der Zugkanäle oder Vollaufen bei Hochwasser ist schädlich, weil durch den steten Wärmeaufwand zum Verdunsten der Feuchtigkeit eine starke Herabkühlung der durchziehenden Gase stattfindet bzw. der Betrieb stillgelegt wird. Im Grundwasser angelegte Kanäle lassen sich erfahrungsgemäß infolge der stets wechselnden Temperaturverhältnisse nicht auf die Dauer dicht halten.

Es sei noch erwähnt, daß es zweckmäßig ist, zum Heraus- und Hereinschaffen großer Stücke und der Kessel selbst, in den Kesselhauswänden an geeigneter Stelle große Bögen etwa über Tür oder Fenster einzumauern, so daß man zum Gewinnen einer hinreichenden Öffnung nur das darunter befindliche Mauerwerk herauszubrechen braucht, wenn man nicht vorzieht, gleich ein großes Tor anzubringen.

Aus allen vorhergehenden Ausführungen erhellt, daß eine Kesselhausanlage, die nur für den augenblicklichen Bedarf zugeschnitten ist,

---

[1]) Z. V. D. I., 1911, S. 2019.

ohne Erweiterungsmöglichkeit und Rücksicht auf später sich herausstellende Bedürfnisse und Anpassung an den Fortschritt, von vornherein als verfehlt zu betrachten ist, ebenso das Einbauen von Kesselhäusern in enge Räume zwischen bestehende Gebäude. Alle Einzelteile der Einrichtung sind deshalb unter diesem Gesichtspunkte anzuordnen.

c) Kohlenförderung und Lagerung.

Auf Grund dieser Forderungen hat sich etwa nachstehend beschriebene Anordnung neuzeitlicher Kesselhäuser entwickelt, wie solche in vielen Abbildungen in den einschlägigen Zeitschriften zu finden sind, natürlich mit Anpassung an die gegebenen Verhältnisse.

Abb. 1 und 2 zeigen ein ganz modernes Kesselhaus mit zwei Hoch druckkesseln von je 1100 m² Heizfläche für 36 atü, mit Kohlenstaubfeuerungen, Überhitzern und Luftvorwärmern. Das Kesselhaus hat 33,6 m Breite im Lichten und die große Höhe von 27,8 m vom Fußboden bis Dachfirst, dazu 9,6 m Höhe der Unterkellerung. Jeder Kessel besitzt zwei eigene Einzelmahlanlagen, bestehend aus zwei Ringwalzenmühlen mit 180 Umdrehungen der Antriebswalze, deren jede für Vermahlung von 3 t mittelharter Steinkohle je Stunde bestimmt ist. Die zugehörigen Ventilatoren können wechselseitig auf die eine oder andere Mühle umgeschaltet werden. Der Kraftverbrauch für jede Mühle mit Ventilator beträgt 43 kW.

In Abb. 3 ist eine ältere Anlage mit Zweiflammenkesseln, wie sie heute noch überwiegend zu finden ist, im Schnitt dargestellt; mit Stufenrostfeuerung für Braunkohlen, Überhitzer und großem Kohlensilo mit Transportband, dazu sehr gut ausgebildeter Entaschungsanlage unterhalb des Kesselhausfußbodens. Die Bilder zeigen in sehr anschaulicher Weise die überaus rasche Entwicklung der Dampftechnik in den letzten 5 Jahren.

Sowohl das Hereinschaffen der Kohle in das Kesselhaus, das Fördern der Kohle auf den Rost, als auch die Abfuhr der Asche und Schlacke wird tunlichst selbsttätig bewerkstelligt. Das Gebäude wird luftig, hell und den Forderungen einer bequemen Reinigung entsprechend angelegt.

Um einen großen Kohlenvorrat bequem zur Hand zu haben, auch als Rückhalt für Streiks oder Feiertage, und dabei doch an Grundfläche zur Lagerung möglichst zu sparen, baut man über den Kesseln größere Siloanlagen zur Kohlenaufnahme. Die Beladung des Silos geschieht vielfach von dem Kohlenlagerplatz aus, wohin die Kohle angefahren wird, durch Fördermittel, welche geeignet sind, die Kohle nicht nur auf die Höhe des Silos zu heben, sondern auch in den langen Vorratsbehälter gleichmäßig zu verteilen. Das soll möglichst auf dem kürzesten Wege erfolgen, um an Kraft zu sparen, und unter möglichstem Vermeiden von Umladen und Herabwerfen der Kohle, weil hiermit eine Grusbildung

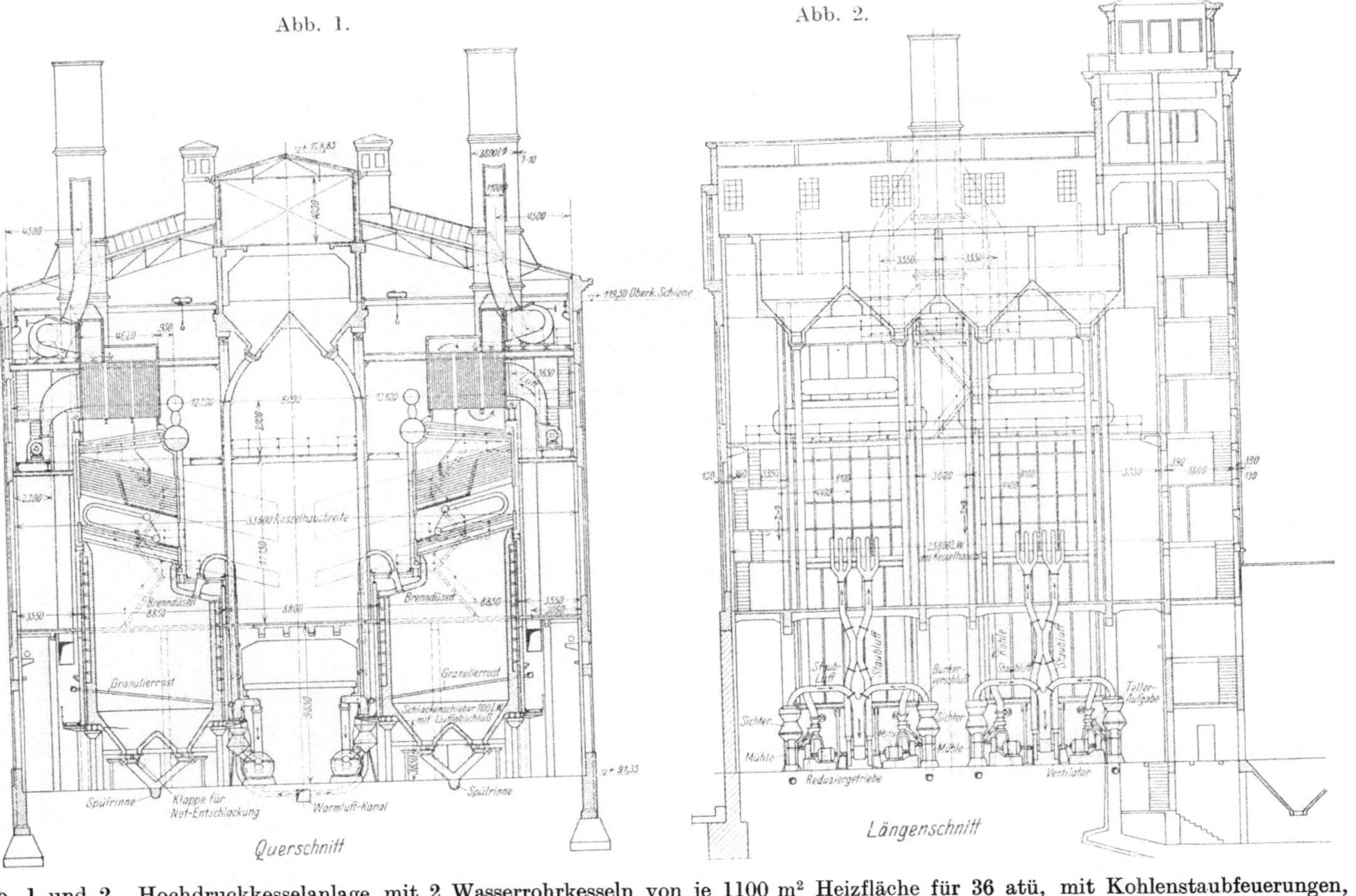

Abb. 1 und 2. Hochdruckkesselanlage mit 2 Wasserrohrkesseln von je 1100 m² Heizfläche für 36 atü, mit Kohlenstaubfeuerungen, Überhitzern und Luftvorwärmern.

und als Folge davon ein Herabsetzen des Wertes der Kohle sowie eine Erschwernis des Feuerungsbetriebes verbunden ist.

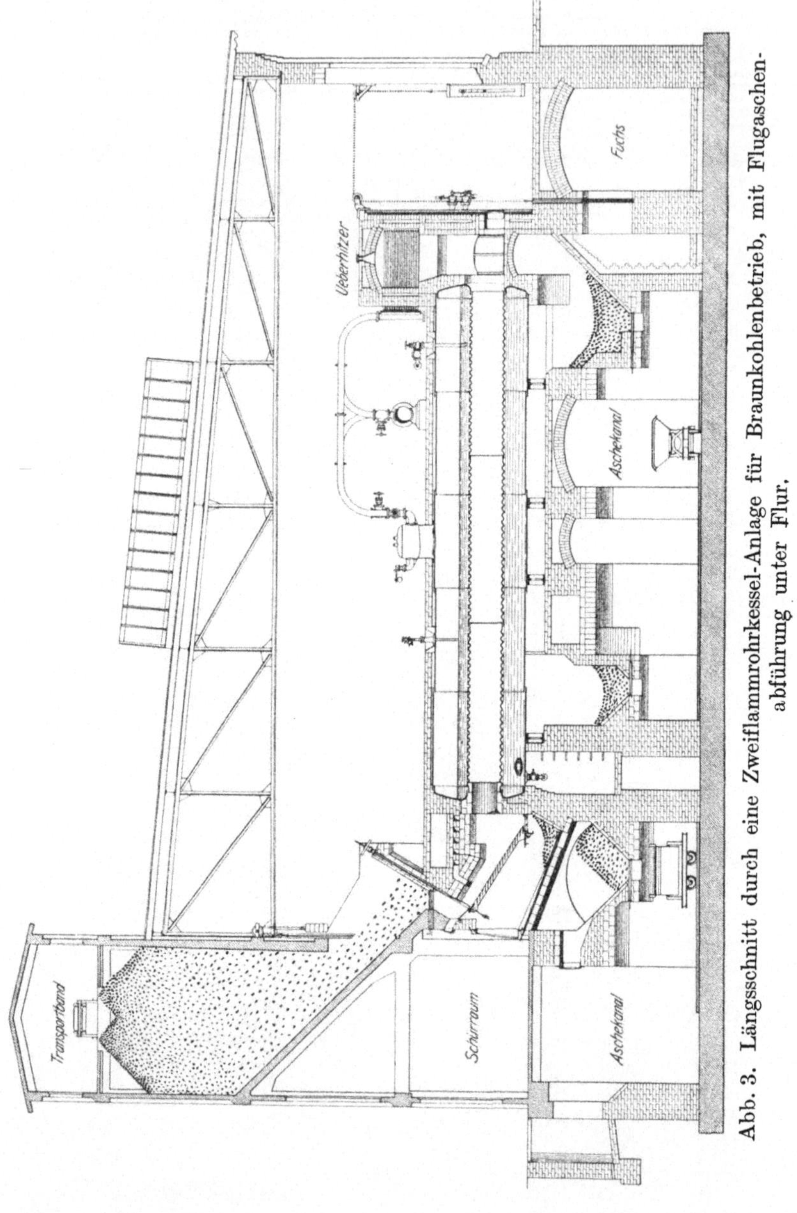

Abb. 3. Längsschnitt durch eine Zweiflammrohrkessel-Anlage für Braunkohlenbetrieb, mit Flugaschenabführung unter Flur.

Falls reichlicher Lagerplatz vorhanden ist, baut man zwecks Verringerung der Kesselhauskosten vielfach über den Kesseln nur kleine

Kohlentaschen ein, die für einige Stunden Vorrat enthalten. Die Aufbewahrung der Kohlen geschieht dann auf dem Kohlenplatze. Bedingung für diese Bauweise ist aber das Vorhandensein eines stets betriebsbereiten und sicheren Kohlenfördermittels, damit die Kohlenzufuhr nicht unterbunden wird.

Viel benutzt wird für Kohlenhochförderung der Elevator, der entweder aus einem endlosen, über 2 Scheiben geführten Gurte oder einer ebensolchen Kette besteht, an der Becher befestigt sind. Die Becher müssen für nasse Braunkohle verhältnismäßig größer sein als für Steinkohle, weil erstere stets Neigung hat, sich anzusetzen.

Die Gurt-Elevatoren haben gegen den Ketten-Elevator den Vorzug eines ruhigen Ganges, eines geringeren Kraftbedarfes und einer größeren Leistungsfähigkeit, da sie mit etwa 1 m Geschwindigkeit je Sekunde laufen können, während man für Ketten etwa 0,7 m je Sekunde ansetzt. Die Verwendung des Gurt-Elevators ist begrenzt durch eine bestimmte Höhe, bei welcher der Gurt nicht mehr genügend durchzieht, und ferner durch Anschlagen des Gurtes an die Wandflächen bei einer mehr geneigten Stellung des Elevators.

Andere Hilfsmittel sind Aufzüge, Greifer, schräge Ketten oder Seilbahnen auf Bergwerksgruben, Elektrohängebahnen, schräge Förderbänder oder Becherwerke in verschiedenster Ausführungsform, die zugleich zum Hochheben der Kohle und Verteilen auf die Siloanlage dienen. Während Bänder nur gerade Wege zu durchlaufen vermögen (bei Krümmungen des Weges oder Umbiegen im rechten Winkel muß von einem Bande auf ein zweites, anders stehendes abgeworfen werden), können Becherwerke und Elektrohängebahnen mit Greifer oder Wagen jede beliebige Krümmung durchlaufen, was für sehr viele Zwecke vorteilhafter ist; sie bewerkstelligen die Förderung also ohne Umladen in schonender Weise bis über die Bunker oder Kohlentrichter. Jede Anlage verlangt eine besondere Behandlung.

Für wagerechte Führungen werden als einfachste Hilfsmittel Förderbänder (Abb. 3) oder zugedeckte Schnecken benutzt. Bänder, auch in schräger Lage, finden da überall am vorteilhaftesten Anwendung, wo das Fördergut gleichmäßig ohne Rücksicht auf Staubentwicklung unter größtmöglicher Schonung in einem Lagerraum (Silo, Bunker) verteilt werden soll. Das Band verdient außerdem bei grobstückigen, auch bei nassen und schmierigen Kohlen gegenüber der Schnecke den Vorzug.

Zum gleichmäßigen Abnehmen des Fördergutes vom Bande dient ein selbsttätiger Abwurfwagen, der entweder von Hand verstellt werden kann, oder der ununterbrochen auf dem Bande hin und her läuft mit Hilfe einer seitlich angeordneten Kette; der Wagen steuert sich von selbst, am Ende seiner Bahn angekommen, um. Die Bauweise dieser

Abwurfwagen ist gewöhnlich so, daß das Band über Rollen hochgenommen und durch Rollen einseitig aufgehoben wird, so daß die Kohle seitlich abfallen muß; bei anderen Ausführungen wirft das hochgehobene Band in einen Trichter, der die Kohle über das Band seitlich herabführt.

Diese gleichmäßige Verteilung der Kohle über das ganze Silo ist sehr zweckmäßig, weil Ungleichheiten in der Kohlenbeschaffenheit durch Anlieferung verschiedener Stückgröße und Sorten, verschieden nasser Kohle usw. für die Beschickung der einzelnen Kessel ausgeglichen werden.

Feststehende winkelförmige Abstreicher, welche die ankommende Kohle seitlich abführen, bieten einen nicht ganz gleichwertigen, aber wesentlich billigeren Ersatz.

Die Abstreicher können hochgehoben werden, um der Kohle den Durchgang nach einer anderen Abladestelle zu ermöglichen. Man ordnet zweckmäßig zwei solcher Abstreichbleche hintereinander an, um zu verhüten, daß der beim Zittern des Bandes unter dem ersten Bleche hindurchgehende Staub und Grus nach dem Bandende läuft, dort abfällt und sich anhäuft, so daß hauptsächlich die letzten Feuerungen viel Grus erhalten.

Der Antrieb der Fördereinrichtungen geschieht am besten durch Elektromotor, wegen seiner Einfachheit und steten Betriebsbereitschaft.

Aus den Silos, die meist aus Eisenbeton gebaut werden und schräge Wände haben, rutscht die Kohle nach Öffnen von Ablaßschiebern den Trichtern der einzelnen Feuerungen durch Schlote zu. Vgl. Abb. 3 u. 39. In Verbindung mit solchen Siloanlagen werden stets mechanische Feuerungen angelegt, oder bei Braunkohlenbetrieb Schüttfeuerungen (Abb. 3 u. 39) oder Muldenroste (Abb. 17 u. 18), die ebenfalls selbsttätig arbeiten, so daß sodann der ganze Betrieb selbsttätig eingerichtet ist. Die Arbeit des Personals erstreckt sich nur auf Wartung und Bedienung der Anlage, sowie auf Einstellen des gesamten Dampfbetriebes auf den jeweiligen Dampfbedarf.

Kann aus Raummangel oder um an Anlagekosten zu sparen usw. kein Silo über den Kesseln angelegt werden, wie oftmals bei alten Anlagen, so kann die Kohle bequem durch einen Elevator hochgebracht werden, der sie in eine gedeckte, wagerecht liegende Schnecke (nicht für nasse Kohle) schüttet, von der die Kohle unter Vermeidung von Staubentwicklung sofort in die Zuführungsschlote bzw. -trichter der einzelnen Feuerungen gebracht wird. Schlote und Zuführungstrichter bieten immerhin einen gewissen Kohlenvorrat auf einige Zeit. Der Elevator und die Schnecke müssen allerdings einen großen Teil des Tages laufen, um dadurch die Feuerungen voll Kohle zu halten; die Schnecke stellt sich nach Vollfüllen aller Trichter von allein ab.

Da es für die Überwachung des Betriebes wichtig ist, die verbrauchte Kohlenmenge festzustellen, so werden oft für Steinkohle zwischen Elevator und Band oder Schnecke, oder bevor die Kohle in das Becherwerk schüttet, selbsttätige Wagen eingeschaltet, oder die angeförderte Kohle wird durch Gleiswagen gewogen, ehe sie in den Bunker gelangt, usw.; bei einfacheren Verhältnissen genügt eine selbsttätige Zählvorrichtung für die hereingebrachten Wagen, manchmal auch ein Aufschreiben der Kohlenwagen durch den bedienenden Arbeiter. Auf jeden Fall aber ist es zweckmäßig, sich ein Bild über den jeweiligen Bedarf zu verschaffen (s. S. 415).

d) Aschen- und Schlackenentfernung.

Großer Wert ist auf eine zweckmäßige Ausbildung der Schlacken- und Flugaschenentfernung aus den Kesselzügen zu legen, besonders bei Verfeuerung von Braunkohle, wobei sich beträchtliche Mengen Flugasche (6—8 vH) bilden. Man legt deshalb geräumige Sammelkammern unter den Kesseln an den Umkehrstellen der Heizgase an, in denen sich die durch die Züge mitgerissene Flugasche ablagert. (Abb. 3 u. 39.) Zum Entleeren dieser Kammern baut man zweckmäßig Doppelschieber ein, zwischen denen sich ein Aufnahmeraum befindet. Die beiden Schieber sind mechanisch so verbunden, daß sich der eine schließt, wenn der andere geöffnet wird, damit die Züge stets von der Außenluft abgeschlossen sind. Es ist nämlich die Flugasche in den Sammelkammern zum Teil noch glühend, und es kommt vor, daß bei einfachen Schiebern große Mengen solcher glühender Asche auf einmal herausrollen, wenn nachgestochert wird, und leicht Verbrennungen der Bedienungsmannschaft verursachen, oder daß sich in den Sammelräumen brennbare Gase befinden, die beim Öffnen des Schiebers begierig nach dem Sauerstoff der Außenluft lecken, so daß explosionsartige Flammen herausschießen.

Diese Aschenkammern werden am besten so weit unterkellert, daß die Asche entweder von unten in untergestellte Wagen abgezogen werden kann oder seitlich vom schrägen Boden der Aschenkammern aufgenommen wird. Überhaupt wird zweckmäßig jede Reinigungstür so hoch über den Boden der Kanalsohle gelegt, daß die Asche sofort in Wagen fällt und somit ein nochmaliges Umschaufeln unterbleibt. Es werden deshalb besondere Gänge, die mit Wagen auf Schienen befahrbar sind, unter den Kesseln angelegt. Diese Gänge, die man mindestens 2 m hoch macht, erhalten Lichtschächte oder, wenn dies nicht angängig ist, Luftschächte oder reichliche Luftabführung durch Schlote in den Mauern, die bis über das Dach führen, damit der Aufenthalt in den mit schlechten Gasen angefüllten Räumen erträglich wird, und zwei Ausgänge möglichst an entgegengesetzten Enden. Die Kellerräume sollen mit dem darüberliegenden Kesselhause keine Verbindung haben, damit die Schwefelgase und der Qualm nicht hochsteigen können. Die Wagen werden nun, je nach den örtlichen Verhältnissen, wenn das Kesselhaus nicht erhöht gebaut ist, mittels schräg aufsteigender Kanäle oder durch besondere kleine Aschenkrane oder Aufzüge an die Erdoberfläche befördert; auch Elevatoren, Becherwerke, elektrisch angetriebene Hängebahnen und Schüttelrinnen finden für diesen Zweck immer mehr Eingang. Sogar Flugaschenförderungen, die mittels Saugluft eine Entleerung der Züge und Sammelstellen in kurzen Betriebspausen bzw. während des Betriebes gestatten, werden heute eigens zu diesem Zwecke gebaut, desgleichen Ascheejektoren mittels Druckwassers. Alle Bestrebungen laufen darauf hinaus, die lästige Staubentwicklung zu vermeiden, ebenso unnötiges Umschaufeln der überaus leicht aufgewirbelten Flugasche. Die abgefahrene Flugasche wird am besten vergraben oder wenigstens mit Wasser begossen, da sie dann eine härtere Kruste bildet und nicht mehr so leicht aufstäubt. Um bequeme und saubere Aschenabfuhr zu gewinnen, geht man, wo es sich irgend ausführen läßt, immer mehr dazu über, die Kessel hoch zu stellen, so daß die Aschenabfuhr zu ebener Erde bewerkstelligt werden kann.

In gleicher Weise bemüht man sich, den Staub aus den Kesselhäusern soviel wie möglich fernzuhalten. Ganz läßt er sich bei Braunkohlenbetrieb nicht vermeiden, weil aus den Schüttfeuerungen oftmals Flammen herausschlagen, die lose Asche herausschleudern. Erst mechanische Branunkohlenfeuerungen vermindern diesen Übelstand (s. Abb. 19). Die Siloanlagen werden möglichst völlig vom übrigen Kesselhause abgeschlossen; Schnecken und Elevatoren erhalten staubdichte Einkapselung. Fenster mit Entlüftungsklappen müssen reichlich im Kesselhause angebracht werden, wenn möglich auch im Dache und unter den schrägen Siloräumen so hoch, daß der Dunst dort aus dem Heizerstande abziehen kann. Denn nichts tötet so leicht das Interesse der Bedienungsmannschaft an Instandhaltung der Einrichtungen wie stets wiederkehrender Staub, der alle Gegenstände in dicken Schichten belegt. Durch hellen Anstrich der Wände und Auskleiden der unteren Wandteile sowie Kesselvorderseiten mit glasierten Steinen, die also bequem abwaschbar sind, wird der Ordnungs- und Sauberkeitssinn der Heizer wesentlich gefördert.

Braunkohle bildet viel feinen Staub beim Brennen, der bei manchen Anlagen, insonderheit dann, wenn die Kanäle nicht ganz sachgemäß angeordnet sind oder sich bis auf einen geringsten Querschnitt, der vom verfügbaren Zuge abhängt, mit Flugasche vollgelegt haben, und wenn geeignete größere Aschensäcke zur Ablagerung fehlen, bei einigermaßen starkem Zuge mit durch den Schornstein gerissen wird und die ganze Umgebung des Schornsteins mit einem Flugaschenregen bedeckt. Ähnliches gilt für Kohlenstaubfeuerungen. Klagen der Nachbarschaft und Rechtsstreite sind oft die Folgen dieser Belästigung.

Um diese Übelstände möglichst zu vermeiden, werden auch bisweilen besondere Flugaschenfänger vor dem Schornstein eingebaut, welche die durchströmenden Gase unter geringem Zugverluste zwingen, Funken, Asche, Ruß und Staubteilchen abzusondern und an bestimmten Sammelstellen abzusetzen. Die Fänger erhalten gewöhnlich in einem erweiterten Kanale senkrechte oder schräge Fang- und Gleitschaufeln von U-förmigem oder winkligem Querschnitt, die in Reihen hintereinander angeordnet sind, so daß die eine Reihe vor den Lücken der anderen steht. In diesen Schaufeln verfängt sich die Asche, während die Gase in dünne Strahlen zerteilt zwischen den Schaufeln hindurchtreten. Ein Teil der Flugasche schlägt sich in den Ecken nieder und gleitet in einen zugfreien Raum herab. Querschnittserweiterungen erleichtern durch Verminderung der Gasgeschwindigkeit die Staubausscheidung; nur der ganz feine Staub wird nicht in diesen Fängern erfaßt. Die Asche wird während des Betriebes in daruntergeschobene Wagen entleert; dazu dienen Doppelschieber oder selbsttätiger Abfüllschieber mit Klappe und Gewicht, die bei luftdichtem Abschluß dauernd die Asche herausrieseln lassen.

Neuerdings sind auch elektrische Flugaschenabscheider gebaut worden.

In die Gaskanäle eingebaute Rauchgasvorwärmer oder Dampfüberhitzer wirken, wenn zweckmäßig angelegt, allein schon als Flugaschenabscheider und haben noch den Vorteil, daß die Abkühlung der Gase wieder dem Kessel durch Anwärmung des Speisewassers oder Dampfes zugute kommt. Flugaschenfänger und Rauchgasvorwärmer zusammen erweisen sich nur in den seltensten Fällen als erforderlich.

e) Behördliche Vorschriften und Arbeiterschutz.

Neben den Forderungen der Wirtschaftlichkeit eines Betriebes sind die Ansprüche auf Schutz gegen Gefahren der Gesundheit und gegen Verletzung der im Kesselhause beschäftigten Personen zu erfüllen. Es muß bedacht werden, daß der Kesselbetrieb schon an sich natürliche Gefahren durch Feuer, heißen Dampf und Gase mit sich bringt, und daß daher Wartung und Auswechslung aller Teile so bequem und gefahrlos als möglich zu gestalten ist. Es hat daher der Staat ein besonderes Gesetz erlassen, welches durch § 24 und 120a der Gewerbeordnung begründet ist. Enthalten sind diese Gesetze in den „Vorschriften[1]) betr. die Anlegung, Untersuchung und den Betrieb von Land- und Schiffsdampfkesseln", welche auch Anweisungen für die Unterlagen zur Genehmigung, sowie die Material- und Berechnungsvorschriften umfassen. Die einzelnen Bundesstaaten haben Sondervorschriften herausgegeben.

Jeder Kesselbesitzer wird daher die Erteilung von Aufträgen zur Errichtung von Neuanlagen bzw. zur Änderung bestehender Betriebe an die

[1]) Verlag von O. Hammerschmidt, Hagen i. Westf.

Voraussetzung der behördlichen Genehmigung knüpfen und der liefernden Firma die Beschaffung aller für das Genehmigungsverfahren und die Bauausführung erforderlichen Unterlagen auferlegen. Jedenfalls ist zur Vermeidung unnötiger Schwierigkeiten, besonders bei bestehenden, älteren, ineinander gebauten Anlagen, wo auf Höfe und anliegende Gebäude Rücksicht zu nehmen ist, vor einer festen Bestellung oder Inangriffnahme der Bauarbeiten zu warnen, ehe nicht die behördlichen Sicherheitsvorschriften erfüllt sind.

Verfehlt ist es in jedem Falle, und wie oft wird gerade hiergegen gesündigt, wenn in ihren Einzelheiten gut durchdachte und geplante Einrichtungen „aus Ersparnisgründen" in enge, dunkle, verwinkelte Gebäude eingepfercht werden, anstatt mit der Inneneinrichtung auch das Kesselhaus zeitgemäß gründlich zu verbessern oder frei und geräumig neu aufzuführen. Diese falsche Sparsamkeit rächt sich gewöhnlich sehr rasch durch Verschmutzung und Vernachlässigung der teuren Einrichtung, da gute Kesselwärter für solche minderwertige Anlagen nicht zu gewinnen sind. Unwirtschaftlichkeit und Betriebsunsicherheit, sowie die Unmöglichkeit, weitere technische Fortschritte aus Raummangel sich zunutze zu machen, sind die Folge davon.

Das Gesetz verlangt, daß Dampfkessel in besonderen Kesselhäusern aufgestellt werden, um bei einer etwa eintretenden Kesselexplosion den Schaden möglichst auf den Herd des Unglücks zu beschränken. Aus diesem Grunde sollen die Kesselhäuser ein leichtes Dach erhalten, und der Raum über dem Kessel muß völlig freibleiben; Wasserbehälter, Laufgänge, Fahrbahnen, Trockeneinrichtungen, Kohlenbehälter, Staubsammler usw. dürfen nicht über den Kesseln angebracht werden; Wellenstränge dürfen nicht durch das Kesselhaus nach anderen Fabrikräumen hindurchgeführt werden. Im Kesselhaus selbst ist das Anlegen von Wellensträngen nur zum Zwecke des Antriebes selbsttätiger Feuerungen, Pumpen, Kohlenförderanlagen u. dgl. gestattet.

Feste Bauteile über einem Teil des Kesselhauses, welche der Rostbeschickung mit Kohle dienen, also auch Kohlensilos, sind nicht als feste Balkendecken anzusehen; sie sind daher auch zulässig, dürfen sich aber nicht über den Kesseln selbst befinden, auch nicht auf dem Kesselmauerwerk aufgestützt sein. Tragsäulen, auch solche für das Dach, müssen vielmehr bis auf den Boden reichen und zwischen ihnen und dem Kesselmauerwerk muß ringsherum ein Abstand von 8 cm eingehalten werden, wie auch zwischen Kesselmauerwerk und Kesselhauswand.

Der Fußboden des Kesselhauses vor der Feuerung sollte möglichst mit dem Hofe in gleicher Höhe, niemals jedoch tiefer liegen, so daß die Heizer bei Gefahr schnellstens ins Freie gelangen können. Aus dem gleichen Grunde müssen sämtliche Kesselhaustüren nach außen aufschlagen. Als Verschlüsse dürfen nur Drücker, nicht aber Schubriegel oder zu hebende Fallriegel Anwendung finden. Jedes Kesselhaus muß mindestens einen Ausgang sofort ins Freie haben, größere Anlagen deren zwei Ein besonders trauriges Kapitel bilden gewöhnlich die unterirdischen Gänge und Aschenkanäle, besonders bei Braunkohlenfeuerungen. Sie haben meistens keine Luftzufuhr, kein Licht, sind eng und oft so niedrig, daß man nicht aufrecht stehen kann und besitzen nur einen Eingang; unter solchen Verhältnissen sollen Menschen ihre Pflicht tun, bei heißer, staubiger, ungesunder Arbeit, noch Gefahren durch Gasexplosionen ausgesetzt. Zwei Ausgänge ins Freie, an entgegengesetzten Stellen, reichliche Breite, Höhe nicht unter 2 m, Licht- und Luftzuführung sind unbedingte Erfordernisse (vgl. S. 31). Daß der Fußboden eben, trittsicher und feuersicher zu sein hat, ebenso wie alle Treppen und Übergänge, bedarf nur eines Hinweises.

Alle engen Gänge, in denen man ohne anzustreifen nicht gehen kann, sind zu vermeiden, ebenso alle unzulänglichen dunklen Ecken, die erfahrungsgemäß zur Ablagerung von Schmutz und Gerümpel aller Art benutzt zu werden pflegen. Sind enge Stellen vorhanden, wie z. B. der gesetzlich vorgeschriebene Abstand zwischen Kesselmauer und Wand, so werden sie am besten aus demselben Grunde ganz überdeckt. Stufen im Kesselhause, besonders da, wo man sie nicht vermutet, in finsteren Gängen usw., sind gefährlich; besser läßt man den Fußboden ansteigen.

Der Raum um den Kessel herum soll freigehalten werden von allem, was nicht zur unmittelbaren Bedienung der Kessel gehört, außer Brennstoff, Schürgerät und Kohlenkarre oder dgl. soll sich nichts im Bereich des Heizers befinden. Werkbänke, Eisenvorräte, allerlei Gegenstände, die zum Trocknen aufgestellt oder aufgehängt sind u. dgl. mehr, hindern die Übersicht im Kesselhaus und lenken die Aufmerksamkeit des Heizers von seiner eigentlichen Arbeit ab, sind also nicht zu dulden, ganz abgesehen davon, daß alle Arbeitstische sich allmählich ganz voll Schmutz und Staub vollagern.

Nach der Oberfläche des Kessels und allen hochgelegenen Bühnen sollen feuersichere, gut gangbare Treppen mit festen Handstangen, nicht nur Leitern, führen. Das Herauf- und Herunterschaffen schwerer Teile, z. B. von Ventilen u. dgl., fordert häufig genug einen trittsicheren Aufgang, der ohne Anhalten mit den Händen begehbar sein muß. Alle hochbelegenen Kesselteile, Bühnen usw. sind mit einfachem, aber festem Geländer zu versehen, das nur aus einer Stange bestehen soll, damit im Gefahrsfalle ein Fluchtweg unter dem Geländer hindurch noch möglich ist.

Die Rohrleitungen über den Kesseln dürfen auf keinen Fall den freien Durchgang verhindern, was besonders bei Gefahr oder einer Vernebelung des Kesselhauses durch plötzlich ausströmenden Dampf bei Platzen einer Dichtung, Rohrbruch oder dergleichen Unfällen sehr verhängnisvoll werden kann und rasches Eingreifen erschwert. Entweder müssen die

Leitungen so hoch liegen, daß unter ihnen ein freier Durchgang von mindestens 1,80 m bleibt, oder, falls sie dicht über dem Kessel verlaufen, muß für bequemere Übergänge gesorgt werden. Herausstehende Teile auf der Kesseldecke, wie Bolzen und Schienen, an die man anstoßen kann, sind zu vermeiden. Ablaßhähne der Kessel dürfen nicht in tiefen, unzugänglichen Löchern liegen, in die man zum Bedienen hineinkriechen muß; das bedeutet eine schwere Gefahr bei Stutzenbruch oder plötzlichem Herausfliegen einer Packung. Liegen diese Hähne nicht frei, so muß man sie von außen durch Steckschlüssel zugänglich machen oder durch Ventile mit Hebeln ersetzen. Kesselablaßleitungen sollen nicht in eine gemeinsame Abflußleitung zusammenführen. Bei Verstopfung derselben kann heißes Kesselwasser in einen gerade in Reinigung befindlichen Kessel dringen und die Leute verbrühen.

Sehr wünschenswert ist es auch, daß gute Waschgelegenheit oder ein Bad mit Brause in einem Nebenraume zur Verfügung steht, und ein Aufenthaltsraum für die Bedienung.

Zum Schluß sei noch darauf hingewiesen, daß der Zugang zum Kessel hause für alle Personen, die nicht dienstlich daselbst zu tun haben, streng verboten sein soll, daß daher das Bilden beliebter Frühstücksecken während der kalten Jahreszeit entfallen muß.

f) Künstlerische Gestaltung in der Technik.

Bei dieser Besprechung soll auch der Beobachtung von künstlerischer Gestaltung bei Bau und Anlage der Kesselhäuser, wie der Fabrikanlagen überhaupt, das Wort geredet werden. Industriebauten und Geschmacksroheit brauchen nicht unbedingt zusammenzugehören, wie es heute noch leider vielfach der Fall ist.

Heraufwachsen muß aus dem tiefsten Erleben der Technik ein eigener Stil, der die in den Einrichtungen gebundenen Kräfte in ihrem dämonenhaften Walten und Wirken zum Ausdrucke bringt, nicht nur das Statische der Form und das Dynamische in der Arbeit; so daß der Mensch sich nicht an sie verliert, sondern sie erkennend sich ihnen gegenüberstellt. Denn etwas ganz wesenhaft anderes als sonst offenbart sich in der ganzen technischen und Maschinenwelt; sie ist eine ureigenste Schöpfung des Menschen, ohne Vorbild in der Natur, ganz aus seinen eigenen geistigen Kräften heraus gestaltet auf Grund seiner aus dem Inneren herausgesponnenen mathematischen Erkenntnisse sowie physikalischen und chemischen Erfahrungen.

So sollten z. B. die Radiatoren für Raumheizungen das Wesenhafte der selbstlosen Wärmeabgabe (vgl. Abschnitt über Wärme S. 12) zur Darstellung bringen, was man von den heutigen Formen gewiß nicht behaupten kann.

Auch die Architektur der technischen Bauwerke verlangt eine eigene Formensprache, die in keiner Weise der sonstigen Profanarchitektur entnommen werden kann. Sie muß vielmehr durchaus das Eigene, oftmals Unharmonische und Zerrissene der technisch-dämonischen Welt durch die Form ins Sichtbare übertragen. So spielen z. B. im Kesselhaus zwei Polaritäten. Die Flammen des Feuers offenbaren die Kräfte der Wärme, die hier frei werden und ihre Wirkung an die Heizwände des Kessels abgeben. Die Gase streichen leicht und unbehindert durch die Züge und strömen durch den Schornstein hinaus, um sich ins All zu verflüchtigen, ganz der den Gasen innewohnenden Tendenz folgend. Das flammende lohende Element des Feuers strömt aus der Erdgebundenheit der Kohle zur Freiheit und Zerstreuung ins Luftmeer hinaus, den mineralischen Ascherest zurücklassend.

Im Gegensatz dazu stehen die im Kessel selbst gebundenen Kräfte des Dampfes. Die Wärme hat das Wasser des Kessels durchdrungen, seinen Aggregatzustand geändert, dabei das Wasser aus seinem Beharren in dem flüssigen Zustand, der ihm der angemessenste ist, herausgerissen und es gezwungen, im engen Raum des Kessels sich zu Dampf umzubilden, der eingezwungen und an der Ausbreitung verhindert wird. Der Widerstand, den die Kesselwände dieser Ausbreitungstendenz entgegensetzen, erzeugt den Druck. Es herrschen also zwei ungelöste Gegensätze im Kesselhaus, und das sollte auch die Architektur als Spiegelung der inneren Vorgänge künstlerisch ausdrücken.

Die Lösung der im Dampf gespannten Kräfte geht im Maschinenhaus vor sich. Hier muß das Wärmeelement, das an den gasförmigen Dampf gebunden ist, zwangsweise Arbeit in einer Maschine leisten, indem diese unausgesetzt stumpfsinnig gleichmäßige hin und her gehende oder rotierende Bewegungen ausführt, die dem Menschenwerke dienen. Dabei findet der Kesseldampf seine Befreiung; er kann wieder in den wässerigen Zustand zurückkehren. Nur widerstrebend läßt sich die Wärme zur Kraftabgabe an die Maschine einspannen; der zweite Hauptsatz der Wärmelehre und der geringe Wirkungsgrad der Dampfmaschine erzählen davon. Die Maschinenhäuser verlangen also wieder eine andere Formausbildung als die Kesselhäuser. Eine andere Form bedingen auch die elektrischen Zentralen, wo unsichtbare ätherische Kräfte hereingeholt und ausgeschickt werden. Die ganze sich in der Technik offenbarende Welt ruft in dringendster Weise zum eigenen künstlerischen geisttragenden Ausdruck. Heute fehlen noch die Künstler unter den Technikern, welche imstande wären, aus bildmäßigem Schauen heraus in der technischen Ausdrucksform zugleich das Künstlerische zu gestalten.

III. Allgemeine Wärmetechnik.

3. Allgemeiner gas- und wärmetechnischer Teil.

a) Zustandsgleichungen für vollkommene Gase[1]).

Für die Vornahme von Rechnungen mit Gasen ist die Kenntnis nachfolgender Beziehungen von großem Wert.

Es bezeichnet:

Druck in kg/m², kg/cm² (at)	P, p
Rauminhalt eines Gases in m³	V
Rauminhalt eines kg von 0°, 760 mm	v
Gewichtsmenge eines Gases in kg	G
Gewicht eines m³ Gas von 0° und 760 mm	γ
Gewicht eines m³ Gas von 15° und 1 at (= 735,5 mm)	$\gamma\ ^{15}/_{735,5}$
Gaskonstante	R
Temperatur, absolute °C	$T = t + 273$
Temperatur °C	t
Spezifische Wärme für 1 m³ 0/760 bei konst. Druck	C_p
Spezifische Wärme für 1 m³ 0/760 bei konst. Rauminhalt	C_v
Spezifische Wärme für 1 kg bei konst. Druck . . .	c_p
Spezifische Wärme für 1 kg bei konst. Rauminhalt .	c_v
Molekulargewicht	μ
Barometerstand in Millimeter Quecksilber	b

Lebendiges Erfassen des Wesens der Gase und klare Begriffe sowie leicht meßbare Werte treten uns in Druck und Volumen entgegen. Alle Gase besitzen etwas Einheitliches (vgl. Vorwort), das dadurch bedingt ist, daß die Gase ein vollkommenes Abbild des Wärmewesens sind und ihm mit Ausdehnung und Zusammenziehung folgen. Das spricht sich in den folgenden Gesetzmäßigkeiten aus:

Druck und Volumen bei konst. Temperatur als äußere Einflüsse.

$$P \cdot v = \text{const} \quad \ldots \ldots \quad 1)$$

d. h. ein Gleichgewichtszustand stellt sich ein. Druck und Volumen sind zwei Ausdrucksformen des Wesens der Gase, nämlich der Tendenz, auseinanderzustreben, und zwar:

1. Es tritt Drucksteigerung ein, da, wo die Ausdehnungstendenz verhindert wird, sich auszuwirken.
2. Es tritt Volumenvergrößerung ein bei Abnahme des Druckes.

---

[1]) Unter Benutzung der Rechnungsweise von Mollier, Hütte 24. Aufl.

In der Gaskonstanten R drückt sich weiterhin das Gemeinsame aller Gase aus.

Wenn man das Molekulargewicht eines Gases $= \mu$ setzt (für Sauerstoff $\mu = 32$ und für Wasserstoff $\mu = 2$), so berechnet sich:

$$\frac{R}{R_1} = \frac{\mu_1}{\mu} = \frac{\gamma_1}{\gamma} \quad \text{und} \quad R = \frac{848}{\mu} \quad \text{. . . . . . . 2)}$$

Für alle Gase und für Gasmischungen mit dem jeweiligen Rauminhalt v_i und Molekulargewichte μ_i wird:

$$R = \frac{848}{\sum \mu_i v_i} \quad \text{. . . . . 2 a)}$$

Einfluß der Wärme als Äußerung des inneren Wesens der Gase.

Tritt die Wärme als wirksames Element an das Gas heran, so geht sie eine innere Verbindung mit demselben ein; sie wirkt von innen heraus als treibende Kraft, der das Gas in seinem Verhalten völlig folgt. Mit steigender Temperatur, bedingt durch erhöhte Wärmeaufnahme, will sich das Gas ausdehnen, sich in den Raum verbreiten. Stellt sich dieser Tendenz ein Hindernis entgegen, so äußert das Gas einen Widerstand nach außen; es drückt gegen die Wände des Gefäßes, in dem es eingeschlossen ist. Der Druck tritt also als gehemmte Ausdehnungstendenz, als verhinderte Raumvergrößerung auf.

Dies drückt folgende grundlegende Beziehung zwischen Temperatur, Druck und Volumen aus, worin die beiden physikalischen Einflüsse, Wärme von innen heraus wirkend und Druck von außen herantretend, zum Ausdruck kommen:

Es ist der Rauminhalt eines Kilogramm Gases bei der Temperatur T

$$v = \frac{1}{\gamma} = \frac{RT}{P} \quad \text{. . . . . 3)}$$

oder anders geschrieben gilt die Zustandsgleichung allgemein:

$$P \cdot v = R \cdot T \quad \text{oder} \quad P \cdot V = G \cdot R \cdot T = \text{const} \quad \text{. . . 3a)}$$

Hieraus kann man das Gewicht einer Volumeneinheit γ ableiten und einen Normalvergleichswert für 0° und 760 mm Quecksilber festlegen. Der Begriff des spez. Gew. γ als reziproker Wert vom Volumen ist schon erheblich schwieriger faßbar, schon abstrakter als der Begriff von Druck p und Volumen v. Wo Druck auf das Gas von außen auftritt, wird Wärme frei.

Es ist das Gewicht eines Kubikmeters Gas (das spez. Gew.) von 0° und 760 mm

$$\gamma = \frac{1}{v} = \frac{P}{R \cdot T} = \frac{10333}{R \cdot 273} = \frac{10333 \cdot \mu}{273 \cdot 848} \quad \text{. . . . . . 4)}$$

oder bezogen auf Luft mit $\mu = 28{,}95$ und $\gamma = 1{,}293$ bei beliebigem Barometerstande b und der absol. Temp. T

$$\gamma = \frac{1{,}293 \cdot b \cdot 273 \cdot \mu}{T \cdot 760 \cdot 28{,}95} = \frac{0{,}01605 \cdot b \cdot \mu}{T} \quad \ldots\ldots \quad 4a)$$

und damit eine Beziehung, worin nur noch das Molekulargewicht enthalten ist.

$$\gamma = \frac{\mu}{22{,}4} = \text{Gewicht eines Kubikmeters von } 0° \text{ und } 760 \text{ mm.} \quad 4b)$$

entsprechend wird:

$$\frac{\mu}{24{,}4} = \text{Gewicht eines Kubikmeters von } 15° \text{ und } 1 \text{ at} = 735{,}5 \text{ mm.}$$

Zur Umrechnung dient also:

$$\gamma_{0/760} = \gamma_{15/735{,}5} \cdot \frac{24{,}4}{22{,}4} \text{ bzw. } G_{0/760} = G_{15/735{,}5} \cdot \frac{24{,}4}{22{,}4} = 1{,}09 \cdot G_{15/735{,}5} \quad . \quad 4c)$$

oder mit anderen Worten: das spezifische Gewicht (das Gewicht eines Kubikmeters 0/760) eines Gases gewinnt man durch Teilung seines Molekulargewichtes mit der Zahl 22,4.

Z. B. gilt für Kohlensäure $\mu = 44{,}0$; $\quad \gamma = \frac{44{,}0}{22{,}4} = 1{,}965$;

„ „ Stickstoff $\mu = 28{,}08$; $\quad \gamma = \frac{28{,}08}{22{,}4} = 1{,}254$.

Die spezifische Wärme für 1 kg Gas sei für konst. Druck $= c_p$, für konst. Volumen $= c_v$; dann gilt ganz allgemein:

$$\frac{c_p}{c_v} = \varkappa; \qquad \mu c_p - \mu \cdot c_v = 2; \qquad c_p = \frac{2\varkappa}{\mu(\varkappa - 1)}; \quad \ldots \quad 5)$$

Dabei gilt die Regel von Dulong-Petit:

Atomgewicht × spez. Wärme = 6,4 = const,

also die leichten Körper sind schwerer erwärmbar als die schweren. Die Körper sind immer leichter erwärmbar, je höher ihr Atomgewicht steigt; die schweren Körper sind mehr von Wärme durchdrungen, als die unten im periodischen Systeme stehenden.
für zweiatomige Gase wird dann:

$$c_p = \frac{7}{\mu}; \qquad c_v = \frac{5}{\mu}; \qquad \frac{c_p}{c_v} = \varkappa = 1{,}4 \quad \ldots\ldots \quad 5a)$$

für einatomige Gase gilt $k = 5/3$.

Bezeichnet man die spezifischen Wärmen für 1 m³ Gas von 0° und 760 mm entsprechend mit C_p und C_v, so wird unter Benutzung von $\gamma = \frac{\mu}{22,4}$ ganz allgemein:

$$C_p = \frac{\mu}{22,4} \cdot c_p; \qquad C_v = \frac{\mu}{22,4} \cdot c_v; \qquad C_p - C_v = 0,089;$$

$$C_p = \frac{0,089}{\varkappa - 1} \cdot \varkappa \quad \ldots \ldots \ldots \ldots \quad 5\text{b})$$

Für zweiatomige Gase wird dann besonders:

$$C_p = 0,311 \qquad \text{und} \qquad C_v = 0,222 .$$

Bezogen auf 1 m³ Gas von 15° und 1 at = 735,5 mm ergibt sich allgemein:

$$C_p = \frac{\mu}{24,4} c_p; \qquad C_v = \frac{\mu}{24,4} c_v; \qquad C_p - C_v = 0,081; \quad . \ 5\text{c})$$

und für zweiatomige Gase:

$$C_p = 0,284 , \qquad C_v = 0,203 .$$

Für die in der Feuerungstechnik vorkommenden Gase sind die wichtigsten Beziehungen in nachstehender Zahlentafel 1 zusammengestellt.

Zahlentafel 1.

Rechnungswerte für Gase.

Gas	Atomzahl	Chemisches Zeichen	Molekulargewicht angenäh.	Molekulargewicht genau μ	γ Gewicht in kg eines m³ von 0° und 760 mm	γ Gewicht in kg eines m³ von 15° und 735,5 mm	Gaskonstante R	Spezifische Wärme zwischen 0 und 200° bei konst. Druck für 1 kg c_p	Spezifische Wärme zwischen 0 und 200° bei konst. Druck für 1 m³ $C_p\,{}^0/_{760}$	$\varkappa = \frac{c_p}{c_v} = \frac{C_p}{C_v}$
Luft (trock.)	—	—	29	28,95	1,293	1,186	29,27	0,238	0,308	1,405
Sauerstoff .	2	O_2	32	32	1,429	1,310	26,5	0,218	0,310	1,400
Stickstoff . .	2	N_2	28	28,02	1,251	1,147	30,26	0,249	0,309	1,400
Wasserstoff .	2	H_2	2	2,016	0,090	0,083	420,6	3,41	0,306	1,407
Kohlenoxyd .	2	CO	28	28,0	1,250	1,147	30,29	0,250	0,303	1,398
Kohlensäure.	3	CO_2	44	44,0	1,964	1,801	19,27	0,21	0,412	1,280
Schwefl. Säur.	3	SO_2	64	64,06	2,860	2,624	13,24	0,154	0,429	1,25
Wasserdampf	3	H_2O	18	18,02	0,804	0,738	47,06	0,50	0,370	1,28
Azetylen . .	4	C_2H_2	26	26,02	1,162	1,066	32,59	0,37	0,438	1,26
Methan . . .	5	CH_4	16	16,03	0,715	0,656	52,9	0,59	0,421	1,28

Hütte, 24. Aufl.

b) Die Verbrennungsgleichungen.

Zur genauen chemischen Erfassung der Vorgänge bei der Verbrennung ist die Kenntnis einiger chemischer Beziehungen nötig, die im folgenden entwickelt werden; die Endergebnisse sind in Zahlentafeln zusammengestellt. Es handelt sich hauptsächlich um die Berechnung der Verbrennungsluftmengen mit und ohne Luftüberschuß und die Zusammensetzung der Verbrennungsgase, ihre Menge, Gewicht, ihren Wärmeinhalt usw.

Wenn man von Gewichtsteilen ausgeht, so gelangt man zu folgenden Verbrennungsgleichungen:

es verbrennen:	12 kg	C	mit	32 kg	O_2	zu	44 kg CO_2
,, ,,	12 ,,	C	,,	16 ,,	O_2	,,	28 ,, CO
,, ,,	2 ,,	H	,,	16 ,,	O_2	,,	18 ,, H_2O
,, ,,	28 ,,	CO	,,	16 ,,	O_2	,,	44 ,, CO_2
,, ,,	32 ,,	S	,,	32 ,,	O_2	,,	64 ,, SO_2
,, ,,	16 ,,	CH_4	,,	64 ,,	O_2	,,	44 ,, CO_2 + 36 kg H_2O

Daraus errechnet sich die Sauerstoffmenge und die Menge der Verbrennungsgase in Kilogramm, wenn mit C, H, O_2 usw. zugleich die Gewichtsmengen der betreffenden Stoffe bezeichnet sind.

1 kg C	braucht	2,667 kg O_2	zur Bildung von	3,67 kg CO_2
1 ,, C	,,	1,333 ,, O_2	,, ,, ,,	2,33 ,, CO
1 ,, H	,,	8,00 ,, O_2	,, ,, ,,	9,00 ,, H_2O
1 ,, CO	,,	0,571 ,, O_2	,, ,, ,,	1,57 ,, CO_2
1 ,, S	,,	1,00 ,, O_2	,, ,, ,,	2,00 ,, SO_2
1 ,, CH_4	,,	4,00 ,, O_2	,, ,, ,,	2,75 ,, CO_2+2,25 kg H_2O

Zweckmäßig ordnet man diese Beziehungen auch nach Volumina an; man erhält die Verbrennungsgleichungen in Volumina ausgedrückt, wenn man durch $\gamma\left(\text{also durch } \frac{\mu}{22,4}\right)$ teilt; z. B. anstatt:

$$28 \text{ kg CO mit } 16 \text{ kg O ergibt } 44 \text{ kg } CO_2,$$

wird dann:

$$\frac{28}{1,251} \text{ m}^3 \text{ CO mit } \frac{16}{1,429} \text{ m}^3 \text{ O ergibt } \frac{44}{1,965} \text{ m}^3 \; CO_2,$$

oder

$$1 \text{ m}^3 \text{ CO mit } {}^1/_2 \text{ m}^3 \text{ O erzeugt } 1 \text{ m}^3 \; CO_2;$$

oder allgemein mit $G_{\text{m}^3} = \frac{\mu}{22,4}$ gerechnet, wird für die festen Stoffe, z. B. Kohlenstoff, auf gleiche Weise:

$$12 \text{ kg C mit } \frac{32 \cdot 22,4}{\mu} \text{ m}^3 \text{ O vereinigen sich zu } \frac{44 \cdot 22,4}{\mu} \text{ m}^3 \; CO_2,$$

oder 0,536 kg C mit 1 m³ O bilden 1 m³ CO_2.

Demnach ergeben sich folgende **Verbrennungsgleichungen**:

1,00	kg	C	$+ 1{,}865$	m^3	$O_2 =$	$1{,}865$ m^3	CO_2
0,536	„	C	$+ 1$	„	$O_2 =$	1 „	CO_2
0,536	„	C	$+ {}^1/_2$	„	$O =$	1 „	CO
0,536	„	C	$+ 2$	„	$H =$	1 „	CH_4
1,426	„	S	$+ 1$	„	$O_2 =$	1 „	SO_2
1,0	m^3	H_2	$+ {}^1/_2$	„	$O =$	1 „	H_2O (Dampf ${}^0/_{760}$)
1,0	„	CO	$+ {}^1/_2$	„	$O =$	1 „	CO_2
1,0	„	CH_4	$+ 2$	„	$O =$	1 „	$CO_2 + 2\ m^3\ H_2O$
1,00	kg	C	$+ 8{,}895$	„	Luft =	$1{,}865$ „	$CO_2 + 7{,}03\ m^3\ N_2$
1,00	„	H_2	$+ 26{,}65$	„	Luft =	$11{,}05$ „	$H_2O + 21{,}1\ m^3\ N_2$

allgemein: in Kubikmeter

$$C_m H_n + \left(m + \frac{n}{4}\right) O_2 = m CO_2 + \frac{n}{2} H_2O\,.$$

Um von der Sauerstoffmenge auf die für die Verbrennung nötige Luftmenge zu schließen, beachte man nachstehende Verhältnisse:

Zahlentafel 2.

Zusammensetzung der Luft.

Luftzusammensetzung nach Gewicht	Luftzusammensetzung nach Rauminhalt	1 kg Sauerstoff gehört zu	1 m^3 Sauerstoff gehört zu
23,2vH Sauerstoff	20,96vH Sauerstoff	4,31 kg Luft	4,77 m^3 Luft
76,8vH Stickstoff	79,04vH Stickstoff	3,31 kg Stickstoff	3,77 m^3 Stickstoff

Zusammengestellt gibt Zahlentafel 3 (S. 44) die wichtigsten Angaben über die Verbrennungsvorgänge wieder.

c) Anwendung auf die verschiedenen Brennstoffe.

Die genaue Berechnung der Verbrennungsvorgänge führt man für einen bestimmten Brennstoff, mag es nun ein gasförmiger oder fester sein, am besten nach folgender Aufstellung 4 aus, wobei die einzelnen Vorgänge sich klar widerspiegeln. (Für Rechnungen mit Kohlen insonderheit dienen auch die in Abschnitt 7—10 aufgestellten Formeln.)

Es wurden Braunkohlenbrikette als Beispiel gewählt, mit der Zusammensetzung nach Zahlentafel 45, S. 114. Der Rechnungsgang dürfte aus vorstehendem leicht verständlich sein. Die letzte Spalte enthält den Höchstgehalt der trockenen Gase an CO_2, worüber in Abschnitt 10 des näheren gesprochen wird.

Die nach dieser Art berechneten Werte für mittlere Kohlensorten sind in Zahlentafel 45, S. 114 zusammengestellt, die man für sehr viele Rechnungen benutzen kann. Die Gewichtsmenge der erzeugten Gase, Spalte 12, kann man auch gewinnen durch Zuzählen des Gewichts der

Zahlen-

Luft- und Sauerstoffbedarf verschiedener

1	2	3	4	5	6	7
Verbrennung		Gewicht eines m^3 Verbrennungsgases $^0/_{760}$ in kg	Sauerstoffbedarf		Luftbedarf	
von 1 kg	zu Verbrennungsgas		kg	m^3 $^0/_{760}$	kg	m^3 $^{15}/_{736}$
C	CO_2	1,977	2,667	1,865	11,50	9,705
C	CO	1,251	1,333	0,932	5,75	4,84
H	H_2O	0,804	8,000	5,525	34,48	29,10
CO	CO_2	1,977	0,571	0,400	2,46	2,075
S	SO_2	2,863	1,000	0,700	4,31	3,64
CH_3	$CO_2 + H_2O$	1,195	4,000	2,799	17,28	14,81

Weitere spezifische Gewichte

verbrannten Kohle, abzüglich des Aschengewichtes, zu der zur Verbrennung nötigen Luftmenge (Spalte 10), da ja alle Bestandteile der Kohlen mit Ausnahme der Aschenrückstände sich in den Verbrennungsgasen wiederfinden. Die Gase enthalten also auch die Kohlenfeuchtigkeit sowie das Verbrennungswasser in Form von Dampf (Spalte 12). Für Berechnung von Schornsteinen, Wärmeübergängen usw. sind also die Mengen nach Spalte 12 zugrunde zu legen, entsprechend umgerechnet auf den Luftüberschuß. Bei den Untersuchungen der Gase dagegen mittels Apparat, nach Orsat, Fischer oder Hempel usw., erhält man trockene Gase (Spalte 14), da der Wasserdampf niedergeschlagen ist, ehe die Gase von den Lösungen aufgesaugt werden.

d) Die spezifische Wärme der Verbrennungsgase[1]).

Allgemein gilt die Regel von Dulong-Petit:

$$\text{Atomgewicht} \times \text{spez. Wärme} = \text{const} = 6{,}4\,.$$

Es ist bekannt, daß alle neueren Untersuchungen von Mallart und Le Chatelier, Dr. Langen, Grießmann, Knoblauch und M. Jakob, Prof. Linde, Prof. Lorenz usw. darauf hinweisen, daß die spezifische Wärme der Gase, d. h. die Wärmemenge, welche nötig ist, um 1 kg Gas oder 1 m³ um 1° zu erwärmen, mit steigender Temperatur anwächst, am meisten die von Kohlensäure und Wasserdampf, weniger die der zweiatomigen Gase, wie Stickstoff, Sauerstoff, Kohlenoxyd, ferner Luft usw. Da die Untersuchungen, die untereinander verschiedene Werte ergeben, noch nicht abgeschlossen sind, so seien die vermittelnden Werte der Hütte (1905) hier zugrunde gelegt. Infolge dieser verschiedenen Werte, welche die spezifischen Wärmen je nach der Temperatur annehmen, müssen einige Begriffe festgelegt werden. Man scheidet

[1]) Vgl. Schüle, Z. V. d. I. 1916, S. 636ff.

afel 3.
ase und ihre Verbrennungserzeugnisse.

8	9	10	11	12	13	14	15
Erzeugt werden Verbrennungsgase bei				Bei Verbrennung von 1 kg . . werden erzeugt kcal Oberer Heizwert bezogen auf flüssiges Wasser	Unterer Heizwert für 1 kg kcal	Oberer Heizwert für 1 m³ 15°; 1 at kcal	Unterer Heizwert für 1 m³ 1 at kcal
Verbrennung in Sauerstoff		Verbrennung in Luft					
kg	m³ °/760	kg	m³ °/760				
3,67	1,865	12,50	8,88	8 140	—	—	—
2,33	1,860	6,75	5,38	2 440	—	—	—
9,00	11,190	35,48	32,02	34 200	28 700	2800	2360
1,57	0,795	3,46	2,307	2 440	2 440	2800	2800
2,00	0,699	5,31	3,340	2 220	—	—	—
5,00	4,180	18,28	14,73	13 250	11 980	8700	7820

von Gasen siehe S. 57.

zwischen der wahren spezifischen Wärme und mittleren spezifischen Wärme. Die erstere bedeutet die spezifische Wärme bei einer bestimmten Temperatur, d. h. die bei Erwärmung um einen sehr kleinen Temperaturbetrag dt gemessene spezifische Wärme, also $C = \frac{dQ}{dt}$; in der Nähe dieser Temperatur ist die spezifische Wärme praktisch als konstant zu setzen. Wünscht man dagegen z. B. bei einem Abkühlungs- oder Erwärmungsvorgange die spezifische Wärme über seinen ganzen Bereich von $t_1 - t_2$ zu benutzen, so muß man einen mittleren Wert ansetzen, die sog. mittlere spezifische Wärme, also $C_m = \frac{Q}{t_1 - t_2}$; es bedeutet dabei Q die aufgenommene Wärmemenge. Die mittlere spezifische Wärme wird gewöhnlich zwischen 0° und t° bestimmt. Sollen Rechnungen ausgeführt werden zwischen zwei beliebigen Temperaturen t_1 und t_2, so muß dieser von 0° ausgehende mittlere Wert entsprechend umgewandelt werden. Es ist also zu einer bestimmten Temperatur ein eindeutiger Wert der wahren spezifischen Wärme zugeordnet; dagegen kann die mittlere spezifische Wärme ganz verschiedene Werte besitzen, je nach der zweiten Temperaturgrenze. Gasmengen in Kubikmeter werden gewöhnlich auf 0° und 760 mm Druck ($^0/_{760}$) umgerechnet; neuerdings jedoch pflegt man vielfach in Anpassung an die mittleren Durchschnittswerte der Temperaturen die Gasmengen auf 15° und 1 at = 735,5 mm Quecksilber ($^{15}/_{735,5}$) zu beziehen.

Alle Rechnungen können mit Gasmengen in Kilogramm oder Kubikmeter durchgeführt werden, je nachdem es bequemer scheint; zwischen beiden Werten bestehen einfache Übergangsbeziehungen.

Alle diese Verhältnisse sollen kurz Berücksichtigung finden, weil sie oft unklar sind und falsch angewendet werden.

Za[…]

Rechnungsbeispiel für Luftbedarf, Verbrennungs[…]

Zusammensetzung der Braunkohlenbrikette in kg	Bei Verbrennung beträgt der Sauerstoffbedarf kg	Die Verbrennungsga[…] sind
C = 0,530	2,667 C = 1,412	CO_2
H_2 = 0,045	8,00 H_2 = 0,360	H_2O
O (+ N) = 0,180	— 1,00 O_2 = — 0,180	—
S = 0,010	1,00 S = 0,010	SO_2
H_2O = 0,150		H_2O
Asche = 0,085		N
1,000	Sauerstoffbedarf = 1,602 kg oder $\frac{1,602}{1,429} = 1,12\ m^3$ Luftbedarf $= 1,602 \frac{100}{23,2} = 6,91$	

Es bedeutet zw. 0° und t° für konstanten Druck:

die mittlere spezifische Wärme für 1 m³ $[C_p]_0^t$

die mittlere spezifische Wärme für 1 kg $[c_p]_0^t$

und bei beliebiger Temperatur t

die wahre spezifische Wärme für 1 m³ C_p

die wahre spezifische Wärme für 1 kg c_p

Außer diesen Werten, die auf konstanten Druck bezogen sind, wie sie im Feuerungswesen vorkommen, wobei die geringen Druckveränderungen außer acht gelassen werden können, gibt es noch spezifische Wärmen für konstantes Volumen, wobei sich also der Druck verändern kann; diese Werte werden, entsprechend obigen, mit $[C_v]$, c_v usw. bezeichnet.

Für diese verschiedenen Werte gelten die auf S. 41 aufgeführten Beziehungen.

Zwischen zwei Temperaturen 0° und t° gilt für die mittlere spezifische Wärme ganz allgemein:

$$[c_p]_0^t = a_p + \frac{b}{2} t \qquad 6)$$

tafel 4.
menge und max CO_2-Gehalt von Braunkohlenbriketten.

Die Verbrennungserzeugnisse betragen kg	Gewicht eines m^3 Verbrennungsgas $^0/_{760}$	Die Verbrennungserzeugnisse betragen, bezogen auf $^0/_{760}$, Gase mit Wasserdampf m^3	trock. Gase m^3	Höchster CO_2-Gehalt der trockenen Gase $(k_s)_m$
3,67 C = 1,945	1,977	1,865 C = 0,989	0,989	$\frac{0,989}{5,216} = 18,8$ vH CO_2
9,00 H = 0,405	0,804	11,19 H_2 = 0,503	—	
—	—	—	—	
2,00 S = 0,020	2,863	0,700 S = 0,007	0,007	
1,00 H_2O = 0,150	0,804	$\frac{W}{0,804} = 0,186$	—	
$\frac{76,8}{23,2}\cdot$ Sauerstoffbedarf = 5,30 (oder auch: 3,31 · 1,602 = 5,30)	1,254	2,635 Sauerstoffbedarf = 4,220 (oder auch: $\frac{79,04}{20,96}\cdot\frac{1,602}{1,429} = 4,220$ $= \frac{5,3}{1,254} = 4,22$)	4,220	
7,810		5,905	5,216	

Zusammensetzung der trockenen Gase $CO_2 = 18,8$ vH
$SO_2 = 0,013$ vH
$N_2 = 81,19$ vH

für die wahre spezifische Wärme:

$$c_p = a_p + b \cdot t\,.$$

Es ist also bei der mittleren spezifischen Wärme das Zusatzglied zum Grundwerte a_p nur halb so groß wie das der wahren spezifischen Wärme.

Die mittlere spezifische Wärme für gleichbleibenden Druck zwischen 0° und t°, bezogen auf 1 m³ Gas von 15° C und 735,5 mm Druck, ergibt

für H_2O: $[C_p]_0^t = 0,37 + 0,000057 \cdot t$,
für CO_2: „ $= 0,37 + 0,000096 \cdot t$,
für zweiatomige Gase
wie O_2, N_2, CO und Luft: „ $= 0,28 + 0,0000225 \cdot t$.

Bezogen auf 1 m³ von 0° und 760 mm Druck wird zwischen 0° und t° durch Multiplikation obiger Werte mit $\frac{24,4}{22,4}$ erhalten:

für H_2O: $[C_p]_0^t = 0,403 + 0,0000622 \cdot t$,
für CO_2: „ $= 0,403 + 0,0001045 \cdot t$,

für zweiatomige Gase

wie O_2, N_2, CO und Luft: $[C_p]_0^t = 0{,}305 + 0{,}0000245 \cdot t$.

Die mittleren spezifischen Wärmen für 1 m³ und 1 kg hängen nun durch folgende Beziehungen zusammen, wenn ausgegangen wird von 1 m³ von 15° und 736 mm Druck:

$$[C_p] = [c_p] \cdot \frac{\mu}{24{,}4}, \qquad \ldots \ldots \ldots \ldots \quad 7)$$

wenn ausgegangen wird von 1 m³ von 0° und 760 mm Druck:

$$[C_p] = (c_p] \cdot \frac{\mu}{22{,}4};$$

denn das Gewicht eines Kubikmeters Gas ist:

$$G_{0/760} = 1{,}09\, G_{15/735,5}$$

bei den verschiedenen Temperaturen 0° und 15° und den Drücken 760 und 735,5 mm.

μ bedeutet dabei das Molekulargewicht der Gase nach Zahlentafel 1.

Es ergibt sich nun für die **mittlere spezifische Wärme für 1 kg Gas zwischen 0 und t° C**

$$\begin{aligned} \text{für } H_2O[c_p]_t^0 &= 0{,}501 + 0{,}0000773 \cdot t \\ \text{,, } CO_2 \text{ ,, } &= 0{,}205 + 0{,}0000532 \cdot t \\ \text{,, } O_2 \text{ ,, } &= 0{,}2135 + 0{,}0000171 \cdot t \\ \text{,, } N_2 \text{ ,, } &= 0{,}244 + 0{,}0000196 \cdot t\,. \end{aligned}$$

In Zahlentafel 5 und 6 sind die zuverlässigsten Werte der wahren und mittleren spezifischen Wärme für konstanten Druck und 1 m³ bezogen auf 0° und 760 mm zusammengestellt nach Prof. Neumann[1]). Sie weichen ein geringes, etwa 1—2 vH, von obenstehenden Formeln und Abbildungen ab; nur der Wert von CO_2 ist bei 1000° etwa um 6 vH geringer, während er bei tieferen Temperaturen sich den Formelwerten allmählich ganz annähert.

In den Fällen, wo es sich, wie z.B. bei Rauchgasvorwärmern und Überhitzern usw., um Gasabkühlungen zwischen zwei Temperaturgrenzen t_1 und t_2 handelt, hat man, um die **mittlere spezifische Wärme für diesen Temperaturbezirk** t_1 bis t_2 zu erhalten, das zweite Glied der Formeln mit $(t_1 + t_2)$ zu multiplizieren; also z. B. für Wasserdampf für 1 m³ von $^0/_{760}$

$$[C_p]_{t_1}^{t_2} = 0{,}403 + 0{,}0000622\,(t_1 + t_2);$$

denn aus der allgemeinen Formel

$$[c_p]_0^t = a_p + \frac{b}{2}\,t$$

---

[1]) Stahl u. Eisen 1919, S. 746.

Zahlentafel 5.

Wahre spez. Wärme bei konstantem Druck bez. auf 1 m^3 $^0/_{760} = C_p$.

Temp. °C	Kohlensäure	Wasserdampf	Sauerstoff Stickstoff Luft Kohlenoxyd
0	0,397	0,372	0,312
100	0,422	0,374	0,316
200	0,452	0,378	0,320
300	0,479	0,382	0,324
400	0,505	0,387	0,328
500	0,527	0,393	0,332
600	0,547	0,401	0,336
700	0,558	0,409	0,340
800	0,568	0,419	0,344
900	0,576	0,430	0,348
1000	0,583	0,444	0,352
1100	0,589	0,460	0,356
1200	0,595	0,478	0,360
1300	0,599	0,498	0,364
1400	0,603	0,518	0,368
1500	0,607	0,539	0,372
1600	0,611	0,560	0,376
2000	0,626	0,650	0,392

Zahlentafel 6.

Mittlere spez. Wärme bei konstantem Druck zwischen 0° und t° bezog. auf 1 m^3 $^0/_{760} = [C_p]_0^t$.

Temp. t	Kohlensäure	Wasserdampf	Sauerstoff Stickstoff Luft Kohlenoxyd
0	0,397	0,372	0,312
100	0,410	0,373	0,314
200	0,426	0,375	0,316
300	0,442	0,376	0,318
400	0,456	0,378	0,320
500	0,467	0,380	0,322
600	0,477	0,383	0,324
700	0,487	0,385	0,326
800	0,497	0,389	0,328
900	0,505	0,394	0,330
1000	0,511	0,398	0,332
1100	0,517	0,402	0,334
1200	0,521	0,407	0,336
1300	0,526	0,413	0,338
1400	0,530	0,418	0,340
1500	0,536	0,424	0,342
1600	0,541	0,430	0,344
2000	0,556	0,465	0,352

ergibt sich bei Bildung der Wärmemengen Q_1 bzw. Q_2 bei t_1 bzw. t_2° C:

$$Q_1 = \left(a_p + \frac{b}{2} t_1\right) t_1; \qquad Q_2 = \left(a_p + \frac{b}{2} t_2\right) t_2,$$

also

$$Q_1 - Q_2 = (t_1 - t_2)\left[a_p + \frac{b}{2}(t_1 + t_2)\right] \quad . \quad . \quad . \quad . \quad . \quad 8)$$

Zur Verdeutlichung sei für den schwierigsten Fall ein Zahlenbeispiel gerechnet (vgl. auch Beispiel 28 S. 267).

Beispiel 1. Es sollen 566 m^3 Luft von 740 mm und 220° C auf 480° C erwärmt werden; wie groß ist die nötige Wärmemenge?

Zuerst muß die Luftmenge auf $^0/_{760}$ umgewandelt werden; sie ist also $566 \cdot \frac{273}{273 + 220} \cdot \frac{740}{760} = 305$ m^3 bezogen auf 0° und 760 mm. Dann errechnet sich die erforderliche Wärmemenge durch Multiplikation der Luftmenge mit dem Temperaturunterschiede und der mittleren spezifischen Wärme für 1 m^3 zwischen den Temperaturen 220° und 480°.

Es wird also

$$Q = 305\,(480 - 220) \cdot [0{,}305 + 0{,}0000245\,(480 + 220)]$$
$$= 305 \cdot 260 \cdot 0{,}322 = 25\,500 \text{ kcal.}$$

Das beistehende Schaubild veranschaulicht das Ansteigen der mittleren spezifischen Wärmen $[C_p]_0^t$ für verschiedene Gase[1]) zwischen den Grenzen 0° und t° für 1 m³ $^0/_{760}$. Es sind aus den obigen Formeln die jeweiligen Werte über der oberen Temperaturgrenze aufgetragen, so daß man ohne Rechnung nach den Formeln die Werte entnehmen kann. So ist z. B. für N_2 die mittlere spezifische Wärme $[C_p]_0^{500}$ zwischen 0° und 500° zu 0,318 ermittelbar, für CO_2 zu 0,456.

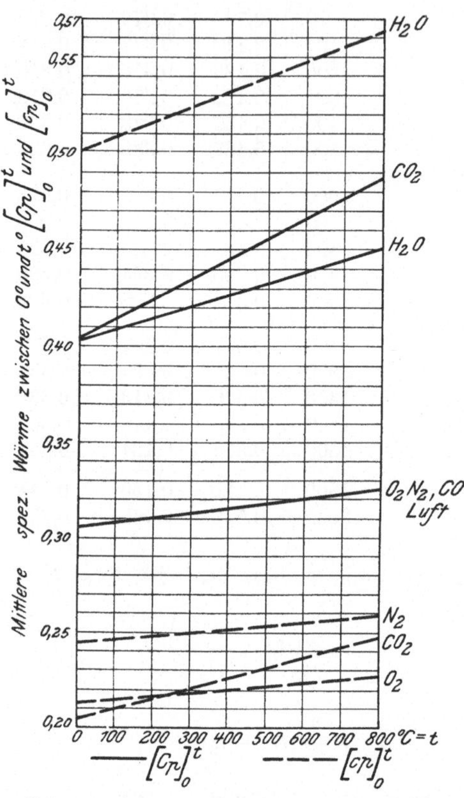

Abb. 4. Mittlere spez. Wärme für gleichbleibenden Druck zwischen 0° und t° für 1 m³ Gas von 0° und 760 mm $[C_p]_0^t$ und für 1 kg Gas $[c_p]_0^t$.

In Abb. 5 sind nach den neuen Richtlinien[2]) die mittleren spezifischen Wärmen der trockenen Verbrennungsgase für verschiedenen Kohlensäuregehalt, bezogen auf 1 m³ $^0/_{760}$ zwischen 0° und der jeweiligen Temperatur t, übersichtlich zusammengestellt; eingetragen ist noch der Wert für 2 atom. Gase. Sie gelten auch dann, wenn die Abgase Kohlenoxyd und Wasserstoff enthalten, weil für diese die gleichen spezifischen Wärmen zutreffen, wie für die anderen zweiatomigen Gase. Nur ein merklicher Gehalt an Methan erfordert eine besondere Berücksichtigung. Gilt als untere Temperatur nicht 0°, sondern eine mittlere Lufttemperatur von etwa 20°, so bleibt der Fehler unter $^1/_{10}$ vH.

[1]) Vgl. auch Knoblauch und Raisch: „Die spez. Wärme des überhitzten Wasserdampfes für Drucke zwischen 20—30 atm.“ Z. V. D. I. 1922, S. 423.

[2]) „Richtlinien für die Auswertung der Ergebnisse der Feurungsuntersuchung.“ Arch. f. Wärmewirtschaft 1926, S. 288.

Man verfährt am bequemsten nach Abb. 5 wie folgt, um die mittl. spez. Wärme für 1 m³ wasserdampffreie Gase zwischen 2 Temperaturen t_1 und t_2 zu ermitteln bei z. B. 10 vH CO_2

$$[C_p]_{t_1}^{t_2} = \frac{[C_p]_{t_0}^{t_2} \cdot t_2 - [C_p]_{t_0}^{t_1} \cdot t_1}{t_2 - t_1}$$

also z. B. zwischen 200° und 400°

$$[C_p]_{200}^{400} = \frac{0{,}332 \cdot 400 - 0{,}325 \cdot 200}{400 - 200} = 0{,}339\,.$$

Um die Rechnungen zu ersparen, seien für die Temperaturgrenzen 0° und 300°, sowie für 200° bis 350°, welche hauptsächlich für den Kesselbetrieb Bedeutung haben, die mittleren spezifischen Wärmen (Zahlentafel 7) ausgerechnet, zum Vergleich mit den Werten, die für geringe Temperaturen gelten; man sieht, die Werte ändern sich bei mittleren Temperaturen schon so viel, daß man bei einigermaßen genauen Rechnungen diese Vernachlässigung nicht begehen darf.

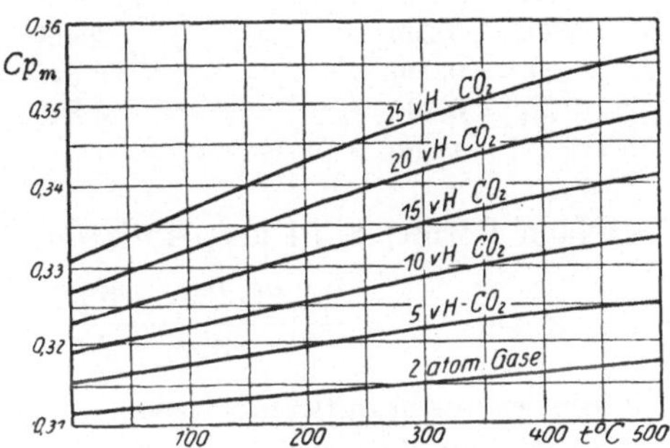

Abb. 5. Die mittlere spezifische Wärme $c_{p\,m}$ der trockenen Verbrennungsgase für verschiedenen Kohlensäuregehalt zw. 0 und $t°$; bez. auf 1 m³, $^0/_{760}$.

Zahlentafel 7.

Mittlere spezifische Wärme einiger Gase.

Gasart	Mittl. spez. Wärme zwischen 0° und 300° C		Mittl. spez. Wärme zwischen 200° und 350° C		Mittl. spez. Wärme für niedrige Temperaturen bis 100°	
	für 1 m³ $^0/_{760}$	für 1 kg	für 1 m³ $^0/_{760}$	für 1 kg	für 1 m³ $^0/_{760}$	für 1 kg
	$[C_p]_0^{300}$	$[c_p]_0^{300}$	$[C_p]_{200}^{350}$	$[c_p]_{200}^{350}$	C_p	c_p
H_2O	0,4216	0,524	0,437	0,543	0,403	0,501
CO_2	0,434	0,221	0,460	0,234	0,403	0,210
O_2	0,312	0,218	0,318	0,223	0,305	0,217
N_2	0,312	0,250	0,318	0,255	0,305	0,247
CO	0,312	0,250	0,318	0,255	0,305	0,242

Mit diesen Werten kann man nunmehr die spezifische Wärme der Abgase berechnen. Ein Beispiel sei durchgeführt für folgende Zusammensetzung, die durch eine Untersuchung, z. B. mittels Orsatapparates, gewonnen sei, also für die wasserdampffreien Gase:

$$CO_2 = 10{,}0 \text{ vH}$$
$$O_2 = 9{,}6 \text{ vH}$$
$$N_2 = 80{,}4 \text{ vH};$$

man führt solche Rechnung am besten in einer Aufstellung aus für 1 m³ Gas wie folgt:

Gaszusammensetzung in m³ m	Mittl. spez. Wärme zwischen 200° und 350° $[c_p]_{200}^{350}$ für 1 m³ $^0/_{760}$	$m \cdot [c_p]_{200}^{350}$
$CO_2 = 0{,}100$	0,460	0,0460
$O_2 = 0{,}096$	0,318	0,0305
$N_2 = 0{,}804$	0,318	0,2555
1,000		$0{,}3320 = [c_p]_{200}^{350}$

Nach Formel S. 51 und Abb. 5 ergibt sich ähnlich

$$\frac{0{,}330 \cdot 350 - 0{,}325 \cdot 200}{350 - 200} = 0{,}337$$

für die wasserdampffreien Gase.

Nach Formel 47 errechnet man für Koks mit $C = 82$ vH, $H = 1{,}0$ vH, $W = 3$ vH,

$$\begin{aligned} \text{trockene Gase} &= 15{,}28 \text{ m}^3 \\ \text{Wasserdampf} &= 0{,}15 \text{ ,,} \\ & 15{,}43 \text{ m}^3 \end{aligned}$$

also wird für die wasserhaltigen Feuergase

$$[C_p]_{200}^{350} = \frac{0{,}337 \cdot 15{,}28 - 0{,}374 \cdot 0{,}15}{15{,}43} = 0{,}338\,,$$

also ein wenig höher als mit obigen Zahlenwerten für die spez. Wärmen.

Der Wasserdampfgehalt der Gase erhöht die mittl. spez. Wärme nicht wesentlich.

In gleicher Weise sind für Abgase verschiedener Zusammensetzung die mittleren spezifischen Wärmen für 1 m³ $^0/_{760}$ und für 1 kg ausgerechnet in Zahlentafel 8, und zwar für Steinkohlenverbrennungsgase. Für andere Kohlensorten weichen die Werte infolge der etwas höheren Werte von $CO_2 + O_2$ etwas ab, jedoch so gering, daß man die Abweichungen für alle Rechnungen vernachlässigen kann.

Die Zusammenstellung und Abb. 5 zeigen, daß bei wachsendem Kohlensäuregehalte der Verbrennungsgase die spezifischen Wärmen ein wenig ansteigen.

Für technische Rechnungen kann man daher, für die meisten Fälle genau genug, die in der Zahlentafel 8 angeführten Mittelwerte einsetzen, die etwa einem Kohlensäuregehalte der Abgase von 8—10 vH entsprechen, wie er ja auch im Betriebe im allgemeinen auftritt.

Es ist die spezifische Wärme der trockenen Abgase für 1 kg etwa gleich dem der trockenen Luft = 0,240.

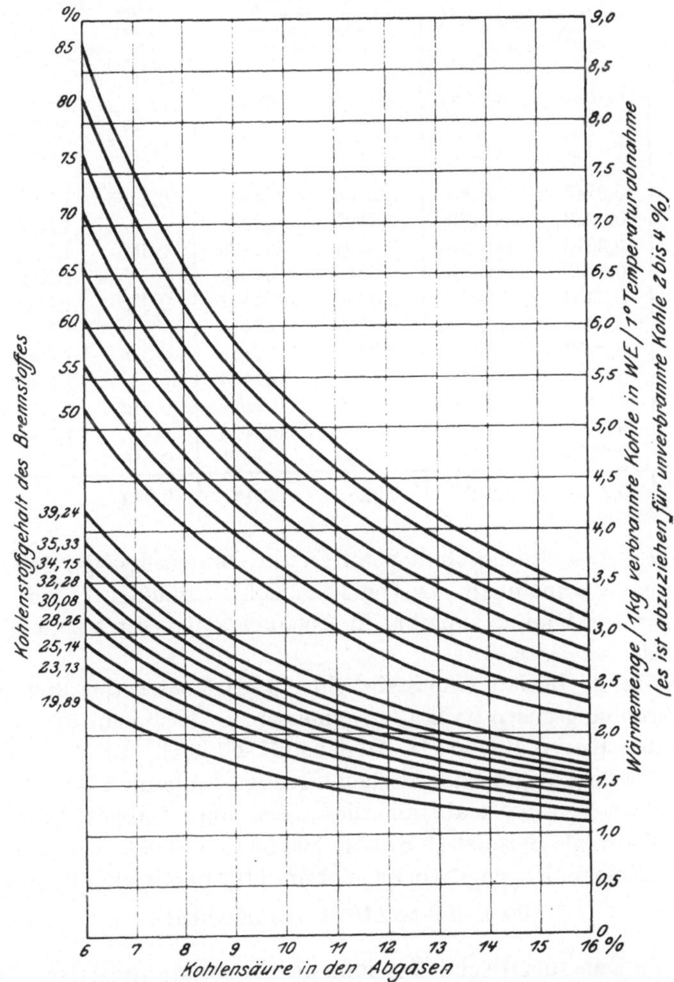

Abb. 6. Wärmemenge der Verbrennungsgase von 1 kg Kohle in Beziehung zum Kohlenstoffgehalt des Brennstoffes für 1° Abkühlung.

Die spezifische Wärme für nasse Gase ist etwa 1—2 vH größer als die der trockenen Gase.

Der Wärmeinhalt der Abgase wird mit Hilfe der Werte aus Zahlentafel 8 (Spalte 6) und der Verbrennungsgasmenge berechnet. Zur vereinfachten Ermittlung derselben ist unter Benutzung der Formel 61b,

Zahlentafel 8.

Spezifische Wärme und Gewichte der wasserdampffreien und wasserdampfhaltigen Verbrennungsgase für Steinkohle.

Gehalt der wasserdampffreien Gase (nach Analyse) an CO_2 vH	Mittl. spezifische Wärme der wasserdampffreien Gase zwischen 200° und 350° C		Mittl. spezifische Wärme für wasserdampffreie Gase zwischen 0° und 300° C		Mittl. spez. Wärme für wasserdampfhaltige Gase zwischen 200° bis 350°	Gewicht für 1 m³	
	für 1 m³ $^0/_{760}$ $[C_p]_{200}^{350}$	für 1 kg $[c_p]_{200}^{350}$	für 1 m³ $^0/_{760}$ $[C_p]_0^{300}$	für 1 kg $[C_p]_0^{300}$	für 1 m³ $^0/_{760}$ $[C_p]_{200}^{350}$	trock. Gase $^0/_{760}$ kg	wasserdampfhaltige Gase
5	0,3247	0,2485	0,3180	0,2436	0,3265	1,319	
6	0,3263	0,2489	0,3193	0,2437		1,324	
7	0,3275	0,2490	0,3204	0,2439	0,330	1,329	
8	0,3293	0,2490	0,3215	0,2440		1,334	
9	0,3308	0,2490	0,3230	0,2442	0,335	1,340	1,32
10	0,3320	0,2490	0,3243	0,2442		1,346	
11	0,3337	0,2492	0,3252	0,2443	0,338	1,350	
12	0,3350	0,2492	0,3267	0,2443		1,354	
13	0,3368	0,2495	0,3275	0,2444	0,342	1,361	
14	0,3380	0,2500	0,3290	0,2444		1,365	
15	0,3395	0,2500	0,3300	0,2444	0,346	1,371	
Benutzbare Mittelwerte	0,330	0,249	0,325	0,244	0,335		

Schaubild 6 (zusammengestellt von Schulz, Braunschweig), gezeichnet, welches den Wärmeinhalt der von 1 kg Kohle erzeugten Gasmenge für 1° Temperaturabnahme angibt, in Abhängigkeit gesetzt zum Kohlensäuregehalt der Gase.

Beispiel 2. Besitzt eine Steinkohle 73 vH Kohlenstoff und sind in den Verbrennungsgasen 9 vH CO_2 gemessen, so liest man auf der entsprechenden Kurve für 70 vH Kohlenstoff 4,7 kcal, auf der Linie für 75 vH C 5,4 kcal ab; zur dazwischenliegenden Linie für 73kcal C gehört also ein Wert von 5,2 kcal, falls diese Gase um 1° abgekühlt werden. Werden also (vgl. Beispiel 16 S. 174) 300 kg Steinkohle verbrannt und dieselben in einem Rauchgasvorwärmer um 110° herabgekühlt, so werden frei:

$$300 \times 5{,}2 \times 110 = 171\,500 \text{ kcal.}$$

e) Das spezifische Gewicht der Verbrennungsgase.

Es ist das spezifische Gewicht eines Körpers

$$\gamma = \frac{\text{Gewicht}}{\text{Rauminhalt}} \quad \ldots \ldots \ldots \quad 9)$$

Zwecks Ermittlung des spezifischen Gewichts der Verbrennungsgase werden daher die Einzelbestandteile des Gases mit ihren zugehörigen spezifischen Gewichten (vgl. Zahlentafel 1) multipliziert und die Teilbeträge addiert.

Für wasserdampffreie Gase, wie sie jede Gasuntersuchung (z. B. mittels Orsatapparates) bietet, wird also nach folgendem Beispiele gerechnet:

Gaszusammensetzung in m³ m	Spezifisches Gewicht 0/760 für 1 m³ γ	m · γ
CO_2 = 0,09	1,977	0,178
O_2 = 0,105	1,429	0,151
N_2 = 0,805	1,256	1,011
1,000		1,340 = spez. Gew.

Soll das spezifische Gewicht der wasserdampfhaltigen Gase errechnet werden, so ist die erzeugte Gasmenge nach den Formeln § 8 in Kilogramm und in Kubikmetern aus der Zusammensetzung der verwendeten Kohlensorte zu bestimmen. Durch Teilung von Gewicht durch Rauminhalt wird dann das gesuchte spezifische Gewicht erhalten. Er wird z. B. für schlesische Steinkohlengase obiger Zusammensetzung (vgl. Zahlentafel 45)

$$\frac{G_{\mathrm{kg}}}{G_{\mathrm{m}^3}} = \text{spez. Gewicht} = \frac{20{,}608}{15{,}67} = 1{,}320\,.$$

Etwas einfacher kann man verfahren, wenn man die Gewichte der trockenen Verbrennungsgase aus Zahlentafel 45 zugrunde legt. Man ermittelt den Rauminhalt der trockenen Gase und des Wasserdampfes, multipliziert mit den betreffenden spezifischen Gewichten und setzt diese Werte in Beziehung zum Rauminhalte.

Beispiel 3. Für schlesische Steinkohle nach Zahlentafel 45 bei 9 vH CO_2 in den Gasen wird nach Formel 47

$$G_{\mathrm{m}^3} = \frac{1{,}865\,C}{k} + \frac{9\,H + W}{0{,}804}:$$

Trockene Gasmenge	15,12 m³
Wasserdampf	0,55 „
	15,67 m³

$$\begin{aligned} \text{Gewichte} &= 15{,}12 \times 1{,}340 = 20{,}250 \text{ kg} \\ &= 0{,}55 \times 0{,}804 = 0{,}443 \text{ „} \\ &\phantom{= 15{,}12 \times 1{,}340 =}\ 20{,}693 \text{ kg} \end{aligned}$$

$$\text{und das spezifische Gewicht} = \frac{20{,}693}{15{,}67} = 1{,}322\,.$$

Der Fehler, der dabei unterläuft, und der dadurch bedingt ist, daß die spezifischen Gewichte in Zahlentafel 45 einer mittleren Kohle entsprechen, ist nur sehr gering und für den Betrieb bedeutungslos.

Vergleicht man nun die auf S. 54, Zahlentafel 8 nach der genauen Rechnungsweise gefundenen Werte für die spezifischen Gewichte bei **Luftüberschuß** mit den in Zahlentafel 45 eingeschriebenen Werten **ohne Luftüberschuß**, so bemerkt man, daß bei vollkommener Verbrennung für schlesische Kohle das spezifische Gewicht 1,35, bei $CO_2 = 9$ vH und zweifachem Luftüberschusse 1,320 beträgt, also die beiden Werte einen Unterschied von 2,2 vH besitzen.

Für viele technische Rechnungen genügt es somit, wenn man die spezifischen Gewichte aus Zahlentafel 45, Spalte 15, um 2—3 vH verkleinert, um die Werte für einen mittleren Luftüberschuß zu erhalten.

Man kann auch angenähert setzen:

Spezifisches Gewicht der Rauchgase = 1,03 × spezifisches Gewicht der Luft.

In eine Formel zusammengefaßt, ergibt sich das spezifische Gewicht der trockenen Rauchgase bei 0° und 760 mm aus:

$$\gamma = 1{,}977\, CO_2 + 1{,}429\, O_2 + 1{,}256\, N_2 + 1{,}250\, CO \quad \ldots \quad 10)$$

in kg/m³ bezogen auf Luft = 1,293, wenn durch eine Rauchgasuntersuchung die Kubikmeter CO_2, O_2... für 1 m³ Rauchgas ermittelt wurden.

Für die Temperatur t gilt dann

$$\gamma_t = \gamma \cdot \frac{273}{273 + t}.$$

Als Annäherungswert kann bis etwa 400° in Abhängigkeit von der Rauchgastemperatur t gesetzt werden

$$\gamma_t = 1{,}62 - 0{,}0035\, t \quad \ldots \quad 10a)$$

in Kilogramm bezogen auf trockene Luft = 1,293.

Angenähert gilt in Abhängigkeit von der Luftüberschußzahl v für trockene Rauchgase nach Gentsch:

$$\gamma_{0/760} = 1{,}36 - 0{,}03\, v \quad \ldots \quad 10b)$$

und für feuchte Rauchgase:

$$\gamma_{0/760} = 1{,}30 - 0{,}03\,(W + 9\,H) \quad \ldots \quad 10c)$$

wobei W und H in Gewichtsteilen eines Kilogramm Kohle ausgedrückt sind.

Einfache genaue Rechenbeziehungen ergeben sich aus folgendem[1]):

[1]) Das spez. Gew. der Rauchgase, Georg König, Berlin. Arch. f. Wärmewirtschaft 1923, H. 6, S. 113.

Das spezifische Gewicht der Rauchgase ist abhängig von der Zusammensetzung eines Brennstoffes und kann in Beziehung gesetzt werden zu dem maximalen CO_2-Gehalte $(k_s)m$ (vgl. S. 152ff.). Setzt man das spezifische Gewicht zur Luft $\gamma_l = 1$ und bringt das spezifische Gewicht der Rauchgase in Beziehung zu dem der Luft, indem man den prozentualen Dichtezuwachs $= \Delta_s$ setzt, den die Verbrennungsluft erfährt, wenn sie zu Rauchgas umgewandelt wird, so gilt das spezifische Gewicht der Rauchgase:

$$\gamma_g = \gamma_l \left(1 + \frac{\Delta_s}{100}\right) \quad \text{10d)}$$

und

$$\Delta_{s\max} = \left(0{,}548 - \frac{2{,}8}{(k_s)m}\right) k,$$

worin k die Volumenprozent Kohlensäure in den Rauchgasen bedeuten.

Damit wird dann bezogen auf 0° und 760 mm

$$\gamma_g = \gamma_l \left(1 + \left[0{,}548 - \frac{2{,}8}{(k_s)m}\right] \cdot k\right) \quad \text{10e)}$$

Setzt man nun verschiedene Werte von $(k_s)m$ ein und für $\gamma_l = 1{,}293$, so erhält man nachstehende Beziehungen, aus denen man dann für jeden bestimmten Brennstoff für sein besonderes $(k_s)m$ (Zahlentabelle 45 oder 52) das genaue spezifische Gewicht entnehmen kann.

Maximaler CO^2-Gehalt $(k_s)m$	Zuwachs Δ_s in vH	Spez. Gewicht der Verbrennungsgase γ_g bez. $^0/_{760}$
18,0	0,003925 · k	1,293 + 0,003925 k
18,5	0,003965 · k	1,293 + 0,003965 k
19,0	0,004005 · k	1,293 + 0,004005 k
19,5	0,004045 · k	1,293 + 0,004045 k
20,0	0,004080 · k	1,293 + 0,00408 k
20,5	0,004115 · k	1,293 + 0,004115 k

Zahlentafel 9.

Spezifische Gewichte von Gasen und Dämpfen bei 0° und 760 mm Quecksilber.

Trockene atmosphärische Luft = 1.

Ätherdampf	2,586	Leuchtgas	0,34—0,45
Äthylen	0,974	Quecksilberdampf	6,94
Alkoholdampf	1,601	Sauerstoff	1,1056
Ammoniak	0,592	Schwefeldampf	6,617
Azetylen	0,91	Schwefelkohlenstoff	2,644
Chlor	2,423	Schwefelwasserstoff	1,175
Chlorwasserstoff	1,2612	Schweflige Säure	2,250
Grubengas (Sumpfgas)	0,559	Stickstoff	0,9714
Kohlenoxyd	0,9673	Wasserdampf	0,6233
Kohlensäure	1,5291	Wasserstoff	0,06927

Hütte, 24. Aufl.

f) Gewicht, Dichtigkeit und Wassergehalt der Luft, Feuchtigkeitsmessungen.

Trockene Luft ist eine Gasmischung und folgt als solche den Gesetzen der Gase in ihrem Verhalten bei veränderten Drücken und Temperaturen (vgl. S. 40). 1 m³ trockener Luft von $0^0/_{760}$ wiegt:

$$\gamma = 13{,}596 \cdot \frac{b}{RT} = 1{,}2932 \text{ kg}.$$

b = Barometerstand mm Quecksilber,
$R = 29{,}27$ = Gaskonstante.

Das spezifische Gewicht der trockenen Luft ist nach Regnault bei einer Temperatur von 0° und einem Drucke von 760 mm Quecksilber, bezogen auf destilliertes Wasser von 4°:

$$0{,}001\,293\,187 \text{ oder } \sim 1:773.$$

Feuchte Luft ist ein Gemisch von Luft und Wasserdampf. Dieses Gemisch kann verschiedene Mengen Wasserdampf enthalten. Der Feuchtigkeitsgehalt oder die relative Feuchtigkeit φ liegt zwischen 0 bei trockener Luft und 1 bei gesättigter Luft.

Die Temperatur, bei der die Luft gesättigt ist ($\varphi = 1$), heißt der Taupunkt; bei Abkühlung unter denselben beginnt das Niederschlagen der Feuchtigkeit (vgl. Taupunkt bei Verbrennungsgasen S. 274).

Es ist auch $\varphi = \frac{p_D}{p'}$, d. h. das Verhältnis des wirklichen Teildruckes des Wasserdampfes zum Sättigungsdrucke.

Das Höchstgewicht an Wasserdampf, welches 1 m³ Luft von $t°$ und einem gewissen Barometerstande b aufnehmen kann, ist gleich der Dichte des Wasserdampfes bei $t°$ und dem zugehörigen Drucke, also $= \gamma''$ der Dampftafel 118 und f der Zahlentafel 11. Die Luft enthält im allgemeinen $\varphi \cdot f$ Wasserdampf.

Besitzt die feuchte Luft einen Druck p in kg/cm², so sind die Raumteile von Luft und Wasserdampf:

$$r_L = \frac{p - \varphi p'}{p} \quad \text{und} \quad r_D = \frac{\varphi p'}{p}.$$

Der Teildruck p' des Wasserdampfes ist der Dampftafel 117, Spalte 3 oder Zahlentafel 11, dort h' genannt, zu entnehmen und stellt die zur jeweiligen Temperatur t zugehörige Dampfspannung in kg/cm² dar.

Das Gewicht der feuchten Luft (Gewicht eines Kubikmeters Luft in Kilogramm) berechnet sich aus:

$$\gamma_f = \frac{342 \cdot p}{T} - 0{,}175 \cdot \varphi \cdot \frac{h'}{T} \quad \ldots\ldots\ldots 11)$$

hierin bedeutet h' die Dampfspannung in Millimeter Quecksilber bei der Temperatur der Luft t, $T = t + 273$ und p den Luftdruck in kg/cm². h' ist aus Zahlentafel 11, Spalte 4, gemessen in Millimeter Quecksilber von 0°, zu entnehmen.

Zahlentafel 10.

Mischung von Luft und Wasserdampf.

(Nach Hütte 1923.)

Lufttemperatur °C	Gewicht von 1 m³ trockener Luft bei 1 at[1]) u. t° in kg	Verbesserung für feuchte Luft	Lufttemperatur °C	Gewicht von 1 m³ trockener Luft bei 1 at u. t° in kg	Verbesserung für feuchte Luft
t	γ''	Δ	t	γ''	Δ
—10	1,300	0,001	15	1,188	0,008
— 9	1,295	0,001	16	1,183	0,008
— 8	1,290	0,002	17	1,179	0,009
— 7	1,286	0,002	18	1,175	0,009
— 6	1,281	0,002	19	1,171	0,010
— 5	1,276	0,002	20	1,167	0,011
— 4	1,271	0,002	21	1,163	0,011
— 3	1,267	0,002	22	1,159	0,012
— 2	1,262	0,003	23	1,155	0,013
— 1	1,257	0,003	24	1,151	0,013
± 0	1,253	0,003	25	1,148	0,014
1	1,248	0,003	26	1,144	0,015
2	1,244	0,003	27	1,140	0,016
3	1,239	0,004	28	1,136	0,017
4	1,235	0,004	29	1,132	0,017
5	1,230	0,004	30	1,128	0,018
6	1,226	0,004	32	1,121	0,020
7	1,221	0,005	34	1,114	0,023
8	1,217	0,005	36	1,107	0,025
9	1,212	0,005	38	1,100	0,028
10	1,208	0,006	40	1,093	0,031
11	1,204	0,006	42	1,086	0,034
12	1,200	0,007	44	1,079	0,037
13	1,196	0,007	46	1,072	0,041
14	1,192	0,007	48	1,065	0,045
			50	1,058	0,050

[1]) 1 at = 737,7 mm Quecksilber bei 15° gerechnet.

Zahlentafel 11.

Gewicht, Dichtigkeit und Wassergehalt der Luft bei 760 mm

Temperatur in ° C	γ Gewicht der trockenen Luft bei 760 mm Quecksilber in kg/m³	Gewicht der Luft 100 vH gesättigt in kg/m³	f Wassergehalt des gesättigten Luft-Dampfgemisches (Gewicht von 1 m³ Wasserdampf) in g/m³	f Wassergehalt des gesättigten Luft-Dampfgemisches in g/kg	h' Spannung des Wasserdampfes in mm Quecksilber von 0°
—20	1,395	1,39	1,06	0,763	0,93
—18	1,385		1,27		1,12
—16	1,374		1,47		1,31
—14	1,363		1,73		1,55
—12	1,353		2,03		1,83
—10	1,342	1,340	2,30	1,72	2,09
— 8	1,332		2,68		2,45
— 6	1,322		3,12		2,87
— 4	1,312		3,62		3,37
— 2	1,303		4,21		3,94
± 0	1,293	1,288	4,87	3,78	4,60
2	1,284		5,58		5,30
4	1,275		6,37		6,10
6	1,265		7,26		7,00
8	1,256		8,26		8,02
10	1,247	1,243	9,37	7,53	9,16
12	1,239		10,62		10,46
14	1,230		12,00		11,91
16	1,222		13,55		13,54
18	1,213		15,27		15,36
20	1,205	1,194	17,18	14,38	17,39
22	1,197		19,28		19,66
24	1,189		21,62		22,18
26	1,181		24,17		24,99
28	1,173		27,02		28,10
30	1,165	1,147	30,13	26,30	31,55
32	1,157		33,55		35,36
34	1,150		37,29		39,56
36	1,142		41,40		44,20
38	1,135		45,88		49,30
40	1,128	1,097	50,77	46,20	54,90
42	1,121		56,09		61,05
44	1,114		61,88		67,79
46	1,107		68,18		75,16
48	1,100		75,01		83,20
50	1,093	1,044	82,50	79,00	91,98
52	1,086		90,06		101,54
54	1,079		99,09		111,94
56	1,073		108,50		123,24
58	1,096		118,60		135,50

Temperatur in °C	γ Gewicht der trockenen Luft bei 760 mm Quecksilber in kg/m³	Gewicht der Luft 100 vH gesättigt in kg/m³	f Wassergehalt des gesättigten Luft-Dampfgemisches (Gewicht von 1 m³ Wasserdampf) in g/m³	in g/kg	h' Spannung des Wasserdampfes in mm Quecksilber von 0°
60	1,060	0,981	129,90	132,5	148,78
65	1,044	0,950	161,00	169,5	186,94
70	1,029	0,911	198,00	217,5	233,08
75	1,014	0,874	241,80	276,5	288,50
80	1,000	0,829	293,40	354	354,62
85	0,986	0,782	353,70	452	433,00
90	0,972	0,727	423,90	584	525,39
95	0,959	0,670	505,10	753	633,69
100	0,946	0,606	598,70	988	760,00

Hütte, 19. Aufl.

Zur bequemen Ermittlung von γ_f für verschiedene Temperaturen und Feuchtigkeit sowie jeden beliebigen Barometerstand dient die Formel: (Zahlentafel 10).

$$\gamma_f = \gamma'' \cdot \frac{b}{737,4} - \Delta \cdot \varphi \,, \qquad \text{11a)}$$

worin b den Barometerstand bedeutet, gemessen in mm Quecksilber bei 15° C, und γ'' das Gewicht von 1 m³ trockener Luft von 1 at = 737,4 mm Quecksilber (bei 15°). Δ ist eine Verbesserungszahl, die ebenso wie γ'' aus vorstehender Tafel 10 zu entnehmen ist. Für trockene Luft ist $\Delta = 0$.

Bezieht man den Barometerstand b und das spezifische Gewicht der Luft γ auf Quecksilber von 0°/760, so gilt entsprechend

$$\gamma_f = \gamma \cdot \frac{b}{735,5} - \Delta \cdot \varphi \qquad \text{11b)}$$

γ ist aus Zahlentafel 11 zu entnehmen.

Für überschlägige Rechnungen genügt für Luft mittlerer Feuchtigkeit die Formel:

$$\gamma_f = 1,3 - 0,004\, t \text{ in km/m}^3 \,, \qquad \text{11c)}$$

vgl. auch Zahlentafel 89 unter Schornstein, S. 334.

In Tafel 11 sind das Gewicht, die Dichtigkeit und der höchste Wassergehalt der gesättigten Luft bei 760 mm Quecksilber zusammengestellt.

Bei Messung der Luftfeuchtigkeit ermittelt man die Luftfeuchtigkeit am einfachsten und sichersten aus den Temperaturanzeigen eines trockenen (t) und eines feuchten Thermometers t', dessen Quecksilberkugel man mit etwas Gaze fest umwickelt hat, die in ein darunter aufgehängtes kleines Gefäß mit Wasser eintaucht (August's Psychrometer). Es bedeuten:

Lufttemperatur (Temperatur des trockenen Thermometers) $= t$
Temperatur des feuchten Thermometers $= t'$
Spannkraft des gesättigten Wasserdampfes bei t' (Zahlentafel 11) $= h'$

Die absolute Feuchtigkeit f der Luft in Gramm je Kubikmeter bei der Temperatur t ergibt sich angenähert und genügend genau bei ca. 750 mm Barometerstand bei etwa 50° aus:

$$f = f' - 0{,}64\,(t - t') \quad \text{. . . . . 11d)}$$

worin b den Barometerstand bedeutet und für f' der aus Zahlentafel 11 zur Temperatur des feuchten Thermometers t' gehörige Wert eingesetzt wird.

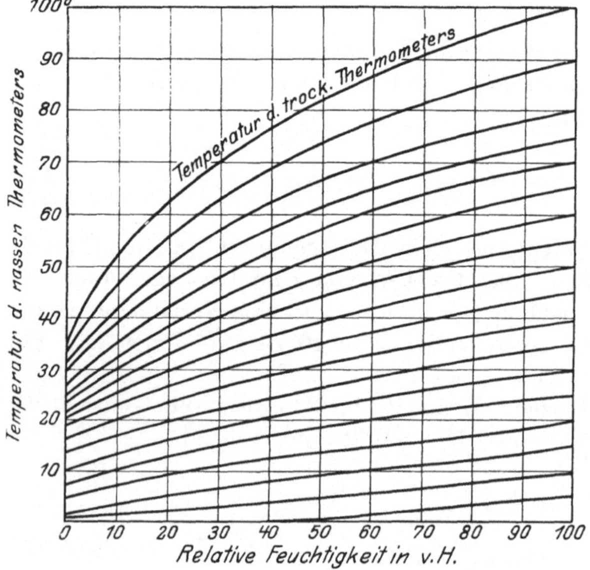

Abb. 7. Ermittlung der Luftfeuchtigkeit

Die Feuchtigkeit in Prozent ist dann durch $\varphi = \frac{100 \cdot f}{f'}$ ausgedrückt.

Aus Abb. 7 können die Feuchtigkeitsgehalte direkt abgelesen werden aus den Angaben des trockenen und nassen Thermometers.

Will man die Feuchtigkeit ganz genau ermitteln, so muß man erst die wirkliche Spannung h des Wasserdampfes in Millimeter Quecksilber berechnen und daraus dann f aus nachstehenden Regnault'schen Formeln:

$$h = h' - 0{,}0008 \cdot b \cdot (t - t')$$

und

$$f = 1{,}06 \frac{h}{1 + 0{,}00367 \cdot t} \quad \text{. . . . . 11e).}$$

Beispiel 4: Gemessen wurde mit dem trockenen Thermometer die Ablufttemperatur eines Spannrahmens zu $t = 60°$ und mit dem nassen Thermometer $t' = 42°$; es ermittelt sich aus Zahlentafel 11 demnach

$f' = 56{,}1$ g je 1 m³ Luft-Dampfgemisch. Damit errechnet sich der wirkliche Wassergehalt bei der Temperatur t:

$$f = 56{,}1 - 0{,}64\,(60 - 42) = 44{,}6\ \mathrm{g/m^3}.$$

Da der Wassergehalt bei gesättigter Luft von 60° 129,9 g/m³ beträgt, so beläuft sich der Feuchtigkeitsgehalt der Abluft in Prozent auf

$$\varphi = \frac{44{,}6 \cdot 100}{129{,}9} = 34{,}4\ \mathrm{vH}.$$

Rechnet man nach Formel 11e genau, so wird die wirkliche Dampfspannung

$$h = 61{,}1 - 0{,}0008 \cdot 750\,(60 - 42) = 50{,}3\ \mathrm{mm}$$

und

$$f = \frac{1{,}06 \cdot 50{,}3}{1 + 0{,}0037 \cdot 60} = 43{,}7\ \mathrm{gr/m^3}$$

daraus

$$\varphi = \frac{43{,}7}{129{,}9} \cdot 100 = 33{,}7\ \mathrm{vH}.$$

Die Werte der angenäherten Formel 11d weichen also nur wenig von der umständlicheren genauen Formel 11e ab, aus Formel 11 oder 11a berechnet sich das spezifische Gewicht der Abluft von 60° bei 33,7 vH Feuchtigkeit zu

$$\gamma = 1{,}02\,.$$

Damit der Wassergehalt pro 1 kg Luft zu

$$\frac{43{,}7}{1{,}02} = 42{,}9\,\mathrm{gr}.$$

Es soll noch besonders darauf hingewiesen werden, daß man bei Feuchtigkeitsberechnungen zweckmäßig alle Rechnungen auf 1 kg Luft ausführt, am besten auf 1 kg trockenen Luftanteil, wie nachstehend im Beispiel 5 und nicht auf 1 m³, weil dann die bei verschiedenen Temperaturen erhaltenen Wassergehaltszahlen der Luft direkt miteinander vergleichbar sind.

Für Ermittlungen an Trockenapparaten, die mittels eines warmen Luftstromes Feuchtigkeit aus der nassen Ware ziehen, ist zu beachten, daß ein Teil der Wärme der Trockenluft dazu benutzt werden muß, um das in der Ware enthaltene Wasser zu verdampfen. Es kann daher die mit einer bestimmten Temperatur eintretende Trockenluft nicht völlig die Wassermenge γ'' aus Zahlentafel 11, die dieser Temperatur entspricht, aufnehmen, sondern sie ist schon vorher gesättigt, und kühlt sich dabei herab.

Der Wärmeinhalt von 1 m³ feuchter Luft beträgt[1]):

$$J = J_l + J_d\,.$$

$$J = \gamma_l \cdot c_{pl} \cdot t + \gamma_d \cdot i''\ \mathrm{kcal/m^3}$$

---

[1]) Hütte, 24. Aufl., S. 508.

hierin sind γ_l und γ_d die spezifischen Gewichte von Luft und Dampf, J_l und J_d die entsprechende Wärmeanteile. Mit $c_{p_l} = 0{,}24$ (spezifische Wärme für Luft) und dem Wärmeinhalte i'' für 1 kg trocken gesättigten Dampf (vgl. Tafel 117 und 118 S. 414) ergibt sich:

$$J = 0{,}1115 \frac{t}{273 + t}(b - \varphi h') + \varphi \cdot f \cdot i'' \text{ in kcal/m}^3 . \qquad 11\,f)$$

Es ist zweckmäßig, bei allen praktischen Anwendungen Gewicht und Wärmeinhalt feuchter Luft auf 1 kg trockene Luft im Gemisch zu beziehen. Danach wird das Gewicht einer Dampfluftmischung, deren Anteil an trockener Luft 1 kg beträgt:

$$G_m = G_l + G_d$$

$$G_m = 1 + \frac{\varphi \cdot f}{0{,}465 \cdot \frac{b - \varphi h'}{273 + t}} \text{ in kg} . \quad . \quad . \quad . \quad . \qquad 11\,g)$$

Der Wärmeinhalt des Dampfluftgemisches beträgt in kcal

$$q = q_l + q_d ,$$

$$q = 0{,}24\, t + \frac{\varphi \cdot f}{0{,}465 \cdot \frac{b - \varphi h'}{273 + t}} \text{ in kcal} . \quad . \quad . \quad . \qquad 11\,h)$$

Beispiel 5 für die Berechnung des spezifischen Gewichts von feuchter Luft und des absoluten Feuchtigkeitsgehaltes der Luft bezogen auf 1 kg Trockenluft.

Der Barometerstand sei 718 mm Quecksilber. Mit dem Naß- und Trockenthermometer wurden Temperaturen von 32,5 u. 51,4° gemessen; daraus errechnet sich der Feuchtigkeitsgehalt zu 26 vH (nach Formel 11 d). Der anteilige Wasserdampfdruck bei 51,4° beträgt demnach (nach Zahlentafel 11), da bei voller Sättigung der Druck 96 mm Quecksilber ist, 0,26 · 96 = 25 mm Quecksilber. Folglich beträgt der Teildruck der trockenen Luft

$$718 - 25 = 693 \text{ mm Quecksilber.}$$

Da das spezifische Gewicht der Luft bei 0° 760 mm Quecksilber = 1,293 kg/m³ beträgt, so ist also das anteilige Trockengewicht pro Kubikmeter feuchter Luft bei 51,4°

$$\frac{1{,}293 \cdot 693 \cdot 273}{760 \cdot 324{,}4} = \qquad 0{,}9930 \text{ kg/m}^3.$$

Bei 100proz. Sättigung beträgt der Wassergehalt der gesättigten Luft (Gewicht von 1 m³ Wasserdampf) 89 g/m³ (nach Zahlentafel 11 oder 118); dann ergibt sich das Gewicht des Dampfes pro Kubikmeter bei 51,4° und 26 vH Sättigung zu 0,26 · 89 = 0,0225 kg/m³,

spezifisches Gewicht der feuchten Luft 1,0155 kg/m³.

Der Wasserdampfgehalt beträgt demnach pro Kilogramm trockener Luft bei 51,4° und 26 v. H. Sättigung

$$\frac{0{,}0225}{0{,}993} = 0{,}02265\ \mathrm{kg/m^3}.$$

g) Feste und flüssige Körper[1]).

1. Wasser. Bei Ausmessungen und beim Auswiegen von Meßgefäßen ist es wichtig, zu berücksichtigen, daß das Wasser sich mit steigender Temperatur ausdehnt; es wächst sein Rauminhalt bei 100° um 4,3 vH. gegenüber dem von 4°, ebenso steigt die spezifische Wärme etwas mit der Temperatur (vgl. Dampftafel 117, Spalte *i'*).

Zahlentafel 12.

Temperatur, Dichte und Rauminhalt des Wassers.
(Nach Thiesen, Scheel, Diesselhorst, Hirn, Ramsay, Young u. a.)

Temperatur	Dichte	Rauminhalt in m³	Temperatur	Dichte	Rauminhalt in m³
0	0,99987	1,00013	80	0,9718	1,0290
2	0,99997	1,00003	85	0,9687	1,0324
4	1,00000	1,00000	90	0,9653	1,0359
6	0,99997	1,00003	95	0,9619	1,0396
8	0,99988	1,00012	100	0,9584	1,0434
10	0,99973	1,00027	110	0,9510	1,0515
12	0,99953	1,00048	120	0,9435	1,0600
14	0,99927	1,00073	130	0,9351	1,0694
16	0,99897	1,00103	140	0,9263	1,0795
18	0,99862	1,00138	150	0,9172	1,0903
20	0,99823	1,00177	160	0,9076	1,1018
22	0,99780	1,00221	170	0,8973	1,1145
24	0,99732	1,00268	180	0,8866	1,1279
26	0,99681	1,00320	190	0,8750	1,1429
28	0,99626	1,00375	200	0,8628	1,1590
30	0,99567	1,00435	210	0,850	1,177
32	0,99505	1,00497	220	0,837	1,195
34	0,99440	1,00563	230	0,823	1,215
36	0,99372	1,00632	240	0,809	1,236
38	0,99299	1,00706	250	0,794	1,259
40	0,9922	1,0078	260	0,779	1,283
45	0,9903	1,0099	270	0,765	1,308
50	0,9881	1,0121	280	0,75	1,34
55	0,9857	1,0145	290	0,72	1,38
60	0,9832	1,0171	300	0,70	1,42
65	0,9806	1,0198	310	0,68	1,46
70	0,9778	1,0227	320	0,66	1,51
75	0,9749	1,0258			

[1]) Zahlentafel 12—19 aus Hütte, 24. Aufl.

Siedepunkt des Wassers:

$$t = 100{,}000^\circ + 0{,}0367\,(p - 760) - 0{,}000023\,(p - 760)^2$$

Siedepunkt des Schwefels:

$$t = 444{,}60^\circ + 0{,}0909\,(p - 760) - 0{,}000048\,(p - 760)^2$$

p = Barometerstand in mm Hg.

2. Spezifische Wärme fester und tropfbar flüssiger Körper. Die spezifische Wärme c eines Körpers ist die Wärmemenge Q, welche erforderlich ist, um die Temperatur von 1 kg eines Körpers um 1° zu erhöhen. Sie ist im allgemeinen etwas abhängig von der Temperatur des Körpers.

$$Q = G \cdot c\,(t_2 - t_1) \text{ in kcal} \qquad 12)$$

Zahlentafel 13.

Mittlere spezifische Wärme fester und tropfbar flüssiger Körper zwischen 0° und 100°.

Stoff	c	Stoff	c
Aluminium	0,220	Holz (Eiche)	0,57
Blei	0,031	Holz (Fichte)	0,65
Gold	0,031	Holzkohle	0,20
Konstantan	0,098	Koks	0,20—0,37
Kupfer	0,094	Marmor, Kalkstein	0,21
Messing	0,092	Sandstein	0,22
Nickel	0,110	Schlacke	0,18
Platin	0,032	Steinkohle	0,31
Quecksilber	0,033	Ziegelsteine	0,22
Eisen und Stahl	0,115		
Silber	0,056	Äther	0,54
Zink	0,094	Alkohol	0,58
Zinn	0,056	Benzol	0,40
		Maschinenöl	0,40
Asche	0,20	Naphthalin	0,31
Beton	0,27	Petroleum	0,50
Eis	0,50	Schweflige Säure	0,32
Gips	0,20	Terpentinöl	0,42
Glas	0,20	Wasser bei 15°	1,00
Graphit	0,20		

3. Spezifische Gewichte fester und flüssiger Körper. Unter spezifischem Gewicht versteht man das Gewicht eines Kubikdezimeters in Kilogrammen.

Zahlentafel 14.

Spezifische Gewichte von festen Körpern.

Stoff	Spez. Gew.	Stoff	Spez. Gew.
Aluminium (chem. rein)	2,6	Briketts	1,25
Asbest	2,1—2,8	Bronze (79—14 vH Zinn)	7,4—8,9
Baumwolle (lufttrocken)	1,47—1,50	Chamottesteine	1,85
Beton	1,8—2,45	Eis	0,88—0,92
Blei	11,25—11,37	Erde, trocken gestampft	1,6—1,9
Braunkohle	1,2—1,5	Flußeisen	7,85

Flußstahl	7,86	Kupfer, gegossen	8,3—8,9
Gips, gebrannt	1,81	—, gehämmert	8,9—9,0
Glas — Flaschen-	2,60	Lehm, trocken	1,50—1,60
Gold	19,33	Marmor, gewöhnlicher	2,52—2,85
Granit	2,51—3,05	Messing, gewalzt	8,52—8,62
Graphit	1,9—2,3	— gegossen	8,40—8,70
Gußeisen	7,25	Nickel	8,9—9,2
Holz (lufttrocken):		Papier	0,7—1,15
Eiche	0,69—1,03	Platin, gehämmert	21,3—21,5
Erle	0,42—0,68	Sand, fein und trocken	1,40—1,65
Fichte	0,35—0,60	Sand, fein und feucht	1,90—2,05
Kiefer	0,31—0,76	— grob	1,4—1,5
Linde	0,32—0,59	Sandstein	2,2—2,5
Pappel	0,39—0,59	Schweißeisen	7,80
Rotbuche	0,66—0,83	Silber, gegossen	10,42—10,53
Tanne	0,37—0,75	Stahl	7,85—7,87
Holzkohle	0,40	Steinkohle im Stück	1,2—1,5
Kalk, gebrannter gesch.	0,9 —1,3	Torf (Erdtorf)	0,64
Kalk, gelöschter	1,15—1,25	Ziegel (gewöhnlicher)	1,4—1,60
Kies, trocken	1,8	Ziegelmauerwerk:	
— naß	2,0	trocken	1,42—1,46
Koks in Stücken	1,40	volles, frisches	1,57—1,63
Kork	0,24	Zink, gegossen	6,86
Kunstsandstein	2,00—2,10	Zinn, gegossen	7,2

Zahlentafel 15.

Gewichte geschichteter Körper.

1 m³ wiegt Kilogramm

Braunkohlen, lufttrocken und stückig	650—780	Ruhr-	800—860
Buchenholz in Scheiten	400	Koks, Gas-	360—470
Eichenholz in Scheiten	429	— Zechen-	380—530
Eschenholz	465	Mörtel, Kalk und Sand	1700—1800
Fichtenholz in Scheiten	320	Sand, Lehm, Erde:	
Kiefernholz	322	trocken	1600
Holzkohlen von weichem Holz	150	naß	2000
Holzkohlen von hartem Holz	220	Schnee, frisch gefallen	80—190
Kohlen:		— feucht und wässerig	200—800
Zwickauer	770—800	Torf, lufttrocken	325—410
Oberschlesische	760—800	— feucht	550—650
Niederschlesische	820—870	Ziegelsteine, gewöhnliche	1375—1500
Saar-	720—800	— Klinker	1600—1800

Zahlentafel 16.

Spezifische Gewichte von Flüssigkeiten,

d. h. Gewicht eines Liters in Kilogramm.

		bei °C
Äther	0,74	0
Alkohol, wasserfrei	0,79	15
Benzin	0,68—0,70	15
Glyzerin, wasserfrei	1,26	0
Kalilauge (31 proz.)	1,30	15

(Fortsetzung zu Zahlentafel 16)

		bei °C
Kalilauge (63 proz.)	1,70	15
Leinöl	0,94	15
Mineralschmieröl	0,90—0,93	20
Naphtha	0,76	19
Petroleum, Leucht-	0,79—0,82	15
Quecksilber	13,596	0
Salzsäure (40 vH HCl)	1,20	15
Schwefelsäure (87 vH H_2SO_4)	1,80	—
Teer, Steinkohlen-	1,20	—
Terpentinöl	0,87	16
Wasser (destilliert)	1,00	4

4. Verdampfungswärme. Die Verdampfungswärme *r* einer Flüssigkeit ist die Anzahl kcal, die verbraucht werden, um 1 kg Flüssigkeit entgegen dem unveränderlichen äußeren Drucke in Dampf gleicher Temperatur zu verwandeln; dieselbe Wärmemenge wird frei, wenn der Dampf sich niederschlägt; *r* ist abhängig von der Temperatur, bei welcher die Verdampfung stattfindet.

Zahlentafel 17.

Verdampfungswärme bei der Siedetemperatur und 760 mm Quecksilber.

Äther	90	Schwefel	362
Alkohol	210	Schwefelkohlenstoff	85
Ammoniak (bei 0°)	300	Schweflige Säure (bei 0°)	91
Benzol	94	Stickstoff	48
Chlor	62	Wasser	539
Kohlensäure (bei 0°)	56	Wasserstoff	123
Luft	44—50	Zink	365
Sauerstoff	51		

5. Schmelzwärme. Die Schmelzwärme eines festen Körpers gibt die kcal an, die verbraucht werden, um 1 kg des Körpers aus der festen in die flüssige Form ohne Erhöhung der Temperatur überzuführen. Dieselbe Wärmemenge wird beim Erstarren des flüssigen Körpers frei.

Zahlentafel 18.

Schmelzwärme verschiedener Körper in kcal.

Aluminium	77	Phosphor	5
Blei	6	Platin	27
Cadmium	14	Quecksilber	2,8
Eis (Wasser)	80	Schwefel	9
Eisen	30	Silber	21
Kupfer	43	Wismut	13
Naphthalin	36	Zink	28
Paraffin	35	Zinn	14

6. Siedepunkte unter dem Druck von 760 mm.

Zahlentafel 19.

	°C		°C
Zink	915	Alkohol	78,5
Schwefel	445	Äther	35
Quecksilber	357	Schweflige Säure	—10
Paraffin	300	Ammoniak	—33
Glycerin	290	Kohlensäure	—78
Phosphor	290	Sauerstoff	—183
Naphthalin	218	Kohlenoxyd	—190
Wasser	100	Stickstoff	—196
Benzol	80	Wasserstoff	—253

7. Längenausdehnung fester Körper durch die Wärme. Unter Längenausdehnungszahl $\beta = \frac{dl}{l \cdot dt}$ eines festen Körpers wird die Zunahme der Längeneinheit des Körpers bei 1° Temperaturerhöhung verstanden.

Zahlentafel 20.

Längenausdehnung in Millimeter auf 1 m Länge bei Erwärmung um 100°.

Aluminium	2,3	Nickel	1,3
Bronze	1,8	Zink	2,9
Eisen und Stahl	1,1	Zinn	2,3
Konstantan	1,5	Zement (Beton)	1,4
Kupfer	1,7	Glas	0,6—0,9
Messing	1,9	Holz, längss.	0,3—0,9

8. Schmelz- oder Gefrierpunkte und Erstarrungspunkte verschiedener Stoffe in °C bei 760 mm.

Zahlentafel 21.

Wolfram	3400	Blei	327
Platin	1764	Wismut	269
Palladium	1557	Zinn	232
Porzellan	1550	Schwefel	113
Schweißeisen	1500—1600	Naphthalin	80
Nickel	1470	Paraffin	54
Flußeisen	1350—1450	Phosphor	44
Stahl	1300—1400	Benzol	5,6
Gußeisen, graues	1200	Eis	0,000
—, weißes	1130	Kochsalzlösung, gesättigte	—18
Glas	800—1400	Glyzerin	—20
Gold	1063	Quecksilber	—39
Kupfer (Erstarrungspunkt)	1083	Schweflige Säure	—76
Silber (Erstarrungspunkt)	960,5	Ammoniak	—78
Messing	900	Kohlensäure	—79
Bronze	900	Alkohol, absoluter	—118
Aluminium	657	Äther	—118
Antimon (Erstarrungspunkt)	630,5	Stickstoff	—210
Zink	419	Sauerstoff	—227

9. Zündpunkte. Das ist die Temperatur, bei welcher eine Selbstentzündung in Luft, bei Atmosphärendruck erfolgt (Hütte 1923, S. 568).

Zahlentafel 22.

	°C		°C
Äthylen	542—547	Leuchtgas	600
Azethylen	406—440	Methan	650—750
Benzin	415	Naphthalin	557
Benzol	520	Steinkohlenteeröl	590—650
Gasöl	400—460	Wasserstoff	580—590

Der genauen Schmelzpunkte wegen können einige Stoffe auch zum Bestimmen von Gastemperaturen benutzt werden, indem man „Schmelzblättchen" davon herstellt und sie in den Gasstrom einhängt. Auch Segerkegel finden dazu Verwendung (vgl. S. 324).

4. Wärmeübertragung[1]) durch Berührung (α), Leitung (λ) und Strahlung.

In dreifacher Weise stellt sich die rechnende und messende Wissenschaft die Wärme wirksam vor.

1. Als Wärmeübergang α (Berührung, Konvektion) für ein strömendes Mittel an eine Wand; die Vorgänge stellt man sich in einer äußerst dünnen Grenzschicht[2]) der strömenden Flüssigkeit wirksam vor.

2. Als Wärmeleitung λ; da ist die Wärme an die wägbare Materie gebunden, tritt mit ihr in Wechselwirkung und äußert eine nach allen Seiten wirksame Ausdehnungstendenz innerhalb der Körper; der an einer Stelle erwärmte Körper wird Stück für Stück wärmer.

3. Als Wärmestrahlung; hier äußert sich das Wärmewesen selbst, indem es sich in den Raum hinaus verbreitet, um so besser, je weniger materieerfüllt der durchstrahlte Raum ist. Wärmestrahlung ist nicht mehr an die wägbare Materie gebunden.

Es gelten folgende Bezeichnungen (vgl. Abb. 8):

Heizfläche in Quadratmeter, Körperoberfläche . . . . F
Zeitdauer in Stunden . . . . z
Temperatur der heißeren Flüssigkeit (Gas, Wasser) ° C . . . . . t_1
Temperatur der kälteren Flüssigkeit . . . . t_2
Temperatur der heißeren Wandaußenseite . . . . ϑ_1
„ „ kälteren Wandaußenseite . . . . ϑ_2
Wärmeübergangszahl $\left[\frac{\text{kcal}}{\text{m}^2 \cdot \text{h} \cdot {}^\circ\text{C}}\right]$ zwischen Gas — Wand . . . . α_1

---

[1]) Vgl. hierüber das auf S. 9 Gesagte. Alle diese Vorgänge sind noch wenig geklärt, die Formeln sind immer komplizierter geworden und die Zahlenwerte besonders für α und k sind nur in weiten Grenzen gültig.

[2]) Arbeiten von Prandl und von Kármán; vgl. auch Ludovici, Messungen in der Grenzschicht strömender Gase. Z. V. D. I. 1926, S. 1122.

Wärmeübergangszahl zwischen Wand — Kesselstein. . . . . α_2
„ zwischen Kesselstein — Wasser . . . . . . α_3
„ zwischen Wasser — Wand . . . . α_w
Wärmeleitungszahl für die Wand (kcal für 1 m² Oberfl., 1 m Dicke und 1° Temperaturunterschied geleitet in 1 h.) . . . . λ_1
Wärmeleitungszahl für die Verunreinigung (Kesselstein) . . . . . λ_2
Wärmedurchgangszahl $\frac{\text{kcal}}{\text{m}^2 \cdot \text{h} \cdot {}^\circ\text{C}}$ . . . . k
Dicke der Wand in Metern . . . . δ_1
Dicke der Verunreinigung in Metern (Kesselstein). . . . . δ_2
Verlustziffer in Hundertsteln . . . . ζ
Mittlerer Temperaturunterschied zwischen heizender und beheizter Flüssigkeit °C . . . . ϑ_m
Temperaturunterschied zwischen den beiden Flüssigkeiten am Anfang °C . . . . ϑ_a
Temperaturunterschied zwischen den beiden Flüssigkeiten am Ende °C . . . . ϑ_e
Wärmeabgabe eines Körpers durch Strahlung in Wärmeeinheiten S_1
Wärmeabgabe durch Berührung in Wärmeeinheiten . . . . S_2
Gesamtwärmeabgabe (Berührung + Strahlung) in Wärmeeinheiten Q

a) Wärmeübergangszahl α $\frac{\text{kcal}}{\text{m}^2 \cdot \text{h} \cdot {}^\circ\text{C}}$.

Sehr wesentlich ist für den Wärmeübergang die Form des Strömungsraumes, ob ebene oder gekrümmte Wand usf. und die Natur des strömenden Körpers sowie dessen Geschwindigkeit, Dichte, Wärmeleitzahl, spezifische Wärme usf.

Am eingehendsten erforscht sind die Wärmeübergänge in einem Rohre.

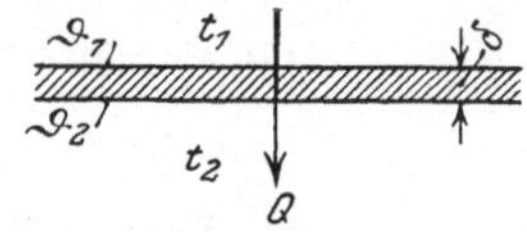

Abb. 8.

Der Wärmeübergang an eine ebene Wand durch Berührung ist ausgedrückt in Wärmeeinheiten durch die Newton'sche Gleichung

$$Q = \alpha_1 \cdot F \cdot z\,(t_1 - \vartheta_1)\,, \quad . \; . \; . \; . \; . \; . \; . \; . \quad 13)$$

worin α_1 je nach der Art der Flüssigkeit, welche die Wandoberfläche berührt, und je nach dem Strömungszustande der Flüssigkeit verschieden einzusetzen ist (vgl. Zahlentafel 23, sowie S. 74 und 253 Fußnote).

Die Gleichung gibt die Verhältnisse nur ganz roh wieder und schiebt alle Schwierigkeiten in den Wert α zusammen.

Zahlentafel 23.

Wärmeübergangszahl α

$$Q = F \cdot \alpha \cdot z(t - \vartheta),$$

d. h. die für eine Stunde in einen Quadratmeter Wandoberfläche hineingehende Wärmemenge bei 1° Temperaturunterschied zwischen Flüssigkeitstemperatur (t) und Wandtemperatur (ϑ) oder umgekehrt.

Bei Berührung und Leitung v = m/sk-Geschw.

Flüssigkeit	Übergang von — an	Bewegungszustand	α	Beobachter
	Isolierung (Diatomitschalen 50 mm stark) bei Dampfleitungen an Luft.	fast ruhend, Berührung allein;	1,9—2,5	Eberle, Z. V. d. I. 1908, S. 63[illegible]
		Berührung und Strahlung	5,7—8,1	
	Luft, überh. Dampf an Wand	Luft ruhend	$3 + 0{,}08\,\Delta$ für $\Delta < 10°$	Nusselt
	für senkrechte ebene Flächen		$2{,}2 \cdot \sqrt[4]{\Delta}$ für $\Delta > 10°$	

Δ ist der Temperaturunterschied zwischen der Oberflächentemperatur und der mittleren Temperatur der Raumluft; damit wird

$\Delta =$	0	5	10	25	50	100	200	300	400
$\alpha =$	3	3,4	3,8	4,9	5,9	7	8,3	9,1	9,8

außerdem ist α proportional der Quadratwurzel aus der Dichte der Luft, also proportional der Wurzel aus dem Barometerstande, und umgekehrt proportional der Wurzel aus der absoluten Lufttemperatur.

Flüssigkeit	Übergang von — an	Bewegungszustand	α	Beobachter
Luft[1]), Gase	für wagrechte Wand	Gase strömend	$2{,}8\sqrt[4]{\Delta}$	Nusselt Forschungsheft 63/64
	Luft an Wand	strömend mit v	$2 + 10\sqrt{v}$	alte Formel, gi[illegible] nur ungefähr
	Heizgase (Luft) an Metallwand	strömend $v = 4 - 5$ m/sek	10—25	
	Heizgase (Luft) an Metallwand wagerecht	ruhend	20	Reutlinger, Z. V. d. I. 1910, S. 552
	Rohroberfläche an Luft äußerer Rohr-∅ (nackte Rohre) = 33 mm . .	still; Temperaturunterschied zw. Rohroberfläche und Luft 50—150°	7,0—8,7	Wamsler, Forschungshefte 98/99, S. 45
	59 „ . .		6,2—8,2	
	89 „ . .		4,7—6,3	

[1]) Neuere Formeln von Nusselt, Hütte, 24. Aufl., S. 458.

<table>
<tr><th>Flüssigkeit</th><th>Übergang von — an</th><th>Bewegungszustand</th><th>α</th><th>Beobachter</th></tr>
<tr><td rowspan="4">Flüssigkeiten (Wasser usw.) nicht siedend[1])</td><td>Flüssigkeiten an Metallwand</td><td>ruhend</td><td>500</td><td></td></tr>
<tr><td>Flüssigkeiten an Metallwand</td><td>strömend</td><td>$300+1800\sqrt{v}$</td><td></td></tr>
<tr><td>Flüssigkeiten an Metallwand</td><td>gerührt durch Mischvorricht.</td><td>2000—4000</td><td></td></tr>
<tr><td>Wasser an Eisenblechwand</td><td>heftig gerührt
Wassertemperatur 20°
30°
50°</td><td>4400
5000
6000</td><td></td></tr>
<tr><td>Öl</td><td>Öl an Eisenwand</td><td>Öl mit t_o
Wasser mit t_w</td><td>t_o | t_w | α
80 | 20 | 90
100 | 30 | 125
120 | 50 | 230
120 | 100 | 200
130 | 100 | 225</td><td>stark gerührt (80, 100, 120)
leicht gerührt (120, 130)
Hausbrand, Kondensieren u. Verdampfen V, S. 61.</td></tr>
<tr><td rowspan="6">Wasser siedend</td><td>Wasser an wagerechte Eisenblechwand</td><td>wenig bewegt</td><td>1154</td><td rowspan="2">Reutlinger, Z. V. d. I. 1910, S. 550</td></tr>
<tr><td>Wasser an wagerechte Eisenblechwand bei Steinbelag $\delta = 5{,}5$ mm, $\lambda = 2{,}96$ „</td><td>100°</td><td>367</td></tr>
<tr><td>Wasser an Eisenblechwand</td><td>nicht gerührt</td><td>2800</td><td>Holborn und Dittenberger, Z. V. d. I. 1900, S. 1724</td></tr>
<tr><td>Wasser an Eisenblechwand</td><td>Temperaturdiff. zwisch. Wasser und Wand
0,62°
1,2
2,54
3,10
3,94
4,10</td><td>1600
2700
3500
3800
3900
4200</td><td>L. Austin, Z. V. d. I. 1902, S. 1890</td></tr>
<tr><td>Wasser an Eisenblechwand</td><td>heftig gerührt</td><td>6700</td><td></td></tr>
<tr><td>Kesselblech an anhaftenden festen Kesselstein</td><td></td><td>$\frac{1}{\alpha} = 0$</td><td>Nusselt</td></tr>
<tr><td>Wasserdampf kondensierend</td><td>Dampf (kondensierend) an Metallwand</td><td>Gut. Kondensatabfluß u. Luftfreiheit begünstigt α</td><td>8000
9500—10000</td><td>Nusselt, Mollier</td></tr>
</table>

[1]) Neuere Formeln von Sonnecken, Hütte, 24. Aufl., S. 464.

Übereinstimmend ergaben alle über die Höhe der Wärmeübergangszahl α in den letzten Jahren ausgeführten eingehenden Untersuchungen[1]) und mathematischen Berechnungen ein Steigen von α mit dem Dampfdrucke und der Dampfgeschwindigkeit; ein Fallen mit steigendem Rohrdurchmesser, mit steigender Wandtemperatur der bestrichenen Fläche sowie mit wachsendem Abstand des untersuchten Rohrstückes von der Dampfeintrittsstelle aus. Die Beziehungen sind ziemlich verwickelt.

Wärmeübergang an Rohre und Rohrschlangen. Es gelten folgende Bezeichnungen:

d = Rohrdurchmesser in Metern,
λ_{Wand} = Wärmeleitungsfähigkeit des strömenden, Wärme abgebenden Gases bei der Temperatur der Rohrwand in $\frac{\mathrm{kcal}}{m \cdot h \cdot {}^\circ\mathrm{C}}$,
L = Länge der Rohrleitung vom Dampfeintritt aus in Metern,
C_p = Spezifische Wärme von 1 m³,
c_p = Spezifische Wärme von 1 kg,
λ = Leitungsfähigkeit des Gases $\frac{\mathrm{kcal}}{m \cdot h \cdot {}^\circ\mathrm{C}}$,
v = Geschwindigkeit in Metern je Sek. von Gas, Dampf
γ = Spezifisches Gewicht kg/m³.
g = 9,81.

Die durch Versuche belegte Formel von Nusselt[2]) ist gültig für Rohre, die von Gasen, Luft oder überhitztem Dampfe durchströmt werden.

$$\alpha = \frac{18{,}86 \cdot \lambda_{\mathrm{Wand}}}{d^{0,16} \cdot L^{0,054}} \left(\frac{v \cdot C_p}{\lambda}\right)^{0,786} \quad \ldots\ldots\ldots \quad 14)$$

Auf Grund von Versuchen[3]) an glatten, senkrecht zum Luftstrom liegenden, von Wasser durchflossenen Rohren, die

[1]) Nusselt, Wärmeübergang an Rohrleitungen. Z. V. d. I. 1909, S. 1750. — Gröber, Der Wärmeübergang von strömender Luft an Rohrwandungen. Z. V. d. I. 1912, S. 421. — Poensgen, Über die Wärmeübertragung von strömendem, überhitztem Wasserdampfe an Rohrwandungen. Z. V. d. I. 1916, S. 27. — Fehrmann, Wärmedurchgang an Heizkörpern von Dampfpfannen. Z. V. d. I. 1919, S. 973.

[2]) Nusselt, Z. V. d. I. 1913, S. 199. Auswertung der Formel Hütte, 23. Aufl., S. 382; eine andere Formel von Nusselt für Abkühlung oder Erwärmung eines wagrechten Rohres in einem Gase oder einer Flüssigkeit siehe Nusselt, Z. V. D. I. 1917, S. 447; oder Hütte 1923, S. 459.

[3]) Z. V. d. I. 1926, S. 47. H. Reiher, München: „Wärmeübergang von strömender Luft an Rohre." Laboratoriumsversuche an glatten Rohren von 4,6, 10, 15, 18 und 28 mm äußerem Durchmesser, die durch Messungen an Speisewasservorwärmern ihre Bestätigung fanden mit Annäherung von 3½ bis 17 vH.

außen von Luft oder Gasen mit einer Geschwindigkeit von v über 2 m/sec bis 13 m/sec umströmt wurden, gilt

$$\alpha = C \frac{\lambda}{d} \left(\frac{v \cdot d \cdot \varrho}{\mu} \right)^n \quad \text{14a)}$$

Darin bedeutet für das strömende Gas an der Grenzschicht

$\varrho = \frac{\gamma}{g}$ die Massendichte

$\mu =$ Zähigkeitszahl $\left[\frac{\text{kg} \cdot S}{\text{m}^2} \right]$ des Gases.

Einzusetzen sind folgende Werte:

	C	n	
Rohrbündel, gradlinig hintereinanderliegende Rohre			
bei 2 Rohrreihen	0,122	0,654	für v ist der Maximalwert,
3 „	0,126	0,654	für λ, ϱ, μ der Mittelwert
4 „	0,129	0,654	einzusetzen
5 „	0,131	0,654	
Rohrbündel, symmetrisch versetzt hintereinanderliegende Rohre			
2 Rohrreihen	0,100	0,69	
3 „	0,113	0,69	
4 „	0,123	0,69	
5 „	0,131	0,69	
Einzelrohre im Kreuzstrom	0,35	0,56	
		Es sind einzusetzen für v — mittlere Strömungsgeschwindigkeit der Luft entlang dem Rohrumfang; für λ, ϱ, μ die mittleren Werte in der Grenzschicht.	

Diese Formel zeigt, daß mit zunehmender Anzahl der Rohrreihen das Bündel mit versetzter Anordnung der Rohre wesentlich günstigere Wärmeübertragungsverhältnisse aufweist, wie das gradlinig angeordnete.

Die Rohraußentemperaturen sind auf der von dem strömenden Gas getroffenen Vorderseite wesentlich höher als auf der Rückseite; und zwar bei mittleren Temperaturen der Rohroberfläche von 108—130° sind Temperaturunterschiede von 30—40° vorhanden.

Das Anwachsen der Wärmeübergangszahl α mit der Gasgeschwindigkeit erfolgt wie nachstehend unter sonst gleichen Verhältnissen:

v	α
1	1
2	1,61
3	2,13
4	2,61

Der Wärmeübergang α an schraubenförmig gewundene Rohrschlangen[1]) für Luft, Gase, überhitzten Dampf usf. kann entnommen werden aus der Beziehung:

gerade Rohre

$$\alpha \frac{d}{\lambda} = 0{,}039 \left(\frac{v\,d}{a}\right)^{0{,}76} \quad \text{. . . . . 14 b)}$$

für Rohrschlangen

$$\alpha \frac{d}{\lambda} = \left(0{,}039 + 0{,}138 \frac{d}{D}\right) \left(\frac{v\,d}{a}\right)^{0{,}76} \quad \text{. . . . . 14 c)}$$

Darin bedeuten noch:

D = Durchmesser der Rohrwindung in Meter,

$$a = \frac{\lambda}{c_p \cdot \gamma} = \text{Temperaturleitfähigkeit in } \frac{m^2}{h}.$$

Für höhere Drücke p ist die rechte Seite der Formel noch mit einem Beiwert f zu multiplizieren.

p = at abs.	1	50	100	150	200	300
f	1,000	1,042	1,091	1,122	1,157	1,1185

Die Untersuchung wurde an schraubenförmig gewundenen Rohrschlangen aus nahtlosen Gasrohren von $^5/_4''$ Rohrdurchmesser und 210 bzw. 630 mm Windungsdurchmesser gemacht, bestehend aus 6 bzw. 2 Windungen.

Die Höhe der erreichten Endtemperatur Θ_e, die eine Flüssigkeit oder ein Gas nach Durchströmen einer Strecke z innerhalb eines geraden Rohres annehmen, dessen Wand überall auf der Temperatur Θ_w gehalten wird, ergibt sich aus der Abb. 9[2]). Aus derselben kann man sofort das auf der Senkrechten aufgetragene Verhältnis $\frac{\Theta_e}{\Theta_w}$ entnehmen, wenn man die beiden Kennzahlen $\frac{L}{d}$ für das Rohr und $\frac{v \cdot d \cdot c_p \cdot \gamma}{\lambda}$ für das strömende Mittel ausgerechnet hat.

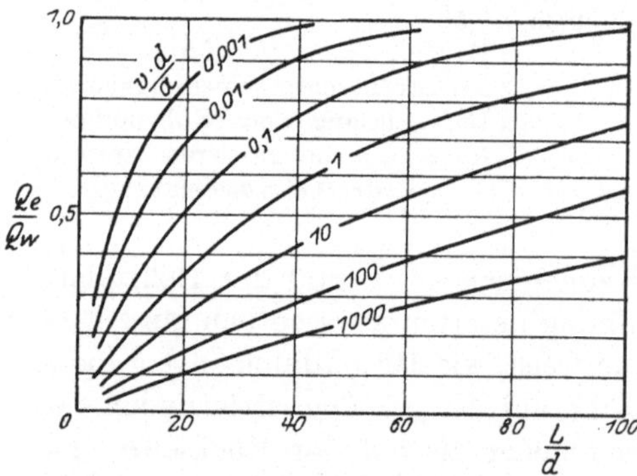

Abb. 9. Temperaturverlauf längs des Rohres.

[1]) Wärmeübergang und Druckverlust in Rohrschlangen von Dr.-Ing. H. Jeschke. Techn. Mechanik V. D. I. Verlag 1925, S. 24.

[2]) Groeber, Überblick über die Lehre von der Wärmeübertragung. Z. V. d. I. 1926, S. 1127. Nach Formeln von Nusselt.

b) Wärmeleitung $\lambda\ \frac{\text{kcal}}{\text{m} \cdot \text{h} \cdot {}^\circ\text{C}}$.

Die Wärmeleitungszahl λ innerhalb eines Körpers ist bestimmt durch die Wärmemenge, welche durch eine Stoffschicht von 1 m² Oberfläche und 1 m Dicke in 1 Stunde heraustritt bei einem Temperaturunterschied der beiden Wandflächen von 1°.

Metalle bieten der Ausbreitungstendenz der Wärme den geringsten Widerstand; Isolierstoffe den größten. (Siehe Zahlentafel 24, 98, 99 S. 361.)

Zahlentafel 24. Leitungszahl λ,

d. h. λ = der Wärmemenge, die in einer Stunde durch 1 m² Fläche eines Körpers von 1 m Dicke bei einem Temperaturunterschied der beiden Wandflächen von 1° hindurchgeleitet wird.

Stoff	λ	Stoff	λ
Metalle:		Erdige Stoffe:	
Silber	360	Flußsand normal	0,97
Kupfer	320—345	ganz trocken	0,28
Gold	260	Maschinenziegel	0,45
Aluminium bei 29° [1])	166,7	Ziegelmauerwerk	0,35
74°	175,5	Gips	0,37
Zink	95	Steinkohle	0,11
Messing	50—100		
Eisen	50—60	Holzartige Stoffe:	
Platin	60	Kork	0,26
Zinn	54	Pappe, Linoleum	0,16
Nickel	50	Kiefernholz längs der Faser	0,30
Stahl	22—40	Kiefernholz senkrecht der Faser	0,13
Blei	30		
Konstantan	19,4	Flüssigkeiten:	
30proz. Nickelstahl bei 29° [1])	10,5	Wasser	0,5
71,5°	11,2	Glyzerin	0,25
Quecksilber	6,5	Alkohol	0,18
		Olivenöl	0,15
Erdige Stoffe:		Petroleum	0,13
Erdboden, gewachsener	2,0	Teerschichten (Ölschichten)	0,10
Sandstein	1,44		
Bruchsteinmauerwerk	1,3—2,1	Gase:	
Schamotte bei 50°	0,50	Wasserstoff	0,14
565°	1,32	Luft	$0{,}01894\,(1 + 0{,}00228 \cdot t)$
Zement	0,78	Wasserdampf	
Glas	0,47—0,8		$0{,}01405\,(1 + 0{,}00369 \cdot t)$

Die durch die Bodenfläche[2]) F_2 in Quadratmeter eindringende Wärmemenge Q_2 ist berechenbar aus der Wärmeleitzahl λ_1 des Erdbodens und zwei im senkrechten Abstande d in Meter in ihm gemessene Temperaturen $t_{\prime\prime}$ und t_0:

$$Q_2 = \frac{\lambda_1}{d}\,(t_{\prime\prime} - t_0)\,F_2 \qquad \lambda_1 = 2{,}0\ \frac{\text{kcal}}{\text{m} \cdot \text{h} \cdot {}^\circ\text{C}} \quad \ldots\ldots \quad 15)$$

[1]) Jacob, Z. V. d. I. 1922, S. 692.

[2]) Dr.-Ing. Hencky, Gesundheitsingen. 1918, S. 90.

	Temperatur-untersch. zwisch. Dampf und Luft	λ	Beobachter
Isolierstoffe f. Dampfleitungen gute	100°	0,068—0,102	Eberle,
	150°	0,069—0,118	Z.V. d. I.
	200°	0,075—0,135	1908, S. 572
schlechtere	100°	0,165	
	200°	0,182	
	Zusammensetzung vH		
Kesselstein	kohlensaurer Kalk 15,2		Reutlinger,
	schwefelsaurer Kalk . . . 80,8	1,91	Z. V. d. I.
	kohlensaure Magnesia . . 2,4		1910, S. 551
Kesselstein	kohlensaurer Kalk 2,7		
	schwefelsaurer Kalk . . . 82,2	2,96	
	kohlensaure Magnesia . . 14,6		

Weitere Werte für Isolierstoffe siehe Zahlentafel 98 und 99.

c) Wärmedurchgangszahl k. (Vgl. S. 297).

(Berührung und Leitung.)

Die Wärmedurchgangszahl k ist zusammengesetzt aus Wärmeübergang durch Berührung α und Wärmeleitung λ innerhalb eines Körpers; sie ist bestimmt durch die Wärmemenge, welche in 1 st durch 1 m² Heizfläche mit der Wanddicke δ in Meter von der heißeren an die kältere Flüssigkeit (Gase) übergeht bei 1° Temperaturunterschied zwischen beiden Flüssigkeiten (Gasen). Sie umfaßt sämtliche Widerstände, welche sich dem Wärmedurchgange entgegenstellen; diese bestehen 1. aus dem Widerstande bei der Wärmeübertragung an die Wand (α_1), 2. beim Durchgange von der einen Wandseite an die andere (λ_1), 3. beim Übergange von der kälteren Wandseite an die daran haftende Kesselstein- oder Ölschicht (α_2), 4. beim Durchgange durch diese Schicht (λ_2), 5. beim Übergange von dieser Schicht an die kältere Flüssigkeit (α_3). Es ist α_3 für Stein/Wasser $= \alpha_w$ für Blech/Wasser zu setzen.

Dieses k hängt also von einer größeren Anzahl Einflüsse ab und stellt sich durch folgende allgemeine Beziehung dar, für den Wärmedurchgang bei einer zusammengesetzten Wand, gültig für Berührung und Leitung:

$$k = \frac{1}{\frac{1}{\alpha_1} + \frac{1}{\alpha_2} + \frac{1}{\alpha_3} + \frac{\delta_1}{\lambda_1} + \frac{\delta_2}{\lambda_2}} \quad \text{16)}$$

Darin bedeuten δ_1, δ_2 die Wandstärken des Metalls und des Kesselsteines in Metern, α_1, α_2, α_3 die Wärmeübergangszahlen zwischen den verschiedenen Stoffen. (Werte siehe Zahlentafel 23, $\frac{1}{\alpha_2}$ ist nach Versuchen $= 0$ zu setzen.)

Für die **Durchleitung der Wärme von einer Wandseite** an die andere parallele bei einer Wanddicke δ in Millimeter gilt in Wärmeeinheiten in z st (Abb. 8):

$$Q = F \cdot z \cdot (\vartheta_1 - \vartheta_2) \frac{\lambda_1}{\delta_1} \quad \ldots \ldots \ldots 17)$$

Wird eine Flüssigkeit (oder Gas) durch eine andere Flüssigkeit (oder ein Gas) auf der anderen Seite einer gleichmäßig dicken Wand beheizt, so geht von der wärmeren Seite durch die Wand an die kältere Flüssigkeit eine Wärmemenge in Wärmeeinheiten über, die ausgedrückt ist durch:

$$Q = k \cdot F \cdot z (t_1 - t_2) \quad \ldots \ldots \ldots 18)$$

und die Wandaußentemperaturen sind bei reiner Wandfläche durch Gleichsetzen der Formeln 18) und 13):

$$\vartheta_1 = t_1 - \frac{k}{\alpha_1}(t_1 - t_2) \quad \text{und} \quad \vartheta_2 = t_2 + \frac{k}{\alpha_2}(t_1 - t_2) \ldots 19)$$

Dabei gelten α_1 und α_2 für beide Seiten der Wand und Berührung mit der jeweiligen Flüssigkeit sowie

$$k = \frac{1}{\frac{1}{\alpha_1} + \frac{1}{\alpha_2} + \frac{\delta_1}{\lambda_1}} \quad \ldots \ldots \ldots 20)$$

Befindet sich auf der einen Seite der Wand ein Stoff mit verhältnismäßig hohem Werte α, auf der anderen Seite ein solcher mit kleinem α, so gilt mit guter Annäherung, daß die Wand die Temperatur des ersten Stoffes hat. Ist dagegen α für beide Seiten klein und etwa gleich hoch, so treten bedeutende Temperaturunterschiede zwischen Wand und den beiden berührenden Stoffen ein.

Beispiel 6: Mit den S. 387 angegebenen Werten für:

Übergang von Gas an Metall . . . . $\alpha_1 = 20$,
„ „ ebener, wagerechter Metallwand an Wasser $\alpha_2 = 1154$,

Wanddicke $\delta = 0{,}020$ m, für Eisen $\lambda = 56{,}2$ errechnet sich der Wärmedurchgang von Gas an das Wasser nach Formel 20.

$$k = \frac{1}{\frac{1}{20} + \frac{1}{1154} + \frac{0{,}02}{56{,}2}} = 19{,}52.$$

Wärmedurchgang durch ebene Metallwände von gleichförmiger Dicke[1]). δ in Meter, welche zwei Flüssigkeiten (Gase) trennen.

Setzt man $\frac{1}{k_0} = \frac{1}{\alpha_1} + \frac{1}{\alpha_2}$, so wird $k = \frac{k_0}{1 + k_0 \frac{\delta}{\lambda}}$;

[1]) Nach Hütte, 23. Aufl., S. 387 mit Ergänzungswerten für k.

dabei ist:

	k_o	k
von Dampf an siedendes Wasser .	3000 bis 5000	2000 bis 3800'
von Dampf an nichtsiedendes Wasser:		
Flüssigkeit ruhend	300 bis 600	800 bis 1000.
Flüssigkeit strömend	$1700\sqrt[3]{w}$ ($w = 0{,}05$ bis 2 m/sek)	
Flüssigkeit durch Rührwerk bewegt	1500 bis 2500	
von Wasser an Wasser		300 bis 400.
Wasser an Luft		9 bis 13.
Dampf an Luft		10 bis 14.
Luft an Luft		5 bis 7

(Bemerkung: Für dünne Wände, besonders für solche aus Kupfer oder Messing kann $k = k_o$ gesetzt werden.)

Bei Wärmedurchgang durch eine ebene Metallwand zwischen Luft (Gas) und Wasser (siedend und nichtsiedend) oder gesättigtem Wasserdampfe kann in der Regel gesetzt werden:

k für Luft/Wasser oder ges. Dampf $= \alpha$ (für Luft),

$\vartheta_1 = \vartheta_2$ gleich der Temperatur des Wassers bzw. Dampfes.

Für Lamellenkalorifere gesättigter Dampf/Luft kann man setzen: $k = 20$ bis 30 bei Luftgeschwindigkeiten von 2 bis 12 m/sec.

Zahlentafel 25.[1])

Wärmedurchgangszahlen k von Luft oder Rauchgasen durch eine dünne Eisenfläche an Luft.

Die Wärme-aufnehmende Luft hat nur die durch den natürlichen Auftrieb hervorgerufene Geschwindigkeit.

Geschwindigkeit der die Wärme abgebenden Luft (Rauchgasen) in m/s	Wärmemenge (k), die stündlich von 1 m² bei 1° Temperatur-Unterschied zwischen der mittleren Temperatur der Wärme-abgebenden Luft und der Temperatur der zuströmenden Luft abgegeben wird, wenn der Unterschied beträgt:					
	10°	20°	30°	40°	50°	60° u. mehr
0,5	0,8	1,2	1,4	1,6	1,7	1,8
1,0	1,5	2,0	2,4	2,6	2,7	2,8
2,0	2,4	3,1	3,5	3,7	3,8	3,9
4,0	3,4	4,1	4,5	4,7	4,8	4,9
6,0	4,0	4,7	5,0	5,3	5,4	5,5
8,0	4,3	5,0	5,4	5,7	5,8	5,8
10,0	4,5	5,3	5,7	5,9	6,0	6,0

$$k = \frac{\alpha_1 \alpha_2}{\alpha_1 + \alpha_2}.$$

[1]) Nach Rietschel-Brabée, Heiz- und Lüftungstechnik II, S. 124, 138.

Über k von Flüssigkeit an Flüssigkeit vgl. S. 297—299. Rauchgase an Luft bei versch. Geschwindigkeit siehe Luftvorwärmer S. 83.

Siedende Flüssigkeit von Sattdampf (auch leicht überhitztem Dampfe) beheizt:

Es kann in Formel 16 gesetzt werden für Wand/Flüssigkeit $\alpha_w = 2000 \sqrt{p}$, wobei p die Eintrittsspannung des Dampfes in at Überdruck bedeutet. Dann ergaben Messungen[1]) an Dampfpfannen mit $\delta_1 = 10$ mm Kupfer und ϑ = Dampftemperatur, $t = 100°$ Flüssigkeitstemperatur:

k	$\vartheta - t$	k	$\vartheta - t$	k	$\vartheta - t$
1700	20	2300	35	3000	50
1900	25	2600	40	3200	55
2150	30	2750	45	3500	60

Für Eisenwände sind die Werte um 30 vH niedriger.

Zahlentafel 26.

k-Zahlen: für Wände, Decken usw.

Wandstärke	10	13	15	20	25	30	38	51	64	70	90
Ziegelstein, verputzt . . .	—	2,4	—	—	1,7	—	1,3	1,1	0,9	—	0,7
desgl. m. Luft-Isolierschicht	—	—	—	—	1,4	—	1,1	0,9	0,8	—	0,6
Quader oder Bruchstein. .	—	—	—	—	—	2,5	—	1,9	—	1,6	1,4
Stampfbeton	3,4	—	2,9	2,6	2,4	2,2	1,9	1,7	—	1,5	1,3
desgl. mit Isolierschicht .	—	—	—	1,6	1,5	1,4	1,3	1,2	—	1,0	0,9
Schwemmstein.	2,2	1,8	—	—	—	—	0,8	—	—	—	—

Decken und Fußboden	0,8—1,6
desgl. aus Eisenbeton	1,5—2,2
Dächer	1,3—3,2
desgl. Wellblech ohne Schalung	10,4
Türen	2—3
Einfache Fenster	5
Doppelte Fenster	3
Einfache Oberlichtfenster	5
Doppelte Oberlichtfenster	2,4

Zu diesen Durchgangszahlen sind für die praktische Ausführung je nach Lage, starker Luftbewegung, Größe der Übergangsflächen usw. Sicherheitszuschläge von im Mittel 30 vH bis zu 70 vH zu machen.

[1]) Fehrmann, Z. V. d. I. 1919, S. 977.

Zahlentafel 27.

Wärmeabgabe der Heizkörper bei Niederdruckdampfheizung bis 0,5 atü (nach Rietschel und den Regeln* der V. d. C.-I.).

Art der Heizfläche	k
Einfaches wagerechtes Rohr von 33 bis über 100 mm äuß. Durchmesser	13,0—11,5
Einfaches senkrechtes Rohr von 33 bis über 100 mm äuß. Durchmesser	13,5—12,0
Rohrschlangen bis ca. 1 m hoch von 33 bis über 33 mm äuß. Durchmesser	12,5—11,0
Rohrschlangen bis 1 m hoch s. w. o.	11,0—9,5
Rohrregister aus wagerechten oder senkrechten Röhren: einreihig bis vierreihig	11,5—8,0
Plattenheizkörper ohne Rippen 1 m bis über 1 m Höhe	12,0—11,0
Rippenrohr mit runden Rippen, Zwischenraum der Rippen mindestens 35 mm	6,5
Rippenheizkörper mit schrägen Rippen. Die Elemente reihen sich wagerecht aneinander. Zwischenraum der Rippen mindestens 14 mm	6,0
Rippenheizkörper kreisförmig Querschnitt, wagerecht übereinanderliegend, Zwischenraum der Rippen mindestens 17 mm 1 Rohr	6,0
3—6 Rohre, die Rippen greifen zum Teil ineinander	4,5—4,0
Rippenheizkörper wie vor, jedoch mit ovalem Querschnitt und desgleichen Rippen. Zwischen den Rippen mindestens 14 mm; 1 Rohr	7,0
3—6 Rohre, die Rippen greifen nicht ineinander	5,5—4,5
*Rippenöfen (Elemente)	4,5
*Rippenrohrstränge	5,5
*Glatte Rohrschlangen bis 33 mm äuß. ∅	12,5
* „ „ über 33 mm äuß. ∅	11,0

Zahlentafel 28.

Wärmeabgabe der Heizkörper bei Niederdruckdampfheizung (nach den Regeln der V. d. C.-I.). (Bis ca. 0,5 atü.)

Radiatoren, einsäulig:		Radiatoren, zweisäulig:		Radiatoren, dreisäulig:	
Art der Heizkörper	k	Art der Heizkörper	k	Art der Heizkörper	k
Bauhöhe		Bauhöhe		Bauhöhe	
bis 500 mm	9,0	bis 500 mm	8,5	bis 500 mm	7,3
„ 600 „	8,8	„ 600 „	8,2	„ 600 „	7,1
„ 700 „	8,6	„ 700 „	8,0	„ 700 „	7,0
„ 900 „	8,4	„ 900 „	7,8	„ 900 „	6,8
„ 1100 „	8,2	„ 1100 „	7,7	„ 1100 „	6,7

Zahlentafel 29.

Wärmeabgabe der Heizkörper bei Hochdruck-Dampfheizung (1—2 atü) (nach Rietschel).

	k
Rohr von 33 bis über 100 mm äuß. ∅	14,0—12,5
Radiatoren, geringster Zwischenraum der Elemente nicht unter 25 mm	
1- und 2säulig; 500—1000 mm hoch	8—9
3säulig; 500—1000 mm hoch	7—8
unter 6 Glieder 5 vH mehr.	

Zahlentafel 30[1]).

Luftröhrenkessel.

Wärmedurchgangszahlen k für Heizkörper bei Anwendung größerer Luftgeschwindigkeiten, wenn Luft durch gesättigten Dampf beheizt wird.

k-Werte, abhängig von der Luftgeschwindigkeit in den Röhren. Mittlere Lufttemperatur 0° C, gewöhnlicher Barometerstand. Heizmittel: Dampf von 1—5 ata

Luftgeschwindigkeit v in m/s	Innerer Rohrdurchmesser d in m			
	0,0335	0,0460	0,0575	0,0700
	Abstand der Rohre in m			
	0,060	0,078	0,094	0,110
1,0	6,6	6,3	6,1	5,9
1,5	9,1	8,7	8,4	8,1
2,0	11,4	10,9	10,5	10,2
2,5	13,6	13,0	12,5	12,1
3,0	15,8	15,0	14,4	14,0
3,5	17,8	16,9	16,3	15,8
4,0	19,8	18,8	18,1	17,6
4,5	21,7	20,6	19,9	19,3
5,0	23,6	22,4	21,6	21,0
6,0	27,2	25,9	25,0	24,2
7,0	30,8	29,2	28,2	27,3
8,0	34,2	32,5	31,4	30,4
9,0	37,5	35,6	34,4	33,3
10,0	40,8	38,8	37,4	36,2
11,0	44,0	41,8	40,4	39,1
12,0	47,1	44,8	43,2	41,8
13,0	50,2	47,7	46,0	44,6
14,0	53,3	50,6	48,8	47,3
15,0	56,2	53,4	51,6	50,0
17,0	62,0	58,9	56,9	55,1
20,0	70,5	67,0	64,7	62,7
25,0	84,1	80,0	77,2	74,8
30,0	97,1	92,3	89,1	86,3

Die Werte der Zahlentafel sind bei einer mittleren Lufttemperatur von: 10 °C mit 0,97 20 °C mit 0,95 30 °C mit 0,92 40 °C mit 0,90 50 °C mit 0,88 zu multiplizieren.

[1]) Aus Rietschel-Brabbée, Heiz- und Lüftungstechnik II. S. 124.

Es beträgt die Wärmeabgabe:

bei Kachelöfen . . . . 600— 700 $\frac{\text{kcal}}{\text{m}^2 \cdot \text{h}}$
„ gußeisernen Öfen . . . . 1500—2000 „
„ Öfen aus Eisenblech . . . . 1000—1500 „
„ glatten Kaloriferheizfl. . . . . 2000—2500 „
„ gerippten Kaloriferheizfl. . . . . 1000—1500 „

Niederdruckheizkessel liefern 9—10 kg Dampf je Quadratmeter und Stunde entsprechnd 1,5—1,75 kg Koksverbrauch.

Die Koksmenge einer Zentralheizung pro Jahr $= K$ berechnet sich erfahrungsgemäß:

$W =$ stündlicher maximaler Wärmebedarf in kcal,
$Z =$ Zahl der Heiztage pro Jahr:

$$K = \frac{W}{1000} \cdot a \cdot z \text{ in kg/Jahr.} \qquad 21)$$

	a	z		a	z
Etagenheizungen . . .	1,0	200	Schulen	1,3	180
Ganze Privathäuser. .	1,35	200	Verwaltungsbauten . .	1,4	200
Mietswohnungen . . .	1,4	200	Fabriken	1,4	150
Krankenhäuser . . .	1,3	220			

Bei Dauerheizung[1]) kann man pro Kubikmeter beheizten Raum bei ca. 38° größter Temperaturdifferenz zwischen innen und außen setzen:

für Bauten bis 2000 m³ lichten Rauminhalt . . . 30—50 kcal/h
„ Bauten von 2000—20000 m³ lichten Rauminhalt 15—30 „
„ Saalbauten . . . . 15—20 „
„ auf + 12° temperierte Räume 20 vH. weniger,
bei einfachen Fenstern 30 vH mehr;
„ Sägedach-Fabrikbauten . . . . 20—30 „
„ Geschoß-Fabrikbauten . . . . 15—25 „

Die niedrigeren Werte betreffen gute Bauausführung und geschützte Gebäudelage.

d) Wärmeabgabe durch Strahlung und gleichzeitig durch Berührung.

1. Die von einer Fläche mit der absoluten Temperatur T in 1 h ausgestrahlte Wärmemenge ist

$$Q = C \cdot F \cdot T^4 \qquad 22)$$

[1]) Nach Hottinger, Heizung und Lüftung. Oldenburg 1926.

2. Die von einem Körper I mit der Oberfläche F_1 in Quadratmetern und dem Strahlungswerte C_1 gegen einen ihn umschließenden bzw. parallelen Körper II mit dem Strahlungswerte C_2 in der Stunde ausgestrahlte Wärmemenge in Wärmeeinheiten ist nach Lambert:

$$S_1 = F_1 \frac{\left(\frac{T_1}{100}\right)^4 - \left(\frac{T_2}{100}\right)^4}{\frac{1}{C_1} + \frac{1}{C_2} - \frac{1}{C}} \simeq C_3 \cdot F_1 \left[\left(\frac{T_1}{100}\right)^4 - \left(\frac{T_2}{100}\right)^4\right] \quad \ldots 23)$$

Darin bedeuten T_1 und T_2 die Oberflächentemperaturen in absoluten Graden und C den Strahlungswert des absolut schwarzen Körpers $C = 4{,}76$; C_3 ist $= 4{,}0$ für oxydierte Metallflächen, Mauerwerk, Holz, Papier, Stoffe und glühenden oder flammenden Brennstoff.

Zahlentafel 31.

Strahlungszahl[1]). $C \left[\frac{\text{kcal}}{\text{m}^2\,\text{h}\,°\text{C}^4}\right]$

Stoffe	Strahlungszahl	Temperaturbereich °C
Absolut schwarzer Körper .	4,76	—180 bis +1260
Lampenruß, glatt	4,44	0—50
Messing, matt	1,03	50—350
Kupfer, schwach poliert . .	0,79	50—280
Schmiedeeisen, matt oxydiert	4,40	20—360
Schmiedeeisen, hochpoliert .	1,33	40—250
Zink, matt	0,97	50—290
Gußeisen, rauh, stark oxydiert	4,48	40—250
Kalkmörtel, rauh, weiß . . .	4,30	10—90
Kalkmörtel, nach Péclet .	3,60	
Wasser	3,20	60
Glas, glatt	4,4	20
Roter Sandstein	2,86	60—200

Für T_2 kann man die den strahlenden Körper umgebende Lufttemperatur einsetzen.

Dabei findet ein hin und her gehender Strahlungsaustausch statt, derart, daß von Fläche 2 ein Teil der von Fläche 1 herübergestrahlten Wärmemenge absorbiert wird; der Rest wird wieder nach Fläche 1 zurückgestrahlt usf., solange, bis die gesamte Wärmemenge absorbiert ist und ein Gleichgewichtszustand hergestellt ist.

3. Wird ein strahlender Körper mit der Fläche F_1, dem Strahlungswerte C_1 und der absoluten Temperatur T_1 allseitig von einem Körper

[1]) Nach Wamsler, Forschungsheft 98/99.

mit F_2, C_2, T_2 umgeben, so strahlt der innere Körper die Wärmemenge aus:

$$S_1 = F_1 \frac{\left(\frac{T_1}{100}\right)^4 - \left(\frac{T_2}{100}\right)^4}{\frac{1}{C_1} + \frac{F_1}{F_2}\left(\frac{1}{C_2} - \frac{1}{C}\right)} \quad \ldots \ldots \ldots 24)$$

Es ist also Gestalt des strahlenden Körpers und der Hülle sowie Lage des strahlenden Körpers gleichgültig; dagegen wesentlich das Verhältnis $\frac{F_1}{F_2}$; außerdem sind Strahlungswerte und Flächen miteinander verkettet.

Die durch Berührung an die Luft übergegangene Wärmemenge in Wärmeeinheiten in 1 h ist:

$$S_2 = F \cdot \alpha (\vartheta_1 - t_1), \quad \ldots \ldots \ldots 25)$$

wenn ϑ_1 die Oberflächentemperatur des warmen Körpers bedeutet, t_1 die Temperatur der Luft und α die Wärmeübergangszahl (vgl. S. 70, 253 und 387).

Die Gesamtwärmeabgabe durch Berührung und Strahlung in Wärmeeinheiten in 1 h ist gleich:

$$Q = S_1 + S_2 = F \left\{ \frac{\left(\frac{T_1}{100}\right)^4 - \left(\frac{T_2}{100}\right)^4}{\frac{1}{C_1} + \frac{1}{C_2} - \frac{1}{C}} + \alpha (\vartheta_1 - t_1) \right\} \quad \ldots 26)$$

Zu verwenden ist diese Formel z. B. für Berechnung der Ausstrahlungsverluste von Kesselmauerwerk (T_1), wobei T_2 die absolute Temperatur der umgebenden Luft bedeutet und C_2 die Strahlungskonstante der gegenüberstehenden Wandflächen.

4. Für technische Zwecke genügt auch die einfachere Erfahrungsformel von Rosetti für Strahlung in Wärmeeinheiten in 1 h:

$$S_1 = 0{,}5 \cdot F \left[\left(\frac{T_1}{100}\right)^2 - 1{,}9\right] (\vartheta - t), \quad \ldots \ldots 27)$$

worin $T_1 = 273 + \vartheta$ zu setzen ist als absolute Oberflächentemperatur des strahlenden Körpers, wie oxydierte Metallflächen, Mauerwerk, Holz, Webstoffe, Ölanstrich und glühende oder flammende Brennstoffe; t ist die Temperatur des umgebenden oder gegenüberstehenden Körpers.

5. Im besonderen kann man setzen für die aus Wasser oder Dampf durch eine Metallwand an Luft ausgestrahlte Wärmemenge in Wärmeeinheiten in 1 h für F m² Oberfläche (Dampfrohre, einfache Heizkörper):

$$S_1 = F \cdot 0{,}5 \left[\left(\frac{T_1}{100}\right)^2 - 1{,}9\right] (t_1 - t_2), \quad \ldots \ldots 28)$$

wobei $T_1 = 273 + t_1$ zu setzen ist = absolute Dampf- bzw. Wassertemperatur.

Die Gesamtwärmeabgabe durch Strahlung (S_1) und Berührung (S_2) ist dann in 1 h in Wärmeeinheiten:

$$Q = S_1 + S_2 = F \cdot \left(k + 0{,}5\left[\left(\frac{T_1}{100}\right)^2 - 1{,}9\right]\right)(t_1 - t_2) \ldots 29)$$

Darin bedeutet k die Durchgangszahl für Berührung, die für ruhige Luft = 4 zu setzen ist.

Über Ausstrahlung von nackten Dampfrohren vgl. Zahlentafel 96 und Abb. 60.

6. Für den Gesamtwärmeübergang durch Berührung und Strahlung eines heißen Gases ($T_1 = 273 + t_1$) an eine beheizte Eisenwand mit der Außentemperatur $T_2 = 273 + \vartheta_1$ stellt Reutlinger[1]) folgende, sich an die Formel von Stephan-Boltzmann[2]) anschließende Beziehung auf (vgl. auch S. 391), z. B. für Flammrohre bei Kesseln usw. (die Temperatur des strahlenden Mauerwerks ist zu setzen etwa = $0{,}85\, t_1$) in Wärmeeinheiten und 1 h:

$$Q = S_1 + S_2 = F\left[4\left(\frac{T_1}{100}\right)^4 - 4{,}6\left(\frac{T_2}{100}\right)^4 + \alpha\,(t_1 - \vartheta_1)\right] \ldots 30)$$

Dabei ist die Wandtemperatur an der heißen Seite, bei Belag der Wand (δ_1, λ_1) an der wasserberührten Seite mit Kesselstein (δ_2, λ_2) und bei der Wärmeübergangszahl α_w von Wasser an die Wand, sowie α von Gas an Wand (Wärmeübergang von Wand an Kesselstein $\frac{1}{\alpha_2} = 0$ und $\alpha_3 = \alpha_w$):

$$\text{Wandtemperatur} = \vartheta_1 = t_2 + Q_1\left(\frac{\delta_1}{\lambda_1} + \frac{\delta_2}{\lambda_2} + \frac{1}{\alpha_w}\right), \ldots 31)$$

und bei reiner Wand ist $\frac{\delta_2}{\lambda_2} = 0$ zu setzen, dabei ist $Q_1 = k\,(t_1 - t_2)$ in $\frac{\text{kcal}}{\text{m}^2 \cdot \text{h}}$ entsprechend der gesamten durch das Blech hindurchgetretenen Wärmemenge (vgl. auch Beispiel 51, S. 393).

Man kann alle diese Formeln sowohl für Ausstrahlung eines heißen Körpers wie für Einstrahlung an einen kalten Körper verwenden.

Beispiel 7: Die Rückwand eines Zweiflammrohrkessels von 3,5 m Breite und 3,2 m Höhe habe eine Außentemperatur (die man mittels eines in eine Fuge gesteckten und mit Lehm bedeckten Thermometers

---

1) Z. V. d. I. 1910, S. 552.

2) Nach den Versuchen von Eberle, Z. V. d. I. 1908, S. 628, wird Formel 30 von Stephan-Boltzmann für die Wärmeabgabe einer nackten Rohrleitung, durch welche Dampf strömt, bestätigt, wenn $\alpha = 6$ gesetzt wird. Für t_1 ist bei gesättigtem Dampfe die Dampftemperatur zu setzen, bei überhitztem Dampfe die äußere Wandungstemperatur.

gemessen hat) von $t_1 = 90°$; die gegenüberstehende Kesselhauswand habe die Temperatur der davor befindlichen Luft von $t_2 = 30°$ angenommen, die sich in ziemlicher Ruhe befindet; es ist dann $\alpha = 4$ zu setzen.

Nach Formel 23 ergibt sich dann die Strahlung für 1 m² Oberfläche und Stunde zu

$$S_1 = \frac{\left(\frac{363}{100}\right)^4 - \left(\frac{303}{100}\right)^4}{\frac{1}{4,3} + \frac{1}{4,3} - \frac{1}{4,76}} = 359 \frac{\text{kcal}}{\text{m}^2 \cdot \text{h}}.$$

Der Berührungsanteil wird

$$4\,(90 - 30) = 240 \frac{\text{kcal}}{\text{m}^2 \cdot \text{h}}, \quad S_1 + S_2 = 359 + 240 = 599 \frac{\text{kcal}}{\text{m}^2 \cdot \text{h}},$$

also die gesamte Wärmeabgabe

$$= 3,5 \cdot 3,2\,(359 + 240) = 6700 \frac{\text{kcal}}{\text{h}}.$$

Nur wenig abweichend ermittelt man nach Formel 27

$$S_1 = 0,5\left[\left(\frac{363}{100}\right)^2 - 1,9\right](90 - 30) = 338 \frac{\text{kcal}}{\text{m}^2 \cdot \text{h}}.$$

Für die Feuerungstechnik gilt allgemein, daß die im Dampfkesselbetriebe vorkommenden strahlenden und bestrahlten Körper, wie Rost mit brennenden Kohlen, heißes Mauerwerk und Kesselbleche, wie neuere Versuche ergaben, in ihrer Strahlungsfähigkeit dem absolut schwarzen Körper sehr nahe kommen (vgl. Zahlentafel 31). Deshalb ist auch z. B. bei Innenfeuerungen der vom Roste bestrahlte erste Teil der Heizfläche so wirksam, viel wirksamer als bei Vorfeuerungen. Heiße Feuergase, die stets Kohlensäure und Wasserdampf enthalten, geben ebenfalls anfänglich erhebliche Wärmemengen durch Strahlung ab; später dann unter 800° hauptsächlich nur noch durch Berührung und Leitung (vgl. Schaubild 67). Die an das Mauerwerk abgegebene Wärme wird zum Teil nutzbar an die Kesselheizfläche ausgestrahlt, zum Teil durch Leitung nach außen hin verloren (vgl. S. 183).

Anwendungen der im Abschnitt 4 behandelten Vorgänge geben die nächsten Abschnitte an Hand von Versuchen an Rohrleitungen, Kesseln usw.

e) Wärmedurchgang durch nackte und umhüllte Rohre (Dampfleitungen).

Oberfläche der nackten Dampfleitung in m² . . . . F
Temperaturabfall in der Leitungsstrecke in ° C . . . . δ
Dampftemperatur am Anfang der Leitung ° C . . . . t_d
Lufttemperatur ° C . . . . t_l

Dampfmenge in 1 h in kg . . . . D
Wärmeübergangszahl zwischen Dampf und Wand = 150 . . . . α_d
Wärmeübergangszahl zwischen Oberfläche der Umhüllung und Luft = 6—8 . . . . α_l
Wärmedurchgangszahl zwischen Dampf und Luft . . . . K
Mittlere spezifische Wärme für Dampf zwischen den Temperaturen t_d und $(t_d - \delta)$ . . . . c_{pm}
Wärmeleitungszahl der Umhüllung = 0,15 — 0,08 (steigt mit Temperatur an) . . . . λ
Durchmesser der Rohrleitung innen in m . . . . d
Durchmesser der Rohrleitung außen in m . . . . d_a
Durchmesser der Umhüllung außen in m . . . . d_u
Wärmeverlust in 1 h in kcal . . . . Q

In der oberen Stufe des Dampfes, in welcher derselbe künstlich gehalten wird, ist die Wärmeabgabe an die Wand schlecht. Immer aber ist die Tendenz der Wärme da, sich zu verflüchtigen, zu zerstreuen, unterstützt durch die Neigung des Dampfes in den flüssigen Zustand zurückzukehren, und zwar um so kräftiger, je mehr er an den Sättigungszustand herankommt. Will man Wärme mit Dampf fortleiten, so bekämpft man diese Neigung durch Isolierung und Überhitzung; will man dem Dampf Wärme entziehen, also heizen, so geschieht dies am günstigsten in der Nähe der Kondensationsgrenze, wo man den Verflüssigungstrieb des Dampfes unterstützt.

Für ein Rohr gilt entsprechend, wenn r_1 den inneren, r_2 den äußeren Halbmesser in Metern bedeuten und α_1, α_2 die Wärmeübergangszahlen innen und außen (Werte für k siehe S. 80):

$$k = \frac{1}{\frac{1}{\alpha_1 r_1} + \frac{1}{\alpha_2 r_2} + \frac{\ln \frac{r_2}{r_1}}{\lambda}}, \quad \ldots \ldots .32)$$

1. Wärmeverlust bei nackten Rohren.

$$Q = F \cdot K\left(t_d - \frac{\delta}{2} - t_l\right) = D \cdot c_{pm} \cdot \delta \text{ in } \frac{\text{kcal}}{\text{h}} \quad \ldots \ldots 33)$$

2. Wärmeverlust bei umhüllten Rohren. Dieser Wärmeverlust wird ausgedrückt in kcal für 1 m² umhüllte Leitung und 1 h, bezogen auf die Oberfläche des nackten Rohres; der Verlust beim Durchgange durch die Rohrwand ist dabei vernachlässigt.

$$Q_1 = \frac{t_d - \frac{\delta}{2} - t_l}{\frac{1}{\alpha_d}\frac{d_a}{d} + \frac{1}{\alpha_l} \cdot \frac{d_a}{d_u} + \frac{d_a}{2\lambda} \text{lognat}\left(\frac{d_u}{d_a}\right)} \text{ in } \frac{\text{kcal}}{\text{m}^2 \cdot \text{h}} \quad \ldots .34)$$

Der Gesamtwärmeverlust der gesamten Leitung ist dann

$$Q = F \cdot Q_1 = c_{pm} \cdot D \cdot \delta \text{ in } \frac{\text{kcal}}{\text{h}} \quad \ldots \ldots \ldots \quad 35)$$

(vgl. Abschnitt 31).

Beispiel 8. Eine Leitung von $d = 150$, $d_a = 159$ mm, durch welche Dampf von 350° strömt, ist mit Patentguritmasse umhüllt, deren $\lambda = 0{,}11$ ist bei dieser Temperatur; die Abkühlung des Dampfes sei bei einer Leitungslänge von 20 m gemessen zu $\delta = 2°$. Die Temperatur der umgebenden Luft sei $t_l = 35°$, es wird dann bei 50 mm Stärke der Umhüllung:

$$Q_I = \frac{350 - 1 - 35}{\frac{1}{150} \cdot \frac{0{,}159}{0{,}150} + \frac{1}{7} \cdot \frac{0{,}159}{0{,}259} + \frac{0{,}159}{2 \cdot 0{,}11} \log \text{nat} \frac{0{,}259}{0{,}159}} \text{ in } \frac{\text{kcal}}{\text{m}^2 \cdot \text{h}}$$

$$Q_1 = \frac{314}{0{,}0071 + 0{,}088 + 0{,}354} = 700 \, \frac{\text{kcal}}{\text{m}^2 \cdot \text{h}}.$$

Wäre eine Isoliermasse mit $\lambda = 0{,}13$ verwendet worden, so ergäbe sich $Q_1 = 798 \frac{\text{kcal}}{\text{m}^2 \cdot \text{h}}$,

Der Einfluß der Wärmeleitungsfähigkeit ist also bedeutend

f) Der mittlere Temperaturunterschied ϑ_m

zwischen heizender und beheizter Flüssigkeit kann in allen Fällen ermittelt werden aus der Beziehung:

$$\vartheta_m = \frac{\vartheta_a \cdot \left(1 - \frac{n}{100}\right)}{\log \text{nat} \left(\frac{100}{n}\right)} = \frac{\vartheta_\alpha - \vartheta_\varepsilon}{\log \text{nat} \left(\frac{\vartheta_\alpha}{\vartheta_\varepsilon}\right)} \quad \ldots \ldots \quad 36)$$

Es ist gesetzt: ϑ_α = dem größeren Temperaturunterschiede zwischen den beiden Flüssigkeiten am Anfang oder Ende der Berührung, ϑ_ε = dem kleineren Temperaturunterschiede am Anfang oder Ende der Berührung (vgl. Abb. 10); ausgedrückt ist ϑ_ε in Hundertteilen (n) von ϑ_a; also $\vartheta_\varepsilon = \frac{n}{100} \vartheta_a$.

Mit Hilfe nachstehender Zahlentafel[1]) kann man sich die Rechnung erleichtern; die erste Spalte gibt den Bruch $\vartheta_\varepsilon/\vartheta_a$ an, die zweite den mittleren Temperaturunterschied ϑ_m für den Wert $\vartheta_a = 1$; es muß also der in der Spalte 2 gefundene Wert mit ϑ_a multipliziert werden, um den gesuchten mittleren Temperaturunterschied zu erhalten.

[1]) Hausbrand, Verdampfen, Kondensieren, Kühlen. IV. Aufl.

Zahlentafel 32.

Mittlerer Temperaturunterschied ϑ_m zwischen zwei Flüssigkeiten, die während des Wärmeaustausches ihre Temperatur ändern (für Gleich- und Gegenstrom).

$\frac{\vartheta_\varepsilon}{\vartheta_a}$	ϑ_m für $\vartheta_a = 1$	$\frac{\vartheta_\varepsilon}{\vartheta_a}$	ϑ_m für $\vartheta_a = 1$	$\frac{\vartheta_a}{\vartheta_a}$	ϑ_m für $\vartheta_a = 1$
0,0025	0,166	0,13	0,430	0,35	0,624
0,005	0,188	0,14	0,440	0,40	0,658
0,01	0,215	0,15	0,451	0,45	0,693
0,02	0,251	0,16	0,461	0,50	0,724
0,03	0,277	0,17	0,466	0,55	0,756
0,04	0,298	0,18	0,478	0,60	0,786
0,05	0,317	0,19	0,489	0,65	0,815
0,06	0,335	0,20	0,500	0,70	0,843
0,07	0,352	0,21	0,509	0,75	0,872
0,08	0,368	0,22	0,518	0,80	0,897
0,09	0,378	0,23	0,526	0,85	0,921
0,10	0,391	0,24	0,535	0,90	0,953
0,11	0,405	0,25	0,544	0,95	0,982
0,12	0,418	0,30	0,583	1,00	1,000

Angenähert gilt in allen Fällen:

$$\vartheta_m = \left(\frac{t_1' + t_1''}{2} - \frac{t_2' + t_2''}{2}\right) \quad \ldots\ldots\ldots 37)$$

Darin bedeuten t_1' t_1'' die Temperaturen der heißen Flüssigkeit,
t_2' t_2'' die Temperaturen der kalten Flüssigkeit.

Zur Verbesserung der Genauigkeit kann nachstehende Zusammenstellung[1]) benutzt werden:

$\frac{\vartheta_a}{\vartheta_\varepsilon} = \frac{t_1' - t_2'}{t_1'' - t_2''}$	1	1,5 $^2/_3$	2 $^1/_2$	3 $^1/_3$	4 $^1/_4$	5 $^1/_5$	10 $^1/_{10}$	100 $^1/_{100}$
$\frac{Q \text{ angenähert}}{Q \text{ genau}}$	1	1,014	1,038	1,099	1,154	1,210	1,410	2,35

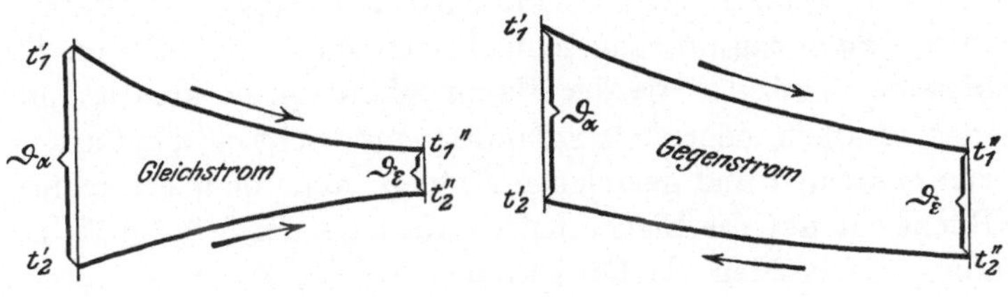

Abb. 10.

[1]) Nach Mollier, Hütte XX.

Die übergegangene Wärmemenge ist dann in der Zeit z in h

$$Q = k \cdot F \cdot z \cdot \vartheta_m \quad \ldots \ldots \ldots \ldots 38)$$

Bei Bestimmung der Heizfläche F ist für Feuerrohre die innere, für Wasserrohre die äußere, für Überhitzer die mittlere zugrunde zu legen.

Eine dritte Art der Wärmeüberführung von einer heißen zur kälteren Flüssigkeit bietet der Kreuzstrom[1]), der z. B. bei Green'schen Ekonomisern Anwendung findet. Dabei bilden die beiden Flüssigkeitsströme miteinander einen rechten Winkel.

Der Vergleich von Gegenstrom, Kreuzstrom und Gleichstrom ergibt, daß die günstigste Wärmeübertragung der Gegenstrom bietet, dann folgt der Kreuzstrom und zuletzt der Gleichstrom. Die Unterschiede können zwischen günstigster und ungünstigster Wärmeführung bis etwa 15 vH betragen; doch ist dieser Gesichtspunkt für die praktische Anwendbarkeit des einen oder anderen Verfahrens allein nicht ausschlaggebend, sondern ebenso wesentlich ist die Rücksicht auf Bauart, Platzbedürfnis, Entlüftung der wasserführenden Rohre, die Rücksicht auf den großen Temperaturunterschied bei den wärmeaustauschenden Flüssigkeiten (etwa Gase und zu überhitzender Dampf) usw.

IV. Die Verbrennung auf der Feuerung.

5. Die Brennstoffe.

a) Vorkommen und Eigenschaften sowie Kohlenförderung der Erde.

Von den für uns in Deutschland wichtigen Brennstoffen sind zuerst die Steinkohlen der verschiedensten Herkunft zu erwähnen mit allen ihren Spielarten, wie Anthrazit, Fettkohle, Magerkohle usw., dann die Erzeugnisse der Steinkohle, wie Koks und Brikette. Nach dem Verhalten der vermahlenen Steinkohlen in der Hitze des Schmelztiegels unterscheidet man Sand-, Sinter- und Backkohlen, je nachdem die Kohlen beim Glühen unter Luftabschluß einen pulverigen Rückstand, einen losen oder festen zusammengeschmolzenen und aufgeblähten Kuchen zurücklassen. Nach der Art der Flammenbildung, ob kurzflammig und schwer entzündlich, oder ob langflammig und leicht entzündlich, spricht man von gasarmen und gasreichen Kohlen; außerdem bezeichnet man ohne Rücksicht auf die Eigenschaften nur nach der Stückgröße und der Sortierung die Kohlen als Förderkohle, Stück-, Würfel-, Nuß-, Erbs- und Staubkohlen.

---

[1]) Nähere Angaben und Formeln: Nusselt, Z. V. d. I. 1911, S. 2021.

Steinkohlen findet man in Deutschland hauptsächlich im schlesischen Becken bei Königshütte und bei Waldenburg, dann in Sachsen bei Dresden, Zwickau und Ölsnitz, in Westfalen, an der Saar, in Bayern und am Deister.

Entsprechend der verschiedenartigen Zusammensetzung und dem verschiedenen Alter der Kohlen ist auch ihr Verhalten beim Verbrennen auf dem Roste verschieden. Sandkohlen backen wenig zusammen, lassen sich daher verhältnismäßig leicht auf dem Roste verarbeiten; sie bedürfen einer etwas geringeren Spaltweite als die backenden Kohlen, um ein Durchfallen beim Verbrennen zu vermeiden, und gewähren auch bei Handfeuerung die Möglichkeit, bei nicht zu starker Beanspruchung des Rostes ein rauchschwaches Feuer zu unterhalten. Backkohlen umfassen etwa die Grenzen, bezogen auf wasser- und aschefreie Substanz von $H = 4$ bis 5 vH und $O = 6$ bis 10 vH; sie haben, wie schon ihr Name besagt, die Neigung, beim Brennen zu backen und mehr oder weniger große und feste Kuchen zu bilden; man muß daher eine niedrige Kohlenschicht halten und für freie Rostspalten sorgen; auch dürfen die Spalten verhältnismäßig weit sein. Da die Backkohlen sehr gasreich sind, geben sie eine lange Flamme. Mit Vorteil lassen sich diese backenden Kohlensorten mit Unterwind oder auf wassergekühlten Rosten verarbeiten, oder nur durch Einblasen von etwas Dampf unter den Rost durch Rohre mit feinen Löchern. Diese Verfahren kühlen den Rost, hindern das Verschmelzen der Schlacken und halten das Feuer lose. Für Verfeuerung der Steinkohlen ist fast ausschließlich der Planrost verwendbar; der Schrägrost nur bei besonderen Verhältnissen, weil die fließenden Schlacken der Steinkohlen Neigung haben, die unteren Rostenden, wo sich die Rückstände aufhäufen, zu verbrennen.

Da beim jedesmaligen Aufwerfen zuerst eine größere und raschere Gasentwicklung auftritt, so neigen die Backkohlen sehr zum Rußen und Qualmen, um so mehr, je größer die Stärke der Schicht und die Beanspruchung des Rostes ist; es müssen deshalb öfters geringe Mengen und in kurzen Pausen aufgeworfen und Zusatzluft eingeführt werden, derartig, daß, vom Aufwerfen an gerechnet, die Menge der zugeführten Verbrennungsluft, entsprechend dem abnehmenden Luftbedarfe, allmählich geringer wird. Freihalten einer Stelle auf dem Roste zur Lufteinführung empfiehlt sich nicht, weil der Luftbedarf nur während eines kurzen Zeitabschnittes den größten Wert annimmt. Jedenfalls ist man beim Verfeuern der Kohle von Hand stets in hohem Maße von der Geschicklichkeit und Aufmerksamkeit des Heizers abhängig; deshalb werden gerade für gasreiche Kohlen selbsttätige Feuerungen, die ununterbrochen geringe Kohlenmengen gleichmäßig über den Rost werfen, oder andere gleichmäßig arbeitende Beschickungseinrichtungen, verbunden mit Vorkehrungen zur Einführung von Zusatzluft von hohem Vorteil sein.

Braunkohlen unterscheiden sich in ihrer Güte je nach ihrem Fundorte wesentlich mehr voneinander als die Steinkohlen. Die hochwertigsten sind die nordwestböhmischen Braunkohlen aus der Gegend von Aussig, Brüx, Kommotau usw. Wesentlich minderwertigere Braunkohlen finden sich in Deutschland, und zwar in größeren Lagern in der Gegend von Görlitz und Kottbus, bei Zeitz, Meuselwitz, Altenburg, Oberröblingen und Halle, bei Helmstedt, am Rhein bei Köln und bei Kassel. Die ältesten Braunkohlen sind die sog. Pechkohlen, die man in Böhmen abbaut, und die hinsichtlich des Heizwertes an den der Steinkohlen schon ziemlich heranreichen; dann kommen die festen böhmischen Braunkohlen mit muscheligem Bruche, hiernach die erdigen Braunkohlen, die einen losen Aufbau besitzen und sich leicht zerreiben lassen; die jüngsten sind die lignitischen Braunkohlen mit gut erhaltenem Holzaussehen.

Für die hochwertigen böhmischen Braunkohlen sind Planroste mit und ohne selbsttätige Feuerungen verwendbar, ebenso Wanderroste; für minderwertige deutsche Braunkohlen ist eigens der Stufenrost gebaut worden in seinen verschiedenen Abarten sowie der Muldenrost; feine, staubartige Kohlen bereiten auch hier, wie sonst überall, größere Schwierigkeiten im Betriebe als durchmengte und stückreiche Förderkohle. Die reine erdige Feinkohle und staubige Klarkohle rollt besonders bei langen Rosten leicht in größeren Mengen auf einmal herab und erzeugt herausschlagende Flammen. Der feine Brennstoff lagert sich dicht auf den Rost, verlangt deshalb starken Zug; dadurch ist wieder ein gesteigertes Fortreißen von feinen Teilchen und starke Flugaschenablagerung bedingt; außerdem sind die Herdrückstände verhältnismäßig hoch und enthalten viel Verbrennliches, bis 40 vH und mehr (entsprechend 6—7 vH Verlust).

Manche Rostbauarten mit einzelnen hervortretenden Stufen und bewegten Roststufen schaffen entsprechende Verbesserung.

Braunkohlenbriketts werden aus den getrockneten und zerkleinerten Rohbraunkohlen durch Pressen unter starkem Drucke gewonnen. Sie besitzen einen hohen Sauerstoffgehalt von 18 bis 21 vH (vgl. Zahlentafel 43), bedürfen daher zur Verbrennung nur einer verhältnismäßig geringen Luftmenge. Ihr Gasgehalt ist ziemlich hoch, so daß sie sich gut für Vergasungszwecke eignen und mit langer Flamme verbrennen. Die Asche enthält etwa 40 bis 45 vH Kalziumoxyd, ist stark wassersaugend, sintert bei höherer Temperatur wie Steinkohlenasche und neigt im allgemeinen wenig zur Schlackenbildung. Braunkohlenbriketts können auf Schrägrosten, Planrosten sowie auf selbsttätigen Feuerungen verbrannt werden, am besten in Halbbrikettform oder als Industriebrikett.

Koks wird aus Steinkohlen durch Trockendestillation in Retorten oder gemauerten Kammern gewonnen als Gaskoks und Zechenkoks

Der Gaskoks ist ein Nebenerzeugnis bei der Herstellung des Leuchtgases aus gasreicher Backkohle und wird meist für Hausbrand verwendet; er ist weniger ausgegast, poröser und weicher als Zechenkoks und brennt leichter.

Zechen- oder Hüttenkoks wird in Kokereien aus gasarmen Backkohlen als Haupterzeugnis bereitet. Der Heizwert der wasser- und aschefreien Substanz beträgt 7940 kcal. Der Zechenkoks enthält im allgemeinen 7—12 vH Asche und einen Heizwert von 6300—7300 kcal. Da er sehr leicht Wasser aufsaugt, bis 25 vH und mehr, infolge Regens und Schnees während der Beförderung und des Lagerns, so kann sein Heizwert auch bedeutend tiefer sinken, bei 22 vH Wasser und 7 vH Asche z. B. bis 5450 kcal. Das Gewicht eines Kubikmeters Koks beträgt etwa 500 kg; es wird daher ein größerer Lagerraum benötigt. Koksgrieß ist stets wasser- und aschereicher als der stückige Koks, von dem er herstammt. Die Entzündungstemperatur liegt etwa bei 700°, ist also wesentlich höher als die von Steinkohle (350°).

Der Koks verbrennt infolge seiner Armut an Gasen langsamer als Steinkohle bei gleichem Zuge; er muß deshalb unter stärkerem Zuge und in hoher Schicht verbrannt werden; dabei entwickelt er fast die ganze Wärme in der Schicht, die eine hohe Temperatur erhält; das Verschmelzen der Schlacke tritt leicht ein und Mauerwerk wird schnell angegriffen; Rauchfreiheit und günstige Verbrennung sind dagegen leicht zu erzielen. Am leichtesten verfeuert sich Koks in Stücken bis etwa 90 mm herauf, wenn ihm nicht viel Grus beigemengt ist. Hoher Grusgehalt erstickt rasch das Feuer, wenn nicht für besonders starken Zug gesorgt wird. Zweckmäßig ist auch eine Mischung von Koks und Kohle. Auf Wanderrosten[1]) mit vorgebautem Vorschacht für Erhaltung einer hohen glühenden Schicht kann gesiebter Brechkoks von 70 — 90 mm Körnung und darunter mit etwa 15 vH Grusgehalt noch vorteilhaft verfeuert werden, wenn man dabei eine Schichthöhe auf dem Roste von 300—500 mm einhält und durch Stauer für dichte Bedeckung des Rostes bis zum Ende sorgt. Im Vorschachte vergast die hohe Brennstoffschicht, und die Gase bestreichen mit langer Flamme die glühende Rostschüttung. Gebrochener Großkoks von 0—70 mm mit viel Grus verlegt die Wanderroste, so daß der Zug zur Unterhaltung des Feuers nicht mehr ausreicht; der Wirkungsgrad sinkt auf sehr niedrige Werte; außerdem bereitet dieser Brechkoks bei der Beförderung und beim Abziehen aus den Bunkern durch Nesterbildung und Einstürzen derselben viele Betriebsschwierigkeiten.

Am leichtesten kann jede Art Koks, selbst Grießkoks und Koksklein, auf leicht schräggelagerten Rosten (bis 18° Neigung) oder auf Planrosten

[1]) Z. V. d. I. 1918. Versuche von Stober im Rhein.-Westphäl. Elektr.-Werk A. G., Essen.

unter Verwendung starken Zuges oder Unterwindes verbrannt werden, bei Schichtdicken bis 300 mm; das Feuer soll möglichst unberührt bleiben und keine Löcher, auch nicht auf dem Schlackenroste, aufweisen. Auch Einblasen von Wasser durch Streudüsen oder feinverteiltem Dampf, am besten durch Gasrohre, die mit abwärtsgerichteten feinen Bohrungen versehen sind, unter den Rost ist sehr vorteilhaft, um die Schlacke mürbe zu erhalten. Der Kohlensäuregehalt hinter dem Roste beträgt meist 10—12vH, kann aber ohne Befürchtung für CO-Bildung wesentlich gesteigert werden. Allerdings bleibt in fast allen Fällen der Wirkungsgrad erheblich hinter dem von Steinkohlenfeuerungen zurück; es müßte daher auch der Wärmepreis von Koks ein entsprechend niedriger sein, was heute meist nicht der Fall ist.

Steinkohlenabfall, Grießkohlen, Lösche. Der Zwang zur Verwertung dieser Abfälle ist durch den Krieg vergrößert worden, wenn sie auch schon vorher mit Vorteil an geeigneten, den Gruben naheliegenden Plätzen ausgenutzt wurden. Alle diese Brennstoffe verlangen engspaltige Roste oder Polygonroste und starken Zug, da sie sich dicht auf den Rost legen. Unterwind, auch solcher mit Dampf gemischt, fördert ihre Verbrennung. Mechanischen Feuerungen bereiten sie Schwierigkeiten, besonders wenn sehr viel staubförmige Bestandteile dabei sind.

Der Torf verbrennt sich schlecht auf Planrosten; am besten geeignet sind zur Verbrennung die Stufenrostfeuerungen. Je nach der Entstehung scheidet man (nach Schreiber):

Moostorf (vorzugsweise aus Weiß-, Ast- oder Braunmoos),
Bruchtorf (aus Holzresten von Bäumen und Sträuchern),
Rasentorf (aus Resten von Sauerwiesenpflanzen, Seggentorf),
Sumpftorf (aus Sumpfpflanzen, Schilfrohr),
Mudder- oder Lebertorf (aus Algen, Laichkräutern, Seerosen usw.),
Riedtorf (aus Wurzeln, Achsen und Blättern von Riedpflanzen ohne Torfmoos und scheidiges Wollgras).

Die obersten Schichten eines Torfmoores und solche aus jüngerer Zeit sind reich an vermoderten Pflanzenresten, sind hell und leicht; man nennt sie Moos- oder Fasertorf; getrocknet brennen sie schnell, fast ohne viel Hitze zu geben. Die tieferen Schichten und älteren Moore geben einen braunen, schweren Torf, genannt Schwarz-, Sumpf-, Moll-, Schlief- oder Modertorf.

Die untersten Schichten liefern einen braunschwarzen, dichten Torf mit wenig erkennbaren Pflanzenresten, der getrocknet eine tiefdunkle, wachsglänzende Schnittfläche ergibt, genannt Pech- oder Specktorf.

Erfahrungsgemäß ist nach „Hausding“ die chemische Zusammensetzung der reinen Torfmasse nur geringen Schwankungen unterworfen und es beschränken sich die Abweichungen in der Zusammensetzung des Torfs und seines Verhaltens beim Brennen in der Hauptsache auf die erdigen Beimengungen, d. h. auf den Gehalt von Asche und deren Zusammensetzung.

Reine, asche- und wasserfreie Torfmasse:	Gewicht vH.	Mittel vH.	Lufttrockener, aschefreier Stichtorf mit 25 vH Wasser: Gewicht vH
C	57—59	58	44
H	5—6	5,5	0,75
O	34—38	36,5	—
Wasser, chem. gebunden . .	—	—	30,25
Feuchtigkeitswasser, (durch Trocknen entfernbar) . . .	—	—	25,00

Unter chemisch gebundenem Wasser ist zu verstehen die Wassermenge, welche entstanden gedacht ist, wenn aller Sauerstoff mit Wasserstoff sich verbindet.

Der Aschengehalt des Torfes liegt im allgemeinen zwischen 0,5 bis 50 Gewichtsprozent des vollständig getrockneten Torfs; Torf mit über 25 vH Aschengehalt ist als Brennstoff nicht mehr verwertbar.

Das Gewicht von 1 m³ Moores bei 85—90 vH Wasser beträgt ungefähr 1000 kg. 1 m³ Trockentorf wiegt ca 700 kg. An der Luft getrocknet besitzt der Torf im allgemeinen 20—25 vH Wasser.

Zahlentafel 33.

Herkunft	Vol., Gew. kg/ltr	Gewichtshundertteile C	H_2	O	N	S	Wasser	Asche	unterer Heizwert kcal/kg	Heizwert der Trockensubstanz wasserfrei
kborn (Schlesw.-Holst.), tiee Schichten		44,86	3,97	27,69	1,0	0,21	20	2,27	3920	5060
zw. Stettin u. Altdamm, fere Schichten, graubraunes, mlich gut zersetztes Moor		33,73	3,17	17,48	2,16	0,97	20	22,85	2630	3440
au bei Cranz (O.Pr.): dunkelaunes, gut zersetztes Moor m. einzelten unzersetzt. Seggen Holzresten	0,93	35,00	3,50	22,22	2,28	0,69	20	16,31	3070	3990
nahe Sagan (Mittelküpper).		40,52	3,32	28,12	2,26	0,62	20	5,16	3620	4680
nger Ried bei Ostrach (Sigaringen), dunkelbraun, gut setztes Moor	0,79	41,42	4,10	25,62	2,34	0,66	20	5,86	3570	4620
sdorf u. Hohnsleben (Brschw.) ederungsmoor, gut zersetzt .	0,70	38,24	3,75	22,13	2,26	1,81	20	11,81	3190	4140
l (Oldenburg), schwarzbraun, t zersetztes Moor	1,08	44,22	4,37	28,64	0,73	0,18	20	1,86	3850	4970

1 m³ Stichtorf ergibt, an der Luft getrocknet, im Mittel 150 kg. fertigen Trockentorf; dabei schwindet die gestochene Torfmasse auf etwa $^1/_5$ ihres Volumens zusammen.

Zusammensetzung des Torfs: Die Zusammensetzung einiger Torfe sei vorstehend gegeben (nach Hausding, Handbuch der Torfgewinnung, S. 18), bezogen auf einen Wassergehalt von 20 vH.

Einfluß des Wasser- und Aschegehaltes auf den Heizwert. Die brennbare Substanz (wasser- und aschefrei) enthält im Mittel Gewichtsanteile:

C	60 vH
freier Wasserstoff	2 „
chemisch gebundenes Wasser . . .	38 „

Heizwert, unterer:

Torf (wasser- und aschefrei)	6500 kcal/kg
„ mit 4 vH Asche	6300 „
„ „ 12 „ „	5800 „
„ „ 30 „ „	4500 „
„ „ 25 „ Wasser	4700 „
„ „ 30 „ „	4100 „
„ „ 50 „ „	2700 „
„ „ 15 „ Asche, 0 vH Wasser	5500 kcal/kg
„ „ 0 „ „ 25 „ „	4700 „
„ „ 10 „ „ 30 „ „	3700 „

Außer diesen Hauptgruppen von Brennstoffen und deren Erzeugnissen werden in besonderen Fällen noch mit Vorteil verbrannt: Lohe, Holz in Form von Spänen, Rindenabfällen und Stücken sowie Abfälle der Woll- und Papierfabrikation, Stroh, Zuckerrohrabfälle, wie Bagasse und Megasse, u. dgl. mehr.

Holz verlangt bei starker Sperrigkeit besonders große Schichthöhe, weshalb sich hierfür Schachtfeuerungen und Stufenroste gut bewährt haben.

Ölschiefer, deren Ausbeutung die neueste Zeit viel beschäftigt hat, eignen sich trotz stellenweise genügend hohen Heizwertes (1000 bis 1800 kcal bei 3—9 Gewichtsprozenten Ölgehalt) wegen ihres übermäßigen Gehaltes an Unverbrennlichem (bis zu 70 vH) für die Verfeuerung unter Dampfkesseln im allgemeinen nicht.

Auf die flüssigen Brennstoffe[1]), wie Gas und Teeröle sowie Naphthalin[2]) usw., sei ebenfalls hingewiesen. (Zahlentafel 46.)

[1]) Teichmann und Bross, St. u. E. 1911, Nr. 21 u. 26. — Hausenfelder, St. u. E. 1912, Nr. 19.

[2]) Verkaufsvereinigung für Teererzeugnisse, Essen.

Jährliche Kohlenförderung. Welche gewaltigen Kohlenmengen jährlich aus der Erde gefördert werden, zeigt nachstehende Zahlentafel 34 welche das Gesamterzeugnis der Jahre 1909—1924 darstellt. Deutschland stand im Jahre 1909 mit 20 vH an dritter Stelle der Staaten, Amerika an erster mit 36,7 vH.

Zahlentafel 34.
Kohlenförderung der Welt.

	1909		1911	1913	1915	1916	1917	1918	1919	1922	1924
	Mill. t	vH	Millionen t								
Amerika. Verein. Staaten . . .	418,0	36,69	438,3	518	496	539	594	623	486	433	505
Großbritannien	267,9	24,77	276,2	292	253	256	248	227	223	254	273
Deutschland. .	217,4	20,09	234,5	279	235,1	254	262,4	261,3	210,3	267,2	243,2
Österreich-Ung.	48,8	3,68	49,1	53,6	47	40,8	38,3	36,3	1,0	1,3	0,8
Frankreich . .	37,9	3,51	39,3	40,9	19,9	21,5	28,9	26,3	21,9	31,1	44,0
Belgien	23,5	2,18	23,1	22,8	14,2	17,3	15	13,9	18,5	22,9	23,4
Rußland . . .	24,4	2,26	—	30,7	27,5	30,8	27,3	—	6,4	9,6	12,6
Italien	—	—	0,56	0,72	0,95	1,3	1,8	—	—	—	—
Japan	14,9	1,39	17,6	21,3	20,5	22,9	26,4	28,0	—	25,0	27,1
Australien, Festland u. Inseln	10,4	0,96	—	15,3	11,2	10,0	—	11,0	13,5	14,1	18,5

Brk. 1912, S. 125. Glckf. 5. 10. 18.

Zahlentafel 35.
Briketterzeugung in den hauptsächlichsten Gewinnungsländern in 1000 t.

Jahr	Deutsches Reich insges.	Deutsches Reich davon Steink.-Brikette	Frankreich	Großbritannien	Belgien	Italien	Österreich-Ungarn	Verein. Staaten von Amerika	Zusammen
1901	9 251		1883		1588	738	196		13 656
1902	9 214		1959		1617	695	254		13 739
1904	11 413		2259		1735	888	305		16 600
1906	14 501		2286	1538	1887	812	404		21 426
1908	18 223	3995	2768	1630	2341	805	446	82	26 295
1910	19 567	4441	3102	1633	2651	924	443	—	32 889
1911	21 828	4991	3344	—	2779	794	458	198	35 981
1912	24 300	5300	—	—	—	—	—	220	—
	Braunkohlenbrikette	Steinkohlenbrikette							
1913	21 418	5824	—	—	—	—	—	—	—
1914	21 449	5949	—	—	—	—	—	—	—
1915	23 540	6393	—	—	—	—	—	—	—
1916	24 040	—	—	—	—	—	—	—	—
1917	22 000	—	—	—	—	—	—	—	—

Glckf. 1912, S. 1852.

Zahlentafel 36. Kohlenförderung und -verbrauch Deutschlands.

Jahr	Förderung von Stein- u. Braunkohlen zusammenaddiert ohne Rücksicht auf die Heizwerte: insgesamt 1000 t	Förderung von Stein- u. Braunkohlen zusammenaddiert ohne Rücksicht auf die Heizwerte: auf d. Kopf d. Bevölkg. t	Verbrauch von Stein- und Braunkohlen zusammen 1000 t	Förderung von Steinkohlen 1000 t	Förderung von Braunkohlen 1000 t	Einfuhr Steinkohlen, Koks und Brikette 1000 t	Einfuhr Braunkohlen und Brikette 1000 t	Ausfuhr Steinkohlen, Koks und Brikette 1000 t	Ausfuhr Braunkohlen und Brikette 1000 t	Am Gesamtverbrauch waren beteiligt: Steinkohle vH	Am Gesamtverbrauch waren beteiligt: Braunkohle vH
1860	16 900	—	—	12 300	4 400	—	—	—	—	—	—
1885	73 676	1,58	70 010	58 320	15 335	2 573	3651	9 821	68	72,95	27,05
1895	103 958	2,00	103 339	79 169	24 788	5 744	7218	13 430	150	69,17	30,83
1900	149 788	2,67	147 049	109 290	40 498	8 121	8044	18 488	416	67,27	32,73
1904	169 451	2,85	162 575	120 816	48 635	8 077	7746	22 071	628	65,71	34,29
1908	215 286	3,42	208 784	147 671	67 615	12 500	8720	26 764	958	63,90	36,10
1910	221 986	3,43	209 628	152 882	69 105	12 122	7569	30 943	1106	63,95	30,05
1911	234 259	—	—	160 742	73 517	—	—	35 052	1203	—	—
1912	259 429	—	—	177 090	82 339	—	—	40 591	1436	—	—
1913	278 627	—	179 528[1]	191 511	87 116	11 360	7108	45 478	2643	Angaben nach Reichskohlenrat	
1914	245 482	—	155 942	161 535	83 947	6 976	5759	34 310	2462		
1915	235 076	—	149 222	146 712	88 364	2 669	5280	23 018	1605		
1916	251 750	—	158 609	157 400	94 350	1 518	5426	26 280	1543		
1917	260 700	—	172 032	165 100	95 600	651	4012	20 031	1084		
1918	261 256	3,60	165 934	160 406	100 850	233	3071	16 787	760		
1919	210 300	—	121 400	116 500	93 800	48	1938	8 389	529		
1920	252 805	—	133 897	131 340[2]	111 634	366	2381	23 257	4587		
1921	268 705	—	139 019	136 210[2]	123 010	936	2728	26 616	3014		
1922	278 350	—	150 564	129 965	137 207	14 109	2047	24 600	3312		
1923	180 450	—	106 842	62 200	118 248	27 288	1487	9 535	1805		
1924	243 190	—	134 711	118 830	124 360	13 468	2164	25 938	3267		
1925	—	—	—	132 729	139 804	—	—	—	—		

[1]) Von 1913 an Braunkohlen mit $^{2}/_{9}$ des entsprechenden Steinkohlenwertes eingesetzt.

[2]) Einschließlich der Förderung in den an Polen abgetretenen Gebieten Oberschlesiens, aber ohne Saargebiet.

Wie sich die Förderung Deutschlands seit dem Jahre 1860 entwickelt hat, verdeutlicht die Zahlentafel 36, welche auch Aufschluß über Kohlenein- und -ausfuhr gibt, sowie über den Verbrauch auf den Kopf der Bevölkerung. Im Zeitraume von 25 Jahren, also von 1885—1910, ist die Kohlenförderung Deutschlands auf das Dreifache gestiegen, ein Zeichen des großen industriellen Aufschwunges. Braunkohle ist mit etwa $^1/_3$ an der Gesamtförderung beteiligt.

Zahlentafel 36 a.

Jahr	Deutschlands Erzeugung in 1000 t			
	Steinkohlenbrikette	Koks	Braunkohlenbrikette	
1913	5824	32 178	21 418	
1914	5949	27 325	21 449	
1915	6393	26 359	23 540	
1918	6500	33 411	25 000	
1920	4938	25 177	24 282	Z. V. d. I. 1923, S. 269.
1921	5686	27 913	28 243	
1922	5563	26 664	29 466	
1923	1725	12 703	26 856	Ruhrbesetzung
1924	3743	23 720	29 665	
1925	5003	26 810	33 631	

Glckf. 1911, S. 385.

Eine weitere Zahlentafel, Nr. 35, gibt die Briketterzeugung in den hauptsächlich dafür in Frage kommenden Ländern an. Man sieht, daß in Deutschland die Braunkohlen-Briketterzeugung etwa 3—4 mal so groß ist als die von Steinkohlenbriketten, und daß Deutschland allein mehr als die Hälfte sämtlicher Brikette der Hauptkulturstaaten liefert.

Die Verteilung des Verbrauches zeigt Zahlentafel 37[1]).

Zahlentafel 37.

Verteilung des Energiebedarfes 1913.

Elektrizitätswerke	2,9 vH	30 vH für Krafterzeugung
Krafterzeugung in der Industrie	10,0 „	
Deutsche Bahnen	9,3 „	
Schiffahrt	5,3 „	
Landwirtschaft	4,0 „	
Kokereien	23,1 „	70 vH für Verbrennung für Wärmegewinn
Wärmebedarf in der Industrie	14,1 „	
Brikettfabriken	3,5 „	
Gaswerke	5,3 „	
Hausbrand	9,1 „	
Ausfuhr-Überschuß	13,1 „	

[1]) Klingenberg, Die Zukunft der Energiewirtschaft Deutschlands. V. d. I. 1922, S. 590.

Zahlentafel 38.

Kohlenvorräte Deutschlands (geschätzt) auf

	Milliarden t
Steinkohle (bis 2000 m Teufe) hiervon etwa die Hälfte bis 1000 m Teufe	305
Braunkohle	13,4
Torf	0,85

Die vorhandenen Wasserkräfte Deutschlands, voll ausgebaut, könnten jährlich 7,6 Milliarden kWh liefern. Ausgenutzt sind bis 1920 in Europa 19,7 vH; in Nord- und Mittelamerika 19,7 vH; in Asien 1,6 vH aller Wasserkräfte.

Rechnet man 1 kg Steinkohlen = 0,735 Wasserkraft kWh, so könnten damit jährlich 10,3 Mill. t Steinkohle gespart werden, was etwa 5 vH der gesamten jährlichen Kohlenförderung Deutschlands entspräche (umgerechnet auf Steinkohlen). Praktisch könnte davon indes nur ein Bruchteil zur Ausnutzung kommen. Ausgenutzt sind bis jetzt etwa 618 000 PS.

Zahlentafel 39.

Die Erdölgewinnung der Welt.

(Nach Wirtschaft und Statistik.)

	1913		1924[1])	
	1000 t	vH	1000 t	vH
Nordamerika	37898	71,76	118814	84,30
Südamerika	382	0,72	3702	2,63
Rußland	8322	15,76	6155	4,37
Rumänien	1848	3,50	1851	1,32
Österreich (Gal.)	1114	2,11	—	—
Polen (Gal.)	—	—	771	0,55
Frankreich	—	—	73	0,05
Deutsches Reich	121	0,23	59	0,04
Tschechoslowakei	—	—	11	0,01
Italien	7	0,01	5	—
Europa zusammen	11412	21,61	8925	6,34
Asien zusammen	3107	5,88	9178	6,52
Afrika (Ägypten)	13	0,02	161	0,11
Welt insgesamt	52815	100,—	140800	100,—

b) Wärmepreis und Dampfpreis.

Forderung 2 (S. 20) besagte, daß bei dem Entwurf einer Kesselhausanlage eine sorgfältige Auswahl unter den zur Verfügung stehenden Brennstoffen zu treffen ist. Entscheidend dafür ist der Wärmepreis W. Dieser berechnet sich in Pfennigen für 100 000 kcal aus

$$W = \frac{P \cdot 10\,000}{H} = \frac{\text{Kohlenmenge} \cdot P}{\text{Erzeugte kcal}}, \quad . \quad . \quad . \quad . \qquad 39)$$

[1]) Vorläufige Zahlen und Schätzungen.

wobei H den Heizwert in Wärmeeinheiten für 1 kg Brennstoff bedeutet und P den Preis für 1000 kg Brennstoff in Mark frei Kesselhaus.

In ähnlicher Weise drückt sich der durch den Kohlenaufwand bedingte Dampfpreis aus, allerdings ohne Rücksicht auf die sonstigen Kesselhausunkosten (vgl. Abschnitt 40).

$$\text{Preis für 1000 kg Dampf} = \frac{P \cdot \lambda}{H \cdot \eta} = \frac{W \cdot \lambda}{10\,000 \cdot \eta} = \frac{P \cdot \text{Kohlenmenge}}{\text{Erzeugter Dampf}} \,. \quad 40)$$

$$= \frac{P}{\text{Verdampfungsziffer (roh)}} \,.$$

Hierin bedeutet:

P = Kosten für 1000 kg Kohlen frei Kesselhaus in Mark.

λ = die für 1 kg erzeugten Dampfes wirklich aufgewendete Wärmemenge in kcal $= i'' - t_e + \ddot{u}$ (vgl. Formel 86, S. 256).

H = Heizwert in Wärmeeinheiten.

η = Kesselwirkungsgrad $0 < \eta < 1$.

Es können dabei folgende Wirkungsgrade bei unterbrochenem Betriebe für die verschiedenen Anstrengungsgrade zugrunde gelegt werden, falls η nicht schon durch einen Heizversuch bekannt sein sollte; bei Hochleistungskesseln etwas mehr.

Zahlentafel 40.

Kesselbeanspruchung kg/m²/h	10	15	20	25	30	35	
Wirkungsgrad η vH	73	74	72	70	67	64	Kessel allein
Wirkungsgrad η vH	82	83	82	80	78	75	Kessel mit Überhitzer und Vorwärmer.

Die Durchschnittspreise ab Werk verschiedener Brennstoffe, für Juli 1927 gültig, sind in nachstehender Zahlentafel 41[1]) wiedergegeben; nur Wärmepreis und Ortspreis müssen für jeden Einzelfall und jeden Ort wegen der Verschiedenheit der Frachtkosten besonders bestimmt werden.

Zahlentafel 41.

Kohle. Amtl. Brennstoffverkaufspreise (Industriepreise) des Reichskohlenverbandes einschl. Umsatzsteuer und Handelsaufschlag, ab Grube.

	RM/t
Ruhr-Fettförder	14,87
„ Fett (Stücke) I, Fettnuß I, II	19,84
„ Fettnuß IV, Fett bestmeliert	17,36
„ Gas (Stücke) und Gasflamm Nuß I	19,84
„ Eß Fein	11,90
„ Brechkoks I	27,93
„ Briketts I	22,00

[1]) V. d. I. Nachrichten 13. VII. 1927.

Fortsetzung zu Zahlentafel 41.

	RM/t
Oberschles. Stückflamm	16,63
„ Kleinflamm	11,00
„ Staubflamm, ungewaschen	6,35
Niederschles. Stückflamm, ungewaschen	22,13
Aachener Fettstück (Eschw. Bergw. Ver.)	21,84
Mitteld. Förderbraunkohle des Kernreviers	3,37
Mitteld. Braunkohlenbriketts	12,80
Ostelb. Braunkohlenbriketts in großem Industrieformat	12,15
Rhein. Braunkohlenbriketts für ständige Industrieabnehmer	10,92

Flüssige Brennstoffe. Kleinhandelspreise für verzollte Brennstoffe im Leihfaß frei Haus Berlin.

Motalin (B. A. S. F.) nicht klopfend	RM/100 l	29,00	am 8. 7.
Leichtbenzin 0,720/30	„	29,50	„ 8. 7.
Autobenzin sowie Shell und Strax	„	28,00	„ 8. 7.
Benzin-Benzolgemisch	„	32,00	„ 8. 7.
Schwerbenzin 0,760/70	„	27,00	„ 8. 7.
Petroleum 0,810/20	RM/100kg	29,60	„ 8. 7.
Putzöl (Waschpetroleum) für 100 kg	„	25,00	„ 8. 7.
Gasöl, rein mineralisch mit Zollermäßigung, für 100 kg	„	16,20	„ 8. 7.
B.V.-Motorenbenzol	RM/100 l	39,25	„ 11. 7.

Schmieröle in RM/100 kg	Stockp. ca. °C	Visk. ca.	Flammpunkt ca. °C	Großverbraucher[1])	Mittl. Verbraucher[2])
Leichte Maschinenöle (Spindelöle)	—20	2/50	160	32,50	40,50—44,50
Mittelschwere Maschinenöle	—18	4,5/50	175	35,50	43,50—48,50
Schwere Maschinenöle	—17	6,5/50	185	36,50	43,50—53,50
Sattdampfzylinderöle	—	5/100	230	30,50	38,50—45,50
Sattdampfzylinderöle	—	4,5/100	285	36,50	45,50—51,50
Heißdampf-Zylinderöle für Überhitzungen bis ca. 360°	—	5,5/100	315	55,50	67,50—74,50
„ „ „ 390°	—	6,5/100	340	75,00	85,00—95,00
Transformatorenöle, d. Bed. d. V. d. E. V. entspr.	—	—	—	40,50	45,50—50,50
Maschinenfette, unbeschw., gelb, Tropfpunkt ca. 85° C	—	—	—	51,00	58,00

Mauersteine ab Werk, RM/1000 Stck.

Aachen	37—40	Dortmund	35	Leipzig	45
Berlin	44—47	Frankfurt a. M.	52	München	35—38
Breslau	39	Hamburg	39	Stettin	44
Köln	40	Hannover	43	Stuttgart	40

[1]) Bezug in Kesselwagen, verzollt ab Lager Hamburg.

[2]) Bezug einschl. Holzfaß frachtfr. Empfangsstation. Transformatorenöl in Leihfässern.

c) Verbrennungserscheinungen der Kohle[1]).

Die Bestandteile der Kohlen sind hauptsächlich: Kohlenstoff, Wasserstoff, Sauerstoff, Stickstoff, kleine Mengen Schwefel, Asche und Wasser. Bei dem Verbrennen der Kohle erfolgen zwei Vorgänge nebeneinander: eine trockene Destillation bzw. eine Vergasung sowie eine Verbrennung der festen Bestandteile.

Die bei der Entgasung entstehenden Gase und Dämpfe verbrennen unter Flammenbildung. In den dickeren Brennstoffschichten wird in der Hauptsache Kohlenoxyd CO gebildet; außerdem entstehen noch Kohlenwasserstoffe, wie Äthylen C_2H_4 und Methan CH_4 sowie freier Wasserstoff H und einige andere Gase in geringerer Menge, wie schweflige Säure SO_2 usw. Die Gase verbrennen ohne Zwischenstufe zu Kohlensäure und Wasser; nur das Äthylen und die hochwertigen Kohlenwasserstoffe zeigen ein anderes Verhalten. Das Äthylen zerfällt bei höherer Temperatur leicht und wird durch die eigene Verbrennungswärme in Methan CH_4 und Kohlenstoff C zerlegt, nach der Beziehung $C_2H_4 = CH_4 + C$. Der in fester Form ausgeschiedene Kohlenstoff bleibt in feiner Verteilung in der Flamme und bewirkt das Leuchten, wenn er mit genügender Luftmenge verbrennen kann. Ist hingegen der Luftzutritt beschränkt, oder wird die Flamme durch Berühren mit kälteren Wänden abgekühlt, so findet sofort eine für das Auge sichtbare Ausscheidung des Kohlenstoffes als Ruß statt, ein Übelstand, der besonders bei Wasserrohrkesseln und Verwendung von gasreichen Kohlen sehr stark ist, weil hier die im Feuerraum sich bildende Flamme sofort mit den großen, stark abkühlenden Flächen der Rohrreihen in Berührung kommt, ehe sie in genügend großen Feuerräumen vollständig ausgebrannt ist.

Die Verbrennung der festen Kohlenbestandteile erfolgt hauptsächlich zu CO_2 bzw. zu CO, wobei das letztere beim Zusammentreffen mit Luft noch zu Kohlensäure verbrennt; die Kohlensäure wird zum Teil beim Auftreffen auf feste Kohlenteilchen wieder zu CO reduziert und verbrennt dann wieder zu CO_2. Kohlenstoff kann ohne vorhergehende Vergasung zu CO überhaupt nicht zu CO_2 verbrannt werden. Die Verbrennung des Kohlenstoffes liefert um so mehr CO, je höher die Brennstoffschicht und die Temperatur ist (Generator); um so mehr CO_2, je niedriger die Brennstoffschicht und die Temperatur sowie je stärker der Druck der zugeführten Verbrennungsluft ist (Unterwind). Die höchste Temperatur von 2700° wird rechnungsgemäß erzeugt bei Verbrennung zu CO_2 mit dem gerade erforderlichen Sauerstoffgehalte. Ist nun Luftüberschuß vorhanden, so sinkt die Temperatur, und zwar bei doppelter Luftmenge auf etwa 1400°, ebenso wird die Temperatur niedriger bei

---

[1]) Vgl. auch Z. V. d. I. 1916, S. 102: Nusselt, Verbrennung und Vergasung der Kohlen auf dem Roste; und 1917: S. 721. Loschge; 1917, S. 266: Aufhäuser.

Luftmangel, weil dann CO erzeugt wird, das ja selbst noch weiter verbrennen kann; wird nur Kohlenoxyd gebildet, so erzielt man rechnungsgemäß eine Temperatur von 1500°. Zwischen diesen Werten bewegen sich alle erreichbaren Verbrennungstemperaturen. Naturgemäß sind die bei den Feuerungen wirklich erhaltenen Temperaturen infolge der Abkühlung und Wärmeabgabe an die Umgebung sowie der Störungen beim Verbrennungsvorgange nicht so hoch wie oben angegeben (vgl. Abschnitt 11), doch soll man stets bemüht bleiben, bei Anordnung der Feuerung durch geeignete, hinreichende Luftzuführung sowie Mischung der Gase und Luft unter Vorbeistreichen an glühenden Schamotteschichten sich dem Zustande der vollkommenen Verbrennung zu CO_2 zu nähern. Es sind indes keine sichtbaren Merkmale vorhanden, ob die Verbrennung der festen Bestandteile mit zuwenig oder zuviel Luft vor sich gegangen ist.

Eingehende Untersuchungen haben ergeben, daß der Gehalt der Kohlen an flüchtigen Bestandteilen von wesentlichem Einflusse auf den Heizwert ist, und zwar besitzen die Kohlen, deren Gehalt an flüchtigen Bestandteilen in den Grenzen von 16—23 vH liegt, bezogen auf die brennbaren Bestandteile, d. h. auf wasser- und aschefreie Kohle, den höchsten Heizwert; dabei gelten als flüchtige Bestandteile die Gase, welche beim Verkoken des Brennstoffes entstehen, sowie die gasförmigen Anteile des Teeres und des Peches. Diese flüchtigen Bestandteile finden sich nun in verschiedener Menge bei den verschiedenen Kohlensorten. Untersuchungen[1]) von Constam und Schläpfer zeigen, daß der Heizwert, der aus den verschiedenen Kohlensorten erzeugten Koks immer etwa 8050 kcal für 1 kg beträgt, während die Verbrennungswärme der Gewichtseinheit der flüchtigen Bestandteile mit der zunehmenden Menge derselben abnimmt. So haben dieselben bei einem Gewichtsgehalte der wasser- und aschefreien Kohlen an flüchtigen Bestandteilen von etwa 6 vH einen Heizwert von etwa 16 000 kcal für 1 kg flüchtiger Bestandteile, bei einem Gewichtsgehalte von 20 vH etwa 10 500 kcal, dagegen bei einem Gehalte von 40 vH nur noch 8000 kcal. Diese Zusammenhänge gelten für vollkommene Verbrennung der Kohlen, wie sie bei der chemischen Untersuchung abläuft, d. h. mit reichlich vorhandener Verbrennungsluft.

Wie sich bei den technischen Feuerungen im Zusammenspiel von Verbrennung und Luftbedarf die Vorgänge abwickeln, sei nachstehend besprochen.

Man hat mehrere Möglichkeiten, den Verbrennungsvorgang auf dem Roste zu führen: 1. die Heizgase, Verbrennungsluft und die entstehenden Kohlenwasserstoffe werden zusammengemischt und gleichzeitig verbrannt; 2. die gebildeten Kohlenwasserstoffe werden einem Gemische von Luft und Heizgasen zugeführt oder umgekehrt.

[1]) Z. V. d. I. 1919, S. 1836 ff.

Der erste Fall umfaßt die Vorgänge auf dem gewöhnlichen Planroste bei Handbeschickung oder bei selbsttätiger Beschickung durch Wurffeuerungen. Auf die möglichst gleichmäßig hoch gehaltene glühende Kohlenschicht gelangt in kurzen Pausen, je kürzer desto besser, eine dünne Brennstoffschicht, die zu vergasen beginnt. Die erforderliche Verbrennungsluft muß für zwei Vorgänge beschafft werden: 1. für Verbrennung der festen Kohlen auf dem Roste und 2. für Verbrennung der flüchtigen, vergasten Bestandteile über dem Roste.

Der erste Betrag bleibt zwischen zwei Beschickungen ziemlich gleich hoch, der zweite wechselt stark; sofort nach dem Aufwerfen tritt eine schnelle Vergasung ein, um so stärker, je gasreicher die Kohlen sind. Die Ausbildung des Feuerraumes ist dabei von wesentlichem Einflusse. Umgeben wärmespeichernde Mauern den Rost, welche die Hitze zurückstrahlen, so wird die Vergasung beschleunigt und der Luftbedarf der flüchtigen Bestandteile gesteigert; er fällt aber rasch ab. Bilden dagegen wärmeentziehende Kesselheizflächen einen Teil des Feuerraumes, so wird durch die Wärmeabstrahlung die Feuerraumtemperatur erniedrigt, die Entgasung verzögert, und der Luftbedarf verteilt sich auf längere Zeit. Die Luftzuführung ist aber umgekehrt wie der wirkliche Bedarf, nämlich zuerst nach der Beschickung infolge der höheren Rostschicht gering, dann mit fortschreitender Verbrennung und Lockerung der Schicht langsam zunehmend. Es fällt daher Luftbedarf und Luftmangel zeitlich zusammen, Bildung von Ruß und unverbrannten Gasen tritt deshalb leicht ein. Bleibt die Rostbeanspruchung in niedrigen Grenzen, so kann bei Handbeschickung, auch selbst bei gasreichen Kohlen, ziemlich rauchschwach gearbeitet werden. Bei höherer Rostanstrengung ist dies nicht mehr möglich. Helfend können dann Einrichtungen wirken, welche selbsttätig für kurze Zeit nach der Beschickung Oberluft in abnehmender, regelbarer Menge einführen, entweder vorn über der Feuertür oder hinten durch die Feuerbrücke hindurch; es kann auch damit in Verbindung ein Dampfschleier über dem Roste angewendet werden; dabei muß die Einführung dieser Zusatzluft in den Feuerraum in günstiger Richtung und so frühzeitig erfolgen, daß eine gute Mischung mit den brennbaren Gasen bewirkt wird.

Bei gut geleitetem Vorgange wird man mit dem 1,1—1,3fachen der theoretisch erforderlichen Luftmenge auskommen. Es wird dabei um so günstiger gearbeitet, je gleichmäßiger die Körnung des Brennstoffes ist und die Höhe der Schichtung desselben auf dem Roste. Erforderlich ist ferner ein gleichmäßiger Luftdurchtritt durch den Rost; es dürfen nicht einzelne Teile vorn oder hinten gewissermaßen im Windschatten liegen, eine Forderung, die nicht bei allen Feuerungen, besonders nicht bei Unterwindfeuerungen, erfüllt ist, weil oft Leerbrennen einzelner Stellen und Haufenbildung an anderen infolge ungleichmäßiger Luftführung eintritt. Mangel an Luft an einzelnen Roststellen, die dann nicht hinreichend gekühlt werden, erzeugt leicht Anbrennen der Schlacke an den Roststäben und Bildung von Schlackenkuchen. Eine Zusammenschnürung der Flamme, ehe sie kalte Heizflächen berührt, wirkt stets sehr günstig auf die gute Mischung und Verbrennung ein.

Der zweite Fall tritt bei den Feuerungen auf, wo der Brennstoff über den Rost wandert (Kettenroste, Abb. 37, Düsseldorfer Sparfeuerung, Unterschubfeuerungen), sowie den Schüttfeuerungen (Abb. 3). Hierbei vergast auf dem vordersten bzw. obersten Teile des Rostes der Brennstoff unter geringer Luftzufuhr, so daß CO und schwere Kohlenwasserstoffe sich bilden, die nicht an der Entstehungsstelle verbrennen, sondern durch Herüberziehen des Gewölbes über den anderen Teil des Rostes geleitet werden, wo die entgaste Kohle unter hoher Temperatur verbrennt und die Mischung erfolgt; demnach hat die Luftzuführung hauptsächlich erst unter dem Verbrennungsrost zu erfolgen. Im übrigen gilt das gleiche wie bei den Planrosten.

Man kann diese Vorgänge beobachten, wenn man bei einem gut gebauten Schrägroste oben durch die Nachstoßöffnungen schräg den Rost entlang sieht; auf dem oberen Rostteile, der dunkel ist, sieht man Qualm und Dämpfe aufsteigen, auf dem unteren bemerkt man das helle Feuer, das, wenn eine gute Verbrennung eingetreten ist, hell und klar aussehen muß. Der gleiche Vorgang spielt sich bei dem vielfach bei kleineren Planrosten angewendeten Kopfheizen ab, einem Verfahren, bei dem vorn auf der Schürplatte der Brennstoff aufgehäuft wird und zum Vergasen gelangt. Nach einiger Zeit wird diese entgaste Kohle hintergeschoben und verteilt und vorn frische aufgeschüttet usw.; doch läßt sich bei dieser Arbeitsweise ein rauchfreies Arbeiten bei gasreichen Kohlen nicht immer erzielen, weil beim Aufgeben und Zurückschieben der Kohle rasche Gasentwicklung, Luftmangel und Rauchbildung entsteht. Sehr wichtig ist in allen Fällen eine gute Mischung aller Gase und Luft an einer durch herabgezogene Gewölbe verengten Stelle der Feuerung. Ähnlich liegt der Fall bei den Muldenrostfeuerungen (Abb. 17 und 18), bei denen durch seitlich angeordnete hohe Füllschächte die Kohle auf den muldenförmigen Rost rutscht; in den Füllschächten vergast die Kohle unter Luftmangel und erzeugt dabei Kohlenwasserstoffe und CO usw. Die vergasten Kohlen verbrennen dann auf dem Roste, und diese Verbrennungsgase mischen sich über dem Roste mit nachträglich eingeführter Luft in einer ausgemauerten Verbrennungskammer und setzen die aus den Füllschächten ausströmenden Gase in Brand. Die Verbrennung ist eine vorzügliche.

Mischen von Steinkohle und Braunkohle. Vorteile werden durch die Mischung nicht erzielt. Wird die von der Steinkohle erzeugte Verdampfung abgezogen, so bleibt für die Rohbraunkohle meist nur noch eine 0,6—1,0fache Verdampfung übrig. Auf Kettenrosten bringt das Gemisch keine befriedigenden Resultate. Der Wirkungsgrad fällt sehr niedrig aus, selbst bei nach hinten geneigt liegenden Kettenrosten mit vorgelegtem Treppenroste. Werden die Braunkohlen auf Unterwindfeuerung verarbeitet, so bedingt diese Betriebsart einen erheblichen Mehrverbrauch an Kohlen, besonders wenn größere Kesselleistungen erzielt werden sollen (1,6fache Verdampfung). Die Restverluste werden groß, selten unter 20 vH, ansteigend bis 35 vH; auch der Schornsteinverlust ist erheblich größer als bei Steinkohlen, beides, weil viel Flugkoks durch den Unterwind in die Züge geblasen wird. Dampfstrahlgebläse für Braunkohle ist noch fehlerhafter, weil die Braunkohle bereits 50 vH Nässe und mehr enthält.

Treppenroste, evtl. mit mechanisch bewegten Roststufen oder Muldenroste, sind die gegebenen Braunkohlenfeuerungen.

d) Oberer und unterer Heizwert.

Als Heizwert (auch Verbrennungswärme) eines Stoffes wird diejenige Wärmemenge in Kilogrammkalorien bezeichnet, welche bei der Verbrennung eines Kilogramms oder Kubikmeters frei werden, wenn die Verbrennungsgase bis auf die Anfangstemperatur abgekühlt werden. Bei Brennstoffen, welche Wasserstoff (oder auch Feuchtigkeit) enthalten, verbindet sich dieser bei der Verbrennung mit dem Sauerstoff der Verbrennungsluft oder auch mit dem im Brennstoffe selbst enthaltenen zu Wasser, das je nach der Temperatur der Verbrennungsgase in denselben als überhitzter oder gesättigter Dampf enthalten ist oder bei tieferen Temperaturen als 100° sich zu flüssigem Wasser kondensiert.

Man unterscheidet deshalb einen oberen Heizwert H_o bezogen auf flüssiges Wasser in den Verbrennungsgasen und einen niedrigeren, unteren Heizwert H_u bezogen auf Wasserdampf. H_u ist um die Kondensationswärme (ca. 600 kcal je 1 kg Verbrennungswasser) des im Kalorimeter gebildeten Verbrennungswassers w_B kleiner als H_o.

w_B ist gemessen in Kilogramm auf 1 kg Rohkohle.

Es gilt in kcal/kg:

$$H_u = H_o - w_B \cdot 600 = H_o - (9\,H + W) \cdot 600, \quad . \quad . \quad . \quad 41)$$

wenn H und W in Kilogramm je 1 kg Kohle angesetzt sind, oder

$$H_u = H_o - (9\,H + W)\,6, \quad . \quad . \quad . \quad . \quad . \quad . \quad . \quad . \quad 41\text{a})$$

wenn H und W in Prozent angesetzt sind. Ermittelt wird der obere Heizwert bei der kalorimetrische Untersuchung in der Verbrennungsbombe; das entstehende Verbrennungswasser w_B wird gewogen und nach obiger Formel dann H_u bestimmt. Kennt man aus der Elementaranalyse der verwendeten Kohle (vgl. Zahlentafel 45) den Wasserstoffgehalt H und den Wassergehalt W in Kilogramm auf 1 kg Kohle, so ermittelt sich die Menge des Verbrennungswassers zu:

$$w_B = 9\,H + W$$

in Kilogramm je 1 kg Kohle, da 1 kg H mit 8 kg O_2 zu 9 kg Wasser verbrennt (vgl. S. 42).

Nach der üblichen „Verbandsformel" gilt ziemlich genau für den unteren und oberen Heizwert

$$H_u = 8100\,\mathrm{C} + 29000\left(\mathrm{H} - \frac{\mathrm{O}}{8}\right) + 2500\,S - 600\,W \quad . \; . \; . \quad 42)$$

C, H, O, S, W (vgl. S. 134) sind in Kilogramm für 1 kg Brennstoff einzusetzen, und

$$H_o = 8100\,\mathrm{C} + 34200\left(\mathrm{H} - \frac{\mathrm{O}}{8}\right) + 2500\,S \quad . \; . \; . \; . \; . \quad 42\,\mathrm{a})$$

Die Formel für H_o gilt für die Annahme, daß das sog. „Kristallwasser" der Rohkohle in der Asche auch als Kristallwasser wiedererscheint, also nicht in den Abgasen in Dampfform enthalten ist; sie gibt also um den Anteil $9 \cdot \frac{\mathrm{O}}{8} \cdot 600$ niedrigere Werte, als wenn man annimmt, daß auch dieses „Kristallwasser" verdampft wird, wenn man also nach $H_o = H_u + (9\,\mathrm{H} + W) \cdot 600$ rechnet.

Unter Kristallwasser ist der Wasserbetrag verstanden, der durch Bindung des Sauerstoffbetrages der Rohkohle an den entsprechenden Wasserstoffanteil $\frac{\mathrm{O}}{8}$ entstanden gedacht ist.

Während man bisher für technische Zwecke den unteren Heizwert verwendete, hat man sich in den „Regeln für Abnahmeversuche von Dampfanlagen"[1]) vom Jahre 1925 dahin geeinigt, den oberen Heizwert allen Messungen und Versuchen zugrunde zu legen (in der Übergangszeit benutzt man noch beide Werte); dies in der richtigen Erkenntnis, daß man bei den Verbrennungsprozessen auch die im Brennstoffe wirklich vorhandene gesamte verfügbare bis auf die Eintrittstemperatur des Brennstoffes und der Verbrennungsluft auch ausnutzbare Wärmemenge als eingeführt betrachten muß; ganz unabhängig davon, ob z. B. bei der heutigen technischen Arbeitsweise in Dampfanlagen, wo die Abgase fast stets höher sind als 100°, bis jetzt diese Ausnutzung möglich ist oder nicht.

Zur ungefähren Beurteilung des Heizwertes dient der Gesamtgehalt von Wasser und Asche des Brennstoffes. Je größer die Summe dieser beiden ist, desto niedriger ist der Heizwert; je nässer

[1]) V. d. I.-Verlag, Berlin.

der Brennstoff ist, desto mehr unterscheidet sich der untere vom oberen Heizwerte.

H_u und H_o unterscheiden sich (vgl. Zahlentafel 45):

bei Steinkohlen etwa um 230—300 kcal, d. h. um 3— 4,5 vH,
bei deutschen Braunkohlen „ 400—450 kcal, d. h. um 12—13,5 vH.

Die neue Rechnungsweise bietet einige Schwierigkeiten. Es können nämlich die Wirkungsgrade η von Kesselanlagen bei verschiedenen Brennstoffen, wenn H_o zugrunde gelegt wird, nicht mehr ohne weiteres miteinander verglichen werden, da die in den Gasen im Wasserdampf enthaltene Wärme bei minderwertigen Brennstoffen sehr viel mehr ausmacht als bei trockenen Brennstoffen; jedenfalls mehr als das Verhältnis der Heizwerte; die Veränderung des Abgasverlustes infolge der Verdampfung und Überhitzung des Wassers in den Gasen wird durch die Beschaffenheit des Brennstoffes bedingt und nicht durch die Heizertätigkeit. Es empfiehlt sich, diese beiden Verlustanteile zu trennen.

e) Zusammensetzung der Brennstoffe.

1. Feste Brennstoffe. Von Bedeutung für das Verhalten der Kohlen und ihre Eigentümlichkeit ist ihr Alter sowie ihre verschie-

Zahlentafel 42.

Zusammensetzung der wasser- und aschefreien Brennstoffe nach ihrem Alter.

Brennstoff	Zeit der Bildung	C	H	O	Koks	Oberer Heizwert H_o der reinen Brennstoffmasse in kcal	Unterscheidungsmerkmale
		Gew. Prozente					
Holz	jetzt	50	6	44	15	4200	
Jüngerer Torf, Fasertorf .	jetzt	54	6	40		4660	
Älterer Torf, Specktorf . .	jetzt	60	6	34	20	5370	
Lignit (holzart. Braunkohle)		62	6	32		5600	
Gemeine Braunkohle . . .	Tertiär	65	6	29	40	5960	gasreiche Sandkohle
Wälderkohle	Kreide	70	6	24	45	6540	
Steinkohle							
a) Flammkohle	Karbon	75	6	19	50	7120	gasreiche Sinterkohle
b) Gasflammkohle . . .	Karbon	80	6	14	60	7710	zw. a) u. c) stehend
c) Gaskohle	Karbon	85	5	10	70	7970	gasreiche Back- oder backende Sinterkohle
d) Kokskohle, Schmiede-, Back- u. Kokskohle .	Karbon	90	4	6	80	8230	Fettkohle
e) Magerkohle	Karbon	94	3	3	90	8370	gasarme Sinterkohle
f) Anthrazit	Karbon	97	1	2	95	8070	gasarme Sandkohle

Aus Feuerungstechnik 1923, S. 170.

Zahlen-

Zusammensetzung verschiedener

Kohlenstoff	Kohlenstoff vH	Wasserstoff vH
Sächsiche Steinkohlen	63—76	3,5—5,5
Niederschlesische / Oberschlesische } Steinkohlen	68—76	3,5—4,8
Saarkohlen	65—80	4,0—5,2
Westfälische Kohlen	73—83	3,5—5,0
Englische und schottische Steinkohlen	69—81	4,0—5,0
Oberbayrische Kohlen	45—58	3,5—5,0
Böhmische Steinkohlen	55—70	3,0—4,5
Anthrazit	84—92	3,5—4,8
Steinkohlenbrikette	74—84	3,5—4,5
Koks, lufttrocken	80—90	0,5—1,5
Lohe, naß, gepreßt	17—20	2,0—2,5
Torf, gepreßt	38—49	3,0—4,5
Holz, lufttrocken	35—45	3,0—5,0
Braunkohle (deutsche)	28—33	2,0—4,0
Böhmische Braunkohle	46—56	3,5—5,0
Braunkohlenbrikette	49—56	4,0—4,8

dene Zusammensetzung. Die Zahlentafel 42 gibt die mittlere **Zusammensetzung der wasser- und aschefreien Brennstoffe ihrem Alter** nach geordnet in Gewichtsteilen an (nach Bunte).

Mit zunehmendem Alter der Kohlen vermindern sich der Sauerstoff und der Wasserstoff in höherem Maße als der Kohlenstoff; es entstehen nämlich bei der Vermoderung bzw. Kohlenbildung Kohlensäure (CO_2) und Methan (CH_4), Gase, die größtenteils entweichen, außerdem bildet sich Wasser. Bei diesem Vorgange, der unter Luftabschluß vor sich geht, nimmt der Sauerstoff bedeutend mehr ab als der Wasserstoff und der Kohlenstoff, die Kohle wird also kohlenstoffreicher und wasserstoffärmer und ärmer an Sauerstoff, liefert aber um so mehr Koks; deshalb wird sie auch schwerer entzündbar und schwerer brennbar.

Je wasserstoffreicher ein Brennstoff ist, desto leichtflüssiger und gasbildender ist er; er nähert sich den Eigenschaften des Wasserstoffes; je wasserstoffärmer er ist, desto schlechter kann er destilliert (verdampft) werden; jede Erwärmung führt zu völliger Zersetzung; er nähert sich den Eigenschaften des reinen Kohlenstoffs.

In Zahlentafel 43 sind die **hauptsächlichsten Brennstoffe** Deutschlands und einiger benachbarter Staaten zusammengestellt mit den Grenzwerten der einzelnen Bestandteile und der Heizwerte. Bei Steinkohlen beträgt je nach dem Alter und der Herkunft der Kohlenstoff ungefähr 63—92 vH vom Gewicht, bei den Braunkohlen etwa 28—56;

tafel 43.

Brennstoffe in Gewichtsteilen.

Sauerstoff (+ Stickstoff) vH	Schwefel vH	Wasser vH	Asche vH	H_u = Heizwert (bezogen) auf Wasserdampf kcal
7—10	0,3—2,0	5—15	2—8	6000—7000
8—10	0,5—1,8	2—6	4—14	6300—7300
7—11	0,5—2,0	1—6	3—7	6300—7600
4—11	0,5—1,5	1—4	2—9	7200—7900
5—11	0,5—2,5	1—10	2,5—10	6400—7600
10—17	1,0—5,5	8—14	12—24	4100—5400
8—13	0,7—2,0	2—14	6—16	5500—6800
2—5	0,5—1,5	0,8—3,5	3—7	7500—8000
3—7	0,7—1,5	1—4,5	5—9	7400—7800
1,5—5,0	0,5—1,5	1—5	5—12	6600—7400
14—16	—	60—64	1—2	1300—1400
19—28	0,2—1	16—29	1—9	3000—4800
34—42	—	7—22	0,3—3	3400—4100
6—15	0,2—2	42—57	2—11	2100—2900
9—16	0,2—3	18—32	2—10	4000—5400
15—23	0,2—4	10—18	5—15	4500—5100

Zahlentafel 44.

Heizwerte H_o jür 1 kg Brennstoff.

(Die Werte der Tafel sind obere Heizwerte, d. h. sie beziehen sich auf flüssiges Wasser.)

	kcal		kcal
Äther	8 900	Masut (Petroleumrückst.)	10 500
Alkohol	7 100	Methan	13 250
Anilin	8 800	Naphthalin	9 700
Benzol	10 000	Petroleum	11 000
Blei	260	Phosphor (P zu P_2O_5)	5 950
Braunkohlenteeröl	10 000	Rüböl, Olivenöl, Leinöl	9 300
Chlormethyl	3 200	Schießpulver	700—800
Eisen (Fe zu FeO)	1 260	Schwefel (S zu SO_2)	2 220
„ (Fe zu Fe_3O_4)	1 680	Schwefelkohlenstoff	3 400
„ (Fe zu Fe_2O_3)	1 890	Schwefelwasserstoff	2 740
Glyzerin	4 300	Silizium (Si zu SiO_2)	7 830
Holz	4 100	Talg	8 370
Holzgeist	5 300	Terpentinöl	10 850
Kohlenstoff (C zu CO_2)	8 140	Wachs	9 000
„ (C zu CO)	2 440	Zellulose	4 200
Kupfer (Cu zu CuO)	590	Zink (Zn zu ZnO)	1 300

Hütte, 20. Auflage.

Zahlen-

Mittlere Zusammensetzung der Brenn-

1	2	3	4	5	6	7
Brennstoff	Gewichtshundertteile					
	C	H_2	$O_2 + N_2$[1])	S	Wasser	A (Asche)
	vH	vH	vH	vH	vH	vH
Oberbayerische Kohlen (Peißenberg, Hausham)	53	4	12	5	9	17
Sächsische Steinkohlen	70	4	9	1	9	7
Oberschlesische Steinkohlen, Niederschlesische Steinkohlen, Saarkohlen	73	4,5	10	1	3,8	7,7
Westfälische Kohlen	79	4,5	7	1	2,5	6
Ruhrkohle, Gasflammkohle	74,5	4,4	7,1	0,8	3,2	10,0
Saarkohle, Schlammkohle	49,0				19,0	32,0
Koksgries	67,5				14,0	18,5
Englische und schottische Steinkohlen	75	4,5	8	1	5,5	6
Anthrazit	86	3,5	3,5	1	2	4
Koks, lufttrocken	84	1	3	1	3	8
„ naß	68	0,4	2,6	1	21	7
Zechenkoks, lufttrocken	88,4	0,5	1,6	0,6	0,7	8,2
Gaskoks, lufttrocken	86,9	0,6	1,8	0,6	1,0	9,1
Steinkohlenbrikette	79,4	4,3	6,0	1,1	1,3	7,9
Koksaschebrikette mit Teerpech als Bindemittel	71,6	1,6	3,4	0,8	9,4	13,2
Rauchkammerlösche	49,3				17,9	32,8
Holz, lufttrocken	40	4,5	37	—	16	1,5
Schwartenholz, trocken	89,3				10,0	0,7
Buchenholz, feucht	76,7				22,4	0,9
Sägespäne	71,4				27,6	1,0
Handschälspäne frisch geschlagener Rottannen	48,6				50,1	1,3
Holz, Espe, geflößt	42,9	5,4	39,6	0	11,6	0,5
Holzkohle aus Tannenholz	75,7				19,5	4,8
„ „ Buchenholz	89,4				5,4	5,0
Torf aus Ostrach, Breitorf	56,4				39,0	4,6
Torf, gepreßt[2])	43	4	24	0,5	23	5,5
Torf, lufttrocken	37,8	3,8	19,6	0,4	26,4	12,0
Lohe, gepreßt	19	2,2	15	—	62	1,8

[1]) Dabei ist N = 1,0 vH gesetzt.

Es ist nach S. 132 u. 138: $L = vL_o$ in m³ oder

$G_o = (1 + L_o) - A$ in kg $\quad G = G_0 + (v - 1) L_0$

$G = (1 + vL_o) - A$ in kg, $\quad$ in kg oder m³.

Man kann auch A als für das Endergebnis unwesentlich fortlassen.

[2]) Einzelwerte vgl. Zahlentafel S. 97.

fel 45.

offe, Luftbedarf und Gasmengen.

8	9	10	11	12	13	14	15	16
Oberer Heizwert bezogen auf flüssiges Wasser H_o kcal	Unterer Heizwert bezogen auf Wasserdampf H_u kcal	Luftbedarf L_0 ohne Überschuß $v = 1$ in kg	Luftbedarf L_0 ohne Überschuß $v = 1$ in m³ v. 15° u. 736 mm	Erzeugte Gasmenge G_0 ohne Luftüberschuß $v = 1$ in kg mit Wasserdampf	Erzeugte Gasmenge G_0 ohne Luftüberschuß $v = 1$ in m³ $^0/_{760}$ mit Wasserdampf	Erzeugte Gasmenge G_0 ohne Luftüberschuß $v = 1$ in m³ $^0/_{760}$ trockene Gase	Höchster Kohlensäuregehalt $(k_s)_m$ vH CO_2	kg Gewicht eines m³ Verbrennungsgases mit Wasserdampf $^0/_{760}$
5470	5200	7,16	6,05	8,00	5,85	5,34	18,5	1,370
6770	6500	9,17	7,66	10,10	7,41	6,85	18,9	1,362
7165	6900	9,65	8,15	10,58	7,83	7,28	18,85	1,350
7760	7500	10,35	8,75	11,29	8,34	7,80	18,75	1,353
7355	7100	9,88	8,33	10,78	7,84	7,3	—	1,37
3875	3520						—	
5350	5200						—	
7375	7100	9,88	8,3	10,82	7,99	7,42	18,83	1,354
8000	7800	11,0	9,25	11,94	8,72	8,31	19,25	1,370
7075	7000	9,9	8,35	10,82	7,77	7,62	20,50	1,393
5600	5450	7,99	6,74	8,92	6,42	6,11	20,70	1,39
7285	7250	10,33	8,72	11,25	7,99	7,93	20,65	1,41
7210	7170	10,21	8,61	11,13	7,91	7,82	20,62	1,40
7870	7630	10,34	8,82	11,26	8,26	7,76	18,85	1,36
6245	6100	8,73	7,36	9,60	6,89	6,60	20,00	1,39
4010	3690						—	
3840	3500	4,58	3,86	5,56	4,25	3,55	20,9	1,308
4300	4000						—	
3635	3260						—	
3525	3120						—	
2510	1970						—	
4090	3730	5,15	4,35	6,14	4,15	3,45	—	1,47
	5930						—	
	7080						—	
3095	2685						—	
4150	3800	5,35	4,50	6,30	4,78	4,05	19,8	1,317
3815	3450	4,87	4,11	5,75	4,17	3,43	19,15	1,38
1790	1300	2,30	1,94	3,28	2,76	1,75	20,1	1,190

siehe S. 149, Abb. 25; G in m³ s. S. 140, vgl. auch Zahlentafel 48 und Abb. 23,

m³ von $L_o\ ^0/_{760} = \frac{1}{1{,}09} \cdot L_o\ ^{15}/_{736}$.

Fortsetzung zur

1	2	3	4	5	6	7
Brennstoff	Gewichtshundertteile					
	C vH	H_2 vH	$O_2 + N_2$ vH	S vH	Wasser vH	A (Asche) vH
Junge deutsche Braunkohlen . .	23,4	2,2	9,1	—	61,6	3,7
Ältere deutsche Braunkohlen . .	31	3	10	1	48	7
Deutsche Braunkohlen: Revier West, Halle .	31	2,8	9,6	1,3	49,0	6,3
Deutsche Braunkohlen: Revier Zeitz	29	2,7	7,5	1,3	53,0	6,5
Bitterfelder Braunkohlen	30	2,3	9,5	1	50,9	6,3
Lausitzer Braunkohlen	25,5	2,4	11,5	1,3	49,1	10,2
Kölner Braunkohlen	24,6	1,9	10,7	1	59	2,8
Unterfränkische Braunkohlen . .	23,3	2,1	8,8	1	62	2,8
Oberpfälzische Braunkohlen . . .	21,8	1,8	9,6	1	53,8	12,0
Böhmische Braunkohlen	52	4,2	13	1	24	6
Böhmische nässere Braunkohlen .	47,2	4,1	9,1	—	32,1	7,5
Böhmische Klarkohlen	37,3	2,9	10,1	1	41,4	7,3
Sächsische Braunkohlenbrikette .	53	4,5	18	1	15	8,5
Rheinische Braunkohlenbrikette .	55	4,1	21,4	0,4	13,5	5,6
Lausitzer Braunkohlenbrikette .	55,1	4,4	23,1	0,4	11,6	5,4

der Wasserstoff bewegt sich in den Grenzen von 1—5 vH, der Sauerstoff und Stickstoffgehalt etwa zwischen 1 vH bei Koks bis 42 vH bei Holz. Der Wassergehalt ist bei Steinkohlen nur gering, etwa 2 vH bis höchstens 15 vH, während er bei Braunkohlen bis etwa 57 vH betragen kann. Schwefel kommt nur in geringen Mengen vor bei den meisten Kohlensorten, kann jedoch, wenn er in größeren Mengen vorhanden ist, besonders an undichten Stellen der Kessel, durch Bilden von schwefliger Säure zur Anfressung des Kessels Anlaß geben. Der Heizwert (bezogen auf Wasserdampf) der Steinkohle bewegt sich im Durchschnitt zwischen 6000—8000 kcal, derjenige der deutschen Braunkohlen zwischen 2100—3200 kcal; böhmische Braunkohlen und deutsche Brikette sind etwa gleichwertig und haben einen Heizwert von etwa 4500—5200 kcal.

Es seien in Zahlentafel 44 die oberen Heizwerte, bezogen auf flüssiges Wasser, einiger Stoffe angeführt.

Aus den Grenzwerten der Einzelbestandteile der Brennstoffe nach Zahlentafel 43 kann man für die verschiedenen Gruppen je einen Brennstoff mittlerer Zusammensetzung bilden; dies ist in Zahlentafel 45 geschehen, und zwar in den ersten acht Spalten. Diese Werte kann man als Grundlage bei sehr vielen Rechnungen verwenden, wenn nur die Herkunft der Kohle, nicht aber ihre genaue Zusammensetzung bekannt ist.

hlentafel 45.

8	9	10	11	12	13	14	15	16
Oberer Heizwert bezogen auf flüssiges Wasser H_o kcal	Unterer Heizwert bezogen auf Wasserdampf H_u kcal	Luftbedarf L_o ohne Überschuß $v = 1$ in kg	in m³ v. 15° u. 736 mm	Erzeugte Gasmenge G_o ohne Luftüberschuß $v = 1$ in kg mit Wasserdampf	in m³ $^0/_{760}$ mit Wasserdampf	in m³ $^0/_{760}$ trockene Gase	Höchster Kohlensäuregehalt $(ks)_m$ vH CO_2	kg Gewicht eines m³ Verbrennungsgases mit Wasserdampf $^0/_{760}$
2335	1850	3,05	2,58	4,01	3,24	2,85	20,60	1,235
3050	2600	4,32	3,65	5,14	4,07	3,15	18,25	1,27
3245	2800	4,21	3,56	5,15	3,92	3,00	—	1,315
2950	2500	3,99	3,37	4,93	3,93	2,96	18,35	1,26
2900	2470	3,92	3,31	4,86	3,69	3,30	19,05	1,31
2655	2230	3,36	2,84	4,26	3,23	2,88	—	1,32
2405	1950	3,10	2,62	4,07	3,15	2,92	19,60	1,29
2330	1850	3,10	2,62	4,07	3,21	2,85	—	1,27
2120	1700	2,80	2,36	3,68	2,85	2,61	19,45	1,29
5170	4800	6,95	5,82	7,89	5,97	5,20	18,60	1,32
4845	4430	6,51	5,50	7,45	5,59	4,59	—	1,33
3785	3380	4,94	4,17	5,87	4,39	3,83	18,80	1,33
5135	4800	6,90	5,82	7,82	5,90	5,21	18,70	1,325
5190	4890	6,83	5,77	7,77	5,54	5,05	—	1,40
5165	4860	6,90	5,82	7,85	5,56	5,03	—	1,41

In dieser Zahlentafel sind unter Spalte 10—15 noch eine Anzahl Werte berechnet, die von großer Wichtigkeit für die feuerungstechnischen Vorgänge sind; es sind dies der Luftbedarf der Brennstoffe (S. 135), die beim Verbrennen erzeugte Gasmenge (S. 138) und der bei vollkommener Verbrennung ohne Luftüberschuß auftretende höchste Kohlensäuregehalt (S. 151). Angefügt ist in Spalte 16 noch das Gewicht der Verbrennungsgase.

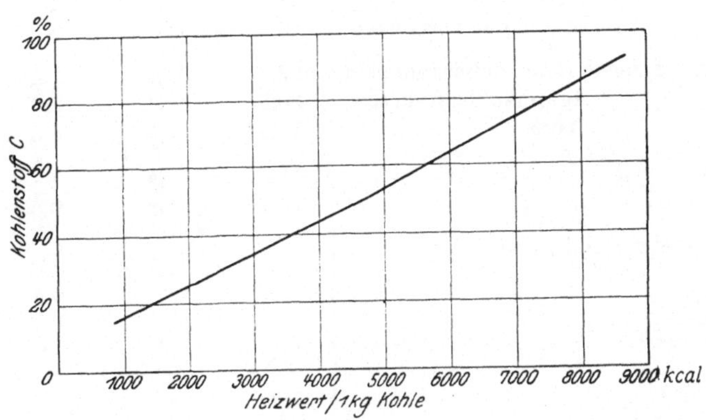

Abb. 11. Beziehungen zwischen Kohlenstoffgehalt und Heizwert der Brennstoffe.

Zahlen-
Flüssige

Brennstoff	Spez. Gewicht bei 15° kg/dm³	Siedegrenze °	Zusammen- C vH	H₂ vH	O₂+N₂ vH
Automobilbenzin	0,70—0,705	50—110	85,1	14,9	—
Petroleum	—	150—300	85,3	14,1	0,6
Gasöl	—	300—360	85—87	12—13	0,0—1,4
Leichtöl (Benzol) C_6H_6	0,91—0,95	bis 170	91,5	7,8	—
Teeröl für Dieselmotoren	1,0 —1,1	—	90	7	—
Helles Paraffin	0,85—0,88	189—300	86,3	11,2	1,7
Spiritus, rein $C_2H_5(OH)$	0,794	78,3	52,1	13,1	34,8
	kg/m³ $^0/_{760}$				
Teer	1100—1260	—	80—95	—	—

Zahlen-
Gasförmige

	Zusammensetzung in brennbar CO vH	H_2 vH	CH_4 vH	CnHm vH	nicht CO_2 vH
Leuchtgas	4—11	45—50	30—43	3—6	1—3
Koksofengas	7—10	49—55	27—32	2—4	1—3
Generatorgas aus Steinkohle	22	13	2	—	6
„ „ Koks	23	14	1	—	7
„ „ Braunkohlenbriketten	29	12	2	—	4
Generatorg. a. niederrhein. Rohbraunkohle	23,3	11,9	1,4	—	9,3
„ „ „ Braunkohlenbriketten	30,0	10,1	2,0	—	3,7
„ „ „ Torf	15,0	10,0	4,0	—	14,0
Gichtgas	31,2	2,4	—	—	7,5
Wassergas	73,4	6,8	0,5	4,4	8,5
Schwelgase aus Steinkohlen	7	27	48	13	3
Wassergas	42	49	0,5	—	5
Doppelgas	28	45	8	0,6	7
Luftgas	23	6	3	0,2	5
Hochofengas	28	4	—	—	8
Halbwassergas	22	18	0,5	—	7
Mondgas	12	25	4	0,3	16

Zahlentafel 46 und 47 nach Seufert: Verbrennungslehre und Feuerungstechnik 1921, zusammengestellt.

fel 46.

rennstoffe.

zung S vH	H₂O vH	Unterer Heizwert kcal	Theoret. Luftbedarf L_0 in kg ohne Überschuß für 1 kg	Erzeugte Gasmenge G_0 in kg ohne Luftüberschuß mit Wasserdampf für 1 kg	Höchster Kohlensäuregehalt $(k_s)_m$	Spez. Gewicht der Verbrennungsgase mit Wasserdampf kg/m³
—	—	10 160	14,9	15,9	14,9	1,30
—	—	10 500	14,1	15,1	—	—
),2—0,6	—	9 800—10 200	—	—	—	—
0,5	—	9 600	13,2	14,2	17,6	1,34
),3—0,7	bis 1,0	8 800— 9 200	10,0	11,0	17,7	1,34
0,8	—	9 800	—	—	—	—
		100 vH 6360	8,3	9,3		
		95 vH 6010				
		90 vH 5660				
		80 vH 4970				
—	—	8500—9200	11,0	1 m³ Gasgemisch enthält 910 kcal		

ıfel 47.

rennstoffe.

aumteilen ennbar N_2 vH	O_2 vH	Spez. Gewicht bei ⁰/₇₆₀ kg/m³	Unterer Heizwert kcal/m³	L_0 Theoret. Luftbedarf kg/m³	L_0 Theoret. Luftbedarf m³/m³ ⁰/₇₆₀	Verbrennungsgase: G_0 Theoret. Verbrennungsgasmenge ohne Luftüberschuß kg/m³	Verbrennungsgase: Höchster Kohlensäuregehalt $(k_s)_m$ vH	Verbrennungsgase: Spez. Gew. der Verbrennungsgase kg/m³
1—6	0—1,5	0,5	5000	7	5,45	7,5	11	1,2
2—6	—	0,5	4000—5000	6	4,63	6,5	11	1,2
57	—	1,13	1176	1,33	1,03	2,46	17,9	1,33
56	—	1,14	1148	1,27	0,98	2,40	18,9	1,33
53	—	1,13	1365	1,52	1,18	2,66	19,1	1,29
54	0,1	1,17	1136	1,27	0,98	2,43	20,6	1,35
53,9	0,3	1,16	1346	1,48	1,14	2,63	19,8	1,35
57	—	1,22	1058	1,27	0,98	2,50	19,8	1,35
58,9	—	1,28	1014	1,04	0,81	2,32	24,1	1,36
6,4	—	0,69	2970	4,90	3,80	5,59	—	—
2	—	0,58	6900	6,98	5,40	7,56	—	—
3	—	0,52	2600	2,86	2,22	3,38	—	—
11	—	0,56	2800	3,23	2,50	3,79	—	—
62	—	0,92	1140	1,26	0,98	2,18	—	—
60	—	0,99	950	0,98	0,76	1,97	—	—
52	—	0,83	1180	1,29	1,00	2,12	—	—
43	—	0,82	1400	1,63	1,26	2,45	—	—

Aus Trenkler, Feuerungstechnik, V. d. I. Verlag, Berlin. S. 33.

Es bestehen annähernd verhältnismäßige Beziehungen zwischen dem Kohlenstoffgehalte der Kohlen und dem Heizwerte, weil ja der entscheidendste Bestandteil der Kohlenstoff ist.

In vorstehendem Schaubilde 11 sind diese Verhältnisse zur Darstellung gekommen. Kennt man von einer Kohlensorte den Heizwert, so kann man mit Hilfe dieses Schaubildes auf den C-Gehalt schließen und für viele Zwecke genügend genaue Rechnungen über die Gasmengen anstellen. (Vgl. auch Abb. 6, S. 53).

2. Flüssige Brennstoffe. Sie dienen hauptsächlich zum Betriebe von Verbrennungskraftmaschinen; bisweilen jedoch werden Teeröle, Naphthalin usw. auch zur Beheizung von Dampfkesseln und industriellen Öfen benutzt (Zahlentafel 46).

3. Gasförmige Brennstoffe. Für einige gasförmige Brennstoffe seien in Zahlentafel 47 die wichtigsten Daten aufgeführt.

Für gasförmige Brennstoffe ergibt sich ohne Berücksichtigung des Wasserdampfgehaltes der Frischgase der untere Heizwert in kcal/m³ bei 0°/760 zu:

$$H_u = 2580\,H_2 + 3050\,CO + 8530\,CH_4 + 14050\,C_2H_4 + 13500\,C_2H_2\,, \quad 42\,b)$$

wenn die Einzelbestandteile in Kubikmeter je 1 m³ Gas gemessen sind.

Die Werte des Luftbedarfes und der Gasmengen, die bei der Verbrennung von festen, flüssigen und gasförmigen Brennstoffen entstehen (Zahlentafel 45—47), lassen sich in sehr zweckmäßiger Form in Beziehung zum unteren Heizwerte aufzeichnen[1]). Man erhält geradlinige

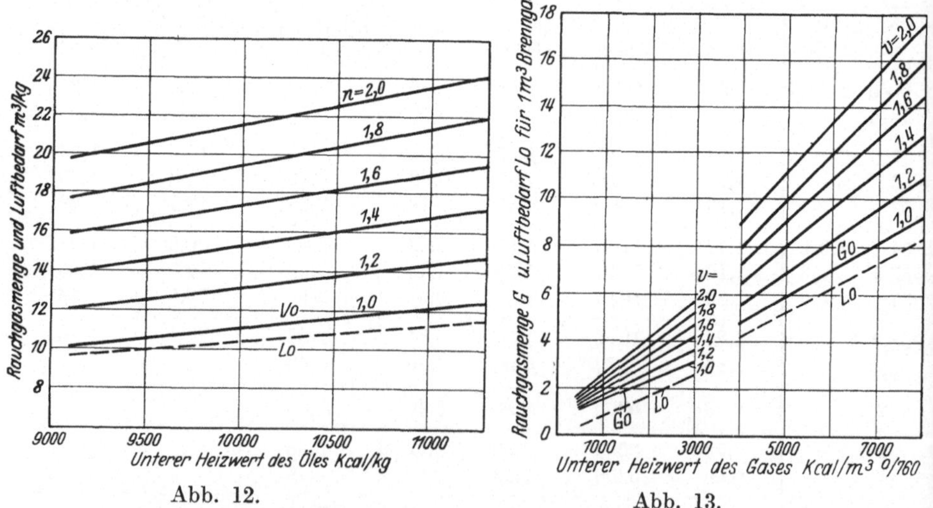

Abb. 12. Abb. 13.

Heizwert und Rauchgasmenge für verschiedenen Luftüberschuß v für Öle und Gase.

---

[1]) Rosin, Das $I \cdot t$-Diagramm der Verbrennung und der Wirkungsgrad von Öfen. Z. V. d. I. 1927, S. 383.

Strahlenbüschel mit außerordentlich guten Näherungswerten. An den betreffenden Stellen (Abb. 21 und 22) sind die Kurven für feste Brennstoffe dargestellt. Abb. 12 und 13 zeigen die Werte für flüssige und gasförmige Brennstoffe.

6. Die Feuerungen.

Es soll kurz auf die einzelnen Feuerungsarten eingegangen werden, ohne indes Konstruktionseinzelheiten zu berühren, weil in der Literatur[1]) und in den Fachzeitschriften[2]) hinreichend solche zu finden sind. Um eine Übersicht über das große Vielerlei der Konstruktionen, die eine Unsumme von ganz ähnlichen Ausführungen mit fast nur verschiedenenNamen darstellen, sich zu verschaffen, kann man zwei Wege beschreiten: Man ordnet nach der Bauweise oder nach den Brennstoffen. Es soll der letztere Weg eingeschlagen werden, da er vom Stoffe ausgeht, der ja die Bedingungen für seine Verarbeitung in sich trägt und daher Rost und Feuerung bestimmt. Denn es ist von vornherein klar, daß z. B. zwei so verschiedene Brennstoffe wie stückige, hochwertige Steinkohle und erdige Braunkohle oder Koks und Holz ganz verschiedene Ausführungsarten der Feuerung bedingen.

a) Steinkohlenfeuerungen.

I. Handfeuerungen als Vor-, Unter- oder Innenfeuerung.

1. Planroste mit natürlichem Zug aller Art, mit glatten, gekrümmten oder polygonartigen Roststäben oder Rostplatten, die mit Löchern versehen sind, oder auch wassergekühlten Hohlroststäben, eignen sich für alle Kohlensorten (auch unter Umständen für minderwertige Braunkohlen) und alle festen Brennstoffe in allen Stückgrößen und Sortierungen, ebenso für Brikette, Koks, Abfallkohlen, Holz, Torf und sonstige brennbare Abfälle; die Verbrennung erfolgt gleichmäßig auf der ganzen Rostfläche (vgl. S. 107).

Durch Einrichtungen zur Einführung von Oberluft, die selbsttätig nach jeder Beschickung eine der verbrannten Kohlensorte angemessene Luftmenge von vorn oder durch die Feuerbrücke zubringen, können die Verbrennungsvorgänge verbessert und besonders bei gasreichen Kohlen die Rauch- und Rußentwicklung wesentlich eingeschränkt werden. Oberluft kann auch in Verbindung mit Dampfschleier zugeführt werden.

2. Planroste mit Unterwind-Dampfgebläse oder künstlichem Zuge. Sie gestatten ebenfalls alle Kohlenarten und -sorten zu verbrennen unter erhöhter Leistung; man verwendet sie hauptsächlich mit Vorteil zur

---

[1]) Haier, Dampfkesselfeuerungen.

[2]) Ztschr. d. Bayer. Rev.-V.; Ztschr. f. Dampfk. u. M.; Z. V. d. I.; Feuerungstechnik usw.

Verfeuerung von Koks, Koksabfällen, Steinkohlengrus, Lösche und Abfallkohlen, auch unter geringer Beimengung von Braunkohlen, sowie von stark backenden Kohlen unter Dampfzusatz in den Windstrom. Für Braunkohlen allein sind Unterwindroste nicht verwendbar; sie erhöhen den Kohlenverbrauch und bilden große Flugkoksmengen. Den Druck des Unterwindes regelt man dann so, daß über dem Roste atmosphärischer Druck herrscht oder 1 bis 2 mm Unterdruck. Das unerwünschte Lufteinsaugen durch undichte Mauerwerkstellen wird dann auf das geringste Maß beschränkt. Zu starker Unterwind befördert die lästige Flugkoksbildung, die zu erheblichen Verlusten Anlaß gibt (vgl. S. 109). Der Einbau besonderer Feuerbrücken, der sogenannten Feuerstauer schafft wesentliche Erleichterung, weil an ihnen der Flugkoks anprallt und verbrennt. Dampfstrahlgebläse sind des hohen Eigendampfverbrauches wegen (bis 7 vH) nur als Notbehelf zu betrachten. Dagegen bewirkt Einblasen geringer Dampfmengen zur Verbrennungsluft eine Lockerung der Schlacke besonders bei Koks. Die Rostleistung kann bis etwa 250—300 kg/m² gesteigert werden.

3. Feststehende Schrägroste, sog. Tenbrinkfeuerungen, können als Innenfeuerungen in besonderen Tenbrinkvorlagen oder als Unterfeuerungen bei Quersiedern oder Batterie- und Wasserrohrkesseln Verwendung finden. Sie bestehen im oberen Teile aus Kohletrichter mit Vergasungsplatte und daran anschließenden, schräg gelagerten Roststäben, die oben geringeren Luftzutritt haben als weiter abwärts. Das Ende der Roststäbe ist nach unten abgebogen. Die Kohle rutscht selbsttätig entsprechend der fortschreitenden Verbrennung nach und verbrennt hauptsächlich auf dem unteren Rostteile. Am Ende bildet sich ein Schlackenhaufen als Verschluß des Rostes. Beim Abschlacken, das von Hand geschieht, muß dieser Schlackenverschluß stets gewahrt bleiben. Die sich bildenden Gase werden durch die Vorlage gezwungen, nach oben über die glühende Kohlenschicht hinweg zu streichen, wodurch eine gute Verbrennung gewährleistet wird.

Die Tenbrinkroste sind gebunden an gesiebte und sortierte Stein- oder hochwertige Braunkohlen von Grieß- bis Stückgröße von 100 mm mit wenig Feingehalt. In allen Fällen findet durch ihren Einbau eine hohe vorteilhafte Wärmestrahlung an die den Rost umgebenden Heizflächen statt (vgl. Abschnitt 11 und 16a).

II. Selbsttätige Feuerungen.

sind sämtlich geeignet für Grieß-, Nuß- und Stückkohlen bis etwa 120 bis 150 mm Stückgröße mit Grusbeimengung, wobei zu bemerken ist, daß die Feuerungen um so besser arbeiten, je weniger Grus und trockener Staub sich in den Kohlen befindet. Böhmische Braunkohlen und Brikette sind auch verwendbar, ebenso Koks mit wenig Grieß.

1. Wurffeuerungen mit Schaufeln oder Wurfrädern in Verbindung mit feststehendem Planrost oder leicht geneigtem Roste. Der Brennstoff wird ähnlich wie von Hand in abwechselnd verschiedener Wurfweite und Menge über den Rost gestreut. Die Verbrennung erfolgt wie beim Planroste. Wurffeuerungen aller Art können als Innen-, Vor- und Unterfeuerungen arbeiten.

Backende Kohlen verlangen öfteres Nachhelfen von Hand, wodurch Rauchbildung veranlaßt wird; das gleiche gilt für Kohlen mit viel Rückständen und schmierender Schlackenbildung. Bei gasreichen Kohlen muß dauernd Oberluft in geringen Mengen zugegeben werden, wofür Einrichtungen vorhanden sein sollen.

2. Vorschubfeuerungen[1]. a) Wanderroste oder Kettenroste (s. Abb. 35). Der Rost besteht aus gelenkartig gefaßten, nebeneinander aufgereihten kurzen Roststäben, die als geschlossenes Band über zwei Kettenwalzen langsam und in der Geschwindigkeit verstellbar umlaufen; der Brennstoff wird in einem Trichter vorn zugeführt und vom Roste mitgenommen; er brennt langsam auf dem Wege bis hinten ab, staut sich an einem festen oder beweglichen Wehre und fällt als Asche oder Schlacke hinten vom Roste herunter. Man hat drei Brennzonen zu unterscheiden: auf dem vordersten Drittel wird die frische Kohle angewärmt, entzündet und vergast, der Luftbedarf ist noch ein geringer; auf dem zweiten Teile verbrennen die entstandenen Gase, die Temperatur steigt stark an, der Luftbedarf ist ein sehr hoher und kann nicht immer entsprechend gedeckt werden. Hier muß dann Oberluftzuführung eintreten. Auf dem letzten Drittel brennen die festen Bestandteile aus, und der Luftbedarf sinkt wesentlich; da aber infolge der fortgeschrittenen und zuletzt beendeten Verbrennung die Rostbedeckung immer dünner wird, ist der Lufteintritt umgekehrt zum Bedarfe ein hoher, und es muß durch passende Staueinrichtung für eine Anhäufung der Schlackenschicht gesorgt werden, wenn nicht die Wirtschaftlichkeit der Verbrennung beeinträchtigt werden soll.

Je gleichmäßiger die Körnung und Sortierung des Brennstoffes ist, gleichgültig ob Steinkohlen oder hochwertige Braunkohlen, desto besser. Stück-, Würfel-, Nuß- und Grießkohlen lassen sich alle gut verfeuern, ebenso Brikette in kleiner Form; ganz feiner Brennstoff fällt leicht bei der Rostbewegung zwischen den Roststäben hindurch. Koks kann in Stücken bis etwa 100 mm bei noch etwa 15 vH Grusgehalt vorteilhaft in Schichthöhen bis 350 mm bei hinreichendem Zuge verbrannt werden, ebenso $^3/_4$ Koksgrieß und $^1/_4$ Steinkohle mit Ölbrenner vorn am Zündgewölbe; für Brechkoks mit viel Grus dagegen versagt der Rost (vgl. S. 95), ebenso für Rohbraunkohlen und Holz.

---

[1] Verfeuern minderwertiger Brennstoffe auf Wanderrosten. Z. V. d. I. 1920, S. 277/327.

Gasreichtum der Kohlen ist für rauchschwachen Betrieb kein Hindernis, weil ja bei der langsamen Vorbewegung des Rostes eine allmähliche Vergasung eintritt; dagegen können gasarme, anthrazitähnliche Kohlen, besonders gegen das Ende des Rostweges hin, wo das Ausbrennen der Schicht leicht offene Stellen schafft, zu Luftüberschuß, daher größerem Abwärmeverlust, Veranlassung geben. Fließende Schlacke ist unvorteilhaft, da sie gern die Rostspalten versetzt.

Die Wanderroste können als Vor- und Unterfeuerungen verwendet werden. Unterwind kann angewandt werden, doch muß man dafür sorgen, daß der letzte Teil des Rostes möglich wenig Zusatzluft erhält.

b) Feuerungen mit hin und her gehenden, wagerecht liegenden Roststäben. Der ebene Rost besteht aus einzelnen mit Absätzen versehenen Stäben, die sich in der Längsrichtung langsam hin und her bewegen; und zwar werden alle Stäbe gleichzeitig durch eine Daumenwelle nach hinten geschoben; dabei wird der Brennstoff, welcher aus einem Trichter durch Schieber in gleichbleibender, regelbarer Menge zugeführt wird, nach hinten um ein kleines Stück (etwa 70 mm) mitgenommen; der Rückgang der Stäbe erfolgt getrennt, erst für die ungeraden Stabnummern, dann für die geraden; dabei bleibt die Kohlenschicht in ihrer Lage.

Für den Verbrennungsvorgang und die Luftzuführung gilt etwa das gleiche wie für den Wanderrost. Die Schlacken- und Aschenrückstände werden nach hinten über den Rost fortgeschoben.

Es lassen sich stückige Kohlen bis etwa 80—100 mm, unsortierte Förderkohlen, ebenso Nuß- und Grießkohlen verfeuern. Gasreiche Stein- und hochwertige Braunkohlen eignen sich besser wie gasarme Kohlen. Kohlen, die festbrennende Schlacken auf dem Roste bilden, ebenso magere, nicht sinternde und anthrazitartige Sorten können nicht gut Verwendung finden, weil die Schicht schlecht zusammenhält und kleine Stückchen zwischen den Stäben durchrieseln. Fließende Schlacken verschmieren den Rost leicht, sind daher unvorteilhaft.

3. Unterschubfeuerungen. Der frische Brennstoff wird durch einen Kolbenschieber oder durch eine Schnecke in einer oben offenen, in der Mittelachse des Rostes gelagerten Mulde in gleichmäßigem Strome unter die brennende Kohlenschicht geschoben. Zu beiden Seiten der Mulde fließt die Kohle über die dachförmig geneigte Rostbahn herab. Der Rost besteht aus übereinandergelegten Platten mit Abständen, die nach der Seite zu kleiner werden, oder aus nebeneinandergelegten Stäben. In der Rostmitte über der Mulde ist die dickste Schicht; die entstehenden Gase nehmen hier ihren Weg durch die Schicht ebenso wie die Verbrennungsluft. An dieser Stelle ist der Luftbedarf der größte, die natürliche Luftzufuhr dagegen am kleinsten; deshalb wird durch besondere Luftöffnungen zu beiden Längsseiten der Mulde Verbrennungsluft durch Unterwind zugeführt. Nach den Seiten zu nimmt bei fortschreitender Verbrennung der Luftbedarf ab; infolge der abnehmenden Schichtdicke aber steigt die Luftzufuhr, ähnlich wie beim Wanderrost im hinteren Teile. Die Asche und Schlacke sammelt sich zu beiden Rostseiten an und muß von Hand entfernt werden; deshalb sind aschereiche Kohlen nicht erwünscht. Stark backende Kohlen erschweren den Betrieb. Es kann jede Steinkohlensortierung in beliebiger Mischung mit Grus rauchschwach und wirtschaftlich verbrannt werden, ebenso Brikette und hochwertige Braunkohlen.

Die Feuerung wird als Unter- und Innenfeuerung ausgeführt in Verbindung mit Unterwind.

4. Mechanisch bewegte Schrägroste. Sie verfolgen den Zweck, die Brennstoffzuführung von der Rostneigung und den Eigenheiten der Kohlen unabhängig zu machen. Deshalb werden die Kohlen durch besondere, hin und her gehende Schieber oder Taschenwalzen in abgemessener, regelbarer Menge dem schrägen Roste von oben zugeführt. Der Rost selbst besteht aus beweglich gelagerten Längsstäben oder stufenartigen Stäben, die sich gegeneinander bewegen um ein Anbacken der Schlacken zu verhindern, und ein gleichmäßiges Herabbewegen der Kohlen zu bewirken.

Steinkohlen in jeder Sortierung und Größe, ebenso hochwertige Braunkohlen können verfeuert werden, doch machen stark backende Kohlen oder solche mit stark fließenden Schlacken Schwierigkeiten.

Diese meist aus Amerika stammenden Feuerungen haben in Deutschland bisher wenig Verbreitung gefunden.

5. Kohlenstaubfeuerungen. In Deutschland gewinnt die Kohlenstaubfeuerung immer mehr Eingang, besonders im Kohlenbergbau, wo

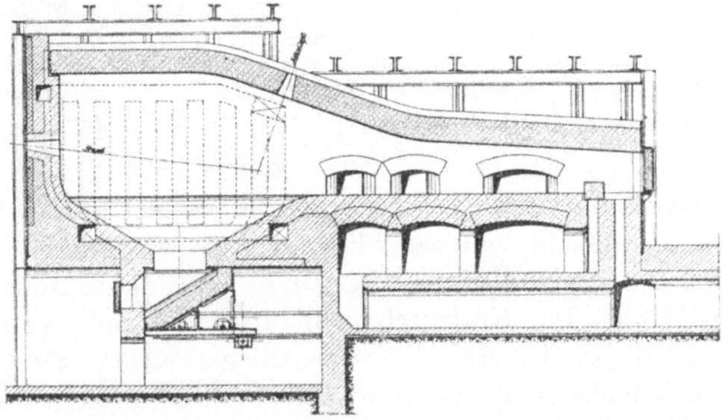

Abb. 14. Kohlenstaubfeuerung für einen Schmiedeofen.

große Mengen von Abfallkohlen vorhanden sind, sowie in elektrischen Zentralen und in großen Anlagen. Ihre Ausgestaltung, die zum Teil von Amerika übernommen ist, nimmt allmählich einheitliche Formen an. Sie findet Anwendung für Dampfkessel verschiedenster Art, für Schmiede-, Stoß- und keramische Öfen usf. und als Zusatzfeuerung.

Wirkungsweise der Kohlenstaubfeuerung. Die Kohle wird aus den Bunkern dem Trichter der Kohlenstaubmühle zugeführt, welche sie auf die bestimmte Feinheit vermahlt. Hinter der Mühle sitzt ein Ventilator, der den gemahlenen Staub aus der Mühle heraussaugt und direkt in die Düsen der Feuerung einbläst. Verbrennungsluft wird meist durch die Düsen, bisweilen gesondert zugeführt. Die Verbrennung des Staub-Luftgemisches erfolgt in einer großen, aus bestem Schamottestein bestehenden Verbrennungskammer, welche den Kesseln derart vorgebaut ist, daß die Heizflächen bereits von der Strahlungswärme getroffen werden. Die sich abscheidende Asche wird im trichterförmig ausgebildeten Boden der Verbrennungskammer gesammelt.

Bereitung des Kohlenstaubs. Verwendet werden können mit Nutzen minderwertige Brennstoffe wie Kohlen mit hohem Aschengehalte und leicht schmelzender Schlacke, Staubkohlen, Brikettabtrieb, Haldenkohle, Flugkoks, Rauchkammerlösche, Koksgrus u. a. m.

Die Kohle muß eine sehr feine Vermahlung erfahren. Im Durchschnitt wird als notwendig erachtet ein Durchgang von 90—95 vH Kohlenstaub durch ein Sieb von 4900 Maschen auf 1 cm².

Der Zündpunkt von Kohlenstaub liegt um so tiefer, je weniger flüchtige Bestandteile die Kohle hat und je grobkörniger der vermahlene Staub ist; Anthrazit und Magerkohle zünden also schlechter als Fettkohle und Gasflammkohle. Nachstehend eine kurze Übersicht über die Zündpunkte und die Korngröße[1]):

	Durchgang durch das 10 000 Maschensieb	Durchgang durch ein Sieb von 4 900 Maschen, aber Rückstand auf dem 6 400 Maschensieb
	Zündpunkte in °C	
Anthrazitkohle und Magerkohle . . .	193—220	515—550
Fettkohle, Gaskohle u. Gasflammkohle	170—195	475—520

Zur Verwendung gelangen vorzugsweise Schnelläufermühlen mit hoher Umdrehungszahl von ca. 1400/min. Sie sind verhältnismäßig billig und gestatten eine Verwendung von 5—6 vH Nässe in der zu vermahlenden Kohle. Der Kraftverbrauch für Mühle und Ventilator beträgt bis 20 kW pro 1 t stündlich vermahlener Kohle. Dem gleichen Zwecke dienen Walzenmühlen mit etwa 60 Umdrehungen in der Minute, welche die Kohlen zerquetschen. Die Rohrmühlen haben im Kesselbetriebe wenig Verbreitung gefunden, weil sie sehr teuer in Anschaffung

[1]) Schultes, W., „Rheinisch-Westfälische Steinkohlenarten in der Staubfeuerung". Arch. f. W. W. 1927, S. 43.

und Betrieb sind. Sie gestatten nur eine Feuchtigkeit der Kohle von 1—2 vH bei der Vermahlung. Bei Mahlgut mit höherem Feuchtigkeitsgehalte wird für die Sichtung heiße Luft aus dem Luftvorwärmer zur Oberflächentrocknung benutzt. Die Vermahlungsanlage wird gewöhnlich unmittelbar vor (Abb. 15, 16) oder auf die Feuerung gesetzt, erfordert aber bei dieser Anordnung sehr hoch liegende Kohlenbunker. Der Staub wird in den Mengen, wie er anfällt, meist ohne Zwischenspeicherung in die Feuerung eingeblasen. Zur Aufgabe der Kohle in die Mühle dient meist eine Schnecke. Walzen-, Bürsten- und Trommelspeiser haben sich bisher wenig bewährt.

Verbrennung. Die Brennerdüsen müssen eine gute Mischung des Kohlenstaubes mit der Verbrennungsluft bewirken, was durch verschiedene Konstruktionen erreicht wird. Vielfach wird die Verbrennungsluft der Düse tangential zugeführt, während der Brennstoff durch ein mittleres Rohr ausgeblasen wird. Am besten erscheint eine zylindrische Düse, in der Staub- und Luftgemisch mit geringer Geschwindigkeit eingeführt werden, oder die Flachbrenner. Die Flamme wird in die Brennkammer meist senkrecht nach unten oder schräg nach dem Kessel zu eingeblasen, so daß eine Flammenumkehr nach oben stattfinden muß. Seltener erfolgt das Einblasen in wagrechter Richtung. Man ist imstande mit außerordentlich geringem Luftüberschuß (1,1—1,2fach), also mit sehr hohem Kohlensäuregehalt bis etwa zu 18 vH herauf zu arbeiten, erzielt dabei aber eine außerordentliche Flammentemperatur bis über 1600°. Aus diesem Grunde beschränkt man sich meist auf eine Verbrennung mit 13—15 vH Kohlensäure, weil selbst das beste Schamottematerial diese hohen Temperaturen nicht aushalten kann. Vermeiden muß man ein Aufprallen der Stichflamme auf die Wand des Feuerraumes, da diese sonst rasch zerstört wird, infolge der großen Hitze und der mechanischen Einwirkung der Schlackenkörnchen. Neben der Hitze wirkt auch der chemische Einfluß der Schlacke, der noch nicht genügend beherrscht wird, in starkem Maße auf das Mauerwerk zerstörend ein. Ein Kühlhalten der Verbrennungskammer wird dadurch versucht, daß durch Kanäle in den Wänden die Verbrennungsluft angesaugt und vorgewärmt wird. Besser ist es, die Seitenwände aus Rohrsystemen, in denen Wasser zirkuliert, auszuführen, oder vor die feuerfeste Ausmauerung der Brennkammern einen Strahlungsüberhitzer aus nahtlosen gekrümmten Rohren von 30—50 mm als Schutz zu legen. Unter die Verbrennungskammer wird ein wassergekühlter Röhrengranulierrost gelegt, um ein Festkleben der Schlacke an den Trichterwänden zu verhüten (Abb. 15). Im allgemeinen ist die Haltbarkeit des Mauerwerks sehr viel geringer wie bei anderen Feuerungen. Sie beträgt in Deutschland bisher durchschnittlich bis etwa 1500 Brennstunden, während die Gewölbe bei Wanderrostfeuerung 7000—14000 Brennstunden aushalten. Die Ausbesserung beschränkt sich allerdings meistens nur auf die von der Hitze am meisten getroffenen Stellen. Der Verbrennungsraum ist so auszubilden, daß sich die Flamme frei entfalten kann und daß die Umkehr der eingeblasenen Flamme durch den Schornsteinzug erfolgt, oder daß die Flamme die Wand direkt berührt. Die Kammer ist möglichst einfach auszugestalten, Vorsprünge und einbauten müssen vermieden werden.

Die Pressung der den Kohlenstaub einführenden Luft beträgt meist bis 60 mm und darunter. Ein Vorzug der Kohlenstaubfeuerung be-

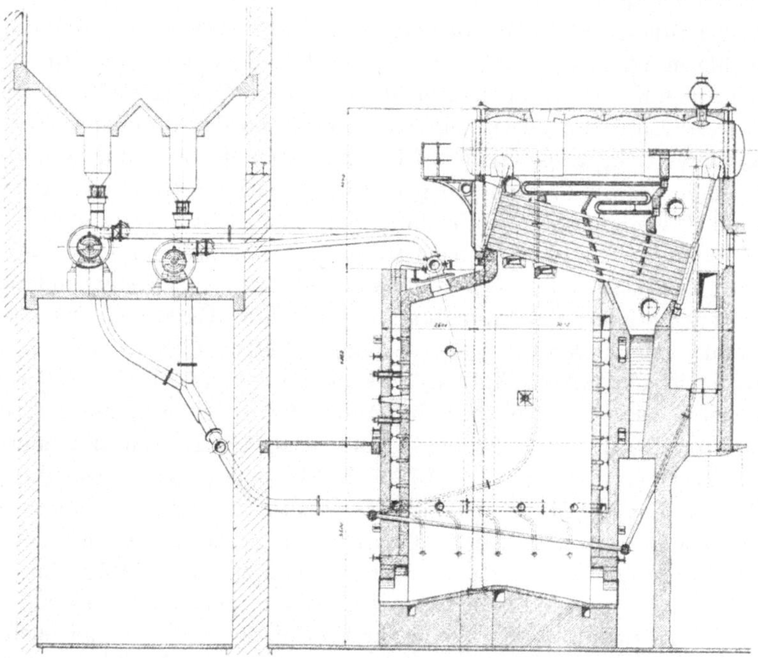

Abb. 15. Kohlenstaubfeuerung für 2 Wasserrohr-Kessel von je 450 m² Heizfläche.

steht darin, daß sehr aschenreiche Kohlen und sonst schwerer verwertbare billige Abfallkohlen verbrannt werden können. Der Aschengehalt kann bis 50 vH betragen. Von der ausscheidenden Schlacke scheiden sich durchschnittlich 25—50 vH in der Verbrennungskammer selbst ab, 5 bis 8 vH in den Zügen des Kessels, während der Rest, also 50—70 vH nach dem Schornstein entweicht und von diesem ins Freie geblasen wird, falls nicht durch besondere Flugaschenfänger oder Ekonomiser eine weitere Ausscheidung der Asche stattfindet. Zur Beförderung der Rauchgase genügt ein geringerer Zug wie bei sonstigen Kesselfeuerungen; er kann ungefähr um den Durchgangsverlust der Luft durch den Rost kleiner sein.

Am günstigsten sind unter den hauptsächlich verwendeten Kesselkonstruktionen für den Einbau der Kohlenstaubfeuerung Steilrohrkessel und Wasserrohrkessel, weil hier sich die Feuerung leicht anbringen läßt und ihre Ausbildung eine sehr starke Verwendung der Strahlungshitze gestattet. Sehr viel ungünstiger sind Flammrohrkessel. Das Ergebnis der Kohlenstaubfeuerung ist mindestens das gleich gute wie von besten

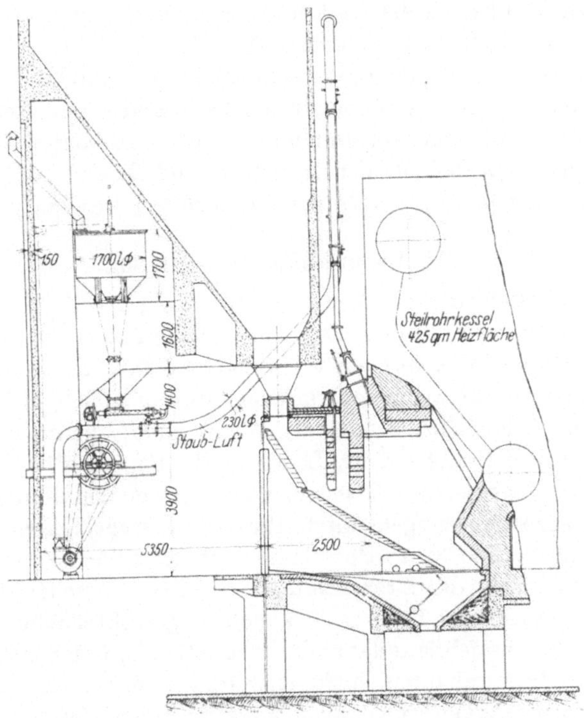

Abb. 16. Kohlenstaub-Zusatzfeuerung für Steilrohrkessel.

Wanderrosten. Es werden Wirkungsgrade einschließlich Überhitzer und Ekonomiser von 80 bis etwa 86 vH und mehr erzielt. Die Feuerungen sind leicht regulierbar und die Kesselleistung kann sehr viel rascher wie bei anderen Feuerungsarten auf Spitzenlast gesteigert oder der wechselnden Belastung angepaßt werden. Die Leistung ist die gleiche wie mit mechanischen Feuerungen. Das Anheizen der Kessel läßt sich rasch bewerkstelligen. In den Betriebspausen kann ein vollständiges Abstellen erfolgen, wodurch Abbrandverluste vermieden werden. Als Zusatzfeuerung ist die Kohlenstaubfeuerung zweckmäßig zur Deckung der Spitzenbelastungen. Abb. 16 zeigt eine solche Zusatzfeuerung für Stufenroste für Steilrohrkessel mit zentraler Kohlenstaubaufbereitung und Abb. 15 eine Kohlenstaubfeuerung für 2 Wasserrohrkessel von je 450 m² Heizfläche mit einer Brennkammer, die seitlich durch Luft gekühlt ist und am Boden einen wassergekühlten Granulierrost besitzt. Die Anlagekosten sind höher wie die von Wanderrosten; über die Betriebskosten liegen bisher noch sehr wenig Erfahrungen vor. Die Explosionsgefahr der Kohlenstaubfeuerung ist größer wie die der anderen Feuerungen. Kohlenstaubexplosionen treten auf bei gleichmäßiger Verteilung des Staubes in der Luft und bei einem bestimmten Mischungsverhältnis der Luft mit Kohlenstaub. Man kann die Gefahr derselben verringern durch dichten Abschluß, durch staubdichte Einrichtungen, so daß kein Kohlenstaub austreten kann und durch Reinhalten der Kesselhäuser von sich ablagerndem Staub. Abkehren des Kohlenstaubes sollte nur bei offenen Fenstern und Türen erfolgen. Offene Feuer.müssen von dem Mahlraum ferngehalten werden.

b) Braunkohlenfeuerungen.

Alle Braunkohlenfeuerungen sind selbsttätig arbeitend mit ununterbrochener Kohlenzuführung. Es kann jegliche Art minderwertigen und mittleren Brennstoffes bis etwa herauf zu 5000 kcal/kg einschließlich Braunkohlenbrikette auf ihnen verfeuert werden, gleichgültig in welcher Sortierung, ob in Stücken oder als Förderkohle; ebenso können Holzabfälle, Sägespäne, Lohe, Torf, Lederabfälle, Papierabfälle, Zuckerrohrabfälle, wie Bagasse und Megasse, usw. Verwertung finden.

1. Schrägrostfeuerungen mit festliegenden, wagerechten Stufen oder mit Roststäben. Die ganze Rostebene liegt schräg, etwa in der Neigung des Schüttwinkels der Brennstoffe, verstellbar zwischen 15 und 28°. Unterhalb des schrägen Teiles ist ein kurzer, wagerechter Schlackenrost eingebaut, der herausziehbar oder umkippbar ist, da mit dieSchlackenstücke, die sich auf ihm anhäufen, entfernt werden können. Auf dem obersten Teile des Rostes sind einige Vergasungsplatten den Stufen oder Stäben vorgelagert. Über den Rost zieht sich von oben herab ein schräges Gewölbe, das zur Gasführung dient und in den Verbrennungsraum überleitet.

Der Brennstoff wird von Hand oder selbsttätig oben in den Trichter gebracht, rutscht, dem Verbrande entsprechend, in seiner ganzen Masse allmählich auf der schrägen Bahn herab und kommt ausgebrannt sich anhäufend auf dem kurzen Planroste an. Auf den obersten Platten des Rostes wird der Brennstoff angewärmt, vorgetrocknet, entzündet und langsam vergast. Der Luftbedarf ist hier gering; auf den Stufen oder Stäben schreitet die Verbrennung fort; es entsteht eine hohe Temperatur, und die vom oberen Teile über die hochglühende Schicht streichenden Gase werden entzündet und verbrannt (vgl. Abschnitt 5c). Die hierfür erforderliche, ziemlich hohe Verbrennungsluftmenge tritt durch die Rostspalten ein, durchstreicht die glühende Schicht und mischt sich mit den Gasen. Je weiter die Kohle nach unten rutscht, desto mehr brennt sie aus, die Schicht wird dünner, der Lufteintritt größer, während der Luftbedarf abnimmt; es muß daher, um zu starken Luftüberschuß

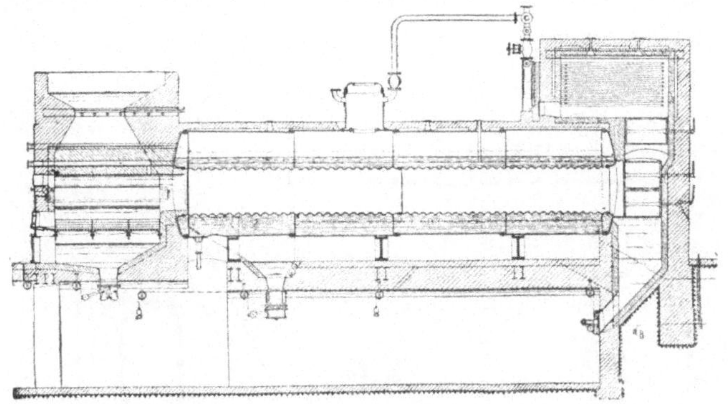

Abb. 17. Muldenrostfeuerung für Braunkohle, Längsschnitt.

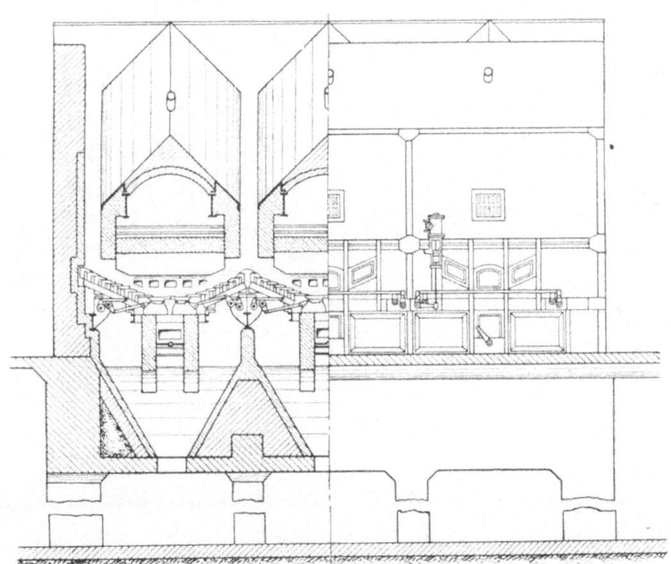

Abb. 18.[1]) Vorschub Muldenrost mit mechanisch bewegten Stufen, mechanischer Entschlackung, Ausbrennrost und Hängegewölbe, Querschnitt.

zu vermeiden, für eine Anhäufung der Schlackenschicht auf dem Planroste und dem untersten Teile des Schrägrostes gesorgt werden, was sich auch leicht erreichen läßt. Leere Stellen darf der Rost nicht aufweisen; durch Nachstoßen mit dem Schüreisen muß im Bedarfsfalle nachgeholfen

[1]) Neueste Ausführung für mechanischen Betrieb bis 3000 mm Rostbreite und 6000 mm Rostlänge für Kesselleistungen bis 40—50 kg/m²/h.

werden; an den Seiten, wo das glühende Mauerwerk an den Rost stößt, ist die Verbrennung lebhafter. Im allgemeinen ist die Luftzuführung auf dem ganzen Roste so, wie es der Bedarf erfordert. Backen die Kohlen

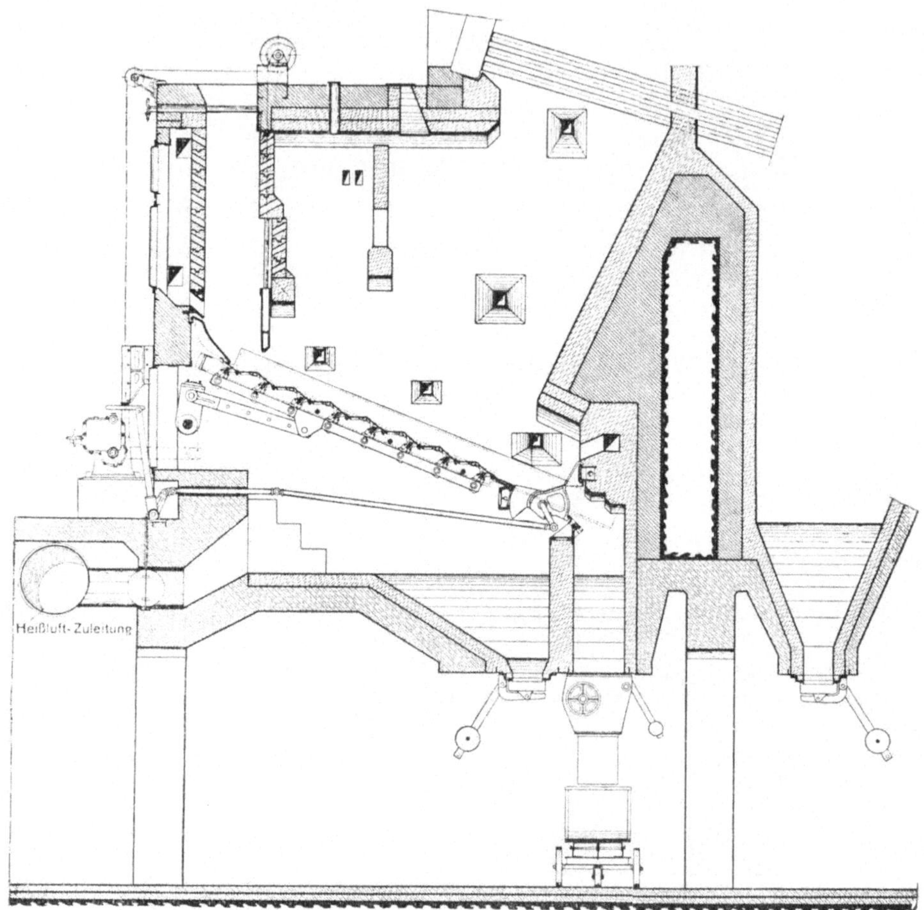

Abb. 19. Mechanisch bewegte Braunkohlenfeuerung mit senkrechtem Vorvergasungsrost und Schlackenrost.

zusammen oder bilden sie fließende Schlacken, so verarbeiten sie sich schwerer, ebenso wie sehr staubige, trockene Kohlen.

Die Schrägroste können bei allen Kesselbauarten als Vor- und Unterfeuerungen eingebaut werden.

Der Muldenrost (vgl. Abb. 17 und 18) stellt eine Abart der Schüttfeuerung dar. Die Kohle wird durch seitlich angeordnete Füllschächte auf den muldenförmigen Rost zugeführt. In den Füllschächten beginnt infolge der Wärmeabgabe der Gaskammergewölbe die Vortrocknung und Vergasung unter Luftmangel, während die ausgegasten Kohlen selbst auf dem Roste unter nachträglicher Luftzuführung verbrennen und die aus den Füllschächten ausströmenden Gase entzünden. Die Luftzufuhr wird durch die Feuertür und besondere Öffnungen, die durch das Gewölbe, in die Verbrennungskammer einführen und die Luft stark vorgewärmt einlassen, geregelt. Die Rostleistung kann bis etwa 500 kg/m²/h gesteigert werden. Steinkohlen und Koks lassen sich auf Schräg- und Muldenrosten nicht verbrennen.

2. **Schrägroste mit mechanisch bewegten Stufen oder Stäben.** Sie bedeuten gegenüber den festliegenden Rosten bei Braunkohlen, die zum Anbacken neigen, eine Verbesserung und erleichtern das gleichmäßige Nachrutschen der Kohlenschicht. Es werden je nachdem einzelne Stufen oder Stäbe, oder auch der ganze Rost mechanisch bewegt.

Abb. 19 zeigt eine mechanische Braunkohlenfeuerung mit Vorvergasungsrost, bei der die einzelnen ineinander lose eingehängten Rostplatten wellenförmig bewegt werden, dadurch den Vorschub des Brennstoffes (beliebige Sortierung bis Staubkohle) bewirken und ein Festbrennen der Schlacken verhindern. Die Rückstände werden auf dem kleinen wagrechten Schlackenrost verschoben, wo sie vollständig ausbrennen können, und durch eine selbsttätige Schlackenaustragevorrichtung abgeführt oder von Zeit zu Zeit von Hand abgekippt. Unter den Rost wird auf etwa 120—225° erhitzter Unterwind geblasen. Der Feuerraum ist reichlich und hoch bemessen (500000—1000000 kcal/m³/h bezogen auf unteren Heizwert). Ermöglicht wird mit dieser Feuerung eine hohe spezifische Rostleistung (240—460 kg/m²/h ohne Vorvergasungsrost) und Kesselbelastung. Die nasse Braunkohle wird auf dem Vorvergasungsroste vorgetrocknet.

7. Die Verbrennungsluftmenge[1]).

a) Die Verbrennungsluftmenge ohne Luftüberschuß L_0, berechnet aus der Zusammensetzung des Brennstoffs bei vollkommener Verbrennung.

In folgenden Berechnungen sind die Formeln entwickelt; außerdem aber die Formeln der neuen „Richtlinien für die Auswertung der Ergebnisse der Feuerungsuntersuchung“ eingefügt, welche im „Archiv f. Wärmewirtschaft“ 1926, S. 287, abgedruckt sind. Die dort ohne Entwicklung aufgeführten Formeln, bei denen, soweit als irgend angängig, alle Verhältnisse berücksichtigt wurden, weichen um ein geringes von den sonstigen üblichen Formeln ab. Erforderlich ist für die

[1]) Siehe auch R. Mollier, Die Gleichungen des Verbrennungsvorganges. Z. V. d. I. 1921, S. 1095.

Benutzung der „Richtlinienformeln“ die Kenntnis der Brennstoffzusammensetzung aus der Elementaranalyse (hat man dieselbe nicht, so benutzt man die mittleren Analysenwerte nach Zahlentafel 45, S. 114 und 115). Der obere Heizwert H_o (vgl. S. 109) ist künftig für alle Berechnungen zu verwenden, aber parallel sind die Ergebnisse mit dem unteren Heizwerte H_u zu ermitteln.

Wenn nichts anderes angegeben, gelten nachstehende Bezeichnungen: Die trockenen Rauchgase enthalten in Raumhundertteilen:

Kohlensäure	k_1	Wasserstoff	h
Schweflige Säure	so_2	Stickstoff	n
Kohlenoxyd	k_2	Sauerstoff	o
Methan	ch	Kohlenstoff des Rußes für 1 m³ in Gramm	R

Der Brennstoff enthalte für 1 kg in Gewichtshundertteilen:

Kohlenstoff	C	Schwefel	S
Wasserstoff	H	Wasser.	W
Sauerstoff	O	Aschen.	A
Stickstoff	N		

In der Asche bzw. im Flugkoks seien enthalten in 1 kg ursprünglichem Brennstoff in Gewichtshundertteilen:

Kohlenstoff	C_a	Stickstoff	N_a
Wasserstoff	H_a	Schwefel	S_a
Sauerstoff	O_a		

Es gehen also von dem ursprünglichen Brennstoffe gewisse Beträge ab, so daß also wirklich an der Verbrennung teilnahmen, auf 1 kg ursprüngliche Kohle gerechnet, in Gewichtshundertteilen:

Kohlenstoff . . .	$C - C_a = C_0$	Stickstoff	$N - N_a = N_0$
Wasserstoff . . .	$H - H_a = H_0$	Schwefel	$S - S_a = S_0$
Sauerstoff	$O - O_a = O_0$		

Ferner bedeute $K_0 = 1{,}865\, C_0$.

Mit Hilfe der im Abschnitt 3 entwickelten Beziehungen kann der Sauerstoffbedarf eines Kilogramm (Kubikmeter) Brennstoffes, der aus den Einzelbestandteilen C, H, S, O, N in Kilogramm (Kubikmeter) besteht, berechnet werden, unter Berücksichtigung, daß der bereits in der Kohle vorhandene Sauerstoff abzuziehen ist:

$$\text{Sauerstoffbedarf kg} = 2{,}667\, C + 8\, H + S - O$$

nach den Angaben aus Zahlentafel 3, Spalte 4; oder da 0,232 kg Sauerstoff in 1 kg Luft enthalten sind, wird der Luftbedarf eines Kilogramm Brennstoffes in Kilogramm:

$$L_{0\,\mathrm{kg}} = \frac{2,667\,C + 8\,H + S - O}{0,232}, \quad \ldots\ldots\ldots 43)$$

bezogen auf trockene Luft. Da 1 m^3 trockene Luft bei 0° und 760 mm ein Gewicht von 1,293 kg besitzt, so errechnet sich der Luftbedarf in Kubikmetern $^0/_{760}$ zu:

$$L_{0\,\mathrm{m}^3\,{}^0/_{760}} = \frac{2,667\,C + 8\,H + S - O}{0,30}, \quad \ldots\ldots 43a)$$

oder wenn man die Luftmenge für 15 ° und 1 at = 736 mm ermittelt, wie sie ja ungefähr den wirklichen Verhältnissen entspricht, ergibt sich der Luftbedarf in Kubikmetern zu:

$$L_{0\,\mathrm{m}^3\,{}^{15}/_{736}} = \frac{2,667C + 8H + S - O}{0,275} \quad \ldots\ldots 43b)$$

in Kubikmetern von 15° und 736 mm.

Nach den Richtlinien gilt: für die theoretische Verbrennungsluftmenge:

$$L_0 = \frac{1}{11,25} \cdot C\left\{1 + \frac{3\,Hd}{C} + \frac{3}{8}\frac{S}{C}\right\} \text{ in (m}^3\text{/kg [0°,760 mm])}. \quad \ldots 43\,c)$$

Dabei ist

$$Hd = \mathrm{H} - \frac{O}{8}$$

Bei v fachem Luftüberschusse ist dann die wirklich verbrauchte Luftmenge:

$$L = v \cdot L_0 \quad \ldots\ldots\ldots\ldots 43\,d)$$

Alles gilt unter der Voraussetzung, daß wirklich aller Brennstoff zum Verbrennen gelangt, sonst ist für den Teil der Kohle, der mit den Herdrückständen und evtl. mit dem Flugkoks unverbrannt abgeht, ein entsprechender Abschlag zu machen; es wäre dann, wenn die Asche für 1 kg Brennstoff C_a kg Kohlenstoff, H_a kg Wasserstoff, S_a kg Schwefel, O_a kg Sauerstoff enthält, in die Formel einzusetzen $(C - C_a)$ an Stelle von C, usw. Außerdem ist vollkommene Verbrennung vorausgesetzt. In Wirklichkeit liegen auch die Verhältnisse so, daß vollkommene Verbrennung der Kohle zu CO_2 und H_2O fast nie auftritt, und wenn ja, dann nur während kurzer Zeiträume; bei Handfeuerung immer erst, nachdem die frisch aufgeworfene Kohle den Vergasungszustand durchgemacht hat und dann auch nur bei schwächer angestrengten Rosten. Wo der Kesselbetrieb angestrengt zu arbeiten hat, werden sich fast immer kleinere Beträge von nicht vollkommen verbrannten Gasen finden, und zwar in erster Linie Kohlenoxyd CO und dann Methan CH_4, auch geringe Mengen schwerer Kohlenwasserstoffe. Es wird also die Ermittlung des Luftbedarfes eine Änderung zu erfahren haben, ebenso wie die Berechnung des Luftüberschusses. Dazu bleibt nur der Weg über die genaue Gasbestimmung bzw., wenn man die Verhältnisse einigermaßen genau kennt, die Schätzung.

Beispiel 9a. Für eine deutsche Braunkohle von

$$C = 29{,}0\text{ vH};\quad H = 2{,}7\text{ vH};\quad O + N = 7{,}5\text{ vH};\quad S = 1{,}3\text{ vH};$$
$$\text{Wasser} = 53{,}0\text{ vH};\quad \text{Asche} = 6{,}5\text{vH, wobei } N = 1{,}0 \text{ sei,}$$

ergibt sich die erforderliche Verbrennungsluftmenge in Kilogramm für 1 kg Kohle nach Formel 43 und 43a zu:

$$L_{0\,\mathrm{kg}} = \frac{2{,}667 \cdot 0{,}29 + 8 \cdot 0{,}027 + 0{,}013 - 0{,}065}{0{,}232} = \mathbf{3{,}99\ kg}$$

und der Luftbedarf in Kubikmetern von 0° und 760 mm für 1 kg Kohle zu

$$L_{0\,\mathrm{m^3}\,{}^0/_{760}} = \frac{2{,}667 \cdot 0{,}29 + 8 \cdot 0{,}027 + 0{,}013 - 0{,}065}{0{,}30} = \mathbf{3{,}09\ m^3};$$

Nach der Richtlinienformel 43c errechnet sich, sehr wenig abweichend, die theoretische Luftmenge ohne Luftüberschuß zu:

$$L_o = \frac{1}{11{,}25} \cdot 29 \left\{1 + \frac{3\left(2{,}7 - \frac{6{,}5}{8}\right)}{29} + \frac{3}{8}\,\frac{1{,}3}{29}\right\}$$
$$= 3{,}126\ (\mathrm{m^3/kg},\ [0^\circ, 760\ \mathrm{mm}])\,.$$

Mit einem Luftüberschuß von $v = 1{,}4$ z. B. ergibt sich eine wirklich verbrauchte Luftmenge von $L = 1{,}4 \cdot 3{,}99 = 5{,}6$ kg bzw. 4,72 m³.

b) Die Verbrennungsluftmenge mit Luftüberschuß L, berechnet aus der Gasuntersuchung, auch bei unvollkommener Verbrennung.

Es sei mit Hilfe des Orsatapparates mit Verbrennungskapillare, oder auf andere Art, eine genaue Gaszusammensetzung aufgestellt worden.

Dann ergibt sich die tatsächlich verbrauchte trockene Verbrennungsluft für 1 kg auf das Feuer gelangten Brennstoffs, bezogen auf 0° und 760 mm, wenn die Luft 20,9 Raumteile Sauerstoff und 79,1 Teile Stickstoff enthält, genau gerechnet[1]) zu:

$$L_{\mathrm{m^3}\,{}^0/_{760}} = \frac{100}{79{,}1}\left(\frac{C_0}{0{,}536\left(k_1 + k_2 + ch + \frac{R}{5{,}36}\right)} \cdot \frac{n}{100} - \frac{N_0}{100 \cdot s_n}\right), \tag{44}$$

darin bedeutet $s_n = 1{,}25$ das spezifische Gewicht von Stickstoff; und es ist die schweflige Säure, die ja zugleich mit der CO_2 ermittelt wird und

[1]) Hassenstein, Z. f. Dampfk. u. M. 1910, S. 313ff.

so gering ist bei gewöhnlichem Schwefelgehalte, daß sie CO_2 praktisch nicht beeinflußt, in CO_2 enthalten.

Je nachdem, wie weit man die Gasbestimmung ausgedehnt hat, werden die Werte dafür in die genaue Formel eingesetzt, und man nähert sich also mit der Genauigkeit der Untersuchung auch der wirklich verbrauchten Luftmenge. Die Formel dient auch als Grundlage für die Berechnung des Luftüberschusses (§ 9).

Abb. 20[1]) stellt die Verbrennungsluftmenge L in Kubikmeter/Kilogramm fester Brennstoffe dar für verschiedenen Luftüberschuß.

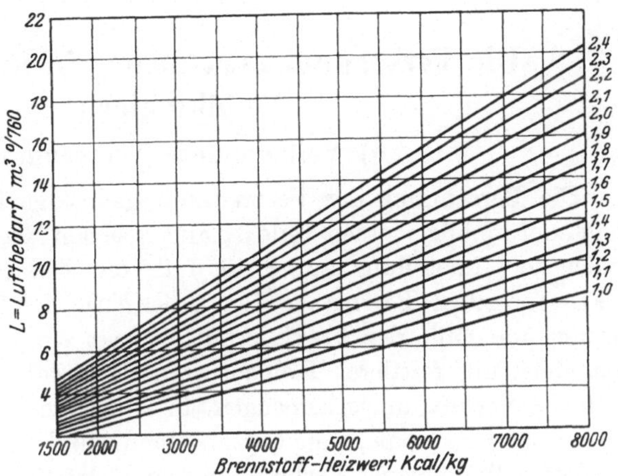

Abb. 20. Verbrennungsluftbedarf L für feste Brennstoffe abhängig vom Heizwerte H_u, für verschiedenen Luftüberschuß $v = 1{,}0$—$2{,}4$.

Die Luftmenge in Kilogramm/Kilogramm ist erhältlich durch Multiplikation der Kurvenwerte mit dem spezifischen Gewicht der Luft $\gamma_0 = 1{,}29$.

Beispiel 9b: Es sei z. B. verbrannt worden eine Ruhrkohle von

C	$= 81{,}32$ Gewichtsteilen;	Wasser	$= 2{,}38$ Gewichtsteilen;
H	$= 4{,}34$,,	O	$= 3{,}76$,,
Asche	$= 5{,}71$,,	N	$= 1{,}52$,,

es blieben zurück in den Herdrückständen nach Untersuchung 28,46 vH C.

Die Gasprobe ergab:

$k_1 = 11{,}30$ Raumteile,	$n = 80{,}33$ Raumteile,
$k_2 = 1{,}01$,,	$R = 1{,}2$ gr/m³.
$O = 7{,}36$,,	

Demnach wird $C_0 = 81{,}32 - 0{,}057 \cdot 28{,}46 = 79{,}70$ Gewichtsteile; N sei $= N_0$ gesetzt.

Verbrauchte Luftmenge in m³

$$= \frac{100}{79{,}1}\left(\frac{79{,}70}{0{,}536\left(11{,}30 + 1{,}01 + \frac{1 \cdot 2}{5{,}36}\right)} \cdot \frac{80{,}33}{100} - \frac{1{,}52}{100 \cdot 1{,}25}\right) \text{ in (m}^3\text{/kg [0°,760 mm])}$$

$$= 1{,}265\,(11{,}85 \cdot 0{,}8033 - 0{,}012) = \mathbf{12{,}03\ m^3}.$$

[1]) Nach Hanomag, Lehrblatt Nr. 503.

Der Luftüberschuß war dabei nach S. 151

$$v = 0{,}235 \cdot \frac{80{,}33}{11{,}30 + 1{,}01 + \frac{1{,}2}{5{,}36}} = 1{,}50\,\textbf{fach.}$$

8. Die Verbrennungsgasmenge in Kilogramm und Kubikmetern.

a) Vollkommene Verbrennung.

Die Berechnung der Verbrennungsgasmenge führt man am besten nach der im allgemeinen Teile 3b angegebenen Rechnungsweise aus bzw. nach der Aufstellung auf S. 46, falls die Zusammensetzung des betreffenden Brennstoffes bekannt ist; für viele in Betracht kommende Fälle der Praxis ermittelt man sie genau genug unter Zugrundelegung mittlerer Kohlensorten nach Zahlentafel 45, in welcher sich die Verbrennungsgasmengen, in Kilogramm und Kubikmetern bezogen auf 1 kg Kohle, ohne Luftüberschuß finden, oder nach Abb. 21, 22.

Bei vollkommener Verbrennung von 1 kg Brennstoff mit L_0 kg Verbrennungsluft entsteht ein Verbrennungsgasgewicht gleich der aufgenommenen Luftmenge L_0, vermehrt um 1 kg Kohle, abzüglich dem Aschegewicht A für 1 kg Brennstoff, also:

$$\boldsymbol{G_{0\,\mathrm{kg}} = (1 + L_0) - A} \text{ ohne Luftüberschuß} \quad \text{45)}$$

und

$$\boldsymbol{G_{\mathrm{kg}} = (1 + vL_0) - A} \text{ mit } v\text{fachem Luftüberschusse} \quad \text{45a)}$$

Man kann auch A als unwesentlich für die meisten Brennstoffe fortlassen.

Setzt man aus Gl. 43) die Werte für $L_{0\,\mathrm{kg}}$ ein, so ergibt sich

$$G_{\mathrm{kg}} = v \cdot \frac{2{,}667\,C + 8\,H + S - O}{0{,}232} + 1 \quad \text{45b)}$$

als die wirklich entstandene Gasmenge mit Luftüberschuß. Also für das Beispiel auf S. 137 ist

$$G_0 = 1 + 3{,}99 - 0{,}065 = 4{,}93 \text{ kg für 1 kg Kohle.}$$

Die bei Verbrennung von 1 kg Brennstoff entstehende theoretische Verbrennungsgasmenge ergibt sich mit Hilfe folgender Überlegung nach Zahlentafel 3, Spalte 6 und 10:

1 kg Kohlenstoff C benötigt zur Verbrennung 11,50 kg Luft und erzeugt 12,50 kg Gase,

1 kg Wasserstoff H benötigt zur Verbrennung 34,48 kg Luft und erzeugt 35,48 kg Gase,

1 kg Schwefel S benötigt zur Verbrennung 4,31 kg Luft und erzeugt 5,31 kg Gase.

Demnach wird die theoretische Verbrennungsgasmenge in Kilogramm ohne Luftüberschuß

$$G_{0\,\mathrm{kg}} = 12{,}5\,C + 35{,}48\left(H - \frac{0}{8}\right) + 5{,}31\,S + W + N\,, \quad 46)$$

wenn in 1 kg Kohle enthalten sind C kg Kohlenstoff, H kg Wasserstoff usw. Bei Rechnungen mit Kohle pflegt man N und O zusammenzufassen und als O zu behandeln, ohne einen wesentlichen Fehler zu begehen. (N = 1,0 gesetzt.)

Aus der gleichen Überlegung (vgl. Zahlentafel 3, Spalte 11) folgt die theoretische Verbrennungsgasmenge in Kubikmetern $^0/_{760}$ von 1 kg Brennstoff, ohne Luftüberschuß

$$G_{0\,\mathrm{m}^3} = 8{,}88\,C + 32{,}28\left(H - \frac{0}{8}\right) + 1{,}243\,W + 3{,}34\,S + 0{,}797\,N\,, \quad 46a)$$

und die wirklich erzeugte Gasmenge mit Luftüberschuß v

$$G = G_0 + (v - 1)\,L_0 \text{ in Kilogramm bzw. Kubikmetern,} \quad 46b)$$

für eine Temperatur von $t°$ ist dann entsprechend

$$G_t = G_{\mathrm{m}^3} \cdot \frac{273 + t}{273}.$$

Im Betriebe kommt der Verbrennungsvorgang mit der gerade zur vollkommenen theoretischen Verbrennung erforderlichen Luftmenge nicht vor, sondern es zieht stets mehr Luft durch die Feuerung; es wird mit „Luftüberschuß“ gearbeitet.

Unter Benutzung einer Gasuntersuchung verfährt man dann zwecks Ermittlung der wirklichen Verbrennungsgasmenge folgendermaßen:

Nach S. 42 verbrennt 1 kg Kohlenstoff mit 1,865 m³ Sauerstoff zu 1,865 m³ Kohlensäure, also ergeben C kg Kohlenstoff dementsprechend $1{,}865 \cdot C$ m³ Kohlensäure $= a \cdot \frac{k_1}{100}$, wenn für 1 kg Brennstoff a m³ trockene Gase entstehen; also $a = \frac{1{,}865 \cdot C}{k_1} = \frac{C}{0{,}536 \cdot k_1}$.

Ferner entsteht bei der Verbrennung von 1 kg Brennstoff $1{,}865 \cdot C \cdot n/k_1$ m³ Stickstoff, $1{,}85 \cdot C \cdot o/k_1$ m³ Sauerstoff, $1{,}865 \cdot C \cdot \frac{SO_2}{k_1}$ m³ schweflige Säure.

Der Brennstoff enthielt aber noch Wasserstoff H, der zu Wasser ($9\,H$ in Kilogramm) verbrennt, und Wasser W.

Das Gewicht eines Kubikmeter H_2O-Dampfes von 0° und 760 mm ist 0,804 kg, so daß sich eine Wassermenge von $9\,H + W$ in Kilogramm oder von $\frac{9\,H + W}{0{,}804}$ in Kubikmetern ergibt, reduziert gedacht auf Dampf von 0° und 760 mm.

Damit lassen sich folgende Beziehungen aufstellen:

Annahme einer vollkommenen Verbrennung des gesamten Brennstoffes.

Vorausgesetzt ist die Kenntnis des CO_2-Gehaltes der Gase k_1 in Raumteilen und des Kohlenstoffgehaltes C des Brennstoffes in Gewichtsteilen.

Die trockenen Verbrennungsgase enthalten nur k_1, o, n, so_2 Raumhundertteile, wobei so_2 als sehr gering zu vernachlässigen ist.

Es errechnet sich dann die gesamte wirkliche Verbrennungsgasmenge mit Luftüberschuß in Kubikmetern $^0/_{760}$ für 1 kg Brennstoff zu (vgl. Abb. 24 und 25), wenn der gesamte Kohlenstoffgehalt C an der Verbrennung teilnimmt:

$$G_{m^3} = \frac{1,865 \cdot C}{k_1} + \frac{9\,H + W}{0,804} \cdot \frac{1}{100} \quad (m^3/kg\ [0°, 760\ mm]) \ldots \quad 47)$$

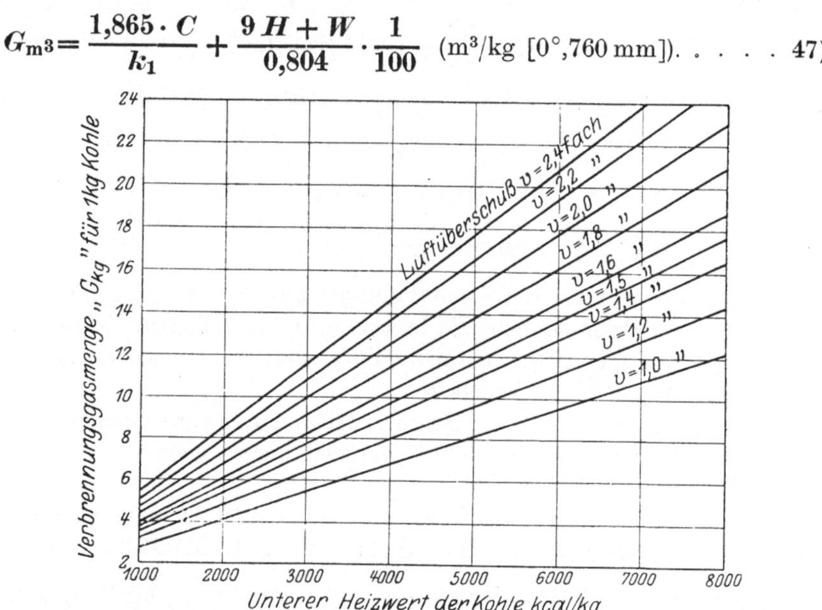

Abb. 21. Verbrennungsgasmenge in kg abhängig vom Heizwerte H_u für verschiedenen Luftüberschuß v.

Der erste Teil gibt die Menge der trockenen Gase an, der zweite Teil den Wasserdampf. Darin sind C, H, W in Gewichtshundertteilen ausgedrückt und k_1 in Raumhundertteilen (siehe Beispiel 21, S. 218).

Soll der Aschendurchfall usf. berücksichtigt werden, so daß von dem Kohlenstoffgehalte C nur C_0 Gewichtshundertteile an der Verbrennung teilnehmen, so lautet die Formel entsprechend nach den Richtlinien:

$$G_{m^3} = \frac{1,865\,C_0}{k_1} + \frac{9\,H + W}{0,804} \cdot \frac{1}{100} \quad (m^3/kg\ [0°, 760\ mm]) . \quad 47\,a)$$

Wünscht man die Verbrennungsgasmenge in Kilogramm ausgedrückt zu erfahren, so muß man die Einzelbestandteile der Verbrennungsgase in Kubikmetern mit den jeweiligen spezifischen Gewichten multiplizieren, so daß man erhält:

$$G_{\mathrm{kg}} = 1{,}865 \cdot 1{,}965\, C_0 + 1{,}865 \cdot 1{,}432\, C_0 \cdot \frac{o}{k_1} + 1{,}865 \cdot 1{,}254\, C_0 \frac{n}{k_1} + 1{,}865 \cdot 2{,}86\, C_0 \cdot \frac{SO_2}{k_1} + 9\, H_0 + W_0 ,$$

oder wenn man $1{,}865 \cdot C_0 = K_0$ setzt und die schweflige Säure als sehr geringfügig außer acht läßt:

$$\boldsymbol{G_{\mathrm{kg}} = 3{,}667 \cdot C_0 + 1{,}432\, K_0 \frac{o}{k_1} + 1{,}254\, K_0 \frac{n}{k_1} + 9\, H_0 + W.} \qquad 47\text{b)}$$

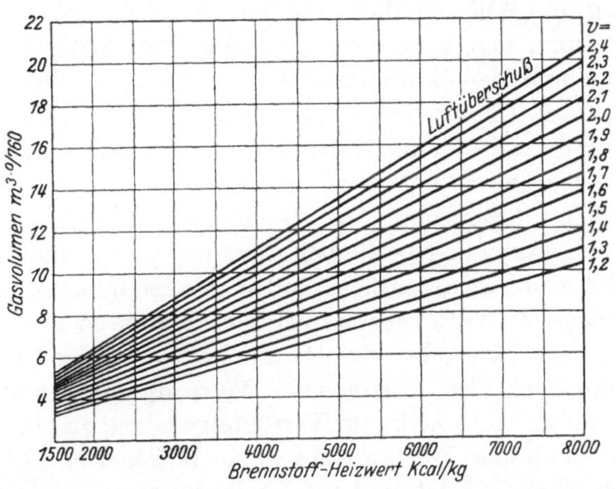

Abb. 22. Verbrennungsgasmenge G in m³ fester Brennstoffe, abhängig vom unteren Heizwert H_u bei verschiedenem Luftüberschusse v.

Abb. 21[1])—22 stellen die Verbrennungsgasmengen G in Kilogramm und m³/760 für 1 kg festen Brennstoff dar in Abhängigkeit vom unteren Heizwerte.

b) Unvollkommene Verbrennung.

In obigen Formeln ist der Rauminhalt der schwefligen Säure als sehr gering zur Gesamtmenge der Heizgase (unter $^1/_8$ vH) vernachlässigt, ebenso die Wasserdampfmenge, die in der Verbrennungsluft enthalten ist; auch sind die Formeln ganz streng genommen nur richtig, wenn keine Kohlenoxydbildung und Methanbildung eintritt, weil sonst, da nach Zahlentafel 3 zur CO-Bildung nur die halbe Luftmenge nötig ist wie zur

[1]) Abb. 21. Dargestellt auf Grund der Werte aus Zahlentafel 45; Abb. 22 nach „Hanomag Lehrblatt", Nr. 505.

CO_2-Bildung, die Endsumme etwas zu groß berechnet wird. Doch tritt bei einem wirtschaftlichen Feuerungsbetriebe, und um einen solchen kann es sich allein handeln, weil sonst die später erwähnten Gegenmaßregeln getroffen werden müssen, die CO- (und CH_4)-Bildung nur in sehr geringen Grenzen — etwa bis 0,6 vH — auf, so daß der Fehler bei 0,6 vH CO in den Abgasen nur noch etwa die Hälfte davon (Zahlentafel 3, Spalte 10 und 11), also 0,3 vH, beträgt; durch Methanbildung wird er noch etwas vergrößert.

Außerdem ist noch eine Vernachlässigung begangen. Da auf dem Roste stets ein kleiner Betrag Kohle als Durchfall in die Asche und eingeschlossen in die Schlacke verloren geht; so ist für diesen Betrag keine Verbrennungsluft aufgewendet worden; daher ist die errechnete Gasmenge ein wenig zu groß. Will man diesen Betrag berücksichtigen, so muß man die gesamte durch den Rost gefallene Asche und Schlacke eines Versuches wiegen und den darin enthaltenen Betrag an Verbrennlichem $C_a + H_a$, der auf 1 kg verfeuerte Kohle entfällt, bestimmen. Dieser Wert in Kilogramm ist dann in den Formeln 43—47 überall von dem Werte C in Abzug zu bringen (vgl. 47 a).

Die errechnete Gasmenge wird also kleiner in Wirklichkeit als bei Rechnung nach Formeln 45—47 bei Annahme von vollkommener Verbrennung. Ist z. B. in den Rückständen von Steinkohle, bezogen auf die Kohlenmenge, 2—3 vH Verbrennliches enthalten, so wird bei Berücksichtigung dieses Umstandes der Rauminhalt des Gases um 3—4 vH kleiner[1]). Man kann also, falls genaue Werte für die Verluste an Verbrennlichem in der Asche nicht zur Verfügung stehen, von den nach Formeln 43—47 erhaltenen Werten etwa einen Betrag von 4 vH in Abzug bringen, auch schon in Rücksicht auf die Bildung von etwas Ruß in den Verbrennungsgasen.

Diesen Erwägungen trägt die nachstehende genaue Formel Rücksicht, welche von dem Vorhandensein von CO, CH_4 und Ruß in den Verbrennungsgasen ausgeht, nach Abzug des Verlustes an Kohlenstoff durch den Aschenfall. 1 kg Brennstoff erzeugt bei unvollkommener Verbrennung eine Gasmenge, bezogen auf 0° und 760 mm:

$$G_{\mathrm{m}^3\,0/760} = \frac{C_o}{0{,}536\left(k_1 + k_2 + ch + \frac{R}{5{,}36}\right)} + \frac{9\,H_o + W}{0{,}804}, \quad . \; . \; . \; 48)$$

darin umfaßt der erste Teil die trockene Gasmenge, der zweite Teil den Wasserdampf, der bei der Gasuntersuchung verschwindet. Zur Anwendung dieser Formel ist die Kenntnis der Gaszusammensetzung notwendig bzw. eine Schätzung von CO oder CH_4 nach dem später auf S. 159 erörterten Verfahren.

[1]) Vgl. Zahlenbeispiele nach Dosch, Z. f. Dampfk. u. M. 1910, S. 2.

[Die Ableitung dieser Formel ergibt sich aus folgender Überlegung: 1 kg Brennstoff entwickelt G m³ trockene Gase ($^0/_{760}$) und 1 kg Kohlenstoff bei vollkommener Verbrennung 1,865 m³ CO_2; C_0 kg Kohlenstoff entwickeln demnach $1{,}865\,C_0 = \frac{k_1}{100}$ m³ CO_2.

Nun wird aber bei Verbrennung von Kohlenstoff nach Zahlentafel S. 43 die gleiche Gasmenge entwickelt, gleichgültig ob C zu CO_2, CO oder CH_4 verbrennt, d. h. also wenn unvollkommene Verbrennung eintritt. Sind nun für 1 m³ Gas noch R gramm Kohlenstoff im Ruß enthalten, in G m³ Gas also $R \cdot G$ gramm oder $\frac{R \cdot G}{1000}$ kg, so wird die Gasmenge für 1 kg Kohle, da ja der Kohlenstoff des Rußes von dem wirklich zur Verbrennung gelangten Kohlenstoff C_0 abzuziehen ist:

$$1{,}865\left(C_0 - G\,\frac{R}{1000}\right) = G\left(\frac{k_1}{100} + \frac{k_2}{100} + \frac{ch}{100}\right)$$

oder

$$1{,}865\,C_0 = G\left(\frac{k_1}{100} + \frac{k_2}{100} + \frac{ch}{100} + \frac{1{,}865 \cdot R}{1000}\right).$$

Demnach, wenn man beide Seiten mit 100 multipliziert und somit C_0 in Gewichtsteilen ausgedrückt erhält, wird

$$G_{0/760} = \frac{C_0}{0{,}536\left(k_1 + k_2 + ch + \frac{R}{5{,}36}\right)}.$$

Die Verbrennung des Schwefels ist als sehr geringfügig dabei außer acht gelassen; überdies ist die entstehende schweflige Säure bereits zugleich mit der Kohlensäure von der Kalilauge aufgesaugt, also schon in k_1 enthalten[1]).]

Die neuen „Richtlinien" geben für die Verbrennungsprodukte in Kubikmeter bei unvollkommener Verbrennung folgende Formel an, wenn C_o Gewichtsteile Kohlenstoff an der Verbrennung teilnehmen:

$$G_{\mathrm{m}^3\,0/760} = \frac{C_o}{0{,}536\,(k_1 + k_2 + ch)} + \frac{1}{100}\left\{\frac{9H + W}{0{,}804} - \frac{C_o}{0{,}536} \cdot \frac{h + 2ch}{k_1 + k_2 + ch}\right\}$$

(m³/kg [0°,760 mm]) . . . . 48 a)

c) Näherungsweise Berechnung der trockenen Gasmenge und des Gasgewichtes aus dem Heizwert der Kohlen[2]).

Geht man davon aus, daß der Hauptbestandteil an brennbarem Stoff in der Kohle der Kohlenstoff ist, so berechnet sich die erzeugte trockene Gasmenge in Kubikmetern wie folgt: 1 kg Kohlenstoff erzeugt beim Verbrennen 8100 kcal; also wird der Heizwert der Kohle

[1]) Hierin ist die in der Verbrennungsluft enthaltene Feuchtigkeit nicht berücksichtigt, ebenso nicht, daß etwa in den Abgasen noch vorhandener, also nicht verbrannter Wasserstoff (in freiem oder chemisch gebundenem Zustande) sich nicht an der Bildung von Verbrennungswasser beteiligt hat. Beide Umstände haben entgegengesetzte Wirkung.

[2]) Nach den Ausführungen von Dosch, Z. f. Dampfk. u. M. 1910, S. 1 ff.

$H = 8100\,C$, wenn 1 kg Kohle C kg Kohlenstoff enthält; setzt man diesen Wert in die Formel (47) für die Gasmenge

$$G_{m^3} = \frac{1{,}865 \cdot C}{k}$$

ein, worin k die Raumhundertteile Kohlensäure und C die Gewichtshundertteile Kohlenstoff bedeuten, so ergibt sich:

$$G_{m^3} = \frac{1{,}865 \cdot H}{8100 \cdot k}.$$

Berücksichtigt man, daß andererseits die bekannte Formel besteht für den Luftüberschuß v bei vollkommener Verbrennung (S. 151) $v = \frac{(k_s)_m}{k}$ und setzt $k = \frac{(k_s)_m}{v}$ ein in obige Formel, so erhält man

$$G_{m^3} = \frac{1{,}865}{8100} \cdot \frac{H \cdot v}{(k_s)_m}.$$

Da hier reiner Kohlenstoff zur Verbrennung gelangt, so ist $(k_s)_m = 21{,}0$; dies gibt also

$$\boldsymbol{G_{m^3} = \frac{1{,}1 \cdot H \cdot v}{1000}}\,; \quad (m^3/kg\ [0^\circ, 760\ mm]) \quad . \quad . \quad . \quad . \quad . \quad 49)$$

Damit errechnet sich folgende Tafel, die für Kohlen von verschiedenen Heizwerten die wasserdampffreie Gasmenge, bezogen auf 0° und 760 mm, bei verschiedenem Luftüberschusse enthält.

Zahlentafel 48.

Wasserdampffreie Verbrennungsgase in Kubikmetern $^0/_{760}$ von 1 kg Kohle bei verschiedenen Heizwerten, bei verschiedenem Luftüberschusse v, gültig für vollkommene Verbrennung.

Heizwert der Kohle kcal	Wasserdampffreie Verbrennungsgase in Kubikmetern $^0/_{760}$ für v						
	1,0	1,25	1,50	1,75	2,0	2,5	3,0
2000	2,2	2,75	3,3	3,8	4,4	5,5	6,6
2500	2,75	3,44	4,1	4,8	5,5	6,9	8,25
3000	3,3	4,1	4,9	5,8	6,6	8,3	9,9
3500	3,85	4,8	5,8	6,7	7,7	9,6	11,5
4000	4,4	5,5	6,6	7,7	8,8	11,0	13,2
4500	4,95	6,2	7,4	8,7	9,9	12,4	14,8
5000	5,5	6,9	8,4	9,6	11,0	13,7	16,5
5500	6,05	7,6	9,1	10,6	12,1	15,1	18,1
6000	6,6	8,2	9,9	11,5	13,2	16,5	19,8
6500	7,15	8,9	10,7	12,5	14,3	17,8	21,4
7000	7,7	9,6	11,5	13,5	15,4	19,2	23,1
7500	8,25	10,3	12,4	14,3	16,5	20,6	24,7

Gasmenge in Kilogramm durch Multiplikation mit dem spezifischen Gewichte 1,33 bis 1,37 erhältlich.

Da nahezu stets bei der Verbrennung kleine Beträge von unverbrannten Gasen (0,2—0,5 vH) sich vorfinden, etwas Ruß sich abscheidet und etwas Kohle unverbrannt durch den Aschenfall gelangt (1—3 vH der Kohle), so trägt man diesen Umständen, die auf kleinere Gasmengen hinarbeiten als berechnet, dadurch Rechnung, daß man die in der Zahlentafel 48 stehenden Zahlen mit 0,95 multipliziert. Man erhält dann gute Näherungswerte.

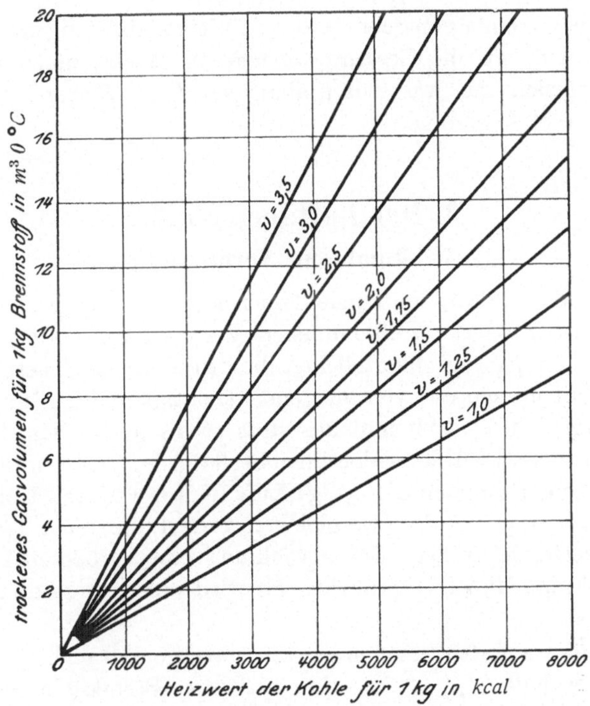

Abb. 23. Rauminhalt trockener Gase für 1 kg Brennstoff in Beziehung zum Heizwerte der Kohle und zum Luftüberschusse v.

Die Gasmengen in Kilogramm erhält man aus dieser Zahlentafel durch Multiplikation mit dem spezifischen Gewichte 1,33—1,37.

In dem Schaubilde 23 sind diese Zahlen verarbeitet, und zwar ist der Heizwert der Kohle als Wagerechte, der Rauminhalt (trockenes Gas) von 0°/760 mm, der bei Verbrennung von 1 kg Brennstoff entsteht, als Senkrechte aufgetragen; die schrägen Strahlen geben den Rauminhalt bei verschiedenem Luftüberschusse an. Das Schaubild ist gut verwertbar, wenn man für eine in ihrer Zusammensetzung unbekannte Kohle, von der man allein den Heizwert kennt, irgendeine Überschlagsrechnung anstellen will; nur ist dabei im Auge zu behalten, daß die Gase trocken eingesetzt sind, daß also der Rauminhalt des Wasserdampfes nicht darin enthalten ist. Man müßte also

$$\frac{9H + W}{0{,}804} \cdot \frac{1}{100}$$

nach Formel 47 hinzufügen, um das Volumen der gesamten Gasmenge zu erhalten. Für 1 kg Steinkohle kommen also etwa 0,5—0,6 m³ für den Wasserdampf hinzu (vgl. Zahlentafel 45).

Für Berechnungen von Schornsteinen, Wärmeübergängen, überhaupt in allen Fällen, wo die Gesamtgasmenge in Rücksicht zu ziehen ist, müssen natürlich die wasserdampfhaltigen Gase (Formel 47, 48) in Rechnung gesetzt werden.

9. Der Luftüberschuß.

a) Vollkommene Verbrennung.

Wie schon erwähnt, muß jede Feuerung mit einer größeren Luftmenge arbeiten, als zur vollkommenen Verbrennung notwendig wäre, weil sonst nicht jedes Kohlenteilchen die erforderliche Sauerstoffmenge erhielte; denn infolge der verschiedenen Dichtigkeit der Brennschichtlagerung (vgl. S. 107—108) und des stets etwas ungleichen Abbrandes auf dem Roste usw. würde an der einen Stelle mehr Luft hindurchziehen, während an einer anderen die nötige Luft fehlte, wodurch Kohlenoxydbildung begünstigt würde. Desgleichen bedarf die nach jedem Aufwerfen einsetzende größere Gasentwicklung einer größeren Luftmenge als die Kohle im Mittel verbraucht. Es wird daher mit Luftüberschuß gearbeitet.

Infolge dieses Luftüberschusses wird naturgemäß nicht der höchste Kohlensäuregehalt $(k_s)_m$ (z. B. für sächsische Steinkohle $= 18{,}9$ vH) erreicht, der in Zahlentafel 45, Spalte 15, S. 114, angegeben ist, wie er für vollkommene Verbrennung mit der theoretisch gerade notwendigen Luftmenge erhalten wird. Vielmehr sind bei der gewöhnlichen Verbrennung die Gase verdünnt durch den überschüssigen Sauerstoff, der nicht verwendet wurde, und die größere Beimengung von Stickstoff. Der Kohlensäuregehalt der Verbrennungsgase, obgleich er bei vollständiger Verbrennung der Menge nach derselbe geblieben ist, erscheint demnach ebenfalls verdünnt und ist, in Hundertsteln ausgedrückt, geringer geworden.

Wieviel überschüssige Luft durch die Feuerung gezogen wurde, oder mit anderen Worten, wie hoch das Vielfache der theoretisch erforderlichen Verbrennungsluft ist, darüber gibt die Gasuntersuchung Aufschluß, bei der man k_1, o bzw. k_2 und ch bestimmt hat (vgl. S. 134)

Bedeutet nun v das Vielfache der theoretisch erforderlichen Verbrennungsluftmenge L_0, so ist v ermittelbar aus

$$v = \frac{L}{L_0} = \frac{21}{21 - 79\frac{o}{n}} = \frac{21}{21 - o} = \frac{n}{n - \frac{79}{21}o}, \quad \ldots \ldots 50)$$

wenn die Gasprobe ergeben hat k Raumteile Kohlensäure, o Raumteile Sauerstoff und n Raumteile Stickstoff.

Die Ableitung dieser Formeln ergibt sich aus folgender Überlegung: Die atmosphärische Luft enthält 79,1 Raumteile Stickstoff, 20,9 Raumteile Sauerstoff. Der Luftüberschuß ist das Verhältnis von

$$\frac{\text{tatsächlich verbrauchte Luft (trocken)}}{\text{theoretisch erforderliche Luft (trocken)}} = v = \frac{L}{L_0},$$

und zwar bezogen auf 1 kg Brennstoff.

Es ist nun L = Luftmenge, die wirklich in die Feuerung eingeführt wurde, $= O + N$.

L_0 = Luftmenge, die theoretisch nötig ist: $= O' + N'$,

l = Luftmenge, die nicht verbraucht wurde $= o + n$,

dann gilt $o = O - O'$ und

$$O = \frac{20{,}9}{79{,}1} N; \qquad O' = \frac{20{,}9}{79{,}1} N'; \qquad o = \frac{20{,}9}{79{,}1} n;$$

es ist:

$$v = \frac{O + N}{O' + N'} = \frac{O + \frac{79{,}1}{20{,}9} \cdot O}{O' + \frac{79{,}1}{20{,}1} \cdot O'} = \frac{O}{O'} = \frac{O}{O - o}$$

oder, wenn man alles auf 100 Teile bezieht:

$$v = \frac{20{,}9}{20{,}9 - o} = \frac{21}{21 - o}.$$

Die Gasmenge beträgt dann:

$$G_{\text{kg}} = 1 + v L_0 .$$

Die Sauerstoffwerte in den Rauchgasen sind also völlig unabhängig von der Zusammensetzung des Brennstoffes[1]).

Nötig ist zur Ermittlung von v nur eine Untersuchung der Verbrennungsgase auf Sauerstoff oder Kohlensäure; denn da beide in einer bestimmten Beziehung stehen, so kann man bei Kenntnis des einen Wertes den anderen aus Schaubild 26 oder 28 entnehmen (vgl. S. 153 und 158).

---

[1]) Vgl. auch Mohr, Z. f. Dampfk. u. M. 1912, S. 271.

Da also nach den Formeln Nr. 50 der Sauerstoffgehalt der Verbrennungsgase stets in bestimmter Beziehung zum Luftüberschusse steht, so kann man die Formel benutzen, um diese Beziehungen in einem Schaubilde aufzuzeichnen. In Abb. 24 bedeutet die Senkrechte die Hundertstel O_2 in den Abgasen und die wagerechte Linie das Vielfache der Verbrennungsluft $= v$. Dieses Schaubild gilt für alle festen Brennstoffe.

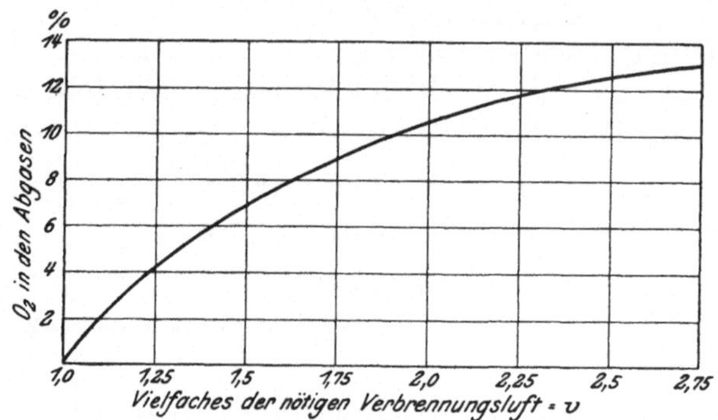

Abb. 24. Vielfaches der nötigen Verbrennungsluft und Sauerstoffgehalt der Verbrennungsgase.

Zahlentafel 49.
Vielfaches der Verbrennungsluft $= v$ bei verschiedenem Sauerstoffgehalt der Verbrennungsgase.

Sauerstoffgehalt vH	Vielfaches der Verbrennungsluft	Sauerstoffgehalt vH	Vielfaches der Verbrennungsluft
0,0	1,0	8,0	1,63
1,0	1,05	9,0	1,75
2,0	1,10	10,0	1,92
3,0	1,17	11,0	2,10
4,0	1,24	12,0	2,32
5,0	1,31	13,0	2,64
6,0	1,42	14,0	3,00
7,0	1,50	15,0	3,52

Zahlentafel 49 enthält nochmals zur bequemen Benutzung die dem Schaubilde 24 entnommenen Werte von O_2 und zugehörigem v (vgl. auch Formel 52).

Es ist wünschenswert, auch die Beziehung zwischen dem Vielfachen der Verbrennungsluft v und CO_2 zu kennen. Eine einfache genaue Formel besteht dafür nicht, weil für jede Kohlensorte sich ein anderer Höchstgehalt an Kohlensäure $(k_s)_m$ ergibt (vgl. Abschnitt 10), den man vorher ermitteln muß. Dann erst kann man aus Abb. 26 oder 28 für den jeweiligen CO_2-Gehalt den betreffenden O_2-Gehalt feststellen und aus Formel 50 oder 51 die Luftüberschußziffer errechnen. Um diesen etwas unbequemen Umweg zu vermeiden, ist Schaubild 25 gezeichnet worden, aus welchem man ohne weiteres den Wert v für einen bestimmten CO_2-Gehalt ablesen kann. Man muß nur vorher für die betreffende Kohlensorte den Höchstgehalt an Kohlensäure $(k_s)_m$ (für $v = 1$) aus Formel 52a oder 53a für vollkommene Verbrennung, bzw. aus Formel 53 für unvollkommene Verbrennung errechnen, oder einfach aus Zahlentafel 45 entnehmen. In Zahlentafel 50 sind für verschiedene $(k_s)_m$ die Beziehungen nochmals zusammengestellt entsprechend Abb. 25. Es ergibt sich, daß für eine bestimmte Luftüberschußzahl v mit steigendem $(k_s)_m$ der CO_2-Gehalt ebenfalls zunimmt.

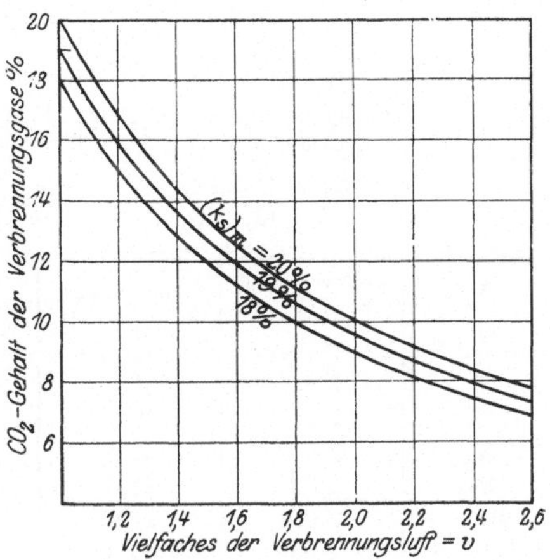

Abb. 25. Beziehung zwischen dem Vielfachen der Verbrennungsluft v und dem CO_2-Gehalt der Verbrennungsgase bei verschiedenem Höchstkohlensäuregehalt.

Zahlentafel 50.

Beziehung zwischen Luftüberschuß v und Kohlensäuregehalt der Abgase bei vollkommener Verbrennung und verschiedenem Höchstkohlensäuregehalte $(k_s)_m$.

Höchstkohlensäuregehalt		Luftüberschuß v											
		1,0	1,1	1,2	1,3	1,4	1,5	1,6	1,8	2,0	2,2	2,4	2,6
	Koks	20,5	18,9	17,3	16,0	14,7	13,7	12,8	11,3	10,2	9,5	8,8	8,1
		20,0	18,2	16,8	15,5	14,3	13,4	12,5	11,1	10,0	9,2	8,5	7,8
	Braun- und Steinkohle	19,5	17,6	16,3	15,0	14,0	13,1	12,2	10,9	9,8	9,0	8,2	7,6
		19,0	17,1	15,8	14,6	13,6	12,7	11,9	10,6	9,6	8,7	8,0	7,4
		18,5	16,6	15,5	14,2	13,3	12,3	11,6	10,3	9,3	8,4	7,7	7,2
		18,0	16,3	15,0	13,8	12,9	12,0	11,3	10,0	9,0	8,1	7,5	6,9

Für zwei Kohlensorten, nämlich Gaskoks und Braunkohlenbriketts, entsprechend der Zusammensetzung nach Zahlentafel 45 sind für verschiedenen CO_2-Gehalt der Verbrennungsgase unter der Voraussetzung vollkommener Verbrennung die entsprechenden Gasmengen berechnet nach Formel 46b in Kilogramm:

$$G_{kg} = G_0 + (v - 1)\, L_0\,.$$

Man sieht, wie die Gasmengen bei Braunkohlenbriketts knapp $^2/_3$ so groß sind wie bei Gaskoks.

Zahlentafel 51.

Gaskoks	Braunkohlenbrikett
$G_{kg} = 11,1 + (v - 1)\,10,2$	$G_{kg} = 7,8 + (v - 1)\,6,8$
$k_{max} = 20,6$ vH	18,7 vH
C = 87 „	53 „
H = 0,6 „	1,0 „
O = 0,8 „	17,0 „
Wasser = 1,0 „	15,0 „
$L_0 = 10,2$ kg	6,8 „
$G_0 = 11,1$ „	7,8 „

CO_2 vH	Luftüberschußzahl v	Gasmenge kg	CO_2 vH	Luftüberschußzahl v	Gasmenge kg
6	3,3	35,0	6	3,0	21,3
7	2,9	30,5	7	2,6	18,6
8	2,6	27,4	8	2,35	16,9
9	2,32	24,6	9	2,05	14,9
10	2,05	21,8	10	1,85	13,6
11	1,90	20,3	11	1,70	12,6
12	1,72	18,4	12	1,55	11,5
13	1,59	17,2	13	1,45	10,8
14	1,48	16,0	14	1,32	10,0
15	1,38	15,0	15	1,26	9,6
16	1,30	14,2	16	1,17	9,0
18	1,16	12,8	18,7	1,00	7,8
20,6	1,00	11,1			

b) Unvollkommene Verbrennung.

Obige Formel 50 ist aber nur dann genau richtig, wenn wirklich eine vollkommene Verbrennung stattgefunden hat und wenn die Zusammensetzung der Rauchgase nach der Untersuchung mit derjenigen der wirklich verbrannten Kohlenmenge (also Kohlenmenge abzüglich Aschenverlust unter dem Roste) in theoretisch richtigem Verhältnisse steht. Das trifft nun nicht immer zu (z. B. auch deshalb nicht, weil der freie Sauerstoff der Rauchgase wahrscheinlich nicht ganz chemisch unwirksam ist gegenüber den Kessel- und Mauerwerksflächen).

Folgende genaue Formel[1]) sucht diese Ungenauigkeiten auszugleichen; bei ihrer Aufstellung ist der für jeden Brennstoff bei vollkommener Verbrennung erreichbare höchste $CO_2 + SO_2$-Gehalt (vgl. S. 154) zugrunde gelegt. Es besitzen die trockenen Verbrennungsgase folgende Bestandteile in Raumteilen:

Kohlensäure	$CO_2 = k_1$ vH	Methan	$CH_4 = ch$ vH
Schweflige Säure	$SO_2 = so_2$ vH	Stickstoff	$N = n$ vH
Kohlenoxyd	$CO = k_2$ vH		$k_s = k_1 + so_2$

Kohlenstoff des Rußes und der Teerdämpfe in Gramm auf 1 m³ Gase $= R$.

1) Nach Hassenstein, Z. f. Dampfk. u. M. 1910, S. 339.

Dann gilt als Vielfaches der Luftmenge:

$$v = \zeta \cdot \frac{n}{k_1 + s\dot{o}_2 + k_2 + ch + \frac{R}{5{,}36}} \quad \ldots\ldots \quad 51)$$

Dabei ist für ζ einzusetzen:

Für Steinkohle $\zeta = 0{,}235$	Für Koks	$= 0{,}258$
„ Anthrazit $= 0{,}235$	„ Torf	$= 0{,}247$
„ Braunkohle $= 0{,}238$	„ Holz	$= 0{,}258$

Der Fehler dieser Formel ist höchstens 2—6 vH, meist jedoch kleiner als 2 vH.

Für vollkommene Verbrennung geht dann auch diese Formel über in die bekannte Beziehung:

$$v = \frac{(k_s)_m}{k_s} \text{ bzw. } v = \frac{CO_{2\,max}}{CO_2} \quad \ldots\ldots\ldots \quad 51a)$$

$(k_s)_m$ ist für verschiedene Kohlensorten aus Zahlentafel 45 zu entnehmen. Hassenstein gibt folgende Grenzwerte dafür an:

Zahlentafel 52.

Grenzwerte für $(k_s)_m$.

Brennstoff	Geringstwert	Höchstwert
Steinkohle und Anthrazit . .	17,8	20,1
Koks	20,0	20,8
Braunkohle	17,9	20,4
Torf	19,4	20,1
Holz	20,2	20,7
Benzin		14,9
Benzol		17,6

Wiederum gilt für die Gasmenge:

$$G_{kg} = 1 + vL_0$$

Die neuen „Richtlinien“ geben folgende Formeln an:

Von dem Kohlenstoffgehalte C in Gewichtshundertteilen nehmen nur C_0 Teile an der Verbrennung teil; die trockenen Verbrennungsprodukte enthalten k_1, k_2, ch, h, o und n Raumhundertteile (vgl. S. 134).

$$v = \frac{\frac{21}{79} \cdot n}{\frac{21}{79} n - o - k_1 - \frac{k_2}{2} + ch + \frac{h}{2} + \frac{C}{C_0} \cdot (k_1 + k_2 + ch)} \quad . \quad 51\,b)$$

Ist $\frac{C}{C_0} = 1$, so geht die Gleichung über in:

$$v = \frac{\frac{21}{79} \cdot n}{\frac{21}{79} \cdot n - o + \frac{k_2}{2} + 2ch + \frac{h}{2}} \quad \ldots \ldots \quad 51\,c)$$

Bei vollkommener Verbrennung ergibt sich durch Wegfall der drei letzten Glieder im Nenner die Formel 50).

10. Der Höchstgehalt der Verbrennungsgase an Kohlensäure (+ schweflige Säure) = $(k_s)_m$ und die Bestimmung von CO.

a) Allgemeines.

Wenn man mittels Rechnung den Verbrennungsvorgang verfolgt, wie er sich ohne Luftüberschuß abspielt, so erhält man eine Zusammensetzung der trockenen Gase, die den Höchstgehalt der Kohlensäure = $(k_s)_m$, der bei Verbrennung des betreffenden Brennstoffes überhaupt auftreten kann, aufweist (vgl. Zahlentafel 45, Spalte 15). Diese Werte sind für den Verbrennungsvorgang wichtig; ihre rechnerische Aufstellung war im Beispiel S. 46, letzte Spalte, geboten. Sie liegen bei Steinkohlen und Braunkohlen zwischen 18,0—20,4 vH, bei Anthrazit etwa bei 19,2 vH, bei Torf und Lohe zwischen 19,5—20,1 vH, bei Holz zwischen 20,2—20,7 vH. Keinesfalls aber wird der Wert von 21 vH erreicht, wie noch vielfach geglaubt wird, weil ja infolge des Gehaltes der Kohlen an Wasserstoff zum Verbrennen desselben Sauerstoff gebraucht wird, der bei der Gasuntersuchung im gebildeten Wasserdampf niedergeschlagen ist; somit befindet sich in den Endgasen mehr Stickstoff, als dem Luftbedarfe des Kohlenstoffes allein entspricht. Je wasserstoffärmer und schwefelärmer die Brennstoffe sind, desto mehr nähert sich natürlich der Höchstkohlensäuregehalt dem Werte von 21 vH.

Dabei ist die Voraussetzung gemacht, daß sich keine unverbrannten Gase nach der Verbrennung mehr finden, was ja auch in Wirklichkeit so ziemlich der Fall ist; denn, auf die ganze Betriebszeit bezogen, bleiben dieselben meist unter 0,3—0,6 vH, und nur kurz nach der Beschickung finden sich größere Mengen.

Bei der Verbrennung mit Luftüberschuß ist, wie auf S. 146 besprochen, der CO_2-Gehalt geringer, dafür findet sich noch Sauerstoff in den Gasen vor. Dieser Kohlensäuregehalt ist nun ein wichtiges Merkmal für die Güte des Verbrennungsvorganges. Die Beziehungen zwischen den Einzelbestandteilen der Gase an Kohlensäure, Sauerstoff und Stickstoff stellt die Abb. 26 dar, welche nach Bunte für eine Anzahl mittlerer Brennstoffe an Hand von Zahlentafel 34 aufgezeichnet ist. Das Schau bild ist sehr wichtig für die Prüfung der untersuchten Gasprobe. Es ist stets dann richtig, wenn vollständige Verbrennung, d. h. ohne CO-Bildung, stattgefunden hat; der Aufzeichnung ist die Beziehung zugrunde gelegt, daß 0,536 kg C und 1 m³ O_2 zu 1 m³ CO_2 verbrennen, also so viel Hundertstel an Kohlensäure entstehen, wie an Sauerstoff in der Luft enthalten sind. Diese 21 vH sind sowohl auf der Senkrechten wie Wagerechten aufgetragen, nur mit dem Unterschiede der Bezeichnung, daß die Teile der Senkrechten die Hundertstel CO_2 der Rauch-

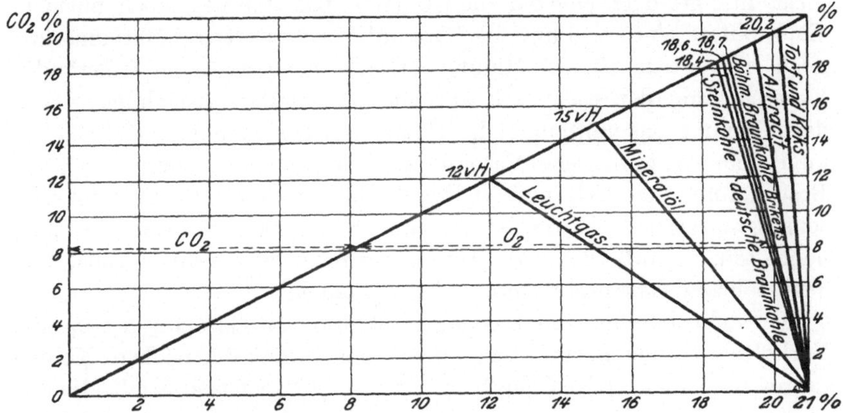

Abb. 26. Summe von $CO_2 + O_2$ bei verschiedenem Kohlensäuregehalt der Rauchgase.

gase darstellen, während die wagerechten Abschnitte die Summe von CO_2 und O_2 in den Rauchgasen bestimmen.

Die aus Zahlentafel 45, Spalte 15, gewonnenen Höchstkohlengehalte der Verbrennungsgase sind nun auf der Diagonale aufgetragen und diese Punkte mit dem rechten Endpunkte des Rechteckes auf der unteren Wagerechten verbunden; diese Verbindungslinien für Steinkohle, Braunkohle usw. geben nun die jeweilige Summe von $CO_2 + O_2$ in den Rauchgasen bei den verschiedenen Beträgen von CO_2 an; sie können auf gleiche Weise für jede verwendete Kohlensorte bestimmt werden.

Mit zunehmendem Luftüberschusse nimmt der Kohlensäuregehalt der Rauchgase ab, es steigt der Sauerstoffgehalt und die Summe von $CO_2 + O_2$ wächst an, sich immer mehr der Grenze 21 vH nähernd; so ist z. B. für Steinkohle mit $(k_s)_m = 18{,}6$ vH

$$\text{bei } CO_2 = 15\text{ vH},\ O_2 = 4{,}2\text{ vH};\quad CO_2 + O_2 = 19{,}2\text{ vH},$$
$$\text{bei } CO_2 = 7\text{ vH},\ O_2 = 13\text{ vH};\quad CO_2 + O_2 = 20\text{ vH}.$$

b) $(k_s)_m$ berechnet aus der Zusammensetzung des Brennstoffes[1]).

Es soll der Wichtigkeit wegen auf diese Verhältnisse noch etwas näher eingegangen werden. Eine Gasuntersuchung mittels Orsatapparates auf CO_2 und O_2 kann bequem in 2—3 Minuten ausgeführt werden. Will man die Gase noch auf Kohlenoxyd untersuchen, so muß man, falls man wirklich sicher gehen will, zwei Gefäße mit frisch bereiteter ammoniakalischer oder saurer Kupferchlorürlösung haben, in welche man hintereinander die Restgase nach der Entziehung von CO_2 und O_2 hineindrückt. Eine solche Bestimmung dauert mindestens 3—5 Minuten, weil diese Lösungen sehr langsam arbeiten; obendrein ist das Ergebnis bei den meist nur geringen Mengen von CO (etwa 0,2—0,6 vH) noch unsicher. Eine weitere Untersuchung der Gase auf Wasserstoff und Methan würde noch mindestens 10—15 Minuten erfordern, so daß eine vollständige Untersuchung der Gase sich auf 30—40 Minuten ausdehnen würde; dazu kommt das umfangreiche Gerät, welches man benötigt, so daß man sich für praktische Verhältnisse am besten auf eine sorgfältige Bestimmung von CO_2 und O_2 beschränkt und durch Rechnung auf sonstige unverbrennbare Gasteile schließt. Dafür bieten sich zwei Möglichkeiten, die außerdem zur Prüfung der mehr oder weniger vollständig ausgeführten Gasuntersuchung dienen können.

Es steht nämlich die Zusammensetzung der Gase im bestimmten Verhältnis zu den Bestandteilen des Brennstoffes; der höchste Kohlensäure- (und Schwefel-) Gehalt der Abgase $(k_s)_m$ ist also ermittelbar:

1. aus der Zusammensetzung des Brennstoffes,
2. aus der Zusammensetzung der Verbrennungsgase.

Hassenstein[2]) stellt folgende Formeln dafür auf:

Es bedeutet, wie früher, in Hundertteilen des Gewichtes C' den an dem Verbrennungsvorgange wirklich beteiligten Kohlenstoff des Brennstoffes, der den Rost bedeckt,

H' . . . . Wasserstoff, N' . . . . . Stickstoff,
O' . . . . Sauerstoff, S' . . . . . Schwefel;

es gilt dann für den höchsten $CO_2 + SO_2$-Gehalt für vollkommene Verbrennung

$$(k_s)_m = \frac{8{,}88}{0{,}425 + \dfrac{H' - \dfrac{O'}{8}}{C' + 0{,}37\,S'}} \quad \text{. . . . . 52)}$$

[1]) Vgl. auch Seuffert, Schaubilder zur Abgasanalyse, Z. V. d. I. 1920, S. 515. — Ostwald, Feuerungstechnik 1919, S. 53; Z. V. d. I. 1919, S. 411.

[2]) Z. f. Dampfk. u. M. 1910, S. 90 und 1911, S. 48 ff.

Dabei ist der Brennstoff umgerechnet auf den Rest, der verbleibt, wenn die unverbrannten Bestandteile der Asche abgezogen werden.

Es ist hiernach also der Höchstkohlensäuregehalt eines Brennstoffes ganz allein nur von dem Verhältnis

$$\frac{H' - \frac{O'}{8}}{C' + 037\,S'}$$

abhängig.

Bunte gibt an (ohne Schwefel):

$$(k_s)_m = \frac{21 \cdot C'}{C' + 2{,}37\,H'} \quad \ldots\ldots\ldots\ldots \quad 52\,a)$$

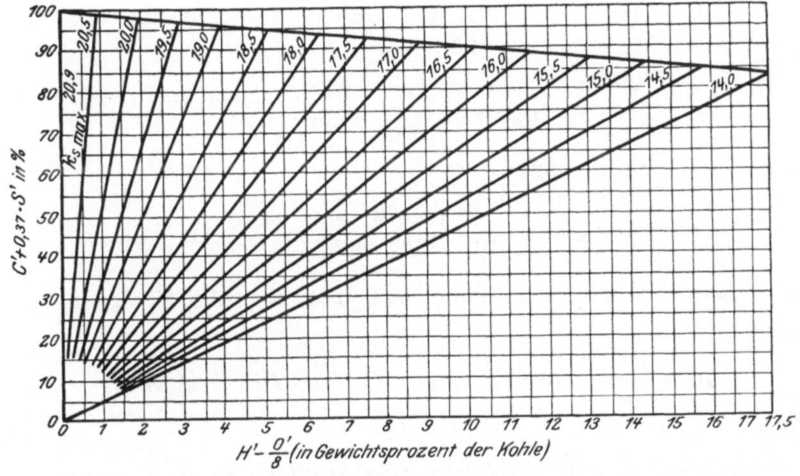

Abb. 27. Höchstgehalt der Verbrennungsgase an $CO_2 + SO_2 = (k_s)_m$ bei verschiedener Zusammensetzung der Brennstoffe (nach Formel 52).

In obenstehender Abb. 27 sind die Beziehungen dieser Größen untereinander dargestellt. Man kann aus denselben für den betreffenden Brennstoff, mit welchem man arbeitet, den höchsten CO_2-Gehalt entnehmen. $(k_s)_m$ schwankt für feste Brennstoffe zwischen 17,6 und 20,8 Raumteilen (vgl. Zahlentafel 52), für flüssige Brennstoffe zwischen 14,4 und 18,5 vH; vorausgesetzt ist vollständige Verbrennung ohne Luftüberschuß.

Beispiel 10. Hatte ein Brennstoff:

C = 64,7 Gewichtsteile, $O + N$ = 6,49 Gewichtsteile,

H = 4,81 „ S = 1,34 „

und betrugen bei der Verbrennung die Herdrückstände 11,8 vH derjenigen des Brennstoffes bei einer Zusammensetzung von

$C_r = 17{,}04$ Gewichtsteile, $H_r = 0{,}40$ Gewichtsteile,
$S_r = 0{,}36$,, $O_r + N_r = 0{,}15$,,

d. h. bezogen auf ursprüngliche Kohle, z. B. $17{,}04 \cdot 0{,}118 = 2{,}01$ Gewichtsteile usw., so wird der berichtigte, wirklich verbrannte Brennstoff folgende Zusammensetzung haben:

$C' = 62{,}76$ Gewichtsteile, $N' = 1{,}00$ Gewichtsteile,
$H' = 4{,}76$,, $S' = 1{,}30$,,
$O' = 5{,}47$,,

da man $N = 1$ setzt, wenn in der Untersuchung $O + N$ zusammen angegeben ist. Man erhält also

$$(k_s)_m = \frac{8{,}88}{0{,}425 + \dfrac{4{,}76 - \dfrac{5{,}47}{8}}{62{,}76 + \dfrac{12}{32{,}06} \cdot 1{,}30}} = 18{,}1 \text{ Raumteile},$$

nach Bunte Formel 52a:

$$(k_s)_m = \frac{21 \cdot 62{,}76}{62{,}76 + 2{,}37 \cdot 4{,}76} = 17{,}8 \text{ vH}.$$

Denselben Wert erhält man, wenn man aus Abb. 27 den Schnittpunkt von

$$H' - \frac{O'}{8} = 4{,}08 \text{ vH} \quad \text{und} \quad C' + 0{,}37\, S' = 63{,}34 \text{ vH}$$

abliest.

Eine etwas andere, einfache Beziehung gibt A. Siegert[1]).

Unter Benutzung der Werte in Abschnitt 3b kann gesetzt werden für vollkommene Verbrennung:

$$(k_s)_m : 100 = 1{,}865 \cdot C : \left[8{,}88 \cdot C + 21{,}041 \cdot \left(H - \frac{O}{8}\right)\right],$$

wenn der Schwefelgehalt außer acht gelassen wird. Daraus folgt:

$$\boldsymbol{(k_s)_m = \frac{21}{1 + 2{,}369 \cdot \dfrac{H - \dfrac{O}{8}}{C}}} \quad \text{. . . . . 52b)}$$

Es genügt demnach zur Berechnung die Kenntnis von $\dfrac{H - \dfrac{O}{8}}{C}$, also eine beliebige Untersuchung des Brennstoffes.

---

[1]) Z. d. Bayer. Rev.-Ver. 1912, S. 66.

Der Höchstgehalt an Kohlensäure hängt sehr von dem Wasserstoffgehalte des Brennstoffes ab; je höher derselbe, desto geringer der Kohlensäuregehalt.

Mit Hilfe einer dieser Formeln kann man dann das Schaubild für beliebige Kohlensorten zeichnen.

Beispiel 11: Backkohle $C = 76{,}6$ vH, $H = 4{,}4$ vH, $O = 8$:

$$(k_s)_m = \frac{21}{1 + 2{,}369 \cdot \dfrac{4{,}4 - \dfrac{8}{8}}{76{,}6}} = 19 \text{ vH},$$

nach Bunte Formel 52a:

$$(k_s)_m = \frac{21 \cdot 76{,}6}{76{,}6 + 2{,}37 \cdot 4{,}4} = 18{,}6 \text{ vH}.$$

c) $(k_s)_m$ berechnet aus der Zusammensetzung der Rauchgase in Raumteilen.

Mit den Bezeichnungen aus Abschnitt 7, S. 134, unter Berücksichtigung aller Bestandteile bei unvollkommener Verbrennung berechnet sich mit $k_s = k_1 + so_2$:

$$(k_s)_m = 20{,}9 \frac{k_s + k_2 + ch + \dfrac{R}{5{,}36}}{20{,}9 - o + 0{,}3955 \cdot k_2 + 1{,}582 \cdot ch + 0{,}1865 \cdot h + \dfrac{R}{5{,}36}} \quad . \quad 53)$$

Findet vollkommene Verbrennung statt, so geht diese Gleichung über in die einfache Form:

$$(k_s)_m = \frac{20{,}9 \cdot k_s}{20{,}9 - o} \quad \ldots\ldots\ldots\ldots 53\text{a})$$

Die Ergebnisse dieser beiden Formeln 53 und 53a stimmen bis auf ganz geringe Unterschiede miteinander überein; ein kleiner Unterschied ist nämlich dadurch bedingt, daß nicht aller Brennstoffschwefel zu schwefliger Säure verbrennt und mit der Kohlensäure zusammen von der Ätzkalilösung aufgesaugt wird, sondern daß ein Teil unermittelt in den Rauchgasen als Schwefelsäure und im Ruß als Ammonsulfat sich befindet. Für die Praxis ist die Übereinstimmung der Formeln völlig hinreichend; der Fehler bleibt unter 3 vH.

Vernachlässigt man in der Gleichung oben ch, R und h, die praktisch nur von sehr geringem Einfluß sind, so erhält man die einfachere Form der Gleichung für $(k_s)_m$, worin nur noch k_2, der Gehalt der Gase an Kohlenoxyd, unbekannt ist, der bestimmt werden muß,

$$(k_s)_m = 20{,}9 \frac{k_s + k_2}{20{,}9 - o + 0{,}3955\, k_2} \quad \ldots\ldots 53\text{b})$$

für unvollkommene Verbrennung, wobei angenommen ist, daß die unverbrannten Gase nur aus CO bestehen.

Die Fehlergrenze beträgt höchstens 2 vH.

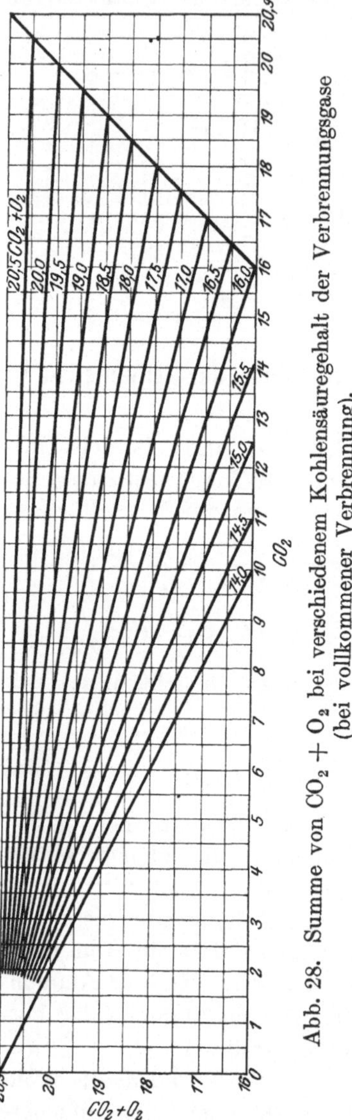

Abb. 28. Summe von $CO_2 + O_2$ bei verschiedenem Kohlensäuregehalt der Verbrennungsgase (bei vollkommener Verbrennung).

Zur Bestimmung von $(k_s)_m$ verfährt man zweckmäßig wie folgt. Man stellt für kürzere Zeit die betreffende Feuerung so ein, daß sie mit vollkommener Verbrennung arbeitet, indem man etwa den Luftüberschuß vergrößert durch Einführung von Zusatzluft oder durch Verringerung der Kohlenschicht usw. Im allgemeinen werden keine merklichen Mengen CO in den Gasen vorhanden sein, wenn der Kohlensäuregehalt im ersten Zuge unter 12—13 vH bleibt. Man ermittelt dann CO_2 und O_2 als Mittelwerte aus mehreren Untersuchungen und rechnet nach der Gleichung

$$(k_s)_m = \frac{20{,}9 \cdot k_s}{20{,}9 - o}$$

$(k_s)_m$ aus; dieser Wert wird dann allen anderen Gasproben des betreffenden Versuches zugrunde gelegt, und aus der Gleichung 53b der Gehalt an unverbrannten Gasen k_2 ermittelt.

Ist die Feuerung gleichmäßig selbsttätig beschickt, so bleibt der Wert $(k_s)_m$ nahezu gleich.

Bei Handfeuerungen jedoch, bzw. Feuerungen mit unterbrochener Beschickung, wechselt der Wert $(k_s)_m$ zwischen zwei Beschickungen nicht unwesentlich. Er ist kurz nach der Beschickung infolge der starken Gasentwicklung am kleinsten und wächst mit fortschreitender Verbrennung an auf einen Höchstwert; dasselbe gilt für die aus Abb. 27 entnommenen Werte für $CO_2 + O_2$. Das Schaubild bleibt jedoch als Mittelwert für die einzelnen Abschnitte zutreffend.

Man muß deshalb auch, um einen richtigen Wert für den höchsten CO_2-Gehalt zu erhalten, mehrere Gasproben entnehmen, und zwar innerhalb einer Beschickungsdauer, die erste kurz nach dem Aufwerfen die letzte kurz vor neuer Brennstoffaufgabe.

d) Die Ermittlung von CO aus $(k_s)_m$[1]).

Ist es indessen nicht möglich, Gasproben bei vollkommener Verbrennung zu erhalten, so bestimmt man bei einigen Proben den Gehalt an CO mittels Kupferchlorürlösung und ermittelt dann aus Gleichung 53 für unvollkommene Verbrennung $(k_s)_m$. Dieser Wert ist für alle weiteren Gasproben einzusetzen.

Will man die Rechnung nach obigen Formeln vermeiden, so benutzt man am besten das Schaubild 28 zur Ermittlung von CO. Ist nämlich der Verbrennungsvorgang durch irgendwelche Umstände gestört, so daß Kohlenoxyd sich in den Abgasen vorfindet, so wird bei der Analyse der Verbrennungsgase ein Betrag an der dem Schaubilde entsprechenden Summe von $CO_2 + O_2$ fehlen, die Summe wird zu klein ausfallen. Es verbrennt nach Zahlentafel 3 nämlich 1 kg Kohlenstoff zu 8,88 m³ CO_2; dagegen werden bei Verbrennung zu CO nur 5,38 m³ CO erzeugt, also weniger Gase gebildet; es ist dann die bei Verbrennung zu CO_2 gebildete Gasmenge etwa $\frac{8,88}{5,38} = 1,65$ mal so groß als bei Verbrennung zu CO.

Wenn man also den Betrag, der an der Summe von $CO_2 + O_2$ im Schaubilde fehlt, mit etwa 1,65 multipliziert, so erhält man die in den Verbrennungsgasen enthaltene Menge CO.

Bunte gibt an:

$$CO = 1,65\,[(CO_2 + O_2)_{max} - (CO_2 + O_2)] \quad \ldots\ldots \quad 54)$$

Beispiel 12. Ist z. B. bei $CO_2 = 15$ vH ein Sauerstoffgehalt von $O_2 = 3$ vH nachgewiesen worden bei obiger Steinkohle, welche bei Verbrennung ohne Luftüberschuß ein $(k_s)_m = 18,6$ vH liefert, also ein $CO_2 + O_2 = 18,0$ vH gegen 19 vH nach Abb. 26 oder 28, so sind $1,0 \cdot 1,65 = 1,65$ vH unverbrannte Gase (CO) vorhanden, was, wie später gezeigt werden wird, einem Wärmeverluste von 8 vH entspricht. Unverbrannte Gase bilden sich bei der Verbrennung von Kohlen fast stets, wenn, hinter dem Flammrohre gemessen, der CO_2-Gehalt 15 vH übersteigt, weil dann nicht an jede Stelle der Feuerung genügend Luft gelangen kann. Es ist daher zweckmäßig, die Feuerschicht so zu regeln, daß 15 vH CO_2, am Flammrohrende gemessen, nicht überschritten werden.

---

[1]) Über unverbrannt ausgeschiedene Kohlenstoffe in den Verbrennungsgasen, vgl. Kutzner: Eine weitere Anwendung von Schaubildern zur Abgasanalyse. Z. V. d. I. 1921, S. 871.

Will man die durch vorstehende Formeln gewonnene Erkenntnis zur Bestimmung von CO benutzen, so verwendet man vorteilhaft Schaubild 28, das für $(k_s)_m$ von 14,5 bis 20,9 vH aufgetragen worden ist, und zwar nach Formel 53a $(k_s)_m = \frac{20{,}9 \cdot k_s}{20{,}9 - O}$; es ergeben sich gerade Linien, deren Endpunkte auf einer vom 0-Punkte des Rechteckes ausgehenden Diagonale liegen.

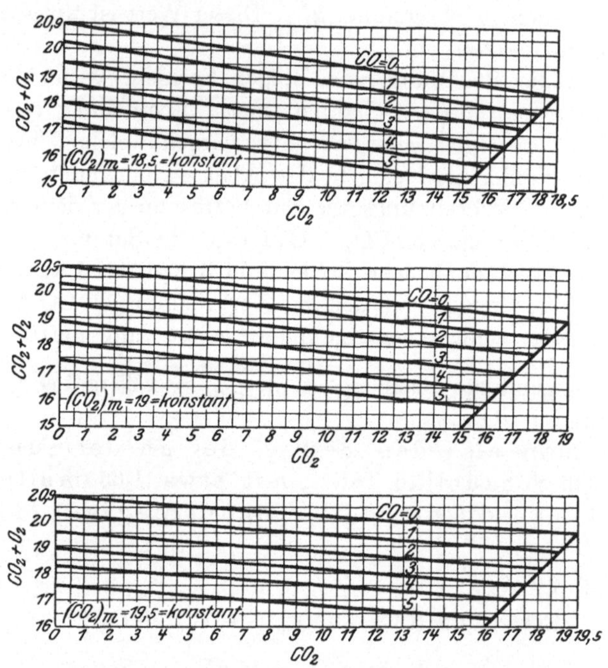

Abb. 29. $CO_2 + O_2$-Gehalt der Verbrennungsgase bei verschiedenem CO_2-Gehalte bei unvollkommener Verbrennung (also CO-Gehalt).

Ferner ist in Abb. 29 die Formel 53 für $(k_s)_m$ für unvollkommene Verbrennung (CO-Bildung) für ein $(k_s)_m = 18{,}5$, 19,0 und 19,5 dargestellt. Die senkrechte Linie enthält $CO_2 + O_2$, die wagerechte CO_2, und die schrägen Linien gelten jeweilig für CO = 1 bis 5 vH (vgl. auch Formel 54).

Für vollkommene Verbrennung gelten wiederum die Verhältnisse von Schaubild 26 bzw. 28, und zwar für die der verwendeten Kohle entsprechende Linie des höchsten CO_2-Gehaltes.

Beispiel 13. Für eine Steinkohle von $(k_s)_m = 18{,}5$ vH erhielt man $CO_2 = 10$ vH, also eine Summe von $CO_2 + O_2 = 19{,}6$ vH, während die Feuerung mit entsprechendem Luftüberschusse arbeitete. Eine spätere Gasprobe bei dickerer Feuerschicht ergab $CO_2 = 13$ vH und $O_2 = 5{,}5$ vH, also eine Summe von 18,5 vH; es fehlt also an der Summe von 19,2 vH, die sich bei vollkommener Verbrennung ergeben müßte, ein Betrag von 0,7 vH. Sucht man die Werte von $CO_2 = 13$ vH und $CO_2 + O_2 = 18{,}5$ vH im Schaubilde 29 für $(k_s)_m = 18{,}5$ auf, so treffen sich die entsprechenden Senkrechten auf der schrägen Linie, die einem $CO = 1{,}0$ vH entspricht; die Gasbestimmung würde also lauten $CO_2 = 13$ vH, $O_2 = 5{,}5$ vH, $CO = 1{,}0$ vH; Summe $= 19{,}5$ vH.

Nahezu denselben Wert hätte man erhalten, wenn man nach vorstehendem den an der Endsumme fehlenden Betrag von 0,7 vH mit 1,6 multiplizierte.

Eine Berechnung von $(k_s)_m$, unmittelbar aus den Verbrennungsgleichungen aufgestellt für die Einzelbestandteile einer Kohle (Braunkohlenbrikett), ist im Abschnitt 3c, S. 46, gegeben.

11. Die Verbrennungstemperatur und der Einfluß der Strahlung.

a) Verlustlose Verbrennung im geschlossenen Raume.

Bei der Verbrennung irgendeines Brennstoffes entsteht eine Temperatur, die um so höher ist, je vollkommener der Verbrennungsvorgang abläuft und je weniger Ausstrahlungsverluste sich störend bemerkbar machen. Die theoretisch jeweilig mit dem Brennstoffe höchste erreichbare Verbrennungstemperatur würde sich im geschlossenen, gegen Ausstrahlung geschützten Raume unter Ausschaltung aller Verbrennungs- und Wärmeverluste, also bei vollkommener Verbrennung, erzeugen lassen. Alle entwickelte Wärme findet sich in den Gasen wieder.

Θ kann aus der Zusammensetzung des Brennstoffes ermittelt werden. Enthält 1 kg Brennstoff C kg Kohlenstoff, H kg Wasserstoff, O kg Sauerstoff, S kg Schwefel, W kg Wasser und A kg Asche, so errechnet sich bei vollkommener Verbrennung ohne Luftüberschuß, also wenn für 1 kg Brennstoff nur die theoretisch erforderliche Luftmenge L_0 m³ zutritt, die Verbrennungstemperatur zu

$$\Theta = \frac{H_u}{0{,}31\,L_0 + 0{,}15\,C + 2{,}6\,H + 0{,}5\,W + 0{,}22\,(0 - S) + 0{,}2\,A} \,. \qquad 55)$$

H_u ist der Heizwert des Brennstoffes (unterer, bezogen auf Wasserdampf).

Vorausgesetzt ist, daß die Temperatur der zugeführten Luft 0° beträgt; angenommen ist dabei eine unveränderliche spezifische Wärme der Gase. In Wirklichkeit ist indes die erreichte Temperatur wesentlich niedriger, weil die spezifische Wärme mit der Temperatur zunimmt (vgl. S. 44) und ein Zerfall der Verbindungen bei hohen Temperaturen eintritt.

Mit den unter dem nächsten Abschnitte gegebenen Bezeichnungen kann auch gesetzt werden bei beliebigem Luftüberschusse:

$$\Theta = \frac{H_u \cdot \eta_1}{G \cdot c_p} + t_a \quad \text{. . . . . 56)}$$

Gasmenge und spezifische Wärme können auch für Kubikmeter eingesetzt werden; dann wird die spezifische Wärme am einfachsten aus Abb. 5 entnommen.

Beispiel Nr. 14: Die Verbrennungstemperatur von lufttrockenem Koks von $C = 84$ vH und 7000 kcal (Zahlentafel 45) ist bei Luftzutritt von 0° zu ermitteln, bei 10 vH CO_2 in den Gasen. Aus Formel 47 ergibt sich:

$$\text{Gasmenge } G_m{}^3 = 15{,}65 + 0{,}15 = 15{,}80 \text{ m}^3 .$$

Setzt man schätzungsweise eine Verbrennungstemperatur von 1200° ein und entnimmt dafür die spezifische Wärme aus Abb. 5 für die trockenen Gase = 0,355 und für Wasserdampf = 0,505, so errechnet sich:

$$\Theta = \frac{7000}{15{,}65 \cdot 0{,}358 + 0{,}15 \cdot 0{,}505} = \frac{7000}{5{,}676} = 1230° .$$

Will man den Wirkungsgrad der Feuerung mit $\eta_1 \sim 0{,}94$ berücksichtigen, so sinkt Θ auf $1230 \cdot 0{,}94 = 1150°$

b) Verbrennung unter Verlusten sowie unter Wärmestrahlung auf die Heizflächen.

Bei der technischen Verbrennung auf der Feuerung treten verschiedene Verluste auf, welche die Wärmeentwicklung hemmen. Ein geringer Teil des Brennstoffes fällt unverbrannt durch den Rost oder bleibt in der Schlacke zurück; es wird mehr Luft zugeführt als theoretisch erforderlich ist, d. h. die Feuerung arbeitet unter Luftüberschuß bzw. mit unvollkommener Verbrennung; ein kleiner Teil der entwickelten Wärme wird durch die Feuertür, den Rost und das Mauerwerk nach außen abgeführt. Die Verbrennungsluft und der Brennstoff müssen angewärmt und das im Brennstoff enthaltene Wasser muß verdampft werden. Einen Teil des Feuerraumes umgeben die Kesselheizflächen, welche strahlende Wärme empfangen. Bei Vorfeuerungen ist diese Fläche kleiner, bei Innen- und Unterfeuerungen aber ziemlich beträchtlich. Da diese bestrahlte Heizfläche die wirksamste ist, hat man, wie unter Abschnitt 16a näher ausgeführt, Interesse daran, sie so groß als zulässig zu machen. Diese auf die Heizfläche ausgestrahlte Wärmemenge ist ziemlich hoch (bis 30 vH), und da sie der glühenden Brennschicht entnommen wird, setzt sie die Verbrennungstemperatur im Zusammenwirken mit den oben aufgeführten Verlusten wesentlich herab.

Dabei ist vorausgesetzt, was ja auch meistens wirklich zutrifft, daß die Verbrennung der Gase im Feuerraume oder nach Bestreichen der bestrahlten Heizfläche beendet ist, und daß die Verbrennungstemperatur der Gase annähernd gleich derjenigen der glühenden Rostschicht ist.

Nachstehend ist diesen Verhältnissen Rechnung getragen, wobei man sich klar sein muß, daß die Rechnungen nur angenähert gelten. Es sollen bezeichnen:

η_1 = Wirkungsgrad der Feuerung; d. h. das Verhältnis der für 1 kg Brennstoff tatsächlich für die Temperaturbildung nutzbar gemachten Wärmemenge in Beziehung zum Heizwerte.

L_0 = Theoret. erforderliche Luftmenge in kg für 1 kg Brennstoff.

$L = v \cdot L_0$ = wirklich gebrauchte Luftmenge in kg für 1 kg Brennstoff.

$G = (1 + vL_0)$ = erzeugte Gasmenge einschließlich Wasserdampf in kg für 1 kg Brennstoff.

t_a = Anfangstemperatur der Verbrennungsluft ° C.

c_p = Mittlere spezifische Wärme der Rauchgase bei konst. Druck für 1 kg (vgl. Abschnitt 3d), gerechnet mit steigender spezifischer Wärme.

H_u = Unterer Heizwert des Brennstoffes (bezogen auf Wasserdampf) in Wärmeeinheiten.

T = Verbrennungstemp. der Gase, annähernd = Temp. der glühenden Rostschicht ° C.

t_w = Außentemperatur der bestrahlten Heizfläche ° C.

R = Rostfläche in m².

B = Brennstoffmenge in 1 Stunde in kg.

σ = Ausstrahlungsverhältnis = $\dfrac{\text{ausgestrahlte Wärme}}{\text{auf dem Roste nutzbar gemachte Wärme}}$.

$\dfrac{B}{R}$ = m² Rostbeanspruchung kg/m²/h. Ebene senkrecht zur mittleren Strahlungsrichtung.

S_1 = Durch Strahlung an den Kessel vom Roste in 1 Stunde abgegebene Wärmemenge in Wärmeeinheiten.

F ist zu setzen: a) bei Innenfeuerungen, wo nahezu alle Wärme von den umgebenden Heizflächen aufgenommen wird (mit Ausnahme der Türverluste usf.) gleich der strahlenden Rostfläche in m². b) Bei Vor- und Unterfeuerungen gleich dem Querschnitte in m² des Strahlenbündels, das durch die Öffnung zwischen Kessel und Feuerraum hindurchgeht und durch die auch die Gase nach dem Kessel ziehen.

Es ermittelt sich dann die aus dem Brennstoff gewonnene Wärmemenge zu:

$$B \cdot H_u \cdot \eta_1 \qquad 57)$$

Die in den Verbrennungsgasen entwickelte Wärmemenge beträgt, wenn die Verbrennungsluftmenge gleich der Verbrennungsgasmenge gesetzt wird, was aber bis auf einige Prozente nicht ganz stimmt:

$$B \cdot (T - t_a) \cdot G \cdot c_p = B \cdot (T - t_a) \cdot (1 + v L_0) \cdot c_p \quad \text{57a)}$$

An die Heizfläche wird durch Strahlung abgeführt:

$$\sigma \cdot B \cdot H_u \cdot \eta_1 .$$

Daraus ergibt sich die tatsächliche Verbrennungstemperatur der Gase in °C

$$T = \eta_1 \cdot \frac{(1 - \sigma) \cdot H_u}{G \cdot c_p} + t_a \quad \text{57b)}$$

oder:

$$T = \eta_1 \cdot \frac{(1 - \sigma) \cdot H_u}{(1 + v L_0) \cdot c_p} + t_a \quad \text{57c)}$$

Darin ist der durch Strahlung abgeführte Wärmeanteil in einer Verhältniszahl σ ausgedrückt. Zur angenäherten Berechnung von T kann man die von Péclet angegebenen Werte einsetzen:

bei Innenfeuerungen $\sigma = 0{,}25-0{,}30$, bei Vorfeuerungen $\sigma = 0{,}15$,
bei Unterfeuerungen $\sigma = 0{,}20-0{,}25$, $\eta_1 = 0{,}90-0{,}97$.

Bei hoher Rostbeanspruchung sind die niedrigeren Werte von η_1 einzusetzen. Die ungefähren Werte der Verbrennungstemperatur sind in nachstehender Zahlentafel für einige Brennstoffe und Kohlensorten enthalten.

Zahlentafel 53.

Verbrennungstemperaturen einiger Brennstoffe.

Kohlensäuregehalt vH	Steinkohlen 7300 kcal	Braunkohlenbrikette 4800—5000 kcal	Braunkohle 2700 kcal
9,0	1050	980	820
10,5	1200	1120	950
12,5	1300	1300	1080
14,0	1550	1450	1200

Will man genauere Werte[1]) haben, so muß man für die einzelnen Fälle die Rechnung durchführen und den Strahlungsanteil σ mit Hilfe der Strahlungsformeln bestimmen. In Zahlentafel 54 ist das Ergebnis solcher Berechnungen von Deinlein[2]) aufgeführt. Sie gilt bei einer solchen Luftzuführung, daß in den Verbrennungsgasen 12 vH CO_2 vor-

[1]) Vgl. Kammerer, Versuche an einem Stierle-Kessel mit Betrachtungen über den Wärmedurchgang. Z. d. Bayer. Rev.-V. 1916, S. 73ff.

[2]) Z. d. Bayer. Rev.-V. 1916, S. 114.

handen sind, bei $t_a = 20°$ Lufteintrittstemperatur und $t_w = 200°$ Kesselwandtemperatur. Zugrunde gelegt wurden drei mittlere Kohlensorten, nasse deutsche Braunkohle von 1840 kcal, böhmische Braunkohle von 4430 kcal und Ruhrkohle von 7540 kcal, sowie verschieden starke Rostbeanspruchungen; angesetzt ist der Strahlungswert = 4,6 und $\frac{F}{R} = 1$.

Zahlentafel 54.

Ausstrahlungsverhältnis σ in Beziehung zur Rostbeanspruchung und Verbrennungstemperatur für verschiedene Kohlensorten.

Rostbeanspruchung $\frac{B}{R}$ kg/m²/h	Mittelwerte von σ	Deutsche Braunkohlen H_u = 1840 kcal		Böhmische Braunkohle H_u = 4430 kcal		Ruhrkohle H_u = 7540	
		Ausstrahlungsverhältnis σ	Verbrennungstemperatur T	σ	T	σ	T
75	0,302	—	—	—	—	0,286	1140
100	0,269	0,279	790	0,275	1070	0,254	1190
125	0,245	0,252	820	0,255	1100	0,229	1230
150	0,231	0,224	850	0,234	1130	0,204	1270
200	0,189	0,197	880	0,200	1180	0,172	1320
300	0,148	0,151	930	0,159	1240	—	—
400	0,122	0,121	960	—	—	—	—

Die Aufstellung zeigt, daß das Verhältnis σ von abgestrahlter Wärme zu erzeugter Wärme ziemlich unabhängig von der Kohlensorte ist, dagegen nimmt σ mit der Menge der auf der Rosteinheit verbrannten Kohle ab; im Durchschnitt genommen fällt die abgestrahlte Wärmemenge von 27 vH bei 100 kg Rostbeanspruchung auf 15 vH bei 300 kg Rostbeanspruchung, während die Verbrennungstemperatur bedeutend ansteigt.

Temperaturmessungen im Feuerraum[1]) von Einflammrohrkesseln wurden mit elektrischem Strahlungspyrometer bei Verfeuerung von Koksasche von 4800 kcal ausgeführt, wobei das Instrument 300 mm vor der Feuertür stand und auf einen 1800 mm entfernten Meßpunkt in $^2/_3$ Rostlänge von der Schürplatte gerichtet war. Es ergaben sich Temperaturen von 700—850° bei ruhigem Feuer; sie fielen bis auf 400° beim Aufwerfen.

Bei dem gleichen Roste, der mit darüber gebautem Zündgewölbe aus hochwertigen Schamottesteinen ausgerüstet war, lag die Temperatur durchschnittlich bei 1100°, also etwa 400° höher und fiel beim Aufwerfen bis auf etwa 700°.

Bei den Vergleichsversuchen mit und ohne Zündgewölbe ergab sich, daß die Endtemperatur am Kesselende um so tiefer war, je höher die Verbrennungstemperatur lag (mit Zündgewölbe 250°, ohne dasselbe 370°), weil das hohe Temperaturgefälle einen besseren Wärmeübergang lieferte (vgl. auch S. 215).

[1]) Schönfeld, „Beitrag zur Heizkunst". Feuerungstechnik 1923, S. 180.

Ermittlung des Strahlungseinflusses. Man geht von den Beziehungen auf S. 164 aus. Bezeichnet man die durch Strahlung vom Roste in 1 Stunde abgeführte Wärmemenge mit S_1, so gilt:

$$B\,(T - t_a)\,G \cdot c_p + S_1 = B \cdot H_u \cdot \eta_1\,,$$

$$T = t_a + \frac{B \cdot H_u \cdot \eta_1 - S_1}{B \cdot G \cdot c_p} \quad \ldots\ldots\ldots\ldots \quad 58)$$

Statt BGc_p kann man auch $B(1 + v \cdot L_0)c_p$ einführen.

Hierin ist S_1 nach dem Strahlungsgesetze von Stephan-Boltzmann, Formel 23), S. 85, zu errechnen:

$$S_1 = 4 \cdot F\left[\left(\frac{T + 273}{100}\right)^4 - \left(\frac{t_a + 273}{100}\right)^4\right] \text{ in kcal und 1 h.}$$

Man kann zur Vereinfachung für die meisten Fälle als zutreffend $t_a \sim 200°$ setzen und erhält dann für das zweite Klammerglied den Wert 500.

Für die Verbrennungstemperatur der Gase ergibt sich dann aus Formel 58) unter Berücksichtigung der Strahlung der genaue Wert:

$$T = t_a + \frac{B \cdot H_u \cdot \eta_1 - 4 \cdot F\left[\left(\frac{T + 273}{100}\right)^4 - 500\right]}{B \cdot G \cdot c_p} \text{ in °C} \quad \ldots \quad 59)$$

man kann auch $Gc_p = (1 + vL_0)\,c_p$ einsetzen.

Der Ausstrahlungsanteil ermittelt sich aus

$$\sigma = \frac{S_1}{B \cdot H_u \cdot \eta_1} = \frac{4 \cdot F\left[\left(\frac{T + 273}{100}\right)^4 - \left(\frac{t_a + 273}{100}\right)^4\right]}{B \cdot H_u\,\eta_1} \quad \ldots \quad 60)$$

Aus den gegebenen Formeln lassen sich leicht folgende Gesetzmäßigkeiten[1]) ablesen:

1. der Ausstrahlungsanteil σ fällt mit steigender Rostbeanspruchung $\left(\frac{B}{R}\right)$, mit steigender Kesselbeanspruchung, mit abnehmender bestrahlter Heizfläche und mit steigender Verbrennungstemperatur T;
2. der Ausstrahlungsanteil σ wächst mit Zunahme des Brennstoffheizwertes, mit steigendem CO_2-Gehalte der Verbrennungsgase (oder mit abnehmendem Luftüberschusse v) und mit steigender bestrahlter Heizfläche;

[1]) Vgl. auch A. Dosch, Eingestrahlte Wärme und Brennstoffausnutzung. Z. f. Dampfk. u. M. 1916, S. 121. (Die Zahlenwerte sind nicht zutreffend, weil in die Formeln statt der absoluten Temperaturen $T + 273$ nur die gewöhnlichen eingesetzt wurden.)

3. die Verbrennungstemperatur T steigt mit steigender Rostbeanspruchung, mit steigendem CO_2-Gehalte, mit steigender Kesselbeanspruchung und mit Abnahme der bestrahlten Heizfläche.

Aus den obigen Ausführungen ist die hohe Wichtigkeit der bestrahlten Kesselheizfläche für die Dampfleistung des Kessels ersichtlich.

Beispiel 15 (vgl. auch Messung S. 216). Auf einer Innenfeuerung von $R = 2{,}2\,m^2$ Rostfläche werden für 1 m² und Stunde 95 kg Saarkohlen von $H_u = 6900$ kcal bei nahezu vollkommener Verbrennung verfeuert unter Bildung von 13 vH CO_2; es sei daher $\eta_1 = 0{,}96$ gesetzt. Die bestrahlte Kesselheizfläche betrage 3,7 m², die Lufttemperatur sei $t_a = 20°$. Wie groß ist die Verbrennungstemperatur T und der durch Strahlung an die Kesselheizfläche übergegangene Wärmeanteil σ?

Nach Zahlentafel 45 ergibt sich der Luftbedarf L zu 9,65 kg, und aus Abb. 25 findet sich für 13 vH CO_2 eine Luftüberschußzahl $v = 1{,}46$; damit ergibt sich die Verbrennungsgasmenge einschließlich Wasserdampf zu $G = (1 + v \cdot L_0) = 15{,}1$ kg für 1 kg Kohle; es ist dann $B = 95 \cdot 2{,}2 = 209$ kg/h, und es betrage $c_p = 0{,}26$.

Da in der Formel 59) die gesuchte Verbrennungstemperatur auf beiden Seiten vorkommt, so schätzt man (am besten nach Zahlentafel 53) dieselbe erst und ermittelt so einen Wert, mit dem man dann nochmals in die Formel eingeht. Es ergibt sich also unter Annahme von $T = 1100°$

$$T = 20 + \frac{209 \cdot 6900 \cdot 0{,}96 - 4 \cdot 2{,}2 \cdot \left[\left(\frac{1100 + 273}{100}\right)^4 - 500\right]}{209 \cdot 15{,}1 \cdot 0{,}26}$$

$$= 20 + \frac{1\,383\,000 - 8{,}8 \cdot 35\,100}{822} = 20 + \frac{1\,074\,000}{822} = 1325°\,.$$

Setzt man diesen Wert von 1325° wieder in die Formel ein, so erhält man die wirklich erzeugte Temperatur:

$$T = 20 + \frac{1\,383\,000 - 8{,}8 \cdot 64\,800}{822} = 20 + \frac{813\,000}{822} = 1010°\,.$$

Der Ausstrahlungsanteil ermittelt sich zu:

$$\sigma = \frac{S_1}{B \cdot H_u \cdot \eta_1} = \frac{570\,000}{1\,383\,000} = 0{,}41\,.$$

Das heißt 41 vH der gesamten erzeugten Wärmemenge sind an die bestrahlte Kesselheizfläche übergegangen. Wäre keine Wärme durch Strahlung verlorengegangen, so hätte sich eine Temperatur nach Formel 56) bilden können von:

$$\Theta = t_a + \frac{B \cdot H_u \cdot \eta_1}{B \cdot G \cdot c_p} = \frac{1\,383\,000}{822} = 1680°\,.$$

Die Strahlungsabgabe der Feuerung hat also die Verbrennungstemperatur um 670° gegen die theoretisch mögliche herabgesetzt. Auf 1 m² bestrahlter Kesselheizfläche sind nach obigem $\frac{570\,000}{3,7} = 154\,000$ kcal/m²/h übergegangen.

In diesem Zusammenhang sei besonders auf die Ausführungen in Abschnitt 16 und 35f hingewiesen.

Kurz erwähnt sei auch noch die Wichtigkeit einer gleichmäßigen Verbrennungstemperatur. Im allgemeinen ist sie in den einzelnen Rostzonen bei Wanderrosten und Schüttfeuerungen und in dem Verbrennungsspiele der einzelnen Zeitabschnitte zwischen den jeweiligen Beschickungen bei Handfeuerung verschieden hoch. Ausgleichend wirken ein genügend großer Verbrennungsraum und das umgebende Mauerwerk bei Vor- und Unterfeuerungen, das im allgemeinen die mittlere Verbrennungstemperatur annimmt und Wärme zurückstrahlt.

12. Die Wärmeverluste im Kesselbetriebe.

Im Dampfkesselbetriebe wird durch die Verbrennung Wärme frei (vgl. S. 105), welche an die Heizflächen übertragen werden soll; dabei entstehen unvermeidliche Verluste, d. h. der Vorgang läuft mit einem Wirkungsgrade ab, der je nach der Geschicklichkeit der Anordnung und Betriebsführung verschieden hoch ausfällt. Die hauptsächlichsten Wärmeverluste sind:

1. Verlust durch die freie Wärme der abziehenden Verbrennungsgase:
   a) durch die trockenen Verbrennungsgase,
   b) durch die Verdampfungswärme des Wassers,
   c) durch die Überhitzungswärme des Wasserdampfes.
   Wird mit dem unteren Heizwerte H_μ gerechnet, so fällt b) fort.
2. Verlust durch unverbrannte Gase.
3. Verlust durch unverbrannte Teile in den Aschenrückständen und der Schlacke nebst fühlbarer Wärme der Rückstände.
4. Verlust durch Flugkoks, der in die Züge mitgerissen wird.
5. Verlust durch Ruß in den Verbrennungsgasen.
6. Verlust durch Strahlung und Fortleitung von Wärme durch das Mauerwerk, Kesselteile usw. (meist als Rest bestimmt); hierin sind enthalten noch Beträge zur Anwärmung des Brennstoffes von Außentemperatur auf Abgastemperatur; und zur Anwärmung, Verdampfung sowie Überhitzung des in der Verbrennungsluft enthaltenen Wasserdampfes bis auf Abgastemperatur.

Die Verluste wechseln je nach den Betriebsverhältnissen in ihrer Größe und im Verhältnis zueinander und hängen in gewisser Weise voneinander ab. Die beträchtlichsten Verluste bewirken die unter 1 und 2 aufgeführten mit den Gasen abziehenden Wärmemengen; man kann aber zugleich auch auf deren Größe am meisten Einfluß ausüben, deshalb ist es sehr wichtig, über alle Umstände, welche dieselben beeinflussen, genaue Auskunft sich zu verschaffen.

Es sind auf die Abgasverluste von Bedeutung:

1. die Menge der Abgase; sie werden durch die Kohlenzusammensetzung und durch einen größeren oder kleineren Luftüberschuß bei der Verbrennung bedingt: als Merkmal dafür gilt der CO_2-Gehalt der Abgase, der um so geringer ist, je mehr die Verbrennungsgase durch überschüssige Luft verdünnt werden;

2. die Temperatur der Abgase; der Verlust wächst infolge der steigenden spezifischen Wärmen etwas rascher an als die Temperatur der Gase;

3. der Gehalt der Abgase an brennbaren Teilen wie CO, CH_4, Ruß.

Zur Ermittlung der Verluste bedarf man in erster Linie einer Untersuchung der Gase auf CO_2, O_2 bzw. bei genauen Bestimmungen noch auf CO, CH_4 und Ruß sowie einer Kohlenuntersuchung; außerdem ist eine Temperaturmessung erforderlich. Dann berechnet man nach den in Abschnitt 8 angeführten Formeln die Zusammensetzung der Abgase in Kubikmetern oder Kilogramm, bestimmt unter Zugrundelegung der steigenden spezifischen Wärmen (Zahlentafel 6, 7, 8 und Abb. 4) für die einzelnen Gasbestandteile die Einzelbeträge der Verluste und setzt die Summe derselben zum Kohlenheizwert in Beziehung. Verschiedene Rechnungsweisen für verschieden große Genauigkeiten mögen nachstehend besprochen werden, unter Annahme einer vollkommenen Verbrennung und unter Berücksichtigung einer unvollkommenen Verbrennung; dabei seien außer den auf S. 134 angegebenen Zeichen noch folgende verwandt:

Verbrannte Kohlen in Kilogramm	$= M$,
Temperatur der abziehenden Gase in °C	$= T$,
Temperatur der in die Feuerung einziehenden Luft °C	$= t$,
Temperatur des Brennstoffes in °C	$= t_B$.

Die mittlere spezifische Wärme zwischen t und T für 1 kg (1 m³) sei

c_{p_1} ($\mathfrak{C}_{p_1}$)	für Kohlensäure,	c_{p_4} ($\mathfrak{C}_{p_4}$)	für Wasserdampf,
c_{p_2} ($\mathfrak{C}_{p_2}$)	„ Sauerstoff,	c_{p_5} ($\mathfrak{C}_{p_5}$)	„ Kohlenoxyd,
c_{p_3} ($\mathfrak{C}_{p_3}$)	„ Stickstoff,	c_{p_6} ($\mathfrak{C}_{p_6}$)	„ Methan$_3$,

C_{pm} = mittlere spezifische Wärme von 1 m³ der trockenen Verbrennungsgase bei 0° und 760 mm. Sie wird am besten aus Abb. 5, S. 51, entnommen.

Für die zweiatomigen Gase O_2, N_2, CO sind die spezifischen Wärmen für 1 m³ gleich groß (vgl. Zahlentafel 7).

a) Abgasverlust durch freie Wärme der Rauchgase bei vollkommener Verbrennung (ohne CO-Bildung und dergl.).

Es wird unter Verwendung der Formel 47b) auf S. 141, wenn man in Kilogramm rechnet, der Verlust V durch freie Wärme der Abgase in Wärmeeinheiten, wenn o, n, k aus der Gasuntersuchung bekannt sind, genau:

$$V = M\left[3{,}667 \cdot C_o \cdot c_{p_1} + 1{,}432\, K_o \cdot \frac{o}{k} \cdot c_{p_2} + 1{,}254\, K_o \frac{n}{k} \cdot c_{p_3} + (9\, H_o + W)\, c_{p_4}\right](T - t) \text{ (kcal/kg)} \quad . \; 61)$$

bezogen auf den unteren Heizwert.

Vernachlässigt ist hierbei der Wassergehalt der Verbrennungsluft (der bei der Berücksichtigung sonst zu W zu zählen wäre) sowie der geringe Gehalt der Gase an schwefliger Säure. Sämtliches Wasser W der Kohle ist in den Gasen enthalten.

Für viele Rechnungen ist die Benutzung des Rauminhaltes bezogen auf $^0/_{760}$ bequemer; durch Teilen der einzelnen Glieder obiger Gleichung mit den jeweiligen spezifischen Gewichten und Einsetzen der mittleren spezifischen Wärmen für 1 m³ ergibt sich dann der Verlust in Wärmeeinheiten genau für den unteren Heizwert:

$$V = M\left[1{,}865\, C_0\left(\mathfrak{C}_{p_1} + \frac{o}{k}\mathfrak{C}_{p_2} + \frac{n}{k} \cdot \mathfrak{C}_{p_3}\right) + \frac{9\, H_0 + W}{0{,}804} \cdot \mathfrak{C}_{p_4}\right](T - t) \quad 61\text{a})$$

Legt man Formel 47 auf S. 140 zugrunde, für die Verbrennungsgasmenge und multipliziert den trockenen Gasanteil mit der mittleren spezifischen Wärme C_{pm}, den Wasserdampfanteil mit der mittleren spezifischen Wärme je Kubikmeter 0°/760 mm von 0,365, so erhält man die sog. frühere „Vereinsformel", bezogen auf den unteren Heizwert:

$$V = M\left[Cp_m \frac{C_0}{0{,}536 \cdot k_1} + 0{,}46\, \frac{9\, H + W}{100}\right](T - t) \text{ (in kcal/kg)}. \quad 61\text{b})$$

C_{pm} entnimmt man aus Abb. 5, S. 51.

In den Grenzen von 250—300° Abgastemperatur und 10—15 vH CO_2 kann man $C_{pm} = 0{,}33$ einsetzen, da sich C_{pm} für die trockenen Gase mit Kohlensäuregehalt nicht sehr wesentlich ändert.

Für den oberen Heizwert gilt:

$$V = \frac{C_0}{0{,}536\, k_1} \cdot Cp_m\,(T - t) + 6\,(9\, H + W) + 0{,}46\, \frac{9\, H + W}{100}\,(T - t_B) \text{ (kcal/kg)} \ldots\ldots \quad 61\text{c})$$

Das Mittelglied für die Kondensationswärme des Wasserdampfes ist hinzugetreten.

Führt die Verbrennungsluft für 1 kg Brennstoff d kg Wasserdampf mit sich, so kommt zu vorstehender Gleichung 61 c) noch das Glied

$$0{,}46 \cdot d \cdot (T - t)$$

hinzu.

Führt man diese Rechnungen für verschiedene Kohlensorten und für verschiedenen Luftüberschuß aus, so merkt man, da die Zusammensetzung der Abgase nach früheren Untersuchungen bei gleichem Luftüberschusse sich nicht mehr wesentlich mit der Kohlensorte ändert, daß der Wärmeverlust in erster Linie abhängig ist von dem Temperaturunterschiede zwischen Abgasen und Außenluft und von dem CO_2-Gehalte der Abgase; man kann dann, ohne den Heizwert der Kohle kennen zu müssen, unter Annahme vollkommener Verbrennung des gesamten Brennstoffes für überschlägige Rechnungen, die aber für viele Bedürfnisse genügen, den Wärmeverlust in Prozenten ermitteln aus der Siegertschen Formel für Steinkohlen für den unteren Heizwert

$$V = 0{,}65 \frac{T - t}{k_1}, \quad \text{. . . . .} \quad 61\text{d)}$$

Diese Formel ist allerdings nur so lange genau, als unverbrannte Gase unter 0,3 Raumteilen vorhanden sind, darüber hinaus zeigt sie zu große Werte an (vgl. S. 179).

Die Formel gestattet eine zeichnerische Auftragung in einem Schaubilde 30, das eine überaus klare Vorstellung von dem Zusammenhang des Temperaturunterschiedes zwischen Abgasen und Außenluft, dem CO_2-Gehalte der Abgase und dem Abgasverluste bietet und sehr übersichtlich zeigt, wie sich eine Änderung der Temperatur oder des CO_2-Gehaltes auf den Abgasverlust bemerkbar macht. Für Braunkohlen gilt das zweite Bild mit etwas höheren Werten (vgl. Formel 62a). Man kann aus dieser Darstellung ersehen, daß bei gleicher Abgastemperatur der unvermeidliche Verlust um so geringer wird, je höher der Kohlensäuregehalt ist; desgleichen bei demselben Kohlensäuregehalte um so geringer, je niedriger die Fuchstemperatur ist. So beträgt z. B. bei 280° Unterschied zwischen Abgas- und Kesselhaustemperatur der Abgasverlust für Steinkohlen 34 vH bei 6 vH Kohlensäure, während er bei 10 vH Kohlensäure auf 21 vH sinkt.

Zu überschlägigen Rechnungen genügt die Darstellung vollständig, besonders um rasch die Wirkung eines Eingriffes in den Verbrennungsvorgang zu überblicken, oder auch um z. B. festzustellen, welche Verbesserung des Wirkungsgrades durch Herabkühlen der Gase beim Einbau eines Rauchgasvorwärmers erzielt wird. Als Anhalt mag dabei

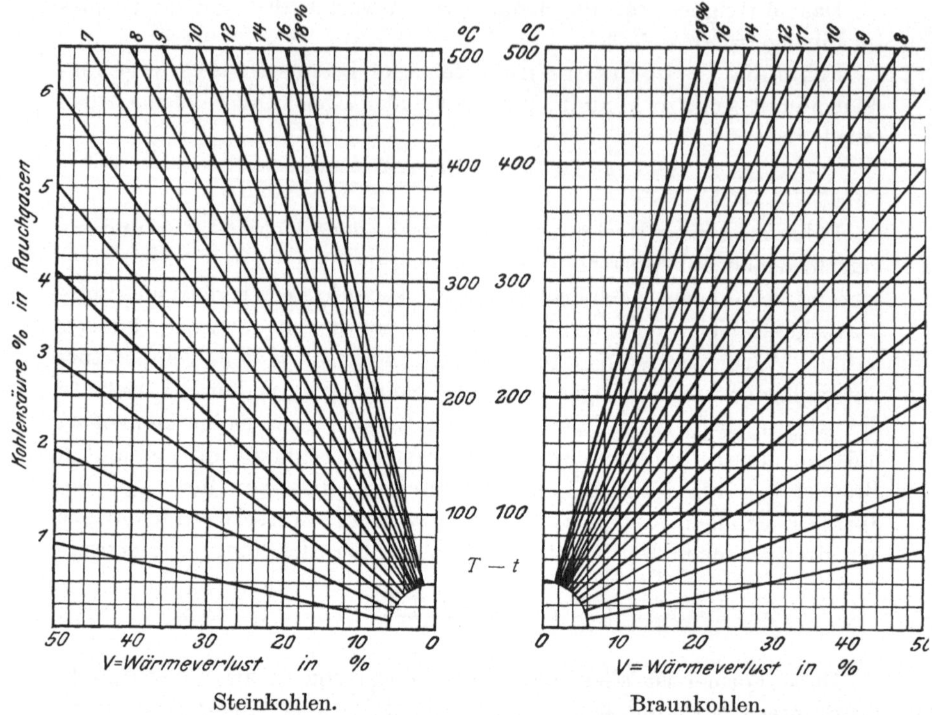

Steinkohlen. Braunkohlen.

Abb. 30. Wärmeverluste durch die fühlbare Wärme der Verbrennungsgase in Prozent des Kohlenheizwertes, bezogen auf den unteren Heizwert $H\mu$.

dienen, daß im Durchschnittsbetriebe die Gase im Fuchs vor dem Schornsteine gemessen einen CO_2-Gehalt von 9—12 vH besitzen.

b) Abgasverluste durch fühlbare Wärme der Rauchgase bei unvollkommener Verbrennung.

Ist die Verbrennung nicht vollkommen vor sich gegangen, sondern ist eine Bildung von Kohlenoxyd, Methan und Ruß entstanden, so wird dieses nicht ohne Einfluß auf die freie Wärme der Abgase bleiben; neuere Untersuchungen von Constam und Schläpfer haben erwiesen, daß dann die einfache Überschlagsformel nicht genaue Ergebnisse bietet. Hassenstein[1]) hat versucht, in einer Formel, welche, ohne den langen Umweg über die Zusammensetzung des Brennstoffes, sich nur auf die Untersuchung der Gase aufbaut, diesen Verhältnissen Rechnung zu tragen. Er geht davon aus, daß etwas Kohle unverbrannt durch den Rost fällt und setzt für mittlere Verhältnisse den Verlust an Kohle = 3 vH, die spezifische Wärme der trockenen Rauchgase = 0,32 für 1 m³, die von

[1]) Hassenstein, Z. f. Dampfk. u. M. 1910, S. 26 u. 173.

Wasserdampf = 0,37 und $CO_2 + CO + CH_4 + 0{,}37\,S = 10$ vH; dabei nimmt er für die Steinkohle als höchsten CO_2-Gehalt der Gase 19,0 vH an.

Dann gilt für den Abgasverlust für Steinkohle als sehr genaue Formel bezogen auf den unteren Heizwert:

$$V = 0{,}65 \cdot \frac{T - t}{k_1 + k_2 + ch + 0{,}33} \text{ in Prozent.} \quad . \quad . \quad 62)$$

Für Braunkohle stellt Hassenstein eine ähnliche Formel auf:

$$V = v \cdot \frac{T - t}{\varepsilon} \text{ in Prozent,} \quad . \quad . \quad . \quad . \quad . \quad . \quad . \quad 62a)$$

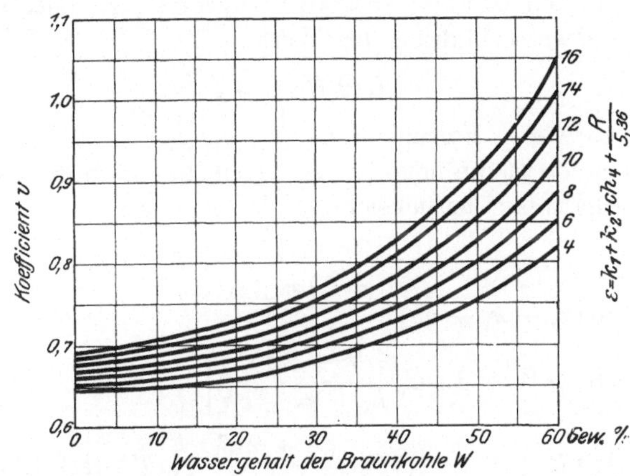

Abb. 31. Abgasverlust durch fühlbare Wärme für Braunkohlenfeuerung berechnet nach $V = v \cdot \frac{T - t}{\varepsilon}$ in Prozent.

worin $\varepsilon = k_1 + k_2 + ch + \frac{R}{5{,}36}$ bedeutet, und v aus vorstehendem Schaubilde 31 entnommen werden kann; R kann 1—3 g für 1 m^3 Gas gesetzt werden.

v hängt also vom Wassergehalte der Kohle und von ε zugleich ab und kann nicht als konstant gesetzt werden wie bei Steinkohle. Infolge des hohen Wassergehaltes der Braunkohle kann eine einfachere Rechnungsweise nicht gegeben werden.

Ist der Kohlenstoffgehalt des Brennstoffes bekannt, so kann man die entstehende Gasmenge in m^3 $^0/_{760}$ nach Formel

$$G_{m^3} = \frac{1{,}865\,C_0}{k_1 + k_2 + ch + \frac{R}{5{,}36}} + \frac{9\,H_0 + W}{0{,}804} \quad . \quad . \quad . \quad . \quad 63)$$

berechnen und den auf Grund steigender spezifischer Wärmen gewonnenen Mittelwert zwischen 0 und 300° für Wasserdampf zu 0,51 für 1 kg einsetzen. Dann wird der Abgasverlust in Wärmeeinheiten, bezogen auf den unteren Heizwert:

$$V = M\left[C p_m \cdot \frac{1{,}865\, C_0}{k_1 + k_2 + ch + \dfrac{R}{5{,}36}} + 0{,}51 \cdot \frac{9\, H_0 + W}{100}\right](T - t)\ \text{(in kcal/kg)}$$

C_{pm} kann $= 0{,}33$ zwischen 0 und 300° gesetzt oder besser aus Abb. 5, S. 51, entnommen werden.

C_0, H_0, W sind in Gewichtsteilen, k_1, k_2, ch in Raumteilen eingesetzt (vgl. S. 134).

Legt man den oberen Heizwert zugrunde, so tritt noch für die Kondensationswasserbildung der Wert

$$6\,(9\, H + W)$$

hinzu, ebenso wie in Formel 61 c.

Noch genauer ist die neue in den „Richtlinien" aufgestellte Formel, die alle Verhältnisse berücksichtigt, bezogen auf den oberen Heizwert:

$$V = \frac{C_0}{0{,}536\,(k_1 + k_2 + ch)} \cdot C_{pm}\,(T - t) \qquad \text{Glied a (S. 168)}$$

$$+\, 6\left\{9\, H + W - 1{,}5\, C_0 \frac{h + 2\, ch}{k_1 + k_2 + ch}\right\} \qquad \text{Glied b}$$

$$+\, \frac{0{,}46}{100}\left\{9\, H + W - 1{,}5\, C_0 \frac{h + 2\, ch}{k_1 + k_2 + ch}\right\}(T - t_B) \quad \text{Glied c}$$

(in kcal/kg) 64 a)

Bezieht man auf den unteren Heizwert, so fällt Glied b fort.

Ist die Verbrennungsluft nicht vorgewärmt, so ist im allgemeinen $t = t_B$.

Bei vollkommener Verbrennung geht obige Gleichung über in Gleichung 61 b) bzw. 61 c), S. 170.

Die Überschlagsformeln Nr. 62 u. 62 a für V in vH werden in ihren Ergebnissen naturgemäß etwas abweichen, weil sie in ihrer Ableitung von verschiedenen Grundlagen ausgehen und, um eben einfach zu werden, Mittelwerte statt der wirklichen Werte verwenden; doch bleibt in vielen Fällen, wenn man die Zusammensetzung der Kohle nicht genau kennt, keine andere Rechnungsmöglichkeit übrig.

Der Fehler dieser Formeln beträgt indes höchstens etwa 6 vH vom Endwerte, so daß also die praktisch gute Anwendungsmöglichkeit gegeben ist.

Beispiel 16. Es möge ein Zweiflammrohrkessel von 100 m² Heizfläche mit 22 kg Dampf auf 1 m² Heizfläche und Stunde beansprucht werden bei 8 at Überdruck. Dabei werden verbrannt 300 kg schlesische Steinkohle nach Zahlentafel 45, S. 114. Die Verbrennungsgase ziehen mit 310°, gemessen vor dem Schieber, ab; die Außentemperatur betrage 20° C. Es werde der Abgasverlust ermittelt, wenn die trockenen Gase in Raumteilen enthalten $CO_2 = 9{,}0$ vH, $CO = 0{,}5$ vH, $O_2 = 10{,}2$ vH, $N_2 = 80{,}3$ vH. Der Verlust an Aschendurchfall betrage 3 vH, bezogen auf die zur Verbrennung gelangende Kohle.

Da 1 kg Kohle 0,73 kg Kohlenstoff besitzt und 3 vH davon mit der Asche verlorengehen, so bleiben für die Verbrennung nur noch 0,71 kg C übrig.

Gerechnet nach Kilogramm nach Formel 61) wird mit steigender spezifischer Wärme unter Annahme vollkommener Verbrennung:

$$V = 300\left[3{,}667 \cdot 0{,}71 \cdot 0{,}221 + 1{,}43 \cdot 1{,}865 \cdot 0{,}71 \cdot \frac{10{,}2}{9{,}0} \cdot 0{,}218 \right.$$

$$\left. + 1{,}254 \cdot 1{,}865 \cdot 0{,}71 \cdot \frac{80{,}3}{9{,}0} \cdot 0{,}250 + (9 \cdot 0{,}045 + 0{,}038) \cdot 0{,}524\right](310 - 20),$$

$$V = 300\,[0{,}576 + 0{,}463 + 3{,}71 + 0{,}232] \cdot 290 = 300 \cdot 5{,}0 \cdot 290,$$
$$V = 435\,000 \text{ kcal für 1 h.}$$

Der untere Heizwert der Kohle betrug $H_u = 6900$ kcal. In Beziehung zu der eingelieferten Wärme gesetzt, wird der Verlust durch die freie Wärme der Abgase:

$$V = 100 \cdot \frac{435\,000}{6900 \cdot 300} = \mathbf{21{,}0\ vH.}$$

Rechnet man nach der Vereinsformel 61 b), so ergibt sich ohne Rücksicht auf unvollkommene Verbrennung:

$$V = 300\left[0{,}32 \cdot \frac{71}{0{,}536 \cdot 9{,}0} + 0{,}48 \cdot \frac{9 \cdot 4{,}5 + 3{,}8}{100}\right] 290$$

$$= 300 \cdot 4{,}92 \cdot 290 = 428\,000 \text{ kcal},$$

$$\text{Verlust} = \mathbf{20{,}7\ vH.}$$

Setzt man die Werte in die genauere Formel 64) ein, worin die unvollkommene Verbrennung berücksichtigt ist, so wird

$$V = 300\left[0{,}325\,\frac{71 \cdot 1{,}865}{9{,}0 + 0{,}5} + 0{,}51 \cdot \frac{9 \cdot 4{,}5 + 3{,}8}{100}\right] \cdot (310 - 20)$$

$$= 300\,(4{,}53 + 0{,}226) \cdot 290 = 300 \cdot 4{,}756 \cdot 290 = 413\,500 \text{ kcal};$$

das ergibt **19,9 vH** Verlust.

Die Siegertsche Formel 61d ergibt:

$$V = \frac{0{,}65 \cdot (T - t)}{k} = \frac{0{,}65 \cdot 290}{9{,}0} = 21{,}0 \text{ vH},$$

und mit der Annäherungsformel nach Hassenstein, Formel 62), rechnet sich

$$V = \frac{0,65 \cdot 290}{9,0 + 0,5 + 033} = \mathbf{19,1}\ \text{vH}.$$

Der letzte und besonders der drittletzte Wert dürften wohl die zuverlässigsten sein.

c) Der Verlust durch unverbrannte Gase.

Unverbrannte Bestandteile in den Abgasen, meist schwere Kohlenwasserstoffe und hauptsächlich Kohlenoxyd, weisen stets auf eine Störung im Kesselbetrieb hin; ihre Entstehung ist unter allen Umständen zu vermeiden. Bis heute besitzt jedoch die Technik kein einfaches Hilfsmittel, um das Vorhandensein und die Größe ihres Betrages in den Abgasen festzustellen. Denn da in schlimmen Fällen nur 1 bis 2 vH auftreten, so ist die vielfach angewendete Bestimmung mittels ammoniakalischen Kupferchlorürs ziemlich unsicher, da für so kleine Mengen die Lösung nie einwandfrei arbeitet, einmal, weil sie sehr schwach aufsaugt, und dann, weil sie die Eigentümlichkeit hat, bei einiger Sättigung bereits wieder Gase auszuscheiden. Da es sich nun in den meisten Fällen darum handelt, überhaupt das Auftreten von unverbrannten Gasen, die man als CO anspricht, festzustellen, um dann sofort Gegenmittel zu ergreifen, so genügt vielfach das auf S. 157 gegebene Verfahren zur Feststellung von $CO_2 + O_2$ aus der Gasuntersuchung und Vergleichen dieser Summe mit Schaubild 26 und 28.

Auch für länger ausgedehnte Versuche, bei denen viele Gasproben in kurzen Abständen genommen worden sind, reicht dieses Verfahren aus, das immerhin den Betrag von CO auf etwa 0,2 bis 0,3 Hundertteile genau angibt.

Zahlen-

Zusammensetzung der Ab-

1	2	3	4	5	6	7	8
Temperatur in °C der		Zusammensetzung der Abgase in Raumteilen					Ruß
Verbrennungsluft $t°$	Abgase $T°$	CO_2	CO	H	O	N	g/m³
30,0	334	11,42	0,55	0,24	8,47	79,31	1,631
29,3	330	11,30	1,01	0,76	7,01	79,92	2,126
26,2	338	9,93	1,14	0,72	10,38	77,82	3,438
23,0	326	11,83	3,45	1,51	4,10	79,09	5,503
27,5	341	9,70	0,04	0,25	10,66	79,32	0,654
24,5	328	9,06	0,05	0,28	10,24	80,35	0,877
31,2	355	10,34	0,02	0,32	10,07	78,25	1,868
30,3	347	10,21	0,03	0,27	10,60	78,86	1,676

Genaue Verfahren zur Bestimmung von unverbrannten Gasen finden sich verschiedenfach in der Literatur[1]) beschrieben. Sie beruhen auf der gravimetrischen Analyse, welche die sichersten Werte ergibt. Man führt die Untersuchung entweder sofort an Ort und Stelle aus, was allerdings sehr umständlich ist, oder sammelt über einer 50 proz. Glyzerinlösung als Sperrflüssigkeit eine Durchschnittsprobe über den ganzen Versuch an und untersucht sie im Laboratorium.

Neuerdings sind auch einfachere Apparate für Absorption von CO und Bestimmung von CH_4 durch Leiten über glühenden Platinschwamm für Vornahme von Untersuchungen im Kesselhause in Handel gekommen.

Auf Grund der Kenntnis, daß die CO-Bildung hauptsächlich auftritt, wenn Luftmangel herrscht, ist demnach in erster Linie ein über etwa 15 vH gehender CO_2-Gehalt der Gase, gemessen hinter dem Flammrohre, zu vermeiden, weil man sonst mit Sicherheit CO-Bildung in den Abgasen befürchten muß. Außerdem wachsen die Verluste durch unvollkommene Verbrennung mit dem Gehalte der Kohlen an flüchtigen Bestandteilen an (vgl. S. 106).

Welche Änderungen im Rechnungsgange für die Bestimmung der Gasmengen und des Luftbedarfes ein Vorkommen von CO bedingen, wurde im Abschnitt 7 und 8 besprochen.

Die Richtlinien geben folgende genauen Formeln an:

Das Volumen der trockenen Verbrennungsprodukte ist:

$$G_{m3} = \frac{C_0}{0{,}536\,(k_1 + k_2 + c\,h)} \text{ (m}^3\text{/kg [0°,760 mm]);} \quad \ldots \quad 65)$$

[1]) Eberle und Zschimmer, Z. d. Bayer. Rev. V. 1906, S. 123; Haier: Feuerungsuntersuchungen 1906, S. 14 — Constam und Schläpfer: Z. V. d. I. 1909, S. 1931 u. 1972.

fel 55.

ase und Abgasverluste.

9	10	11	12	13	14	15
Verlust durch freie Wärme der Abgase vH			Verlust durch unverbrannte Gase vH			Verluste durch Ruß vH nach Constam und Schläpfer
nach Gleichung 62)	$\frac{0{,}65\,(T-t)}{k}$	Constam und Schläpfer	nach Gleichung 66 b)	Constam und Schläpfer	nach $\frac{70 \cdot k_2}{k_1 + k_2}$	
16,1	17,3	16,6	3,7	3,6	3,2	2,1
15,4	17,3	15,4	7,8	7,5	5,7	2,5
17,8	20,4	17,6	9,2	8,6	7,2	4,6
12,6	16,7	12,9	18,1	17,2	15,8	5,3
20,2	21,0	21,1	1,5	1,5	0,3	1,0
20,9	21,9	21,6	1,8	1,8	0,4	1,5
19,7	20,4	20,6	1,6	1,6	0,2	1,3
19,5	20,2	20,3	1,5	1,5	0,2	2,5

der Wärmeverlust durch unvollkommene Verbrennung beträgt, bezogen auf den unteren Heizwert H_u:

$$v_u = G_{m3}\left\{30{,}5 \cdot k_2 + 85{,}16\, ch + 25{,}68 \cdot h\right\} \text{(kcal/kg)} \quad . \quad . \quad 66)$$

und bezogen auf den oberen Heizwert H_o:

$$v_u = G_{m3}\left\{30{,}5 \cdot k_2 + 94{,}8\, ch + 30{,}5 \cdot h\right\} \text{(kcal/kg)} \quad . \quad . \quad . \quad 66\text{a})$$

Die Beiwerte sind die bei der Verbrennung von $\frac{1}{100}$ m³ von 0°, 760 mm der betreffenden Gasart frei werdenden Wärmemengen, vgl. Zahlentafel 2 und 3

Will man gleich den Verlust in vH rechnen, so sind die erhaltenen Werte v_u durch den Heizwert zu dividieren und mit 100 zu multiplizieren, also

$$v'_u = \frac{v_u \cdot 100}{H} \text{ in vH.}$$

Für Steinkohle unter Annahme eines höchsten CO_2-Gehaltes von 19,0 vH (vgl. Zahlent. 52) gilt folgende Näherungsformel[1]):

$$v_u = \frac{3046 k_2 + 8573\, ch + 2598 \cdot h}{17 + 51\,(k_1 + k_2 + ch)} \text{ in vH,} \quad . \quad . \quad . \quad . \quad . \quad . \quad . \quad . \quad 66\text{b})$$

Brauß gibt folgende einfache Näherungsformel für alle Kohlen an, die vielfach genügt:

$$v_u = \frac{70 \cdot k_2}{k_1 + k_2} \text{ in vH,} \quad . \quad . \quad . \quad . \quad . \quad . \quad . \quad . \quad . \quad . \quad . \quad . \quad . \quad . \quad . \quad 66\text{c})$$

Beispiel 17. Das Rechnungsbeispiel 16 auf S. 174 möge die Überlegung verdeutlichen, es ergibt sich nach Formel 65), S. 177, eine trockene Gasmenge von $^0/_{760}$:

$$G_{m^3} = \frac{71}{0{,}536\,(9{,}0 + 0{,}5)} = 13{,}92 \text{ m}^3\,.$$

Es sind bei $k_2 = 0{,}5$ vH daher $0{,}005 \cdot 13{,}92 = 0{,}0696$ m³ CO in den Gasen noch enthalten; diese ergeben noch eine Wärme von $0{,}0696 \cdot 3046 = 212$ kcal bei vollkommener Verbrennung zu CO_2. Da der untere Heizwert der Kohle $H_u = 6900$ kcal betrug, wird also der Verlust durch unvollkommene Verbrennung $\frac{212}{6900} = 3{,}18$ vH oder, aus der Formel 66) gerechnet:

$$v'_u = \frac{13{,}92 \cdot 30{,}50 \cdot 0{,}5 \cdot 100}{6900} = 3{,}18 \text{ vH}\,.$$

---

[1]) Hassenstein, Unvollkommene Verbrennung. Z. f. Dampfk. u. M. 1910, S. 28ff.

Nach der Annäherungsformel 66c rechnet sich nicht wesentlich verschieden:

$$v_u = \frac{70 \cdot 0,5}{9,0 + 0,5} = 3,7\,\text{vH}.$$

Man sieht also, der Verlust ist trotz der geringen Menge $CO = 0,5$ vH recht beträchtlich. Man kann als überschlägigen Wert für 1 vH CO in den Abgasen einen Verlust von 6 bis 7 vH rechnen.

Genauigkeitsgrenzen der Formeln. Zur Kritik der Genauigkeit der Formeln 62) und 66b) für Steinkohle

$$V = 0,65 \frac{T - t}{k_1 + k_2 + ch + 0,33}$$

und

$$v_u = \frac{3046 \cdot k_2 + 8573\,ch + 2598 \cdot h}{17 + 51\,(k_1 + k_2 + c\,h)}$$

seien an Hand eingehender Berechnungen auf Grund von genauen Gasuntersuchungen nach E. J. Constam und P. Schläpfer[1]) noch einige Vergleichswerte für Steinkohlengase gegeben, welche man bei Verwendung obiger Formeln erhält (vgl. Zahlentafel 55 und Aufstellung S. 176).

	Bedingungen, unter welchen d. relative Fehler kleiner als 4 bis 6 vH ist	Den Formeln zugrunde gelegte mittl. Werte
Temperatur der Verbrennungsluft $= t°$ C.	0—50	20
„ „ Verbrennungsgase $= T$ °C	200—400	300
Gehalt der Verbrennungsgase an CO_2, Raumteile . .	5—15	10
„ „ $CO_2 + CO + CH_4 + \frac{R}{5,36}$, Raumteile	5—15	10
Höchster CO_2-Gehalt der Verbrennungsgase bei vollkommener Verbrennung ohne Luftüberschuß Raumteile	18—20	19
$\frac{9\,H + W}{C} = \frac{\text{Gesamt-Verbrennungswasser}}{\text{Kohlenstoff}}$	0,179—0,87	0,525
$\frac{W}{C} = \frac{\text{Wasser (hygroskop.)}}{\text{Kohlenstoff}}$	0—0,126	0,027
$\frac{S}{C} = \frac{\text{Schwefel}}{\text{Kohlenstoff}}$	0—0,035	0,019
$\frac{C'}{C} = \frac{\text{Korrigierter Kohlenstoff}}{\text{Kohlenstoff}}$	0,99—0,95	0,97
Ruß in Gramm für 1 m³ Gase $= R$	0—4	2

[1]) Z. V. d. I. 1909, S. 1837 ff. u. 1884.

Mit der genauen Berechnung, nach Spalte 9 und 11 verglichen, gibt die Formel $0{,}65 \frac{T-t}{k}$ übereinstimmende Werte, solange die unverbrannten Gase unter 0,3 vH bleiben; darüber hinaus nimmt der Fehler rasch zu, bis er z. B. bei 4,96 vH unverbrannten Gasen schon 29 vH beträgt, ein Fall, wie er in der Praxis allerdings nur in kurzen Zeitabschnitten, z. B. kurz nach der Beschickung und bei starkem Luftmangel, eintreten kann. Die Rechnungen nach Spalte 9, 11, 12, 13 stimmen in allen Fällen gut überein; auch dürfte die Form 66 c) für die meisten Fälle der praktischen Rechnung genügen, zumal die Bestimmung von CO gewöhnlich nicht sehr genau vorgenommen wird.

Des ferneren ist noch zu beachten, daß alle Näherungsformeln für den Abgasverlust, welche den Verlust durch unverbrannte Gase nicht berücksichtigen, bis etwa 1 vH unverbrannte Gase doch noch genügend genaue Werte ergeben; man errechnet nämlich bei ihrer Anwendung den Verlust durch fühlbare Wärme etwas zu hoch, falls unverbrannte Gase dabei sind; doch wird dieser Fehler dadurch wieder ziemlich ausgeglichen, daß zu dem Wärmeverlust durch fühlbare Wärme, berechnet nach genauem Verfahren, noch derjenige durch unverbrannte Gase hinzutritt. Das Wichtigste ist in allen Fällen, daß der CO_2-Gehalt richtig, und seinem Mittelwert über die Versuchszeit entsprechend, festgestellt wird, weil derselbe den Abgasverlust am meisten beeinflußt. Denn der Fehler, der durch falsche Bestimmung des Mittelwertes von CO_2 gemacht werden kann, ist wesentlich größer als der Einfluß der verschiedenen Rechnungsweisen. Die Bestimmung des CO_2-Gehaltes durch Einzelproben mittels Orsatapparates hat also in sehr kurzen Zwischenräumen hintereinander zu erfolgen, am besten in Abständen von 3 bis 5 Minuten.

d) Verlust durch Aschenrückstände und Schlacke.

Bei jeder Feuerung fallen durch die Spalten des Rostes unverbrannte Kohlenstückchen hindurch, andere werden von den Schlacken eingeschlossen und beim Abschlacken mit herausgezogen. Verbunden hiermit ist ein Verlust durch den Wärmeinhalt der glühenden Schlacke. Schmilzt die Schlacke schwer, so kann die Kohle meist vollständig ausbrennen, schmilzt sie leicht, so umschließt sie vorzeitig die Kohlenteilchen. Schüren wirkt durch Vermengen der Kohle und Schlacke meist ungünstig auf die Schlackenbildung ein. Hohe Schichttemperatur bringt die Schlacke dem Fließen nahe, niedrige verhindert das Ausbrennen. Bei guter Bedienung und der Kohlenart angepaßten Rosten wird der Verlust 2 bis 3 vH selten übersteigen.

Zur Bestimmung des Aschenverlustes geht man wie folgt vor: Man ermittelt die während des Versuches entstehende Aschen- und

Schlackenmenge, indem man z. B. bei Planrosten $^1/_2$ h vor Beginn und Ende des Versuches abschlackt; den Prozentsatz Verbrennliches bestimmt man durch Ausglühen einer Aschenprobe. Den verbrennbaren Bestandteil setzt man als Kohlenstoff in Rechnung mit einem Heizwert von 8100 kcal/kg. Die in den gesamten Rückständen enthaltene Menge C in kg, multipliziert mit 8100 kcal, in Beziehung gesetzt zu der Wärmemenge, die in den gesamten verfeuerten Kohlen enthalten ist, gibt den Verlust durch Asche und Schlacke in Hundertteilen an.

Es ergibt sich also folgende Formel für den Verlust durch Herdrückstände in Prozenten:

$$v_h = \frac{\alpha \cdot A \cdot 8100}{M \cdot H} \text{ in vH}, \qquad 67)$$

wenn die Rückstände α vH Verbrennliches enthielten und insgesamt A kg Rückstände vorhanden sind, in M kg verbrannten Kohlen mit einem Heizwerte H.

Die „Richtlinien" geben darüber an:

Wenn von dem Kohlenstoffgehalt C des Brennstoffes nur C_0 Teile an der Verbrennung teilgenommen haben, dann ist der Wärmeverlust in kcal/kg

$$v_h = 81\,(C - C_0) \qquad 67\text{a})$$

Im allgemeinen wird nur der Kohlenstoffverlust zahlenmäßig bestimmt, welcher durch die Herdrückstände entsteht, indem der Kohlenstoffgehalt der Herdrückstände ermittelt wird. Enthalten die Herdrückstände außer den Koksrückständen auch unverbrannte Kohle, wie dies bei Versuchen mit Rohbraunkohle häufig der Fall ist, so wird besser der Heizwert der Herdrückstände festgestellt.

Beispiel 18. Es seien verbrannt in 1 h 1300 kg Steinkohle von $H_u = 7100$ kcal; übrig blieben 133 kg Asche und Schlacke, worin 23 vH Verbrennliches enthalten waren. Dann finden sich in den Rückständen $0{,}23 \cdot 133 \cdot 8100 = 248\,000$ kcal, und es wird

$$v_h = \frac{23 \cdot 133 \cdot 8100}{1300 \cdot 7100} = \mathbf{2{,}7\ vH.}$$

c) Verlust durch Flugkoks.

Ein solcher kann besonders bei minderwertigen Brennstoffen, die verstärkten Zug erfordern, in erheblichem Maße auftreten als Folge des Emporwirbelns der Brennstoffteile. Kohlenteilchen schweben bei 1 mm^2 Querschnitt bereits bei einer Luftströmung von 3 bis 4 m/sk. Unterwind- und Braunkohlenfeuerungen verursachen leicht Flugstaubverluste,

Wurffeuerungen auch, aber in geringem Maße. Diese Verluste erklären oft den niedrigen Wirkungsgrad von Unterwindfeuerungen.

Der Verlust beträgt im Mittel 3—5 vH bei Braunkohlenfeuerungen und Unterwindanlagen, ist bei reinen Steinkohlenfeuerungen indes wesentlich geringer. In ungünstigen Fällen kann er aber wesentlich höhere Werte annehmen.

f) Wärmeverlust durch Ruß in den Verbrennungsgasen.

Da der Ruß reiner Kohlenstoff ist, welcher sich durch ungünstige Verhältnisse beim Verbrennungsvorgange (vgl. S. 105 ff.) ausgeschieden hat, so ist für 1 kg Ruß ein Verbrennungswert von 8100 kcal einzusetzen, für 1 g also 8,1 kcal. Enthielten die Abgase noch, auf 1 m^3 trockene Gase gemessen, R g Ruß, so wird also der Verlust in Hundertsteln durch den Ruß:

$$v_r = \frac{G \cdot R \cdot 8{,}1}{H} \cdot 100 \text{ in Prozenten} \quad \ldots\ldots \quad 68)$$

H ist der Heizwert der Kohle in kcal; G ist die Zahl der Kubikmeter trockener Gase $^0/_{760}$ für 1 kg Kohle.

Über die Höhe dieses Verlustes gibt Zahlentafel 55, Spalte 15, Auskunft. Er wird bei Steinkohlenfeuerungen selten mehr als 1—3 vH ausmachen, weil die Ursachen für stärkere Rauchbildung nur immer kurze Zeit andauern. Bei sehr starkem, flockigem Rauch kann man $R = 3$ setzen, bei dunklem Rauche $R = 2$.

Die Rußentwicklung hängt allerdings sehr stark von der Kohlensorte ab; sie ist größer bei langflammigen, also gasreichen Kohlen, als bei kurzflammigen; und der Verlust durch Rußbildung wächst im allgemeinen mit der Menge der flüchtigen Bestandteile der zur Verbrennung kommenden Kohle. Flüchtige Bestandteile sind die beim Glühen der Kohle entstehenden Gase sowie die gasförmigen Anteile des Teers und des Pechs.

Allerdings kann während der Zeit der starken Rauchbildung zugleich ein beträchtlicher Verlust durch unverbrannte Gase sich mit einstellen, weil die auf Rauchbildung wirkenden Ursachen ebenfalls der Bildung von unverbrannten Gasen günstig sind. Jedoch nimmt auch dieser Verlust mit zunehmender Verbrennung der aufgeworfenen Brennstoffmenge rasch ab.

Ein starkes Rauchen der Schornsteine soll daher stets vermieden werden, nicht zum wenigsten auch wegen der anderen Übelstände, die es im Gefolge hat, wie das Verschmutzen der umliegenden Häuser und Wohnungen, wodurch die Nachbarschaft verstimmt wird, das Beschädigen von Pflanzungen in der Umgebung usw. Und in der Tat kann ja auch die Rauchbildung stets durch allerlei Mittel auf ein unschädliches Maß beschränkt werden.

Beispiel 19. Das aus der Kohle von H_u 7100 kcal in Beispiel S. 181 entwickelte Gas besaß 1,63 g Kohlenstoff = R auf 1 m³ Gas; aus 1 kg Kohle wurden entwickelt 11,9 m³ Gas $^0/_{760}$ bei 11,4 vH CO_2; daraus ergibt sich

$$v_r = \frac{11{,}9 \cdot 1{,}63 \cdot 8{,}1}{7100} \cdot 100 = 2{,}2\,\text{vH}.$$

g) Verlust durch Strahlung und Leitung.

Dieser Betrag, der gewöhnlich bei Heizversuchen als Restglied bestimmt wird, also nach Abzug der jeweilig gemessenen sonstigen Verluste, enthält eine Reihe von Gliedern.

Das warme Mauerwerk und die aus demselben herausragenden Teile des Kessels, der Feuerung usf. strahlen Wärme (S_1) auf die gegenüberstehenden Gegenstände aus und geben durch Berührung Wärme (S_2) an die Luft ab. Diese einzelnen Wärmeverluste hängen ab von der Oberflächentemperatur des Mauerwerkes und der Eisenteile, der umgebenden Lufttemperatur, der Dicke und dem Zustande der Mauerschicht, dem Strömungszustande der Luft, der Ventilation des Raumes, der Sonnenbestrahlung, dem Grundwasserstande usf., Einflüssen, die selbst wieder innerhalb eines Jahres wechseln; dann aber besonders vom Betriebszustande des Kessels, seiner Belastung, von der Länge der Arbeitszeit und den Betriebspausen (vgl. S. 188). Die Temperatur der Wandoberfläche selbst ist abhängig von der Dicke des Mauerwerkes und dem Unterschiede zwischen Gastemperatur in den Zügen und Kesselhaustemperatur sowie der Leitungsfähigkeit des Mauerwerkes, für die allerdings ein konstanter Wert $\lambda = 0{,}7$ gesetzt werden kann. Die Oberflächentemperatur des Mauerwerkes ist an allen Kesselstellen verschieden, am heißesten neben der Feuerung an der Rückseite bei Flammrohrkesseln und am Überhitzermauerwerke, am geringsten meist auf den Kesseln; am Mauerwerke steigt ein Luftstrom empor, der Wärme nach dem Dache mit hochführt, sich abkühlt und an anderer Stelle wieder herunterfällt; ein Teil dieser warmen Luft zieht auch durch offene Fenster und Mauerritze heraus, um so mehr, je stärker die Ventilation ist. An anderer Stelle zieht frische Luft in das Kesselhaus durch Tür und Fenster herein und mischt sich mit dem warmen Luftstrome, so daß recht verwickelte Strömungserscheinungen um die Kesselanlage herum vorhanden sind, und genau genommen an jeder Stelle des Innenraumes eine andere Lufttemperatur herrscht. Indes tritt im allgemeinen ein gewisser Beharrungszustand ein, so daß man durch Messung an verschiedenen Stellen immerhin einen ziemlich zuverlässigen Mittelwert erhalten kann. Das warme Mauerwerk strahlt Wärme aus und, da die umgebende Luft selbst nur sehr wenig davon verschluckt, wird diese Wärme zum Teil von den festen gegenüberstehenden Gegenständen, Wänden usw.

aufgenommen und fortgeleitet, zum Teil, dem Strahlungsgesetze entsprechend, wieder an das Kesselmauerwerk zurückgeworfen. Stehen z. B. die Wände zweier im Betrieb befindlicher Kessel sich in nur geringem Abstande gegenüber, so daß beide strahlenden Außenwände annähernd gleiche Temperatur haben, so ist der eigentliche Strahlungsverlust an diesen Flächen sehr gering, und Wärme wird nur durch aufsteigende bzw. vorbeistreichende Luft abgeführt; anders bei Kesselwänden, denen Fenster- oder Gebäudemauerwerk gegenübersteht. Bei engen und schlecht ventilierten Kesselhäusern wird durch Berührung und Strahlung weniger Wärme fortgeführt als bei geräumigen mit ihren größeren Strahlungsflächen und der besseren Lüftung. Außerdem wird durch den Boden unter den heißen Kesselzügen eine heute noch schwer bestimmbare Wärmemenge fortgeleitet.

Auch die Undichtigkeit des Kesselmauerwerkes und der Schieberschlitze, Ekonomiserketten usf. ist von Einfluß, da die durch die Ritze einziehende Luft die Strömung im Kesselhause vermehrt, aber auch die Züge, Füchse, Schornstein und das Kesselmauerwerk abkühlt, besonders wenn sich in diesem Luftzwischenräume befinden, die dann gewissermaßen als Luftschlote wirken.

Schwierig ist die Messung der Oberflächentemperatur des strahlenden Kesselmauerwerkes, zumal sie an jeder Stelle verschieden ist (vgl. Abschnitt 37c).

Man sieht, es stellen sich einer genauen Messung der Ausstrahlungs- und Berührungsverluste nicht unbeträchtliche Schwierigkeiten gegenüber, die bei dem heutigen Stande der Wissenschaft noch nicht als überwunden gelten können. Deshalb haben die nachfolgenden Rechnungsweisen[1]), wenn sie in sich auch völlig richtig sind, nur als eine immerhin sehr gute Annäherung zu gelten. Folgende Überlegungen führen zum Ziele:

1. Wärmeverluste, berechnet aus dem Wärmedurchgange

$$Q = F \cdot z \cdot k\,(t_1 - t_2)\,, \qquad \qquad 69)$$

worin k = Wärmedurchgangszahl bedeutet, t_1 = Gastemperatur, t_2 = Kesselhaustemperatur, z = Zeit, F = Oberfläche in m².

k liegt nach den Versuchen von Rietschel für verschiedene Wandstärken fest; dagegen ist t_1 an allen Stellen der Züge verschieden; man müßte sich für bestimmte Flächenstücke mit angenäherten Mittelwerten begnügen; diese Formel ist daher unbequem.

2. Besser ist die Berechnung, wenn man den gesamten Kesselblock als Heizkörper ansieht, der Wärme ausstrahlt und

[1]) Cario und Haier, Z. f. Dampfk. u. M. 1905, S. 171, 213, 244. — De Grahl, Z. f. Dampfk. u. M. 1910, S. 37.

Zahlentafel 56.

Wärmedurchgangszahl k für Ziegelmauerwerk (nach Rietschel).

Mauerstärke cm	Zwischenmauern	Außenmauern bei Windstille	Außenmauern bei starkem Winde
12	2,53	2,68	3,54
25	1,81	1,90	2,28
38	1,39	1,43	1,65
51	1,12	1,15	1,29
64	0,94	0,97	1,06
77	0,81	0,83	0,90
90	0,72	0,73	0,78

durch Berührung abgibt:

$$Q = k \cdot F \cdot z\,(\vartheta - t)\,, \quad \ldots\ldots\ldots\ldots \quad 70)$$

worin k die Wärmeübergangszahl für Berührung und Strahlung zwischen Mauerwerk und Luft bedeutet, ϑ die äußere Kesselmauerwerks- bzw. Kesseltemperatur und t die Lufttemperatur.

Obgleich die Erhöhung der Gastemperatur in den Zügen die innere Wandtemperatur heraufsetzt, so wird doch die Außenseite des Kesselmauerwerkes sich bei schwacher und starker Inanspruchnahme des Kessels an jeder Stelle ziemlich gleich halten, weil der Temperaturabfall von Innenseite nach Außenseite im innersten Teile sehr groß ist und nach außen zu langsam verläuft. Es umfaßt k die Abkühlung durch Berührung des Mauerwerkes mit der Luft wie diejenige durch Strahlung; es steckt also in k die Wärmeübergangszahl α, die sich mit dem Bewegungszustande der Luft ändert ($\alpha = 4$ bei ruhender Luft; $\alpha = 6$—10 bei bewegter Luft, vgl. Zahlent. 23), und der Strahlungswert C, welcher selbst wieder vom Baustoffe abhängt (vgl. S. 85). Doch sind über dieses k hinreichend Versuche und Literaturangaben vorhanden, so daß man mit guter Annäherung rechnen kann.

3. Am besten benutzt man aber zur Berechnung des Abkühlungsverlustes in kcal/h die Strahlungsformel (vgl. S. 86) oder Formel 23 bzw. 30:

$$S_1 = F \cdot 0{,}5 \left[\left(\frac{T_1}{100}\right)^2 - 1{,}9\right](\vartheta - t)\,,$$

woraus sich der Strahlungsanteil ergibt; ϑ = Wandaußentemperatur, t = Lufttemperatur, $T_1 = 273 + \vartheta$, F = Oberfläche in m². Der Berührungsanteil der abgegebenen Wärme ermittelt sich aus:

$$S_2 = \alpha \cdot F\,(\vartheta - t)\,.$$

α = Wärmeübergangszahl durch Berührung zwischen Wand und Luft,

$= 4$ bei ruhender Luft, $= 6-10$ bei bewegter Luft. Die Gesamtabkühlung ist dann in kcal in 1 h:

$$Q = S_1 + S_2 = F(\vartheta - t)\left(\alpha + 0{,}5\left[\left(\frac{T_1}{100}\right)^2 - 1{,}9\right]\right) \quad . \quad . \quad . \quad 71)$$

oder auch entsprechend Formel 30.

Gemessen werden müssen ϑ und t, wie sich aus obigem ergibt, naturgemäß an vielen Stellen; es geschieht dies am besten und technisch genau genug:

1. durch Thermoelemente, die mit einem flachen Eisenband dauernd angedrückt werden (vgl. Abschnitt 37c);

2. durch Glasthermometer, die in eine flache Mauerwerkshöhlung (Fuge) gelegt und mit etwas Lehm verschmiert werden (nicht in einen Ritz stecken, durch den es „zieht");

3. durch flache, halbrunde, hohe Gefäße mit Ölfüllung und eingestecktem Thermometer, die dicht an das Mauerwerk gedrückt werden.

Nimmt man solche Messungen vor, so ist der Einfluß der Veränderung der Gasinnentemperatur auf die Mauerwerksaußentemperatur ohne wesentlichen Einfluß. Da ja bei solchen Versuchen der Kesseldruck, also die Temperatur, in gleicher Höhe gehalten werden kann, so werden die aus dem Mauerwerk herausragenden Kesselteile, wie Dom, Stutzen, Kesselflächen usw., in ihrer Temperatur ebenfalls nicht von der Kesselleistung beeinflußt; ebensowenig die Temperaturen der Feuertüren, Aschenfallrahmen, des strahlenden Rostes usw., denn bei stärkerer Anstrengung des Kessels werden diese Teile wieder mehr durch den vergrößerten Schornsteinzug gekühlt und daher kaum stärker ausstrahlen als bei Kesselstillstand.

Die Wärmeabgabe des Kessels nach außen hin ist in ihrem absoluten Werte, also auch bei wechselnder Kesselbelastung und in den Pausen, ziemlich gleichbleibend; dagegen nimmt sie naturgemäß im Verhältnis zum gesamten Wärmeaufwande mit steigender Belastung, also steigendem Kohlenbedarfe, ab (vgl. S. 189).

Will man die immerhin etwas umständliche Berechnung vermeiden, so kann man an Stelle derselben nach Beendigung eines Heizversuches einen mehrstündigen „Stillstandsversuch" bei gleichweit geöffneten Türen und Fenstern durchführen. Dampf wird dem Kessel nicht entnommen, sondern es wird nur soviel Kohle verfeuert, wie nötig ist, um den Spannungsbeharrungszustand des Kessels beizubehalten; es wird also durch Kohlenaufgabe nur der Abkühlungsverlust gedeckt. Die gemessene Kohlenmenge in Beziehung gesetzt zum Kohlenbedarfe während des Hauptversuches gibt den Abkühlungsverlust in Hundertsteln an. Allerdings ist die so gemessene Kohlenmenge (und daher auch der Verlust in Hundertsteln) noch etwas zu groß, weil bei dem Verbrennen der Kohle die Verbrennungsgase mitsamt dem erwärmten Luftüberschusse nach der Esse abziehen und die Innenmauern abkühlen, während sie selbst eigentlich keinen Strahlungsverlust bedeuten. Auf der anderen Seite aber wird das Feuer nach Betriebsschluß schwächer, die Temperatur der Gase niedriger und das hocherhitzte Kesselmauerwerk strahlt jetzt Wärme zurück an den Kessel und die Gase; wodurch die beim Stillstandsversuch gemessene Kohlenmenge zu klein wird. Genaue Resultate kann man auf diese Weise nicht erhalten.

Den Abkühlungsverlust kann man auch wie folgt ermitteln[1]): Nach Betriebsschluß wird das Feuer vom Roste entfernt, während die Schieber und Feuertüren geschlossen bleiben; dann gilt als Verlust durch Strahlung und Leitung für Lokomobilkessel:

$$Q = \frac{315\,000\,\Delta_p \cdot H}{z(p+1)} \text{ in kcal} \quad \ldots\ldots \quad 71\text{a})$$

Darin ist Δ_p die in der Versuchszeit z in h beobachtete Druckabnahme in at; p ist der Anfangsdruck in at. absol., bei dem der Versuch begonnen wurde, und H die Kesselheizfläche in m². Diese Versuchsweise ist theoretisch einwandfrei für Kessel ohne außenliegende Feuerzüge, also für Rauchrohrkessel, Lokomobilkessel und kleine Quersiederkessel.

Beispiel 20 (Versuch). An einem Zweiflammrohrkessel von 103 m² Heizfläche und 7 at, der mit Fränkelfeuerung für Braunkohle von 2600 kcal gefeuert und mit etwa 30 kg/m²/h beansprucht war, wurden folgende Messungen vorgenommen.

Kesseldruck	atü =	6,5
Überhitzertemperatur	=	320°
Gastemperatur vor Eintritt in den Überhitzer	=	545°
Gastemperatur bei Umkehr von Zug I nach II	=	435°
Temperatur der Gase am Fuchsschieber	=	405°
Lufttemperatur im Kesselhause ca. 2 m über Boden	t =	25°
Lufttemperatur im Kesselhause 2 m über den Kesseln	t_1 =	35°
Außentemperatur des Mauerwerkes an der Längsseite	ϑ_1 =	76°
Außentemperatur auf der Kesseldecke	ϑ =	65°

Der Kessel war in Bogenform eingemauert; die Seitenwände bestanden aus einer Mauer von 40 cm Gesamtstärke, innerhalb deren sich eine mit Diatomeenbruch gefüllte 5—7 cm starke Schicht befand. Der Kessel war mit 6,5 cm starken Kieselgursteinen abgedeckt, darüber befand sich eine Schicht Ziegelmauerwerk von 12,5 cm Stärke.

Der Verlust durch Berührung ermittelt sich zu:

$$S_2 = 5\,(65-25) = 200 \text{ kcal/m}^2\text{/h}.$$

---

[1]) Nach Hilliger, „Sparsame Wärmewirtschaft“, Heft 3, S. 34.

Der Verlust durch Ausstrahlung wird:

$$S_1 = 0{,}5\left[\left(\frac{273+65}{100}\right)^2 - 1{,}9\right](65-25)$$
$$= 0{,}5 \cdot 9{,}5 \cdot 40 = 190\ \text{kcal/m}^2/\text{h}.$$

Der Gesamtverlust also $S_1 + S_2 = 190 + 200 = 390\ \text{kcal/m}^2/\text{h}$. Bei einer Gesamtoberfläche der einen Kesselmauerseitenwand von 40 m² werden also $390 \cdot 40 = 15\,400$ kcal/h ausgestrahlt; bei einem Wirkungsgrade der Anlage von 63 vH entspricht dies

$$\frac{15\,400}{2600 \cdot 0{,}63} = 9{,}5\ \text{kg Kohlen/h}.$$

Die Außentemperatur der Seitenwand ist etwas hoch, und es wäre bei Wiederausführung einer gleichen Kesselanlage eine etwas stärkere Mauer- oder Schutzschicht zu wählen; auch soll darauf geachtet werden, daß bei zwei Seitenzügen derjenige, in dem die Gase heißer sind, an die Seite gelegt wird, an welcher der Kessel gegen das Mauerwerk des danebenstehenden Kessels anstößt.

Sehr eingehende Versuche[1]) über die Strahlungs- und Leitungsverluste wurden an einem Steinmüller-Wasserrohrkessel von 242,4 m² wasserberührter Heizfläche mit einem Kettenrost von 7 m² bei 10 at Überdruck und Sattdampferzeugung gemacht; der Wasserinhalt des Kessels betrug 14—15 m³. Die Kesseldecke, der größte Teil der Seitenflächen und die zwei Oberkessel waren 5—10 cm stark, mit Kieselgurmasse isoliert. Das seitliche Mauerwerk hatte 25 cm Schamottemauerwerk und 25 cm Ziegelmauerwerk. Das Mauerwerk neben dem Feuerraum besaß 50 cm Schamottemauerwerk und 25 cm Ziegelmauerwerk. Die Messungen wurden 10 Tage lang fortlaufend durchgeführt bei 8stündiger Betriebszeit von 7—3 Uhr und dazwischenliegenden 16stündigen Betriebspausen. Die Sonntagszeit betrug 40 Stunden. Es betrug die Oberflächentemperatur:

	Oberflächentemp. im 8 stündigen Betrieb °C	über Sonntags fallend bis °C	Betriebsschluß bis Schichtbeginn fallend auf °C
I. Isoliertes Obermauerwerk	71—75	52	70
II. Isoliertes seitliches Mauerwerk	55—61	41	55
III. Nicht isoliertes Vordermauerwerk	82—96	52	88
IV. Wellblech vor der Wasserkammer	85—92	56	75
V. Isolierter Oberkessel	57—71	42	57

[1]) Dipl.-Ing. E. Prätorius, Strahlungs- und Leitungsverluste an Wasserrohrkesseln im Beharrungszustande, während des Einlaufens und in den Betriebspausen. Arch. f. Wärmewirtschaft 1925, S. 285ff.

Bei gleichmäßigem Dauerbetrieb wurde der Beharrungszustand der Oberflächentemperatur während einer 72stündigen ununterbrochenen Arbeitszeit mit ziemlich konstanter Kesselbelastung erreicht, und zwar:

Beharrungszustand	wieder erreicht nach einer 40 stündigen Betriebspause
I. bei 75°	10 Stunden nach Betriebsschluß Montag abend
II. „ 60°	erst wieder Dienstag nacht, 10 Stunden nach Betriebsschluß
III. „ 96°	Dienstag abend gegen 9 Uhr, 5 Stunden nach Betriebsschluß
IV. „ 92°	Montag Schichtmitte gegen 11 Uhr
V. „ 70°	Montag abend nach Betriebsschluß

Lehrreich ist das Ergebnis:

1. An allen Mauerwerksteilen wird bei 8stündiger Betriebszeit der Beharrungszustand überhaupt nicht erreicht, sondern erst einige Stunden nach Betriebsschluß, und zwar um so später, je geringer die Wärmedurchlässigkeit und je größer die im Mauerwerk aufgespeicherte Wärmemenge ist; bei allen Eisenteilen dagegen schon etwa in der Schichtmitte, bei dem isolierten Oberkessel gegen Betriebsende. Nach der großen Sonntagspause von 40 Stunden wird bei den Mauerwerksoberflächen die Höchsttemperatur erst am Dienstag nach Betriebsschluß wieder erhalten. Die Erwärmungskurven des Mauerwerks laufen also sehr verspätet gegenüber dem Heizbetrieb des Kessels.

2. Die verhältnismäßigen Temperaturschwankungen während des Betriebes und der Ruhepausen sind ebenfalls um so kleiner, je mehr Wärme im Mauerwerk bzw. den Eisenteilen gespeichert wird und je geringer die Wärmedurchlässigkeit ist; um so langsamer geht auch die allmähliche Abkühlung nach Stillsetzung vor sich. Die Höhe der Abkühlungsverluste ist aus nachstehender Zahlentafel ersichtlich.

Es ist ersichtlich, daß die mittleren, stündlichen Abkühlungsverluste in den 8- und 16stündigen Betriebspausen fast ebensogroß sind wie in der Betriebszeit, weil ja die Oberflächentemperaturen nach Betriebsschluß zuerst noch ansteigen; erst bei längeren Pausen fallen die Verluste ab. Bei halber Belastung sind die Verluste nur unwesentlich geringer (hier 5,5 vH.) wie bei voller.

Um ein Bild über die sonstigen Abkühlungsverluste zu erhalten, wurden auch Abkühlungsmessungen am Schornstein, am Fuchs und Ekonomiser, am Wasserreiniger und am Speisewasserbehälter vorgenommen, ebenso Berechnungen der Abkühlung des gesamten Kesselhauses. Dieselben sind in Zahlentafel 58 angegeben.

Dabei ist zu bemerken, daß die Abgase, nachdem sie den Kessel bzw. den Ekonomiser verlassen haben, mit der in ihnen enthaltenen Wärme den Abgasverlust darstellen. Von dieser abziehenden Wärme wird ein Teil vom Fuchskanal und vom Schornsteinmauerwerk auf-

Zahlen-
Verluste durch Strahlung und Leitung am Kessel bei Beharrungs-
Betriebszeit und der 16-

Bezeichnung der Teile	Material der Oberfläche	Mittlere Temperatur des Mauerwerks innen °C	Mittlere Temperatur des Mauerwerks an der Oberfläche °C	Wärmeverlust bei Vollast durch Leitung und Strahlung in 8 h kcal	Wärmeverlust bei Vollast durch Leitung und Strahlung vH	Wärmeverlust bei Vollast durch Leitung und Strahlung auf 1 m² kcal/h
Obere Kesselfläche	Isolierung	530	75	68880	5,7	662
Mauerwerk	Isolierung	600	60	114000	9,4	463
Seitenflächen	Mauerwerk	1200	95	25280	2,1	1125
Seitenflächen	Eisenteile	800	120	198400	16,4	1625
Vorderfläche ohne Wasserkammer	Mauerwerk	1200	85	68000	5,7	1125
Vorderfläche ohne Wasserkammer	Eisenteile	800	120	117440	9,7	1625
Hinterfläche ohne Wasserkammer	Mauerwerk	350	60	33280	2,8	520
Wasserkammern vorn und hinten	Wellblech	180	92	138400	11,4	1010
Oberkessel	Isolierung	180	60	274000	22,7	605
Rohrleitung	Isolierung u. Eisen	180	80	31640	2,6	720
Grundfläche	Mauerwerk, Eisen u. Erdboden	500	—	139200	11,5	580
Gesamter Kessel		—	—	1208520	100	795
Gesamter Kessel	kcal/h			151065		

genommen und nach außen abgeführt, so daß die unter 2. und 3. aufgeführten Wärmemengen bei gewöhnlicher Aufstellung als Verluste in den Abgasverlusten enthalten sind. Das Kesselhaus selbst erhält seine Wärme durch die Ausstrahlung des Kessels und Kesselmauerwerks, der Wasserreinigeranlage, der Pumpen usf. Diese Abkühlungsverluste sind also sekundärer Natur. Die Abkühlung des Speisewasserbehälters der Wasserreinigungsanlage sind wohl Wärmeverluste an sich, doch wurden dieselben erst vom Dampfe gedeckt, nachdem er den Kessel verlassen und in der Dampfmaschine gearbeitet hat; sie haben also auf den Kesselwirkungsgrad selbst keinen Einfluß. In der Kesselwärmebilanz können also nur die Verluste 1, 2 und 3 einbezogen werden.

Die Höhe der Verluste durch Strahlung und Leitung betrug bei den Versuchen in vH der verfeuerten Kohlenmenge:

Belastung	Verluste vH	Belastung	Verluste vH
1/1	2,43	1/2	4,60
3/4	3,00	1/4	8,00

tafel 57.
zustand und 25 kg/m²/h Kesselbelastung während der 8 stündigen und 40 stündigen Pause.

Wärme-durch-gangszahl k	Wärmeverlust durch Leitung und Strahlung bei Halblast 12,5 kg/m²/h; weniger als bei Vollast vH	I. 8 stündige Betriebszeit; kcal in 8 h	II. 16 stündige Pause; kcal in 16 h	I+II=III Betriebs-zeit und Pause zus. 24 h kcal	Abkühlungsverluste bei unterbrochenem Betrieb 16 stündige Pause; kcal in 16 h	40 stündige Pause; kcal in 40 h
1,02	17,9	63360	129400	192760	123880	253000
0,77	12,3	98000	215000	313000	199000	395000
0,95	4,1	22240	47400	69640	44360	87700
2,06	4,3	196800	341000	537800	339400	555000
0,95	4,1	59840	127700	187540	119540	237000
2,06	4	115040	194400	309440	192000	328000
0,97	23	31680	65000	96680	63400	115800
7,55	1	136960	252000	388960	250500	485000
3,55	1,3	265600	516000	781600	507600	895000
4,25	1,4	30720	58100	88820	57180	95500
—	5	132160	245000	377160	237960	485000
—	5,50	1152400	2426620	3579020	2370500	4324000
	8375	147050	151440	149100	147000	107100
Innere Abkühlung in den Pausen oben dazu gerechnet			235620	235620	235620	352000

davon entfallen auf

das Mauerwerk . . . . . . 51 vH.
die Eisenteile . . . . 37 „
die Grundfläche . . . . . . 12 „

Mittel zur Verringerung der Abkühlungsverluste sind (vgl. S. 322):

Volle Belastung der Kessel, also Inbetriebnahme möglichst weniger Kesseleinheiten; Isolieren des Mauerwerkes und aller wärmeabgebenden Teile der Kesselanlage, Heißwassergefäße usf.; Abstellen aller Undichtigkeiten des Mauerwerks am Kessel, Fuchs, Ekonomiser, Schornstein usf. Dichtes Schließen aller Schieber in den Kanälen und in den Schlitzen gegen die Außenluft, ebenso der Ekonomiserketten an den Durchbruchsstellen durch das Mauerwerk u. dgl.

Anbringen eines Schiebers vor dem Schornstein, um die ganze Anlage nach Betriebsschluß dicht abschließen zu können, damit die innere Abkühlung gering bleibt.

Verringerung der im Mauerwerk aufgespeicherten Wärmemenge. Ist dieselbe hoch, so wird in den Pausen viel Wärme nach außen

Zahlentafel 58.

Verluste durch Strahlung und Leitung im Kesselhaus bei Beharrungszustand.

Teile der Dampferzeugungsanlage	Einzelteile und Material der Oberfläche	Mittlere Innentemperatur °C	Wärmeverlust bei Vollast kcal in 8 h	Wärmeverluste bei Vollast kcal/m²/h	Wärmedurchgang k	Wärmeverluste bei Halblast kcal in 8 h
1. Kessel	—	—	1208520	795	—	1141500
2. Schornstein	Oberteil: Mauerwerk 50 cm stark	170	934000	200	1,25	776000
	Fundament: Mauerwerk, Beton und Lehmboden .			53	0,30	
3. Fuchs und Ekonomiser	Decke: Beton und Mauerwerk 50 cm stark . . .	270	262000	291	1,12	202400
	Seitenwände und Boden: Mauerwerk und Lehmboden			78	0,30	
4. Wasserreinigung	Eisenblech	50	288000	375	7,50	280000
5. Speisewasserbehälter	Decke: Beton, 30 cm stark	80	127000	203	2,50	125000
	Seitenwände und Boden: Beton und Lehmboden .			70	1,00	
6. Kesselhaus	Dach: Holz und Dachpappe . . . . Seitenwände: Mauerwerk 50 cm stark	25	176000	18,3	1,20	172000

abgeführt; deshalb ist es vorteilhaft, die Isolierung möglichst nach innen nach der heißen Seite zu verlegen, damit das Mauerwerk erst gar nicht so hohe Temperaturen annimmt und dementsprechend weniger Wärme aufspeichern und nach außen abgeben kann.

Bei Heizversuchen, die bei 8stündigem Betrieb vorgenommen werden, ergibt sich also aus den vorstehenden Betrachtungen, daß der Beharrungszustand erst eigentlich gegen das Ende der Schicht erreicht wird bzw. zum Teil später. Zu Schichtbeginn tritt ein Aufheizen des über Nacht abgekühlten Mauerwerks ein; ein großer Teil der Wärme der Feuerung geht statt auf den Kessel auf das Mauerwerk über und speichert sich dort allmählich auf. Die Oberflächentemperatur des Mauerwerks steigert sich und gibt mit steigender Temperatur immer mehr Wärme nach außen; im Laufe der Arbeitszeit wird die vom Mauerwerk aufgenommene Wärme allmählich kleiner und die an den Kessel abgegebene größer. Es wird also die Verdampfungsziffer zu Schichtbeginn kleiner sein und dann allmählich anwachsen, was bei Heizversuchen, wenn man mehrere Zwischenabschlüsse macht, auch stets zu beobachten ist.

Am stärksten macht sich dies nach obigem bemerkbar bei Heizversuchen nach längerem Kesselstillstand, also an Montagen, weshalb man Garantieversuche nach längerem Kesselstillstand nicht vornehmen sollte. Aus dem gleichen Grunde sollten Heizversuche stets so lange als irgend angängig ausgedehnt werden; bloß 6 Stunden lang wie die neuen Normen gestatten nur dann, wenn Tag- und Nachtbetrieb vorhanden ist oder wenn die Betriebszeiten wesentlich länger und die Betriebspausen kürzer sind. Gegen Ende der Schicht muß der Heizversuch beendet sein, ehe der Heizer das Feuer niederbrennen läßt, weil ja in der letzten Zeit erfahrungsgemäß bei verringerter Kohlenzufuhr doch die gleiche Dampfleistung erzielt wird wie vorher, da das aufgeheizte Mauerwerk jetzt rückwärts Wärme an den Kessel abgibt, so daß trotz des niederbrennenden Feuers eine wesentlich höhere Verdampfungsziffer erreicht wird. Für den ganzen Betriebstag und dessen gesamte Verdampfung bzw. die mittlere Verdampfungsziffer ist aber die gesamte verwendete Kohle einschließlich Anheizkohle und der in den Mittagspausen verfeuerten Kohle zu rechnen und die Dampfleistung bis zum Abschluß des Dampfventils. Diese Zahl ist naturgemäß kleiner als die während des Heizversuches im Beharrungszustand erhaltene (vgl. Abschnitt 12i über den Wirkungsfaktor). Noch genauer wird diese Zahl erhalten bzw. der Wirkungsfaktor, wenn Wasser- und Kohlenmessungen über noch längere Zeiten hin, etwa eine Woche lang, erstreckt werden können. Die im Kessel- und Mauerwerk steckende Wärme wird nach Betriebsschluß über Nacht zum Teil nach außen abgestrahlt, zum Teil an den Kessel selbst abgegeben, wodurch vielfach eine Steigerung des Kesseldrucks nach Betriebsschluß eintritt, der erst später, je nach der Güte des Mauerwerks, der Dichtheit der Schieber usw. schneller oder langsamer abfällt. Am Morgen muß dann der Nachtverlust durch Vorheizen und ensprechenden Kohlenaufwand wieder eingeholt werden.

h) Der Wirkungsgrad.

Der Wirkungsgrad einer Kesselanlage gibt an, wieviel Hundertteile der in den verbrannten Kohlen enthaltenen Wärmemenge nutzbar im Dampf sich wiederfinden; er stellt also das Verhältnis dar:

$$\eta = \frac{\text{vom Dampfe aufgenommene Wärmemenge}}{\text{aufgewendete Wärmemenge}} \quad . \quad . \quad . \quad . \quad 72)$$

Die an den Dampf nutzbar übergeführte Wärme ergibt sich aus der Gesamterzeugungswärme i'' des Dampfes (vgl. Dampftafel am Schlusse), abzüglich der in dem Speisewasser bereits vorhandenen Wärmemenge, zuzüglich der an den Dampf beim Überhitzen abgegebenen Wärme.

Denn die Wärmemenge, welche das Speisewasser bereits mitbringt, wird nicht aus dem Wärmevorrate der Kohlen gedeckt; sie ist also abzuziehen; dagegen wird die zum Überhitzen des Dampfes erforderliche Wärme den heißen Feuergasen entnommen. Die gesamte, beim Verbrennen der Kohle aufgewendete Wärme ermittelt sich aus der Brennstoffmenge in kg · Heizwert der Kohle. Bezeichnet:

D = Trockene Dampfmenge in kg in 1 h,
B = Brennstoffmenge in kg in 1 h,
h = Heizwert des Brennstoffes in kcal, (oberer oder unterer)
t_e = Speisewassertemperatur vor dem Rauchgasvorwärmer,
t_a = Speisewassertemperatur hinter dem Rauchgasvorwärmer,
$ü = c_p (t - \vartheta)$ = Wärmemenge, erforderlich zur Überhitzung eines Kilogramm Dampfes von Dampftemperatur ϑ auf Überhitzungstemperatur t,

so ist bei Anlagen mit Rauchgasvorwärmer und Überhitzer der Gesamtwirkungsgrad

$$\eta = \frac{D\,(i'' - t_e + ü)}{B \cdot h} \cdot 100 \text{ in Prozenten} \quad \ldots \quad 73)$$

Darin bedeutet $\frac{D}{B}$ die Verdampfungsziffer, die angibt, wieviel kg Dampf von einem kg Kohle unter den obwaltenden Betriebsverhältnissen erzeugt werden.

Da bei jeder Anlage die Speisewasser- und Dampftemperatur eine andere ist, so muß man für Vergleichszwecke die Verdampfungszahl umrechnen auf Normaldampf, das ist Dampf von 100° (1 at absol.), der aus Wasser von 0° gebildet worden ist; dazu werden für 1 kg Dampf $i''_0 = 639{,}8$ kcal gebraucht, es ist also:

$$\text{Verdampfungsziffer } {}^0/_{100} = \frac{D}{B} \cdot \frac{\lambda}{639{,}8} \quad \ldots\ldots \quad 74)$$

$\lambda = i'' - t_e + ü$ bedeutet die für 1 kg Dampf wirklich aufgewendete Wärmemenge in Wärmeeinheiten.

Für den Kessel allein gilt:

$$\eta_k = \frac{D\,(i'' - t_a)}{B \cdot h}\, 100 \text{ in Prozenten} \quad . \; . \quad 75)$$

Der Wirkungsgrad durch Dampfüberhitzung allein ist

$$\eta_ü = \frac{D \cdot c_p\,(t - \vartheta)}{B \cdot h} \cdot 100 \text{ in Prozenten} \quad \ldots \quad 76)$$

Ist ein Rauchgasvorwärmer (Ekonomiser) vorhanden, welcher die in den Abgasen nach Verlassen des Kessels noch vorhandene Wärmemenge ausnutzt, so werden, $D\,(t_a - t_e)$ Wärmeeinheiten gewonnen und der Wirkungsgrad durch den Vorwärmer beträgt entsprechend obigem:

$$\eta_v = \frac{D\,(t_a - t_e)}{B \cdot h} \cdot 100 \text{ in Prozenten} \quad \ldots\ldots \quad 77)$$

Der Gesamtwirkungsgrad wird wie in Formel 73:

$$\eta = \eta_k + \eta_ü + \eta_v .$$

Um η_v ist natürlich der Abgasverlust durch fühlbare Wärme geringer geworden gegen den Betrieb ohne Rauchgasvorwärmer, weil die Abgastemperatur erniedrigt worden ist (vgl. S. 287 unter Rauchgasvorwärmer).

Die vollständige Wärmeaufstellung einer Anlage ergibt sich also wie folgt in Hundertteilen:

1. Nutzbar gemachte Wärme für Dampfbildung im Kessel vH $= \eta_k$
2. Nutzbar gemachte Wärme für Dampfüberhitzung . . . „ $= \eta_ü$
3. Nutzbar gemachte Wärme durch Wasseranwärmung im Rauchgasvorwärmer . . . . „ $= \eta_v$
4. Verloren durch fühlbare Wärme der Abgase . . . . . „ $= V$
5. Verloren durch unvollkommene Verbrennung . . . . . „ $= v_u$
6. Verloren in den Aschenrückständen und Schlacke . . . „ $= v_h$
7. Verloren durch Ruß in den Verbrennungsgasen . . . . „ $= v_r$
8. Verloren durch Strahlung und Leitung . . . . „ $= v_s$.

Die Einzelposten können nur durch einen Heizversuch bestimmt werden; gewöhnlich werden Posten 1 bis 6 einzeln festgestellt und die anderen zusammen als Rest erhalten. Ein sorgfältig angestellter Heizversuch allein kann einen genauen Einblick in die Arbeitsweise einer Kesselanlage gewähren.

Kohlenersparnis. Wird durch irgendwelche Maßnahmen der gesamte Wirkungsgrad von η_1 auf η_2 erhöht, so ergibt sich eine

$$\text{Kohlenersparnis} = \frac{\eta_2 - \eta_1}{\eta_1} \cdot 100 \text{ in Prozenten} \quad . \ . \ 78)$$

Berechnung eines Heizversuches. Beispiel 21. An einer Dampfanlage für Braunkohlen, die zu einem Umbau reif ist, wird ein Versuch zur Erlangung von Unterlagen für Verbesserungen vorgenommen.

8 Zweiflammrohrkessel, Heizfläche insgesamt . . .	m^2	633,2
Stufenroste, Rostfläche, insgesamt	m^2	26,7
Dampfüberdruck im Mittel	atü	4,7
Überhitzungstemperatur	°C	210
Versuchsdauer	h	9,6
Wasserbedarf insgesamt	kg	203 163
Kohlenverbrauch insgesamt	kg	79 698
Speisewassertemperatur t_e	°C	52,4
Temperatur der Gase im gemeinsamen Fuchskanale vor dem Schornstein	°C	428
Kohlensäuregehalt CO_2 . . . . k_1	vH	11,0

$CO_2 + O_2$ . . . . $k_1 + 0$	vH	18,7
Kohlenoxydgehalt k_2	vH	0,5
Stickstoffgehalt n	vH	80,8
Zugstärke bei offenem Schieber	mm	30
Zugstärke an den Kesselschiebern im Mittel. . . .	mm	26
Zugstärke über den Rosten im Mittel	mm	13,5
Kesselhaustemperatur t	°C	38
Außenlufttemperatur	°C	27
Oberer Kohlenheizwert H_o	kcal	3 325
Unterer Kohlenheizwert H_u	kcal	2 887
Wassergehalt der Kohle	vH	48,0
Kohlenstoffgehalt der Kohle C	„	31,0
Aschengehalt der Kohle A	„	5,3
Wasserstoffgehalt der Kohle H	„	2,8
Schwefelgehalt S	„	1,3
Sauerstoffgehalt O	„	11,6
Schornsteinhöhe	m	50
Obere lichte Weite ∅	m	2,0

Der Wärmeinhalt von 1 kg Dampf bei 210° beträgt . . . 686,5 kcal
Der Wärmeinhalt von 1 kg Sattdampf bei 156,0° beträgt 657,7 „
28,8 kcal

Aufgewendet wurden:
für 1 kg überhitzter Dampf aus Wasser von

$$52{,}4° = 686{,}5 - 52{,}4 = 634{,}1 \text{ kcal}$$

für 1 kg Sattdampf aus Wasser von

$$52{,}4° = 657{,}7 - 52{,}4 - 605{,}4 \text{ kcal} = i'' - t_e .$$

Die Verdampfung ergibt sich zu

$$\frac{D}{B} = \frac{203\,163}{79\,698} = 2{,}55 ,$$

und bezogen auf Dampf von 100° aus Wasser von 0°

$$2{,}55 \cdot \frac{605{,}3}{639{,}8} = 2{,}41 .$$

Die Kesselbeanspruchung errechnet sich auf 1 m² Heizfl./h zu

$$\frac{203\,163}{9{,}6 \cdot 633{,}2} = 33{,}5 \text{ kg/m}^2\text{/h};$$

auf Normaldampf bezogen, zu

$$33{,}5 \cdot \frac{605{,}3}{639{,}8} = 31{,}8 \text{ kg/m}^2\text{/h}.$$

$$\text{Rostbeanspruchung} = \frac{79698}{9{,}6 \cdot 26{,}7} = 311\ \text{kg/m}^2\text{/h}.$$

Nutzbar gemacht wurden von 1 kg Kohle bei 2,55facher Verdampfung:

für Sattdampferzeugung im Kessel	$2{,}55 \cdot 605{,}3 =$	1545 kcal
für Überhitzung	$2{,}55 \cdot 28{,}8 =$	76,5 „
	insgesamt	1618,5 kcal

Der Wirkungsgrad z. B. auf oberen Heizwert gerechnet ergibt sich für den Kessel allein aus:

$$\eta_0 = \frac{203\,163 \cdot 605{,}3}{70\,698 \cdot 3325} = 46{,}5\ \text{vH}.$$

Aus der Brennstoffzusammensetzung berechnet sich: die theoretisch erforderliche Luftmenge nach Formel 43c) (S. 135):

$$L_0 = \frac{1}{11{,}25} C \left\{ 1 + \frac{3\left(H - \frac{O}{8}\right)}{C} + \frac{3}{8}\frac{S}{C} \right\} \text{ in (m}^3\text{/kg [0°,760 mm])}$$

$$= \frac{1}{11{,}25} \cdot 31 \left\{ 1 + \frac{3\left(2{,}8 - \frac{11{,}6}{8}\right)}{31} + \frac{3}{8} \cdot \frac{1{,}3}{31} \right\} = \frac{31}{11{,}25} \cdot 1{,}1507 = \mathbf{3{,}19\ m^3}.$$

Es mögen an der Verbrennung teilgenommen haben

$$C_0 = 0{,}953\, C;$$

also es sei

$$\frac{C}{C_0} = 1{,}05$$

und

$$C_0 = 29{,}55\ \text{vH}.$$

Dann ist die Luftüberschußzahl v nach Formel 51a):

$$v = \frac{\frac{21}{79} 80{,}8}{\frac{21}{79} \cdot 80{,}8 - 7{,}7 - 11{,}0 - \frac{0{,}5}{2} + 1{,}05\,(11{,}0 + 0{,}5)}$$

$$= \frac{21{,}55}{2{,}60 + 12{,}08} = 1{,}468.$$

Das wirkliche Volumen der Verbrennungsgase beträgt nach Formel 48a), S. 143:

$$G_{\text{m}^3} = \frac{29{,}55}{0{,}536\,(11{,}0 + 0{,}5)} + \frac{1}{100} \left\{ \frac{9 \cdot 2{,}8 + 48{,}0}{0{,}804} \right\}$$

$$= 4{,}80 + 0{,}91 = \mathbf{5{,}71\ m^3/kg}\ [0°, 760\ \text{mm}].$$

Die Formel ergibt, da einige Glieder ausgefallen sind, dieselben Werte wie Formel 48 (S. 142).

Bei vollkommener Verbrennung und wenn aller Kohlenstoff an der Verbrennung teilnimmt, also $C = C_0$ ist, würde sich nach Formel 47 ergeben:

$$G_{m^3} = \frac{1{,}865 \cdot 31}{11{,}0} + \frac{9 \cdot 2{,}8 + 48{,}0}{0{,}804} \cdot \frac{1}{100} = \mathbf{6{,}17\ m^3},$$

also eine etwas größere Gasmenge.

Der Wärmeverlust durch die freie Wärme der abziehenden Verbrennungsgase ermittelt sich nach Formel 64 a), da die Verbrennung unvollkommen ist, bezogen auf den oberen Heizwert, zu:

$$V = \frac{29{,}55}{0{,}536\,(11{,}0 + 0{,}5)} \cdot 0{,}335\,(428 - 38) + \ldots \qquad \text{Glied a} = 628 \text{ kcal}$$

$$+ 6\,\{9 \cdot 2{,}8 + 48\} + \ldots \qquad \text{Glied b} = 439 \text{ ,,}$$

$$+ \frac{0{,}46}{100}\{9 \cdot 2{,}8 + 48\}\,(428 - 38) \qquad \text{Glied c} = 131 \text{ ,,}$$

$$1198 \text{ kcal}$$

bezogen auf den unteren Heizwert wird

$$V = a + c = 759 \text{ kcal}.$$

Rechnet man vereinfacht nach Formel 62 a) in Verbindung mit Abb. 31 (S. 173), so wird für:

$$\varepsilon = k_1 + k_2 = 11{,}0 + 0{,}5 = 11{,}5; \quad v = 0{,}835$$

bei 48 vH Wassergehalt; und der Abgasverlust in vH bezogen auf unteren Heizwert:

$$V = \frac{v \cdot (T - t)}{\varepsilon} = \frac{0{,}835\,(428 - 38)}{11{,}5} = \mathbf{28{,}2\ vH.}$$

Nach der Wärmebilanz, weiter hinten, ergab sich der genauere Wert zu $26{,}3 + 2{,}5 = 28{,}8$ vH., also nur wenig verschieden.

Wärmeverlust durch unvollkommene Verbrennung nach Formel 65).

Volumen der trockenen Verbrennungsprodukte:

$$G_{m^3} = \frac{29{,}55}{0{,}536\,(11{,}0 + 0{,}5)} = 4{,}80\ (\text{m}^3/\text{kg}\ [0^\circ, 760\ \text{mm}]),$$

auf den oberen Heizwert bezogen wird dann (Formel 66a):

$$v_\mu = 4{,}80\,\{30{,}5 \cdot 0{,}5\} = 73{,}2\ (\text{kcal/kg}),$$

auf den unteren Heizwert bezogen wird (Formel 66):

$$v_\mu = 4{,}80\,\{30{,}5 \cdot 0{,}5\} = 73{,}2\ (\text{kcal/kg}),$$

also ebensogroß, da h und ch nicht vorhanden waren.

Oder in Prozenten gerechnet:

$$v' = \frac{73{,}2 \cdot 100}{3325} = 2{,}2 \text{ vH}$$

bezogen auf oberen Heizwert.

Wärmeverlust durch die Herdrückstände nach Formel 67a):

$$v_h = 81\,(31 - 29{,}55) = 117 \text{ (kcal/kg)}.$$

Somit ergibt sich die Wärmebilanz für 1 kg Kohle:

Bezogen auf den	Oberen Heizwert				Unteren Heizwert			
	kcal		vH		kcal		vH	
Nutzbar gemacht:								
für Verdampfung (Sattdampf) . . .		1545		46,5		1545		53,6
für Überhitzung		74		2,2		74		2,5
Verloren, freie Wärme V:								
a) trockene Abgase	628		18,9		628			
b) verdampftes Wasser aus dem Brennstoff	439	1198	13,2	36,1	—	759		26,3
c) Überhitzungswärme des Wasserdampfes	131		4,0		131			
Unverbrannte Gase v_u		73		2,2		73		2,5
Herdrückstände		117		3,5		117		4,1
Mauerwerksabkühlung, Fehler, als Rest		319		9,5		319		11,0
		3325		100,0		2887		100,0

i) Der Wirkungsfaktor η_w.

Der Wirkungsgrad η, wie er sich aus sorgfältig durchgeführten Heiz- oder Abnahmeversuchen ergibt, kann im Betriebe im Jahresdurchschnitte naturgemäß nicht erreicht werden. Diese Versuche erstrecken sich über eine pausenfreie Zeit und gehen unter besonderer Aufsicht, also erhöhter Aufmerksamkeit der gesamten Bedienung sowie unter ständiger Beobachtung durch Meßinstrumente vor sich. Im täglichen Leben lassen sich ungünstige Umstände nicht so leicht ausschalten; hierhin rechnen Störungen aller Art, Bedienungsfehler, Betriebsschwankungen, Wärmeverluste in Zeiten des Stillstandes und in Pausen, während welcher die Kessel unter Dampf gehalten werden müssen; dazu kommt der besondere Kohlenverlust für das tägliche Anheizen und Abstellen der Kessel. Bei Schluß des Betriebes ist die Kohle auf dem Roste gewöhnlich nicht völlig verbrannt und ist als verloren zu rechnen, wie auch bereits schon gegen Ende der Betriebszeit, wenn der Heizer das Feuer allmählich herunterbrennen läßt, die Kessel mit starkem Luftüberschuß also ungünstig arbeiten. Die im Kessel und Mauerwerk im Laufe des Tages aufgespeicherte Wärme wird während der Nacht allmählich ausgestrahlt, der Kesseldruck sinkt bis zum Morgen und muß wieder hochgefeuert werden, ehe der eigentliche Betrieb beginnen kann. Das ausgekühlte Mauerwerk muß wieder angewärmt werden, so daß zu Beginn der Schicht der Kohlenaufwand größer ist für die gleiche Leistung wie später; allmählich macht sich dann der Einfluß des angewärmten Mauerwerks geltend und der Wirkungsgrad steigt etwas an. Diese durch die Tageseinteilung des Betriebes bedingten Verluste werden noch weiter gesteigert, wenn im täglichen Dienste ohne dringenden Zwang für nur kurze Zeit auftretende außergewöhnliche Belastungen einzelne Kessel in Betrieb genommen werden oder wenn Aushilfskessel lange Stunden hindurch unter Dampf stehen. Der durch alle diese Umstände im Jahresmittel bedingte niedrigere Wirkungsgrad soll der

$$\text{Wirkungsfaktor} = \eta_w$$

genannt werden. Es ist also das Verhältnis $\frac{\eta_w}{\eta} < 1$.

Je günstiger der Jahresbetrieb verläuft, desto mehr nähert sich η_w dem durch Heizversuch bedingten angestrebten Werte η oder die Verhältniszahl beider dem Werte 1. Unter gewöhnlichen Verhältnissen wird $\frac{\eta_w}{\eta}$ etwa 0,85—0,95 betragen. Dauernde Aufmerksamkeit und Betriebsüberwachung, wie unter Abschnitt 32 näher ausgeführt, müssen auf eine Steigerung des Wirkungsfaktors hinarbeiten. Auch die Herbeiführung einer möglichst gleichmäßigen, normalen Betriebsbelastung durch passende Verteilung des Kraft- und Wärmebedarfes ist anzustreben, um unvorteilhafte „Spitzenbelastungen", wie sie z. B. in Brauereien in den Sudzeiten, in Seifenfabriken beim Einsetzen der Kochzeiten und in Elektrizitätswerken bei Einsetzen der abendlichen Beleuchtung eintreten, auf das geringste Maß einzuschränken.

Nach sehr lehrreichen Studien von Dr.-Ing. Rummel[1]) übersteigt z. B. der Gesamtbrennstoffverbrauch die während der eigentlichen Arbeitszeit verfeuerte Brennstoffmenge:

bei	6mal	10	Arbeitsstunden wöchentlich	um	rd.	39 vH
„	6mal	8	„ „	„	„	53 vH
„	6mal	4	„ „ (Kurzarbeit gleichmäßig verteilt) . .	„	„	115 vH
„	3mal	8	Arbeitsstunden wöchentl. (Kurzarbeit) auf 3 hintereinander liegende Wochentage verteilt)	„	„	57 vH
„	3mal	8	Arbeitsstunden wöchentl. (Kurzarbeit, 8-Stunden-Schicht einen Tag um den andern)	„	„	70 vH

[1]) Zur Nedden, Wie spare ich Kohle? VDI.-Bücher.

k) Der Zusammenhang zwischen dem CO_2-Gehalt der Verbrennungsgase, ihrer Temperatur, dem Wirkungsgrade und dem Abgasverlust.

Die Temperatur, mit welcher die Verbrennungsgase in den Schornstein abziehen, hängt unter sonst gleichen Verhältnissen von verschiedenen Umständen ab.

1. Von der Güte der Kesseleinmauerung, der Sauberkeit der Heizfläche und der Schnelligkeit der Wasserströmung im Kessel; denn

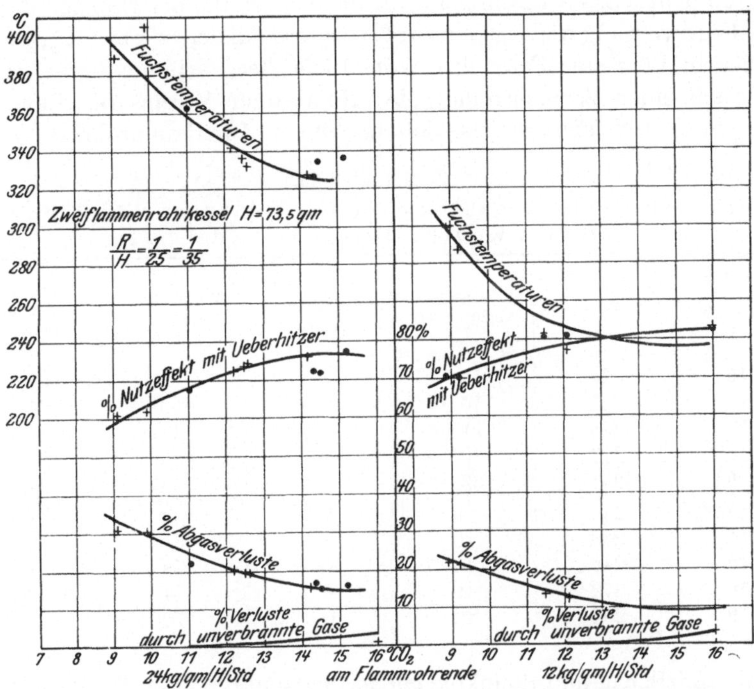

Abb. 32. Beziehung zwischen Kesselbeanspruchung und Kohlensäuregehalt der Verbrennungsgase, Fuchstemperatur, Abgasverlust und Verlust durch unvollkommene Verbrennung.

je besser die Gase an den Kessel gedrängt werden, je inniger die Mischung, je reiner die Kesselfläche innen und außen ist und je rascher sich das Wasser im Kessel bewegt, desto besser werden die Gase ausgenutzt, desto kälter ziehen sie ab.

2. Von der Güte der Verbrennung, denn je wirtschaftlicher die Verbrennung erfolgt, d. h. mit je geringerem Luftüberschusse, desto heißer wird die Flamme, desto höher die Verbrennungstemperatur (vgl. Abschnitt 11), weil weniger Wärme darauf verwendet wird, um den für den Verbrennungsvorgang unwirksamen Stickstoff mit zu erhitzen. Bei

höherer Anfangstemperatur der Gase wird auch der Temperaturunterschied zwischen Kesselinhalt und Heizgasen größer, somit auch der Wärmeübergang und die Ausnutzung (vgl. S. 214ff.).

3. Von der Höhe der Rostbelastung; denn bei größerem Verbrauche steigt die Gasmenge, so daß sie weniger gut am Kessel ausgenutzt werden kann und die Abgase mit höherer Temperatur in den Schornstein ziehen (vgl. Abb. 24); außerdem wächst die Gefahr der Kohlenoxydbildung.

Am deutlichsten veranschaulicht die Abb. 32 die Beziehungen der für den Feuervorgang wichtigsten Größen untereinander; sie bietet gewissermaßen in kürzester Form das Wesentliche der Verbrennungsvorgänge.

Nach einer Versuchsreihe[1]) des Hamburger Vereins für Rauchbekämpfung und Feuerungsbetrieb an einem Zweiflammrohrkessel von

Zahlentafel 59.
Abhängigkeit von Abgastemperatur, Verlusten und Wirkungsgrad vom Kohlensäuregehalte der Gase.

vH Kohlensäure am Flammrohrende	Temperatur der Abgase °C	Abgasverluste vH	Verluste durch unverbrannte Gase vH	Wirkungsgrad vH	Kesselbeanspruchung kg/m²/h
15	324	15,0	3,5	76,0	24,0
14	327	16,0	2,0	76,0	24,0
12	335	21,0	2,0	71,0	24,0
10	377	29,0	1,0	64,0	24,0
9	397	33,0	0,5	59,0	24,0
15	236	9	2,0	82	12,0
14	238	10	1,5	81	12,0
12	246	13	0,5	78	12,0
10	272	18	0,0	74	12,0
9	294	22	0.0	70	12,0

75 m² Heizfläche und Steinkohlenfeuerung sind die zwei Schaubilder 32 für eine Kesselbelastung von 12 und 24 kg Dampf auf 1 m² Heizfläche und Stunde gezeichnet und Zahlent. 59 errechnet worden.

Es ist zu beobachten, daß bei fallendem Kohlensäuregehalt der Verbrennungsgase, also bei zunehmender Luftzufuhr, demnach ungünstigerem Verbrennungsvorgange, ihre Temperatur steigt und naturgemäß auch der Abgasverlust; daß deshalb auch der Wirkungsgrad des Kessels sinkt, der Verlust durch unverbrannte Gase dagegen fällt, weil bei größerem Luftüberschusse die Gefahr zur Bildung von Kohlenoxyd usw. geringer wird.

Bei niedrigerer Kesselbeanspruchung dagegen liegen, weil ja dann nur geringere Kohlenmengen verbrannt werden, die Werte für die Abgastemperaturen, Abgasverluste und Verluste durch unverbrannte Gase

[1]) Haier, Feuerungsuntersuchungen 1906, S. 31, Tafel 8, 9, 17.

tiefer, während der Wirkungsgrad dementsprechend größer ist. Der Aschenverlust betrug in beiden Fällen etwa 1—3 vH, der Abkühlungsverlust 4—7 vH. Beide werden nicht wesentlich beeinflußt.

13. Berechnung der Rostfläche.

a) Rostbeanspruchung.

Im engsten Zusammenhange mit der Zugstärke, also der Schornsteinhöhe, steht die Beanspruchung des Rostes und die Brenngeschwindigkeit der Kohle; sie hängt aber außerdem in erster Linie von der Kohlensorte ab, welche auch entscheidend für die Bauweise des Rostes ist, sodann von der Sortierung der Kohle und von ihrer Backfähigkeit und Schlackenbildung. Je minderwertiger, also je sauerstoffreicher der Brennstoff ist, desto rascher verbrennt er und desto mehr kann auf der Rosteinheit verfeuert werden, desto größer muß aber auch der Rost für gleiche Kesselleistung sein. Dabei gilt, daß die Rostbelastung für die gleiche Kohlensorte um so kleiner wird, je feinkörniger der Brennstoff ist. Die ganz schwer brennbaren Stoffe, wie Anthrazit, Koks, Steinkohlengrus, werden am besten mit künstlichem Zuge oder Unterwind verbrannt.

Von der Rostbelastung hängt für eine bestimmte Kohlensorte die Rostgröße ab, und von beiden zusammen wieder die Dampferzeugung bzw. die Beanspruchung D des Kessels in Kilogramm Dampf je Quadratmeter Heizfläche und Stunde. Dem Anscheine nach könnte man also mit jedem Kessel jede beliebige Beanspruchung erhalten, wenn man nur hinreichend Kohle zur Verbrennung bringt, also genügend Heizgase an der Kesselheizfläche vorbeistreichen läßt. Doch gibt es im Betriebe gewisse Grenzen dadurch, daß sich z. B. bei Innenfeuerung bei Flammrohrkesseln nur eine begrenzte Rostfläche unterbringen läßt; bei Vorfeuerung ist man freier, jedoch ist hier die Grenze durch die Kesselbreite und die Länge bei Planrosten, die Höhenausdehnung bei Schrägrosten sowie die Bedienungsmöglichkeit gegeben. Planroste, die länger als 2,2 m sind, werden für Handbeschickung schwierig, auch ist das Feuer schwer zu übersehen. Es ist daher für jede Kesselart wichtig, daß dieselbe auch in Rücksicht auf die Möglichkeit gebaut wird, einen großen Rost unterbringen zu können, damit die Vorzüge hoher Leistungsfähigkeit, welche die modernen Kesselarten besitzen, auch voll ausgenutzt werden können. Selbsttätige Feuerungen gestatten eine größere Rostbeanspruchung als Handfeuerungen.

Für die Berechnung eines Rostes für einen Kessel geht man am besten von der Dampfleistung aus, welche der Kessel zu liefern hat. Aus der Dampfspannung, Überhitzungstemperatur und Speisewassertemperatur ergibt sich unter Annahme eines voraussichtlichen Wirkungsgrades der Kesselanlage sowie des Heizwertes der zur Verwendung kommenden Kohle die erforderliche Kohlenmenge, welche stündlich verbrannt werden muß, um den Dampf zu erzeugen.

Bezeichnet man mit

R die Rostfläche in m²,
B die Brennstoffmenge in 1 h in kg,
D die Dampfmenge in 1 h in kg,
H die Kesselheizfläche in m²,

so nennt man die von 1 kg Brennstoff erzeugte Dampfmenge die

$$\text{Verdampfungsziffer} = \frac{D}{B};$$

es ist der Verbrand oder die

$$\text{Rostbeanspruchung in Kilogramm und Stunde} = \frac{B}{R}$$

und das Verhältnis von

$$\frac{\text{Rostfläche}}{\text{Kesselheizfläche}} = \frac{R}{H};$$

mit dem Steigen dieses Verhältnisses steigt unter sonst gleichen Umständen auch die Kesselleistung; es sinkt allerdings damit auch der Wirkungsgrad des Kessels, weil mit steigendem Verbrande die Abgastemperatur ebenfalls zunimmt.

In jeder Kesselanlage ist der Höchstwert des Verbrandes in ziemlich engen Grenzen bedingt durch die Höhe des Schornsteines in allererster Linie; sodann durch die Belastung des Schornsteines mit viel oder wenig Gasen; ferner sind für die Rostleistung maßgebend die Länge der Rauchkanäle bis zum Schornsteine, ihre Weite sowie die Art und Weise der Einmündung der einzelnen Rauchkanäle in den gemeinsamen Sammelkanal, also die Zugverluste (vgl. S. 335).

Bei heißem, drückendem Wetter „zieht" ein Schornstein schlechter als bei kühlerem und windigem; stark mit Flugasche verlegte Rauchkanäle und Kesselzüge schwächen ebenfalls den Zug und setzen somit die Rostleistung herab. Innerhalb dieser durch Betriebs- und Anlageverhältnisse bedingten Grenzen kann die Rostleistung durch die Stellung des Rauchkanalschiebers beliebig geregelt werden. Bei schwachem Zuge und für hohe Kesselleistungen wird künstlicher Zug durch Ventilator angewendet.

Es ist nun begreiflich, daß sich alle diese verschiedenen Einflüsse nicht durch eine Rechnung darstellen lassen; es genügt aber für die Berechnung des Rostes vollständig, wenn dafür die durch Erfahrung gegebenen Mittelwerte verwendet werden; eine genaue Berechnung unter Berücksichtigung der Rostspalten, der durchziehenden Windmengen usw. hat wenig Wert, weil zu viel Annahmen gemacht werden müssen. Vorstehende Zahlentafel 60 bietet die Rechnungsgrundlagen für die ver-

Zahlentafel 60.

Mittlere Rostbeanspruchung für verschiedene Brennstoffe $= \frac{B}{R}$.

Brennstoff	Heizwert etwa kcal	$\frac{B}{R}$ Rostbeanspruchung kg/m²/h	Schütthöhen mm	Zugstärke über dem Rost mm Wasser	$\frac{R}{H}$ $\frac{\text{Rostgröße}}{\text{Heizfläche}}$	Rostbelastung 1000 kcal m²/h
Anthrazit	7800	60—70	70—80	8—15 je nach Körnung, Material und Dichte		400—500
Koks	7000	75—90	130—300			530—630
Steinkohlen:						
Gasarme . . .	6800	70—110	90—130		$^1/_{30}$—$^1/_{50}$	500—750
Gasreiche . . .	7600	90—120				700—900
Steinkohlengrus, Koksgrus . . .	5800—6500	140—350	150—300	m. Unterwind oder Dampfschleier	$^1/_{22}$—$^1/_{24}$	850—2100
Brikett aus Braunkohlen	4800	120—180	Je nach Gr. d. Br.	8—15 je nach Körnung, Material und Dichte	$^1/_{28}$—$^1/_{35}$	580—870
Böhm. Braunkohlen	4800	120—180	150—200			580—870
Dtsch. Braunkohlen	2400	170—380	200—300		$^1/_{18}$—$^1/_{28}$	400—900
Torf (gepreßt) . .	3800	160—280	Je n. Gr.		$^1/_{18}$—$^1/_{22}$	600—1050
Lohe (gepreßt) . .	1300	160—280	120—180		$^1/_{10}$—$^1/_{18}$	200—370

schiedenen Brennstoffe. Bei Verwendung von Unterwind kann die Rostbeanspruchung um 20—50 vH erhöht werden.

Für die Annahme eines Wirkungsgrades zur Berechnung der für 1 kg Kohle erzeugten Dampfmenge können die Werte der Zahlentafel 61 angesetzt werden; dabei ist zu berücksichtigen (vgl. Abschnitt 12), daß die modernen Kesselarten mit normalen Beanspruchungen von 22 bis 26 kg rechnen. Sind Überhitzer vorhanden, so können die Wirkungsgrade um 2—5 vH höher gewählt werden. Bei Rauchgasvorwärmern noch um weitere 5—10 vH (vgl. Zahlent. 40, S. 103).

Zahlentafel 61.

$\frac{D}{H}$ = Kesselbeanspruchung und η = Wirkungsgrad, ohne Überhitzer.

D/H Kesselbeanspruchung kg/m²/h $^0/_{100}$ °	12	18	24	30	33
Wirkungsgrad η . . . vH	75	73	71	67	66
Abgastemperatur °C	220	270	320	380	400

b) Größe der Feuerräume und Feuerraumbeanspruchung.

Noch nicht genügend geklärt ist die Frage, wie groß für die verschiedenen zur Verbrennung gelangenden Kohlensorten und die einzelnen Rostkonstruktionen die Feuerungsräume sein müssen. Im allgemeinen hat man dieselben gegen früher bedeutend vergrößert.

Kohlenstaubfeuerungen. Besonderen Anlaß zum Studium dieser Verhältnisse gaben die Kohlenstaubfeuerungen, da hierbei die Gewölbe besonders zu leiden haben. 1—2 Sekunden sind im Durchschnitt erforderlich, um Kohlenstaubkörner der heute bei Kohlenstaubmühlen erhaltenen Größe vollständig zu verbrennen. Der Kohlenstaub muß also vom Einblasen bis Herantreten der Verbrennungsgase an die Kesselheizflächen diese Zeit in dem Feuerungsraume zubringen. Über amerikanische Verhältnisse[1]) gibt nachstehende Zahlentafel (62) Auskunft (vgl. auch S. 126 über Kohlenstaubfeuerungen).

Zahlentafel 62.

Feuerraumgrößen, Rostbeanspruchung, Kesselbeanspruchung für selbsttätige Roste und Kohlenstaubfeuerungen in Amerika.

Feuerungen	Auf 10 m² Kesselheizfläche erforderlicher Feuerraum m³	Auf 1 m² Rostfläche und 1 h verbrannte Kohlenmenge kg/h	Auf 1 m² Kesselheizfläche erzeugtes Dampfgewicht je Stunde kg/h	Größte zur Zeit im Betriebe befindliche Rostfläche m²
Unterschubroste (Einender)	0,9—1,4	290	35—55	rd. 41
Unterwind-Wanderroste . .	0,6—1,4	245	35—50	rd. 41
Kohlenstaubfeuerungen. . .	1,8—2,9	—	55	—

Neuerdings wird die Größe der Verbrennungskammer nur noch etwa $1^1/_2$mal so groß ausgebildet wie bei Wanderrostfeuerungen; sie beträgt etwa 35—40 m³ pro 1 t stündlich verfeuerten Kohlenstaubes oder, anders ausgedrückt, es werden 0,137—0,2 m³ Brennraum für 1 m² Kesselheizfläche ausgeführt.

Nach neueren Versuchen[2]) wurden die Feuerraumbelastungen wie folgt als günstig befunden:

	Belastung bezogen auf oberen Heizwert kcal/m³/h
Steilrohrkessel	214000—270000
Schrägrohrkessel	150000—309000
Einflammrohrkessel	273000—376000

Bei diesen hohen Belastungen sind Schäden am Mauerwerk nicht eingetreten. Bei großen Brennkammern arbeitet man im allgemeinen mit ca. 140000 kcal/m³/h.

Als Ergebnis werden folgende Feuerraumgrößen in m³ angegeben für je 10 m² Heizfläche. Zahlentafel 63

Andere Feuerungen. Die älteren Feuerungskonstruktionen mit verhältnismäßig niedrigen Gewölbehöhen und Abständen der Wasser-

[1]) Vgl. Münzinger, Das Dampfkesselwesen in den Vereinigten Staaten von Amerika. Z. V. d. I. 1925, S. 774.

[2]) Schultes, Rheinisch-Westfälische Steinkohlenarten in der Staubfeuerung. Arch. f. Wärmewirtschaft 1927, S. 47.

Zahlentafel 63.

Brennstoffsorte	Flüchtige Bestandteile vH	Flammrohrkessel	Schrägrohrkessel	Steilrohrkessel
		Feuerraumgrößen in m^3 für 10 m^2 Heizfläche		
Anthrazit u. Magerkohle	weniger als 24 vH	0,9	1,0	1,2
Fettkohle, Gaskohle, Gasflammkohle	mehr als 24 vH	1,6	1,7	1,7

rohre über dem Rost weisen hohe Feuerraumbeanspruchungen auf von ca.

500000 kcal/m³/h bei ca. 20 kg/m²/h Kesselbeanspruchung
bis 900000 „ „ „ 35 „ „

Heute bemißt man den Feuerraum so groß, daß die Wärmebeanspruchung im Mittel 300000—400000 kcal/m³/h beträgt. Untersuchungen[1]) an einem Steilrohrkessel von 650 m² für 20 atü mit einem Vorschub-Treppenrost von 33 m² für Braunkohle und 49 m³ Feuerraum ergaben folgende Werte:

Zahlentafel 64.

Beanspruchung		Beanspruchung	
Feuerraum kcal/m³/h	Kessel kg/m²/h	Feuerraum kcal/m²/h	Kessel kg/m²/h
160000	15	370000	30
230000	20	440000	35
300000	25	520000	40

c) Verdampfungsziffer der Brennstoffe.

Die mit 1 kg Brennstoff erzeugbare Dampfmenge $\frac{D}{B}$ hängt außer vom Heizwerte der Kohle vom Wirkungsgrade η der Kesselanlage ab und von der aufgewendeten Erzeugungswärme λ für 1 kg Dampf.

Zur raschen Ermittlung der Verdampfungsziffer dient nachstehende Zahlentafel 65, die für $\lambda_0 = 639$ ermittelt ist, also für Erzeugung von Dampf von 100° aus Wasser von 0°.

Beträgt die aufgewendete Wärme für 1 kg Dampf λ, so sind die Werte der Zahlentafel mit $\frac{\lambda}{\lambda_0}$ zu multiplizieren. $\lambda = 639$ entspricht etwa 1 kg Dampf von 10 at Überdruck und einer Überhitzungstemperatur

[1]) Loschge, Versuche mit Vorschub-Treppenrosten und Luftvorwärmung. Arch. f. Wärmewirtschaft 1926, S. 37.

Zahlentafel 65.

Verdampfungsziffer $\frac{D}{B}$ für verschiedene Brennstoffe bei verschiedenem Wirkungsgrade der Kesselanlage η; Erzeugungswärme des Dampfes $\lambda_0 = 639$ kcal/kg.

Kohlensorte	Unterer Heizwert der Kohle kcal/kg	Erzeugter Dampf von 1 kg Kohle $= \frac{D}{B}$ bei einem Wirkungsgrade η von 55 vH	60 vH	65 vH	70 vH	75 vH
Steinkohle, gute	7500	6,50	7,10	7,65	8,25	8,85
„ mittlere	7000	6,05	6,60	7,10	7,65	8,20
„ minderwertige ...	6500	5,60	6,10	6,60	7,10	7,60
„ Grus, Abfall	6000	5,15	5,65	6,10	6,60	7,05
„ „ „	5500	4,75	5,20	5,60	6,05	6,45
Böhmische Braunkohle	5000	4,30	4,70	5,08	5,47	5,86
Deutsche Braunkohlenbriketts .	4500	3,87	4,22	4,58	4,93	5,28
„ „ .	4000	3,44	3,76	4,07	4,38	4,70
„ „ .	3500	3,02	3,29	3,56	3,84	4,11
„ Braunkohle, gute	3000	2,58	2,82	3,05	3,28	3,52
„ „ mittlere ...	2500	2,15	2,35	2,54	2,74	2,93
„ „ minderwertige	2000	1,72	1,88	2,04	2,19	2,35
„ „	1500	1,29	1,41	1,53	1,64	1,76
Lohe, gepreßt	1300	1,12	1,22	1,32	1,42	1,53

von 250°, der aus Wasser von etwa 62° erzeugt ist. Allgemein gilt, wenn h den Kohlenheizwert bezeichnet:

$$\frac{D}{B} = \frac{h}{\lambda} \cdot \eta = \text{Verdampfungsziffer}, \qquad \ldots\ldots \quad 79)$$

womit auch die Tafel berechnet ist.

Für alle Roste ist man bemüht, die freie Rostfläche im Verhältnis zur gesamten Rostfläche so groß wie möglich zu machen; bei feinen Brennstoffen müssen die Spalten zwischen den Stäben naturgemäß enger sein als bei gröberen Stücken; es wird im Durchschnitt die freie Rostfläche $^1/_4$—$^1/_2$ der gesamten. Je größer das Verhältnis ist, desto mehr Luft kann durch den Rost ziehen und desto höher kann man auch beschicken; bei Unterwind dagegen soll zur Vermeidung von zu viel Luftüberschuß das Verhältnis $^1/_5$—$^1/_{10}$ sein. Man regelt diese Beschickungshöhe, die man stets möglichst gleichmäßig zu halten hat, am besten durch Einstellen auf einen günstigen CO_2-Gehalt von 12—15 vH hinter dem Flammrohre oder innerhalb der ersten Rohrreihen vermittels des Rauchschiebers; der hierbei gefundene Zugunterschied zwischen Schieber und Rost soll dann immer eingehalten werden.

Sind selbsttätige Feuerungen vorhanden, so können $\frac{B}{R}$, ebenso der Wirkungsgrad, um 10—15 vH der oben angegebenen Werte erhöht werden.

Beispiel 22. Es sollen Kessel und Rostfläche für eine Dampfleistung von 3000 kg in 1 h berechnet werden für eine Anlage, die bei 8 at Überdruck deutsche Braunkohle von 2700 kcal verfeuert; das Speisewasser sei 55° warm.

Es werde ein Zweiflammrohrkessel gewählt, weil das Speisewasser schlecht und weil eine schwankende Belastung zu erwarten ist. Das Anlagekapital soll niedrig sein, deshalb wird, da guter Schornsteinzug von 27 mm am Fuße vorhanden ist, eine Kesselbelastung $= \frac{D}{H}$ von 28 kg/m² gewählt; das ergibt eine Kesselgröße H von $\frac{3000}{28} \sim 110$ m² Heizfläche. Für 1 kg Dampf von 8 at Überdruck sind aufzuwenden $\lambda = 661{,}6 - 55 = 606{,}6$ kcal; bei einem Wirkungsgrade von $\eta = 65$ vH wird eine Verdampfung erzielt von

$$\frac{D}{B} = \frac{2700 \cdot 0{,}65}{606{,}6} = 2{,}9\,.$$

Also der Kohlenbedarf beträgt in 1 h

$$B = \frac{3000}{2{,}90} = 1036 \text{ kg}.$$

In Rücksicht auf den guten Zug möge der Rost mit 240 kg $= \frac{B}{R}$ beansprucht sein bei dieser Leistung des Kessels; es wird daher die Rostfläche $R = \frac{1036}{240} = \mathbf{4{,}3\ m^2}$ gewählt.

Das Verhältnis von Rostfläche zu Heizfläche ist dann:

$$\frac{4{,}3}{110} = \frac{1}{24{,}5} = \frac{R}{H}\,.$$

Die Kesselbeanspruchung, umgerechnet auf Wasser von 0° und Dampf von 100°, also auf $\lambda_0 = 639$ kcal, ist dann

$$28 \cdot \frac{606{,}6}{639} = 26{,}6 \text{ kg/m}^2\text{/h}\,.$$

Man hat eine Abgastemperatur von etwa 390° zu erwarten (vgl. Schaubild 33) und wird daher gut tun, später einen Rauchgasvorwärmer anzulegen, um die Abwärme der Gase noch auszunutzen. Die Kesselbelastung wird man voraussichtlich bis auf etwa 32 kg steigern können, die Dampfabgabe also bis auf 3500 kg von 8 at; der Wirkungsgrad würde dabei allerdings auf etwa 63 vH fallen und die Abgastemperatur auf annähernd 420° steigen.

14. Ergebnis der Feuerungsuntersuchung für gasförmige Brennstoffe[1]).

Bezeichnungen in Raumhundertteilen.

CO = Kohlenoxydgehalt des trockenen Heizgases
CO_2 = Kohlensäuregehalt „ „ „
CH_4 = Methangehalt „ „ „
H = Wasserstoffgehalt „ „ „
O = Sauerstoffgehalt „ „ „
N = Stickstoffgehalt „ „ „
und W = Wassergehalt in kg für 1 m³ trockenes Gas von 0°,760 mm.
k_1 = Kohlensäuregehalt der trockenen Verbrennungsprodukte
k_2 = Kohlenoxydgehalt „ „ „
ch = Methangehalt „ „ „
h = Wasserstoffgehalt „ „ „
o = Sauerstoffgehalt „ „ „
n = Stickstoffgehalt „ „ „

Enthält das Heizgas noch weitere Bestandteile, so müssen die folgenden Gleichungen entsprechend erweitert werden.

Heizwert für das trockene Gas

H_o = Oberer Heizwert (kcal/m³, [0°,760 mm]),
H_u = Unterer Heizwert (kcal/m³, [0°,760 mm]),

dieser wird aus H_o berechnet nach der Beziehung

$$H_u = H_o - 0{,}6 \cdot w_G \text{ (kcal/m}^3\text{, [0°, 760 mm]).}$$

Dabei ist w_G die bei der Verbrennung aus 1 m³ Heizgas entstandene Wassermenge in Gramm.

a) Theoretisch erforderliche Luftmenge L_0:

$$L_0 = \frac{1}{21}\left\{\frac{1}{2}\cdot \mathrm{CO} + 2\cdot \mathrm{CH_4} + \frac{1}{2}\cdot \mathrm{H} - \mathrm{O}\right\}; \text{ (m}^3\text{/m}^3\text{, [0°, 760 mm])} . \quad 80$$

Luftüberschußzahl v.

Mit $CO_2 + CO + CH_4 = A$ wird

$$v = \frac{\frac{21}{79}\left\{n - \frac{N}{A}(k_1 + k_2 + ch)\right\}}{\frac{21}{79}\left\{n - \frac{N}{A}(k_1 + k_2 + ch)\right\} - \left(o - \frac{k_2}{2} - 2\,ch - \frac{h}{2}\right)} \quad . . . 81$$

[1]) Nach Arch. f. Wärmewirtschaft 1926. S. 288.

Bei vollkommener Verbrennung mit $k_2 = ch = h = 0$, wird

$$v = \frac{n - \frac{N}{A} \cdot k_1}{n - \frac{N}{A} \cdot k_1 - \frac{79}{21} o}.$$

b) Volumen der Verbrennungsprodukte V_G.

$$V_G = \frac{A}{k_1 + k_2 + ch} + \frac{1}{100} \left\{ \mathrm{H} + 2\,\mathrm{CH}_4 - \frac{A}{k_1 + k_2 + ch} (h + 2\,ch) \right\}$$

$$+ 1{,}245 \cdot \mathrm{W};\ (\mathrm{m}^3/\mathrm{m}^3,\ [0°, 760\,\mathrm{mm}]) \quad \text{. . . . . 82)}$$

Bei vollkommener Verbrennung mit $k_2 = ch = h = 0$;

$$V_G = \frac{A}{k_1} + \frac{1}{100} (\mathrm{H} + 2\mathrm{CH}_4) + 1{,}245 \cdot \mathrm{W};\ (\mathrm{m}^3/\mathrm{m}^3,\ [0°, 760\,\mathrm{mm}]). \quad 82\,\mathrm{a}$$

c) Wärmeverlust durch die freie Wärme der abziehenden Verbrennungsprodukte.

$$Q_A = \underbrace{\frac{A}{k_1 + k_2 + ch} \cdot C'_{pm} \cdot t_A - 1 \cdot C''_{pm} \cdot t_G - L_0 \cdot v \cdot C'''_{pm} \cdot t_L}_{\text{Glied I}} \quad . \; . \; 83)$$

$$\underbrace{+ 6 \cdot 0{,}804 \left\{ \mathrm{H} + 2\,\mathrm{CH}_4 - \frac{A}{k_1 + k_2 + ch} (h + 2\,ch) \right\}}_{\text{Glied II}}$$

$$\underbrace{+ \frac{0{,}804}{100} \cdot 046 \left\{ \mathrm{H} + 2\mathrm{CH}_4 - \frac{A}{k_1 + k_2 + ch} (h + 2ch) \right\} \cdot t_A + 0{,}46 \cdot \mathrm{W}(t_A - t_G)}_{\text{Glied III}}$$

$$(\mathrm{kcal/m}^3,\ 0°, 760\mathrm{mm}).$$

Bei Anwendung des unteren Heizwertes H_u fällt Glied II weg.

In obiger Gleichung bedeutet:

C'_{pm} = Spez. Wärme der trockenen Verbrennungsprodukte (kcal/m³, °C)
C''_{pm} = Spez. Wärme des trockenen Heizgases
C'''_{pm} = Spez. Wärme der Luft
t_A = Temperatur der Abgase
t_G = Temperatur des Heizgases bei Eintritt in die Feuerung
t_L = Temperatur der Luft bei Eintritt in die Feuerung.

d) Wärmeverlust durch unvollkommene Verbrennung Q_U.

Das Volumen der trockenen Verbrennungsprodukte V_{Gtr} ist

$$V_{Gtr} = \frac{A}{k_1 + k_2 + ch} (\mathrm{m}^3/\mathrm{m}^3, [0°, 760\,\mathrm{mm}]), \quad . \; . \; . \; . \; 84)$$

$$\left.\begin{array}{l} Q_U = V_{Gtr}\{30{,}5\cdot k_2 + 94{,}8\,ch + 30{,}5\cdot h\};\ (\text{kcal/m}^3,\ [0^\circ, 760\,\text{mm}]) . \\ \text{Bei Verwendung des unteren Heizwertes } H_u \text{ ist:} \\ Q_U = V_{Gtr}\{30{,}5\cdot k_2 + 85{,}16\cdot ch + 25{,}68 h\};\ (\text{kcal/m}^3,\ [0^\circ, 760\,\text{mm}]) . \end{array}\right\} \quad 84\text{a})$$

V. Die Kesselheizfläche.

15. Berechnung der Kesselheizfläche.

a) Kesselbeanspruchung.

Es haben sich gewisse Grenzen der dauernden Beanspruchung der Kessel für den Betrieb ergeben; sie liegen heute bei fast allen Kesselarten normal zwischen 22—25 kg Dampf für 1 m² Kesselheizfläche und Stunde, höchstens zwischen 30—40 kg/m². Darin sind Flammrohr- und Wasserrohrkessel mit liegenden und stehenden Wasserrohren ziemlich gleich, nur Batteriekessel, Walzenkessel und kombinierte Kessel (unten Flammrohrkessel, oben Röhrenkessel, vgl. Abb. 47) müssen geringer angestrengt werden.

Kennt man die Beanspruchung der Heizfläche $= \frac{D}{H}$, d. h. die von 1 m² Kesselheizfläche und Stunde erzeugte Dampfmenge, so kann im allgemeinen folgende Zahlentafel 66 einen Anhalt für die Wahl der Kesselheizfläche der verschiedenen Kesselarten bieten. Bei künstlichen Zuganlagen und Unterwind kann $\frac{D}{H}$ bis 1,5 mal so hoch werden.

Zahlentafel 66.

Kesselbeanspruchung $= \frac{D}{H}$ der verschiedenen Kesselarten.

Kesselsystem	Art der Beanspruchung kg/m²/h		
	mäßig	normal	stark
Flammrohrkessel	18	25	33
Wasserrohrkessel, liegende	18	25	33
„ Hochleistungskessel	20	26	40
Steilrohrkessel	18	24	40
Doppelkessel, oben und unten Flammrohre	16	22	30
Vereinigte Flammrohr- und Heizrohrkessel	12	15	22
Walzenkessel	13	16	25
Lokomobilkessel	12	18	28

b) Abgastemperatur und Kesselbeanspruchung.

Mit der Höhe der Rostbelastung, also der Höhe des Verbrandes, steigt die erzeugte Gasmenge; die Gase streichen schneller am Kessel vorbei, als derselbe die Wärme aufnehmen kann, und die Abgangstemperatur der Gase, gemessen im Kesselfuchse, wird höher. Dieser Einfluß der Kesselbelastung bzw. Rostbelastung auf die Abgastemperatur ist für verschiedene Kesselsysteme aus einer Anzahl Versuche[1]) im Schaubild Abb. 33 dargestellt, deren Ablesungen allerdings nur als Mittelwerte gelten, da sie bei jeder einzelnen Anlage durch die besonderen Verhältnisse beeinflußt sind. Es ist deutlich das beträchtliche Anwachsen der Fuchstemperatur ersichtlich, wenn die Kesselbelastung ansteigt. Im allgemeinen haben Flammrohrkessel die höchsten Abgastemperaturen, dann folgen Steilrohrkessel, die eine sehr hohe Beanspruchung vertragen und die niedrigsten Temperaturen weisen kombinierte Kessel auf.

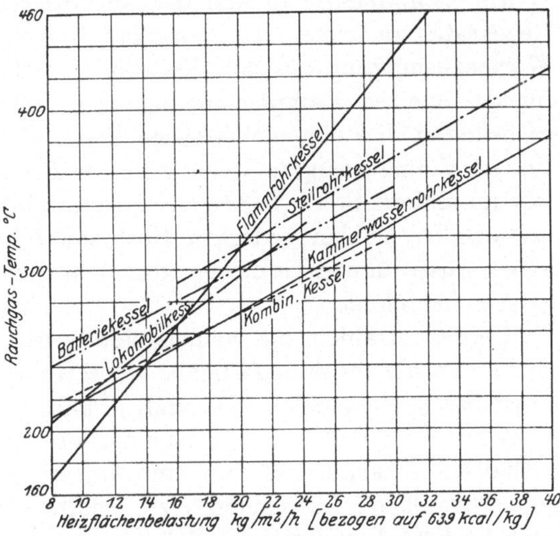

Abb. 33. Beziehung zwischen Kesselbeanspruchung und Abgastemperatur.

Man kann diese Angaben jedoch mit großer Sicherheit den Rechnungen zugrunde legen. Mit der Höhe der Abgastemperatur sinkt natürlich der Wirkungsgrad der Anlage (vgl. Abb. 30).

Über Grundflächenbedarf und Dampfleistung auf 1 m² Grundfläche einiger Kesselbauarten sind nachstehend einige Werte gegeben. Gemessen ist die von dem Mauerwerk bedeckte Fläche.

Zahlentafel 67.

Grundflächenbedarf und Dampfleistung für 1 m² Grundfläche bei verschiedenen Kesselarten mit Braunkohlenfeuerung.

400 m² Heizfläche in einen Block zusammengebaut	Überbaute Grundfläche durch die Kessel m²	Normale Dampfleistung kg/h	Dampfleistung für 1 m² Grundfläche kg/h
2 Steilrohrkessel, je 200 m²	56	10 000	178
4 Zweiflammrohrkessel, je 100 m²	230	10 000	44
2 Doppelkessel, je 200 m²	138	10 000	73
1 Hochleistungswasserrohrkessel, 400 m²	48	10 000	208

[1]) Vorgenommen vom Bayer. Rev.-V., und eigene.

16. Beanspruchung einzelner Teile der Kesselheizfläche und Ziele des neueren Kesselbaues.

a) Wärmeverteilung auf einzelne Heizflächenteile.

Im Dampfkesselbau und der Feuerungstechnik herrscht heute, im Gegensatze zu früher, das Bestreben, hohe Dampfleistungen bei guter Wärmeausnutzung aus den Kesseln zu ziehen. Kommt man nämlich für die gleiche Dampferzeugung mit weniger Kesselheizfläche aus, so bedeutet dies eine gleichzeitige Ersparnis an Kosten für Grund und Boden, Einmauerung und Gebäude, für Rohrleitungen, Bedienung usw. Wie an anderer Stelle (S. 88 und Abschnitt 11) erwähnt, besitzen der mit brennenden Kohlen bedeckte Rost sowie heißes Mauerwerk ein sehr hohes Ausstrahlungsvermögen, das dem der absolut schwarzen Körper ganz nahekommt.

Ebenso strahlen die heißen Feuergase erhebliche Wärmemengen ab. Es ist die Strahlungsabgabe eines Gases an eine kältere Wand um so größer, je heißer die Gase sind, je kälter die Wand ist, je dicker die Gasschicht ist und je mehr Kohlensäure und Wasserdampf die Gase enthalten. Deshalb soll man am Anfang die Züge weit machen, um dicke strahlende Gasschichten zu erhalten, solange die Temperaturen noch hoch sind, und mit möglichst hohem Kohlensäuregehalte arbeiten. Es werden deshalb bei allen Kesselarten an die ersten vom Feuer und glühenden Wänden bestrahlten Heizflächenteile, etwa 3 bis 6 m^2, außerordentlich hohe Wärmemengen abgegeben, die für 1 m^2 und h weit über 100 000 bis herauf zu 180 000 kcal ($k = 100$ bis 180) liegen; dies entspricht einer Kesselleistung von etwa 140 bis 280 kg Dampf je m^2/h. Bei den später von den Gasen bestrichenen Heizflächen nimmt dieser sehr hohe Wärmeübergang rasch ab, weil nur noch Wärme durch Berührung und Leitung an die Kesselheizfläche und das Mauerwerk der Züge übertragen wird ($\alpha = 4$ bis 30), bis derselbe am Ende der Kessel auf einen ganz geringen Wert sinkt. Die vom Mauerwerk aufgenommene Wärme wird zum Teil wieder nutzbar an die Heizfläche ausgestrahlt, zum Teile allerdings geht sie durch Fortleitung nach außen hin verloren; Gase und Luft sind schlechte Wärmeleiter, und zwar 26 mal schlechter als Wasser und 2500 mal schlechter als Eisen; aber sie besitzen die Eigenschaft, in den einzelnen Gasschichten vorhandene Temperaturunterschiede ebenso rasch wie Metalle auszugleichen. Vergleiche Abschnitt 4, Abs. 4, und besonders Schaubild 67.

Die mittlere Beanspruchung des Kessels, mit der gerechnet zu werden pflegt, stellt sich dabei auf die üblichen Werte von 18 bis 25 kg/m^2/h. Messungen haben diese rechnerischen Ergebnisse (vgl. S. 392 und Schaubild 67) bestätigt. Nachstehende Abb. 34[1]) stellt in Abhängigkeit

[1]) Nach Münzinger, Z. V. d. I. 1913, S. 1731.

von der Rosttemperatur (Verbrennungstemperatur) die von 1 m² bestrahlter Kesselheizfläche in 1 h aufgenommene Wärmemenge S_1 [nach Formel (23) mit $F_1 = 1$ berechnet] dar, ebenso die Wärmedurchgangszahl für Strahlung $K = \frac{S_1}{T_1 - t_a}$ Bei 1000° Verbrennungstemperatur ist $S_1 = 110000$ kcal/m²/h bei entsprechendem $K = 138$. Wird die Wärme nur durch Berührung an die Heizfläche abgeführt, so

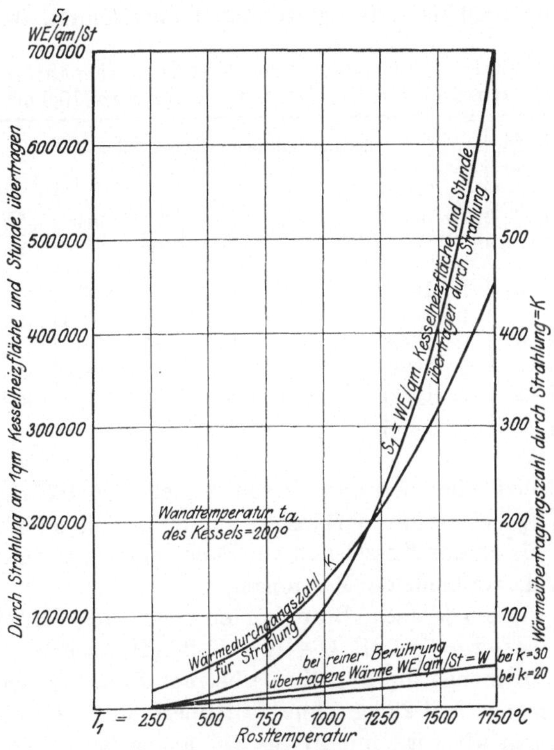

Abb. 34. Wärmeübergang an bestrahlte Kesselheizfläche in Abhängigkeit von der Rosttemperatur.

ergeben sich bei $k = 20$ bzw. 30 die beiden unteren geraden Linien für die stündlich übertragene Wärmemenge $W = k\,(T_1 - t_a)$. Bei $T_1 = 1000°$ und $k = 20$ beträgt hiernach W nur noch 16 000 kcal/m²/h, ist also etwa nur $^1/_7$ so groß als bei Strahlungsübertragung. Die Berechnung der Rosttemperatur ist nach Abschnitt 11 vorzunehmen. Bekannt ist die außerordentlich hohe Verdampfung in der Feuerbuchse von Lokomotivkesseln, die im Durchschnitt der gesamten Heizfläche mit 40 bis 60 kg/m²/h beansprucht werden. Versuche, die vom Bayerischen Dampfkessel-Revisionsvereine an einem Zweiflammrohrkessel durchgeführt wurden, ergaben, daß in den Flammrohren, die gewöhnlich etwa die Hälfte der gesamten Heizfläche umfassen, im Mittel bereits 85 vH, im ersten Seitenzuge 11 bis 15 vH, im zweiten Zuge nur noch 1 bis 4 vH der gesamten Wärme übertragen werden.

Temperaturmessungen[1]) an verschiedenen Stellen der Feuerzüge erweisen dies; bei Schüttfeuerungen ergeben sich, über dem Roste gemessen, bei Verfeuerung von deutscher Braunkohle gewöhnlich Temperaturen von 1000 bis 1100°; hinter den Flammrohren, also etwa nach

Wasserrohrkessel[2]) (Steinmüller) von 267 m² mit Überhitzer von 87,8 m² und einer Rostfläche (Schüttfeuerung) von 10,0 m². 12,5 atü.

Kesselbeanspruchung kg/m²/h	Kohlensorte und kcal	kg Kohle auf 1 m² Rostfl. und st B/R	Gastemperaturen gemessen hinter								CO₂-Gehalt auf dem Roste vH	Wirkl. Verbrennungsgasmenge auf 1 kg Kohle kg
			m² Heizfläche	°C über Rost	m² Heizfläche	°C vor Überhitzer	m² Heizfläche	°C hinter Überhitzer	m² Heizfläche	°C am Schieber		
12,4	Deutsch. Braunk. von 2019 kcal m. 58 vH Wasser	—	0	1019	94 bzw. 40 vH	488	94 + 87,8 m² Überhitzer	361	267 + 87,8 m² Überhitzer	232	—	—
15,6		—	0	1047		524		406		249	—	—
19,2		247	0	1046		557		436		256	12,7	5,88
20,1		—	0	1029		589		454		281	—	—
23,6		329	0	1032		610		481		286	12,1	6,01

der halben Heizfläche, betragen dieselben bei Kesselbeanspruchungen von etwa 25 kg bei Flammrohrkesseln von 80 bis 100 m² nur noch 550 bis 650°, um bis an das Kesselende am Fuchsschieber bis auf etwa 350° abzufallen (vgl. vorstehende Messungen).

Verfeuert wurden deutsche Braunkohlen von C = 26 vH, H = 2,07 vH S = 0,19 vH, Wasser = 58,1 vH, O + N = 11,28 vH, Asche = 2,37 vH. Die theoretische Luftmenge für 1 kg Kohle beträgt L_0 = 3,21 kg, die damit erzeugte Gasmenge = 4,28 kg ohne Luftüberschuß. Die Temperatur der Verbrennungsluft wird mit 27 bis 31° angegeben. Die spezifische Wärme der Verbrennungsgase für 1 kg betrug über dem Roste c_p = 0,32, vor dem Überhitzer 0,275, am Schieber 0,270. Nach Versuch 3 wurden von den ersten 94 m² Heizfläche bereits 78,5 vH der gesamten Dampfmenge erzeugt bei einem durchschnittlichen k = 51,5 und einer Kesselbelastung von 42,7 kg, so daß auf den Rest der Kesselheizfläche von 173 m² nur noch 21,5 vH der Dampferzeugung fallen bei einer mittleren Belastung von 6,37 kg/m²/h. Wertet man diese Versuchsreihe im Sinne von Abschnitt 11 aus, so ermittelt sich aus Formel 59 die durch Strahlung beheizte Fläche zu F = 7,25 m² und der Betrag der abgestrahlten

[1]) Kammerer, Versuche an einem Stierle-Kessel mit Betrachtungen über den Wärmedurchgang. Z. bayr. Rev.-V. 1916, S. 73ff.

[2]) Nach P. Fuchs, Z. V. d. I. 1909, S. 262.

Wärmemenge aus Formel 60 zu $\sigma = 22{,}6$ vH der gesamten, auf dem Roste erzeugten. Auf 1 m² Kesselheizfläche sind durch Strahlung allein übergegangen 119 000 kcal/m²/h, was einem wirklichen $k = 141$ entspricht.

Nachstehend seien die Ergebnisse einiger Temperaturmessungen des Verfassers angeführt (vgl. Garbekessel S. 219 und allgemeine Angaben S. 259 und 353).

Züge	Oberer Kohlenheizwert kcal	Kesselbeanspruchung kg/m²/h (639 kcal)	Heizfläche m²	Heizfläche vH	Gastemperatur °C	CO_2-Gehalt der Gase vH
1. Zug hinter den Flammrohren[1] . .	7160	12,4	54	60	434	13,3
2. Zug hinter Seiten- und Unterzug .			36	40	233	
			90			
3. Zug hinter Oberzug (vor Schieber) .			24		197	7,5
1. Zug hinter den Flammrohren[2]) vor Überhitzer	2500		56	54	545	
2. Zug hinter Seitenzug mit Überhitzer (45 m²)	unter Heizwert	30—31	81 (+45 m² Überhitzer)	79	435	
3. Zug hinter 3. Zug vor Schieber .			103	100	405	

Nimmt man beim 2. Versuche eine Temperatur von 1050° über dem Roste an, so werden insgesamt 1050 — 405 = 645° im Kessel ausgenutzt, was bei 20° Lufttemperatur $\frac{645 \cdot 100}{1050 - 20} = 63$ vH entspricht. Die Flammrohre haben bei 54 vH Heizfläche bereits $\frac{1050 - 545}{1050 - 405} \cdot 100 = 78{,}5$ vH der gesamten, an den Kessel übergegangenen Wärme ausgenutzt und der letzte Seitenzug von 22 m², entsprechend 19 vH der Heizfläche, kann nur noch $\frac{30}{645} = 4{,}6$ vH der Gesamtwärme aufnehmen.

Natürlich ist ein Kessel mit Innenfeuerung in den Flammrohren oder mit Unterfeuerung, wie bei Wasserrohrkesseln, in diesem Punkte wesentlich im Vorteile gegenüber einem solchen mit Vorfeuerung, bei welcher naturgemäß nur ein kleiner Teil der Heizfläche bestrahlt wer-

[1]) Zweiflammrohrkessel, 90 m²/8 at, Kessellänge 9,8 m; mit Galloway-stutzen, gemeinsamer Unter- und Seitenzug und Oberzug. Ohne Überhitzer, mit Planrost 2,88 m² und Wurffeuerung.

[2]) Zweiflammrohrkessel, 103 m², mit 45 m²-Überhitzer und Braunkohlenfeuerung, System Fränkel.

den kann und auch die Abkühlungsverluste des Rostvorbaues größer sind. Deshalb ist auch bei gleicher Belastung der Flammrohrkessel bei Steinkohleninnenfeuerung die Abgangstemperatur der Gase am Fuchsschieber kleiner wie bei der Braunkohlenvorfeuerung. Allerdings spricht bei Steinkohle noch mit, daß die Anfangstemperatur höher liegt als bei Braunkohle, weshalb auch die Wärmeabgabe noch wirksamer ist.

Zwecks Steigerung der Kesselleistung müssen deshalb die Feuerungen und ihr Gewölbebau so eingerichtet werden, daß ein möglichst großer Teil der Kesselheizfläche unmittelbar von den Wärmestrahlen des Rostes getroffen wird.

Beispiel 23[1]). Zur näheren Beleuchtung sei noch ein Versuch des Verfassers besprochen, der an einem Garbekessel von 254 m² Heizfläche, mit einem Überhitzer von 85 m² und einer Stufenrostfeuerung von 10,3 m² durchgeführt wurde.

Es soll der Wärmeübergang an den hinter dem Überhitzer belegenen Teil der Kesselheizfläche berechnet werden.

Der Kessel besteht aus einem Unterkessel von 1500 mm l. ∅ und etwa 4,1 m Länge, einem ebenso großen Oberkessel und aus 240 Garberohren von 54/60 mm von etwa 5500 mm mittlerer Länge, von denen 144 im ersten Zuge, 96 im zweiten Zuge liegen; zwischen ihnen befindet sich eine Schamottewand, die vom Unterkessel bis auf etwa 4,60 m Rohrlänge reicht. Die von den Gasen bis zum Eintritt in den Überhitzer bestrichene Heizfläche beträgt 165 m², die hinter demselben befindliche Heizfläche bis zum Fuchsschieber 89 m². Der Wasserumlauf geht so vonstatten, daß das in den Oberkessel gespeiste Wasser durch die hinteren weniger beheizten Rohrreihen herabsinkt und durch die vorderen Rohrreihen hochsteigt; Gegenströmungen sind indes nicht ausgeschlossen.

Die Rohbraunkohle hatte etwa eine Zusammensetzung von

C	= 31,0 vH,	Wasserstoff	= 2,8 vH,
Wasser	= 47,5 vH,	Schwefel	= 1,3 vH,
Asche	= 6,0 vH,	O + N	= 11,4 vH,

daraus ergibt sich bei einem mittleren Gehalte an $CO_2 = 12{,}8$ vH eine Gasmenge nach Formel 47 von

$$\frac{1{,}865 \cdot 0{,}31}{0{,}128} + \frac{9 \cdot 0{,}028 + 0{,}47}{0{,}804} = 5{,}42 \text{ m}^3\, {}^0\!/_{100}\,.$$

Die mittlere spezifische Wärme beträgt in den Temperaturgrenzen von 300—350° etwa 0,337 für 1 m³ nasse Gase.

---

[1]) Über eine ähnliche Untersuchung vgl. Münzinger, Z. V. d. I. 1913, S. 1731, wobei auf die dort befindliche Abbildung Nr. 2 besonders hingewiesen sei.

Garbekessel, Heizfläche . . m^2	254	Vor dem Fuchsschieber:	
Kesseldruck atü	14	CO_2-Gehalt . . . . vH	12,4
Überhitzerheizfläche . . . m^2	85	$CO_2 + O_2$-Gehalt. . . . . vH	18,6
Rostfläche: Heizfläche	1:24,5	CO-Gehalt . . . . vH	0,4
Kohlenheizwert, Braunk. H_u kcal	2760		
Wassergehalt der Braunk. vH	47,5	Dampferzeugung auf 1 m^2	
Aschengehalt . . . . . . vH	6,0	Heizfläche und Stunde	
Kohlenverbrauch. . . . . kg/h	1985	bez. auf Wasser v. 0°	
Speisewasser . . . . . . kg/h	5260	u. Dampf von 100°. . .	22,05
Speisewassertemperatur . . °C	29	Verdampfung $= \frac{\text{Wasser}}{\text{Kohle}}$ $^0/_{100}$°	2,82
Mittlerer Überdruck . . . atü	12		
Dampftemperatur . . . . °C	263	Wärmeübergang auf 1 m^2	
Verbrennungsgase hinter		Überhitzerheizfl. u. Std.	
der Feuerung . . . CO_2 vH	13,2	(trockener Dampf) . . . kcal	2480
Verbrennungsgastemp.			
vor dem Überhitzer . . °C	409	Wirkungsgrad des Kessels vH	61,6
hinter dem Überhitzer °C	341	Wirkungsgrad d. Überh. vH	3,9
vor d. Fuchsschieber . . °C	293	Verlust durch Abgase . . vH	17,8
Lufttemperatur vor der		Verlust durch unverbr.	
Feuerung . . . . °C	23	Gase . . . . vH	2,5
Hinter dem Überhitzer:		Restbetrag, Strahlung,	
CO_2-Gehalt . . . . vH	13,1	Aschenverluste usw. . . vH	14,2
$CO_2 + O_2$-Gehalt. . . . . vH	18,4		
CO-Gehalt . . . . vH	0,5	Alles bezogen auf H_u	

Daraus errechnet sich die gesamte, von den Gasen abgegebene Wärmemenge vom Überhitzerende bis zum Fuchsschieber zu

$$1985 \cdot 5{,}42 \cdot 0{,}337 \cdot (341 - 293) = 174\,000 \text{ kcal für 1 Stunde.}$$

Ein Teil dieser Wärme geht durch das Mauerwerk nach außen verloren; derselbe ermittelte sich zu etwa 15 000 kcal, so daß an die Kesselheizfläche übergingen:

$$174\,000 - 15\,000 = 159\,000 \text{ kcal für 1 Stunde}$$

oder für 1 m^2 Heizfläche

$$\frac{159\,000}{89} = \mathbf{1800\ kcal/m^2/h.}$$

Umgerechnet auf Dampf von 639 kcal ergibt dies eine Dampferzeugung von

$$\frac{1800}{639} = \mathbf{2{,}82\ kg/m^2/h};$$

oder insgesamt von 250 kg/h Dampf.

Von der vorn gelegenen Heizfläche von 165 m^2 wird also der gesamte andere Teil der Dampferzeugung im Betrage von 5260 — 250 = 5010 kg geleistet, bzw. für 1 m^2 im Mittel 30,40 kg $^0/_{100}$, dabei beträgt der mittlere Wärmeübergang $= \frac{5010 \cdot 641}{165} = 20\,000$ kcal/m^2/h.

Man sieht also durch diesen Versuch bestätigt, daß der letzte, nur der Gasberührung ausgesetzte, Teil der Kesselheizfläche recht unwirksam ist und der Hauptanteil der Dampferzeugung von der bestrahlten Heizfläche geliefert wird (vgl. Abschnitt 35f., S. 393).

Daraus ergibt sich von selbst, daß das Bestreben des Kesselbaues dahin gehen muß, dieses letzte, recht unwirksame Stück Kesselheizfläche, das sehr teuren Dampf liefert, abzuschneiden und durch die wesentlich billigere und des höheren Temperaturunterschiedes wegen wirksamere Abgasvorwärmerheizfläche zu ersetzen, die dicht an den Kessel herangebaut wird; der Kessel hätte dann in der Hauptsache die Verdampfung des Wassers zu besorgen, der Vorwärmer die Lieferung der Flüssigkeitswärme.

b) Der Wasserumlauf.

Es gibt nun außer der Vergrößerung der Rostfläche noch einige Umstände, die auf die Leistungssteigerung der Kesselheizfläche von Einfluß sind; so ist vor allem eine möglichst vollkommene Verbrennung mit geringstem Luftüberschusse zu erwirken; dadurch wird eine hohe Anfangstemperatur erzielt, vgl. Zahlentafel 53; sodann ist auf eine gute und leichte Abführung der entstehenden Dampfblasen zu sehen, wobei das verdampfte Wasser rasch ersetzt werden muß, und zwar so, daß nicht der herabsteigende Wasserstrom den heraufsteigenden Dampfstrom stört, ein Umstand, der bei manchen Steilrohrkesseln und auch bei liegenden Wasserrohrkesseln besonders in der vorderen Wasserkammer lange nicht genügend beachtet wurde.

Durch Einbau von Wasserumlaufeinrichtungen bei Flammrohrkesseln, z. B. durch auf die Flammrohre aufgelegte Blechhauben, welche den Dampfstrom, der von den Flammrohren aufsteigt, getrennt von dem herabfallenden Wasserstrome hochführen, kann man die Leistung des Kessels ohne Kohlenmehrbedarf erhöhen. Die neuen Untersuchungen über den Wasserumlauf haben zu Kesselkonstruktionen geführt, die einwandfrei einen wenigstens teilweise erzwungenen Wasserumlauf gewährleisten, eine Notwendigkeit für Hochleistungskessel.

c) Die Dampfnässe und Mittel zur Verringung.

Infolge der heftigen Dampfentwicklung an einzelnen Stellen treten, weil das Wasser sich auf dem engen verfügbaren Wege nicht rasch genug vom Dampfe trennen kann, bisweilen heftige Wallungen der geringen Wasserspiegeloberfläche auf und ein starkes Mitreißen von Wasser in die Dampfwege. Verstärkt werden diese Mißstände noch durch Sodaüberschuß im Kessel, der zu Ätznatronbildung und Aufschäumen des Kesselinhaltes Anlaß gibt, und durch rasches Sinken des Kesseldruckes, wie es bei plötzlicher Entnahme von größeren Dampfmengen für Kochung oder beim Einschalten größerer Maschineneinheiten eintreten kann; das ist um so leichter möglich, je kleiner der Wasserinhalt des Kessels ist. Es wird dabei nämlich infolge der Druckentlastung eine beträchtliche Wärmemenge aus dem Wasserinhalte verfügbar, und die Dampfentwicklung steigt sehr bedeutend an, auf das Mehrfache der normalen. In solchen Augenblicken kann man die Heftigkeit der Vorgänge im Kessel am Wasserstande beobachten; das Wasser in demselben beginnt aufzukochen und hoch zu schäumen; oft füllt es das ganze Wasserstandsglas an und steigt darüber hinaus, um nach einiger Zeit wieder ganz rasch bis unter die tiefste Marke zu fallen; dabei werden große Wassermengen in den Überhitzer gerissen, die Überhitzungstemperatur sinkt schnell bis fast auf die Sättigungstemperatur, und Wasser tritt bis nach den Dampf entnehmenden Maschinen; dann arbeiten die Wasserabscheider und vorgeschalteten Kondenstöpfe ununterbrochen, oft mehrere Minuten lang, und fördern gelblich gefärbtes Kesselwasser zutage; hängt eine Dampfturbine mit Oberflächenkondensation an den Kesseln, so kann man auch an der Austrittsstelle des Maschinenkondensates den Austritt gelblich gefärbten Kondensates beobachten. Glücklicherweise treten die Erscheinungen mit dieser Heftigkeit nur selten auf.

Das Mitreißen von Wasser ist demgemäß nach Möglichkeit zu verhüten, weil die Feuchtigkeit die Überhitzungstemperatur herabsetzt, sich in der Leitung ansammelt und bei nicht genügender Abführung durch Entwässerung der Leitung und Wasserabscheider leicht zu Wasserschlägen in den Rohren und Maschinen führt, also zu Brüchen der Rohre, Ventile und Kolben, sowie Platzen der Deckel.

Beispiel 24. Folgendes Rechnungsbeispiel gibt einen Einblick in diese Verhältnisse. Bei einem Steilrohrkessel von 250 m² Heizfläche für 10 atü enthalten der Unterkessel 7,4 m³ Wasser, die 240 Rohre 3,02 m³ und der Oberkessel 3,80 m³, zusammen aslo 14,2 m³; der Kessel sei normal mit 22 kg/m²/h belastet, liefert also in 1 Min. 92 kg Dampf. Es falle aus irgendeiner Ursache der Druck innerhalb von 1 Min. um 2 at; dabei werden also für 1 kg Wasserinhalt entsprechend der Wasserwärme bei 10 und 8 atü $185{,}8 - 176{,}6 = 9{,}2$ kcal frei; insgesamt also 130 640 kcal; dadurch werden in 1 Min. $\frac{130\,640}{485} = 269$ kg Dampf gebildet, wenn die Verdampfungswärme bei 8 atü 485 kcal beträgt. Der Kessel gibt also in dieser einen Minute des Druckabfalles $269 + 92 = 361$ kg Dampf ab, also das Vierfache der normalen Leistung. Dabei müssen bei dem heftigen Wallen und dem Aufschäumen des ganzen Wasserinhaltes naturgemäß größere Wassermengen in den Überhitzer und durch diesen hindurchgerissen werden.

Es können aber noch weitere, sehr unangenehme Störungen eintreten. Im Kessel setzen sich bei der Verdampfung des Wassers die mechanischen Verunreinigungen und chemischen Beimengungen desselben ab, welche die Wasserreinigungsanlage nicht zurückbehalten hat; dies sind organische und anorganische Stoffe, auch Kohlenschlamm bei Wasser von Bergwerken, die noch nicht ausgeschiedenen Salze, der kohlensaure und schwefelsaure Kalk, Magnesia usf. Außerdem reichert sich der Kesselinhalt durch überschüssige Soda stark an.

Wird nun vom Dampfe Kesselwasser mitgerissen, so bilden sich Ausscheidungen[1]), in denen sich Reste der Kesselsteinbildner, hauptsächlich kohlensaurer Kalk und Salze, wie Kochsalz, Glaubersalz, vorfinden werden. Solche Ausscheidungen lagern sich zuerst in den Überhitzerrohren ab. Aus den spezifisch schwereren ungelösten Resten der Kesselsteinbildner werden dann durch den strömenden Dampf die leichteren und löslicheren Salze herausgelöst und später in dem Überhitzersammelstutzen, in der Dampfleitung, besonders an Stellen, wo die Dampfströmung gestört ist, ferner in den vom Dampfe bedienten Apparaten, Kondenstöpfen, Ölabscheidern, Kondensatoren u. dgl. abgeschieden; ja ein Teil der Salze wird in pulverförmigem Zustande bis zu den Maschinen fortgetragen, wo sie mit dem Schmieröle zusammen eine feste Kruste an den Kolben und Ringen bilden können. Unter der Einwirkung von Ätznatron kann sich das Schmieröl verseifen und an Schmierfähigkeit bedeutend verlieren. Dampfmaschinen erleiden Abnutzung von Zylindern und Schiebern, es lagert sich der Schmutz bei Turbinen in den Schaufeln ab und setzt sie allmählich zu, so daß die Leistung abnimmt bzw. der Dampfverbrauch sich steigert und in schwereren Fällen Betriebsstörungen durch Schaufelbrüche eintreten.

Bei außergewöhnlichen Abnutzungen der Gleitflächen innerhalb der Dampfmaschine braucht also nicht immer die Bauart der Maschine oder das Schmieröl Schuld zu tragen, sondern diese Übelstände können auch durch unreinen Dampf hervorgerufen werden. Eine sorgfältige Untersuchung der Kondenstöpfe, Dampfzylinder, Kolben, Wasserabscheider usf. auf Rückstände obiger Art wird oft rasch Klarheit schaffen; ebenso die Prüfung der Ölrückstände im Zylinder und Aufnehmer auf ihren Gehalt an kohlensauren und schwefelsauren Salzen, weil die alkalischen Niederschläge des Kesselwassers oft vom Schmieröle gebunden werden.

Öfters finden sich auch mehrere Hundertstel Eisenoxyd in den Niederschlägen, das, besonders bei hoher Überhitzung, durch Anfressungen des Kessels, der Überhitzer und Leitungen entsteht, begünstigt durch Vorhandensein von Ätznatron im Kesselinhalte. Eisenoxyd bildet dann

[1]) Analysen solcher Ausscheidungen, vgl. Döhne, Unreiner Dampf. Z. V. d. I. 1914, S. 208.

mit den sonstigen Abscheidungen und dem Schmieröle zusammen sehr unangenehme Rückstände in den Maschinen.

d) Hochleistungskessel.

Die neueren Bauarten von Hochleistungskesseln tragen obigen Bedingungen Rechnung.

Bei Wasserrohrkesseln (Abb. 35 und 36) haben sich für Kesseldrücke über 18 at ziemlich allgemein die Sektional-Einzelwasserkammern durchgesetzt, wobei die bisher vielfach in einem Stück gebauten Wasserkammern in einzelne schmale, oft wellige Kammern aufgelöst sind, deren jede nur für eine senkrechte Rohrreihe dient. Diese Einzelkammern sind in den Oberkessel eingewalzt. Die Wasserrohre steigen nach vorne an. Der Oberkessel und die Röhrenelemente sind aufgehängt, so daß Längen-Änderungen durch hohe Temperaturen ohne Schaden eintreten können. Um die Wandstärke nicht zu groß zu erhalten, ist man genötigt, die oberen Trommeln mit möglichst kleinem Durchmesser auszuführen. Dies bedingt auf der anderen Seite wieder verhältnismäßig kleine Wasserverdampfungsoberflächen, so daß die Gefahr des Mitreißens von Wasser bei Belastungsschwankungen sich vergrößert und die Überhitzungstemperatur infolge des nachzuverdampfenden Wassers verringert wird bzw. schwankt. Da auch gleichzeitig die spezifische Verdampfungsleistung der Kessel gesteigert wird, macht sich daher die Anordnung von zwei Oberkesseln erforderlich. Diese werden im Gegensatz zu der bisherigen Ausführung quer zu den Wasserrohren gelegt. Um trotzdem auch noch möglichst den Wasservorrat des Kessels für Belastungsschwankungen mit nutzbar zu machen, wird durch Anordnung mehrerer Wasserstandsgläser übereinander der Unterschied zwischen Höchst- und Tiefstwasserstand so groß wie möglich gemacht. Die Oberkessel werden durch Mauern dem Gasstrom entzogen. Auf einen geregelten, zwangsmäßigen Wasserumlauf wird der größte Wert gelegt. Bei der abgebildeten Konstruktion z. B. ist der vordere Teil der Wasserkammer durch ansteigende Rohre mit dem hinteren Oberkessel verbunden und der hintere Teil der Wasserkammer durch senkrechte Rohre. Der sich entwickelnde Dampf tritt daher in den hinteren Oberkessel ein. Die Dampf- und Wasserräume der beiden Oberkessel sind miteinander verbunden. Im vorderen Oberkessel münden die Verbindungsrohre in einen Wasserabscheidungskasten, der an beiden Seiten offen ist. Da an den vorderen Oberkessel dampferzeugende Rohre nicht angeschlossen sind, bleibt in diesem der Wasserspiegel sehr ruhig. Durch elastische Rohre steht der vordere Oberkessel an beiden Seiten mit der hinteren Wasserkammer bzw. den seitlichen Sektionen in Verbindung und ist dadurch in einen Nebenkreislauf des gesamten Wasserumlaufs eingeschaltet. Der Überhitzer ist zwischen den Wasserrohren und

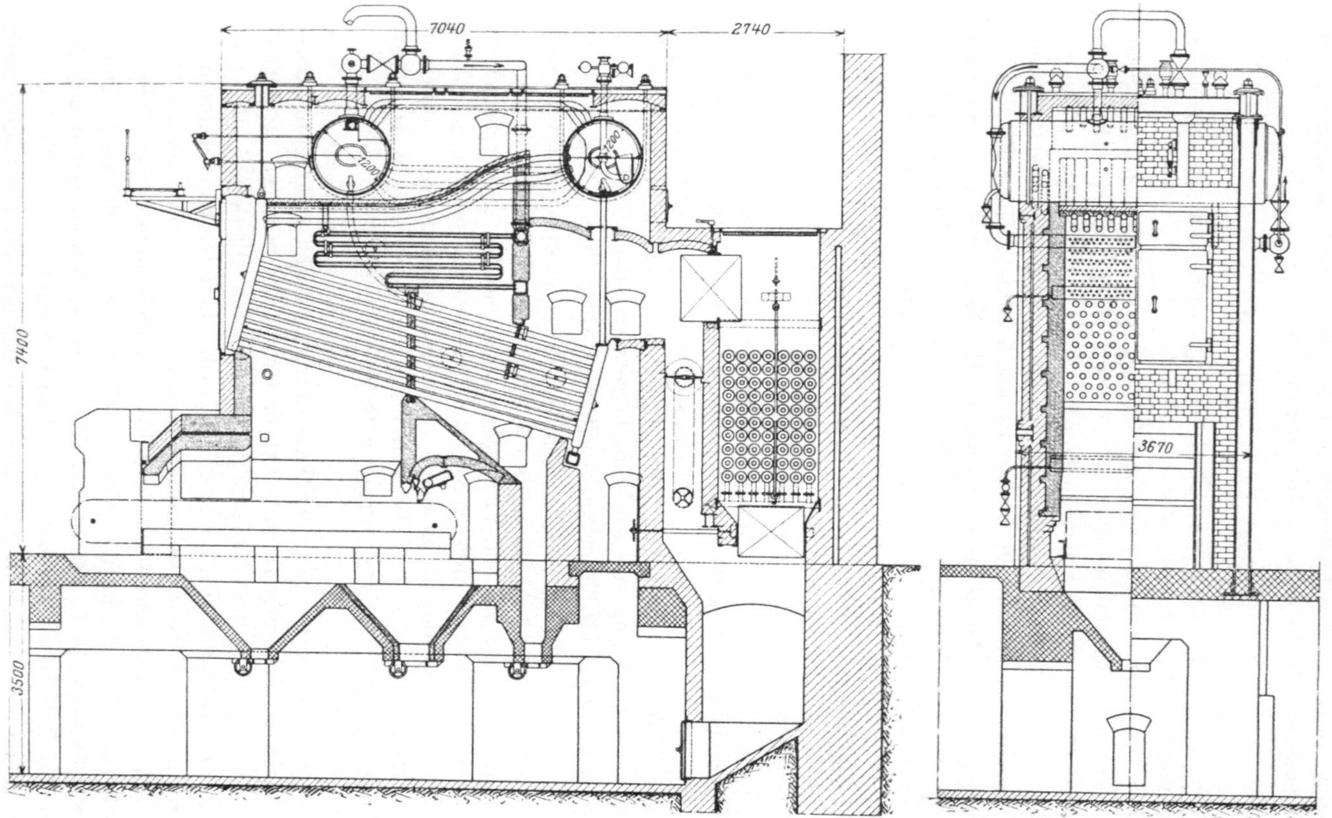

Abb. 35 und 36. Hochleistungs-Wasserrohrkessel mit Überhitzer und Rippenrohreconomiser sowie Wanderrost, Sektionalwasserkammern und 2 quergelegten Oberkesseln.

den Oberkesseln angeordnet und erhält die Gase aus dem ersten aufsteigenden Zuge.

Der Feuerraum ist sehr stark erhöht und der Abstand zwischen Rost und Wasserrohren gegen früher wesentlich vergrößert. Er beträgt bei Braunkohlenfeuerungen z. B. 5—6 m. Die großen Feuerräume (vgl. S. 205) gestatten ein besseres Ausbrennen von Gasen und Flugkoks und eine gute Durchwirblung und Mischung der Gase im Feuerraum. Neuerdings werden nach amerikanischem Vorbild, um die an das seitliche Mauerwerk ausstrahlende Hitze nutzbar zu machen und das Abbrennen des Mauerwerks zu verhindern, vom Kesselwasser durchströmte Kühlrohrelemente im Feuerraum angeordnet, die also einen Teil der Kesselheizfläche bilden.

Für die Feuergewölbe werden vielfach mit großem Erfolge Hängedecken benutzt, die eine horizontale Übermauerung des ersten der größten Hitze ausgesetzten Feuergewölbes gestatten. Man erhält dadurch überall über dem Roste eine gleichmäßige Feuerraumhöhe an Stelle der bisherigen Bogengewölbe, somit eine gleichmäßige Wärmeentwicklung. Ein besonderer Aschensack hinter dem Rost ist für das Abscheiden der Flugasche bestimmt.

Für Steilrohrkessel, vgl. Abb. 37 und 38, gelten ähnliche Gesichtspunkte. Der abgebildete Kessel besitzt zwei obere und zwei untere Wassertrommeln. Die vordere Unterwassertrommel liegt wesentlich höher als die hintere. Die Rohrteilung in Richtung der Trommelachse ist erweitert, so daß z. B. bei Braunkohlen, welche starke Neigung zur Salzausscheidung an den Rohren haben, das Aussintern und die Brückenbildung zwischen den Rohren erschwert wird. Das senkrechte hintere Rohrbündel wird bis zu 8,5 m Länge ausgeführt, um die Gewichtsdifferenz, die den Wasserumlauf bedingt, zu vergrößern. Die höchst beanspruchten Rohre münden in der Nähe des Wasserspiegels, um die Strömungswiderstände für das aufsteigende Dampf-Wassergemisch möglichst gering zu machen. Die niederfallenden Rohre des senkrechten Rohrbündels, welche im letzten Zuge liegen, haben insgesamt verhältnismäßig geringen Querschnitt, damit auch bei plötzlichem Druckabfall keine Strömungsstörungen eintreten. Auch bei vorliegender Kesselausführung geschieht im vorderen Oberkessel der Dampfeintritt in einen abgegrenzten Kasten. Außerdem ist im Dampfraum des hinteren Oberkessels ein an beiden Seiten offener Kasten eingebaut, um eine wirksame Entwässerung des Dampfes zu ermöglichen. Die beiden unteren Kessel sind durch wenige gekrümmte Rohre elastisch miteinander verbunden, ebenso die Dampf- und Wasserräume der beiden Oberkessel. Speisung und Dampfentnahme sind am hinteren Oberkessel angebracht. Die beiden oberen Trommeln sind durch kreisförmige Hängedecken dem Feuerstrom entzogen. Alle Rohrbündel können sich

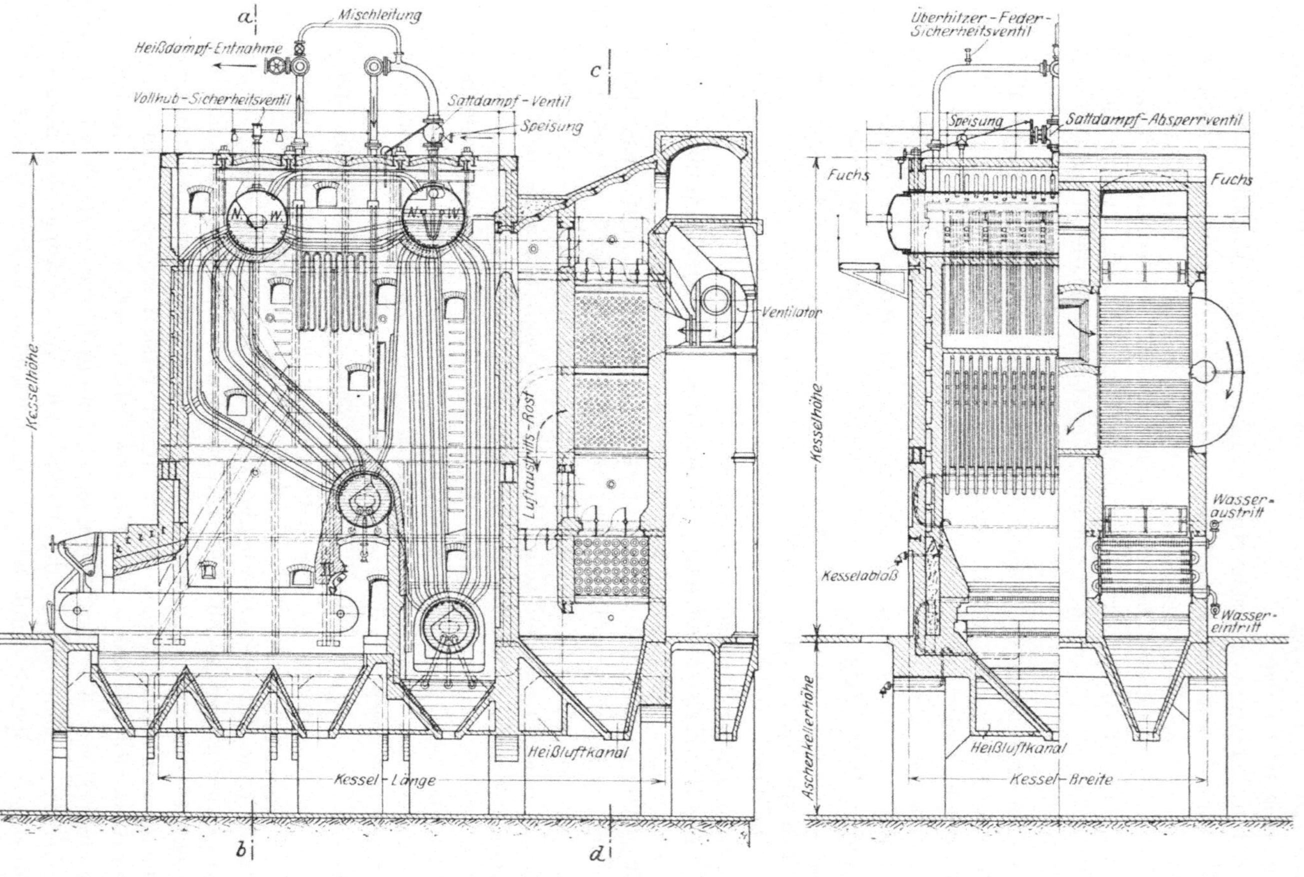

Abb. 37 und 38. Doppelsteilrohrkessel mit je 2 Ober- und Wassertrommeln, Überhitzer, Rippenrohrekonomiser, Lufthitzer und Ventilator.

unabhängig voneinander ausdehnen. Ganz große Kessel werden durch Wagebalken elastisch aufgehängt, derart, daß ein Durchbiegen der schweren Trommeln nach Möglichkeit vermieden wird. Hinter dem Kessel ist ein Ekonomiser und Luftvorwärmer angeordnet, die nacheinander von den Gasen bestrichen werdem. Die vorgewärmte Luft wird unter den Kettenrost gedrückt. Die Flugasche wird für Kessel sowohl wie für Ekonomiser und Luftvorwärmer getrennt gesammelt. Die Flugaschenabführung erfolgt unter Flur durch untergeschobene Wagen, ebenso die Aschenabfuhr unter dem Roste.

Abb. 39 zeigt einen Schnitt durch ein Kesselhaus mit vier Doppel-Garbekesseln nebst Bekohlungsanlage.

Durch alle diese hier nur kurz angedeuteten Maßnahmen ist es gelungen, die mittlere Dampfleistung, für welche noch vor einigen Jahren 18—20 kg auf 1 m² und Stunde als normal, 25 kg als hoch galt, auf etwa 30—35 kg zu steigern, bei Wirkungsgraden mit Rauchgasvorwärmern

von 80—83 vH bei unterbrochenem Betrieb,
83—88 vH bei durchlaufendem Betrieb,

bezogen auf unteren Heizwert.

Grundbedingung für alle diese Hochleistungskessel ist ein weiches, möglichst gut vorgereinigtes Speisewasser, um der Gefahr der Verschmutzung, die bei hoher Verdampfung naturgemäß früher eintritt, zu begegnen. Man wählt die Mindestalkalität des Kesselwassers so, daß darin 0,4 g Natronlauge auf 1 l enthalten sind. Zwecks Verhütung des Spuckens soll der Gesamtgehalt an gelösten Salzen etwa 20—30 g/l (2—3° Bé) nicht überschreiten. Der aus dem verdampften Wasser zurückbleibende Kesselstein setzt sich nämlich nicht allein im Unterkessel, dem Schlammfänger, ab, sondern zum großen Teil in den Rohren selbst, und am meisten in den vordersten der Hauptstrahlung ausgesetzten. Bei einigermaßen steinhaltigem Wasser, das für Flammrohrkessel noch als gut brauchbar bezeichnet werden muß, können sogar die vorderen Rohrreihen von Steilrohrkesseln ganz zuwachsen und daher leicht verbrennen, weil bei Steinbelag der Wärmeübergang an das Wasser geringer wird und die Blechtemperatur ansteigt, vgl. Abb. 69. Der Kesselsteinabsatz erscheint auf Ober- und Unterkessel ziemlich gleich verteilt; ist eine Speiserinne im Oberkessel vorhanden, so nimmt diese bereits einen reichlichen Teil der Kesselsteinbildner auf; das gleiche tut ein vorgeschalteter Rauchgasvorwärmer. Bei ganz empfindlichen Höchstdruckkesseln wird destilliertes Wasser[1]) zum Speisen verwendet. Von Hand kann die Reinigung der Rohre wegen der langen Dauer der Arbeit und geringen Wirksamkeit nicht

[1]) Destillieren von Kesselspeisezusatzwasser durch Unterdruckverdampfer zwischen Maschine und Kondensator, Josse, Z. V. d. I. 1919, S. 1102.

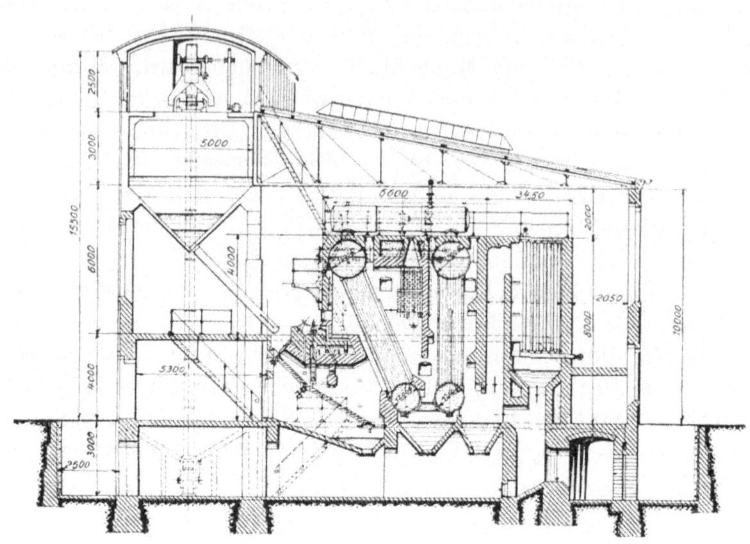

Längsschnitt.

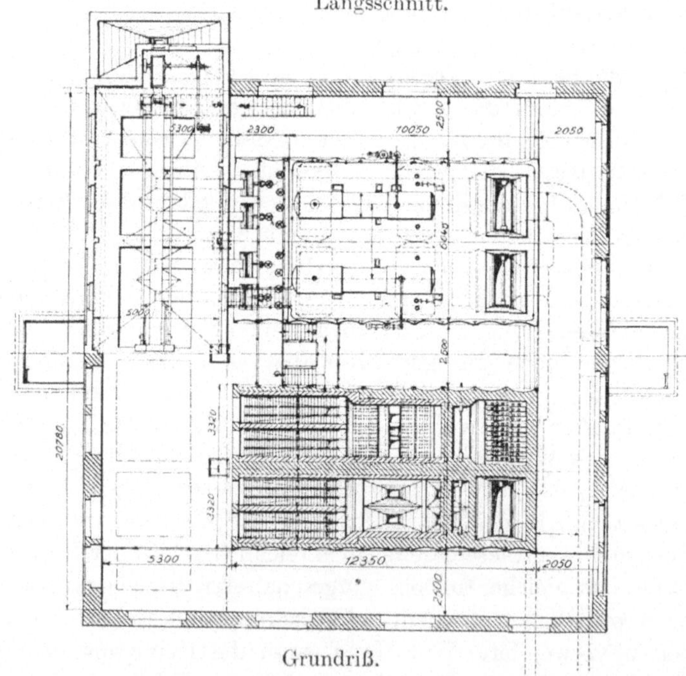

Grundriß.

Abb. 39. Dampfkesselanlage für 4 Doppel-Garbekessel von je 250 m² Heizfläche, 16 at Überdruck mit Überhitzer vom 75 m² und Ekonomiser von 144 m² Heizfläche nebst Bekohlungsanlage.

mehr bewältigt werden; es müssen vielmehr sogenannte Rohrreinigungsapparate verwendet werden, etwa solche, die aus einer kleinen Wasserturbine mit Fräsern bestehen, wobei das auf 8—10 at gespannte Betriebswasser nach Durchgang durch den Apparat zum Fortspülen des abgeschabten Kesselsteins benutzt wird.

e) Rauchgasvorwärmer in Verbindung mit Kesseln.

Bei allen Kesseln für hohe Leistung betragen die Abgastemperaturen trotz guter Ausnutzung der Wärme stets etwa 300° und darüber. Wie besprochen und an dem Beispiele eines Garbekessels gezeigt, ist der letzte Teil der Kesselheizfläche ziemlich unwirksam; es werden nur etwa 2000—3000 kcal/m²/h an die Heizfläche übergeführt. Dies kommt einmal von der Wärmeabgabe nur durch Berührung, dann aber auch von dem geringen Temperaturunterschiede zwischen Heizgasen und Wasserinhalt des Kessels; hat doch das Wasser z. B. bei 10 at Überdruck schon 183°, bei 25 at sogar 225° Temperatur.

Es ist deshalb vorteilhafter, an hoch belastete Kessel ausgedehnte Rauchgasvorwärmer anzuschließen, da sich bei diesen Apparaten das Quadratmeter Heizfläche wesentlich billiger stellt als das Quadratmeter Kesselheizfläche (vgl. Abb. 35 bis 39).

Da das Speisewasser mit verhältnismäßig niedriger Temperatur, meist etwa 30—60°, in den Vorwärmer eintritt, so ist in demselben der mittlere Temperaturunterschied zwischen Gas und Wasser bedeutend höher als am Kesselende. Dadurch ist also die wirtschaftliche Überlegenheit der Vorwärmerheizfläche gegenüber der letzten Kesselheizfläche gewahrt, zumal unter Umständen durch Zuhilfenahme von künstlichem Zug eine ziemlich weitgehende Ausnutzung der Heizgase bis auf etwa 120° herab erzielt werden kann. Jedoch sind auch hier praktische Grenzen gesetzt, weil nämlich mit immer weiter getriebener Abkühlung der Gase im Rauchgasvorwärmer die Heizfläche desselben unverhältnismäßig größer werden muß, da ja der Temperaturunterschied immer weiter abnimmt.

Das Schaubild Abb. 52 zeigt, wie k, die Wärmedurchgangszahl, mit abnehmendem Temperaturunterschiede rasch sinkt; dementsprechend muß auch die nötige Heizfläche anwachsen. Z. B. beträgt für gußeiserne Vorwärmer für ca. 180° mittl. Temperaturunterschied $k = 13$ und der Wärmeübergang auf 1 m² Heizfläche und Stunde etwa 2350 kcal, während bei 100° die entsprechenden Werte sich nur noch zu 10,7 und 1100 kcal ergeben; somit wächst die Ersparnis durch den Vorwärmer ebenfalls wesentlich langsamer als die Zunahme der Heizfläche.

Eine genaue Wirtschaftlichkeitsberechnung muß daher entscheiden, ob über eine gewisse Wassererwärmung hinaus die Ersparnis durch weitere Wasservorwärmung noch in rechtem Verhältnis zu den Kosten für die vergrößerte Heizfläche steht.

Nur in seltenen Fällen wird man die anzuschließende gußeiserne Vorwärmerheizfläche größer als höchstens $^3/_4$ bis $^1/_1$ der zugehörigen Kesselheizfläche anlegen. Die höheren Werte gelten für Rippenrohrekonomiser, eine Steigerung der Ausnutzung der Kohle durch die Gesamtanlage von Kessel, Überhitzer und Abgasvorwärmer wesentlich über 88 vH hinaus dürfte mit den heutigen Mitteln der Technik vorerst nicht zu erreichen sein. Das Hauptaugenmerk ist also, den heutigen Anschauungen entsprechend, auf hoch beanspruchte Kessel zu legen, um das Anlagekapital, somit Verzinsungs- und Abschreibungskosten, sowie Bedienungskosten, umgerechnet auf die Tonne erzeugten Dampf, so niedrig wie möglich zu halten.

An einem Beispiele, aus dem Betriebe entnommen, sei diese Überlegung klargestellt (vgl. auch Beispiel 29, S. 281).

Beispiel 25. Es sind fünf Kessel in einer Anlage vorhanden, mit zusammen 1110 m² Heizfläche; erzeugt werden in 1 Stunde 25 000 kg Dampf von 13 atü und 280°. Verfeuert werden in 1 Stunde 8950 kg Braunkohle von 2900 kcal mit folgender Zusammensetzung: C = 31 vH; Wasser = 49,5 vH; Asche = 6,3 vH; Wasserstoff = 2,8 vH; Schwefel = 1,3 vH; Sauerstoff und Stickstoff = 9,1 vH; Erzeugungswärme für 1 kg Dampf = 660 kcal. Die Gase treten mit $t_2' = 330°$ C in den Vorwärmer ein; sie haben beim Eintritt 11,5 vH CO_2, beim Austritt 10,0 vH CO_2; im Mittel also 10,5 vH CO_2; das Speisewasser wird mit $t_1' = 55°$ C in den Vorwärmer hineingedrückt.

Aus der Zusammensetzung der Kohle und dem CO_2-Gehalte der Gase von 10,5 vH berechnet sich die Gasmenge für 1 kg Kohle nach Formel 47 zu:

$$G_{m^3}{}^0/_{760} = \frac{1{,}865\, C}{k} + \frac{9\,H + W}{0{,}804} = 6{,}43 \text{ m}^3\ {}^0/_{760},$$

was bei einem spez. Gewicht von $\gamma = 1{,}27$, einer Menge von 8,20 kg entspricht; der Luftüberschuß beträgt dabei das 1,72fache. Die spez. Wärme zwischen 200 und 350° ergibt sich nach Zahlentafel 8 zu $c_p = 0{,}334$; es steht deshalb eine Gasmenge von $8950 \cdot 6{,}4 = 57\,500$ m³/h zur Verfügung.

Es soll die Größe des Rauchgasvorwärmers ermittelt werden, wenn die erforderliche Wassermenge von 25 000 kg/h von 55° Anfangstemperatur auf 90°, 110°, 120°, 130°, 140° vorgewärmt wird.

Zur Wassererwärmung sind nötig $25\,000 \cdot (90 - 55) = 875\,000$ kcal/h. Im Vorwärmer gehen davon durch Ausstrahlung 10 vH verloren, so daß den Gasen eine Wärmemenge von $1{,}1 \cdot 875\,000 = 962\,000$ kcal/h entnommen werden muß. Für diese Leistung kühlen sich die Gase um 50° ab, entsprechend $962\,000 = 57\,500 \cdot 0{,}334 \cdot (t_2' - t_2'')$.

Es wird also die Gasaustrittstemperatur $t_2'' = 330 - 50 = 280°$. Der mittlere Temperaturunterschied zwischen Gasen und Wasser errechnet sich zu 232°; damit ergibt sich aus Schaubild 52, S. 279, ein Wärmeübergang von 2800 kcal/m²/h an den Vorwärmer, und die Heizfläche desselben ermittelt sich zu 310 m². Führt man dieselbe Rechnung mit den entsprechenden Werten für die höhere Wassererwärmung durch, so ergibt die Zusammenstellung auf S. 232, daß die Vergrößerung des Rauchgasvorwärmers über 850 m² und Wassererwärmung über 135° hinaus wirtschaftliche Vorteile nicht mehr zu bringen vermag; denn während die Kosten ziemlich im Verhältnis mit der Größe der Heizfläche wachsen, bleibt indes die Ersparnis bedeutend zurück und wird zuletzt durch den Mehraufwand, welchen die vergrößerte Anlage durch Zinsen, Abschreibung, Wartung und Instandsetzung erfordert, aufgezehrt. Da diese letzteren Beträge jedoch die gleichen bleiben, unabhängig von den Kohlenkosten, so ergibt sich hieraus auch, daß bei hohem Wärmepreis des Dampfes der Vorwärmer größer gewählt werden kann, da die Kohlenersparnisse mehr ins Gewicht fallen, als wenn man billigere Kohlen zur Verfügung hat. Andererseits steigen die Ersparnisse auch mit der Dauer der Betriebszeit innerhalb 24 Stunden, allerdings nicht in gleichem Maße, da wohl der Aufwand für Verzinsung der gleiche bleibt, derjenige für Abschreibung, Bedienung und Wartung jedoch entsprechend wächst (vgl. Abschn. 12b).

Noch wichtiger werden diese Erwägungen, sobald man in Verbindung mit großen Vorwärmern eine künstliche Zuganlage anzulegen gedenkt, weil bei derselben die Mehrkosten durch den dauernden Kraft- und Schmierölbedarf nebst Löhnen gegenüber den Besitzkosten eines Schornsteines, durch Ersparnis am Abgasverlust mittels möglichst weitgetriebener Wassererwärmung ausgeglichen werden muß. Allerdings kann dann infolge der gesteigerten Kesselbeanspruchung, welche erzielbar ist, eine weitere wesentliche Verringerung der Kesselheizfläche eintreten. Die Betriebskosten einer künstlichen Zuganlage verringern sich bedeutend, falls eine Dampfmaschine zum Antriebe benutzt werden kann, deren Abdampf zu Heiz- oder Trockenzwecken irgendwelcher Art Verwendung findet, weil dann der künstlichen Zuganlage tatsächlich nur der geringe Wärmewert des Druckgefälles des Dampfes in Rechnung zu setzen ist.

Im Vorwärmer anzuwärmen sind 25 000 kg Wasser in 1 Stunde		Wassererwärmung von 55° auf				
		90°	110°	120°	130°	140°
Gaseintrittstemp. in den Vorwärmer t_2'	°C	330	330	330	330	330
Verfügbare Gasmenge	m³ von $^0/_{760}$	57 500	57 500	57 500	57 500	57 500
Nötig zur Wassererwärmung	kcal/h	875 000	1 380 000	1 630 000	1 880 000	2 120 000
Den Gasen sind zu entziehen	kcal/h	962 000	1 518 000	1 793 000	2 070 000	2 340 000
Erforderliche Abkühlung der Gase	°C	50	79	94	108	122
Gasaustrittstemp. aus dem Vorwärmer t_2''	°C	280	251	236	222	208
Mittl. Temperaturgefälle zw. Gasen u. Wasser	°C	232	208	195	183	171
Wärmeübergang auf 1 m² Heizfl. u. Stunde	kcal	2 800	2 500	2 350	2 250	2 140
Heizfläche des Rauchgasvorwärmers	m²	**310**	**555**	**695**	**835**	**990**
Wärmeersparnis durch den Vorwärmer	vH	5,3	8,3	9,9	11,3	12,9
Kohlenersparnis in 1 Stunde	kg	470	740	890	1 015	1 150
„ im Jahr b. 300 Tag. je 10 Stunden	t	1 410	2 220	2 670	3 040	3 450
„ (10 t Braunk. fr. Kesselh. = 60 RM.	RM.	8 460	13 320	16 020	18 240	20 700
Preis für den Rauchgasvorwärmer einschl. Zubehör, fertig montiert, einschl. Einmauerung und Fundamenten	RM.	23 000	41 000	51 000	62 000	72 000
Jahreskosten f. Verzinsung u. Abschreibung sowie Bedienung und Ausbesserung 16 vH	RM.	3 700	6 600	8 200	10 000	12 300
Wirkliche Ersparnis	RM.	4 760	6 720	7 820	8 240	8 400
Vergrößerung der Kohlenersparnis	RM.		4 860	2 700	2 220	2 460
Mehraufwand an Jahreskosten	RM.		**2 900**	**1 600**	**1 800**	**2 300**
Vergrößerung der wirklichen Ersparnis	RM.		**1 960**	**1 100**	**420**	**160**

17. Hochdruckdampf[1]).

Die Durchführung der grundlegenden Versuche und Konstruktionen von Hochdruckkesseln und Hochdruckmaschinen sind den hervorragenden Arbeiten von Dr.-Ing. e. h. Wilhelm Schmidt und Ing. O. H. Hartmann, seinem Mitarbeiter, zu verdanken.

Allgemeines. Die Verwendung des Hochdruckdampfes ist noch im Werden. In Deutschland liegen bisher wenig Betriebserfahrungen vor. Allgemein kann man sagen, daß bei neuen Kesselanlagen für Krafterzeugung möglichst nicht unter 25 atü gegangen werden sollte; bis zu dieser Grenze sind die Arbeitsweise von Kessel und Maschine sowie die Haltbarkeit des Materials einwandfrei, bei größeren Kesselanlagen, besonders wenn mehrere Kessel vorhanden sind, können gut Kesseldrücke von 30—35 atü verwendet werden.

Die Anlagekosten von Hochdruckkesselanlagen bis ca. 35 atü sind, wenn die Trommeln der Oberkessel nicht zu groß gewählt werden, nur etwa 10—15 vH höher als solche von 15—20 atü. Versuchsweise kommen zur Zeit Anlagen für 45, 50—100 atü zur Aufstellung, für Forschungszwecke auch noch weit darüber hinaus.

Es läuft auch bereits eine Vorschaltturbine[2]) für 100 atü/400° und 15 atü Gegendruck für eine stündliche Dampfaufnahme von 10000 kg/h. Im Bau befindet sich (Januar 1927) eine zweigehäusige Hochdruckturbine für 180 atü und 420° mit zweimaliger Zwischenüberhitzung.

Die Dampfleistung der Höchstdruckkessel ist sehr gesteigert worden. Sie beläuft sich z. B. bei einer neuen Versuchskesselanlage[3]) von Gebr. Sulzer, Winterthur, von 45 m² Heizfläche für 110 atü mit 8 m² Überhitzerheizfläche, verbunden mit 115 m² Niederdruckheizfläche für 14 atü mit 40 m² Überhitzerfläche auf ca. 75 kg/m²/h bei ca. 100 atü und 320° im Hochdruckteile.

a) Kesselbauarten.

Über 18 atü können Zweiflammrohrkessel und Doppelkessel nicht mehr Verwendung finden, Batteriekessel scheiden schon etwa bei 12 atü aus. Für höhere Drücke kommen hauptsächlich Wasserrohrkessel mit zwei Wasserkammern oder besser Sektionalkammern zur Verwendung, sowie Steilrohrkessel. Die Wandstärken des Oberkessels betragen bei 1—1,2 m ⌀ und Drücken von 30—35 at ca. 50—60 mm. Diese Kesseltrommeln werden aus einem Stück ohne

---

[1]) Vgl. „Hochdruckdampf" von O. H. Hartmann VDI.-Verlag und „Hochdruckdampf", Sonderheft der VDI.-Zeitschrift 1924.

[2]) VDI.-Nachrichten 1926, Nr. 49.

[3]) Z. V. d. I. 1927, S. 139, und ebenda 1927, S. 657, W. Abendroth: „Dampfkraftanlage mit Benson-Kessel im Kraftwerk der Siemens-Schuckertwerke" für eine Leistung von 10000 kg/h Dampf für eine Dampfturbine für 100 at bei 400°; ebenso Z. V. d. I. 1927, S. 1458, Hochdruckdampf-Kraftanlagen.

irgendeine Niet- oder Schweißnaht schon mit beiden Böden nahtlos hergestellt; die Trommeln sind an dem Bodenansatz zugekümpelt und können heute nach diesem Verfahren bis 1600 mm Durchmesser und ca. 18 m Länge angefertigt werden. Bei Verwendung von Nickelstahl mit 3—5 vH Nickelgehalt können auch die Wandstärken dünner werden. Versuche mit neuartigen Kesseln sind im Gange.

Der Atmos-Kessel[1]) für 60 atü besitzt umlaufende Rohre von ca. 300 mm Durchmesser und 2,5 m feuerberührter Länge, die minutlich 300 Umdrehungen machen.

Der Benson-Kessel[2]) erwärmt das Kesselwasser unter einem Drucke, der etwas höher ist als der kritische (224 at), bis zur kritischen Temperatur von 374°. Da an diesem Punkte die latente Wärme gleich Null ist, geht das gesamte Wasser plötzlich in den dampfförmigen Zustand über. Der Dampf von ca. 225 at wird in derselben Heizschlange auf 390° überhitzt und dann auf 105 at gedrosselt, wobei seine Temperatur auf 319° sinkt. Dann wird er auf ca. 400° erhitzt und zur Dampfturbine geleitet.

Andere Wege der indirekten Dampferzeugung geht Prof. Dr. Löffler[3]), Charlottenburg, durch umlaufenden Dampf. Der aus dem Dampfraum eines Kessels entnommene Dampf wird zuerst durch eine Pumpe in ein von außen befeuertes Rohrsystem gedrückt, wo der Dampf auf 450—500° überhitzt wird, und dann in das Wasser des Kessels eingeblasen; durch seine Wärmeabgabe wird Sattdampf erzeugt, der dann wieder umgepumpt wird. Die Dampfabgabe für den Betrieb geschieht hinter dem Überhitzer. Bei 100 at Spannung im Kessel und 450° Überhitzung muß etwa $3^1/_2$mal soviel Dampf umgepumpt werden, als verbraucht wird. Versuche mit einem Kessel von ca. 10 m² bei einer Leistung von 300 kg/h von 100 at und 500° sind im Gange.

Der Becker-Schnelldampferzeuger besteht aus einem Schlangenrohrsystem, das beheizt ist und in das fein zerstäubtes Wasser eingespritzt wird.

b) Die Vorteile des Hochdruckdampfes im Betrieb.

Es ist eine größere räumliche Entfernung der Abdampfverwertungsstellen von der Gegendruckmaschine möglich durch Gestatten höherer Gegendrücke; ebenso eine weitere Fernleitung des

---

[1]) Josse, Höchstdruckdampferzeugung durch Atmos-Kessel. Z. V. d. I. 1925, S. 169. — O. H. Hartmann, Sonderheft „Hochdruckdampf". V. d. I. 1924, S. 76.

[2]) O. H. Hartmann, Sonderheft „Hochdruckdampf". V. d. I. 1924, S. 81. Abendroth, Dampfanlage mit Benson-Kessel im Kraftwerk der Siemens-Schuckertwerke. Z. V. d. I. 1927, S. 657.

[3]) Prof. Dr. Löffler, Charlottenburg: „Hochdruckdampfbetrieb". Z. V. d. I. 1925, S. 1149.

Hochdruckdampfes bei kleinerem Rohrleitungsdurchmesser. Die Möglichkeit der Verkoppelung von Kraft- und Wärmewirtschaft wird also ausgedehnt.

Die Hochdruckdampfmaschinen sind kaum teurer als die bisherigen Niederdruckdampfmaschinen bei gleicher Leistung, weil der Zylinderdurchmesser kleiner wird. Dabei ist der mechanische Wirkungsgrad ebenso gut bzw. besser bei Hochdruckmaschinen wie bisher. Er steigt bis 96 vH an. Der thermodynamische Wirkungsgrad ist in den Hochdruckstufen mindestens ebensogut wie bei niedrigeren Drücken, während derselbe im Niederdruckzylinder bei Verwendung von höchster Luftleere und Anwendung größter Expansion sowie hoher Zwischenüberhitzung ebenso groß wird, wie bisher im Hochdruckzylinder. Man kann mit einem thermodynamischen Wirkungsgrad von Kondensationsmaschinen bis zu 83 vH rechnen nach den Hartmannschen Versuchen.

1. Kondensationsmaschinenbetrieb: Der Vorteil des Hochdruckdampfes und der hohen Überhitzung für Kondensationsmaschinen besteht darin, daß der spezifische Dampfverbrauch pro Pferdekraftstunde mit steigendem Druck und steigender Dampftemperatur sehr stark abfällt. Erforderlich ist immer Zwischenüberhitzung durch gesättigten oder überhitzten Hochdruckdampf.

Nachstehende Zusammenstellung zeigt die Verhältnisse nach einer Aufstellung von O. H. Hartmann[1]) für allerbeste Heißdampfkondensationsmaschinen mit $\eta_{\text{therm}} = 80$ vH und einem mechanischen Wirkungsgrade von 96 vH bei Zwischenüberhitzung mittels gesättigtem Hochdruckfrischdampfe. Daneben sind die Dampfverbrauchswerte für bisher bestehende Dampfmaschinen gesetzt für 300—320 °C Eintrittstemperatur $\eta_{\text{therm}} = 65$—68 vH und $\eta_{\text{mech}} = 90$—92 vH.

Zahlentafel 68.

Allerbeste Höchstdruckmaschinen					Bisher übliche Heißdampfkondensationsmaschinen
Eintrittsdruck ata	Überheizungstemperatur °C	Wärmeverbrauch kcal/PS$_e$/h	Dampfverbrauch kg/PS$_e$/h	Ersparnis vH	Dampfverbrauch kg/PS$_e$/h
15	380	2460	3,15	—	4,3
30	395	2255	2,90	8,5	3,9
60	430	2050	2,50	16,5	—
100	475	1915	2,30	22,1	—

Versuche[2]) an einer 16000 kW Kondensationsturbine, Bauart Stork—Erste Brünner mit 4 Gehäusen, für 36 atü, 425°, $n = 3000$,

[1]) Hochdruckdampf. V. d. I.-Verlag, Berlin, S. 27.

[2]) Josse, Untersuchung an neuzeitlichen mehrgehäusigen Dampfturbinen. Z. V. d. I. 1927, S. 348. Vergl. auch ebenda; 1927, S. 446 u. 595.

mit 45 Druckstufen und einstufiger Anzapfung für Speisewasseranwärmung:

	Belastung		
	1/1	3/4	1/2
Mittlere Leistung an den Dynamoklemmen ($\cos\varphi = 1$) . . . . kW	16650	12945	8462
Mittlere Leistung an der Dynamokupplung . kW	17410	13580	9015
Wirkungsgrad der Dynamo bei $\cos\varphi = 1$. vH	95,65	95,27	93,96
Dampfeintritt, Druck . . . . ata	32,8	32,8	32,7
„ Temperatur . . . . °C	396	409	398
Wärmeinhalt des Dampfes . . . . . . kcal/kg	768,3	775,1	769,3
Dampfdruck im Abdampfstutzen vor Kondensator . . . . ata	0,0445	0,0360	0,0301
Adiabatisches Wärmegefälle für die Turbine aus I. S. Diagramm . . . . kcal/kg	271,6	281,9	282,5
Dampfverbrauch[1]) bei adiabatischer Expansion in der Turbine, bezogen auf die Kupplung (η_{therm} = 100 vH) . . . . kg/kWh	3,17	3,05	3,04
Dampfverbrauch an der Dynamokupplung kg/kWh	3,82	3,73	3,80
Thermodynamischer Wirkungsgrad η_{therm} der Turbine bezogen auf Leistung an der Dynamokupplung . . . . vH	82,90	81,75	80,15

2. Gegendruck- und Zwischendampfbetrieb. Besonders groß sind die Vorzüge hoher Dampfdrücke dann, wenn für die Fabrikationszwecke Zwischendampf der Maschine entnommen oder gar, wenn mit Gegendruck gearbeitet werden kann. In sehr vielen Fällen ist man in der Fabrikation, bei den Heizeinrichtungen und Maschinen an Dampfdrücke von 2—5 atü oder auch mehr gebunden (vgl. S. 245). Steht nun ein höherer Kesseldruck zur Verfügung, so lassen sich die Grenzen der Anwendbarkeit des Gegendruck- oder Entnahmebetriebs beliebig weit hinaufschieben, weil es dann nicht mehr so wesentlich ist, ob z. B. bei 35 atü Eintrittsdruck der Gegendruck 1 atü oder 4 atü beträgt. Sind dagegen nur Dampfdrücke von 10—12 atü vorhanden, so steigert ein höherer Gegendruck den Dampfverbrauch der Dampfmaschine relativ sehr stark, verringert die Kraftausbeute in der Maschine bei gegebener Heizdampfmenge und verengt somit sehr das Anwendungsfeld der Gegendruckmaschine. Bei einer Hochdruckdampfmaschine von z. B. 60 atü ist der Dampfverbrauch je PS_i/h bei 2 ata Gegendruck nicht größer wie bei einer Kondensationsmaschine von etwa 12 atü (vgl. Zahlentafel S. 241).

[1]) Entspricht den Zahlen aus Diagramm 40.

Abb. 40[1]) zeigt den Dampfdruckverbrauch der verlustlosen Gegendruckmaschinen bei verschiedenen Anfangsdrücken und Gegendrücken, bei 400° Überhitzung.

Der wirkliche Dampfverbrauch in kg/PS_i/h ist zu ermitteln durch Division der Diagrammwerte durch den thermodynamischen Wirkungsgrad η_{therm}; er ist bei modernen Ausführungen etwa $\eta_{therm} = 0{,}78$ bis 0,84. Je höher der Anfangsdruck bei gleichem Gegendrucke, desto geringer der Dampfverbrauch.

Diese Abbildung ist auch verwendbar zur Ermittlung des Dampfverbrauches für Vorschaltmaschinen.

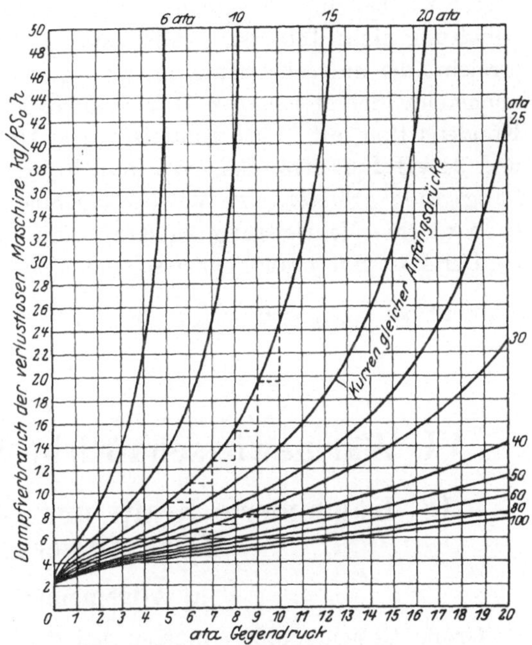

Abb. 40. Dampfverbrauch von verlustlosen Gegendruckmaschinen ($\eta_{therm} = 1{,}0$) bei 400° Dampftemperatur und verschiedenen Gegendrücken.

Das (I. S.) Entropiediagramm zeigt, daß mit steigendem Kesseldruck das verfügbare Wärmegefälle verhältnismäßig umso größer wird, je höher der Gegendruck ist. Der wärmewirtschaftliche Gewinn ist also bei Gegendruckbetrieb wesentlich größer als bei Kondensationsbetrieb, wenn man zu Hochdruckdampf übergeht. So z. B. steigt das verfügbare Wärmegefälle von 83 auf 152 kcal/kg, wenn der Eintrittsdruck von 20 auf 100 at steigt bei einem Gegendruckbetrieb von ca. 6 ata, wie er z. B. in Zellulosefabriken notwendig ist. Dies entspricht einer Steigerung der Ausnutzung von ca. 80 vH.

3. Vorschalten von Hochdruckdampfanlagen vor bestehende Dampf- und Kraftanlagen mit bisher üblicher Spannung. Der hoch überhitzte Hochdruckdampf durchläuft dann stufenweise zuerst die Vorschaltmaschine, die den Dampf mit Gegendruck von dem bisherigen Kesseldruck in die vorhandene Dampfmaschine oder Dampfturbine hineinläßt, und sodann bei Gegendruckbetrieb in die Heizanlage. Der Vorteil liegt darin, daß bei gleichem Dampfverbrauch eine Mehrleistung von

[1]) Hartmann, „Hochdruckdampf“, V. d. I.-Verlag, S. 33, Abb. 7.

Kraft möglich ist (vgl. Abb. 40). Allerdings muß der neue Hochdruckkessel als Ersatz der bisher bestehenden Dampfanlage so groß sein, daß er den gesamten bisher erforderten Dampfbedarf liefert. Die alte Kesselanlage kann als Reserve stehen bleiben oder als Speicheranlage umgebaut werden. Dagegen ist nur eine Vorschaltdampfmaschine beschränkter Größe notwendig. Trotz also wesentlich geringerer Anlagekosten wie bei einer Neuanlage wird bei dieser Betriebsweise unter Beibehaltung eines Teils der bestehenden Anlage eine Wirtschaftlichkeit erreicht, die nur sehr wenig einer vollständig neuen Hochdruckanlage nachsteht. Schaltet man z. B. vor ein 10000 kW-Turbo[1])-Aggregat für Kondensation mit 15 atü Eintrittsdruck, 350° Überhitzungstemperatur und 94 vH Luftleere, das etwa mit 70 vH thermodynamischem Wirkungsgrade arbeitet, eine Vorschaltturbine mit 35 atü Eintrittsdruck, so wird eine Mehrleistung an Kraft von etwa 20—25 vH gewonnen.

Der Dampfverbrauch einer solchen Vorschaltmaschine beträgt nach Abb. 40 bei $\eta_{\text{therm}} = 65$ vH, z. B. $\frac{13}{0,65} = 20$ kg/PS$_e$/h.

VI. Wärmewirtschaftliche Einrichtungen.

18. Kombinierte Kraft- und Wärmewirtschaft, Heizkraftwerke

a) Allgemeines.

Große Gesichtspunkte müssen bei der Ausgestaltung einer rationellen Wärmewirtschaft walten. Diese umfaßt nicht nur die Feuerstätten im Kesselhause, sondern sie greift grundlegend in den gesamten Fabrikbetrieb ein, ja bedingt sogar unter Umständen seine ganze Anlage und Führung und hat auf die Rentabilität den allergrößten Einfluß.

Notwendig sind zur Beurteilung der jeweiligen Sachlage nach bestimmten Gesichtspunkten durchgeführte Aufnahmen und Erhebungen in der Anlage. Falls nicht bereits genügend Unterlagen verfügbar sind, ist die Vornahme einer Untersuchung erforderlich, die sich auf die Kessel- und Kraftanlage sowie die Hauptwärmeverbraucher erstreckt; sie liefert dann eine Wärmebilanz, welche einen Einblick in den Kraft- und Wärmeverbrauch der Anlage gewährt, und eine Aufstellung des Dampfverbrauches für die verschiedenen Betriebsabteilungen und Verbrauchergruppen. An Hand der so gewonnenen Unterlagen lassen sich dann die Verbesserungsmöglichkeiten technisch und wirtschaftlich

[1]) Vgl. H. Gleichung: „Höchstdruck und Energiewirtschaft“. Sonderheft Hochdruckdampf, V. d. I.-Verlag 1924, S. 72.

beurteilen und ein Energieplan aufstellen, in den unter entsprechender Anpassung an die vorhandenen Einrichtungen die Verbesserungsmaßnahmen sich zwanglos einfügen müssen.

Sehr oft sind die Anlagen beengt, so daß grundlegende Verbesserungen einen erheblichen Aufwand erfordern würden, oder es sind für Umänderungen nur beschränkte Geldmittel verfügbar. In solchen Fällen ist nach gründlicher Überprüfung der Verhältnisse die Verbesserung der bestehenden Einrichtungen so durchzuführen, daß ohne erheblichen Aufwand die Anlage auf die wirtschaftlich günstigste Arbeitsweise gebracht wird.

Günstig liegt der Fall für Verbesserungen, wenn eine Umänderung und Erweiterung geplant oder der notwendige Ersatz veralteter oder schadhafter Einrichtungen in Aussicht genommen ist.

Soweit man Kraft und Wärme im eigenen Betriebe unterbringen kann, muß man es tun.

Es gibt sehr viele Gelegenheiten, den Abdampf zu verwerten. Man faßt zu dem Zwecke alle Abgabestellen zusammen in einer gemeinsamen Abdampfleitung (evtl. unter Zwischenschaltung eines Dampfspeichers) und führt den Dampf den einzelnen Verbrauchsstellen zu. Solche sind z. B. die Heizkörper für die Erwärmung von Fabrikräumen oder von Trockenkammern, um feuchte Ware zu trocknen, von Trockenzylindern bei Spannrahmen, Schlichtmaschinen, Papiermaschinen, Trockenapparate usf.; oder man kann den Dampf zum Kochen verwenden in Doppelwandgefäßen, zum Schmelzen von leicht flüssigen Stoffen, wie Naphthalin, Wachs, zum Eindicken und zum Verdampfen von Flüssigkeiten, zum Dörren, zum Anwärmen von Wärmeplatten, zur Bereitung von heißem Wasser für Bade- und sonstige Gebrauchszwecke usf. Die Verwendungsmöglichkeiten sind ungezählte[1]). Jedenfalls ist es die Aufgabe des Wärmeingenieurs, keine Abdampfquelle unbenützt zu lassen und dafür zu sorgen, daß an keiner Stelle der Fabrik Abdämpfe entweichen.

Nach dem Gesichtspunkt der Verwertung von Kraft und Wärme können drei Gruppen von Betrieben unterschieden werden.

1. Der Kraftbetrieb ist maßgebend, und es ist nur ein sehr geringer Wärmebedarf vorhanden, meistens sogar nur in den Wintermonaten für Heizung. In diesen Fabriken ist stets ein großer unausgenutzter Abwärmeüberschuß verfügbar. Hierher rechnen zumeist Maschinenfabriken, Mühlen, Zechen, Elektrizitätswerke, Spinnereien u. a. m.

2. Der Wärmebedarf ist maßgebend bei geringem Kraftbedarf, so daß unter Umständen die aus der Kraftanlage abfallende Dampf-

---

[1]) Vgl. Hausbrand: „Das Trocknen", Z. V. d. I. 1921, S. 864.

menge nur einen geringen Bruchteil der benötigten ausmacht. In diese Gruppe gehören z. B. Färbereien, Wäschereien, Bleichereien, Appreturanstalten, Zuckerfabriken, Badeanstalten, Brennereien, gewisse chemische Fabriken, Heizwerke usf.

3. Eine Sondergruppe bilden die Werke, bei denen hauptsächlich Wärmeprozesse mit sehr hohen Temperaturen vor sich gehen, wie z. B. Gasanstalten, keramische Fabriken für Ziegel, Tonwaren, Steinzeug- und Porzellanfabriken mit Rundöfen, Glashütten, Metallschmelzhütten usf. Während die unter 1 und 2 betrachteten Gruppen in der Hauptsache die Abwärme der Kraftmaschinen für Heizzwecke ausnutzen, wird bei den in Gruppe 3 fallenden Werken häufig zweckmäßig umgekehrt die Ofenabhitze zur Dampferzeugung für Kraft und Heizung oder zur unmittelbaren Heißluftgewinnung für Heiz- und Trockenzwecke nutzbar gemacht, die Krafterzeugung also mitunter dem Fabrikationsvorgang nachgeschaltet.

Zwischen diesen Hauptgruppen liegen alle Übergänge, auch wechselt in den meisten Werken je nach Belastung und Jahreszeit der Wärme- und Kraftbedarf, so daß das Bild ein sehr mannigfaltiges und bewegtes ist.

Praktisch erreichbar ist ein ziemlich vollkommener Ausgleich bei Heizkraftwerken, Brauereien, Lederfabriken, manchen chemischen Fabriken, Webereien verbunden mit Färbereien und Appreturanstalten u. a. m.

Die Textilfabriken z. B. umfassen vom Standpunkt der Wärmewirtschaft aus betrachtet drei Gruppen:

1. Spinnereien. Sie sind überwiegend Kraftverbraucher und benötigen Wärme nur in verhältnismäßig geringen Mengen zur Raumheizung. Der Dampfverbrauch dafür beträgt in der Regel 10—20 vH der Maschinendampfmenge.

2. Webereien. Der Kraftbedarf ist wesentlich geringer wie der bei Spinnereien. Wärme wird zur Raumheizung benötigt, daneben in erheblichem Umfange für die Fabrikation, also für Trockenprozesse, Schlichtmaschinen, Kalander, Spannrahmen und ähnliche Zwecke, evtl. auch für die Färbereiabteilung. Der Wärmebedarf für die Krafterzeugung ist indes meist erheblich größer wie der für Heizzwecke.

3. Veredelungsfabriken. Hierher rechnen die Färbereien, Bleichereien, Druckereien, Appreturanstalten, Wäschereien usw. Bei allen überwiegt der Bedarf an Heizdampf für die Fabrikation ganz erheblich den für Krafterzeugung, oft um das 4—5fache.

Aus dem Gesichtspunkte des besten Kraft- und Wärmeausgleichs heraus ergeben sich verschiedene Betriebsmöglichkeiten und Arbeitsverfahren.

b) Gegendruckbetrieb,

d. h. Verwerten des Dampfes zur Kraftabgabe in der Oberstufe, ehe er für Heizzwecke reduziert wird, unter Einschaltung von Dampfmaschinen mit Gegendruck in der Höhe, wie ihn die Heizung braucht. Die Dampfmaschine ist der beste Dampfdrosselapparat, da in ihm nicht der Druck wie im Reduzierventil vernichtet, sondern zur Arbeitsleistung nutzbar gemacht wird. Es ist grundsätzlich falsch, Kondensationsmaschinen zu verwenden und besonderen Frischdampf mit oder ohne Reduzierung für Heizung dem Kessel zu entnehmen. Man erzeugt nämlich auf diese Weise die Wärme doppelt. Die Begründung obigen Verfahrens liegt darin, daß zur Erzeugung von Dampf von höherer Spannung nur ein geringer Wärmemehraufwand benötigt wird gegenüber der Erzeugung von niedergespanntem Dampf. Z. B. sind erforderlich für 1 kg Dampf von 10 at 663 kcal, für 1 kg Dampf von 2 at 651 kcal. Der Mehraufwand beträgt also nur 2 vH. Aus 1000 kg Dampf von etwa 10 at 300° können durch Kolbendampfmaschinen eine Stunde lang gewonnen werden:

180—190 PS_i, falls der Abdampf für Heizzwecke mit 50—70°,

150 PS_i, falls der Abdampf für Heizzwecke mit 100° (Auspuffspannung),

70—80 PS_i, falls der Abdampf für Heizzwecke mit etwa 140° (3 atü) gebraucht wird.

Für einzelne Eintritts- und Gegendrücke sind für 350° Dampfeintrittstemperatur und bei einem guten thermodynamischen Wirkungsgrad von 82 vH nachstehend einige Übersichtszahlen aufgeführt.

Die Dampfersparnis oder der Mehrverbrauch sind gegenüber der Betriebsweise mit 15 ata Eintrittsdruck angegeben.

Dampfeintritt ata bei 350° C	Gegendruck 2 ata			Gegendruck 4 ata			Gegendruck 6 ata		
	ausgenutzt kcal/kg	Dampfverbrauch kg/PS_i/h	Ersparnis bzw. Mehrverbrauch vH	ausgenutzt kcal/kg	Dampfverbrauch kg/PS_i/h	Ersparnis bzw. Mehrverbrauch vH	ausgenutzt kcal/kg	Dampfverbrauch kg/PS_i/h	Ersparnis bzw. Mehrverbrauch vH
10	91	8,5	19,5	57	13,5	36	34	22,6	65
15	108	7,1	0	78	9,9	0	56	13,7	0
30	134	5,8	18,5	105	7,3	26	87	8,9	35
60	158	4,9	31	132	5,8	41	116	6,6	52

In Abb. 41 sind für Einzylinder-Gegendruckdampfmaschinen die Dampfverbrauchszahlen in kg/PS_i/h für Eintrittsdrücke von 11—31 ata aufgezeichnet und für Gegendrücke von 1—7 ata, und zwar für zwei verschiedene Eintrittstemperaturen. Dabei ist der thermodynamische Wirkungsgrad der Dampfmaschine mit 75—85 vH angesetzt, und zwar der höhere für das geringere Druckgefälle. Man sieht aus dem Vergleich der rechten und linken Kurvenschar, wie stark der Einfluß der steigenden Überhitzungstemperatur ist und wie sehr der Dampfverbrauch bei gleichem Gegendruck abnimmt, wenn der Dampfdruck ansteigt. So ist z. B. der Dampfverbrauch bei 300° Überhitzung, 11 ata Eintrittsdruck und 3,25 ata Gegendruck, ebenso hoch wie der Dampfverbrauch bei 17 ata Eintrittsdruck und 4,5 ata Gegendruck. Es ist also gerade bei Fabrikationsprozessen, bei denen hoher Dampfdruck notwendig ist, zweckmäßig, Dampfmaschinen für hohe Eintrittsdrücke zu verwenden.

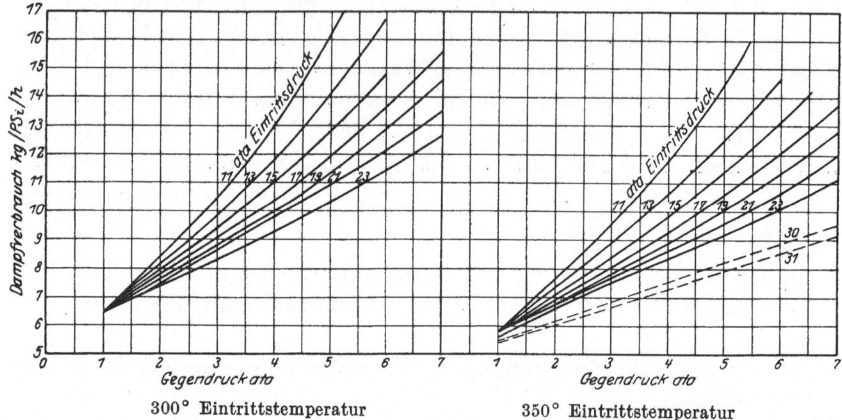

Abb. 41. Dampfverbrauchszahlen für Einzylinder-Gegendruck-Kolbendampfmaschinen (Thermodynamischer Wirkungsgrad 75—85 vH).

Bei den Kolbendampfmaschinen wächst der thermodynamische Wirkungsgrad mit steigendem Gegendruck; deshalb nimmt ihr Dampfverbrauch entsprechend langsamer zu.

Bei der Dampfturbine dagegen fällt der thermodynamische Wirkungsgrad bei steigendem Gegendrucke; deshalb steigt der Dampfverbrauch rascher an als bei der Dampfmaschine.

Durch Ausnutzen des Abdampfes von Dampfmaschinen oder Dampfturbinen, Dampfhämmern, Pumpen usf. zum Heizen, Kochen, Trocknen, zur Heißwasser- oder Heißluftbereitung usf. an Stelle von Frischdampf können die Kohlenkosten des Gesamtbetriebs außerordentlich herabgesetzt werden, oft um 40—50 vH, wenn die Verhältnisse so liegen, daß aus den für Heizzwecke erforderlichen Dampfmengen ungefähr so viel Kraft erzeugt werden kann, wie der Betrieb verbraucht. In die Abdampfleitung muß ein Überströmventil eingebaut werden, um den zeitweise nicht verbrauchten Abdampf, da ja Schwankungen unvermeidlich sind, abzuführen, am besten noch durch einen Warmwasserbehälter mit Heizschlange; sowie ein Frischdampfzusatzventil, das bei verstärktem

Heizdampfbedarfe selbsttätig reduzierten Frischdampf aus dem Kessel liefert, wenn der Druck in der Abdampfleitung unter eine gewisse Grenze abfällt.

c) Zwischendampfbetrieb.

Wenn der Dampf- und Kraftbedarf eines Werkes nicht dauernd oder wenigstens nicht während großer Zeitperioden einigermaßen ausgeglichen werden kann, sondern wenn der Heizdampfbedarf wesentlich kleiner ist wie die Dampfmenge für die Erzeugung der Kraft, so ist Zwischendampfentnahme am Platz. In diesem Falle wird bei Zweizylindermaschinen der Dampf zwischen Hoch- und Niederdruckzylinder entnommen. Der Entnahmedruck kann je nach der Art der vorhandenen Maschine auf 2—3 atü bei den bisher üblichen Kesseldrücken von 10—16 atü gesteigert werden. Zwischendampf besitzt ebenso wie Abdampf fast genau den gleichen Heizwert wie Frischdampf, da er nur geringe Dampfnässe enthält; er kann also für alle Zwecke Verwendung finden, wo ein Dampfdruck in den angegebenen Grenzen liegt. Im Durchschnitt beträgt die Ersparnis durch Zwischendampf etwa 30 vH der entnommenen Dampfmenge gegenüber dem Betrieb mit reiner Kondensation in der Dampfmaschine und bei getrennter Frischdampfheizung. Die Einrichtung muß dann so getroffen werden, daß in die Zwischendampfleitung ein Frischdampfzusatzventil eingebaut wird und ein Rückschlagventil, um ein Durchgehen der Maschine infolge rückwärts in die Zylinder eintretenden Dampfes zu verhindern bei abgesperrtem Frischdampfeingang in die Maschine. Man kann im allgemeinen zweckmäßig an Zwischendampf bis 80 vH der gesamten im Hoch- und Niederdruckzylinder bei Zwischendampfbetrieb arbeitenden Dampfmenge entnehmen. In den Niederdruckzylinder muß noch so viel Dampf hineingehen, daß derselbe gerade noch mit Dampf geschmiert läuft, wozu mindestens etwa 5 vH der gesamten arbeitenden Dampfmenge erforderlich sind. In Abb. 42 sind die Verhältnisse einer Tandem-Verbundmaschine von ca. 150 PS_i dargestellt, die mit Zwischendampfentnahme ausgerüstet worden ist. Aufgezeichnet ist der stündliche Dampfverbrauch der Maschine bei Gegendruckbetrieb von

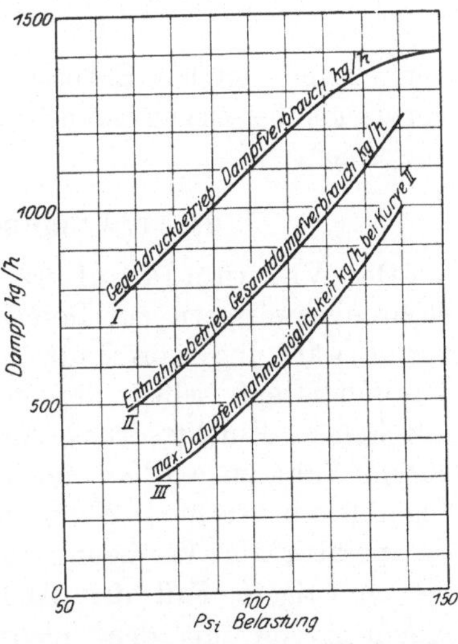

Abb. 42. Betrieb einer Verbunddampfmaschine bei 10 atü/280° Dampfeintritt mit Gegendruck von 0,8 atü oder Zwischendampfentnahme von 0,8 atü und Kondensation.

0,8 atü in der obersten Kurve und die mögliche Dampfentnahme von 0,8 atü in Kilogramm/Stunden bei verschiedener Belastung der Maschine in der untersten Kurve. Die mittlere Kurve gibt den gesamten Dampfverbrauch der Maschine bei verschiedenen Belastungen bei

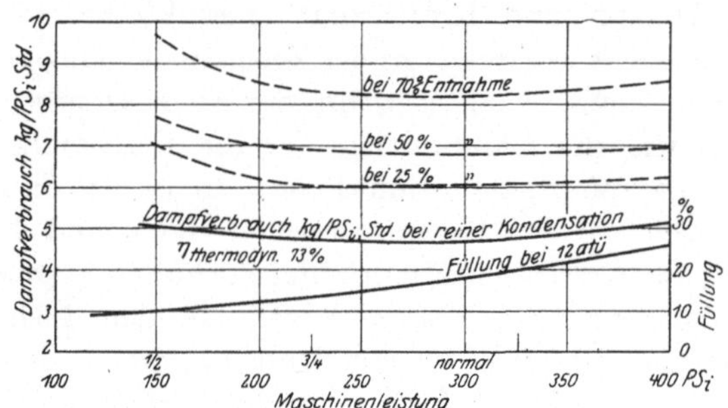

Abb. 43. Dampfverbrauchszahlen einer Einkurbel-Tandem-Verbundmaschine für 10 atü und 280° mit Kondensation und Zwischendampfentnahme oder Gegendruckbetrieb von 2 atü. Cyl ∅ = 400/650 mm; Hub = 550 mm; $n = 187$; Leistung 300—400 PS$_i$; $\eta_{\text{mech}} = 88$—91 vH; $\eta_{\text{therm}} = 73$ vH.

den entsprechenden Entnahmemengen an. Abb. 43 zeigt den Dampfverbrauch bei verschiedenen Entnahmemengen einer 300 bis 400 PS-Maschine.

d) Verwendung des Vakuumdampfes.

Der Vakuumdampf wird zweckmäßig durch Einschaltung von Röhrenvorwärmern zur Bereitung von warmem Wasser benutzt, oder zur Erwärmung von Luft zur Beheizung der Fabrikräume. Der Vakuumdampf selbst der vollkommensten Kondensationsmaschinen mit hohem Eintrittsdrucke und hoher Überhitzungstemperatur sowie gutem Vakuum enthält noch ca. 70 vH der mit dem Frischdampf zugeführten Wärme. Wenn man dieselbe, die allerdings in niedriger Temperatur zur Verfügung steht, nutzbar machen kann, so besteht der günstigste Fall der Abdampfverwertung, da die Maschine bei Kondensation mit dem niedrigsten Dampfverbrauch arbeitet. Mit Vakuumdampf von 0,2 at abs. kann noch Wasser oder Luft von 50° hergestellt werden bei Anordnung reichlicher Heizflächen. Für Luftbeheizung von Räumen und Warmwasserbeheizung für Färbereien, Bleichereien, Brauereien und für viele andere Zwecke genügen diese Temperaturen vollauf. Werden höhere Temperaturen benötigt, so muß ein Teil des Vakuums geopfert werden unter geringer Steigerung des Dampfverbrauchs der Maschine pro Leistungseinheit (Dampfmaschinen steigern den Dampfverbrauch pro Pferdestärke weniger als Dampfturbinen). Zur Erzeugung von 70° heißem Wasser oder Luft muß das Vakuum auf 0,5 at abs. verringert werden. Unter Umständen kann man auch mit sehr niedrigem Vakuum von 0,1 at abs bis 40° vorwärmen und mit Abdampf oder Zwischendampf nachwärmen.

e) Herabsetzen der Dampfdrücke.

Das Herabsetzen der Dampfdrücke sollte soweit als irgend möglich bei allen Trocken- und Heizprozessen vorgenommen werden; heute sind vielfach noch Dampfdrücke von 1—5 atü für diese Zwecke in Verwendung, zum Teil aus alter Gewohnheit, zum Teil deshalb, weil die bisher übliche Bauweise der Trockenmaschinen mit geringen Heizflächen und engen Dampfeingängen vielfach höhere Drücke erfordern, z. B. bei Papiermaschinen, Schlichtmaschinen, Spannrahmen, Kalandern, Wolltrocknern u. dgl. Textilstoffe werden zum Teil beim Umlauf über dampfbeheizte Trockenzylinder getrocknet, zum Teil indes auf solchen Maschinen, in die Heißluft eingeblasen wird. Die Luft wird vorher durch Lufterwärmer auf die erforderliche Temperatur gebracht. Für die meisten Trockenprozesse genügen Lufttemperaturen von 50—80°, selten werden solche von 90—100° gebraucht; diese Temperaturen können bequem mit Dampf von 0,2—0,6 atü erreicht werden, wenn die Heizflächen genügend groß bemessen sind. Gelingt es nun, die Dampfdrücke durch entsprechenden Umbau der Maschinen soweit herabzusetzen, dann kann an Stelle reduzierten hochwertigen Frischdampfes Maschinenabdampf oder Zwischendampf benutzt werden; das bedeutet bei Abdampf eine Ersparnis von 60—70 vH, bei Zwischendampf eine solche von ca. 30 vH gegenüber der Verwertung von Frischdampf. Man kann den erstrebten Zweck vielfach durch Vorschalten oder durch Einfügen von mehr Heizfläche erreichen, oft kann auch in der vorhandenen Heizfläche die Luft mit Abdampf vorgewärmt werden, und falls wirklich eine höhere Temperatur erforderlich ist, braucht dann nur die restliche Temperatursteigerung durch Frischdampf oder Zwischendampf von höherem Druck bewerkstelligt zu werden. In allen Fällen bedeutet diese Arbeitsweise eine erhebliche Dampfersparnis. Bisweilen bietet sich auch die Möglichkeit, für bestimmte Trockenprozesse heiße, erwärmte Luft aushilfsweise zuzublasen. Bei jeder Lufttrockenanlage erhöht sich die Wärmeausnützung mit der Temperatur der Luft beim Austritt aus den Trocknern, und zwar um so mehr, je höher dieselbe gesättigt ist. Man muß daher stets suchen, den Trockenvorgang mit möglichst hohen Temperaturen durchzuführen, und zwar so, daß die Abluft soweit als irgend angängig gesättigt ist. Besonders wirkungsvoll erreicht man diesen Zweck durch Rückführung eines Teiles der Abluft und Wiedereinblasen derselben in die Einrichtung.

Es gibt allerdings auch gewisse Fälle, wo aus dem Wesen der zu verarbeitenden Stoffe höhere Temperaturen für Beheizung benötigt werden. So werden z. B. für Vulkanisierkessel, Faktiskessel usf. Temperaturen von 140—155° verlangt, also Dampfdrücke von 3,5—5,0 atü; Spannrahmen brauchen ca. 2 atü, Schlichtmaschinen 2—3 atü, Kalander 3—4 atü, Zellulosekessel 4—5 atü usf. In solchen Fällen, wo bisher also Frischdampf verwendet werden mußte, kann durch Hochdruckdampfbetrieb, wobei sich leicht Auspuffdampf der verlangten Spannung liefern läßt, ebenfalls eine äußerst wirtschaftliche Lösung gefunden werden (vgl. S. 236).

f) Ausnutzung der Schwadenabdämpfe.

Die Einrichtungen, welche nasse Stoffe trocknen, oder welche Verdampfungsprozesse durchführen wie z. B. Kochpfannen, Verdampfer, Papiermaschinen, Trockenmilchmaschinen usf., besitzen in den abziehenden Schwadenabdämpfen noch sehr große Wärmemengen, die bis 80 vH der für den Trockenprozeß aufgewendeten Dampfmenge umfassen. Allerdings sind diese Wärmemengen nur bei niedriger Temperatur, meist zwischen 50 und 70°, verfügbar, aber auch sie lassen sich mit geringen Mitteln meist noch ausnutzen.

g) Abgabe überschüssigen Stromes.

Dieser Fall tritt sehr oft ein bei Fabrikationszweigen, wo ein besonders hoher Wärmebedarf vorhanden ist. Man kann dann, indem die Dampfspannung in der Oberstufe für die Krafterzeugung ausgenutzt wird, nahezu kostenlos Energie erzeugen, die man entweder an ein Elektrizitätswerk oder an in der Nähe gelegene Fabriken abgibt, wenn das eigene Werk keine Verwendung dafür hat. Ähnlich liegen die Verhältnisse, wenn Wasserkraftanlagen vorhanden sind, die während der Mittagspausen, Abendstunden und während der Nachtzeit unausgenutzt sind. Die überschüssige, unbenutzt ablaufende Wasserkraft kann dann zur Aufspeicherung von Wärme in besonderen elektrisch beheizten Kesseln (Elektrodampfkesseln) Verwertung finden (vgl. Abschn. 25, S. 309).

h) Angliederung passender Fabrikationszweige.

Zwecks günstigerer Gestaltung der Kraft- und Wärmeverbrauchsverhältnisse kann es sehr oft wesentlich sein, daß ein neuer Fabrikationszweig angegliedert, eine neue Arbeitsmethode eingeführt oder auch die Übernahme gewisser Kundenarbeiten durchgeführt werden kann. Derartige Umstellungen und Ergänzungen treten sehr oft in das Gesichtsfeld des Wärmeingenieurs. So kann z. B. an eine Zellulosefabrik eine Spirituserzeugungsanlage angeschlossen werden oder an eine Trikotfabrik eine eigene Färberei, welche den Abdampf oder Zwischendampf aufnimmt, an eine Papierfabrik eine Fertigverarbeitung oder eine Lumpenkocherei usf., damit die bei der Herstellung der eigenen notwendigen Kraft anfallende Wärme besser ausgenutzt wird; umgekehrt können aber auch bei großem Wärmeverbrauch eigene Einrichtungen aufgestellt werden, welche Kraft abnehmen, z. B. eine Sauerstoff-Fabrikanlage. Alle diese Fragen greifen tief in den Gesamtgang der Wärmewirtschaft ein.

i) Kraft- und Wärmeausgleich mit benachbarten Unternehmungen.

Die Abgabe überschüssiger Kraft an fremde Stromnetze ist technisch einfach lösbar und wird in neuerer Zeit auch häufig praktisch durchgeführt. Dagegen wird noch verhältnismäßig selten Wärme in Form von Dampf oder heißem Wasser an benachbarte Unternehmungen weitergeleitet. Auch dieser Aufgabe stehen wirtschaftlich und technisch keine besonderen Schwierigkeiten entgegen. Man kann Ferndampf- und Warmwasserleitungen bis auf die Entfernung von etwa 3000 m je nach den Verhältnissen ausführen; gerade dieser Fall ist außerordentlich ausbaufähig, da in der Anlage und dem Zusammenschluß der Fabriken vom wärmewirtschaftlichen Gesichtspunkte aus noch oft überaus zersplitterte und unwirtschaftliche Verhältnisse herrschen.

k) Soziale Einstellung.

Im Vorhergehenden ist darauf hingewiesen worden, daß die meisten Werke vom wärmewirtschaftlichen Gesichtspunkte aus an dem Mangel leiden, hauptsächlich Kraft- oder Wärmeverbraucher mit erheblichen unausgenutzten Überschüssen zu sein und mit größeren Unkosten arbeiten als notwendig ist. Bedingt sind diese Verhältnisse durch die allmähliche Entwicklung der Betriebe, zum Teil aber auch dadurch, daß ein soziales Verständnis mangelt (vgl. Einführung) und daß jeder Betrieb die oftmals auch begründete Neigung hat, vollständig für sich und unabhängig vom Nachbar zu arbeiten; so daß selbst bei Betrieben, die Zaun an Zaun liegen, und von denen der eine Wärme benötigt, der andere Kraftverbraucher ist, sich in den seltensten Fällen nur eine Einigung erzielen läßt. Und doch liegt hier eine große Ersparnismöglichkeit vor. Bei gutem Willen wird auch die notwendige soziale Einstellung dafür aufgebracht werden können, die technischen Vorbedingungen sind in außerordentlich vielen Fällen gegeben. Z. B. dürfte grundsätzlich ein Elektrizitätswerk niemals vor eine Stadt ins freie Feld hineingebaut, sondern es müßte mitten im Industriebezirk angelegt werden, so daß der geradezu ungeheure Wärmestrom, der bei der Krafterzeugung von Elektrizität eine Höhe von 70—80 vH ausmacht und der heute vernichtet wird, für wärmeverbrauchende Industrien in der Nähe des Elektrizitätswerkes nutzbar gemacht werden kann.

Es gehört, das zeigt sich an diesem Kapitel ganz besonders deutlich, eben mehr zu einem guten Wärmeingenieur als nur der Besitz rein technischer Kenntnisse. Diese müssen allerdings sehr umfassend sein. Hinzutreten aber muß ein hohes Maß von sozialem Verständnis, das nicht nur das Interesse des einzelnen Betriebes im Auge hat, sondern seine Maßnahmen in Rücksicht auf die gesamte Volkswirtschaft gestaltet.

l) Harmonisieren der technischen Arbeitsprozesse.

Folgt man dem Wesen der Stoffe und Gase, des Dampfes, der Wärmeträger usw., so gelangt man zu Einrichtungen, die gemäß den physikalischen Eigenschaften gebaut und eingerichtet sind, z. B. muß man für Isolierung solche Stoffe wählen, die den Wärmeschutz aufs beste gewähren. Dampfleitungen müssen isoliert werden, um den Wärmeverlust und nicht allein diesen, sondern auch den Dampfmengenverlust, der für den Dampfmaschinenbetrieb von Bedeutung ist, zu verringern. Die Wärmeabgabe der Gase und Leitungen an Kesselwänden z. B. erfolgt nach besonderen Gesetzen. Um den Effekt zu vergrößern, muß die Strahlungswärme der Feuerung mit zu Hilfe genommen werden und nicht bloß die Berührungswärme der Gase beim Vorbeistreichen an der Heizfläche. Die Gaswege müssen möglichst wenig Knicke, Einschürungen oder scharfe Ecken haben, um unnötige Verluste zu vermeiden. Diese Dinge sind alle mehr oder weniger bekannt und werden berücksichtigt.

Aber es gibt technisch sehr viele Gebiete, meist Grenzgebiete, die dem eigentlichen Maschineningenieur ferner liegen, und Spezialgebiete, wo der betreffende Fachmann ganz spezialisiert und mehr oder weniger losgelöst vom Maschinenbau und der Wärmewirtschaft auf seinem Gebiet arbeitet. Bis hierher dringt die technische Forschung seltener vor. Hier herrscht noch von alten Zeiten her vielfach die reine Erfahrung, das technische Gefühl begleitet von geringeren oder größeren technischen Kenntnissen; dort ist die Domäne des Meisters und Praktikers, der die Verfahren mitbringt und leitet. Oft stehen hier große Werte auf dem Spiel, die man durch neue Verfahren nicht gefährden will. Solche Gebiete gibt es mehr als man glaubt. Sie liegen nicht immer verborgen und abgelegen, sondern stehen oft mitten im modernsten Betriebe; sie sind gar oft bedingt durch die Spezialisierung des Technikers. So betreibt z. B. der Chemiker oftmals ganz nach rein chemischen Gesichtspunkten sein Verfahren, und da ihm meist Maschinenbau und Wärmewirtschaft ferner liegen, sind ihm diese Gebiete fremder. Für den Maschineningenieur gilt das gleiche wieder für die chemischen Verfahren. So wandelt man getrennte Wege, oft noch unter beabsichtigter gegenseitiger Abschließung zwecks Geheimhaltung der Verfahren, also auf der Basis der egoistischen Geldwirtschaft. Die Rache der Technik zeigt sich in den unharmonischen Prozessen, wo nur Forderungen gestellt werden an Dampfmengen und Wärmegrade ohne Rücksicht auf Sparsamkeit.

Geht man den Dingen nach und sieht z. B. mit dem Auge des Wärmeingeneurs, so entdeckt man gar oft, daß bisher starr festgehaltene Forderungen und Verfahren, welche in den einen Prozeß eingegliedert sind und die Güte der Ware bedingen sollen, überflüssig sind, daß man auf viel einfachere und naturgemäßere Weise zum gleichen Ziel gelangen kann. Hohe Drücke können herabgesetzt werden, und man ist dann imstande, mit billigem Maschinenabdampf zu arbeiten, anstatt teuern Frischdampf aus dem Kessel zu entnehmen. Statt Dampf einzublasen, kann man die viel sparsamere Oberflächenheizung benutzen und gewinnt außerdem noch die wertvollen Kondensate zurück. Oft wird hoher Druck verlangt für die Arbeitsprozesse, erforderlich aber sind nur hohe Temperaturen, die man vielfach auf andere Weise billiger schaffen kann. Sehr viel ließe sich vereinfachen bei den Rezepten zur Herstellung und Mischung von Farben, wobei sich Kaltansetzen, Erhitzen, Kochen, Kühlen, Mischen usw. verschiedenfach wiederholen. Alles das sind Probleme, zu deren Lösung ein weiterer technischer Blick gehört, als ihn die heute spezialisierte Erziehung der Ingenieure zu geben vermag, ein Blick, der hinausreicht über die nächstliegenden Arbeitsgebiete auf einen größeren Rahmen, auf das Eingreifen der Prozesse ineinander und auf das Zusammenwirken von Arbeitsverfahren mit Wärme- und Kraftwirtschaft und die dadurch bedingten günstigsten Arbeitsmöglichkeiten.

m) Energiebedarf und Abfallenergie verschiedener Industriezweige.

Einen wertvollen Einblick in den Fabrikationsdampfbedarf und die Anzahl der benötigten PS-h für verschiedene Industriezweige gibt nachstehende Zahlentafel 69 von Gerbel[1]).

In Spalte 3 ist eine Kennziffer aus beiden Werten berechnet, die angibt, ob der betreffende Betrieb Abfallwärme (I) oder Abfallkraft (III) überschüssig hat oder ob er ein nahezu ausgeglichener Betrieb ist (II).

Zu I. Abfallwärme verfügbar: Bei Verwendung von Dampfkraft sind, je nach dem Temperaturniveau bzw. je nach Spannung des Eintrittsdampfes und des Abdampfes verschiedene Wärme- bzw. Dampfmengen je PS_i/h verfügbar (vgl. Zahlentafel 69 und Abb. 40 u. 41), die abgegeben werden können, unter Umständen an nahe gelegene Verbraucher.

---

[1]) Nach Gerbel, Kraft- und Wärmewirtschaft in der Industrie. Jul. Springer, Berlin 1920.

Zahlentafel 69.
Energiebedarf und Abfallenergie verschiedener Industriezweige.

Nr.	Industriezweig, Betrieb	Bezugseinheit (Produktionseinheit) pro Stunde	Energiebedarf 1: Kraft an der Betriebsdampfmaschine in PS_e/h	Energiebedarf 2: Fabrikationsdampf kg	Energiebedarf 3: $3 = \frac{\text{Spalte 2}}{\text{Spalte 1}}$ Kennziffer: Fabrikationsdampfbedarf in kg pro PS_e/h in der Fabrik
	I. Abfallwärme verfügbar. (Höchstdruckmaschinen sind zweckmäßig.)				
	Elektrochemische Industrien:				
1	Aluminium	kg	35	—	0
2	Luftsalpeter	„	11	minimal	fast 0
3	Wasserstoff	m^3	11	—	0
4	Kalkstickstoff	kg	5	minimal	fast 0
5	Kalizumkarbid	„	5	—	0
	Andere Industrien:				
6	Sauerstoff (Luftdestillation)	m^3	4	—	0
7	Holzstoff	kg	2	—	0
8	Spinnerei	„	2,0	minimal	fast 0
9	Elektrizität	kWh	1,5	—	0
10	Walzeisen (Flacheisen, Draht)	kg	0,16	—	0
11	Eis	„	0,15	minimal	fast 0
12	Zement	„	0,13	—	0
13	Weizenmühle	„	0,1	—	0
	II. Keine oder wenig Abfallenergie verfügbar.				
14	Bier	Liter	0,1—0,2	0,5—0,9	3— 6— 9
15	Papier	kg	0,4—0,6	2,5—3	4— 6— 7
16	Weberei	„	1—1,5	8—12	5— 8—12
17	Kartoffelstärke	„	0,1—0,15	1—2	7—11—20
18	Zellulose	„	0,4—0,5	5,5—6,5	11—13—16
19	Leder	„	1—1,3	15—22	12—16—22
	III. Abfallkraft verfügbar = überschüssige Vorschaltkraft pro Einheit.				
20	Kunstseide	kg	6—8	110—150	14— 20—25
21	Preßhefe (Lüftungsverfahren)	„	0,6—1	16—22	16— 25— 40
22	Zucker	„	0,15—0,25	5—6	20— 30— 40
23	Wäscherei	„	0,3—0,4	9—11	22— 30— 37
24	Leim	„	0,7—0,9	25—35	28— 40— 50
25	Kartoffelsirup	„	0,05—0,07	2,2—2,8	30— 45— 56
26	Färberei	„	0,05—0,1	3—5	30— 65—100
27	Spiritus (Dickmaischverfahren)	Liter	0,1—0,2	6—15	30 70—150
28	Seife	kg	0,1—0,2	6—18	30— 80—180
29	Badeanstalten	Besucher	0,3—0,5	40—70	80—100—230
30	Zentralheizungen	m^3 Raum u. Stunde	minimal	0,02—0,04	fast ∞

Zu II. Keine oder wenig Abfallenergie verfügbar: Die bei der Krafterzeugung resultierende Abfallenergie (Abdampf) wird im eigenen Betrieb ganz oder wenigstens soweit aufgebraucht, daß wesentliche Mengen nicht mehr verfügbar bleiben.

Zu III. Abfallkraft verfügbar: Da pro Kilogramm Fabrikationsdampfbedarf $^1/_{16}$—$^1/_6$ PS_e/h (reziproker Wert von Spalte 3) erzeugt werden können, bleiben nach Deckung des Eigenbedarfes an Kraft noch namhafte Mengen sehr billiger Abfallkraft verfügbar, für welche Verwendung an benachbarte Verbraucher gesucht werden sollte, oder die ans Elektrizitätswerk zurückgeliefert werden könnte.

In jedem Falle ist auf Herabsetzung der Fabrikationsdampfmengen hinzuarbeiten.

19. Der Dampfüberhitzer.

a) Der überhitzte Dampf.

Verwendung des überhitzten Dampfes. Überhitzter Dampf wird für verschiedene Zwecke in der Technik verwendet, in erster Linie für den Betrieb von Dampfmaschinen und Dampfturbinen, seltener für Heizzwecke. Die durch die Fortleitung des Dampfes entstehenden Kondensationsverluste werden durch Überhitzung innerhalb gewisser Grenzen nur wenig verringert, vgl. Abb. 61 und 63, weil in der Dampfschicht an den Rohrwänden doch eine Kondensation eintritt, während der Kern des Dampfstromes überhitzt bleibt, so daß man an der Verwendungsstelle noch überhitzten Dampf erhält. Die Verluste werden aus dem Abfallen der Überhitzungstemperatur gedeckt. Außerdem bringt überhitzter Dampf sehr viel weniger Nässe hinter dem Überhitzer mit sich wie aus dem Kessel direkt entnommener Sattdampf, der je nach Kesselart und Beanspruchung 1—6 vH Nässe enthalten kann (vgl. S. 256).

Es ist zu beachten, daß die Verwendung von überhitztem Dampf zu Heizzwecken mittels Oberflächenheizung sich aus den gleichen Gründen als ungeeignet erweist, weil die Heizflächen sehr groß werden, und nur bei direkter Heizung durch Einblasen da zweckmäßig ist, wo es auf besonders hohe Temperatur ankommt. Es sind dann aber nur geringe Niederschlagsverluste in den Zuleitungen zu sparen. Wärme- bzw. Kohlenersparnisse können bei der Heizung selbst nicht oder nur in geringem Maße erzielt werden, da man ja die Mehrwärme, welche der überhitzte Dampf bringt, durch einen entsprechenden Mehraufwand an Heizstoff erzeugen muß, trotzdem ein Teil dieser Mehrwärme den Kesselheizgasen selbst entzogen werden kann; der Dampfpreis des überhitzten Dampfes ist teurer als der von Sattdampf.

Sollen Leitungsverluste vermindert werden, so ist die Überhitzung des Dampfes so zu bestimmen, daß an der Verwendungsstelle mindestens noch trockener Sattdampf oder gering überhitzter Dampf zur Verfügung steht; das ist besonders bei einem langen und verzweigten Leitungsnetze von Bedeutung.

Bei gemischtem Heiz- und Maschinenbetriebe, wie er meistenteils vorkommt, können, falls nicht genügend Abdampf dafür zur Verfügung steht, dem für Heizzwecke entnommenen Dampf zu diesem Zwecke geringe Mengen Heißdampf beigemengt werden.

Der Rauminhalt. Der Rauminhalt des überhitzten Dampfes berechnet sich nach Zeuner aus:

$$P \cdot v = 50{,}933\,T - 192{,}5\sqrt[4]{P} \quad \ldots\ldots\ldots \quad 85)$$

oder nach Tumlirz aus:

$$p \cdot v = 0{,}00467\,T - 0{,}0084\,p \quad \ldots\ldots\ldots \quad 85\text{a})$$

darin bedeuten:

P = Druck in kg/m², γ = Gewicht eines m³ in kg,
p = Druck in kg/cm², t = Temp.d.überhitzt.Dampf.in °C,
v = Rauminhalt eines kg in m³ $T = 273 + t$.

Zahlentafel 70.
Rauminhalt $v = 1/\gamma$ des überhitzten Dampfes.

kg/cm² absolute Spann.	P = kg/m² absoluter Druck	Temperatur des überhitzten Dampfes °C					Inhalt des gesättigten Dampfes v	Temperatur des gesättigten Dampfes °C
		200	250	300	350	400		
		Inhalt eines kg überhitzten Dampfes = v in m³						
1,0	10 000	2,22	2,46	2,69	2,91	3,16	1,726	99,08
2,0	20 000	1,10	1,22	1,34	1,47	1,58	0,902	119,61
3,0	30 000	0,73	0,81	0,89	0,98	1,06	0,617	132,87
4,0	40 000	0,547	0,612	0,673	0,727	0,787	0,471	142,91
5,0	50 000	0,435	0,468	0,538	0,581	0,636	0,382	151,10
6,0	60 000	0,360	0,402	0,444	0,487	0,525	0,321	158,07
7,0	70 000	0,306	0,343	0,380	0,415	0,450	0,278	164,16
8,0	80 000	0,267	0,300	0,332	0,363	0,392	0,245	169,59
9,0	90 000	0,237	0,266	0,294	0,322	0,349	0,219	174,52
10,0	100 000	0,210	0,238	0,264	0,289	0,313	0,198	179,03
11,0	110 000	0,191	0,215	0,240	0,261	0,285	0,181	183,20
12,0	120 000	0,174	0,197	0,220	0,240	0,261	0,166	187,08
13,0	130 000	0,161	0,179	0,200	0,221	0,241	0,154	190,71
14,0	140 000	0,147	0,167	0,186	0,205	0,223	0,143	194,14
15,0	150 000	0,138	0,154	0,173	0,192	0,208	0,134	197,37
16,0	160 000	—	0,145	0,162	0,178	0,194	0,126	200,44
18,0	180 000	—	0,128	0,143	0,157	0,172	0,113	206,15
20,0	200 000	—	0,114	0,128	0,142	0,153	0,102	211,39
25,0	250 000	—	0,088	0,101	0,112	0,122	0,082	222,9
30,0	300 000	—	0,072	0,083	0,092	0,100	0,068	232,77
35,0	350 000	—	0,060	0,069	0,078	0,085	0,0549	244,69
40,0	400 000	—	0,052	0,060	0,067	0,073	0,056	249,20
50,0	500 000	—	—	0,046	0,052	0,057	0,040	262,72

(Nach i, p-Diagramm für Wasserdampf, Knoblauch 1923.)

Der Rauminhalt ist also von Temperatur und Druck abhängig.

In der vorstehenden Zahlentafel 70 sind für die absoluten Drücke von 1,0—50 kg/cm² und die Temperaturen von 200—400° die Rauminhalte berechnet. Diese Werte benötigt man zur Ermittlung der Dampfgeschwindigkeiten in Überhitzern, Rohrleitungen usw.

In der vorletzten Spalte ist der Rauminhalt des gesättigten Dampfes gleichen Druckes aufgeführt.

Man beobachtet, daß der Rauminhalt des Dampfes sich beim Überhitzen vergrößert, daß also z. B. die Dampfgeschwindigkeit innerhalb der Rohre eines Überhitzers mit fortschreitender Überhitzung zunimmt.

Nachstehende Zahlentafel 71 zeigt, daß die gleiche Raummenge überhitzten Dampfes mit weniger Wärmeeinheiten herzustellen ist als gesättigter Dampf, und zwar mit um so weniger, je niedriger die Dampfspannung und je höher die Überhitzung ist:

Zahlentafel 71.

Druck at abs.	Sättigungstemp. ϑ °C	Gesamtwärme i'' kcal/kg	v'' Rauminhalt in m³ von 1 kg	γ-Gewicht eines m³ kg	Volumenzunahme von 1 kg überhitztem Dampfe in vH des gesättigten Dampfes bei t = 200°	300°	400°	Wärmeinhalt von 1 m³ Dampf, in kcal: gesättigter Dampf	bei Überhitzung auf 200°	300°	400°
2	119,61	646,9	0,902	1,108	22,0	48,8	75,2	718	627	547	495
10	179,03	662,5	0,198	5,051	6,1	33,5	58,2	3345	3220	2755	2490
16	200,44	665,3	0,126	7,932	—	28,8	54,1	5280	—	4470	4000
20	211,39	666,2	0,102	9,852	—	25,7	50,1	6530	—	5630	5060
25	222,9	666,7	0,082	12,276	—	23,0	48,8	8130	—	7110	6330
30	232,77	666,8	0,068	14,730	—	22,1	47,1	9820	—	8630	7720

Druck at abs.	Wärmeersparnis für 1 m³ überhitzten Dampfes gegenüber gesättigtem Dampfe bei 200°	300°	400°	Temperaturunterschied bei 300° $300-\vartheta$	i Wärmeinhalt eines kg überh. Dampfes von 300° kcal	Mehraufwand für 1 kg überh. Dampfes von 300° $\frac{c_p\,(t-\vartheta)\cdot 100}{i''} = \frac{i}{i''}\cdot 100$ in vH
2	12,7	23,9	31,0	180,39	734,4	13,4
10	3,7	17,7	25,6	129,97	728,2	9,9
16	—	15,5	24,3	99,56	724,5	8,9
20	—	14,0	22,6	88,61	721,8	8,4
25	—	12,6	22,2	77,10	718,5	7,8
30	—	12,1	21,4	67,23	715,5	7,3

Beispiel 26. Bei 6 at Überdruck und 300° ist der Rauminhalt des überhitzten Dampfes = 0,380, der des gesättigten Dampfes bei gleichem Drucke = 0,278; die Raumvergrößerung beträgt also:

$$\frac{100\cdot(0{,}380-0{,}278)}{0.278} = 36{,}7\ \text{vH}\,.$$

Diese Raumvermehrung wächst, wie aus der Zahlentafel hervorgeht, im allgemeinen mit der Überhitzung des Dampfes, am meisten jedoch bei den niedrigen Dampfdrücken.

Sie beträgt bei 300° Dampftemperatur:

bei 5 ata	40,8 vH	bei 16 ata	28,8 vH
„ 8 „	35,4 vH	„ 30 „	22,1 vH

Es werden z. B. gebraucht zur Erzeugung
von 1 kg gesättigtem Dampf von 6 at Überdruck 659,5 kcal
von 1 m³ gesättigten Dampf von 6 at Überdruck 2370 kcal mit $\gamma = 3{,}60$.

Wird der Dampf von 6 at Überdruck auf 300° überhitzt, so müssen ihm zugeführt werden (vgl. Formel 86)

für 1 kg $(300 - 164) \cdot 0{,}518 = 70{,}5$ kcal,
für 1 m³ $3{,}60 \cdot 70{,}5 = 253{,}5$ kcal,

also um

$$\frac{100 \cdot 70{,}5}{659{,}5} = 10{,}7 \text{ vH}$$

mehr als bei 1 kg gesättigten Dampfes.

Dabei dehnt sich der Dampf auf das 1,367fache seines ursprünglichen Raumes aus; so daß 1 m³ überhitzter Dampf von 300° und 6 at Überdruck zur Erzeugung braucht:

$$\frac{2370 + 253{,}5}{1{,}367} = 1920 \text{ kcal},$$

also:

$$\frac{2370 - 1920}{2370} \cdot 100 = 19{,}0 \text{ vH}$$

weniger als gesättigter Dampf.

Die spezifische Wärme des überhitzten Dampfes. Die spezifische Wärme des Dampfes ändert sich wesentlich mit Temperatur und Druck.

Aus den Versuchen der verschiedenen Forscher, die in ihren Ergebnissen noch voneinander abweichen, gehen jedoch folgende Gesetzmäßigkeiten mit Sicherheit für das Gebiet der technischen Anwendung hervor.

1. Die spez. Wärme für konst. Druck für 1 kg Dampf nimmt mit wachsendem Drucke zu;

2. und für denselben Druck bei wachsender Temperatur vom Sätti gungspunkte aus zunächst ab und nach Durchgang durch einen Tiefstwert wieder zu.

Für technische Zwecke der Überhitzerberechnung ist allein die mittlere spez. Wärme c_p für 1 kg zwischen Sättigungstemperatur ϑ und einer bestimmten Überhitzungstemperatur t von Wichtigkeit.

Zahlentafel 72[1]).

Mittlere spezifische Wärme $[c_p]_\vartheta^t$ des überhitzten Wasserdampfes zwischen der Sättigungstemperatur ϑ und verschiedenen Überhitzungstemperaturen t bei verschiedenen Drücken p.

$p =$ / $\vartheta =$	0,5 ata / 80,9 °C	1 / 99,1	2 / 119,6	4 / 142,9	6 / 158,1	8 / 169,6	10 / 179,1	12 / 187,1	14 / 194,1	16 / 200,4	18 / 206,1	20 / 211,4	22 / 216,2	24 / 220,8	26 / 225,0	28 / 229,0	30 / 232,8
$t =$ bei ϑ	0,479	0,486	0,499	0,525	0,551	0,578	0,605	0,633	0,663	0,694	0,726	0,759	0,794	0,829	0,865	0,902	0,940
120°	0,473	0,481	—	—	—	—	—	—	—	—	—	—	—	—	—	—	—
140	0,471	0,478	0,494	—	—	—	—	—	—	—	—	—	—	—	—	—	—
160	0,469	0,476	0,490	0,517	—	—	—	—	—	—	—	—	—	—	—	—	—
180	0,468	0,474	0,487	0,512	0,538	0,569	—	—	—	—	—	—	—	—	—	—	—
200	0,467	0,473	0,485	0,507	0,530	0,556	0,584	0,615	0,653	—	—	—	—	—	—	—	—
220	0,467	0,473	0,483	0,503	0,524	0,546	0,570	0,596	0,625	0,657	0,692	0,733	0,779	—	—	—	—
240	0,467	0,472	0,482	0,500	0,519	0,539	0,559	0,581	0,605	0,631	0,659	0 689	0,722	0,758	0,799	0,844	0,893
260	0,467	0,472	0,481	0,497	0,515	0,533	0,551	0,570	0,590	0,611	0,635	0,658	0,684	0,712	0,742	0,772	0,806
280	0,468	0,472	0,480	0,496	0,512	0,527	0,544	0,562	0,579	0,597	0,617	0,636	0,658	0,680	0,703	0,727	0,751
300	0,469	0,473	0,480	0,495	0,510	0,524	0,539	0,555	0,570	0,585	0,603	0,619	0,638	0,656	0,675	0,695	0,714
320	0,470	0,473	0,480	0,494	0,508	0,521	0,535	0,548	0,563	0,577	0,592	0,607	0,622	0,638	0,654	0,670	0,686
340	0,470	0,474	0,481	0,493	0,507	0,518	0,532	0,545	0,557	0,570	0,583	0,597	0,610	0,623	0,637	0,651	0,665
360	0,471	0,474	0,481	0,494	0,506	0,516	0,529	0,540	0,552	0,565	0,576	0,588	0,600	0,612	0,624	0,635	0,648
380	0,472	0,475	0,482	0,494	0,505	0,515	0,527	0,538	0,548	0,560	0,570	0,581	—	—	—	—	—
400	—	—	0,483	0,494	0,505	0,514	—	—	—	—	—	—	—	—	—	—	—
450	—	—	0,485	0,495	0,505	0,513	—	—	—	—	—	—	—	—	—	—	—
500	—	—	0,487	0,497	0,505	0,513	—	—	—	—	—	—	—	—	—	—	—
550	—	—	0,490	0,499	0,506	0,513	—	—	—	—	—	—	—	—	—	—	—

[1]) Knoblauch und Raisch: Die spezifische Wärme des überhitzten Wasserdampfes für Drücke von 20—30 at und von Sättigungstemperatur bis 350°. Z. V. d. I. 1922, S. 423.

Um nun Rechnungen zu ersparen, sei vorstehend die Zusammenstellung für diese Werte gegeben (Zahlentafel 72).

Es ist nun die Gesamtwärme i eines Kilogramms trockenen überhitzten Dampfes zusammengesetzt aus der Erzeugungswärme i'' für 1 kg gesättigten Dampf und der Wärmemenge, welche für die Überhitzung erforderlich ist:

$$i = i'' + c_p (t - \vartheta) \quad \text{86)}$$

i'' wird aus der Dampftafel 117 am Ende des Buches entnommen, c_p aus vorstehender Zahlentafel.

Zum Beispiel ist für 1 kg überhitzten trockenen Dampf von 10 at Überdruck und 300° C

$$i = 663 + 0{,}555\,(300 - 183) = 727\,\text{kcal.}$$

Nun führt aber gesättigter Dampf, der aus einem Dampfkessel entnommen wird, infolge des Wallens der Verdampfungsoberfläche stets etwas Feuchtigkeit in Form von mitgerissenen feinen Wasserbläschen mit sich (siehe S. 220), die je nach der Kesselbauart und der Kesselbeanspruchung sich verschieden hoch stellt. Nach Untersuchungen des Bayr. Dampfkessel-Revisionsvereins[1]) fällt der Feuchtigkeitsgehalt mit steigender Beanspruchung des Kessels.

Bei 10 at Überdruck wurden Messungen an zwei Kesseln ausgeführt, an einem Einflammrohrkessel von 40 m², 1600 mm Durchmesser und 850/950 mm Durchmesser der Flammrohre; und an einem Wasserrohrkessel von 50 m², der mit 42 Wasserrohren von 89 mm äußerem Durchmesser ausgestattet war und einen Oberkessel von 900 mm Durchmesser bei 5780 mm Länge besaß. Es ergaben sich folgende Werte der Dampffeuchtigkeit:

Kesselbeanspruchung kg/m²/h	Dampfnässe in vH für den	
	Einfl.-Kessel 40 m² Heizfläche	Wasserrohrkessel 50 m² Heizfläche
10	0,80	1,90
15	0,74	1,35
20	0,69	1,07
25	0,67	0,93
30	0,67	0,85
35	0,68	0,80

Um auch sonstigen ungünstigen Verhältnissen Rechnung zu tragen, kann der Feuchtigkeitsgehalt schätzungsweise für mittlere Kesselbeanspruchungen gesetzt werden:

für Flammrohrkessel . . . . . . 1—3 vH,
„ Wasserrohrkessel . . . . 2—5 vH,
„ steh. Wasserrohrkessel . . . 3—6 vH

[1]) Z. d. Bayr. Rev.-Ver. 1913, S. 170; 1914, S. 204.

bei ungünstiger Dampfentnahme können diese Werte noch wesentlich höher werden.

Diese Feuchtigkeit muß beim Überhitzen des Dampfes nachverdampft werden.

Die Verdampfungswärme für 1 kg Wasser beträgt

$$r = 606{,}5 - 0{,}717\, t \text{ in kcal} \qquad 87)$$

Nennt man die Dampfmenge D und enthält 1 kg Dampf y kg Wasser, so sind zur Überhitzung von D kg Dampf von ϑ° auf t° aufzuwenden:

$$Q = r \cdot y \cdot D + D \cdot c_p\,(t - \vartheta) \text{ kcal} \qquad 88)$$

oder

$$Q = D\,[y\,(606{,}5 - 0{,}717\, t) + c_p\,(t - \vartheta)] \text{ kcal} \qquad 88\text{a})$$

Diese Wärmemenge ist den Kesselheizgasen zu entnehmen.

b) Die Berechnung der Heizfläche.

Zur Ermittlung der Überhitzerfläche ist die Kenntnis folgender Angaben erforderlich:

1. Die Wärmemenge Q, die zur Überhitzung und Trocknung einer Dampfmenge D von ϑ° auf t° in 1 Stunde aufzuwenden ist.

2. Die Wärmedurchgangszahl k, d. h. die in 1 Stunde durch 1 m² Heizfläche hindurchgehende Wärmemenge bei 1° Temperaturunterschied zwischen Heizgasen und Dampf.

3. Der mittlere Temperaturunterschied ϑ_m zwischen überhitztem Dampfe und den Heizgasen, die mit t_e in den Überhitzer ein- und mit t_a aus dem Überhitzer austreten.

Es errechnet sich dann die mittlere Überhitzerheizfläche F in Quadratmetern aus

$$Q = k \cdot F \cdot \vartheta_m \qquad 89)$$

In einfachster Form ist die Formel dann zu schreiben

$$Q = k \cdot F \left(\frac{t_e + t_a}{2} - \frac{\vartheta + t}{2}\right) \qquad 90)$$

Für ϑ_m sind wieder die Verbesserungen auf S. 91 zu benutzen. Will man noch genauer verfahren, so wählt man die Formel 36 für ϑ_m.

Erfahrungszahlen. Mit 1 m² Überhitzerheizfläche können in 1 h 24—45, auch 50—60 kg Dampf um 100—150—200° überhitzt werden bei Heizgasen von 450—550° und Dampfgeschwindigkeiten von 15 bis 40 m/sec. Bei feuerberührten Überhitzern, die also von der Flamme direkt getroffen werden, können mit 1 m² Heizfläche bis 300 kg Dampf stündlich um 200—300° überhitzt werden, bei 5—20 m/sec Dampfgeschwindigkeit.

Gastemperatur vor dem Überhitzer. Alle Werte sind in dieser Formel bekannt, bis auf die Gaseintrittstemperatur; sie ist je nach Kesselbauart und Eintrittsstelle verschieden hoch.

Mittelwerte auf Grund von Versuchen für einige Kesselbauarten und Beanspruchungen sowie verschiedenen Heizwert der Kohlen und Kohlensäuregehalt der Gase enthalten Zahlentafel 73 und 74. Bei demselben Kessel hängt, wie auf S. 213 bereits ausgeführt wurde, die Gastempera-

Zahlentafel 73.

Temperatur der Gase vor Eintritt in den Überhitzer bei verschiedenen Kesselarten.

Kesselbauart	Beanspruchung des Kessels in kg/m²/h 15—20	20—25	25—30	Einbaustelle
Flammrohrkessel . .	450—500	500—550	550—630	Hinter den Flammrohren
Doppelkessel	550—600	600—650	650—700	„ „ „
Wasserrohrkessel lieg.	500—550	550—620	620—680	Zwischen Wasserrohren und Oberkessel je nach vorgeschalteter Heizfläche
Wasserrohrkessel steh.	380—420	420—500	500—560	Hinter $^2/_3$ der stehenden Rohre

tur hinter dem Flammrohr hauptsächlich von der Anstrengung des Kessels und dem Luftüberschusse ab, außerdem von der Art des verfeuerten Brennstoffes, sie liegt im allgemeinen bei Braunkohlenfeuerung höher als bei Steinkohlenfeuerung. Ferner ist naturgemäß bei kurzen Kesseln, z. B. hinter Doppelkesseln, die Gastemperatur höher als bei längeren Zweiflammrohrkesseln.

Soll der Überhitzer in eine bestehende Kesselanlage eingebaut werden, so läßt sich die Gastemperatur an der Einbaustelle mittels Thermometers leicht feststellen. Bei neuen Anlagen kann man sich an die obigen Erfahrungswerte halten unter Berücksichtigung der Betriebsverhältnisse.

Gastemperatur hinter dem Überhitzer. Aus der Gastemperatur vor Eintritt in den Überhitzer, der Zusammensetzung des Brennstoffes und des Kohlensäuregehaltes der Rauchgase vor dem Überhitzer, also aus der Rauchgasmenge, kann auch die Gasaustrittstemperatur rechnerisch ermittelt werden, wenn man noch berücksichtigt, daß ein kleiner Betrag der Gaswärme, etwa 3 vH, durch Abkühlung des Überhitzermauerwerkes verlorengeht.

Die vom Dampfe im Überhitzer aufgenommene Wärmemenge Q [nach Gleichung (88)] + dem Abkühlungsverluste des Mauerwerkes ist nämlich gleich der Abkühlung der den Überhitzer durchströmenden Gase. Dabei ist vorausgesetzt, daß alle Gase den Überhitzer bestreichen und nicht etwa ein Teil derselben durch die geöffnete Absperrklappe des Überhitzers an den Rohren vorbeizieht.

Zahlentafel 74.

Messungen von Gastemperaturen vor dem Überhitzer.

sel-ße ²	Kessellänge m	Beanspruchung (639 kcal) kg/m²/h	Temperatur hinter dem Flammrohre °C	Unterer Kohlenheizwert in kcal	CO_2 am Flammrohrende	Vor Fuchsschieber °C	Vor Fuchsschieber CO_2 vH	Überhitzertemp. °C	Kesselbauart
)	7,4	10,6	425	5800	—	254	6,6	292	30 qm Überhitzer
)	9,80	11,6	453	7600	10,5				Flammrohrkessel
0	9,80	23,4	578	7600	12,0				
1	—	7,7	468	2680	8,2				
1	—	9,9	540	2680	10,3				
5	ca. 7,0	18,0	573	6000	—	252	6,6	—	
9	ca. 6,5	14,3	473	7200	12,5				
9	ca. 6,5	18,8	562	7200	12,3				
9	ca. 6,5	15,5	581	7200	10,8				
9	ca. 6,5	24,4	640	4540	12,8				
9	ca. 6,5	24,7	696	4540	12,8				
0	ca. 11,0	12,5	400	7000	12,3	260	8,2	—	
0	ca. 12,0	17,8	529	7000	8,9				
0	ca. 9,8	12,4	434	6900	13,3	198	7,5	—	
7	ca. 7,0	12,9	584	—	—				
0	ca. 6,5	21,8	541	—	—				
0	ca. 6,5	26,2	575	—	—				
0	ca. 5,0	7,2	533	—	—				Kombinierte Kessel
1	6,6	20,2	748	2400	15,5				
	Kesseldruck at.		oberhalb der Rohre vor dem Überhitzer						
91	8,1	11,6	480	—					Wasserrohrkessel
78	11,4	13,7	500	—					
10	14,0	19,9	551	—					
10	14,0	25,1	572	—					
04	6,7	18,7	598	—					
67	—	23,6	610	2019			12,1		
50	8,5	26,3	467	2400					Garbekessel mit 85 m² Überhitzer
50	8,5	23,6	489	2400					
50	14,0	22,0	409	2900			12,4		
00	19,3	17,4	519	7300		203	7,0	325	Wasserrohr-Kessel

Über Feuerung	1173°	Vor Economiser	325°
Hinter Überhitzer	380°	Wassertemperatur vor Economiser	59,3°
Letzter Zug	338°	Wassertemperatur hinter Economiser	100,4°

Bezeichnet man:

$[C_p]_{t_a}^{t_e}$ = mittl. spez. Wärme der wasserdampfhaltigen Gase für 1 m³ von 0° zwischen Gaseintritts- und -austrittstemperatur,

G = Gasmenge in m³ $^0/_{760}$ für 1 kg Brennstoff einschl. Wasserdampf,

B = Brennstoffmenge in Kilogramm für 1 h,

t_e = Gaseintrittstemperatur ° C,
t_a = Gasaustrittstemperatur ° C,
Q' = Wärmemenge von den Gasen abgegeben in 1 h,

so ist:
$$Q' = G \cdot B \cdot [C_p]_{ta}^{te} (t_e - t_a) \,, \qquad 91)$$

daraus ist t_a zu ermitteln; $[C_p]_{ta}^{te}$ kann aus Abschnitt 3d, S. 51/52 entnommen werden.

Es ist nach Formel 88 die vom Überhitzer aufgenommene Wärmemenge aus der Erwärmung und Trocknung der durchgeströmten Dampfmenge bekannt, und es gilt dann bei einem Abkühlungsverluste von 3 vH.
$$Q' = 1{,}03 \cdot Q \,.$$

Mit Hilfe dieser Beziehungen kann die erreichbare Überhitzungstemperatur errechnet werden oder aus der angenommenen Überhitzungstemperatur auf die Gasabkühlung geschlossen werden; diese Formeln dienen auch zur Prüfung, ob mit der aus den Gasen verfügbaren Wärmemenge auch tatsächlich eine bestimmte Überhitzung sich erreichen läßt.

Aus den Gas- und Dampftemperaturen kann dann entsprechend Formel 90 der mittlere Temperaturunterschied ermittelt werden.

Mittlerer Temperaturunterschied und Wärmeübergang. Aus der Beziehung Formel 90 erkennt man, daß der Wärmeübergang durch die Überhitzerheizfläche hindurch mit dem mittleren Temperaturunterschiede ϑ_m anwächst. Trägt man nun auf Grund von Versuchen an ausgeführten Anlagen diese beiden Werte in einem Schaubilde in Abhängigkeit voneinander auf, so erhält man eine für die Berechnung von Überhitzern wertvolle Darstellung nach Abb. 44.

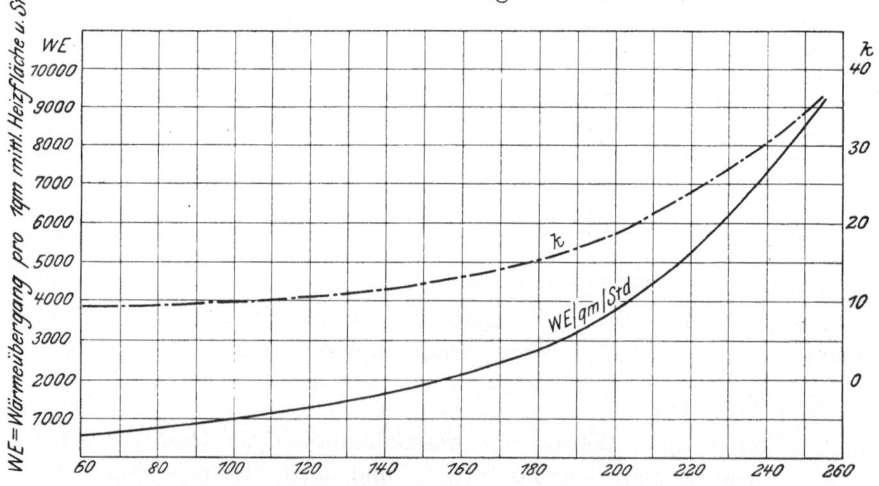

Abb. 44. Wärmeübergang bei Überhitzern abhängig, vom mittleren Temperaturunterschied ϑ_m zwischen Gasen und Dampf. Gerechnet mit steigender spez. Wärme.

Es ist ersichtlich, daß mit Zunahme von ϑ_m der Wärmeübergang für 1 m² Heizfläche und Stunde (ebenso k) ansteigt, und zwar wesentlich mehr als geradlinig. Während bei 100° Temperaturunterschied ein Wärmeübergang von 1000 kcal/m²/h stattfindet, beträgt derselbe bei 200° schon 4000 kcal und erhöht sich bei 240° auf 7500 kcal.

Bei Berechnung der Überhitzerheizfläche verfährt man daher am besten so, daß man nach ähnlichen Fällen die Gaseintrittstemperatur annimmt, ebenso die Gasaustrittstemperatur; oder man berechnet letztere nach Formel 91 für die beabsichtigte Kesselbeanspruchung unter Berücksichtigung, daß die Temperaturen mit steigender Inanspruchnahme des Kessels höher liegen. Sodann stellt man den mittleren Temperaturunterschied zwischen Gasen und Dampf fest, liest aus dem Schaubilde den Wärmeübergang für 1 m² Heizfläche und Stunde ab und erhält damit die Größe des Überhitzers; dabei genügt dann der Überhitzer für alle Kesselbeanspruchungen, also für alle verschiedenen Dampfmengen, die er zu bewältigen hat, weil eben mit Belastung die Gastemperaturen wachsen, der Wärmeübergang somit steigt.

Für ungefähre Bestimmung der Heizfläche bei Kesselbeanspruchungen von 22—25 kg/m²/h können folgende Erfahrungswerte dienen:

Überhitzung des Dampfes um °C	Überhitzerfläche: Kesselheizfläche
100—120	1 : 5
150—180	1 : 4
200—250	1 : 3

Die Zahl der Heizschlangen, gewöhnlich von 30—36 mm lichter Weite, wird so ermittelt, daß der Querschnitt der Dampfzuleitung gewahrt bleibt bzw. daß die Dampfgeschwindigkeit 25—35 m im Mittel, bezogen auf die mittlere Temperatur im Überhitzer, beträgt.

c) Ersparnis durch Einbau des Überhitzers.

Dampfersparnis.

Bei der Verwendung des überhitzten Dampfes zum Maschinenbetriebe sind es hauptsächlich zwei Wirkungen, die den Dampfverbrauch der Maschinen herabsetzen, und zwar:

1. Der theoretische Arbeitswert eines Kilogramm Dampfes steigt, wie sich aus dem Entropiediagramm aus dem Auseinandergehen der Druckkurven gegen das Überhitzungsgebiet hin ergibt, mit zunehmender Überhitzung schneller an als die Erzeugungswärme.

Daraus errechnet sich ein Arbeitsgewinn in der verlustlosen Maschine durch die Überhitzung von etwa 1 vH, wenn überhitzter Dampf von 300° von 2—16 ata. bis auf atmosphärischen Druck entspannt wird.

Der tatsächliche Gewinn bei überhitztem Dampfe aber liegt ganz wesentlich höher, und zwar deshalb, weil

2. das Wärmeaustauschverhältnis zwischen Dampf und Wandung der Zylinder durch überhitzten Dampf eine Änderung erfährt. Der Abkühlungsverlust des Dampfes bei Eintritt wird bei überhitztem Dampfe nämlich durch die Temperaturabnahme gedeckt, so daß die eingefüllte Dampfmenge ziemlich erhalten bleibt (etwas Dampf kondensiert allerdings stets); während bei gesättigtem Dampf, der überdies aus dem Kessel bereits mit einigen Prozent Feuchtigkeit austritt und auf dem Wege bis zur Maschine noch nässer wird, die Dampfmenge beim Eintritt in die Maschine infolge der Kondensation selbst geringer wird, da sich schon ein Teil des Dampfes niederschlägt. Hierin ist in erster Linie die Dampfersparnis beim Betriebe mit überhitztem Dampf zu suchen. Beim Arbeiten der Maschine drücken sich diese Beziehungen im thermodynamischen Wirkungsgrade η_{th} aus.

Der thermodynamische Wirkungsgrad ist das Verhältnis des der aufgewendeten Wärme entsprechenden Arbeitswertes zur theoretisch ausnutzbaren Wärme (im J.-S.-Diagramm von Mollier als senkrechte Strecke abgreifbar), oder auch das Verhältnis des Dampfverbrauches der vollkommenen Maschine zum Dampfverbrauch für eine PS^i-Stunde der wirklichen Maschine.

Der Wert $1-\eta_{th}$ ist ein Maß für die auftretenden Verluste durch Droßlung, Wärmeaustausch zwischen Dampf und Wand, Leitung und Strahlung, Undichtigkeiten sowie durch unvollkommene Ausdehnung und Kompression des Dampfes.

Der thermodynamische Wirkungsgrad wächst und steigt mit dem Gegendruck; der Dampfbedarf nimmt daher entsprechend langsamer zu. Bei der Dampfturbine steigt indes der Dampfverbrauch rascher an, weil sich der thermodynamische Wirkungsgrad verringert, wenn der Gegendruck sich erhöht. Bei größter Luftleere ist daher vielfach der Dampfverbrauch der Kolbenmaschine höher wie der der Dampfturbine. Bei hohem Gegendruck dagegen schneidet die Kolbenmaschine mit dem Dampfverbrauche günstiger ab.

Der thermodynamische Wirkungsgrad bewegt sich bei Dampfmaschinen im Hochdruckzylinder zwischen 0,70—0,90, im Niederdruckzylinder zwischen 0,50—0,65.

Kohlenersparnis. Bei Einbau eines Überhitzers wird aus zwei Gründen bei Maschinenbetrieb mit überhitztem Dampf an Kohlen gespart:

1. weil Dampf gespart wird in der Dampfmaschine bzw. Dampfturbine;

2. weil der Wirkungsgrad der Kesselanlage erhöht wird, und zwar durch verminderte Beanspruchung der Kesselanlage infolge geringerer

Dampflieferung und durch Vergrößerung der gesamten wärmeaufnehmenden Heizfläche des Kessels nach Einbau des Überhitzers.

Etwas vermindert wird die Ersparnis durch die Vermehrung der ausstrahlenden Fläche des Überhitzermauerwerkes und den vergrößerten Wärmeaufwand für die Überhitzung.

Der Einfluß des Überhitzers auf den Wirkungsgrad des Kessels und die Ersparnis von Kohlen gestaltet sich verschieden. Bei sehr gering belastetem Kessel ist kaum ein Vorteil zu erreichen; bei mittelbelastetem Kessel kann die Erhöhung des Wirkungsgrades um wenige Prozent erwartet werden, bei starkbeanspruchtem Kessel kommt der Überhitzer voll zur Geltung, weil durch eine Verringerung der Schornsteinverluste eine Erhöhung des Wirkungsgrades der Kesselanlage, somit ein geringerer Kohlenverbrauch, bedingt wird.

Der Einbau eines Überhitzers ist also vornehmlich für den Maschinenbetrieb von Vorteil, für den Kessel selbst erst in zweiter Linie.

Die Zusammenstellung von Berner[1]) in Zahlentafel 75 gibt Aufschluß über den Wärmeverbrauch mittelguter Dampfmaschinen bei gesättigtem und überhitztem Dampfe sowie über die Wärmeersparnis bei letzterer Betriebsart für je 50° Überhitzung (vgl. Abb. 41, S. 242).

Zahlentafel 75.

Wärmeersparnis durch Überhitzung in Dampfmaschinen.

Maschinengattung	Wärmeersparnis für je 50° Temperaturerhöhung vH
Einzylinderauspuff	8
Einzylinderkondensation .	7
Zweizylinderkondensation .	6,5
Dreizylinderkondensation .	6,0

Weitere Anhaltspunkte gibt nachstehende Zahlentafel 76 von Heilmann[2]), die indes etwas zu günstig rechnet.

Zwischen 10 und 20 ata. Anfangsdruck, bei 0,1 ata. Gegendruck und 200—300° Dampftemperatur nimmt der Dampfverbrauch um 1 vH ab bei etwa 7,5° Mehrüberhitzung. Der theoretische Gewinn an Wärmeverbrauch beträgt in den gleichen Grenzen 0,4 vH auf je 10° Temperaturerhöhung. Im allgemeinen kann man für je 6—10° Überhitzung 1 vH Dampfersparnis ansetzen. Die Ersparnis ist bei Auspuff- und Gegendruckmaschinen etwas größer als bei Kondensationsmaschinen, und bei Anwendung der Überhitzung auf bereits ausgeführte Sattdampfmaschinen um so größer, je unwirtschaftlicher die Maschine vorher mit Sattdampf gearbeitet hat. Es ist jedoch zu berücksichtigen, daß bei Maschinen, die ursprünglich für Sattdampfbetrieb bestimmt waren mit der Überhitzung in der Regel nicht auf die

[1]) Z. V. d. I. 1905, S. 1113.

[2]) Heilmann, Wärmeausnutzung der heutigen Kolbendampfmaschine. Z. f. Dampfk. u. M. 1912, S. 66.

Zahlentafel 76.

Einfluß der Dampfüberhitzung auf Dampfverbrauch und Gütegrad guter moderner Dampfmaschinen und Lokomobilen.

$$\text{Gütegrad} = \frac{\text{Dampfverbrauch der verlustlosen Maschine mit unvollständiger Expansion}}{\text{Dampfverbrauch der wirklichen Maschine}}.$$

Temperaturgebiet	200—300°		300—400°		400—500°	
Zwischenüberhitzung	ohne	50°	ohne	50°	ohne	50°
	Kondensationsbetrieb					
Dampfersparnis für je 10° im Mittel vH	2,9	2,61	2	1,68	1,7	1,56
Erforderliche Überhitzung für 1 vH Dampfersparnis	3,45	3,83	5	5,95	5,95	6,4
Zunahme des Gütegrades auf 100° Überhitzung	0,12	0,1	0,062	0,042	0,023	0,01

bei eigentlichen Heißdampfmaschinen üblichen Werte gegangen werden kann, insbesondere wegen der Steuerungsorgane und der Befestigungsweise der Zylinderfüße auf der Unterlage, die eine Ausdehnung des Zylinders nicht immer zulassen. Bei Gegendruckmaschinen muß Rücksicht auf die Verwendung des Abdampfes genommen werden. Sobald dieser noch beträchtlich überhitzt aus der Maschine austritt, wird die Entölung empfindlich beeinträchtigt und verteuert.

Alte Maschinen, auch die ältesten Einzylindermaschinen, vertragen unbedenklich eine Überhitzung auf 220° Eintrittstemperatur. Es sei noch darauf hingewiesen, daß sich die Vorzüge des Heißdampfes bei Dampfturbinen in noch stärkerem Maße geltend machen als bei Kolbendampfmaschinen.

Der Einbau von Überhitzern auf Kessel, die für Maschinenbetrieb Dampf abgeben, ist sonach stets von Vorteil, selbst noch dann, wenn z. B. infolge von sehr viel aus dem Kessel mitgerissenen Wassers nur eine geringe Dampfüberhitzung erzielt wird, der Dampf also gewissermaßen bloß eine Trocknung erfahren sollte.

d) Kosten der Dampfüberhitzung.

Es ist bei Einführung von Überhitzung immer mit einer Erhöhung des Dampfpreises zu rechnen. Die Ausnützung der Brennstoffwärme in der Gesamtanlage (Kessel, Überhitzer und Ekonomiser) wird durch den Einbau eines Überhitzers zwar stets erhöht, jedoch nicht um den vollen Betrag der im Überhitzer allein nutzbar gemachten Wärme. Die Rauchgase kühlen sich im Überhitzer naturgemäß ab. Die Temperaturspannung zwischen Rauchgasen und Kesselinhalt ist im zweiten Teile der Heizfläche, die hinter den Überhitzer geschaltet ist, geringer wie bei Sattdampfbetrieb; deren Nutzeffekt nimmt deshalb ab. Ebenso muß auch die Wirkung des Ekonomisers infolge der etwas geringeren Eintrittstemperatur der Rauchgase zurückgehen. Der Kaminverlust wird durch die ebenfalls etwas niedrigere Gasaustrittstemperatur allerdings auch ein wenig geringer, doch nimmt dafür im allgemeinen der Restverlust durch die Wärmeabgabe des Überhitzermauerwerkes zu, was sich ungefähr ausgleichen dürfte.

Es kann angenommen werden, daß die Ausnützung im Kessel um ungefähr $^1/_3$ bis $^2/_5$ der im Überhitzer ausgenützten Wärme zurückgeht. Da sich unter sonst gleichen Verhältnissen die Erzeugungswärme im Kessel selbst durch den Einbau eines Überhitzers nicht ändert, geht dabei die Verdampfungsziffer herab und dementsprechend der Dampfpreis hinauf.

Beispiel 27. Es habe eine Dampfkesselanlage bei Erzeugung von Dampf von 12 at Überdruck und 300° und einer Eintrittstemperatur des Speisewassers in den Rauchgasvorwärmer von 30° einen Gesamtwirkungsgrad von 82 vH bezogen auf den Heizwert des Brennstoffes, wenn Steinkohlen von 6800 kcal/kg verfeuert werden, für die ein Preis von 35 RM. je Tonne frei Kesselhaus angesetzt werden soll.

Der Wärmeinhalt des Dampfes beträgt bei 13 at abs. und 300° für 1 kg 726 kcal, die Verdampfung somit $\frac{0{,}82 \cdot 6800}{726 - 30} = 8{,}0$.

Die Verteilung der Wärmeausnützung stellt sich dann im einzelnen wie folgt:

Im Ekonomiser	$(115 - 30) \cdot 8{,}0 =$	680	kcal entsprechend	10,0 vH
,, Kessel	$(664 - 115) \cdot 8{,}0 =$	4392	,, ,,	64,7 vH
,, Überhitzer	$(726 - 664) \cdot 8{,}0 =$	496	,, ,,	7,3 vH
Insgesamt	$(726 - 30) \cdot 8{,}0 =$	5568	kcal entsprechend	82,0 vH
Heizwert des Brennstoffes	$H_u =$	6800	,, ,,	100,0 vH

Bei Ausschaltung des Überhitzers würde der Gesamtwirkungsgrad um rd. $0{,}6 \cdot 7{,}3 = 4{,}4$ vH, also auf 77,6 vH zurückgehen. Dadurch stiege die Verdampfungsziffer auf

$$\frac{0{,}776 \cdot 6800}{664 - 30} = 8{,}32\,.$$

Es ergäbe sich folgende Wärmebilanz:

Nutzbar gemacht				
im Ekonomiser	$(150 - 30) \cdot 8{,}32 =$	707	kcal entsprechend	10,4 vH
,, Kessel	$(664 - 115) \cdot 8{,}32 =$	4570	,, ,,	67,2 vH
Insgesamt	$(664 - 30) \cdot 8{,}20 =$	5277	kcal entsprechend	77,6 vH
Heizwert des Brennstoffes	$H_u =$	6800	,, ,,	100,0 vH

Während die Tonne Heißdampf bei 8,0facher Verdampfung auf $\frac{35}{8,0} = 4,38$ RM. zu stehen kommt, würde der Preis des Sattdampfes je Tonne nur $\frac{4,38 \cdot 8,0}{8,3} = 4,23$ RM. betragen. Die Mehrkosten des Heißdampfes gegenüber Sattdampf belaufen sich somit auf 0,15 M. je Tonne oder rd. 3,6 vH. Demgegenüber würde in der Maschine, wenn vor derselben noch 280° Dampftemperatur zur Verfügung stehen, eine Dampfersparnis von

$$\frac{280 - 191}{7} = 12,5 \text{ vH}$$

erzielt werden.

Die Ersparnis verringert sich also durch die Mehrkosten für die Erzeugung auf 12,5—3,6 = 9,0 vH.

Eine einfache und streng gültige allgemeine Beziehung läßt sich bei der außerordentlichen Verschiedenheit der jeweiligen Verhältnisse nicht geben. Es empfiehlt sich vielmehr, jeden einzelnen Fall an Hand des vorstehenden Beispieles einzeln durchzurechnen.

Für den wirtschaftlichen Wert einer schwachen Überhitzung für die Fortleitung von Heißdampf lassen sich allgemeine Regeln nicht aufstellen. Er ist wesentlich von der Länge der Leitung, ihrer Belastung und dem zulässigen Druckverluste abhängig und muß in jedem Falle unter Berücksichtigung aller einzelnen Umstände besonders geprüft werden.

Beim Fortleiten des überhitzten Dampfes kann infolge des geringeren spez. Gewichtes gegenüber dem gesättigten Dampfe auch die Fortleitungsgeschwindigkeit größer gewählt werden, etwa 30—40 m im Mittel. Sie ist unter dem Gesichtspunkte zu bestimmen, daß bei höheren Drücken ein Spannungsabfall meist einen geringeren Verlust bedeutet als ein Wärmeabfall. Letzterer wird aber kleiner, während der Spannungsabfall dagegen anwächst, wenn der Rohrleitungsdurchmesser kleiner gewählt wird, somit auch die Abkühlungsoberfläche geringer wird. Die Leitungsanlage wird dabei ebenfalls billiger. Aus diesem Grunde ist bei neuen Dampfzentralen bereits eine Strömungsgeschwindigkeit bis zu 70 m/sek zugelassen worden. Für Hilfsleitungen oder Ringleitungsteile, die nur selten in Betrieb kommen, wird eine höhere Dampfgeschwindigkeit wie in dem stets in Gebrauch befindlichen Strange immer von Vorteil sein.

e) Wirkungsgrad des Überhitzers.

Derselbe ist für den Überhitzer entsprechend dem des Kessels, vgl. S. 194, aus dem Verhältnis der zur Dampfüberhitzung aufgewendeten Wärme, $D \cdot c_p (t - \vartheta)$, und der von den durchziehenden Gasen abgegebenen Wärmemenge,

$$G_{m^3\,0/760} \cdot B \cdot c_p \cdot (t_e - t_a),$$

zu bestimmen; ein Teil der Gaswärme geht naturgemäß durch Abkühlung des Mauerwerks, der Sammelkammern usf. verloren.

Beispiel 28. Für einen Garbekessel (stehender Wasserrohrkessel) von 250 m^2 Heizfläche und 14 atü, der in einer Stunde etwa 5200 kg Dampf erzeugen soll, ist ein Überhitzer zu berechnen, der den Dampf auf 280° C überhitzt. Verfeuert wird Braunkohle von 2800 kcal/kg mit 49 vH Wasser, 31 vH Kohlenstoff und 2,8 vH Wasserstoff; das Speisewasser ist 75° warm. Die Gase treten ein mit 490° bei 13,0 vH CO_2.

Es entspricht einem Drucke von 14 atü eine Temperatur von 197° und eine Erzeugungswärme von 665 kcal/kg. Der Dampf soll also um 280 — 197 = 83° überhitzt werden. Bei einer spez. Wärme von 0,55 sind daher aufzuwenden für die Überhitzung in 1 Stunde bei 3vH Dampfnässe:

$$\begin{aligned} 83 \cdot 0{,}55 \cdot 5200 &= 237\,000 \text{ kcal} \\ 0{,}03 \cdot 5200 \cdot 468 &= \underline{73\,000 \text{ kcal}} \\ \text{insgesamt } & 310\,000 \text{ kcal} \end{aligned}$$

für die Abkühlung des Überhitzermauerwerkes sei noch ein Zuschlag von 15vH gemacht, so daß die Gase abgeben müssen insgesamt:

$$1{,}15 \cdot 310\,000 = 356\,000 \text{ kcal/h}.$$

Aufzuwenden sind für 1 kg Dampf an Erzeugungswärme:

$$665 - 75 + 0{,}55 \cdot 83 = 636 \text{ kcal}.$$

Es ist also eine Verdampfung der Kohle zu erwarten bei einem Wirkungsgrade der Anlage von 67 vH:

$$\frac{2800 \cdot 0{,}67}{636} = 2{,}95$$

und ein Kohlenbedarf von

$$\frac{5300}{2{,}95} = 1800 \text{ kg/h}.$$

Im Überhitzer sind vorhanden im Durchschnitt 13,0 vH CO_2, so daß zur Verfügung steht für 1 kg Kohle eine Gasmenge bezogen auf 0° und 760 mm von:

$$\frac{1{,}86 \cdot 31{,}0}{13{,}0} + \frac{9 \cdot 0{,}028 + 0{,}49}{0{,}804} = 5{,}40 \text{ m}^3\, {}^0/_{760}\,.$$

Bei einer spez. Wärme der Gase von 0,34 je Kubikmeter wird eine Abkühlung der Gase beim Durchströmen des Überhitzers eintreten, die sich berechnet aus:

$$0{,}34 \cdot 1820 \cdot 5{,}40\,(t_e - t_a) = 356\,000\,,$$
$$t_e - t_a = 106°.$$

Es wird also die

$$\text{Gaseintrittstemperatur} = 490^\circ,$$
$$\text{Gasaustrittstemperatur} = 384^\circ$$

und der mittlere Temperaturunterschied zwischen Heizgasen und Dampf

$$\frac{490 + 384}{2} - \frac{197 + 280}{2} = 199^\circ.$$

Nach Abb. 44 ist also ein Wärmeübergang für 1 m² Überhitzerheizfläche und Stunde zu erwarten von 3700 kcal entsprechend einem $k = 18{,}6$.

Daraus errechnet sich der Überhitzer zu

$$\frac{310\,000}{3700} = 84\ \mathrm{m}^2.$$

f) Ausführung und Anordnung.

Der Dampfüberhitzer besteht in der heutigen üblichen Bauart gewöhnlich aus zwei nahtlosen oder geschweißten Sammelkammern, zwischen denen nahtlos gezogene, schlangenförmig hin und her gewundene Rohre von 30—36 mm lichte Weite und $3^1/_2$ bis $4^1/_2$ mm Wandstärke angeschlossen sind. Meist werden die Verbindungsstellen zweier Rohre autogen geschweißt. Diese Schweißstellen besitzen eine solche Festigkeit, daß man die Rohre sogar in den Verbindungsstellen biegen kann. Der Dampf gelangt in die eine Sammelkammer, durchströmt die Rohre alle zu gleicher Zeit und tritt als überhitzter Dampf aus der zweiten Sammelkammer aus. Eine Umführungsleitung vom Dampfdom aus und Ventile gestatten sowohl den Dampf in den Überhitzer zu leiten, als auch sofort in die Rohrleitung zu bringen, so daß man mit und ohne Überhitzung arbeiten, bzw. auch nur einen Teil des Dampfes überhitzen kann. Der eine Sammelstutzen ist mit Thermometer, Sicherheitsventil, Kondenswasserableitung und Flugaschenabblaseventil nebst Schlauch ausgestattet, der ein Reinigen der Überhitzerrohre von Flugasche ermöglicht. Für manche Fälle, wenn die Dampfgeschwindigkeit erhöht werden soll, erscheint auch eine Führung des Dampfes in der Form zweckmäßig, daß der Dampf erst die untere Hälfte, des einen durch eine senkrechte zur Rohrachse eingesetzte Scheidewand in zwei Kammern geteilten Sammelrohres durchquert, sodann die untere Hälfte der Rohre und, nach Durchströmen der zweiten Sammelkammer, durch die andere Hälfte der Rohre in die erste Sammelkammer zurückgelangt, so daß sich bei dieser Bauart Dampfeintritt und -austritt an derselben Sammelkammer befinden. Der Abstand der einzelnen Schlangen wird durch zwischengelegte Eisen gesichert, die Rohre selbst werden auf dem Chamottemauerwerk gelagert. Sämtliche Verbindungsstellen der Rohre mit dem Sammelrohr liegen außerhalb des Mauerwerks, sind also der Hitze entzogen.

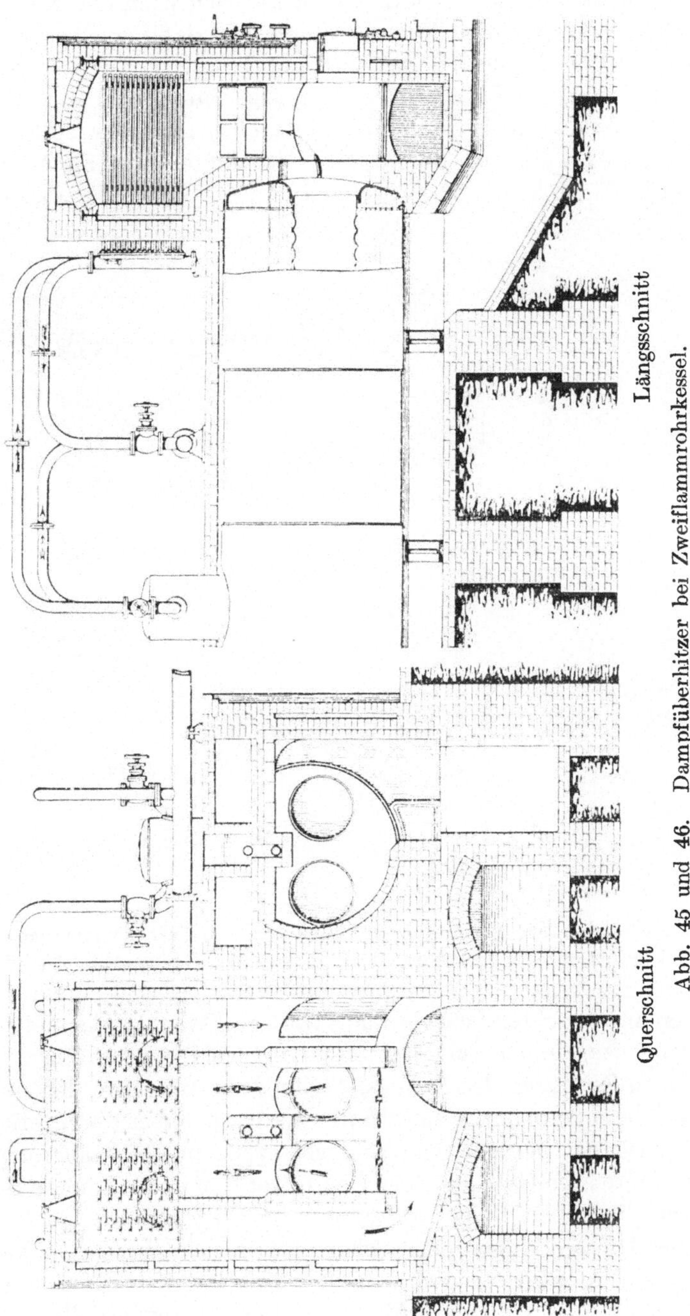

Abb. 45 und 46. Dampfüberhitzer bei Zweiflammrohrkessel.

Die Einmauerung des Überhitzers richtet sich nach der Kesselbauweise. Gemeinsam ist allen Einmauerungsarten, daß der Überhitzer im Wirkungsbereiche der heißen Gase in einer Temperatur von 500—700° eingemauert wird; bei Flammrohrkesseln also hinter den Flammrohren, bei Wasserrohrkesseln oberhalb der Rohrreihen; bei Zweiflammrohrkesseln (vgl. Abb. 45, 46) steigen die Gase hinter den Flammrohren senkrecht in die Höhe in den mittleren Teil des Überhitzers, übersteigen

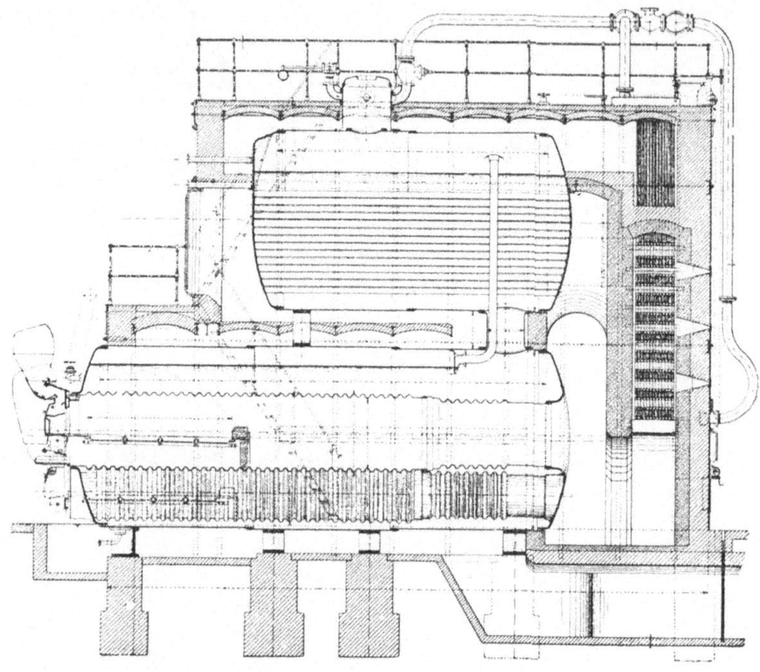

Abb. 47. Kombinierter Flammrohr-Röhrenkessel von 500 m² Heizfläche mit Überhitzer und mechanischer Wurffeuerung. Längsschnitt.

die beiden angebrachten Scheidewände nach rechts und links und ziehen bei Schlangenzugeinmauerung auf der einen Seite des Überhitzers sofort in den einen Seitenzug des Kessels, während die Gase von der anderen Seite des Überhitzers durch einen unter der Gaskammer durchgeführten Umführungskanal in denselben Zug gelangen; bei Einmauerung mit Unterzug treten die Gase aus dem Überhitzer unmittelbar in die Seitenzüge über. Bei allen Bauarten können die Wege der Heizgase durch gußeiserne Drosselklappen oder Schamotteschieber abgesperrt werden. Neuerdings wird aber vielfach darauf verzichtet oder mittels eines H e i ß d a m p f r e g l e r s die Überhitzungstemperatur eingestellt; es wird nämlich ein beliebig regelbarer Teil des überhitzten Dampfes durch ein

Rohrbündel geleitet, das in den Wasserraum des Dampfkessels eingebaut ist; hier kühlt sich dieser Dampf wieder ab, wobei er seine überschüssige Wärme an das Kesselwasser nutzbar zur Verdampfung abgibt, und mischt sich dann mit dem hochüberhitzten Dampfe. Die Gasführung bei kombinierten Kesseln (vgl. Abb. 47 und 48) ist ähnlich der bei Zweiflammrohrkesseln. Bei Wasserrohrkesseln werden die Schlangen des Überhitzers so gebogen, daß sie in den dreieckigen Zwischenraum zwischen Wasserrohren und Oberkessel hineinpassen oder neben den Oberkessel zu liegen kommen (Abb. 35, 36). Bei Steilrohrkesseln liegen sie dort beim Oberkessel, wo die Gase wieder nach unten streichen (Abb. 37). Die Sammelrohre werden je nach Bedarf vorn oder hinten an den Überhitzern, bisweilen seitlich oder bei besonders ungünstigen Platzverhältnissen, wenn z. B. bei Flammrohrkesseln die Rohrschlangen nicht wagerecht liegend, sondern senkrecht hängend angebracht sind, auch auf den Überhitzern angeordnet. Die Schlangen sind versetzt angeschlossen und liegen dicht aneinander, damit die Heizgase in viele feine Strahlen zerteilt werden.

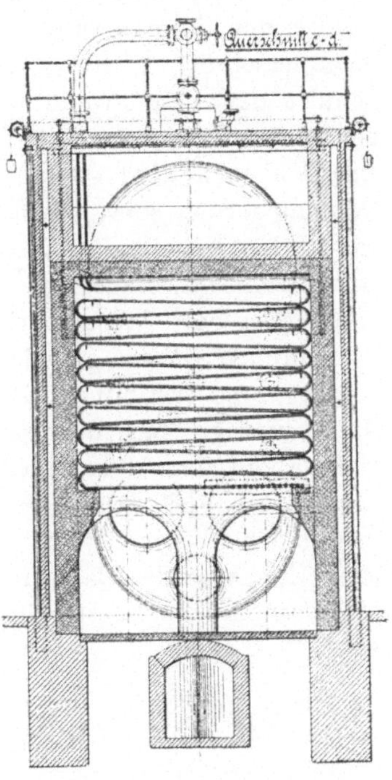

Abb. 48. Kombinierter Flammrohr-Röhrenkessel von 500 m² Heizfläche mit Überhitzer und mechanischer Wurffeuerung, Querschnitt durch Überhitzer.

Schiebt man das Rohrbündel z B. bei Wasserrohrkesseln mehr nach der Wasserkammer zu (Abb. 35), so daß es von heißeren Gasen getroffen wird, so wird die Überhitzung höher. Neuerdings werden S t r a h l u n g s ü b e r h i t z e r direkt in den Feuerraum eingebaut, um mit ganz kleiner Heizfläche die für moderne Dampfturbinen verlangten hohen Temperaturen zu erhalten.

Sind mehrere Kessel vorhanden, so genügt es oft, daß nur einige von ihnen Überhitzer erhalten und der Heißdampf mit dem Sattdampf der anderen Kessel zur Mischung gebracht wird.

Auf jeden Fall ist die Dampfleitung so zu verlegen, daß der Dampf unter Ausschaltung der Überhitzer in die Verbrauchsleitung geführt werden kann; der Überhitzer wird dann durch zwei Ventile vorn und hinten abgesperrt (vgl. Abb. 45 und 46). Zu beachten ist noch, daß alle Ventile, welche mit überhitztem Dampfe über 200° in Berührung kommen, am vorteilhaftesten benutzt man Stahlgußventile, mit Nickelsitzen versehen sein müssen, da Rotguß und Gußeisen bei diesen Temperaturen brüchig werden. Für die Sammelkammern der Überhitzer verwendet man nahtlose Vierkantrohre.

Die Gasführung geschieht bei Überhitzern im Gegenstrome mit dem Dampfe, im Gleichstrome und im kombinierten Verfahren, derart dann, daß die heißesten Gase zuerst einige Rohrreihen mit Sattdampf im Gleichstrom treffen, um die Rohre zu schonen, ehe auf Gegenstrom geschaltet wird; selten ist reiner Gleichstrom oder Gegenstrom ausgeführt.

Bei der Einmauerung der Überhitzer ist darauf zu achten, daß die Zugquerschnitte nicht zu knapp sind, möglichst größer als der Querschnitt der Flammrohre bei Flammrohrkesseln, damit der Zug, der schon durch die vermehrte Zahl der Ablenkungen Widerstände erfährt, um nicht mehr als 1—2 mm, geschwächt wird, weil besonders bei Braunkohlenfeuerung sonst leicht Asche in den Zügen liegen bleibt; zweckmäßig ist deshalb die Anordnung von Türen an den Sammelräumen unter dem Überhitzer, oder von darunter gebauten Sammelkammern mit Abzugseinrichtungen nach den Aschengängen.

Durch die Wahl der richtigen Anzahl Heizschlangen ist der Querschnitt so zu bestimmen, daß der Druckabfall im Überhitzer nicht über 0,3 at beträgt; bei niedrigen Kesseldrücken, wobei jeder kleine Spannungsabfall von Wichtigkeit ist, soll der Druckabfall möglichst noch kleiner sein. Die Dampfgeschwindigkeit darf bei Eintritt des Dampfes in den Überhitzer etwa 20—25 m/sek betragen, so daß bei einer mittleren Zunahme des Dampfinhaltes bei der Überhitzung um etwa 30 vH die Dampfaustrittsgeschwindigkeit um den gleichen Betrag gesteigert wird.

20. Der Rauchgasvorwärmer (Ekonomiser).

a) Anordnung.

Der größte wärmewirtschaftliche Verlust im Kesselbetriebe wird durch die abziehenden Gase verursacht; er ist bis zu einem gewissen Grade unumgänglich (vgl. S. 328), da er ja die Zugarbeit zur Fortbewegung der Gase durch die Kesselzüge, die Inbrandhaltung des Feuers sowie die Luftzuführung für das Feuer zu bewältigen hat; gewöhnlich ziehen die Abgase mit 200—300° ab (Abb. 30) und verursachen je nach dem CO_2-Gehalt, z. B. von 8—12 vH, einen Verlust von 26—13 vH; bei stark beanspruchten Kesselanlagen jedoch und ungünstiger Einmauerung verlassen die Gase den Kessel auch oft mit Temperaturen von 400—500° (vgl. Abb. 33). Deshalb hat man sich stets bemüht, diese Wärme noch nutzbar zu machen zur Vorwärmung des Speisewassers, zur Dampfüberhitzung, zur Luftvorwärmung oder bei höheren Temperaturen auch zur Dampferzeugung in besonderen Abhitzekesseln.

Wie groß der Einfluß der Wasservorwärmung auf die Wirtschaftlichkeit der Kesselanlage ist, möge folgende Berechnung zeigen; es sei gelungen, durch Ausnutzung der Gase das Speisewasser von 15 auf 85° zu erwärmen, in einem Rauchgasvorwärmer, durch den das Wasser unter dem Kesseldruck von 10 atü hindurchgedrückt wird. Zur Bildung von Dampf aus 15° warmem Speisewasser werden gebraucht 663 — 15 = 648 kcal. Wird das Speisewasser dagegen mit 85° in den Kessel gebracht, so sinkt der Wärmeaufwand zur Dampfbildung je 1 kg auf 663 — 85 = 578 kcal; es wird dabei eine Ersparnis an Wärme, also auch an Kohle, erzielt von $100 \cdot \frac{85 - 15}{648} = 100 \cdot \frac{648 - 578}{648} = 10{,}8$ vH, das heißt: der Dampf wird je Tonne um 10,8 vH billiger erzeugt. Außer diesen wärmetechnischen Vorteilen tritt noch eine Schonung der Dampfkessel ein, besonders bei kesselsteinhaltigem Wasser, weil eine Reihe von Kesselsteinbildnern sich schon bei 50—60° absetzen und im Vorwärmer zurückbleiben, ohne in den Kessel zu gelangen. Der Vorwärmer wird in den Fuchskanal hinter dem Schieber eingebaut. Das Speisewasser wird, bevor es in den Kessel gelangt, in den Vorwärmer hineingedrückt und durchfließt denselben im gleichmäßigen langsamen Strome. Der Rauchgasvorwärmer steht somit unter Kesseldruck. Da das Speisewasser gewöhnlich so kalt in den Apparat hineingelangt, daß sich an dessen Außenwänden, die kälter als 100° sind, die in den Verbrennungsgasen enthaltenen Wasserdämpfe niederschlagen können, sobald der Taupunkt unterschritten wird (die Rohre schwitzen), so ist Gefahr vorhanden, daß sich am Vorwärmer außen eine feste Kruste von Staub und Asche ansetzt und die Rohre durch Rosten von außen sowie durch Schwefelsäurebildung zerstört werden, ein Übelstand, der um so größer wird, je kälter das eintretende Speisewasser ist. Aus diesem Grunde erhalten die üblichen gußeisernen glatten Vorwärmer, die zuerst von Green gebaut wurden, Schaber, die an Zugketten dauernd langsam auf und ab gehen und den entstehenden Ansatz abkratzen. Die Wasserabscheidung aus den Gasen tritt, selbst im heißen Gasstrome, überall da ein, wo die mit den kalten Heizflächen in Berührung kommenden Gasteile die Taupunktstemperatur (vgl. S. 58) unterschreiten. Das ist also der Fall, wenn die Wandtemperatur unter dem Taupunkte liegt. Man kann die Wandtemperatur etwa 2° heißer annehmen als die Wassertemperatur. Die Taupunktstemperatur der Gase hängt ganz von dem Wassergehalte des Brennstoffes ab und von ihrem CO_2-Gehalte. Nasse Kohlen bringen viel Feuchtigkeit in die Gase, so daß deren Sättigung schneller erreicht ist, als bei trockeneren Brennstoffen. (Siehe Zahlentafel 77)[1]).

[1]) Nach Dr.-Ing. Hillinger, „Der Heizwert bei Dampfkesseluntersuchungen“, Z. V. d. I. 1921, S. 270.

Zahlentafel 77.

Taupunkts-Temperaturen für verschiedene Brennstoffe abhängig vom Kohlensäuregehalt der Verbrennungsgase.

Kohlensorte	Wassergehalt vH	Temperatur des Taupunktes bei CO_2-Gehalt der Rauchgase von vH			
		12	10	8	6
Junge Braunkohlen . . .	62	65	62	58	53
Sächsische „	40	51	49	46	42
Schles. u. Westfäl. Kohlen .	5—6	38	37	34	31
Koks	2	24	23	22	21
Holz	20	48	45	41	36

Die Wassereintrittstemperatur sollte also mindestens gleich dieser Taupunktstemperatur sein, wenn das Schwitzen sicher vermieden werden soll.

Man baut die Ekonomiser meist aus stehenden gußeisernen Röhren von 85—98 mm lichte Weite und 1,0, 1,25 und 1,5 m² Heizfläche bei Längen von 2,7, 3,5 und 4,0 m, die oben und unten in gemeinsame Wasserkammern münden. Die Breite beträgt meist 8, 10 oder 12 Rohre. Sämtliche Gruppen sind leicht auswechselbar, und Verschlußstücke gestatten eine bequeme innere Reinigung der Rohre. Die Schaltung der einzelnen Rohre untereinander ist verschieden. Man schaltet vielfach so, daß das Wasser an allen unteren Kammern zugleich eingeführt wird, alle Rohre zugleich von unten nach oben durchströmt und in die oberen Kammern eintritt; die Gase ziehen dabei senkrecht zu allen Rohren durch den Apparat, der nur eine erweiterte Rohrleitung darstellt. Andere wählen den Gegenstrom, indem sie das Wasser durch alle Rohrreihen nacheinander auf- und absteigend, entgegengesetzt dem Heizgasstrome führen. (Vgl. Abb. 49 und 50.) Eine dritte Schaltungsweise führt das Wasser gleichzeitig durch eine Anzahl Rohrreihen hoch, durch ein Rohr herab in die zweite Rohrgruppe, wieder herauf, herab und so fort.

Seitliche Klappen, sog. Deflektoren, drücken die Gase an die Rohre und gestatten, auch einen Teil der Gase seitlich vorbeiziehen zu lassen.

Bei Drücken über ca. 20 atü eignet sich diese Bauweise nicht mehr gut, weil die Befestigung in den Sammelkammern nicht dicht hält. Nachteile sind der große Platzbedarf infolge der geringen Heizfläche der glatten Rohre, daher hoher Preis und große kühlende Umfassungsmauern; erheblicher Lufteintritt durch die Löcher, in denen die Zugketten der Schaber auf und ab laufen und leichtes Undichtwerden des Mauerwerkes oben neben den Wasserkammern.

Neuerdings haben sich Rippenrohrvorwärmer, vgl. Abb. 54, besonders seit Einführung der hohen Kesseldrücke durchgesetzt. Sie sind ganz gedrängt gebaut, und die einzelnen Segmente liegen so überein-

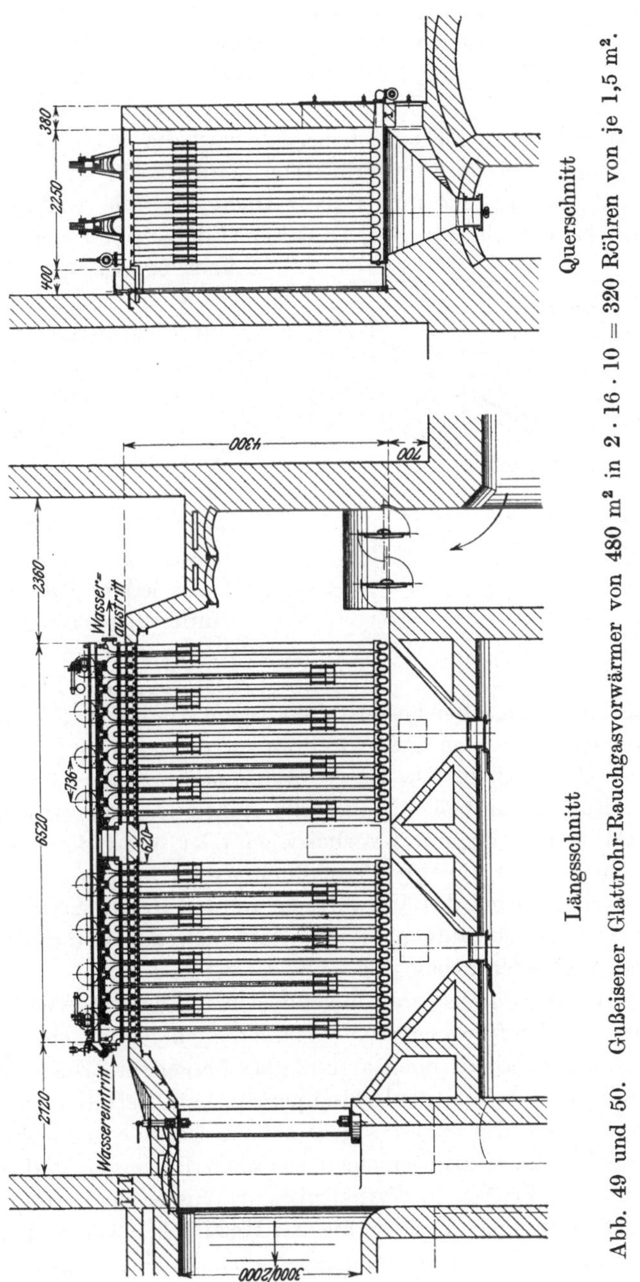

Abb. 49 und 50. Gußeisener Glattrohr-Rauchgasvorwärmer von 480 m^2 in $2 \cdot 16 \cdot 10 = 320$ Röhren von je 1,5 m^2.

ander, daß die Rippen versetzt sind und dem Gasstrome Gelegenheit zur innigsten Berührung und Unterteilung geben; sie erreichen daher je Gewichtseinheit oder Meter Rohrlänge ein wesentlich höheres K (siehe Abb. 51). Ihr Preis und Raumbedarf ist daher für gleiche Leistung erheblich geringer als bei den Ekonomisern mit glatten Rohren. Der sich ansetzende Ruß und Flugaschenstaub wird durch eingebaute fahrbare Dampfstrahl-Rußbläser entfernt. Die Flanschen bilden die äußere Gaswand, die gegen Lufteintritt ganz dicht ist; alle Dichtungen liegen außen. Das neue hochwertige Gußeisen (Edelguß) verträgt Kesseldücke über 60 atü; es hat eine Zugfestigkeit von 24—40 kg/mm², eine Biegefestigkeit von 46—70 kg/mm² und eine Durchbiegung von 12—24 mm.

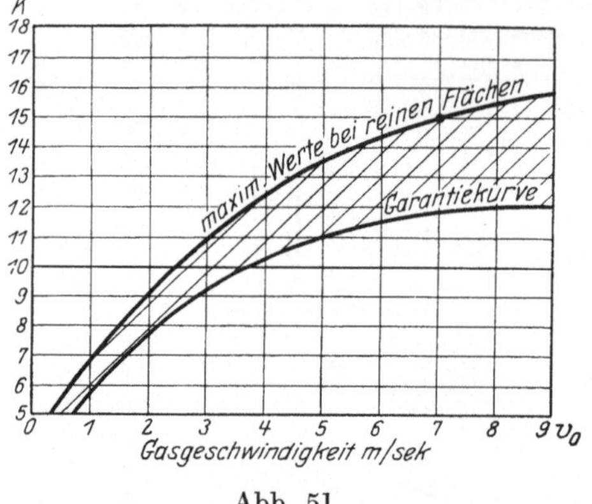

Abb. 51.

Bisweilen findet man auch Vorwärmer aus schmiedeeisernen glatten Rohren von engem Durchmesser; doch sind sie Anfressungen leichter ausgesetzt.

In jedem Falle ermöglichen Umführungsleitungen für das Wasser, den Vorwärmer für Ausbesserung oder Reinigung außer Betrieb zu setzen. Bei kesselsteinhaltigem Wasser hat man mit starkem Kesselsteinansatze in den Rohren zu rechnen, eine Wasserreinigung ist daher erforderlich. Die Gase durchziehen den Vorwärmer senkrecht zu den Rohren und sollen dabei alle Rohrteile gut bestreichen, so daß keine Gasströme ungenutzt vorbeiziehen oder mit anderen Worten: der lichte Querschnitt für die Gasströmung darf nicht zu weit sein. Bei Außerbetriebsetzung des Vorwärmers werden die Heizgase von einem Umführungskanale aufgenommen, der entweder unterhalb des Vorwärmers liegt oder neben ihm.

Für die Arbeitsweise sind folgende Umstände von Wichtigkeit. Die Schieber der Umführungskanäle müssen dicht schließen, damit keine Gasverluste eintreten, ebenso muß das Mauerwerk dicht sein, damit keine kalte Luft, welche die Gastemperatur herabsetzen könnte, einzieht. Die Erwärmung des Wassers geht um so leichter vor sich, einmal je höher der Temperaturunterschied zwischen Heizgasen und Wasser ist, und dann je mehr Gase im Verhältnis zum Wasser zur Verfügung stehen; oder auch je rascher die Gase an den Heizflächen vorbeistreichen (vgl. Abb.). Bei derselben Kesselanlage ist aber die Gasmenge um so größer und heißer, je stärker die Kesselbeanspruchung, andererseits je niedriger der CO_2-Gehalt der Abgase ist, d. h. je schlechter die Verbrennung wird.

Es kann also dabei mehr Wärme in den Vorwärmer übergehen und derselbe günstiger arbeiten, allerdings nur auf Kosten des Kessels, dessen Wirkungsgrad dementsprechend sinkt. In Verbindung mit künstlichem Zuge geben die Kesselanlagen mit Vorwärmer die höchste Wirkung, weil die Möglichkeit geboten wird, die Gase so weit herabzukühlen, wie es die gewünschte Wassererwärmung gestattet, da keine Wärme mehr für die Erzeugung des natürlichen Schornsteinzuges benötigt wird (vgl. S. 329).

Ist ein Vorwärmer für eine bestimmte Wärmemenge zu groß gebaut, so wird natürlich die Wärmeübergangszahl k bzw. der Wärmeübergang je Quadratmeter und Stunde klein erscheinen, bzw. umgekehrt. Immer empfiehlt es sich, den Vorwärmer so dicht an den Kessel zu bauen als möglich. Bei modernen Kesseln bilden Kessel und Vorwärmereine Einheit (vgl. Abb. 35—38).

b) Berechnung der Heizfläche.

Für die Berechnung des Rauchgasvorwärmers erhält man bereits ein überschlägliches Bild über seinen Nutzen, wenn man aus Abb. 30 bei einem bestimmten CO_2-Gehalte den Unterschied der Verluste entnimmt, der bei einer vorhandenen Fuchstemperatur ohne Vorwärmer und bei einer erwarteten niedrigeren Temperatur nach Einbau desselben entstehen würde.

Ehe man die Größe der Heizfläche bestimmt, wird man zweckmäßig eine Berechnung anstellen über die von den Gasen einer Kesselanlage abgeführte Wärmemenge, die man noch für einen Vorwärmer verwenden kann, am raschesten unter Benutzung von Abb. 6, S. 53; vorher muß indes noch eine Annahme getroffen werden über die Temperatur, bis zu welcher man die Kesselgase noch ausnutzen will; in Rücksicht auf einen guten Zug, somit eine genügende Anstrengung der Anlage, darf man die Temperatur nicht zu niedrig bemessen (vgl. Abschnitt 29b). In Durchschnittsfällen, wenn der Schornstein nicht sehr hoch ist, wird man nicht unter 160° gehen; auch ist zu beachten, daß durch den Einbau des Vorwärmers eine Zugschwächung um 1—4 mm und mehr eintritt.

Der Nutzen des Vorwärmers stellt sich bei den verschiedenen Kesselarten verschieden hoch, je nach den Abgastemperaturen der Gase (vgl. Abb. 33, S. 213). Die heutigen Bestrebungen nach hoher Beanspruchung der Kesselanlagen, um das Anlagekapital möglichst gering zu halten, sowie die Anwendung hoher Überhitzungsgrade, zwei Ziele, die beide höhere Abgastemperaturen bedingen, begünstigen die Anwendung von Vorwärmern (vgl. Abschnitt 16a). Sie stellen gewissermaßen eine billigere Fortsetzung der Kesselheizfläche dar.

Sehr wichtig ist die richtige Größenbemessung des Vorwärmers, da ein Zuviel an Heizfläche einen größeren wirtschaftlichen Verlust als

Nutzen bringt. Über diesen Punkt wurde eingehend unter Abschnitt 16e, S. 229, gesprochen, unter Durchrechnung eines Beispieles aus dem Betriebe.

Die gesamte, aus den Gasen verfügbare Wärme kommt nicht ganz dem Vorwärmer zugute, sondern nur etwa 75—90 vH davon; denn ein Teil geht durch Strahlung des Mauerwerkes, der Sammelkasten und der Rohre nach außen verloren, ein Teil durch Ableiten in den Erdboden. Die kalte Luft, welche durch die Undichtigkeiten des Mauerwerkes und durch die Löcher, in denen die Kratzerketten auf und ab gehen, eintritt, setzt die Temperaturdifferenz zwischen den Gasen und dem Wasserinhalt herab, bewirkt also eine geringere Wassererwärmung. Für gleiche Wasseraufwärmung wie bei gut abgedichtetem Gasraume müßte also der Ekonomiser größer bemessen werden. In beiden Fällen ist aber, vorausgesetzt gleiche Ausstrahlungsverluste und gleiche Wärmeabgabe an den Wasserinhalt, hinter dem Ekonomiser die gleiche Wärmemenge in den Gasen vorhanden.

Die Vorwärmerheizfläche F ergibt sich aus folgender Formel für den Wärmeübergang:

$$Q = k \cdot F \cdot z \left(\frac{t_1' + t_1''}{2} - \frac{t_2' + t_2''}{2}\right), \quad \ldots \ldots \quad 92)$$

hierin bedeutet:

F = äußere Heizfläche in Quadratmetern, Q = Wärmemenge in Wärmeeinheiten, z = Stundenzahl, t_1' = Gaseintrittstemperatur in °C, t_1'' = Gasaustrittstemperatur, t_2' = Wassereintrittstemperatur, t_2'' = Wasseraustrittstemperatur.

k ist der Wärmeübergang in Wärmeeinheiten je 1 m² Heizfläche und Stunde bei einem mittleren Temperaturunterschiede zwischen Gas und Wasser von 1° C (Wärmedurchgangszahl).

Für mittlere Verhältnisse gilt $k = 8-14$, so daß die niedrigen Zahlen für einen geringeren Temperaturunterschied und verschmutztere Heizflächen nach längerem Betriebe gelten, die höheren für größere Temperaturunterschiede und saubere Heizflächen. Rippenrohrvorwärmer haben ein um 20—25 vH kleineres k als Glattrohrekonomiser.

Wünscht man etwas genauer zu rechnen, so kann man an Stelle der sonst zu verwendenden logarithmischen Formel 36, in Verbindung mit der Zahlentafel 32, S. 91, eine Verbesserung[1]) anfügen unter Verwendung der Zahlentafel auf S. 91.

Als Überschlagswert kann man auch für k setzen, je nach der Reinheit der Heizfläche:

$$k = 2 + 5\sqrt{v} \text{ bis } 2 + 10\sqrt{v},$$

[1]) Hütte, 25. Aufl., Bd. I, S. 461.

wobei v die Geschwindigkeit der Heizgase innerhalb der Rohrreihen in Meter je Sekunde bedeutet.

An einem Green'schen Rauchgasvorwärmer von 132,8 m² wirksamer Wärmeaustauschfläche wurden gefunden[1]):

Mittlere Rauchgastemperatur °C	196	198	201
Mittlere Rohroberflächentemperatur °C . .	124	113	109
Wärmeübergangszahl α	11,8	13,1	15,0

α ist demnach nur sehr wenig unterschiedlich von der Wärmedurchgangszahl k.

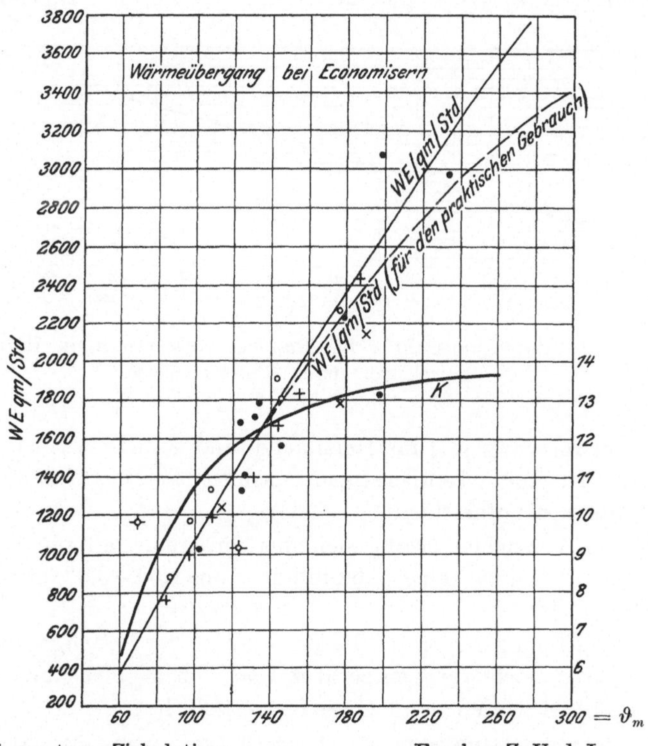

o Gegenstrom-Zirkulationsschaltung.
• Fuchs, Z. V. d. I. 1907, S. 1107.
+ Green's Vorwärmer.
× Z. d. Bayer. Rev.-V. 1907, S. 69.
⟡ Abgasbeheizte Kessel.

Abb. 52. Wärmeübergang bei gußeisernen Rauchgasvorwärmern, abhängig vom mittleren Temperaturunterschied ϑ_m zwischen Heizgasen und Wasser.

[1]) Reiher und Neidhardt, Temperaturen und Wärmeaustausch an einem gußeisernen Speisewasservorwärmer. Arch. f. Wärmewirtsch. 1926, S. 157.

Aus einer größeren Anzahl Versuche, die sich in der Literatur vorfinden[1]), wurden die Hauptwerte entnommen und in Abb. 52 verarbeitet, indem die Wärmeübergangszahl k und die Wärmeübergänge je 1 m² Heizfläche und Stunde in Abhängigkeit von dem mittleren Temperaturunterschied zwischen Heizgasen und Wasserinhalt des Vorwärmers aufgetragen wurden. Man erhält eine Linie, die mehr ansteigt als der Temperaturunterschied.

Daß die einzelnen Versuchspunkte nicht so genau auf der Kurve liegen, ist durch die verschiedene Herkunft der Versuche bedingt, die naturgemäß nicht unter gleichen Verhältnissen vorgenommen wurden. Doch kann man die Werte gut für mittlere Verhältnisse zugrunde legen;

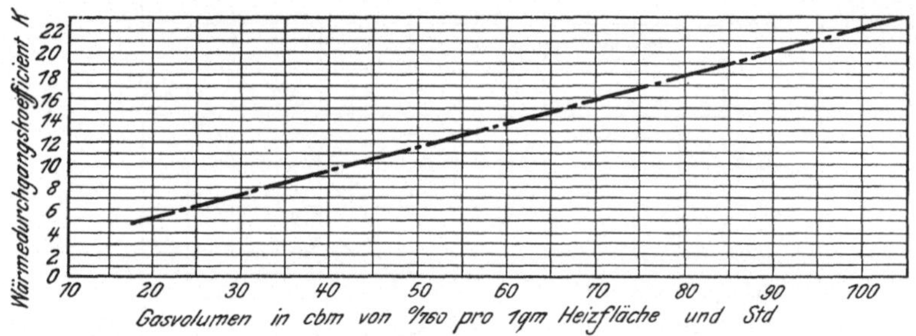

Abb. 53. Wärmedurchgangszahl k bei Rauchgasvorwärmern, in Beziehung zur durchströmenden Rauchgasmenge.

der Wärmeübergang je 1 m² Heizfläche und Stunde wächst von etwa 1000 kcal bei 100° Temperaturunterschied bis etwa 3200 kcal bei 240° Temperaturunterschied.

Aus den Versuchen ergibt sich des ferneren, daß für 1° Wassererwärmung die Gase eine Abkühlung von 1,50—3,0° erfahren, im Mittel 1,8—2,4°.

Diese Angaben genügen für die Berechnung der Rauchgasvorwärmer, nachdem man noch die Temperatur und den Kohlensäuregehalt der aus dem Kessel abziehenden Gase festgestellt hat.

Eine Untersuchung von A. Dosch[2]) (vgl. Abb. 53) hat ergeben, daß sich die Wärmedurchgangszahl k in sehr einfache Beziehung bringen läßt zu der Gasmenge in m³ $^0/_{760}$, welche je 1 m² Heizfläche und Stunde durch den Rauchgasvorwärmer geströmt ist; in dieser Zahl ist nämlich der Einfluß der Strömungsgeschwindigkeit der Gase und der Einfluß des mehr oder weniger großen Luftüberschusses beim Ver-

[1]) Z. V. d. I. 1907, S. 1107, von Fuchs zusammengestellt; Z. f. Dampfk. u. M. 1910, S. 315ff., 1911, S. 456; Z. bayr. Rev.-V. 1907, S. 69 usw.

[2]) Z. f. Dampfk. u. M. 1910, S. 57.

brennungsvorgange enthalten. Es empfiehlt sich deshalb, für die Berechnung von Rauchgasvorwärmern Abb. 52, 53 u. 51, zu Rate zu ziehen.

Beispiel 29. Für das auf S. 174 aufgeführte Beispiel eines Zweiflammrohrkessels von 100 m² Heizfläche, in dem in 1 Stunde 300 kg schlesische Steinkohlen verbrannt werden und der 2200 kg/h Dampf lieferte, soll die Größe der für Vorwärmerzwecke verfügbaren Wärmemenge ermittelt werden, wenn die Gase von 310 bis ca. 200° herabgekühlt werden; es sei dabei der CO_2-Gehalt vor dem Vorwärmer zu 9,5 vH und hinter dem Vorwärmer infolge Lufteintrittes nur noch zu 8,5 vH angenommen. Wie groß muß die Vorwärmerheizfläche bemessen werden, und um wieviel wird das Speisewasser aufgewärmt, wenn es mit 25° eintritt? Es soll die Zusammensetzung der Kohle nach Zahlentafel 45 zugrunde gelegt werden.

Vorbetrachtung. Durch den Einbau eines Vorwärmers wird an Kohle gespart; es sind daher nach erfolgtem Einbau keine 300 kg Kohle mehr nötig, um dieselbe Leistung von $\frac{2200}{100} = 22\ \mathrm{kg/m^2/h}$ zu erzielen. Es stehen dem Vorwärmer daher auch nur die Gasmengen von dieser verringerten Kohlenmenge zur Verfügung. Eine weitere Folge ist, daß der Vorwärmer einen Teil der zur Erzeugung von Sattdampf von 8 atü notwendigen Wärme dem Kessel abnimmt, d. h. daß der Kessel entlastet wird, weil er heißeres Speisewasser erhält. Beide Umstände gleichen einander aus, so daß die Gastemperatur hinter dem Kessel etwa dieselbe bleiben wird.

Gang der Rechnung. Schätzungsweise soll zunächst angenommen werden, daß die Wasseranwärmung etwa 48°, also knapp die Hälfte der Gasabkühlung beträgt; damit wird eine Kohlenersparnis von

$$100\,\frac{48}{640} = 7{,}5\ \mathrm{vH}$$

eintreten. Dann erhält man bei $\frac{7{,}5}{100}\cdot 300 = 22{,}5$ kg Kohlenersparnis und noch 3 vH

$$= \frac{3}{100}\cdot 300 = 9\ \mathrm{kg}$$

Rostdurchfall, die der Rechnung zugrunde zu legende Kohlenmenge

$$= 300 - 9 - 22{,}5 = 268{,}5\ \mathrm{kg}\,.$$

Die Rauchgasmengen pro kg Kohle ermitteln sich nach Formel 47:
vor Ekonomiser

$$G_{\mathrm{m^3}\,{}^0/_{760}} = \frac{1{,}865\cdot 73}{9{,}5} + \frac{9\cdot 4{,}5 + 3{,}8}{0{,}804\cdot 100} = 14{,}35 + 0{,}55$$
$$= 14{,}9\ \mathrm{m^3}\,{}^0/_{760}\,,$$

hinter Ekonomiser entsprechend $= 16{,}00 + 0{,}55 = 16{,}55\ \mathrm{m}^3\ {}^0/_{760}$. Die eingesaugte Luftmenge ist $16{,}55 - 14{,}9 = 1{,}65\ \mathrm{m}^3$ je 1 kg Kohle. Es ergibt sich folgende Wärmebilanz:

Verfügbar vor dem Ekonomiser sind:

$$\begin{array}{lll} \text{Trockene Gase} & 268{,}5 \cdot 14{,}35 \cdot 310 \cdot 0{,}33 & = 394\,000\ \text{kcal/h} \\ \text{Wasserdampf} & 268{,}5 \cdot 0{,}55 \cdot 310 \cdot 0{,}437 & = \underline{\ \ 19\,840\ \ \ \ ,,\ \ } \\ & & \quad\ 413\,840\ \text{kcal/h} \end{array}$$

und hinter dem Ekonomiser, wenn die Abgastemperatur mit 200° angesetzt wird:

$$\begin{array}{lll} \text{Trockene Gase} & 268{,}5 \cdot 16 \cdot 200 \cdot 0{,}33 & = 284\,000\ \text{kcal/h} \\ \text{Wasserdampf} & 268{,}5 \cdot 0{,}55 \cdot 200 \cdot 0{,}437 & = \underline{\ \ 12\,800\ \ \ \ ,,\ \ } \\ & & \quad\ 296\,800\ \text{kcal/h}. \end{array}$$

Für den Ekonomiser stehen also zur Verfügung

$$413\,840 - 296\,800 = 117\,040\ \text{kcal/h}\,.$$

Für Ausstrahlung des Mauerwerkes, der Sammelkästen usf. für Gasverluste durch undichte Schieber und Deflektoren sei ein Abzug von 10 vH gemacht. Damit ergibt sich dann die Wasseraufwärmung zu

$$\frac{0{,}90 \cdot 117\,040}{2\,200} = 48^\circ,$$

also die Wasseraustrittstemperatur zu $25 + 48 = 73^\circ$. Man kann auch wie folgt rechnen, indem man die Wasseraufwärmung annimmt.

Sollen im Ekonomiser $2200 \cdot 48 = 105\,600$ kcal/h gewonnen werden und gehen dabei 10 vH durch Strahlung und Leitung usw. verloren, dann werden den Rauchgasen

$$\frac{2\,200 \cdot 48}{0{,}90} = 117\,240\ \text{kcal/h}$$

entzogen, und hinter dem Ekonomiser befinden sich noch

$$413\,840 - 117\,240 = 296\,600\ \text{kcal/h}$$

in den Gasen. Die Temperatur der Gase hinter Ekonomiser wird also

$$268{,}5\, x\, (16 \cdot 0{,}33 + 0{,}55 \cdot 0{,}437) = 296\,600\,,$$

$$x = \frac{296\,600}{268{,}5\,(16 \cdot 0{,}33 + 0{,}55 \cdot 0{,}437)} = \frac{296\,600}{1\,482} = 200^\circ.$$

Dabei ist noch zu bemerken, daß, sich durch die Beimischung der kalten Luft die Gase um so weiter herabkühlen je größer der Lufteintritt wird, wodurch der mittlere Temperaturunterschied zwischen Gasen und Wasser fällt. Der Vorwärmer wird dann für gleiche Wasseranwärmung größer.

Die Kesselbeanspruchung war vor Einbau des Ekonomisers

$$\frac{22 \cdot (665 - 25)}{639} = 22{,}1 \text{ kg/m}^2\text{/h},$$

bezogen auf 0° Wasser und Dampf von 100°; nach dem Einbau wird sie bei 73° Speisewassertemperatur entsprechend

$$\frac{22 \cdot (665 - 73)}{639} = 20{,}4 \text{ kg/m}^2\text{/h}$$

bei gleicher Dampfentnahme aus dem Kessel.

Man erhält für die mittlere Temperaturdifferenz

$$\vartheta_m = \frac{310 + 200}{2} - \frac{73 + 25}{2} = 206°.$$

Mit $k = 13{,}5$ aus Abb. 52 ermittelt sich die Heizfläche zu

$$\frac{0{,}90 \cdot 117\,000}{13{,}5 \cdot 206} \text{ oder } \frac{2\,200 \cdot 48}{13{,}5 \cdot 206} = 38 \text{ m}^2.$$

Der Temperaturabfall der Heizgase würde demnach

$$\frac{110}{48} = 2{,}29°$$

für 1° Wasseraufwärmung sein.

c) Kohlenersparnis durch den Rauchgasvorwärmer.

Die Kohlenersparnis durch den Einbau eines Vorwärmers ist durch Formel 78 S. 195 gegeben, da ja durch den Vorwärmer eine Wirkungsgradverbesserung eintritt. Sie errechnet sich aber auch aus dem Verhältnis der Speisewasseraufwärmung $t_2'' - t_2'$ zur Wärmemenge, die erforderlich ist zur Erzeugung von Dampf von 8 atü aus Wasser von t_2' (vor Eintritt in den Vorwärmer). Also

$$\frac{t_2'' - t_2'}{i'' - t_2'} 100 = \text{Kohlenersparnis in vH} \quad . \quad . \quad . \quad . \quad 93)$$

In Verbindung mit Formel 78 ergibt sich die Kohlenersparnis:

$$\frac{t_2'' - t_2'}{i'' - t_2'} 100 = \frac{\eta_{k+v} - \eta_k}{\eta_{k+v}} 100 \quad . \quad . \quad . \quad . \quad . \quad . \quad . \quad 93\,a)$$

Für das Beispiel 29 erhält man die Kohlenersparnis

$$\frac{73 - 25}{665 - 25} \cdot 100 = 7{,}5 \text{ vH}$$

und

$$\frac{7{,}5 \cdot 300}{100} = 22{,}5 \text{ kg/h}.$$

Eine Überschlagsrechnung für den Nutzen eines Vorwärmers würde sich unter Berücksichtigung der besseren Ausnutzung der Heizgase auch nach Formel $0{,}65\left(\frac{T-t}{k}\right)$ (oder nach Schaubild 30) anstellen lassen. Vor dem Vorwärmer beträgt der Abgasverlust bei 20° Kesselhaustemperatur und 9,5 vH CO_2

$$\frac{0{,}65\,(310-20)}{9{,}5} = 19{,}9 \text{ vH}\,.$$

Da in den Vorwärmer stets etwas Luft eintritt, so seien hinter demselben nur noch 8,5 vH als gemessen angenommen, und da die Abgastemperatur 200° betragen soll, so wird der Abgasverlust nach dem Vorwärmer, alle Verhältnisse sonst gleich vorausgesetzt:

$$0{,}65\,\frac{(200-20)}{8{,}5} = 13{,}8 \text{ vH}\,.$$

Der Unterschied $19{,}9 - 13{,}8 = 6{,}1$ vH ist den Rauchgasen entzogen worden. Mit dem Wirkungsgrad des Ekonomisers multipliziert, ergibt sich

$$0{,}91 \cdot 6{,}1 = 5{,}55 \text{ vH}\,,$$

die als Wirkungsgradaufbesserung zu buchen sind.
Es hatte der Wirkungsgrad des Kessels ohne Vorwärmer betragen

$$\eta_k = 100\,\frac{2200\,(665-25)}{300 \cdot 6900} = 68 \text{ vH}$$

demnach steigt der Gesamtwirkungsgrad von Kessel + Vorwärmer auf

$$\eta_{k+v} = 68 + 5{,}5 = 73{,}5 \text{ vH}$$

oder auch

$$\eta_{k+v} = 100 \cdot \frac{2\,200\,(665-25)}{277{,}5 \cdot 6\,900} = 73{,}5 \text{ vH}\,.$$

Der Gewinn am Wirkungsgrade durch Einbau des Vorwärmers errechnet sich nach Formel 95 aus der Wasseraufwärmung und der verringerten Kohlenmenge zu:

$$\eta_v = 100 \cdot \frac{2\,200\,(78-25)}{277{,}5 \cdot 6\,900} - 5{,}5 \text{ vH}\,.$$

Der verbesserte Wirkungsgrad ermittelt sich aus Gleichung 93a vermittels der Wasseraufwärmung auch sofort:

$$\frac{48}{640} = \frac{68 + x - 68}{68 + x}\,; \qquad 0{,}075 = \frac{x}{68 + x}$$

$$x = \frac{0{,}075 \cdot 68}{(1 - 0{,}075)} = 0{,}0811 \cdot 68 = 5{,}5\,\text{vH}$$

$$\eta_{k+v} = 68 + 5{,}5 = 73{,}5\,\text{vH}.$$

Die Verdampfungsziffer war gestiegen von

$$\frac{2\,200}{300} = 7{,}33 \text{ auf } \frac{2\,200}{277{,}5} = 7{,}95,$$

also um

$$\frac{0{,}62}{7{,}33} \cdot 100 = 8{,}45\,\text{vH}.$$

Demnach etwa ebenso wie oben der Zuwachs am Wirkungsgrade um

$$\frac{68 \cdot 8{,}45}{100} = 5{,}7 \text{ Prozentanteile}.$$

Über die Kohlenersparnis in Hundertsteln gibt nachstehende Zahlentafel 78 Aufschluß unter Zugrundelegung eines Betriebsdruckes von 10 at Überdruck entsprechend 667 kcal, wenn das Wasser verschieden hoch angewärmt wird.

Zahlentafel 78.

Die durch Einbau eines Rauchgasvorwärmers zu erzielende Kohlenersparnis (in Hundertsteln).

	Betriebsdruck 10 at 667 kcal							
t_2'' = Wasserwärme bei Austritt aus dem Vorwärmer	t_2' = Wasserwärme beim Eintritt in den Vorwärmer in °C							
in °C	20	30	35	40	45	50	55	60
60	6,2	4,74	4,00	3,21	2,43	1,63	0,82	—
70	7,8	6,32	5,58	4,82	4,05	3,26	2,47	1,65
80	9,4	7,90	7,17	6,42	5,67	4,90	4,11	3,29
90	10,8	9,50	8,76	8,03	7,29	6,53	5,76	4,94
100	12,4	11,00	10,30	9,65	8,90	8,16	7,40	6,58
110	13,9	12,65	11,95	11,24	10,53	9,81	9,05	8,23
120	15,5	14,23	13,55	12,85	12,15	11,40	10,70	9,88
130	17,1	15,51	15,14	14,46	13,76	13,06	12,35	11,52
140	18,6	17,39	16,73	16,07	15,39	14,70	14,00	13,17
150	20,2	18,98	18,33	17,67	16,03	16,33	15,64	14,81

Der Wirkungsgrad des Rauchgasvorwärmers selbst ist wie bei den Kesseln (vgl. S. 193) bestimmt durch das Verhältnis der vom Wasser aufgenommenen Wärmemenge und der von den Heizgasen abgegebenen, wenn B den stündlichen Kohlenverbrauch in Kilogramm nach Einbau des Ekonomisers bezeichnet:

$$\text{Wirkungsgrad} = \frac{D(t_2'' - t_2')}{B \cdot G \cdot c_p(t_1' - t_1'')} \cdot 100 \text{ in vH.} \quad \quad 94)$$

Der Rest der Gaswärme zwischen Ein- und Austritt geht durch Abkühlung des Mauerwerkes, der Sammelkästen, Umführungsrohre, usw. verloren. Benutzt wird diese Beziehung bei der Berechnung des Vorwärmers (vgl. Beispiel 29, S. 281).

Der Anteil am Wirkungsgrade der ganzen Kesselanlage durch die Wasservorwärmung von t_2' auf t_2'' ist entsprechend S. 194, Formel 77:

$$\eta_v = \frac{D(t_2'' - t_2')}{B \cdot H} \cdot 100 \text{ in vH} \quad \ldots \ldots \ldots \quad 95)$$

Weitere Rechnungsbeispiele siehe S. 230.

Der Wirkungsgrad des Sattdampfkessels + Rauchgasvorwärmers beträgt:

$$\eta_{k+v} = \frac{D \cdot (i'' - t_2')}{B \cdot H} \cdot 100 \text{ in vH} \quad \ldots \ldots \quad 95\text{a})$$

21. Luftvorwärmer.

Diese Apparate werden vor den Schornstein eingebaut, meist hinter den Ekonomiser mit künstlichem Zug oder an Stelle des Ekonomisers, um die Wärme der Rauchgase zur Vorwärmung der Verbrennungsluft oder auch zur Lufterwärmung für andere Zwecke auszunutzen. Ihr Vorteil besteht darin, daß der Wirkungsgrad der Kesselanlage erhöht wird, weil die Verbrennung auf dem Roste günstiger sich gestaltet infolge der höheren erreichbaren Temperatur und weil der Abgasverlust verringert wird, da den Abgasen noch ein Teil der Wärme entnommen wird. Außerdem fällt der Restverlust an Flugkoks, Ruß usw. Im allgemeinen kann man mit einer Verbesserung des gesamten Wirkungsgrades der Anlage von 6—9 vH rechnen. Erfolgt der Einbau hinter dem Ekonomiser, so beträgt der Gewinn auch bei niedriger Belastung noch 3—4 vH. Die Belastungsmöglichkeit der Anlage kann aber trotz eines Luftvorwärmers sogar fallen, weil der Luftvorwärmer Zug und Temperatur verbraucht, so daß also trotz Wirkungsgradsteigerung die auf dem Roste verbrannte Kohlenmenge nicht anzusteigen braucht. Die Wärmedurchgangszahl k beläuft sich auf 10—26, also ebenso hoch wie beim Ekonomiser, dabei ist α etwa $2\,k$. Bei einem liegenden Wasserrohrkessel[1]) von 650 m², 20 atü, mit Überhitzung, einer Vorschub-Treppenrostfeuerung von 33 m² war ein Luftvorwärmer von 232 m² eingebaut. Es wurde bei Kesselbelastungen von 14—36 kg/m²/h, einer Eintrittstemperatur vor dem Lufterhitzer von 270—475°, einer Austrittstemperatur von 160—300° hinter dem Luftvorwärmer, gemessen

[1]) Loschge, Versuche mit Vorschub-Treppenrost und Luftvorwärmung an einem Dampfkessel für Rohbraunkohle. Arch. f. Wärmewirtsch. 1926, S. 33.

der gesamte Wirkungsgrad der Kesselanlage für Kessel + Überhitzer + Ekonomiser + Luftvorwärmer, bezogen auf unteren Heizwert:

Gesamtwirkungsgrad mit Luftvorwärmer. . . 80,5—83,5 vH.
,, ohne Luftvorwärmer . . 74 —82 vH.

Die höheren Zahlen gelten bei den niedrigen Kesselbelastungen. Die Verbesserung beträgt also bis 9 vH. Abb. 54 stellt eine Anlage mit

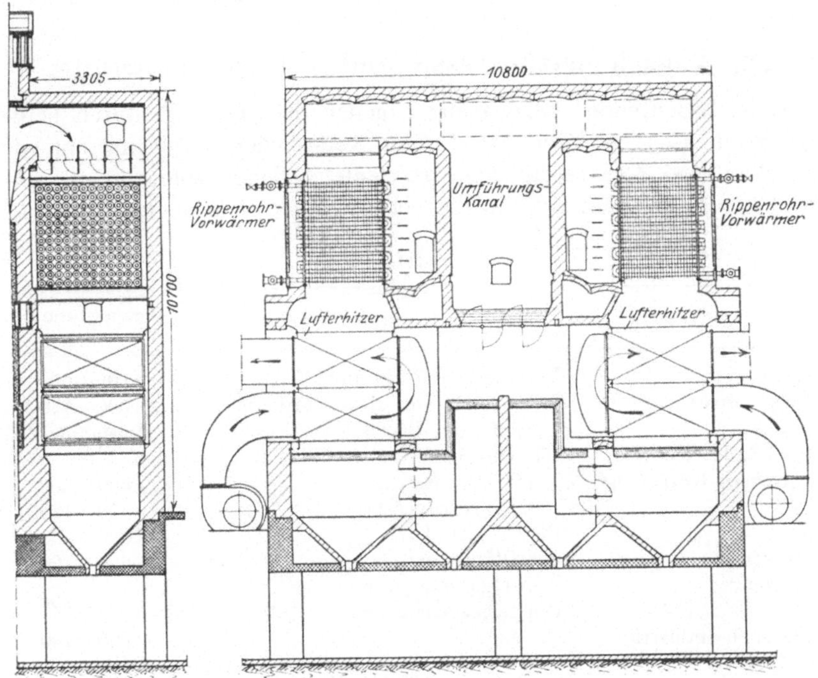

Abb. 54. 2 Rippenrohrvorwärmer von je 1296 m² Heizfläche mit dahinter geschalteten Luftvorwärmern.

zwei Rippenrohrvorwärmern von je 1296 m² Heizfläche und dahinter geschalteten Luftvorwärmern dar.

Bei Wärmedurchgängen von Rauchgasen an Luft in Rauchgasvorwärmern oder Luft an Luft sind die Gas- und Luftgeschwindigkeiten an beiden Seiten der Heizfläche von Bedeutung. Legt man die Formel $\alpha = 2 + 10\sqrt{v}$ zugrunde und ermittelt man k aus der Formel 20, so bekommt man für reine Metallflächen folgende Werte[1]) für die Wärmedurchgangszahl k:

[1]) Hottinger 1923, S. 232.

Zahlentafel 79.

Rauchgasgeschwindigkeit von	0,5	1	2	5	10	20 m/sk
Luftgeschwindigkeit von						
0,5 m/sk	4,5	5,2	5,8	6,6	7,1	7,6
1 „	5,2	6,0	6,9	8,1	8,9	9,6
2 „	5,8	6,9	8,1	9,7	10,9	12,0
5 „	6,6	8,1	9,7	12,2	14,1	16,1
10 „	7,1	8,9	10,9	14,1	16,7	19,6

22. Abgasbeheizte Kessel und Abhitzeverwertung.

Ganz bedeutende Wärmemengen gehen der Industrie durch heiße abziehende Gase verloren, welche den verschiedensten Ofenarten, wie Porzellanöfen, Gasanstaltsöfen, Härteöfen, Schmelzöfen usw., entströmen. So belaufen sich die Temperaturen der abziehenden Gase auf:

Zahlentafel 80.

Fabrikation	Ofenart	Abgastemperaturen °C
Gasanstalten	Retorten- und Kammeröfen	400—650
Hüttenindustrie	Siemens-Martin: Regenerativöfen	600—750
	Stoß- und Rollöfen	600—900—1200
Zinn, Zink, Kupfer, Aschen, Krätze usf.	Wannen-Schmelzöfen:	
	mit Rekuperator	400—500
	ohne Rekuperator	850—1200
Blei	Bleiraffinieröfen	300—500
Glühöfen für Federn	mit Ölfeuerung	600—700
Gaserzeuger	Wassergasgeneratoren Doppelgasgeneratoren	600—800
Chemische Industrie	N-Gase	600—700
Glasfabrikation	Wannenöfen mit Regenerativfeuerung	500—800
Porzellanbrand	3 Etagenöfen mit überschlagender Flamme	im Vorfeuer 100—200 im Scharffeuer 300—1000
Steingut	Tunnelöfen	175—200
Gipskocher	mit direkter Feuerung	250—400
Zement	Drehrohröfen	600
Abgase von Dieselmotoren je nach Belastung		300—500

Diese Wärme läßt sich oft in besonderen Abhitzekesseln noch nutzbar machen, solange sie in Temperaturen von über 350—400° zur Verfügung steht; und zwar zur Erzeugung von heißem Wasser und von nieder- oder hochgespanntem Dampfe. Auch zur Lufterhitzung zwecks Beheizung von Räumen kann man die Gase verwenden. Unter der angegebenen Temperaturgrenze tut man besser, die Auswertung der

Gase durch Rauchgasvorwärmer oder Lufterhitzer (s. Abschnitt 20) vorzunehmen, weil die Kesselheizflächen zu groß und daher zu teuer werden. Bisweilen bietet sich auch in Betrieben Gelegenheit, billige Wasservorwärmer oder Abhitzekessel für Abgasausnutzung zu schaffen durch Verwendung alter, vorhandener Kessel. Günstig liegt der Fall, wenn, wie auf Hüttenwerken oder Braunkohlengruben z. B., von Schweißöfen, Puddelöfen oder aus Schwelereien heiße Abgase in der Nähe von bereits eingemauerten Kesseln zur Verfügung stehen. Man kann dann die Gase durch besondere Kanäle in den früheren Feuerungsraum leiten und sie die vorhandenen Züge bestreichen lassen, ehe sie nach dem Schornstein geführt werden. Ist auf einen dauernden Strom heißer Gase zu rechnen, der aus einer oder besser aus mehreren Abhitzequellen fließt, wobei die eine oder andere dieser Abgabestellen nicht dauernd in Betrieb zu sein braucht oder in der Temperatur schwanken kann (z. B. eine größere Anzahl Porzellanöfen, Glühöfen, Flammöfen usf.), so lohnt es sich stets, besondere Abhitzekessel aufzustellen, in denen Dampf von niederer oder höherer Spannung bis 15 at und mehr erzeugt wird. Man kann dazu jeden alten Kessel beliebigen Systems verwenden. Sind solche nicht vorhanden, so baut man besondere Abhitzekessel. Diese sollen genügend großen Querschnitt für die Gasführung besitzen (6—15 m/sk Gasgeschwindigkeit), um den Zug der bestehenden Öfen nicht zu sehr zu schwächen; sie müssen sich bequem reinigen lassen, von sich absetzender Flugasche, von mitgerissenem Metallstaub u. dgl., und sie müssen kurz gebaut sein, da gewöhnlich nicht viel Platz in den bestehenden Anlagen vorhanden ist, die meist leider ohne Rücksicht auf Abhitzeverwertung angelegt sind. Oft ist es auch zweckmäßig, die Rohre ausziehbar zu machen. Bevorzugt werden bei verunreinigten Gasen Flammrohrkessel, sonst meist Rauchrohrkessel mit gruppenweise angeordneten Rohren, so daß die Rohre sich leichter außen reinigen lassen, in liegender oder stehender Anordnung; auch liegende und stehende Wasserrohrkessel werden verwendet. Rauchrohrkessel braucht man, da der Gasstrom innerhalb des Wassers verläuft, nicht einzumauern; es genügt für sie eine gute Isolierung. Hat man reichlich Platz verfügbar, so mauert man die Kessel ein und gewinnt die äußere Mantelfläche; oft geschieht dies der geringeren Zugschwächung wegen so, daß die Gase zu gleicher Zeit durch die Rohre und an dem Kesselmantel entlangstreichen, also den Längsweg nur einmal machen. Ein Umführungskanal zum Ausschalten und Reinigen der Kessel mit Rauchkanalschiebern muß stets vorgesehen sein. Man kann die Kessel so anordnen, daß sie, je nach dem verfügbaren Platz, einzeln über die Flammöfen gelegt, hinter denselben angeordnet werden; oder über dem Fuchskanale für eine Gruppe von Öfen dienen. Letzterer Fall ist dann vorzuziehen, wenn die einzelnen Wärmeabgabestellen einen ungleichmäßigen Wärmestrom

Zahlen

Gastemperaturen und Wärmeübergang an einem abgasbeheizten Dampfkessel

Versuchs-Nr.		Gastemperatur °C				Temperaturabfall insgesamt °C	Wassereintritt °C	Dampf- oder Wassertemperatur °C	Dampfüberdruck atü
		Eintritt	hinter den Flammrohren	Anfang letzter Zug	hinter dem Kessel				
1	Zweifl.-Kessel von 47,3 m²	462	400	346	340	122	74,5	151	3,98
2	Zweifl.-Kessel von 47,3 m²	434	359,6	316	300	134,4	78,5	150,2	3,83
3	Zweifl.-Kessel von 47,3 m²	436	363	314	297	139	83,9	151	4,00
4	70 Tage und Nächte in Betrieb	421	346	332	313	108	79	151	3,95
5	Zweifl.-Kessel von 60 m² über Glühöfen	1100	—	—	516	584	38	173,5	7,8
6	Zweifl.-Kessel von 123,5 m²	272	—	—	209	61	51,8	Wasser 62,3	—
	Abhitzekessel[1]) Kirke 100 m² Rohre 5,5 m lg. Kessel 1500 mm Durchmesser	383	—	—	192	—	—	172	6

liefern. Selbst bei geringen Wärmemengen, wie z. B. bei Schmiedeessen, lohnt sich oft noch der Einbau kleiner Heizkörper zur Bereitung von Gebrauchs- und Waschwasser.

Statt den glühenden Koks in Kokereien oder Gasanstalten durch Wasser abzulöschen, können durch trockene Kokskühlung pro 1000 kg glühenden Koks 300—400 kg Dampf erzeugt werden.

Durch die Auspuffwärme der Verbrennungskraftmaschinen können im Abgaskessel auf je 1 kWh etwa 1,25 kg Mitteldruckdampf erzeugt werden; entsprechend etwa der Leistung von 0,21 kWh, was bei der Kraftanlage etwa 21 vH Mehrleistung bedeutet.

Die Gelegenheit ist sehr mannigfaltig und erfordert jeweilig besonderes Studium, zumal in solchen Fällen, wo die Abhitze des einzelnen Ofens nur mit Unterbrechung zur Verfügung steht, wie z. B. in der keramischen In-

[1]) Arch. f. Wärmewirtschaft 1922, S. 202.

tafel 81.

von 47,3 m² und einem Vorwärmer von 123,5 m² und anderen Abhitzekesseln.

Erzeugter Dampf kg/m²/h bezogen auf Wasser $^0/_{100}$	Wärmeübergang für 1 m² und Stunde kcal	CO_2-Gehalt der Gase bei Eintritt vH	Wärmedurchgangszahl k	Mittlerer Temperaturunterschied zwischen Gasen und Wasser °C	Übergegangen insgesamt für 1 h kcal	Von Gasen bestrichene Heizfläche vH	Abkühlung der Gase vH	Zug vor Kessel mm	Zug hinter Kessel mm
			nach Formel 37			52	50,8		
5,65	3590	—	14,3	250	169 200	79	95,3		
						100	100		
						52	55		
5,83	3720	11,5	17,1	217,5	176 200	79	88		
						100	100		
						52	55		
5,37	3430	11,4	15,9	216	162 200	79	88		
						100	100		
						52	69,5		
4,35	2775	—	12,8	216	131 200	79	82,5		
						100	100		
		bei Austritt				Brennstoff kg/h			
8,65	5520	12,8	9,3	595	331 200	163 (Koks)		4,5	7,0
—	923	7,9	5,02	184	114 000	—	—	—	—
6,0	3930	—	33	115	Gasgeschwindigkeit innerhalb der Rohre 12 m/sec			—	64 künstl. Zug

dustrie. Auf jeden Fall tut man gut, die Abhitzekessel so nahe wie möglich an die Wärmeabgabestelle heranzurücken, oder bei weiterer Entfernung davon alle Schieber und Kanäle sowie das Ofenmauerwerk sorgfältig abzudichten, um die Gase so heiß als möglich zu erhalten. Reicht der vorhandene Zug nicht aus, so wird künstlicher Zug angewendet; da der Wärmeübergang durch höhere Gasgeschwindigkeiten besser wird, werden die Kessel kleiner.

Wie hoch der erzielbare Nutzen ist und ob sich die Einrichtung lohnt, hängt von der Menge und Temperatur der verfügbaren Gase, von den Zugverhältnissen sowie sonstigen Umständen ab und muß von Fall zu Fall sorgfältig rechnerisch geprüft werden. Abgesehen von den Tilgungs- und Zinskosten der Anlage, dem Wasserverbrauch sowie Kraftverbrauch für Ventilatorzug und geringen Ausbesserungen arbeiten solche Kessel nahezu umsonst, da die Bedienung sich nur auf Speisung und Reinigen erstreckt. Die Abhitzekessel unterliegen in allen Fällen der gleichen Konzessionspflicht wie andere Dampfkessel; sie müssen auch eine ähnliche Ausrüstung erhalten. Da noch wenig Angaben in der Literatur darüber vorhanden sind, so seien einige eigene Messungen in Zahlentafel 81[1]) angeführt.

Interessant ist die Verteilung der Wärme auf die einzelnen Kesselteile und die Temperaturabnahme der Gase, die etwas rascher erfolgt als die Zunahme der Heizfläche.

Versuche 1 bis 4 wurden an einem Zweiflammrohrkessel von insgesamt 47,3 m² Heizfläche vorgenommen; er war 8,50 m lang, hatte einen Durchmesser von 1570 mm und einen Flammrohrdurchmesser von 470 mm; er war so eingemauert, daß die Gase erst die Flammrohre durchzogen, dann in dem einen Seitenzuge nach vorn strichen und nach Umkehr unter dem Kessel im zweiten Seitenzuge nach dem Fuchse zurückströmten. Die beiden Flammrohre und ein Teil des Hinterbodens hatten zusammen 24,5 m² = 52 vH; der andere Teil des Hinterbodens und erster Seitenzug nebst Umkehrstück zusammen 12,8 m² = 27 vH; der zweite Seitenzug 10,0 m² Heizfläche = 21 vH.

Eine Überschlagsrechnung ergab die Abkühlung der Gase an den Mauerwänden und dem Fußboden zu etwa 9000 kcal je Stunde.

Es wurde der mittlere Temperaturunterschied zwischen Heizgasen und Wasserinhalt des Kessels für die gesamte Heizfläche ermittelt und daraus die Wärmedurchgangszahl $k = 14{,}3 - 17{,}0$; für die einzelnen Heizflächenteile konnte k leider nicht ermittelt werden, weil die Gasmenge sowie deren Zusammensetzung nicht bestimmbar war. Der Wärmeübergang für 1 m² Heizfläche und Stunde stellt sich auf 3400 bis 3700 kcal. Da die Heizgase, welche aus Koksschwelöfen kamen, viel Ruß und Salz an den Kesseln absetzten, so nahm k und der Wärmeübergang allmählich ab um etwa 20 vH bis auf $k = 12{,}8$ und 2775 kcal nach einer dauernden Betriebszeit von 70 Tagen und Nächten (Versuch 4); nachdem die Gase etwa 52 vH der Heizfläche, also die Flammrohre bestrichen haben, erniedrigte sich ihre Temperatur ebenfalls um etwa 51—55 vH, nach 79 vH der Heizfläche um 88—95 vH, worin also der Betrag für Wärmeabgabe an das Mauerwerk enthalten ist.

Der Wärmegewinn durch Ausnutzung der Heizgase ist also ein nicht unbedeutender; er ist etwa ebenso hoch wie bei gußeisernen Vorwärmerohren, entsprechend den Werten der Abb. 52.

Versuch 5 gibt die Werte für einen Zweiflammrohr-Abhitzekessel von 60 m² wieder, der über einem Glühofen für schwere Schmiedestücke aufgebaut und eingemauert ist. Die Gase durchziehen erst das Flammrohr von 750 mm l. ⌀, kehren um, bestreichen die eine Kesselseite,

---

[1]) Sehr eingehende Versuche des Verfassers an zwei Abhitzekesseln mit künstlichem Zug hinter Gasanstaltsöfen sind veröffentlicht in: Die Wärme 1925, S. 63.

dann die andere und ziehen oben in den Schornstein von 20 m Höhe und 0,6 m ob. l. ∅. Der Kesselmantel ist 6,6 m lang, der Durchmesser beträgt 1,9 m. Der erzeugte Hochdruckdampf dient mit noch einem ähnlichen Abhitzekessel zusammen zum Betriebe von Dampfhämmern.

In Zahlentafel 82a sind noch Versuche aus dem Gaswerk Schw.-Gmünd[1]) an Abhitzedoppelkesseln von je 12 m² Heizfläche aufgeführt,

Zahlentafel 82.

Abhitzekessel von 12 m² hinter einem Gasanstalts-Vollgenerator mit 9 Retorten von je 4 m Länge.

	Warm-wasser	Nieder-druckdampf 0,5 atü	Hochdruck-dampf 2,7 atü
Kesselheizfläche, Doppelkessel . . . . . . m²	12	12	12
Temperatur des Speisewassers . . . . . . °C	12,5	12	12
Temperatur des Dampfes oder Wassers . °C	62	110	138
Rauchgastemperatur vor Kessel . . . . . °C	870	830	850
Rauchgastemperatur hinter Kessel . . . . °C	220	270	260
CO_2-Gehalt der Rauchgase . . . . vH	14	13	12
O_2-Gehalt der Rauchgase . . . . vH	—	6	—
Zugstärke vor dem Schornstein . . . . . mm	13	13	13
Mittlerer Temperaturunterschied zwischen Rauchgasen und Dampf . . . . °C	450	461	460
Dampf oder Wasserleistung . . . . kg/m²/h	**160**	**9,45**	**7,6**
Generatorunterfeuerung, Koks . . . . kg/h	45	48	45
Wärmeübergang . . . . kcal/m²/h	**7950**	**5970**	**4850**
k = Wärmedurchgangszahl . . . kcal/m²/h/1°	**17,5**	**12,8**	**10,8**

die hinter die Vollgeneratoröfen mit 9 Retorten von 4 m Länge so eingebaut sind, daß die Gase den Abhitzekessel mit etwa 800—850° erreichen.

Es werden für k innerhalb des Temperaturbereichs folgende Werte angegeben:

Für	Warmwassererzeugung	von etwa 60°	$k = 17,5$
,,	Niederdruckdampf	,, 0,5 atü	$k = 12,8$
,,	Hochdruckdampf	,, 2,7 atü	$k = 10,8$,

es fällt also k mit steigender Spannung des Dampfkessels.

Einige weitere Versuchswerte[2]) enthält Zahlentafel 83. Sie umfaßt eine Beobachtungsreihe an stehenden Garbekesseln mit Überhitzer, welche zu je 2 Stück hinter einem Siemens-Martin-Ofen mit künstlicher Zuganlage aufgestellt sind. Bei einer Temperaturausnutzung von 720° auf 350° werden etwa 6,20 kg Dampf von 7,7 atü und 350° je m² Heiz-

[1]) Wenger, J. f. Gasbeleuchtung. 1918. S. 495.

[2]) Stahl & Eisen, 1913, S. 111. Schreiber: Über die Abhitzeverwertung bei Siemens-Martin-Öfen. (Umgerechnet auf neue Dampftabelle.)

fläche und Stunde erzeugt. Verfeuert wurde Steinkohle mit 71,2 bis 72,3 vH C.

Die von den Abhitzekesseln aufgenommene Wärmemenge betrug also 44—45 vH der gesamten in den Kessel eintretenden. Rechnungswerte für k entnimmt man den Zahlentafeln 81—83 oder für niedrigere Temperaturen und Bereitung von warmem Wasser aus Abb. 52. Es sei die Rechnungsweise am besten an einem Beispiel klargelegt:

Zahlentafel 83.

Abhitzekessel hinter Siemens-Martin-Regenerativöfen mit künstlicher Zuganlage.

	50 t-Ofen	50 t-Ofen	50 t-Ofen	40 t-Ofen
2 stehende Garbekessel, zus. . . m^2	500	500	500	400
Mit 2 Überhitzern, zusammen . m^2	130	130	130	100
Stahlerzeugung. . . . . t	54,2	57,8	52,2	46,0
Temperatur des Speisewassers . . °C	19,5	19,5	16,0	17,0
Kesselüberdruck . . . . . kg/cm^2	7,7	7,6	7,1	7,2
Dampftemperatur . . . . °C	344	348	350	342
Zugeführte Wärme je kg Dampf kcal (Kessel + Überhitzer)	727	729	734	729
Rauchgastemperatur vor Kessel . °C	719	686	604	623
Rauchgastemperatur hinter Kessel °C	349	346	348	310
Kohlensäuregehalt vor Kessel . . vH	15,5	15,5	14,8	14,6
Kohlensäuregehalt hinter Kessel . vH	12,7	13,2	12,9	12,0
Erzeugter Dampf . . . . $kg/m^2/h$	6,20	6,00	4,66	6,04
A. d. Kessel übergeg. Wärme $kcal/m^2/h$	4000	3870	3015	3920
A. d. Überhitzer übergeg. Wärme „	1960	1890	1542	1930
Kohlenverbrauch . . . . . . kg/h	1935	1935	1938	1605
Unt. Heizwert der Steinkohle kcal/kg	6893	6893	6736	6660
Gasmenge, feucht vor Kessel $m^2/h/^0/_{760}$	20250	19750	20350	17710
Wärmeinhalt der Gase vor Kessel kcal/h	5100000	4880000	4395000	4030000

Beispiel 30[1]): Es sind die Gase eines Flammofens, in dem Metalle geschmolzen werden, verfügbar. Der Abhitzekessel soll auf den Flammofen aufgesetzt werden und Dampf von 10 atü liefern aus Wasser von 50°. Verfeuert werden stündlich 125 kg oberschlesische Steinkohle, Gasaustritt 1150° bei 10 vH CO_2. Die Gase sollen den Abhitzekessel mit 300° verlassen. Nach Zahlentafel 45 erzeugt 1 kg Steinkohle bei 10 vH CO_2, also bei $v = 1{,}85$fachem Luftüberschuß, 14,7 m^3 Gas. Damit ergibt sich, wenn der Wärmeverlust zu 10 vH angesetzt wird und die mittlere spezifische Wärme der Abgase $[Cp]_{300}^{1150} = 0{,}35$, die verfügbare Wärmemenge $= 0{,}9 \cdot 125 \cdot 0{,}35\ (1150 - 300)\ 14{,}7 = 490\,000$ kcal/h. Die mittlere Temperaturdifferenz berechnet sich nach Formel 36, wenn

[1]) Vgl. Fußnote S. 292.

Zahlentafel 84.

Untersuchungen an Öfen der Kleineisenindustrie[1]).

	Emaillierofen (Muffelofen)		Kleiner Schmiedeofen mit Koksfeuerung		Schmiedeofen mit Herd für Eisenbleche für Presse		Schmiedeofen mit Rekuperator für Eisenblöcke		Topfglühofen für Stahldraht		Topfglühofen für Stahldraht	
Brennstoffart	Koks ca. 6180 kcal		Koks 6200 kcal		Koks		Halbgasfeuerung Steinkohlenbriketts		Braunkohlenbrik. 4655 kcal Rohbraunkohle 2725 kcal		ebenso	
kg/h	77,2		47		ca. 47		88		21,0		18,7	
Abgastemperatur	1134		1150		885		570		640		647	
CO_2 der Abgase	14,5 vH		13 vH		9 vH		7,5		12 vH		14 vH	
Erwärmung von kg um °			170 kg Eisen/h um 1200°						Glühdauer 15 h Einsatz um 655° erwärmt		um 653	
Verbrennungslufttemperatur					80		Oberluft 500° Zuluft 20°		Zuluft 17°		Zuluft 17°	
	kcal/h	Hv	kcal/h	vH	kcal/h	vH	kcal/h	vH	kcal/h	vH	kcal/h	vH
Nutzwärme			12470	4,2	33400	11,6	110898	16,1	10800	13,9	13630	19,8
Wärmeabgabe der Wände			8005	2,7								
Strahlverlust durch Schaffloch	121390	25,4	35700	12,0	77000	26,6	165200	24,0	30470	39,2	22080	32,2
Kaminverlust	240245	50,3	169500	57	167900	58,2	328850	47,6	30690	39,5	23530	34,2
Verlust im Kühlwasser			19317	6,5								
Verlust in Herdrückständen	19120	4,0	8900	3,0	10400	3,6	20680	3,0	2330	3,0	2060	3,0
Restverlust			43058	14,6			63722	9,3	3410	4,4	7500	10,8
Nutzwärme + Rest	97245	20,3										
	478000	100	296950	100	288700	100	689350	100	77700	100	68800	100

[1]) Von der Hauptstelle für Wärmewirtschaft. Arch. Wärmewirtsch. Mai-Juni 1922; Z. V. d. I. 1922, S. 777.

$t_2' = t_2'' = 183°$ Dampftemperatur gesetzt wird, zu $\vartheta_m = 403°$. Setzt man erfahrungsgemäß an

	bei natürlichem Zug	bei künstlichem Zug
für den sauberen Kessel	$k = 13$,	$k = 20$—25,
für den verschmutzten Kessel	$k = 10$,	$k = 14$,

so ermittelt sich der stündliche Wärmeübergang zu

$$13 \cdot 403 = 5260 \text{ kcal/m}^2\text{/h}, \quad \text{bzw.} \quad 10 \cdot 403 = 4030 \text{ kcal/m}^2\text{/h}.$$

Da die aufzuwendende Wärmemenge für 1 kg Dampf 613 kcal beträgt, so können im Kessel je nach seinem Reinheitszustande erzeugt werden:

$$\frac{4030}{613} = 6{,}6 \text{ bis } \frac{5260}{613} = 8{,}6 \text{ kg Dampf}$$

je m² Kesselheizfläche und Stunde.

Aus der verfügbaren Wärmemenge wird man also imstande sein, einen Kessel von

$$\frac{490000}{5260} = 93 \text{ m}^2 \text{ bis } \frac{490000}{4030} = 120 \text{ m}^2 \text{ Heizfläche}$$

zu versorgen. Man entscheidet sich für einen mittleren Kessel von 100 m² Heizfläche und wird mit demselben etwa $100 \cdot 6{,}6 = 660$ bis $100 \cdot 8{,}6 = 860$ kg Dampf von 10 atü stündlich liefern können.

Bei künstlichem Zuge würden im Mittel erreicht

$$17 \times 403 = 6850 \text{ kcal/m}^2\text{/h bzw. } \frac{6850}{613} = 11{,}2 \text{ kg/m}^2\text{/h Dampfleistung.}$$

Es würde eine Heizfläche von ca.

$$\frac{490\,000}{6\,850} = 72 \text{ m}^2$$

ausreichen.

Die Dampferzeugung einer solchen Kesselanlage würde betragen $72 \times 11{,}2 = 800$ kg von 10 atü. Der Abhitzkessel wird also bedeutend kleiner und leistungsfähiger, womit sich der Mehrpreis für die Ventilatoranlage und deren Betrieb bald ausgleicht.

23. Abdampfverwertung.

a) Röhrenapparate.

Zur Ausnutzung der im Auspuffdampfe von Maschinen noch enthaltenen großen Wärmemenge dienen Abdampfvorwärmer; dies sind Apparate, meist in zylindrischer Form, mit eingebauten kurzen Röhren von 1—3 m Länge und etwa 40—60 mm l. ∅. Der Dampf strömt um die Rohre, das Wasser durch dieselben, eine Konstruktion, bei der sich die Rohre innen leichter von angesetztem Kesselstein reinigen lassen als bei umgekehrter Anordnung. Das Wasser wird unter Kesseldruck durch den Vorwärmer hindurchgedrückt; dabei kondensiert der Dampf an den Wänden und gibt in sehr wirksamer Weise seine Wärme an das Wasser ab. Es sind zwei Wirkungen zu unterscheiden, die erste, während welcher der Dampf kondensiert, die zweite, während der sich das Kondensat kühlt; indessen verlaufen beide Vorgänge meist zu gleicher Zeit.

Die Wirkungsweise der Apparate ist um so besser, je kürzer und enger die Rohre sind, weil dann der Wasser- bzw. Dampfstrom in um so dünnere Strahlen zerlegt wird; außerdem wächst die Wirkung mit der Geschwindigkeit des Dampf- und Wasserdurchflusses; bei Heizschlangen ist der vordere Teil wirksamer als der hintere (vgl. S. 74—75). Es ströme z. B. Abdampf von 0,2 at Überdruck in den Vorwärmer ein, und das Kondensat verlasse ihn mit 90°, so sind für 1 kg Dampf nutzbar gemacht worden 638 — 90 = 548 kcal; es können damit also etwa 8,4 kg Wasser von 15—80° angewärmt werden; für die Speisung eines Dampfkessels läßt sich also mit Abdampf ein hoher Wärmegewinn erzielen.

Im allgemeinen können mit 1 kg Dampf 5—9 kg Wasser erwärmt werden, da 1 kg kondensierender Dampf etwa 530 kcal abgibt.

Die genaue Berechnung eines Abdampfvorwärmers müßte eigentlich gemäß dem Abkühlungsvorgange des Dampfes nach obigen zwei angegebenen Vorgängen erfolgen, entsprechend der Kondensation (vgl. Zahlentafel 85) und Abkühlung (vgl. Zahlentafel 87) des Kondensates, doch ist dieses Verfahren umständlich und nicht ganz sicher, deshalb führt man die Berechnung am besten nach nachstehendem Verfahren aus.

Da das Wasser gleichmäßig durch den Vorwärmer gedrückt wird, so ist seine Geschwindigkeit v_f in m/sek an der Heizfläche bekannt, ebenso

Zahlentafel 85.

Wärmedurchgangszahl k_ε zwischen nichtgespanntem Dampfe und nichtsiedendem Wasser bei kupfernen Rohren (vgl. S. 80). (Kondensationsvorgang.)

Geschwindigkeit des Wassers m/sek v_f	Geschwindigkeit des nichtgespannten Dampfes beim Eintritt in die Rohre v_d m/sek				
	6	12	20	30	42
0,001	375	525	675	825	975
0,008	448	655	843	1030	1218
0,020	563	788	1013	1238	1463
0,056	750	1050	1350	1650	1950
0,117	937	1312	1687	2062	2437
0,210	1110	1575	2025	2475	2925
0,335	1325	1837	2362	2987	3412
0,505	1500	2100	2700	3300	3900
1,000	1925	2625	3375	4125	4875

diejenige (v_d), mit welcher der Dampf in die Heizrohre eintritt. Wird, wie oft der Fall, nicht aller Dampf kondensiert, so setzt man als Dampfgeschwindigkeit v_d die Summe der Eintritts- und Austrittsgeschwindigkeit ein; dann gilt als Erfahrungswert für die Wärmedurchgangszahl k_ε (d. h. die stündlich durch 1 m² Heizfläche bei 1° Wärmeunterschied zwischen Dampf und Wasser hindurchgehende Wärmemenge für Kupfer- oder Messingheizflächen)

$$k_\varepsilon = 750 \sqrt{v_d} \sqrt[3]{0{,}007 + v_f} \quad \ldots \ldots \quad 96)$$

Einige hiernach berechneten Angaben über k_ε enthält nachstehende Zahlentafel[1]) für kupferne Rohre; für schmiedeeiserne Rohre, die sich stärker mit Kesselstein belegen, werde k_ε etwa 15 vH geringer angesetzt, für gußeiserne Rohre 50 vH geringer (vgl. auch S. 387 und Zahlentafel 86 für Sattdampf-siedendes Wasser).

Aus den gleichbleibenden Temperaturunterschieden der beiden Flüssigkeiten bei der Eintrittsseite und Austrittsseite ergibt sich dann der mittlere Temperaturunterschied ϑ_m der Flüssigkeit und des Dampfstromes aus Formel 36) (vgl. S. 90 und Zahlentafel 32)

$$\vartheta_m = \frac{\vartheta_a \left(1 - \frac{n}{100}\right)}{\log \text{nat} \cdot \frac{100}{n}} \quad \ldots \ldots \quad 97)$$

Zu gleichen Ergebnissen führt die im Abschnitt 4f gegebene Formel 37) für die übertragene Wärmemenge, wenn man die dort angegebene Verbesserungstafel benutzt (vgl. auch Zahlentafel 113, S. 367).

Aus der Erwärmung der kälteren Flüssigkeit von t_2' auf t_2'' ergibt sich die zu übertragende Wärmemenge für 1 h zu

$$Q = W \cdot (t_2'' - t_2') \quad \ldots \ldots \quad 98)$$

in Wärmeeinheiten, wenn W die je Stunde zu erwärmende Wassermenge in Kilogramm bedeutet; und die erforderliche Heizfläche F wird in Quadratmetern

$$F = \frac{Q}{k_\varepsilon \cdot \vartheta_m} \quad \ldots \ldots \quad 99)$$

Der Verbrauch an Heizdampf wird in Kilogramm für 1 h

$$D = \frac{W \cdot (t_2'' - t_2')}{640 - \left(\frac{t_2'' + t_2'}{2}\right)} \quad \ldots \ldots \quad 100)$$

---

[1]) Nach Hausbrand, Verdampfen, Kondensieren, Kühlen. 4. Aufl. Zahlentafel 53.

Zahlentafel 86.

Wärmedurchgangszahl k für 1 h, 1 m² Heizfläche und 1° Temperaturunterschied zwischen Dampf und siedendem Wasser für kupferne Heizschlangen $k = \frac{1900}{\sqrt{l \cdot d}}$ (für schmiedeeiserne Rohre 15 vH weniger) („ gußeiserne „ 50 vH „).

Lichter Rohrdurchm. in m d	Rohrlänge in m = l								
	1	2	4	6	8	10	15	20	30
	Wärmedurchgangszahl k für kupferne, innen geheizte Dampfrohre, außen siedendes Wasser								
0,010	19 000	13 470	9500	7716	6730	6012	4912	4290	3570
0,015	15 580	11 000	7713	6333	5495	4910	3950	3408	2833
0,020	13 470	9 500	6730	5490	4750	4220	3408	3007	2455
0,025	12 000	8 520	6012	4910	4250	3800	3100	2687	2190
0,030	11 000	7 714	5490	4510	3875	3408	2835	2455	2004
0,040	9 500	6 730	4750	3875	3363	3007	2455	2110	1743
0,050	8 520	6 012	4253	3408	3007	2687	2190	1900	1558
0,060	7 714	5 490	3875	3170	2740	2455	2004	1743	1415
0,070	7 200	5 080	3600	2930	2540	2270	1890	1610	1310
0,080	6 730	4 750	3363	2740	2375	2125	1711	1490	1225
0,090	6 333	4 510	3170	2580	2245	2004	1610	1410	1157
0,100	6 012	4 290	3007	2455	2135	1900	1558	1364	1100
0,125	5 714	3 800	2687	2191	1820	1700	1390	1202	982
0,150	4 910	3 408	2455	2004	1743	1555	1266	1100	905

Zahlentafel 87.

Wärmedurchgangszahl k_k zwischen zwei Flüssigkeiten, die an Kupfer- oder Messingwand mit den verschiedenen Geschwindigkeiten v_{f1} und v_{f2} in m/sek entgegengesetzt strömen. Für schmiedeeiserne Rohre 15 vH weniger, für gußeiserne Rohre 50 vH weniger.
Berechnet nach

$$k_k = \frac{200}{\frac{1}{1+6\sqrt{v_{f1}}} + \frac{1}{1+6\sqrt{v_{f2}}}}$$

v_{f2} m/sek	Geschwindigkeit der wärmeren Flüssigkeit v_{f1} in m/sek										
	0,002	0,006	0,01	0,04	0,08	0,10	0,20	0,6	0,8	1,0	2,0
0,002	128	136	142	160	172	176	188	206	212	214	225
0,006	136	145	153	173	188	194	208	232	238	240	253
0,010	142	153	160	185	200	206	224	250	256	259	274
0,040	160	175	185	210	242	250	274	316	328	336	358
0,080	172	188	200	242	270	276	312	362	376	392	420
0,100	176	194	206	250	276	289	328	384	400	408	443
0,20	188	208	224	274	312	328	370	454	464	486	531
0,60	206	232	250	316	362	384	454	570	606	624	709
0,80	212	238	256	328	376	400	464	606	644	666	782
1,00	214	240	259	336	392	408	486	624	666	700	810
2,00	225	253	274	358	420	443	531	709	782	810	947

Für viele Fälle wird es genügen, wenn man für die Berechnung der Heizfläche einen Erfahrungswert für den Wärmeübergang für 1 m² Heizfläche und 1 h einsetzt. Für einen Wärmedurchgang von Dampf an siedendes Wasser bei Heizschlangen gibt die vorstehende Zahlentafel[1]) 86 entsprechende Werte, für den Wärmeübergang zwischen zwei Flüssigkeiten Zahlentafel[1]) 87.

Beispiel 31. Zur Verfügung steht Abdampf von 0,2 at Überdruck, der nur zum Teil im Gegenstromvorwärmer kondensiert. Es sollen damit stündlich 8000 kg Wasser von 15° auf 80° erwärmt werden, der Heizdampf trete mit $v_d = 20$ m Geschwindigkeit in die Rohre ein und noch mit 15 m aus. Es ist also

$$t_1' = 104° = t_1'' = \text{Dampftemperatur},$$
$$t_2'' = 80; \quad t_2' = 15°;$$
$$\vartheta_\alpha = 104 - 15 = 89°; \quad \vartheta_\varepsilon = 104 - 80 = 24°;$$
$$\frac{\vartheta_\varepsilon}{\vartheta_\alpha} = \frac{24}{89} = 0{,}256.$$

Nach der Zahlentafel 32 wird also aus Spalte 4 der Wert 0,549 entnommen, demnach errechnet sich der mittlere Temperaturunterschied

$$\vartheta_m = \vartheta_\alpha \cdot 0{,}549 = 89 \cdot 0{,}549 = \mathbf{48{,}9°}.$$

Der Vorwärmer sei nun so gebaut, daß das zu erwärmende Wasser mit im Mittel $v_f = 0{,}12$ m Geschwindigkeit durch den Vorwärmer von der Speisepumpe gedrückt werde.

Dann ist nach Formel 96 für k_ε

$$k_\varepsilon' = 750 \sqrt{20 + 15} \sqrt[3]{0{,}007 + 0{,}12} = 750 \cdot 5{,}92 \cdot 0{,}503 = 2230\,.$$

Davon sind 15 vH abzuziehen, da eiserne Heizrohre verwendet werden sollen; also wird $k_\varepsilon = 0{,}85 \cdot 2230 = 1995$. Die Heizfläche wird also:

$$F = \frac{520\,000}{1995 \cdot 48{,}9} = \mathbf{5{,}34}\ \text{m}^2,$$

da die gesamte für 1 h zu übertragende Wärmemenge war:

$$Q = 8000 \cdot (80 - 15) = 520\,000\ \text{kcal}.$$

Die für die Wassererwärmung nötige Dampfmenge ist dann:

$$D = \frac{520\,000}{640 - \left(\frac{80 + 15}{2}\right)} = \mathbf{880}\ \text{kg Dampf je Stunde.}$$

Dabei ist angenommen, daß das Kondensat des verbrauchten Dampfes mit einer Temperatur abfließt, die etwa dem Mittelwerte der Wassertemperatur zwischen Eintritt und Austritt entspricht.

---

[1]) Nach Hausbrand, Verdampfen, Kondensieren und Kühlen. 4. Aufl. Zahlentafel 12 u. 64.

b) Beheizte Behälter.

Sind ältere Gefäße vorhanden, z. B. alte Flammrohrkessel usf., die sich mit geringen Kosten zu Abdampfvorwärmern umbauen lassen, indem man z. B. den Abdampf in die Flammrohre leitet und dann durch die Seitenzüge, die man in Mauersteinen, welche mit Zement gefugt sind, ähnlich wie bei Dampfkesseleinmauerungen üblich, ausgeführt hat, so gilt für die Wärmedurchgangszahlen natürlich obige Gleichung nicht mehr, da der Dampf nicht durch viele enge Rohre in feine Strahlen zerlegt wurde, sondern in breitem Strome an den Heizflächen vorbeiströmt; ebenso ist der Wasserinhalt zur heizbaren Oberfläche ein sehr großer, daher wird der Wärmeübergang wesentlich kleiner; doch lohnt es sich immer noch, solche Kessel, falls billig verfügbar, aufzustellen, da ein hoher Wärmegewinn erzielbar ist und in den Kesseln ein großer angewärmter Wasservorrat zur Verfügung steht; dies ist z. B. dann von Vorteil, wenn, wie beim Bergwerksbetriebe, der Kesselbetrieb Tag und Nacht durchgeht, während oft die Fördermaschine, die den Abdampf liefert, nicht die ganze Kesselbetriebszeit arbeitet, oder in ähnlichen Fällen, z. B. Brauereien für Anschwänzwasser usf. Hier können nur Erfahrungswerte eine Grundlage für die Berechnung bieten. Einige im Betriebe vorgenommene Messungen an vom Verfasser ausgeführten Anlagen seien nachstehend aufgeführt:

Beispiel (Versuch) 32. Ein alter Einflammrohrkessel von 31,0 m^2 dampfberührter Oberfläche wird mit unter Atmosphärendrucke stehendem Abdampfe einer Anzahl Dampfmaschinen und Pumpen gespeist, von denen die eine als Fördermaschine stoßweise Dampf abgibt. Der Abdampfvorwärmer ist 6,2 m lang, hat einen Durchmesser von 1330 mm bei 500 mm Flammrohrdurchmesser und steht unter vollem Kesseldrucke von 3,9—4,0 at, da das Speisewasser dem Bedarfe entsprechend hindurchgedrückt wird. Der Wasserinhalt beträgt 7400 kg.

Er ist so eingemauert, daß der Dampf erst das Flammrohr, dann die eine Seite, sodann die andere Seite bestreicht. Der gesamte durchgeleitete Abdampf, der zum Teil schon sehr naß und mit ziemlich viel Kondensat ankommt, hat sich beim Durchströmen fast ganz kondensiert; es fließt 428—474 kg Kondensat von etwa 80° in 1 h ab, das, mit frischem Wasser vermengt, wieder verspeist wird.

Das Betriebsergebnis zeigt nachstehende Zusammenstellung. Erzielt wurde ein Wärmeübergang je 1 m^2 Vorwärmerfläche und Stunde von 3360—4000 kcal entsprechend der verspeisten und erwärmten Wassermenge bei einem $k = 75-91$; doch wurde dabei der Vorwärmer nicht bis zu seiner Höchstleistung beansprucht; derselbe ist imstande, bedeutend mehr zu liefern.

Die Ersparnis rechnet sich wie folgt, z. B. bei Versuch III: Ohne Vorwärmer wurden aufgewendet für 1 kg Dampf bei 4,0 atü

656,4 — 26,2 = 630,2 kcal; bei Einschaltung des Vorwärmers wird das Wasser von 26,2—83,1, also um 56,9° erwärmt; es werden also zur Erzeugung eines Kilogramm Dampfes gespart $\frac{56,9}{630,2} \cdot 100 = 9,0$ vH an Wärme, also auch an Kohle.

Man sieht, die Ersparnisse sind nicht unbedeutend.

Versuchs-Nr.	Heizfläche m²	Wassertemperatur °C		Wassermenge für 1 h insgesamt kg	Wärmeübergang insgesamt für 1 h kcal	Wärmeübergang		Ersparnis an Wärme in vH
		Eintritt	Austritt			für 1 m² Heizfläche und h kcal	k	
III	31,0	26,2	83,1	2173	123670	4000	91	9,0
I	31,0	30,3	77,5	2170	103600	3360	74,5	7,7
II	31,0	23,4	77,9	2117	113600	3680	83,6	8,4

Leicht kann auch durch Einbauen von Rohrschlangen oder eines sonstigen Heizrohrsystemes, durch welches der auspuffende Dampf geschickt wird, das Wasser eines Vorratsbehälters auf hohe Temperaturen, 80—95°, erwärmt werden. Die Schlange muß mit Gefälle liegen, so daß das entstehende Kondenswasser frei ablaufen und nach Reinigung wieder verspeist werden kann, während in dem Wasserbehälter, aus welchem die Speisepumpe saugt, durch ein Schwimmerventil das verbrauchte Wasser selbsttätig wieder ergänzt wird. Diese Ausführungsart kann den verschiedensten Bedürfnissen bequem angepaßt werden.

24. Dampfspeicher und Heißwasserspeicher[1]).

Allgemeines. Speicher dienen dazu, starke und plötzliche Belastungsschwankungen vom Dampfkessel fernzuhalten, indem sie überschüssige Wärmemengen in sich ansammeln und sie zu gegebener Zeit wieder abgeben; dadurch schaffen sie einen Ausgleich zwischen verfügbarer und gebrauchter Wärmeenergie.

Sie sind in allen Betrieben von Vorteil, deren Dampfbedarf bzw. Abdampflieferung starkem und raschem Wechsel unterworden ist, z. B. in Färbereien, Webereien, Zellulose- und Papierfabriken, chemischen und Seifenfabriken, Brauereien, Lederfabriken, Gummifabriken, Elektrizitätswerken, Hüttenwerken, Zuckerfabriken usf.

Gefälledruckspeicher ermöglichen trotz wechselnden Dampfverbrauches eine mittlere, gleichmäßige Dampferzeugung, daher einen besseren Kesselwirkungsgrad und Verminderung des Kohlenverbrauchs. Erzielt wird ein Ausgleich der Schwankungen des Dampfverbrauches,

[1]) Die ersten Ausführungen stammen aus den Jahren 1891/92 von Druitt Halpin.

des Kraftverbrauches bei gleichzeitiger Abgabe des Abdampfes oder Zwischendampfes für Koch- und Heizzwecke, wobei Energiebedarf und Heizdampfbedarf sich selten decken, sowie der Wärmezufuhr in der Gaswirtschaft, der Abhitzeverwertung, des überschüssigen Stromes ufs.

Sie vermindern die Anzahl der Kessel, die in Betrieb gehalten werden müssen und gestatten, da sie den Ausgleich aus dem Kessel herausverlegen, auch bei stark wechselndem Dampfbedarf Kessel mit geringem Wasserinhalt zu verwenden.

Bei Heißwasserspeichern wird der Kessel bloß mit reinem heißen Wasser von Kesseltemperatur gespeist, so daß Schonung des Kessels gegen Temperaturunterschiede eintritt, und größere Leistungsfähigkeit je 1 m² Hzfl./h oft bis auf das 2,5fache bei sehr geringem Betriebsaufwande; außerdem läßt das Speisewasser den Schmutz hauptsächlich im Speicher zurück, statt ihn in dem Kessel abzusetzen.

Es haben sich verschiedene Speicherungsarten ausgebildet:

1. Die Speicherung wird im Kessel selbst vorgenommen in der Form, daß der Oberkessel möglichst groß gewählt wird und mehrere Wasserstandsgläser übereinander erhält, so daß der Unterschied zwischen höchstem und tiefstem Wasserstand dann einen hohen Wasservorrat ergibt, der ohne Druckabfall verdampft werden kann in Zeiten hoher Beanspruchung, ohne daß nachgespeist zu werden braucht.

Ausgleich bei konstantem Kesseldruck. Eine Steigerung der Dampfleistung bei gleichmäßiger Kesselspannung ist vorübergehend möglich um 15—40 vH. Bei geringem Dampfbedarf wird dann das Feuer gleich stark gehalten und der Kessel wieder hochgespeist, so daß sich ein neuer heißer Wasservorrat bildet, indem die Dampfbildung niedrig gehalten wird.

Ausgleich bei fallendem Kesseldruck. Bei fallendem Kesseldruck sinkt die Kesselwassertemperatur, also der Wärmeinhalt pro 1 kg; z. B. bei Abfall von 8,2 atü auf 6,5 atü von 178 auf 169° kcal/h. Dieser Wärmeabfall wird zu rasch einsetzender Dampfbildung benutzt. Daran nimmt der gesamte Kesselwasserinhalt teil und der Speiseraum, so weit er mit Wasser gefüllt ist (Beispiel S. 413). Für 1 m³ Wasserinhalt werden nach der Kurve (Abb. 55) 9 kg Dampf erzeugt bei einem Druckabfall von 1,0 at; also können bei 20 m³ Wasserinhalt $20 \cdot 9 \cdot 1{,}7 = 306$ kg Dampf mehr geleistet werden in der beliebig kurzen Zeit der Drucksenkung. Die Wirkung ist aber als Ausgleichswirkung nur gering gegenüber derjenigen bei konstantem Druck.

Da die Ausgleichwirkung und Speicherung innerhalb des Kessels aber beschränkt ist, so überträgt man die Speicherung auf besondere Speicherkessel. Dadurch entsteht der

2. Gleichdruckspeicher [Speiseraumspeicher[1])]. Er stellt einen dem Kessel parallel geschalteten vergrößerten Speisewasserraum dar. Der Speicher ist über dem Oberkessel gelagert oder wie bei Kiesselbach an beliebiger Stelle tiefer als der Oberkessel aufgestellt. Die Dampfräume von Oberkessel und Speicher sind miteinander verbunden; beide stehen also unter gleichem Druck. Das Speisewasser wird dauernd gleichmäßig in den Speicher gepumpt und wärmt sich auf Kesseldrucktemperatur an. Durch ein Regulierventil strömt das heiße Wasser aus dem Speicher in den Dampfkessel. Die Feuerung des Dampfkessels wird gleichmäßig auf eine mittlere Dampferzeugung eingestellt. Bleibt der Dampfbedarf darunter, so wird die zusätzliche Speisewassermenge auf Siedetemperatur angewärmt, der Speicher wird aufgeladen; im umgekehrten Falle bei starker Dampfentnahme wird das heiße Speisewasser aus dem Speicherinhalt verdampft, der Speicher entladet sich; dabei wird die Speisung des Dampfspeichers verringert bzw. ganz abgestellt. Während dieser Heißspeisung wird von der Feuerung keine Wärme zum Aufwärmen des kälteren Speisewassers auf Siedetemperatur verbraucht; sie bleibt zur Dampfbildung verfügbar. Der Kessel kann daher mehr leisten.

Bei tiefliegenden Speichern (System Kiesselbach) wird durch eine eingeschaltete Wälzpumpe der Wasserinhalt des Speichers dauernd in den Kessel gepumpt; die dort nicht verdampfte Wassermenge läuft durch eine Überlaufleitung wieder in den Speicher zurück. Die Wirkungsweise ist die gleiche.

Die Regelung der Speisepumpen für Ladung und Entladung des Speichers erfolgt durch einen automatischen Regulierapparat.

Es bedeuten:

i'' = Wärmeinhalt des Dampfes bei Kesseldruck,
i' = ,, ,, Wassers bei der diesem Druck entsprechenden Temperatur (Flüssigkeitswärme),
t = Temperatur des Speisewassers vor dem Speicher,
m = stündliche Mehrleistung des Kessels in Prozent der normalen Verdampfung,
s = Inhalt des Speiseraumes bzw. Speiseraumspeichers in Kilogramm Wasser,
n = normale Dampfleistung des Kessels in kg/h.

$$m = \frac{(i' - t)\,100}{i'' - i'}\,\text{vH} \quad \ldots\ldots\ldots \quad 101)$$

[1]) Jurenka und Wirz, Das Wärmespeicherproblem unter besonderer Berücksichtigung der Leistungselastizität von Dampfkesseln. Arch. f. Wärmewirtschaft 1923, S. 187.

Es kann eine erhöhte Kesselleistung abgegeben werden, ohne daß gespeist werden muß, und zwar:

$$x = \frac{s}{n\left(1 + \frac{m}{100}\right)} \text{ Stunden lang} \quad . \quad . \quad . \quad . \quad 102)$$

Folgt sodann eine Zeit, in der eine geringere Dampfleistung als die normale von n kg/h verlangt wird, so kann der Speiseraumspeicher wieder aufgefüllt werden, um die Reserve für eine kommende Spitzenleistung zur Verfügung zu haben.

Beispiel 33. Vorhanden ist ein Wasserrohrkessel von: 300 m² Heizfläche für 18 atü Betriebsdruck,

Wasserraum des Kessels bis NW. $= 17$ m³,
Inhalt des Speiseraumes s $= 7$ m³,
Normalbelastung des Kessels $= 6000$ kg Dampf/h
Speisewassertemp. bei Eintritt in den Speicher $t = 80°$ C,
die prozentuale Mehrleistung beträgt dann:

$$m = \frac{213{,}1 - 80}{660{,}0 - 213{,}1} 100 = 29{,}4 \text{ vH},$$

d. h. die Leistung steigt auf 7770 kg/h. Diese Mehrleistung kann der Kessel hergeben eine Zeit von

$$x = \frac{7000}{6000\,(1 + 0{,}294)} = 0{,}903 \text{ Stunden lang.}$$

Während dieser Zeit beträgt also die Leistung des Kessels 7770 kg/h, ohne daß aus dem Brennstoff mehr Wärme hergegeben wird wie bei der normalen Belastung von 6000 kg Dampf/h.

Die Mehrleistung ist um so größer, je höher der Kesseldruck und je niedriger die Speisewassertemperatur ist. Für mittlere Verhältnisse liegt sie zwischen 20—30 vH, z. B.:

Kesseldruck atü	10		14	
Speisewassertemperatur .	40	80	40	80
Mehrleistung vH.	30	22	34	26

3. Druck oder Gefällespeicher, Dampfspeicher von Dr.-Ing. Ruths[1]). Der Speicher ist ein großer mit Wasser gefüllter Kessel. Seine Wirkung beruht darauf, daß der überschüssige Dampf des Dampfkessels bei abnehmendem Dampfbedarf der Fabrik bzw. der Abdampf- oder Zwischendampfmaschine im Wasserinhalt des Speichers unter Druck-

[1]) J. Ruths, Dampfspeicher. Z. V. d. I. 1922, S. 509.

steigerung des Speicherinhaltes aufgespeichert und dann wieder bei Bedarf unter Druckverminderung abgegeben werden kann. Notwendig dazu ist also, daß der Speicherdruck um mehrere Atmosphären zwischen zwei durch die jeweiligen Betriebsverhältnisse gegebenen Grenzen pendeln darf. Der Dampfüberschuß wird mittels Düsen unter die Wasseroberfläche des Speichers geleitet, kondensiert daselbst und ladet den Speicher bis auf einen maximalen Wasserstand. Bei der Entladung wird infolge der Drucksenkung vom Anfangs- auf den Enddruck des Speichers eine bestimmte Wärmemenge frei, welche eine Dampfentwicklung hervorruft (vgl. Abb. 55[1]); dabei darf der Wasserinhalt des Speichers bis auf eine unterste Entladegrenze sinken.

Die gesamte Entladedampfmenge, die dem Unterschied zwischen oberstem und tiefstem Wasserstand entspricht, kann sehr schnell aufeinmal oder über lange Zeiten verteilt entnommen werden; dabei wird der erzeugte Dampf, dessen Druck bei Entladung des Speichers allmählich abfällt, durch ein Reduzierventil auf den niedrigsten Speicherdruck, der dem verlangten Heizdampfdruck entspricht, herabgesetzt.

Der Dampfkessel wird dabei lediglich als Dampferzeuger benutzt; auf eine Speicherung in demselben wird verzichtet; er braucht also nur kleine Wasserräume zu enthalten und wird mit konstantem Höchstdruck und mittlerer gleichmäßiger Belastung betrieben. Der Speicherraum wird in den Speicher verlegt.

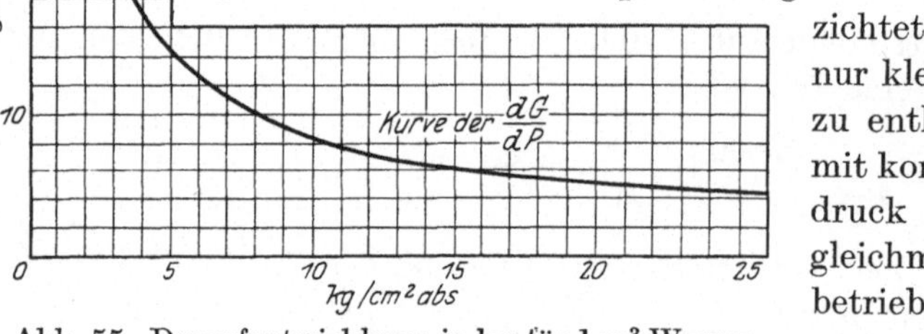

Abb. 55. Dampfentwicklung in kg für 1 m³ Wasserinhalt und 1 at Druckabfall.

Nach Abb. 55 werden pro Kubikmeter Wasser z. B. bei Drucksenkung von 5 ata auf 4 ata 15 kg Dampf, bei Senkung von 15 ata auf 14 ata 6 kg Dampf abgegeben. Das günstigste Arbeitsgebiet liegt demnach für Gefällespeicher bei niederen Drücken mit großen zulässigen Druckschwankungen; andernfalls werden pro Kilogramm zu speichernde Dampfmenge die Abmessungen und die Unkosten sehr groß.

Die Gefällespeicher sind versehen mit Dampfeinlaß- und Dampfentnahmevorrichtungen, Sicherheitsventil, Druckreguliervorrichtungen, Manometer, sowie evlt. Frischdampfzusatzventil. Diese Speicher werden am besten zwischen Gegendruckmaschine und Abdampfverbraucher eingeschaltet, evtl. auch dem Kessel parallel, ähnlich dem Speiseraumspeicher. Nachfolgende Formeln dienen zur Errechnung eines Gefällespeichers. Es bedeutet:

[1]) J. Rutß, Dampfspeicher Z. V. d. I. 1922 S. 510.

D_1 = aufzunehmende Dampfmenge in Kilogramm (Abdampf, Zwischendampf, Frischdampf),

p_1 = Druck des Abdampfes entsprechend einem beliebigen bzw. höchstzulässigen Aufladezustand des Speichers, ata,

i_1' = Wärmeinhalt der Flüssigkeit in kcal/kg bei p_1,

i_1'' = Gesamtwärmeinhalt des eingeblasenen Dampfes in kcal/kg,

W_1 = Wasserinhalt des Speichers in Kilogramm im Aufladezustand bei p_1,

D_2 = abgegebene Dampfmenge in Kilogramm = Entladedampfmenge,

p_2 = Druck des Speichers in ata, entsprechend einem beliebigen Entladezustand (dem nötigen Dampfdruck der Abdampfverbraucher = niedrigstem Entladezustand)

i_2' = Wärmeinhalt der Flüssigkeit in kcal/kg bei p_2,

i_2'' = Gesamtwärmeinhalt des Abdampfes in kcal/kg bei p_2,

W_2 = Wasserinhalt des Speichers bei beliebigem (bzw. niedrigstem) Speicherdruck in Kilogramm,

A = Abkühlungsverlust des Speichers während der Entladezeit oder Ladezeit in kcal.

In einem Speicher mit einer beliebigen (niedrigsten) Wasserfüllung W_2 in Kilogramm (Flüssigkeitswärme i_2' und spez. Gewicht γ_2) werde die Dampfmenge D_1 in Kilogramm eingeblasen mit p_1, i_1'', der einem beliebigen höheren (höchstzulässigen) Aufladezustande entspricht. Der Dampf schlägt sich nieder im Wasser und erhöht den Wasserinhalt auf $W_2 + D_1$; Druck (also auch Temperatur) und Flüssigkeitswärme steigen auf p_1, i_1'; das spezifische Gewicht fällt auf γ_1; außerdem ist der Abkühlungsverlust zu decken.

Aufladen. Der Wärmeinhalt des aufgeladenen Speichers beträgt also:

$$D_1 \cdot i_1'' + W_2 \,.\, i_2' = (W_2 + D_1) \cdot i_1' + A \,, \quad \ldots\ldots \quad 103)$$

demnach

$$W_2\,(i_1' - i_2') = D_1 \cdot (i_1'' - i_1') - A\,,$$

demnach Wasserinhalt des entladenen Speichers:

$$W_2 = \frac{(i_1'' - i_1') \cdot D_1 - A}{i_1' - i_2'} \text{ in kg} \quad \ldots\ldots\ldots \quad 104)$$

Da der Speicher bei voller Ladung mit 90 vH Wasser gefüllt sein soll, so muß der Gesamtraum des Speichers sein:

$$V = \frac{(W_2 + D_1)}{\gamma_1 \cdot 0{,}9 \cdot 1000} = \frac{W_1}{0{,}9 \cdot 1000} \text{ in m}^3 \quad \ldots\ldots \quad 105)$$

Entladen. Entnimmt man dem Speicher, ohne den Abkühlungsverlust abzuziehen, die Dampfmenge D_2, so verringert sich der Wasserinhalt von W_1 auf $W_1 - D_2$; dabei sinkt der Druck (Temperatur) und die Flüssigkeitswärme von p_1, i_1' auf p_2, i_2'. Der entnommene Dampf führt aber eine mittlere Gesamtwärme $\frac{i_1'' + i_2''}{2}$. Außerdem sind die Abkühlungsverluste in der Entladezeit zu decken; es gilt dann:

$$W_1 \cdot i_1' - D_2 \frac{(i_1'' + i_2'')}{2} - A = (W_1 - D_2) \cdot i_2',$$

daraus ermittelt sich die **Entladedampfmenge** zwischen p_1 und p_2 zu:

$$D_2 = \frac{W_1 (i_1' - i_2') + A}{\frac{i_1'' + i_2''}{2} - i_2'} \text{ in kg} \quad \ldots \ldots \quad 106)$$

oder auch die notwendige, **höchste Wasserfüllung** in Kilogramm:

$$W_1 = D_2 \frac{\left[\frac{(i_1'' + i_2'')}{2} - i_2'\right] - A}{i_1' - i_2'} \text{ in kg} \quad \ldots \quad 107)$$

Beispiel 34. Zum Ausgleich der Abdampflieferung einer Gegendruckmaschine mit dem Abdampfverbrauch seien zu speichern:

die maximale Entladedampfmenge	$D_2 = 18000$ kg
der Gegendruck der Dampfmaschine = maximaler Speicherdruck beträgt	$p_1 = 5$ ata
der Dampfentnahmedruck an den Verbrauchsstellen	$p_2 = 2$ „

Wie groß muß der Speicher gewählt werden?

Der Speicherdruck darf also zwischen 5 und 2 ata pendeln.

Bei voller Aufladung auf 5 ata beträgt:

$$i_1'' = 656{,}4 \text{ kcal/kg}; \; i_1' = 152{,}3 \text{ kcal/kg}.$$

Bei voller Entladung auf 2 ata beträgt:

$$i_2'' = 646{,}9 \text{ kcal/kg}; \; i_2' = 120 \text{ kcal/kg},$$

demnach ist der Wasserinhalt des entladenen Speichers, wenn man den Abkühlungsverlust vorerst auf Null setzt:

$$W_2 = \frac{(656{,}4 - 152{,}3)}{152{,}3 - 120} \cdot 18\,000 = 281\,000 \text{ kg Wasser}.$$

Der Wasserinhalt des voll aufgeladenen Speichers beträgt:

$$\begin{array}{r} 281\,000 \text{ kg} \\ +\; 18000 \text{ „} \\ \hline W_1 = D_2 + W_2 = 299\,000 \text{ kg Wasser} \end{array}$$

Mit $\gamma_1 = 0{,}915$ kg/l bei $p_1 = 5$ ata und 151° ist der Wasserinhalt des aufgeladenen Speichers:

$$\frac{299000}{0{,}915} = 327000 \text{ l},$$

oder der Gesamtinhalt des Speichers bei 90 vH Füllung:

$$V = \frac{327000}{0{,}9} = 364000 \text{ l oder } 364 \text{ m}^3.$$

Rückwärts gerechnet könnte also ein Speicher von $W_1 = 299000$ kg Wasserinhalt bei voller Aufladung eine Dampfmenge D_2 abgeben

$$\text{von } D_2 = \frac{299000\,(152{,}3 - 120)}{\frac{656{,}4 + 646{,}9}{2} - 120} = \frac{9660000}{531{,}6} = 18150 \text{ kg}$$

also annähernd die verlangte Menge.

Abkühlungsverlust. Die im Freien aufgestellten Speicher werden mit Kieselguhr oder Asbest isoliert, darüber mit dünnem Blech verkleidet, das angestrichen wird. Obiger Speicher würde eine Oberfläche von 320 m² besitzen; mit einer Wärmeübergangszahl von nicht siedendem Wasser an Eisen $\alpha = 500$ kcal/m²/h/1°; von Außenwand an Luft $\alpha = 5$ und $\lambda = 0{,}08$ für Kieselguhr, wird für den gesamten Wärmedurchgang $k = 0{,}875$ kcal/m²/h/1°.

Bei 0° Außentemperatur und 140° Innentemperatur im Mittel beträgt also der stündliche Wärmeverlust:

$$0{,}875 \cdot 320 \text{ m}^2 \cdot 140° = 39000 \text{ kcal},$$

entsprechend einer Minderdampflieferung von ca. 70 kg/h.

Infolge der Abkühlungsverluste wird die obige Entladedampfmenge nicht ganz erreicht. Um den Dampfverlust auszugleichen, wird man also den Wasserinhalt des Speichers ein wenig größer wählen, etwa 330000 kg = ca. 330 m³.

25. Elektro-Dampfkessel.

a) Allgemeines.

Steht eine Wasserkraft zur Verfügung, die nur während der üblichen Tagesstunden für Kraftlieferung ausgenutzt ist, so lohnt es sich, die während der Stillstandszeit der Fabrik unbenutzt ablaufenden Kräfte des Wassers zur Dampferzeugung zu verwerten, indem man elektrischen Strom herstellt und mit demselben in einem elektrisch beheizten Dampfkessel heißes Wasser oder Dampf erzeugt. Da der Wärmebedarf gewöhnlich nicht mit der Zeit zusammenfällt, in welcher

Kraftüberschuß vorhanden ist, so muß eine Speicherung der Wärme stattfinden, um eine Entnahmemöglichkeit je nach dem Bedarf zu gestatten. Dazu dient ein genügend groß gebauter Elektrospeicher. Verwendung kann der aufgespeicherte Dampf z. B. erfahren früh beim ersten starken Heizbedarf der Fabrik, indem man den über Nacht gespeicherten Dampf zusetzt, wodurch der eigentliche Betriebsdampfkessel entlastet wird bzw. erst später angefeuert zu werden braucht. Außerdem finden sich bei Tage vielerlei Gelegenheiten, bei plötzlichem vorübergehenden Dampfbedarf und bei Spitzenbelastung Dampf aus dem elektrischen Speicher zuzusetzen. Man kann daher die Vorteile elektrisch beheizter Speicher darin erkennen, daß 1. die volle Energie von Wasserkraftanlagen zur billigen Wärmeerzeugung Anwendung findet und daß dadurch der Kohlenverbrauch des Werkes erheblich eingeschränkt wird, 2. daß der Elektrokessel sehr geringe Anforderungen an Wartung und Bedienung stellt, zumal man den Strom beim Laden und Entladen selbsttätig zu- und abstellen kann, 3. daß der Betrieb mit demselben rauch- und staubfrei ist und daß für die mit demselben erzeugten Dampf- und Wärmemengen die Kosten für Zufuhr und Lagern der Kohlen entfallen, sowie daß der Kessel stets betriebsbereit ist.

Je größer der Wärmespeicher ist, desto größer ist auch seine Kühloberfläche und desto stärker und besser muß die Isolierung sein.

b) Ausführungsformen.

Je nach der verfügbaren Spannung und Stromstärke muß die Heizeinrichtung anders gestaltet werden.

1. Indirekte Widerstandsheizung. Diese Ausführung wird bei kleineren Kesseln und bei kleineren Leistungen für Gleichstrom und niedergespanntem Wechselstrom bis 500 Volt angewendet. Zur Beheizung dienen Bandheizkörper, welche in Heizscheiden, d. h. flachgedrückten Rohren isoliert eingepreßt sind und die in Gruppen von mehreren Elementen in den Kessel so eingebaut werden, daß sie sich leicht auswechseln lassen. Zur Ausstattung gehört eine elektrische Schalt- und Reguliereinrichtung für mehrere Stufen.

2. Direkte Widerstandsheizung. Mit dieser Heizungsart muß man bei Wechselstrom von 110—1000 Volt Spannung arbeiten.

Die Heizeinrichtung besteht aus nicht rostenden Heizdrähten aus Chrom-Nickel für eine Temperatur bis 1200°, welche auf einen Zapfen aus Porzellan aufgewickelt sind und frei in das Wasser eingehängt werden. Die Regulierung erfolgt durch Zu- und Abschaltung einzelner Heizkörper, die in Stern- oder Dreieckschaltung angeordnet sind. Eingebaut wird zweckmäßig ein Wasserstandsregler, so daß die Heizkörper stets unter Wasser stehen. Die Elektrodenanordnung ist für eine niedrige Spannung sowie für Gleichstrom nicht geeignet, weil sich Wasserstoff und Sauerstoff, also Knallgas bildet, das bei Dampfkesseln, wenn die Dampferzeugung im Verhältnis zur Knallgasbildung sehr groß ist, allerdings nicht so sehr schadet, dagegen bei Warmwasserkesseln sich an der Kesseldecke ansammelt und leicht zu Explosionen führen kann. Bei Widerstandsdrähten können elektrolytische Erscheinungen nicht auftreten.

3. Heizung durch Elektroden. Diese Betriebsweise kommt zur Ausführung bei großen Energiemengen und für hochgespannten Drehstrom bis 20000 Volt. Metallische Elektroden, die in besonderer Weise konstruiert sind, führen den Strom ein und aus; das Wasser selbst bildet dabei den Widerstand. Chemisch reines Wasser leitet den Strom nicht; wesentlich ist daher die Härte des Wassers, also der Gehalt an gelösten Stoffen; mit steigender „bleibender" Härte, d. h. der Härte des stark gekochten Wassers (meist Sulfate und Karbonate von Kalzium und Magnesium), ebenso mit steigender Wassertemperatur steigt auch die Leitfähigkeit des Wassers für den elektrischen Strom. Es muß deshalb eine weite Regulierfähigkeit des Stromes angestrebt werden, um der wechselnden Wasserhärte Rechnung tragen zu können, dabei muß eine Kesselsteinablagerung in den Elektroden selbst verhindert werden. Das geschieht z. B. durch Wegverlegen des Energieumsatzes von den Flüssigkeitsschichten, welche die Elektroden umgeben, indem man Verdrängungskörper aus Isoliermaterial anordnet.

c) Berechnung des Elektrodampfspeichers[1]).

Für die Ermittlung der Speichergröße für eine bestimmte Leistung braucht man die Kenntnis des notwendigen Speicherinhalts J in Liter und der erforderlichen elektrischen Leistung L in Kilowatt, genannt der Anschlußwert des Kessels. Es liefert 1 kWh 860 kcal.

Da 1 kg Normaldampf von 100° und 1 ata 639 kcal besitzt, so könnten damit $\frac{860}{639} = 1{,}34$ kg Dampf erzeugt werden. Praktisch wird indessen infolge der Abkühlungsverluste diese Zahl nicht erreicht. Im Mittel kann bei guter Isolierung mit einem thermischen Wirkungsgrade von = 0,90 bis 0,93, bei größeren Speichern und schlechter Isolierung bis herab zu 0,85 gerechnet werden. Es sollen bezeichnen:

J = Speicherinhalt des Kessels in Liter Wasser,
L = erforderliche elektrische Leistung in Kilowatt (Anschlußwert des Kessels),
q_1 = Flüssigkeitswärme des Wassers am Ende der Aufladung bei der Temperatur t_1; in kcal,

[1]) Nach Z. V. d. I. 1922, S. 793: „Elektrische Wärmespeicheranlagen." Von Gebr. Sulzer, Winterthur.

q_2 = Flüssigkeitswärme des Wassers am Ende der Entladung bei der Temperatur t_2; in kcal,

q_3 = Flüssigkeitswärme des Speisewassers bei der Speisewassertemperatur t_3; in kcal,

Q = Wasserinhalt des gefüllten Speichers in Kilogramm,

D = Dampfmenge in Kilogramm, die bei einmaliger vollständiger Entladung des Speichers vom Anfangs- bis Enddrucke gewonnen werden kann,

γ = spezifisches Gewicht des Wassers bei der Temperatur t_1 (Zahlentafel 12),

φ = Verhältnis zwischen Wasserinhalt und Gesamtinhalt des Speichers, gewöhnlich 0,9—0,95.

Z = Ladedauer in Stunden pro Tag,

E = elektrisches Wärmeäquivalent; 1 kWh = 860 kcal,

W = notwendige Wärmemenge in kcal,

$W_n = W \cdot \eta$ = nutzbare Wärmemenge in kcal,

V = Verluste durch Strahlung und Leitung in kcal stündlich,

i''_m = mittlerer Wärmeinhalt des Dampfes zwischen Lade- und Entlade-Endtemperatur,

η = thermischer Wirkungsgrad des Speichers.

Der Speicher wird mit Wasser gefüllt und mittels elektrischen Stromes auf Spannung gebracht, also aufgeladen. Es ergibt sich dann der Wärmeinhalt des aufgeladenen Speichers zu:

$$Q(q_1 - q_2) = D(i''_m - q_2) + V(24 - Z) \text{ in kcal} \quad . \quad . \quad . \quad . \quad 108)$$

und daraus der notwendige Wasserinhalt in Kilogramm:

$$Q = \frac{D(i''_m - q_2) + V(24 - Z)}{q_1 - q_2} \quad . \quad . \quad . \quad . \quad . \quad . \quad . \quad . \quad 109)$$

Da die Wasserfüllung Q des Speichers nur etwa $\varphi = 0{,}9$ bis $0{,}95$ (bzw. auch etwas weniger) des Speicherinhalts J in Liter ist, so muß unter Berücksichtigung des spezifischen Gewichtes des Wassers der Speicher einen Gesamtinhalt in Liter erhalten von:

$$J = \frac{Q}{\varphi \cdot \gamma} \quad . \quad . \quad . \quad . \quad . \quad . \quad . \quad . \quad . \quad . \quad . \quad . \quad 110)$$

Die elektrische Leistung ermittelt sich aus folgender Überlegung: Der entladene Speicher hat die Wassermenge D in Kilogramm als Dampf abgegeben; diese Menge muß durch frisches Speisewasser von der Temperatur t_3 ersetzt und auf die Temperatur am Ende der Aufladung t_1 erwärmt werden. Zugleich muß der im Speicher verbliebene Wasserrest $(Q - D)$ von t_2 auf t_1 gebracht werden. Dazu muß dem

Speicher einschl. Ersatz der Abkühlungsverluste in der Ladezeit folgende Wärmemenge W in kcal zugeführt werden, um ihn wieder aufzuladen:

$$W = (Q - D)(q_1 - q_2) + D(q_1 - q_3) + V \cdot Z$$
$$= Q(q_1 - q_2) + D(q_2 - q_3) + V \cdot Z = W_n + V \cdot Z = \frac{W_n}{\eta} \quad . \quad 111)$$

Dabei ist

$$V \cdot Z = W - W_n = W(1 - \eta).$$

Da die notwendige elektrische Leistung sich beläuft auf

$$L = \frac{W}{860 \cdot Z} = \frac{W_n}{\eta \cdot 860 \cdot Z} \text{ in kW in 1 h} \quad . \; . \; . \; . \quad 112)$$

so wird einschl. Verlusten:

$$L = \frac{Q(q_1 - q_2) + D(q_2 - q_3)}{860 \cdot Z} + \frac{V}{860} \text{ in kW} \quad . \; . \; . \; . \quad 113)$$

oder, wenn man statt der Verluste den Wirkungsgrad η einführt:

$$L = \frac{Q(q_1 - q_2) + D(q_2 - q_3)}{860 \cdot Z \cdot \eta} \text{ in kW} \quad . \; . \; . \; . \; . \quad 113\text{a})$$

Beispiel 35. Es soll ein vorhandener Einflammrohrkessel von 65 m² Heizfläche durch Einbau von Heizkörpern als elektrischer Wärmespeicher eingerichtet werden. Er besitzt nach Herausnahme der Flammrohre einen Inhalt von ca. $J = 21$ m³. Um genügend Spiel für die Wasserverdampfung zu haben, wird nur mit einer Wasserfüllung von 18 m³ gerechnet. Die Speisewassertemperatur beträgt 50°. Der Kessel soll auf eine Spannung von 3,5 atü aufgeladen und je nach Bedarf bis auf etwa 0,1 atü entladen werden.

Zur Verfügung steht ab Dynamo der Wasserkraftanlage, deren Kraftabgabe nach dem Wasserstande schwankt, im Mittel $L = 50$ kW, und zwar während einer Zeit von $Z = 14$ Stunden im Tage, insgesamt $50 \cdot 14 = 700$ kWh. Es wird also eine Wärmemenge von $W = 700 \cdot 860 = 602000$ kcal pro Tag in den Kessel eingeführt. Von dieser gelieferten Wärmemenge müssen die Abkühlungsverluste des Dampfkessels abgezogen werden; dieselben hängen ihrer Größe nach von der Güte der Isolierung ab. Der Kessel sei mit Kieselguhr isoliert und besitzt etwa 60 m² Oberfläche. Die Wärmeverluste und nutzbaren Wärmemengen ergeben sich dann wie nachstehend:

Isolierstärke mm	kcal/m²/h Verlust	Wärmeverlust innerhalb 24 h bei 60 m²	nutzbare Wärmemengen kcal	η vH
50	320	480000	122000	21
100	125	180000	422000	70
400	100	144000	460000	77

Dieser Verlust ist von der gelieferten Wärmemenge abzuziehen, um die wirkliche Nutzleistung zu erhalten. Man sieht, daß bei schlechter Isolierung ein erheblicher Teil der gelieferten Wärmemenge aufgezehrt werden kann.

Es sei eine Isolierung von 140 mm Stärke gewählt. Die gewinnbare Wärme beträgt dann 602000 — 144000 = rd. 460000 kcal, damit ergibt sich der thermische Wirkungsgrad zu $\eta = 77$ vH oder nutzbare Wärmemenge $W_n = \eta \cdot L \cdot Z \cdot 860 = 460000$ kcal. Da der Dampf zwischen 3,5 und 0,1 atü im Mittel 648 kcal besitzt, so beträgt die

$$\text{Dampfleistung} = \frac{460\,000}{648-50} = \text{rd. } 770 \text{ kg Dampf pro Tag.}$$

Gegenrechnung. Man kann nun rückwärts nachprüfen, welche Leistung man mit dem vorhandenen Dampfkessel erzielen könnte, wenn derselbe von 3,5—0,1 atü entladen wird. Es beträgt nach obigen Bezeichnungen:

$q_1 = 148$ kcal bei 3,5 atü entsprechend 147°,
$q_2 = 102$ „ „ 0,1 „ $q_3 = 50$ kcal
$\gamma = 0{,}92$ bei 147° (Zahlentafel 12), $J = 21000$ l Gesamtvolumen,
$\varphi = 0{,}86 = \frac{18000}{21000}$, $i''_m = 648$ kcal/kg.
$Q = 18000 \cdot 0{,}92 = 16600$ kg,

Bei der Entladung können für 1000 kg Wasserinhalt 84 kg Dampf gewonnen werden; insgesamt beträgt also die Kapazität des Speichers $D = 16{,}6 \cdot 84 = 1400$ kg Dampf.

Da die Dampfentnahme aber nicht momentan erfolgt, sondern sich über ca. 10 Stunden erstreckt, so ist die während dieser Zeit ausgestrahlte Wärme in Abzug zu bringen:

$$1400 \text{ kg} - \frac{60 \cdot 100 \text{ kcal/h} \cdot 10 \text{ h}}{648 \text{ kcal/kg}} = 1307 \text{ kg verfügbare Dampfmenge.}$$

Die entnommene Wärmemenge beträgt also 1307 · 648 = 848000 kcal.

Die Abkühlungsverluste des Speichers während 24 Stunden ergeben 6000 kcal/h · 24 h = 144000 kcal. Der Gesamtwärmebedarf beträgt demnach 848000 + 144000 = 992000 kcal. Hiervon werden dem Speisewasser während des Nachfüllens zugeführt: 50 · 1307 = 65350 kcal, so daß an Strom erforderlich sind:

$$\frac{992000 - 65350}{860} = \frac{926650}{860} = 1075 \text{ kWh}.$$

Bei einer 14stündigen Ladezeit errechnet sich bei voller Ausnützung der Speicherfähigkeit die notwendige elektrische Leistung:

$$L = \frac{1075}{14} = 77 \text{ kW}.$$

Der Kessel ist also für die verfügbaren 50 kW reichlich groß. Genügen würde ein solcher von

$$\frac{21 \cdot 50}{77} = \text{rund } 14 \text{ m}^3 \text{ Gesamtvolumen,}$$

bei Annahme gleicher Abkühlungsverluste.

Will man dagegen Dampf von 1 atü entnehmen, den Speicher also nur auf diese Spannung entladen, so können pro 1000 kg Wasserinhalt nur noch 53 kg Dampf gewonnen werden. Die Dampfleistung beträgt dann bei momentaner Entnahme 16,6 · 53 = 880 kg insgesamt; bei 10stündiger Entladezeit, wobei die Abkühlungsverluste abzurechnen sind:

$$880 - \frac{6000 \cdot 10}{651} = 788 \text{ kg}.$$

Der Gesamtwärmeaufwand beläuft sich also auf:

$$788 \text{ kg} \cdot 651 \text{ kcal/kg} + 6000 \cdot 24 = 657000 \text{ kcal}.$$

Hiervon werden im Speisewasser zugeführt:

$$788 \cdot 50 = 39400 \text{ kcal}.$$

Demnach beträgt die elektrische Leistung:

$$\frac{617600}{860} = 720 \text{ kWh},$$

oder bei 14stündiger Ladezeit:

$$\frac{720}{14} = 51{,}5 \text{ kW/h}.$$

Will man nach den oben angegebenen Formeln bis dahin rechnen, so wäre wie folgt vorzugehen: Der verfügbare Kessel hat 60 m² Oberfläche. Bei einer 140 mm starken Isolierung beträgt der Wärmeverlust ca. 100 kcal/m² Oberfläche und Stunde. Also ermittelt sich der Wärmeverlust zu $V = 60 \cdot 100 = 6000$ kcal in der Stunde. Damit ergibt sich die gewinnbare Dampfmenge D aus der Formel 109 zu:

$$Q = \frac{D(i''_m - q_2) + V(24 - Z)}{q_1 - q_2} = D\,\frac{(648 - 102) + 6000\,(24 - 14)}{(148 - 102)}$$
$$= 16600 \text{ kg}$$

und daraus $D = 1287$ kg.

Daraus errechnet sich der notwendige Speicherinhalt zu:

$$J = \frac{Q}{\gamma \cdot \varphi} = \frac{16600}{0{,}92 \cdot 0{,}86} = 21000 \text{ l},$$

Die durch elektrischen Strom zuzuführende Wärmemenge muß betragen bis zur vollen Aufladung:

$$\begin{aligned} W &= Q(q_1 - q_2) + D(q_2 - q_3) + V \cdot Z \\ &= 16600\,(148 - 102) + 1290\,(102 - 50) + 6000 \cdot 14 \\ &= 914524 \text{ kcal} \end{aligned}$$

Die erforderliche elektrische Leistung ermittelt sich zu:

$$L = \frac{914524}{860 \cdot 14} = 76 \text{ kW}.$$

Zur vollen Ausnützung des großen Kessels würden demnach 76 kW erforderlich sein; also beinahe dasselbe Resultat wie oben. Es steht also für höhere Wasserleistung der Turbine noch eine Reserve zur Verfügung. Bei Neuanschaffung könnte ein kleinerer Kessel gewählt werden.

4. Berechnung des Warmwasserspeichers. Man erwärmt das Wasser durch den eingeführten elektrischen Strom gewöhnlich auf 90—110° und macht den Kessel so groß, daß er zugleich als Speicher dient. Ein hochgelegenes Ausdehnungsgefäß muß dafür sorgen, daß eine Dampfbildung auch bei 110° beim Entladen vermieden wird.

Außer den obigen Bezeichnungen sollen noch folgende gelten:

W = stündlicher Wärmebedarf der Fabrik (z. B. zum Heizen der Räume), der aus dem Speicher entnommen werden soll, in kcal,
t_a = höchste Wassertemperatur im Speicher nach Aufladen,
t_e = Wassertemperatur im Speicher nach der Entladung,
γ = spezifisches Gewicht des Wassers bei t_a,
W_e = stündliche Wärmeabgabe während der Ladung in kcal,
s = Anzahl der Stunden, innerhalb 24 Stunden, während der die Leistung L zur Verfügung steht,
s_1 = Anzahl der Ladestunden bei Nacht,
Z = Stunden des täglichen Wärmebedarfs in der Fabrik (z. B. tägliche Heizdauer der Räume).

Es beträgt die größte Leistungsaufnahme oder der Anschlußwert in Kilowatt wie oben:

$$L = \frac{W \cdot Z}{860 \cdot s \cdot \eta},$$

oder wenn man, statt η einzusetzen, die Wärmeverluste innerhalb 24 Stunden berücksichtigt:

$$L = \frac{W \cdot Z + 24\,V}{s \cdot 860} \quad \text{. . . . . 114)}$$

Der nötige Speicherinhalt in Liter Wasser errechnet sich dann für die nächtliche Aufladung zu:

$$J = \frac{L \cdot 860 \cdot s_1}{\gamma (t_a - t_e)} \quad \ldots \ldots \ldots \ldots \quad 115)$$

Wird dagegen während der Ladung in der Nacht, wie dies vorkommt, bereits Wärme W_e abgegeben (erfahrungsgemäß $^1/_4$—$^1/_2$ des Tagesbedarfs), so ergibt sich der notwendige Speicherinhalt bei Berücksichtigung der Verluste während der Ladezeit s_1 zu:

$$J = \frac{s_1 (860 L - W_e - V)}{\gamma (t_a - t_e)} \text{ in l} \quad \ldots \ldots \quad 115\text{a})$$

Beispiel 36. Es sei für eine Raumheizung der mittlere Wärmebedarf der Räume bei $\pm 0°$ $W = 47500$ kcal/h angenommen, wenn täglich $Z = 14$ Raumheizstunden aufgewendet werden. Der Verlust des Speichers beträgt $V = 3000$ kcal/h. Die Strombezugszeiten innerhalb 24 Stunden dauern während der Nacht 8 Stunden, bei Tage $s_1 = 1^1/_2$ Stunden; insgesamt also $Z = 9{,}5$ Stunden täglich. Die Rücklauftemperatur des Wassers ist $t_e = 40°$ und das spezifische Gewicht des Wassers $\gamma = 0{,}95$ bei $110°$.

Daraus ergibt sich die elektrische Leistung:

$$L = \frac{47\,500 \cdot 14 + 24 \cdot 3000}{9{,}5 \cdot 860} = 90 \text{ kW}.$$

Wird in der Nacht $^1/_4$ des Tageswärmebedarfs $W_e = {}^1/_4 \cdot 47\,500 =$ 12000 kcal in die Raumheizung geschickt, so muß der Speicherinhalt zur Aufnahme des Nachtstromes sein:

$$L = \frac{8 (860 \cdot 90 - 12\,000 - 3000)}{0{,}95 (110 - 40)} = 7500 \text{ l}.$$

Den Speicher wird man also zweckmäßig mit 8000 l Inhalt wählen.

		Vollast	Teillast
Stromart		Drehstrom	
Überdruck	atü	4,8	4,8
Spannung	Volt	532	535
Leistungsaufnahme	kW	1050	431
Speisewassertemperatur	°C	65	63
Dampferzeugung	kg/h	1475	580
Raumtemperatur	°C	29	26
Abkühlungsverlust	kW	30	29
Thermischer Wirkungsgrad	vH	97	93
Aus 1 kWh erzeugter Dampf von 595 kcal/kg		1,4	1,35
„ „ „ bezogen auf Dampf von 637 kcal		1,31	1,26

Ausgeführte Anlagen[1]: Der liegende Walzenkessel hatte 900 mm Durchmesser, 3000 mm Länge, ist für 5 atü gebaut und ausgerüstet mit 2 · 5 stehenden Flüssigkeitserhitzern für Drehstrom nach dem Prinzip der direkten Widerstandsheizung von je 100 kW Leistung; jeder hat einen Heizkörper, bestehend aus einem Porzellangestell mit Heizspiralen aus Chromnickeldraht, der unmittelbar vom Wasser umspült wird. Der Kessel wird bei 70° Speisewassertemperatur in 35 Minuten auf vollen Betriebsdruck gebracht. (Meßergebnisse siehe Seite vorher).

26. Kondensatrückgewinn.

Daß sämtliche Kondensate aufgefangen werden, sollte eigentlich eine selbstverständliche Forderung sein. Sehr oft findet man indessen noch Kondensate unbenutzt ablaufen. Das ist aus mehrfachen Gründen eine Verschwendung; denn erstens sind Kondensate immer warm, und dann bestehen sie ja aus gereinigtem Wasser, aus dem sämtliche Kesselsteinbildner bereits entfernt sind; es wird also Wärme, d. h. Kohle bei ihrer Verwendung gespart, und es wird der Aufwand für Kesselreinigung vermindert. Man verbindet deshalb, wenn viele Kondensatabflüsse gleichen oder auch verschiedenen Druckes vorhanden sind, diese untereinander durch eine gemeinsame Rohrleitung, in welche die Kondenstöpfe, Wasserabscheider usf. entwässern und führt diese Wässer dem Speisewasserbehälter zu. Ölhaltige Kondensate werden getrennt gesammelt und durch eine Koksschicht nochmals gefiltert. Allerdings läßt sich die im Wasser gelöste Ölemulsion schlecht vom Wasser trennen; besser ist deshalb eine Entölung des Abdampfes, bevor er kondensiert; dies wird oftmals sehr zweckmäßig dadurch bewerkstelligt, daß man allen Abdampf in eine gemeinsame, reichlich weite Abdampfleitung sammelt und dann einen gemeinsamen Dampfentöler einbaut, ehe der Abdampf z. B. in Trockenapparate usf. einströmt; vielfach empfiehlt sich auch der Einbau von Einzelentölern vor Eintritt des Abdampfes in die gemeinsame Abdampfleitung. Nur stark ölhaltige Kondensate, z. B. aus Dampfmaschinenzylindern, läßt man manchmal fortlaufen.

Noch besser aber wird das Kondensat wärmewirtschaftlich ausgenutzt, wenn man es unter dem Druck, unter dem es sich bildet, z. B. bei Auspuffleitungen mit 0,2—0,7 at Überdruck, sofort in den Kessel speist. Während das druckfreie Kondensat selten mit höherer Temperatur als 85—90° in den Speisewasserbehälter gelangt, kann das Kondensat mit z. B. 0,5 at Überdruck, also mit einer Temperatur von 113°, fast noch ebenso heiß in den Kessel verspeist werden. Es bedeutet dies einen Wärmegewinn von etwa 25° kcal auf 1 kg Dampf. Dies

[1]) Siehe Bayerischer Revisionsverein 1922, S. 85 (Deinlein).

geschieht durch sogenannte Kondensatrückspeiseanlagen; bei diesen werden sämtliche Kondensate des vorher entölten Abdampfes in einer gemeinsamen Leitung, die also unter dem Drucke der Abdampfleitung steht, aufgesammelt; sind verschiedene Drucke vorhanden, so müssen Kondenstöpfe vor die gemeinsame Abdampfleitung eingefügt werden; dasselbe empfiehlt sich, wenn die Kondensat abgebenden Heizkörper nicht alle gleichzeitig ein- und ausgeschaltet werden, um rückwärtiges Eindringen des Heizdampfes in die abgestellten Heizkörper zu verhindern. Aus der Sammelleitung fließen die Kondensate einem geschlossenen Sammelbehälter zu, der ein Wasserstandsglas enthält. Der Wasserspiegel in diesem Behälter hebt und senkt einen Schwimmer, welcher den Dampfzutritt zu einer unter dem Behälter stehenden Pumpe öffnet und schließt. Diese Pumpe drückt das heiße Kondensat in den Kessel, und zwar in der Menge, wie es ihr zufließt. Da die Rohrleitungen zum Auffangen des Kondensates sowieso gelegt werden müssen und Kondenstöpfe durch die Rückspeiseanlage vielfach überflüssig werden, machen sich die Ausgaben für Pumpe und Sammelbehälter stets rasch bezahlt. An Stelle der Rückspeisepumpe kann auch eine automatische Rückspeiseeinrichtung zur Verwendung gelangen. Nur müssen dann, wenn die Kondensate tiefer zulaufen als etwa 2 m über Kesseloberkante, zwei Rückspeiser aufgestellt werden; der untere, welchem die Kondensate zulaufen, drückt dieselben dann dem über dem Kessel stehenden zu.

27. Dampfentölung.

Öl soll nach den Vorschriften, weil es leicht Anfressungen im Kessel hervorruft, feste Ölkrusten bildet, den Wärmedurchgang sehr hindert (vgl. Abschnitt 36) usf., nicht in die Dampfkessel gebracht, also aus dem Kondensate für Speisung in die Kessel ferngehalten werden. Wenn Abdampf noch weiter verwendet wird, z. B. für Heizungen, Trockenzwecke usf., so empfiehlt sich eine Entölung des Abdampfes auch schon deshalb, damit keine Verschmutzung der Heizflächen eintritt; an einer Stelle scheidet sich doch das dem Abdampfe bei Maschinenbetrieb beigemengte Öl ab, deshalb erzwingt man diesen Vorgang am besten in gesonderten Vorrichtungen, den Dampfentölern; das abgeschiedene Öl ist, falls es nicht durch besondere Beimengungen, wie aus dem Kesselwasser mitgerissene Alkalistoffe, die aus falsch bedienter Speisewasserreinigung entstammen und das Öl verseifen, verunreinigt wird, in den allermeisten Fällen wieder zur Schmierung brauchbar; die Ölfänger machen sich also selbst bezahlt, abgesehen von Vermeidung der Unzuträglichkeiten bei Verwendung ölhaltigen Abdampfes. Solche Entöler sind Gefäße, die in die Dampfleitung eingeschaltet werden, so daß der Dampf sie auf seinem Wege durchströmen muß. In diese Gefäße sind meist eine große Zahl von sogenannten Fangblechen eingebaut, an die sich die vom Dampfe mitgeführten Öltröpfchen absetzen, sich zu Tropfen vereinigen und dem Dampfstrome entzogen werden; sie fließen an den Fangblechen herab und sammeln sich am Boden des Entölers, von wo dann das Öl abgelassen wird. Vielfach wird auch die Ölabscheidung dadurch bewerkstelligt, daß der Dampf innerhalb der Entöler einen spiralförmigen Weg macht und infolge der auftretenden Schleuderwirkung die schwereren Öltröpfchen an die mit Drahtgeflecht ausgekleidete Außenwand wirft, wo sie sich ansammeln. Auch rotierende Entöler gibt es, die nach demselben Grundsatze arbeiten. Wichtig ist bei allen Bauarten eine rasche Abführung der Öltröpfchen aus dem Dampfstrome und es muß dem Dampf jeder Weg um die Fangbleche herum verlegt sein. Wie nun auch die Arbeitsweise sein mag, es wird bei guten Entölern nach eingehenden Versuchen[1]), die vom Bayrischen Revisionsvereine in München gemacht worden sind, 85—96 vH des gesamten, vom Dampfe mitgeführten Öles abgeschieden, so daß eine Entölung bis auf 10—15 g Öl auf 1000 kg Wasser erzielt wird.

Reine Mineralöle lassen sich besser aus dem Dampfe ausscheiden als solche mit Fettgehalt, weil sich die Fettsäuren leichter im Dampfe halten, da sie selbst in Dampfform übergehen.

Je höher der Flammpunkt des Öles liegt, desto geringer ist die Ölaufnahme des Dampfes, weil das Öl selbst schwerer in Dampfform übergeht. Bei Gegendruck findet die Entölung am leichtesten statt, schwerer geht sie bei Auspuffbetrieb vonstatten, noch ungünstiger liegen die Verhältnisse bei Kondensationsbetrieb, weil bei diesem der Dampf infolge seines großen Inhaltes sehr rasch durch den Entöler strömt. Überhitzter Dampf läßt sich unter sonst gleichen Umständen wiederum viel schwerer entölen als gesättigter Dampf. Z. B. ergab die Untersuchung eines Stoßkraftentölers ein Ausscheiden von 94,5 vH des gesamten im Dampfe enthaltenen Öles bei überhitztem Dampfe von 249° und Gegendruck von 1,04 atü, ein Ausscheiden von 91,3 vH bei Auspuffbetrieb und von 80,8 vH bei Kondensationsbetrieb; verwendet wurde Heißdampföl mit einem Flammpunkt von 272°, von dem 1 g für freie Säure und Neutralfettverseifung 8,6 mg Kalihydrat verbraucht.

Man läßt deshalb — da bei Zwischenentnahme — oder Gegendruckbetrieb der Abdampf bei Heißdampfmaschinen noch überhitzt ist, den Entöler unisoliert und rückt ihn soweit als angängig von der Dampfmaschine ab. Gegebenenfalls bleibt auch die Dampfzuleitung bis zum Entöler frei von Isolierung; und wenn alles noch nicht zureicht, um einen ölfreien Dampf zu erhalten, setzt man vor die Verwendungsstelle noch einen zweiten Entöler.

---

[1]) Z. V. d. I. 1910, S. 1969.

Der Druckabfall beträgt beim Strömen des Dampfes durch den Entöler etwa 0,05 at; ist also technisch sehr gering. Die Ölabscheidung an Heizflächen, an denen der ölhaltige Dampf vorbeistreicht, ändert sich mit der Temperatur, wie sich bei Vorwärmern leicht beobachten läßt; geht ein Vorwärmer kalt, so setzt sich mehr Öl an seinen Wänden ab als bei warmem Gange, das Kondensat erscheint also ölärmer.

Die Bestimmung des Ölgehaltes von Kondensat wird am besten nach folgendem Verfahren[1]) vorgenommen:

Das Kondensat wird mit schwefelsaurer Tonerde und Sodalösung gemischt, der Niederschlag mit verdünnter Schwefelsäure gelöst und mit Äther ausgeschüttelt; der ölhaltige Äther wird dann mit geglühtem Natriumsulfat entwässert, filtriert und abdestilliert, der Rückstand getrocknet und gewogen.

VII. Die Einmauerung der Kessel und der Schornstein.

28. Das Kesselmauerwerk und Zubehör.

a) Größe der Feuerzüge.

Die Einmauerung dient dazu, den Kessel in einen Strom heißer Gase einzubetten. Sie muß zugleich einen guten Wärmeschutz des Kessels und der Heizgase gegen Abkühlungsverluste bieten und so ausgeführt sein, daß die beim Brennvorgange sich bildende Flugasche an geeigneten Stellen zur Ablagerung gebracht und leicht entfernt werden kann.

Die Art der Einmauerung, also die Führung der Kanäle, richtet sich nach der Kesselbauart; es soll möglichst viel Heizfläche bestrichen werden, und die Berührung der Gase mit den Wänden des Kessels muß eine innige sein. Bei langen geraden Kanälen ist daher durch zeitweilige Verengungen dafür zu sorgen, daß sich die Gase immer wieder mischen und durchwirbeln, damit immer neue Gasteile die Kesselheizflächen berühren; die Kanäle dürfen nicht zu weit sein, damit die Gase auch die Kanäle ganz ausfüllen und nicht etwa bloß an der Decke entlangstreichen. Die Richtungswechsel dürfen nicht zu scharf und die Kanalquerschnitte nicht zu eng sein, um unnötige Zugverluste zu vermeiden. Die Querschnitte sind so zu bemessen, daß die Gasgeschwindigkeit bei natürlichem Zuge

$$v = 6-8 \text{ m/sek}$$

bei Saugzug

$$v = 10-15 \text{ „}$$

[1]) Vgl. Z. d. Bayr. Rev.-V. 1907, S. 107 ff.

bezogen auf warme Gase beträgt; ist der Schornstein reichlich hoch, d. h., beträgt der Zug, gemessen am Fuße des Schornsteins, mehr als etwa 28 mm, so kann auch bis auf 10 m Gasgeschwindigkeit und darüber gegangen werden.

Für Steinkohlenfeuerungen sind für mittlere Verhältnisse, also für 80—120 kg Verbrand auf 1 m² Rostfl./h folgende Querschnitte erprobt:

über der Feuerbrücke etwa . . . 0,15 R,
im 1. Zuge . . . . 0,38—0,43 R
im 2. Zuge . . . . 0,31—0,37 R
im 3. Zuge . . . . 0,25—0,30 R
im Fuchse . . . . 0,20—0,25 R

wobei R die Rostfläche in Quadratmetern bedeutet.

Für Braunkohlenbetrieb sind die größeren Werte zu wählen; denn obwohl die Heizwerte von Steinkohlen: Braunkohlen sich etwa verhalten wie 2,7: 1,0, verhalten sich die Gasmengen in Kubikmetern für 1 kg Kohle wie 2,0: 1,0, daher sind die Gasmengen verhältnismäßig größer. Da die Gase sich beim Durchströmen der Heizzüge abkühlen von etwa 1200° bei Steinkohlenfeuerungen und etwa 1000° bei Braunkohlenfeuerungen auf etwa 250—300° am Fuchsschieber, so müssen sich auch zwecks gleichmäßiger Strömungsgeschwindigkeit die Kanäle langsam verengen. Der Schornsteinquerschnitt wird bei Steinkohlenbetrieb bei kleinen Anlagen etwa $^1/_4$—$^1/_5$ der Rostfläche gewählt, bei größeren $^1/_5$—$^1/_{10}$ (vgl. Abschnitt 29c).

Die Geschwindigkeit der Rauchgase in den Zügen ergibt sich zu:

$$v = \frac{G_{m^3} \cdot B}{3600 f} = \frac{G_{m^3} \cdot B}{3600 \cdot R \cdot a} \text{ in m/sek,} \quad \ldots \ldots \quad 116)$$

dabei ist f der Querschnitt des Kanales in m², B = kg Kohle für 1 h, G_{m^3} = m³ Rauchgase in 1 h von der Temperatur im Rauchkanale, a = Verhältnis des Zugquerschnittes zur Gesamtrostfläche.

Einen Anhalt für die Größe der Rauchgastemperaturen an verschiedenen Stellen bieten die Angaben auf S. 216 und 352 und unter Überhitzer S. 259.

b) Ausführung der Einmauerung.

Das Mauerwerk muß dicht und wärmeschützend sein; denn die infolge des Unterdruckes von 8 bis 35 mm Wassersäule durch Undichtigkeiten einziehende kalte Luft setzt die Gastemperatur herab, somit auch den mittleren Temperaturunterschied zwischen Gasen und Kesselinhalt; dadurch wird der Wärmeübergang geringer, ebenso die Kesselleistung; außerdem wird die eingesaugte Luft angewärmt, die von ihr aufgenommene Wärme ist verloren, und der Schornstein wird unnötig belastet (s. auch S. 191). Der Abgasverlust (vgl. Abb. 30) wird größer; besonders schädlich sind undichte Mauerstellen, wenn Überhitzer oder Rauchgasvorwärmer hinter dem Kessel angebracht sind. Über die Größe des Verlustes durch einziehende kalte Luft gibt folgende Überlegung Aufschluß: Es sei bei einem Kessel, unter dem in 1 h 300 kg schlesische Steinkohle verbrannt werden (vgl. Beispiel S. 174 und 281), durch eintretende kalte Luft der CO_2-Gehalt am Ende des Kessels von 11 vH auf 9 vH, also um 2 vH herabgesetzt worden, so ist, wie man aus Zahlentafel 49 in Verbindung mit Schaubild 24 entnehmen kann, dadurch das 0,4 fache der theoretisch nötigen Verbrennungsluft an kalter Luft mehr eingesaugt worden, also $300 \cdot 8{,}0 \cdot 0{,}4 = 960$ m³ Luft in 1 h. Wird diese Luft nun von 20 auf 300° erwärmt, so ergibt dies bei einer spezifischen Wärme von 0,34 einen Verlust von $960 \cdot 0{,}34 \cdot 280 = 94\,500$ kcal in 1 h, das sind umgerechnet auf den Heizwert 4,5 vH Verlust.

Man mauert deshalb mit ganz engen Fugen und verwendet beim roten Ziegelmauerwerk Kalkmörtel in Mischung 1: 3 bis 1: 4; von dem früher oft verwendeten Lehm, manchmal mit Zusatz von Sirup, ist man ganz abgekommen, weil Lehm leicht reißt und herausbröckelt; außen werden die Fugen etwa 1 cm tief mit Zement ausgestrichen und etwa auftretende Ritze werden sofort gefüllt; will man etwas mehr anwenden, so belegt man das Außenmauerwerk mit glasierten Steinen.

Schamottesteine. Innen werden die Heizkanäle mit einer $^1/_2$—1 Steinstarken Schamotteschicht ausgekleidet (man kann einen niedrigwertigen Schamottestein, etwa Segerkegel 30, verwenden), soweit wie die Temperaturen über 500° sind (vgl. Zahlentafel 88). Sollen die Kessel stark beansprucht werden, also die Gase den Fuchsschieber mit etwa 350—400° verlassen, so belegt man am besten alle Kanalinnenflächen bis zum Fuchsschieber mit Schamotte. Gewöhnliches Ziegelmauerwerk, das dauernd Temperaturen über 450° ausgesetzt ist, wird im Laufe der Jahre so mürbe, daß man die Ziegel zwischen den Fingern zerreiben kann; es wird von der Hitze fortgefressen. Die Schamottesteine werden selbstverständlich mit Schamottemörtel vermauert; dort, wo das Mauerwerk die Kesselwand berührt, wird Schamottemörtel oder Lehm verwendet; Kalkmörtel zerfrißt das Eisen. Die Feuerungsgewölbe werden mit hochwertigen Schamottesteinen, etwa von Segerkegel 35 (1770°) an aufwärts, 1 Stein stark ausgekleidet; dabei ist darauf zu achten, daß bei basisch wirksamer Flugasche, wie es bei Braunkohlenfeuerungen meist der Fall ist, auch basische Steine verwendet werden, weil bei Verwendung von sauren Steinen sich an denselben ein glasiger Salzüberzug bildet und der Stein ins Abfließen kommt, oft schon nach wenigen Wochen, und die Asche sich in den Stein hineinfrißt, so daß der Stein allmählich verschwindet.

Zahlentafel 88.

Schmelztemperaturen der Segerkegel (Silikatgemische).

Rote Segerkegel Nr.	°C	Segerkegel Nr.	°C	Segerkegel Nr.	°C	Segerkegel Nr.	°C
010	900	017a	730	8	1250	27	1610
09	930	015a	790	9	1280	28	1630
08	970	013a	835	10	1300	29	1650
07	1000	011a	880	11	1320	30	1670
06	1020	09a	920	12	1350	31	1690
05	1040	07a	960	13	1380	32	1710
04	1060	05a	1000	14	1410	33	1730
03	1080	03a	1040	15	1435	34	1750
02	1100	02a	1060	16	1460	35	1770
01	1120	1a	1100	17	1480	36	1790
1	1140	2a	1120	18	1500	37	1825
2	1155	4a	1160	19	1520	38	1850
3	1170	6a	1200	20	1530	39	1880
		7	1230	26	1580	40	1920

In zweifelhaften Fällen tut man gut, eine Probe der Asche auf den in Aussicht genommenen Schamottestein aufzubringen und mit demselben zusammen zu glühen. Man wird dann beobachten, ob die Asche den Stein angreift und sich hineinfrißt oder nicht. Die Feuergewölbe sind so auszuführen, daß sich die entstehenden Gase und die Flammen frei entwickeln können, daß die am vorderen Rostteile sich bildenden schweren Kohlenwasserstoffe und sonstigen brennbaren Gase, nachdem sie noch eine glühende Brennschicht bestrichen haben, gut mit der Flamme mischen, und mit ihr gemeinsam zwecks inniger Durchwirbelung durch eine Querschnittsverengung geführt werden, ehe sie die rasch Wärme aufnehmenden Heizflächen berühren; ist dies nicht erreicht, so tritt, wie in Abschnitt 5c ausgeführt, leicht ein Rußen ein, und ein Teil der schweren Kohlenwasserstoffe sowie des Kohlenoxydes zieht unverbrannt ab.

Neuerdings führt man die Feuergewölbe aus hängenden an darüber gelegte Rahmen befestigte Chamottesteinen aus, sog. Hängedecken, die sich gut bewähren, da sie statt Gewölben horizontale Decken ergeben, somit ein gleichmäßigeres Abbrennen des Feuers gewährleisten. Ein Auswechseln der Steine ist nur an einzelnen Stellen möglich, weil die Steine im Feuer mit der Asche zusammenbacken.

Wärmeschutz. Für die Ausführung des Mauerwerkes muß außer der Festigkeit auch die Rücksicht auf hinreichenden Wärmeschutz maßgebend sein (vgl. Zahlentafel 56 über Wärmedurchgang auf S. 185). Man macht Seitenmauern, die von Gasen unter 600° bestrichen werden, z. B. bei Flammrohrkesseln, $1^1/_2-2^1/_2$ Stein stark; Stellen, auf die besonders hohe Hitze trifft, wie die Rückseite von Flammrohrkesseln dort, wo die Gase aus den Flammrohren aufprallen und dann umkehren, wählt man $2-2^1/_2$ Stein stark, um die Wärmestrahlung möglichst zu verringern. Demselben Zwecke dienen möglichst weit nach innen eingelegte Isolierschichten (S. 187). Die oft noch angewendeten Luftschichten sind schädlich, wenn nicht dafür gesorgt ist, daß auch die eingeschlossene Luft völlig stillsteht; meist ist dies aber nicht erreichbar, weil Ziegelmauerwerk stets etwas durchlässig ist und weil auch beim besten Mauerwerke sich Risse nicht immer ganz vermeiden lassen, die infolge der Hitzewirkung, durch ungleiches Setzen des Mauerwerkes und durch die Ausdehnung und Bewegung des Kessels verursacht werden; dann zieht an der einen Stelle die Luft ein und bewegt sich durch die Hohlräume, um an anderer Stelle in die Feuerzüge überzutreten; diese Luft wirkt kühlend. Man erkennt solche Risse daran, daß eine Flamme, mit der man das Mauerwerk ableuchtet, in die Ritzen hineingezogen wird; auch machen sie sich beim Auflegen der Hand durch Kältegefühl bemerkbar, während das danebenliegende Mauerwerk sich warm anfühlt. Diese Ritzen müssen ausgestemmt und mit Zementmörtel verstrichen werden. Es werden auch zuverlässige Mittel für eine innere Verfugung und Anstrich des Mauerwerkes auf den Markt gebracht, welche die Porösität des Mauerwerkes durch Glasurbildung aufheben und zugleich durch Rückstrahlung die Wärmestauung im Mauerwerke mildern. Wesentlich besser ist es, die beim Bogensystem gebildeten Hohlräume zwischen Bogen und gerader Wand mit gänzlich ausgebrannter Asche (nicht ganz ausgebrannte verglüht noch und treibt das Mauerwerk) mit der gut isolierenden Schlackenwolle, oder mit Kieselgurerde oder Diatomeenschalenbruch zu füllen; auch Flugasche ist verwendbar; man erhält dann einen vorzüglichen Wärmeschutz. Zweckmäßig werden besondere Isolierschichten hinter die Schamotteverkleidung eingelegt, bestehend aus $^1/_4-1$ Stein starken gebrannten Kieselgursteinen. Man belegt mit diesen Steinen die besonders der Hitze ausgesetzten Rückseiten der Flammrohrkesseleinmauerung, die Überhitzerräume, wölbt die oberen Teile der Kessel damit ab, verwendet sie in den Seitenmauern bei Wasserrohr- und Flammrohrkesseln usw. Die Temperatur der Mauerwerkaußenseiten wird damit wesentlich herabgezogen, somit auch der Abkühlungsverlust, der ja nach Formel 26—30, mit dem Unterschiede zwischen Wand- und Raumtemperatur wächst. Dieser Mehraufwand für ein gutes Mauerwerk macht sich um so mehr bezahlt, weil ja die Wärmestrahlung eine dauernde ist, solange überhaupt der Kessel im Betrieb steht, während die Ausgabe eine einmalige ist (vgl. auch Beispiel S. 187). Von einer guten Einmauerung ist zu verlangen, daß der CO_2-Abfall vom 1. Zuge bis zum Rauchschieber nicht mehr als 2 vH beträgt.

Verankerung. Die Rücksicht auf gute Haltbarkeit des Mauerwerkes, auf die man besonders viel Wert legen muß, weil schlechtes Mauerwerk eine Quelle fortwährender Ausbesserungskosten ist und den Wirkungsgrad der Kesselanlage dauernd herabsetzt, hat zu besonderen Ausführungen für das Mauerwerk und zu gut ausgebildeten Verankerungen genötigt. Es wird um den ganzen Kessel ein kräftiges Eisengerippe aus Walzeisen aufgeführt, das in sich durch Längs- und Queranker fest verbunden ist; oft unter Anschluß an das Traggerüst für die Kessel selbst, z. B. bei stehenden Wasserrohrkesseln. Zwischen dieses Eisengerippe wird das Mauerwerk aufgerichtet, am haltbarsten in Bogenform, vgl. Abb. 39 und 45; das heißt, es werden stehende Gewölbebogen ausgeführt, die dem inneren Gasdrucke und den Schiebungen, die durch die Hitze entstehen, einen festen Widerstand entgegensetzen; ein Herausdrücken einzelner Teile oder ein Reißen derselben ist nahezu ausgeschlossen; dies ist besonders wertvoll bei den hohen Bauwerken, welche die neuen Doppelkessel, Wasserrohr- und Steilrohrkesselanlagen darstellen. Dabei muß man sorgfältig darauf achten, daß der Kesselkörper selbst, der beim Heißwerden sich auszudehnen anfängt und demnach etwas schiebt, wie die langen Zweiflammrohrkessel, sich frei ausdehnen kann, ohne auf das Mauerwerk zu drücken. Beachtet man dies nicht, so ist ein Ausbeulen des Mauerwerkes an den betreffenden Stellen, wie man es an den oft ganz schiefen Rückseiten bei Flammrohrkesseln beobachten kann, die Folge davon. Die Anschübe des Mauerwerks an die Kessel sind deshalb besonders sorgfältig auszuführen, ebenso die Stellen, wo Kesselteile das Mauerwerk durchdringen, z. B. die Vorderseiten von Flammrohrkesseln mit Innenfeuerung usw.; man bildet diese Stellen stopfbüchsenartig aus, indem man dicke Schnuren aus Asbest um den Kesselteil herumlegt, oder die Anschubstellen mit Schlackenwolle unterstopft usw. Läßt es sich nicht vermeiden, daß Mauerwerk an den Kesseln gestützt wird, so macht man dies durch schräg augelehnte Bogen, die etwas nachgeben; an die Stützseite dieser Bogengewölbe legt man auch wohl eine Eisenschiene ein, die sich selbst wieder an passende Verankerungseisen stützt. Die Fugen sind so eng wie möglich zu machen, 13 Schichten auf 1 m, besonders im Schamottemauerwerk und den Teilen des roten Mauerwerkes, welche die Begrenzung der Zugkanäle bilden, damit die Rißbildung erschwert wird; man bettet deshalb den Stein gut in Mörtel und quetscht ihn an die Nachbarsteine fest an.

c) Zubehörteile und Ausstattung.

Zu erwähnen ist noch, daß genügend Treppen auf die Kessel hinaufführen müssen, damit auch ein zweiter Fluchtweg vorhanden ist, und daß der Kesselblock oben mit einem leichten herumführenden Geländer versehen werden muß. Hochgelegene Wasserstände erhalten eine besondere Bedienungsbühne.

Sehr wichtig ist eine gute Ausrüstung mit passendem Zubehör; dazu rechnen gehobelte, luftdichte Einsteigetüren, durch welche man in die Züge hineingelangen kann, und die zum Herausziehen der Flugasche dienen, Einsteigedeckel über den Kanälen sowie Fuchsschieber, am besten mit luftdichten Führungshülsen; das sind Kappen aus Blech, in welche der Schieber beim Hochziehen hineinragt, und welche den sonst unvermeidlichen Mauerschlitz nach außen abschließen, so daß keine kalte Luft einziehen kann; die Fuchsschieber sind nicht als einfache Gußplatten auszuführen, weil diese sich leicht verziehen und dann ungangbar werden, sondern in Rippenguß herzustellen, oder als Jalousieschieber.

Sämtliche Aschenschieber, auch die für Asche und Schlacke unter den Schüttfeuerungen, sollen von unten in den Kanälen bedienbar sein und nicht von oben vom Heizerstande aus, damit nicht durch eine Achtlosigkeit vom oberen Raume aus glühende Asche herabgelassen werden kann, während sich Aschefahrer im Kanale unter den Auslaßöffnungen befinden. Wichtig sind auch Vorkehrungen zum bequemen Abziehen der Flugasche aus den Sammelkammern (vgl. darüber S. 31—33).

Es sei nur hier darauf aufmerksam gemacht, daß gewaltige Flugaschen- und Schlackenmengen bei Braunkohlenanlagen zu bewältigen sind, bis 12 vH der verfeuerten Kohlenmengen.

Bei einer Kesselanlage von 2000 m² Heizfläche, die etwa 50 000 kg Dampf stündlich erzeugt, werden dafür etwa 20 000 kg Braunkohle verfeuert. Dieselben liefern bei 6 vH Aschengehalt also stündlich 1200 kg Flugasche und Schlacke, bei 24stündigem Betrieb demnach am Tag 29 000 kg. Werden viel unverbrannte Kohlen von den Schlackenrosten mit abgezogen, so steigt die Rückstandmenge noch weiter an. Der leichteste Flugstaub indes wird vom Schornstein ins Freie mitgenommen.

Nicht zu vergessen sind Schaurohre, welche einen Einblick in die Flamme gestatten, außerdem Rohre, die zum Einführen von Thermometern und Zugmessern, sowie zur Entnahme von Gasen für Untersuchungen dienen. Man stattet eine Kesselanlage reichlich damit aus, bringt die Rohre also in der Feuerung an, hinter den Flammrohren, an den Umkehrstellen der Gase, vor und hinter den Überhitzern, dicht vor dem Fuchsschieber, innerhalb der Röhrenbündel bei Wasserrohrkesseln, kurz, an solchen Stellen, die irgendeine Aufklärung über den Verbrennungsvorgang bieten, und zur Überwachung dienen können. Verwendet werden, dazu Gasrohre von $1^1/_2$—2″ Weite, die mit einer abnehmbaren Blechkappe verschlossen sind. Mit geringen Mitteln kann oft die wissenschaftliche Aufklärung gefördert werden, wenn gleich bei dem Neubaue Rücksicht auf spätere Untersuchungen genommen wird.

29. Der Schornstein.

a) Allgemeines.

Die wichtige Aufgabe des Schornsteins besteht in der Herbeischaffung der Verbrennungsluft, der Unterhaltung des Feuers sowie in der Abführung der Verbrennungsgase. Diese Arbeitsleistung erfordert einen gewissen Kraftaufwand, der aus der Abwärme der Kesselanlage gedeckt wird; der Schornstein verwendet also die Wärme zur Arbeitslieferung, aber nur zu einem kleinen Teile. Die für den Kesselbetrieb unter den heutigen Verhältnissen verlorene Abwärmemenge beträgt je nach der Güte der Anlage 10—25 vH, eine Energiemenge, die nicht im entferntesten im Verhältnis zu der durch den Schornstein zu leistenden Arbeit besteht. Wenn auch durch Überhitzer und Rauchgasvorwärmer noch ein Teil der Abwärme wiedergewonnen werden kann, so bleibt doch ein nicht unbeträchtlicher Rest stets verloren, weil zur Arbeitsleistung des Schornsteins immer noch eine bestimmte Temperatur erforderlich ist, die 120—130° nicht unterschreiten sollte.

Die Arbeitsweise des Schornsteins beruht auf dem verschiedenen Gewichte heißer Gase und kalter Luft. Die warmen Gase steigen, weil sie leichter sind als die Außenluft, im Schornstein hoch; es bildet der Schornstein gewissermaßen mit der Außenluft eine kommunizierende Röhre, deren einer Schenkel mit den leichten Rauchgasen gefüllt ist. Die schwere Außenluft drückt auf den Schenkel mit der leichten Füllung durch die Lufteintrittsstelle an der Feuerung und treibt die Gase in die Höhe: „der Schornstein zieht". Ein Ruhezustand kann deshalb nicht eintreten, weil immer neue Gase auf dem Roste erzeugt werden. Der Unterschied im Gewichte beider Luftsäulen drückt sich meßbar aus, indem in einem U-förmigen Rohre, das mit Wasser gefüllt ist und dessen einer Schenkel mit dem Schornsteininneren verbunden wird, während der andere offen bleibt (Zugmesser), das Wasser auf der Schornsteinseite hochsteigt; es wird also ein Unterdruck angezeigt, und zwar ein statischer Unterdruck, wie hier nebenbei bemerkt sei.

Man mißt ihn am genauesten, wenn bei einem im Betriebe befindlichen Schornsteine der Schieber oder die Feuerung geschlossen wird. Der dann gemessene Unterdruck ist der bei der betreffenden Gastemperatur höchst erreichbare; er heißt die „Zugstärke", eine Bezeichnung, die recht unglücklich gewählt ist.

Auf die Größe dieses Unterdruckes des „Zuges" ist von Einfluß die Temperatur und das spezifische Gewicht der eintretenden Gase, die Temperatur der Außenluft und deren spezifisches Gewicht, der Barometerstand und die Höhe des Schornsteines über dem Roste oder dem Fußboden; denn je wärmer die Gase gegenüber der Außenluft sind und je höher der Schornstein, desto größer ist der Unterschied des Gewichtes zwischen Gassäule und Luftsäule. Damit wächst auch die Kraft zum Bewegen der Gase, somit die erzeugbare Strömungsgeschwindigkeit. Letztere steht wieder in enger Beziehung zu den Widerständen, welche sich dem Gasstrome bieten. Sind die Widerstände beim Durchziehen des Rostes, der Kanäle und des Schornsteines infolge von scharfen Biegungen, Verengungen, Reibung usw. hoch, so bleibt wenig Druckhöhe, gemessenin Millimetern Wassersäule, übrig zur Bewältigung der Strömungsarbeit.

Alle diese Vorgänge können noch beeinflußt werden in der Reinheit ihrer Erscheinung, durch Windströmungen auf den Schornsteinkopf und durch Sonnenbestrahlung; beide können die Zugwirkung verringern, die heiße Luft „drückt" auf den Schornstein, er „zieht schlecht".

Wind kann, in geeigneter Richtung auf den Schornsteinkopf blasend, mitsaugen helfen; er kann aber auch in vielen Fällen, und sie sind nicht so selten, den Zug schwächen; besonders Schornsteine, die an Berglehnen stehen, haben oft darunter zu leiden und müßten deshalb höher sein.

Für die Berechnung können diese Einflüsse nicht berücksichtigt werden, man muß vielmehr windstilles Wetter voraussetzen.

Notwendig ist die Kenntnis der Zugstärke, welche für eine vorhandene Anlage oder eine zu erbauende erforderlich ist; dieser Wert ist durch Erfahrung festzulegen, da seine rechnerische Ermittlung, durch zu viele Umstände beeinflußt, zu unsicher ist. Heute besteht das Bestreben, aus einer Kesselanlage möglichst viel Dampf herauszuholen und durch Einbau von Überhitzern, Rauchgasvorwärmern und Luftvorwärmern die Ausnutzung der heißen Gase zu erhöhen, unter Umständen auch Belästigungen durch Flugaschenauswurf mittels eingebauter Flugaschenfänger zu vermeiden. Es ist also im Gegensatze zu früher ein stärkerer Zug, also auch ein höherer Schornstein erforderlich.

Schädlich auf den Schornsteinzug wirken ein: undichte Schieber und undichtes Mauerwerk, weil sie kalte Luft einlassen, welche die Temperatur herabsetzt und den Schornstein mehr belastet. Auch soll der Schornstein nicht weiter vom Kesselhaus abgerückt werden, wie es der Einbau eines Rauchgasvorwärmers, Lufterhitzers, Flugaschenfängers, eines Überhitzers im Fuchse usw. erfordert, weil mit längerem Zugkanale die Reibungs- und Abkühlungsverluste wachsen; man kann im allgemeinen für ein laufendes Meter Fuchskanal 1—5° Abkühlung der Gase rechnen. Zur Verringerung der Abkühlung tut man gut, den Fuchskanal mit einer Schicht Isoliersteinen zu versehen, einen besonderen Abschlußschieber dicht vor dem Schornstein anzubringen, der abends geschlossen wird, und stets darauf zu achten, daß die meist tief gelegene Kanalsohle nicht in das Grundwasser zu liegen kommt, da sonst die heißen Gase einen Teil ihrer Wärme zum Verdampfen der eindringenden Nässe abgeben müssen; in solchen Fällen empfiehlt sich eine wasserdichte Aufmauerung des Kanales über einer Betonsohle, etwa unter Verwendung von einer Teerpappeneinlage.

Bei feinkörnigem und aschen- sowie schlackenreichem Brennstoffe ist der Schornstein etwas höher zu nehmen.

Vielfach tritt bei Erweiterung einer bestehenden Anlage an den Ingenieur die Aufgabe heran, zu prüfen, ob der vorhandene Schornstein eine Erhöhung seiner Belastung verträgt.

Da der Schornstein in seiner Arbeitsweise ein sehr elastisches Element ist, so läßt sich diese Frage nicht immer mit Sicherheit lösen, da ja nach den jeweiligen Verhältnissen ein gegebener Schornstein für eine größere oder kleinere Rostfläche ausreicht; es sind Fälle bekannt, wo ein Schornstein noch hinreichend zieht, dessen oberer lichter Querschnitt etwa $^1/_{15}$ der gesamten Rostfläche bei Steinkohlenfeuerung besitzt, während an anderer Stelle ein Schornstein schon bei $^1/_5$ Rostfläche versagt.

Man wird in allen solchen Fällen sorgfältige Messungen des Zuges und der Zugunterschiede, anfangend von der Stelle über der Feuerung bis Schornsteinfuß, sowie der Temperaturen am Fuchsschieber (vor und hinter Rauchgasvorwärmer) und am Schornsteinfuße vornehmen müssen unter Berücksichtigung der Außentemperatur, des Barometerstandes, der Windstärke, Sonnenbestrahlung sowie der Lage des Schornsteines bezüglich Behinderung durch Windströme, die über nahe Berglehnen blasen usw. Zu berechnen ist ferner aus der Menge der verbrannten Kohle, dem CO_2-Gehalte der Gase und ihrer Temperatur die Menge und Geschwindigkeit der Rauchgase im gemeinsamen Fuchskanale vor dem Schornstein und in Schornsteinmitte oder am Kopfe; denn erst aus dieser Zahl in Verbindung mit den Zugmessungen und Zugverlusten kann man einen richtigen Einblick in die Arbeitsweise gewinnen. Zu prüfen ist auch durch Differenzmessungen von CO_2 (vgl. Seite 419) ob unverhältnismäßig viel kalte Luft eingesaugt wird.

Man kann auch zur direkten Messung der Gasgeschwindigkeit in Kanälen, Rohrleitungen usf. die Stauscheibe nach Brabbée oder Prandl (vgl. Z. V. d. I. 1912, S. 1840, Normen für Leistungsversuche an Ventilatoren und Kompressoren) oder Recknagel verwenden; dieser letztere Apparat ermittelt aus dem Zugunterschiede auf der Vorder- und Rückseite einer senkrecht in den Gasstrom gehaltenen Scheibe und der Temperatur der Gase sofort die Geschwindigkeit, ohne daß man erst die Gasmenge aus dem Kohlenverbrauche errechnen muß.

Nennt man:

ω = Gasgeschwindigkeit m/sek,
h = Druckhöhe in mm Wassersäule, oder kg/m²,
$g = 9{,}81$,
γ = spez. Gewicht des Gases kg/m³ bei der Temperatur t,

so gilt für die Stauscheibe von Prandl und Brabbée:

$$\omega = \sqrt{2g\frac{h}{\gamma}} = 4{,}43\sqrt{\frac{h}{\gamma}} \quad \ldots\ldots\ldots \quad 117)$$

und für die Stauscheibe nach Recknagel, bestehend aus einer kleinen runden Scheibe, auf die 2 Röhrchen ausmünden.

$$\omega = \sqrt{\frac{2gh}{1{,}37\cdot\gamma}} = 3{,}78\sqrt{\frac{h}{\gamma}} \quad \ldots\ldots\ldots \quad 117a)$$

In einem Rohre findet man durch nur eine einzige Messung[1]) die mittlere Querschnittsgeschwindigkeit in der Entfernung 0,78 R von der Rohrachse, und die mittlere Temperatur in der Entfernung 0,75 R.

Es ist durchaus nicht allein die Zugstärke, gemessen am Schornsteinfuße, maßgebend dafür, daß die Anlage eine Erweiterung erträgt; denn Z ist, wie aus den Formeln 118 ersichtlich, allein bedingt unter sonst gleichen Verhältnissen von der Schornsteinhöhe und der Gaseintrittstemperatur sowie der Lufttemperatur. Der Zug kann vorzüglich erscheinen, doch könnte die Weite des Schornsteines für eine erhöhte Gasmenge nicht mehr hinreichen. In solchem Falle gibt allein die Rechnung auf Grund der verbrannten Kohlenmengen unter Berücksichtigung des CO_2-Gehaltes der Gase einen Aufschluß. Zu beachten ist auch, daß die Zuführungskanäle zu dem Schornsteine oftmals zu eng sind und erweitert werden müssen; man wird gut tun, dieselben daraufhin zu prüfen, auch auf Verengungen, scharfe Richtungsänderungen usw. und ob die Gasgeschwindigkeit nicht höher wie 5—6 m/sek ist. Bisweilen läßt sich durch Zuschmieren aller Stellen, durch welche kalte Luft einzieht und Ausrüsten der Zugschieber mit Blechkappen u. dgl. einfache Hilfsmittel der Zug um mehrere Millimeter erhöhen, wobei auch die Temperatur am Schornsteinfuße ansteigt, so daß die Leistung der Anlage verbessert wird.

Einfacher ist der Fall, wenn man beobachten kann, daß bei hinreichender Kesselleistung mit ziemlich gedrosseltem Fuchsschieber gearbeitet wird; ein weiteres Anhängen von Heizfläche ist dann meist möglich.

In vielen Fällen genügt nachträglich ein weiteres Erhöhen des Schornsteines, vorausgesetzt, die obere Wandstärke ist größer wie $^1/_2$ Stein und der Schornstein bleibt in allen Teilen stabil; doch ist dann darauf zu achten, daß die Öffnung nicht verkleinert, sondern daß das neue Stück innen möglichst zylindrisch aufgesetzt wird, denn sonst wird leicht die Wirkung des erhöhten Zuges durch die Querschnittsverminderung aufgehoben.

---

[1]) Schack, Über die Messung von Wärmemengen in turbulenten Gasströmen. Z. V. d. I. 1923, S. 807.

Besonders sorgfältige Prüfung erfordert die Erweiterungsmöglichkeit einer Anlage dann, wenn ein Rauchgasvorwärmer bzw. noch ein Flugaschenfänger oder Luftvorwärmer eingebaut werden soll (vgl. Beispiel 37, S. 336ff.). Solche Apparate bedingen einen zusätzlichen Zugverlust durch ihren Strömungswiderstand; sie setzen also die verfügbare Geschwindigkeitshöhe der Anlage, die ja als Restbetrag zwischen Schornsteinzug und Widerständen übrigbleibt, somit die Gasgeschwindigkeit herab; außerdem aber werden die Gase erheblich abgekühlt in den Schornstein geführt, wodurch wiederum eine wesentliche Zugschwächung eintritt. Unter Umständen kann bei Nichtbeachtung dieser Verhältnisse der Vorwärmer gar nicht in Betrieb genommen werden, weil der Zug nicht mehr genügend Dampf schafft, und es muß erst ein neuer Schornstein gebaut oder eine künstliche Zuganlage aufgestellt werden.

Auf jeden Fall tut man gut, den Schornstein etwas reichlicher zu nehmen, sowohl in Höhe und Weite; man kann dann die Anlage später stärker beanspruchen und ist in Einbauten nicht beschränkt; eine Erhöhung des Schornsteines von vornherein um einige Meter macht auf den Preis desselben nur wenig aus und schützt später vor Schaden. Über die Bauausführung eines Schornsteines vgl. Abb. 56—59, die mehrere Schnitte durch einen 100 m hohen Schornstein darstellen, der im untersten Teile ein Schutzfutter hat und einen Wasserbehälter trägt.

Die Berechnung gliedert sich in zwei Abschnitte, in Ermittlung der Schornsteinhöhe auf Grund des erforderlichen Unterdruckes und in die Ermittlung der Schornsteinweite auf Grund der erzeugten Gasmenge

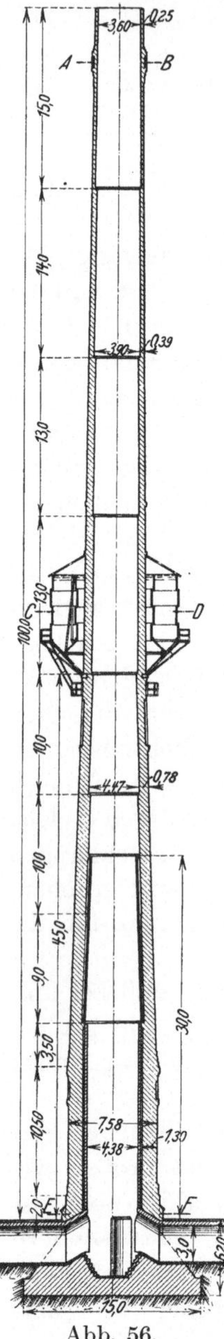

Abb. 56.

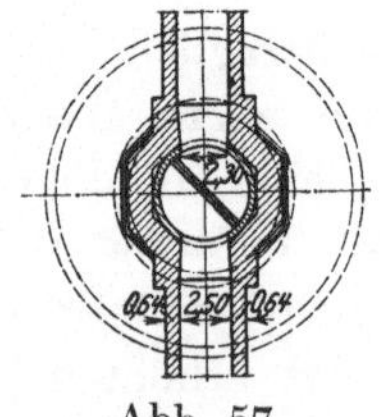

Abb. 57.

Abb. 58.

Abb. 59.

bzw. der verbrannten Kohlen sowie der verfügbaren Gasgeschwindigkeit im Schornstein.

b) Berechnung der Zugstärke und der Schornsteinhöhe.

Es bezeichnet:

Zugstärke am Schornsteinfuße in mm Wassersäule . . . $= Z$
Geschwindigkeitshöhe in mm Wassersäule . . . . $= Z_W$
Zugverlust durch Abkühlung in mm Wassersäule . . . . $= Z_A$
Zugverlust durch Reibung in mm Wassersäule . . . . . $= Z_R$
Schornsteinhöhe in m . . . . $= H$
Temperatur der Außenluft °C . . . . $= t_a$
Gewicht eines m³ Außenluft bei t_a ° in kg . . . . $= \gamma_a$
Gewicht eines m³ Außenluft bei $^0/_{760}$ in kg . . . . $= \gamma_0$
Temperatur der Gase in Schornsteinmitte °C . . . . $= t_m$
Gewicht eines m³ der wasserdampfhaltigen Gase bei t_m, kg $= \gamma_m$
Gewicht eines m³ d. wasserdampfhaltigen Gase bei $^0/_{760}$ kg $= \gamma_1$
Gaskonstante . . . . $= R$
Gasdruck in kg/m² oder mm Wassersäule . . . . $= P$
Mittlere Gasgeschwindigkeit im Schornstein in m/sek . . $= w$
Absolute Temperatur $273 + t$ . . . . °C $= T$

Mit Hilfe der Beziehungen $\gamma = \frac{P}{RT}$ und aus der Formel für die Änderung des Gasdruckes P mit dem Höhenunterschiede dh

$$dh \cdot \gamma = dP = dh \cdot \frac{P}{RT}$$

ergibt sich unter Voraussetzung, daß die mittlere Gastemperatur im Schornstein eingesetzt werden kann, die statische Zugstärke am Schornsteinfuße:

$$Z = H \cdot (\gamma_a - \gamma_m) = (Z_{th} - Z_A) \quad \ldots\ldots \quad 118)$$

in mm Wassersäule; oder aus anderer Ableitung ist das Gewicht der Rauchgassäule in kg für 1 m² Grundfläche, wenn das Gewicht eines m³ Außenluft bei 0° γ_0 ist und das der Rauchgase $= \gamma_1$ bei $^0/_{760}$

$$H \cdot \gamma_1 \cdot \frac{273}{273 + t_m},$$

und das der gleichen Säule Außenluft:

$$H \cdot \gamma_0 \cdot \frac{273}{273 + t_a}.$$

Daraus folgt der Druckunterschied beider Säulen oder die Zugstärke Z in Millimeter Wassersäule zu:

$$Z = 273 \cdot H \left(\frac{\gamma_0}{273 + t_a} - \frac{\gamma_1}{273 + t_m} \right), \quad \ldots\ldots \quad 118\text{a})$$

da

$$\gamma_a = \gamma_0 \cdot \frac{273}{273 + t_a} \quad \text{ist und} \quad \gamma_m = \gamma_1 \cdot \frac{273}{273 + t_m},$$

so geht durch Einsetzen dieser Werte die Formel in obige unter 118 über.

Man pflegt in dieser Formel gewöhnlich $\gamma_0 = \gamma_1 = 1{,}29$ zu setzen, da beide Werte für mittlere Verhältnisse ziemlich gleich sind, und erhält dann angenähert:

$$Z = H\gamma_0 \cdot 273 \cdot \left(\frac{1}{273 + t_a} - \frac{1}{273 + t_m}\right) \quad . \; . \; . \; . \; . \; 118\,\mathrm{b)}$$

Es ist zu setzen für das Gewicht γ_1 der wasserdampfhaltigen Verbrennungsgase bei 0° und 760 mm und etwa 9—12 vH Kohlensäuregehalt (bezogen auf trockene Gase):

für mitteldeutsche Braunkohle $\gamma_1 = 1{,}270$ kg/m³,
für Steinkohle . . . . $= 1{,}325$,,

Zahlentafel 89.

Gewicht γ_a mittelfeuchter Luft (Gewicht eines m³ in kg).

Barometerstand mm/QS	Lufttemperatur t_a °C							
	−5	±0	+5	+10	+15	+20	+25	+30
760	1,314	1,288	1,266	1,243	1,221	1,200	1,180	1,161
750	1,293	1,273	1,250	1,228	1,206	1,185	1,167	1,147
740	1,278	1,252	1,232	1,211	1,190	1,170	1,149	1,130
730	1,260	1,239	1,216	1,194	1,172	1,152	1,132	1,118
720	1,242	1,220	1,199	1,178	1,158	1,138	1,119	1,100
710	1,228	1,205	1,182	1,160	1,141	1,121	1,106	1,083
700	1,211	1,188	1,166	1,146	1,127	1,106	1,088	1,070
690	1,191	1,170	1,150	1,130	1,110	1,090	1,071	1,054
680	1,175	1,152	1,131	1,111	1,092	1,074	1,058	1,040

Die Werte für γ_a, γ_0 für mittelfeuchte Luft kann man der Zahlentafel 89 entnehmen, die für verschiedene Barometerstände ausgerechnet ist (vgl. Zahlentafel 11, S. 60).

Will man ganz genau rechnen, so muß man den wirklichen Feuchtigkeitsgehalt der Luft berücksichtigen nach S. 62 bzw. nach der Formel 11 für das spezifische Gewicht der Luft γ_a bei t_a°:

$$\gamma_a = 342 \cdot \frac{p}{T} - 0{,}176 \cdot \varphi \cdot \frac{h'}{T};$$

hierin ist $p =$ Luftdruck in kg/cm²; $T = 273 + t_a$; $h' =$ Spannung des Wasserdampfes in Millimeter Quecksilber bei der Temperatur t_a (vgl. Zahlentafel 11 und Dampftabelle 117) und φ die relative Feuchtigkeit der Luft $1 > \varphi > 0$ (vgl. Abschnitt 3f, S. 58).

Aus den Formeln erkennt man, daß der Schornsteinzug im einfachen Verhältnis zur Schornsteinhöhe wächst und zum Unterschiede der spezifischen Gewichte von Außenluft und innerer Gassäule; außerdem sieht man, daß der Zug mit zunehmender Lufttemperatur (Sommer) schlechter wird, ebenso mit abnehmender Temperatur der in den Schornstein eintretenden Gase; deshalb ist bei knappen Schornsteinen darauf zu achten, daß nicht durch undichtes Mauerwerk kalte Luft eingesaugt wird, welche die Temperatur herabsetzt und die Gasmenge vermehrt.

Dabei ist zu bemerken, daß die von einem Schornsteine abführbare Gasmenge in Kilogramm bei allen Schornsteintemperaturen nahezu konstant ist.

Es bedeutet t_m die Schornsteintemperatur mitten in der Säule; da dieselbe nicht bekannt ist, so kann man für ein laufendes Meter Schornstein eine Abkühlung von 1° zugrunde legen und von der am Schornsteinfuße gemessenen Temperatur den entsprechenden Abzug machen. Nach Formel 118 kann man allen Gaszusammensetzungen je nach Brennstoff, Kohlensäuregehalt usw. Rechnung tragen sowie den Barometerstand und die Luftfeuchtigkeit usw. berücksichtigen.

Die Zugstärke, die nach den Formeln berechnet ist oder aus Zahlentafel 92 entnommen wurde, tritt jedoch bei einer Zugmessung am Schornsteinfuße bei offenem Schieber nicht ganz in Erscheinung; sie stellt den erreichbaren Höchstwert dar, der nur bei geschlossenem Schieber gemessen werden kann, nämlich die statische Zugstärke Z, da Z_w und Z_R dann $= 0$ werden, denn es treten beim Strömen der Gase durch den Schornstein einige Verluste ein, die den Wert Z herabsetzen:

1. Ein gewisser Betrag der Zugstärke wird aufgebraucht zur Erzeugung der Strömungsgeschwindigkeit der Gase im Schornstein, genannt die Geschwindigkeitshöhe Z_w.

2. Da die Gase sich beim Durchziehen des Schornsteines abkühlen, wird entsprechend Formel 118 auch die Zugkraft geringer um einen Betrag Z_A; dieser Abkühlungsverlust ist in der Formel 118 und Zahlentafel 92 bereits berücksichtigt, da dort die mittlere Schornsteintemperatur zugrunde gelegt wurde; die Werte stellen also $Z_{th} - Z_A$ dar.

3. Durch die Reibungswiderstände der Gase an den Wänden des Schornsteins wird ein Betrag Z_R an Zughöhe aufgezehrt.

Es verbleibt also für die Nutzwirkung des Schornsteins nur noch der Betrag an Zughöhe, gemessen am Schornsteinschieber bei offenem Schieber.

$$Z_n = Z_{th} - Z_A - Z_w - Z_R \quad \ldots \ldots \quad 119)$$

Dabei ist $Z = Z_{th} - Z_A$ der in der Formel 118 angegebene Wert.

1. Zugverlust Z_w durch Erzeugung der Gasgeschwindigkeit w. Bei kleinen Druckunterschieden gilt allgemein:

$$\frac{w^2}{2g} = \frac{\varphi^2 Z_w}{\gamma_m}.$$

Daraus wird mit $\varphi = 1$:

$$w = \sqrt{\frac{2g \cdot Z_w}{\gamma_m}} \quad \ldots\ldots\ldots\ldots \quad 120)$$

oder auch

$$Z_w = \frac{\gamma_m w^2}{2g} \quad \ldots\ldots\ldots\ldots \quad 120a)$$

in Millimeter Wassersäule; genannt die Geschwindigkeitshöhe oder der Gasüberdruck, der erforderlich ist, um einem Gase vom spezifischen Gewichte γ_m die Geschwindigkeit w zu erteilen.

Beispiel 37. Es sei $w = 6$ m/sk bei 760 mm Barometerstand und die Temperatur am Fuße eines 50 m hohen Schornsteins 320°; verbrannt sei eine Steinkohle, deren Verbrennungsgase bei $^0/_{760}$ ein Gewicht je m³ von $\gamma_0 = 1{,}32$ besitzen. In der Schornsteinmitte beträgt die Gastemperatur nur noch etwa 300°; es wird also $\gamma_m = \gamma_0 \cdot \frac{273}{273 + 300} = 0{,}63$; damit rechnet sich $Z_w = \frac{0{,}63 \cdot 6^2}{19{,}6} = 1{,}15$ mm als zur Erzeugung und dauernden Erhaltung der Geschwindigkeit notwendige Druckhöhe.

Wird bei offenem Fuchsschieber gemessen, so mißt man den nach Formel 118 errechneten Wert von Z vermindert um Z_w.

In nachstehender Zahlentafel sind nun die Geschwindigkeitshöhen Z_w für verschiedene mittlere Strömungsgeschwindigkeiten der Gase im Schornstein und für verschiedene Gastemperaturen berechnet. Zugrunde gelegt ist ein Barometerstand von 730 mm und $\gamma_0 = 1{,}31$, bezogen auf $^0/_{760}$.

Zahlentafel 90.

Geschwindigkeitshöhe Z_w in Millimeter Wassersäule für verschiedene Gasgeschwindigkeiten in Schornsteinmitte und Gastemperaturen.

Geschwindigkeit w m/sk	Mittlere Gastemperatur t_m im Schornstein °C			
	100	200	300	400
2	0,19	0,15	0,12	0,10
4	0,75	0,59	0,49	0,42
6	1,69	1,34	1,10	0,94
8	3,01	2,38	1,96	1,67
10	4,72	3,72	3,07	2,60

Es ist z. B. für $w = 4$ m/sk; $t_m = 200°$

$$Z_w = \frac{4^2 \cdot 1{,}31 \cdot 730}{19{,}62 \cdot 760} \cdot \frac{273}{273 + 200} = 0{,}59 \text{ mm Wassersäule.}$$

An einer vorhandenen Anlage kann w entweder errechnet werden aus der Gasmenge, oder gemessen werden mit der Stauscheibe, die in den geraden Fuchskanal eingeführt wird.

2. Zugverlust durch Reibung Z_R. Zur Ermittlung dieses Wertes kann die später in Abschnitt 34, S. 384, für Reibung an Rohrleitungswänden gegebene Formel 134 benutzt werden.

Es ist demnach in Millimeter Wassersäule:

$$Z_R = \frac{\beta \cdot \gamma_m \cdot w^2 \cdot H}{\delta}, \quad \ldots \ldots \ldots \quad 121)$$

worin bedeutet δ = mittl. Schornsteindurchmesser in Millimetern, β ist aus Zahlentafel 112, S. 385, zu entnehmen, die zwar für Reibung an glatten Rohrwänden festgestellt ist, aber in Ermangelung anderer Werte auch hier verwendet werden kann. Z_R wächst also mit w^2, dem Quadrate der Belastung und fällt bei engen Schornsteinen mehr ins Gewicht, so daß unter Umständen bei schwacher Belastung der Anlage der gemessene Zug am Schornsteinfuße größer ist als bei voller Belastung.

Für einen Schornstein von $H = 50$ m sind für eine mittlere Schornsteintemperatur von $t_m = 250°$ und einen Barometerstand von 730 mm die Reibungsverluste zusammengestellt in nebenstehender Zahlentafel 91.

Zahlentafel 91.

Schornstein-durchmesser m	Mittlere Gasgeschwindigkeit m/sk 5	10	15
0,5	1,5	5,4	11,3
1,0	0,6	2,2	4,7
1,5	0,4	1,3	2,8

Die Verlustgröße wird für die meisten Fälle zwischen 0,5 bis 2,0 mm liegen.

3. Zugverlust Z_A durch Abkühlung der Gase im Schornstein. Aus dem Wärmedurchgangswert k, dem mittleren Temperaturunterschiede zwischen Gasen im Schornsteine und Außenluft ϑ_m, und der mittleren Mantelfläche des Schornsteins O in m² ergibt sich die Abkühlung der Gase in Wärmeeinheiten in 1 h zu:

$$Q = k \cdot \vartheta_m \cdot O.$$

Diese verlorengegangene Wärme entspricht der von den Gasen abgegebenen Wärmemenge, so daß man auch setzen kann:

$$Q = G \cdot c_p (t_e - t_o), \quad \ldots \ldots \ldots \quad 122)$$

wenn G die stündliche Gasmenge in kg bedeutet, und die Gase sich von t_e beim Eintritt auf t_o beim Austritt aus dem Schornsteine abkühlen bei einer spezifischen Wärme der Gase c_p für 1 kg. Aus diesen beiden Formeln kann dann der Wärmeverlust der Gase im Schornsteine berechnet werden. Für k kann man etwa 1,1—1,4 setzen, je nach der Wandstärke. Einige Werte enthält die Zahlentafel 56 nach Untersuchungen von Rietschel.

Zahlentafel 92 (vgl. Abb. 60).

Zugstärke in Millimeter Wassersäule für 1 m Schornsteinhöhe berechnet nach $Z = H(\gamma_a - \gamma_m) = Z_{th} - Z_a$, gültig für 750 mm Barometerstand (vgl. S. 340), erreichbar, bei geschlossenem Schieber; bei offenem Schieber gilt dann $Z_n = Z - Z_w - Z_R$.

Mittlere Gastemperatur im Schornstein t_m	Außenlufttemperatur t_e -20	-10	-5	±0	+5	+10	+15	+20	+25	+30	Gewicht γ_m eines m³ der wasserdampfhaltigen Gase für Braunkohle	Steinkohle	Δ Zuzählen zu den Tabellenwerten für Braunkohle
	Spezifisches Gewicht der Luft bei 70 vH Feuchtigkeitsgehalt 1,375	1,327	1,300	1,276	1,252	1,228	1,206	1,182	1,160	1,137			
160	0,550	0,502	0,475	0,451	0,427	0,403	0,381	0,357	0,335	0,312	0,791	0,825	0,034
180	0,585	0,537	0,510	0,486	0,462	0,438	0,416	0,392	0,370	0,347	0,756	0,790	0,034
200	0,620	0,572	0,545	0,521	0,497	0,473	0,451	0,427	0,405	0,382	0,724	0,755	0,031
220	0,650	0,602	0,575	0,551	0,527	0,503	0,481	0,457	0,435	0,412	0,694	0,725	0,031
240	0,678	0,630	0,603	0,579	0,555	0,531	0,509	0,485	0,463	0,440	0,667	0,697	0,030
260	0,705	0,657	0,630	0,606	0,582	0,558	0,536	0,512	0,490	0,467	0,642	0,670	0,028
280	0,728	0,680	0,653	0,629	0,605	0,581	0,559	0,535	0,513	0,490	0,620	0,647	0,027
300	0,751	0,703	0,676	0,652	0,628	0,604	0,582	0,558	0,536	0,513	0,598	0,624	0,026
320	0,772	0,724	0,697	0,673	0,649	0,625	0,603	0,579	0,557	0,534	0,578	0,603	0,025
340	0,792	0,744	0,717	0,693	0,669	0,645	0,623	0,599	0,577	0,554	0,558	0,583	0,025
360	0,810	0,762	0,735	0,711	0,687	0,663	0,641	0,617	0,595	0,572	0,532	0,565	0,023
380	0,827	0,779	0,752	0,728	0,704	0,680	0,658	0,634	0,612	0,589	0,525	0,548	0,023
400	0,844	0,796	0,769	0,745	0,721	0,697	0,675	0,651	0,629	0,606	0,508	0,531	0,023
420	0,860	0,812	0,785	0,761	0,737	0,713	0,691	0,667	0,645	0,622	0,493	0,515	0,022
440	0,874	0,826	0,799	0,775	0,751	0,727	0,705	0,681	0,659	0,636	0,480	0,501	0,021
460	0,888	0,840	0,813	0,789	0,765	0,741	0,719	0,695	0,673	0,650	0,467	0,487	0,020

Berücksichtigt man, daß $\vartheta_m = \frac{t_e + t_o}{2} - t_a$ ist, so läßt sich auch die Schornsteinaustrittstemperatur t_o berechnen.

Nachstehend sind in einer kleinen Zahlentafel 93 für Schornsteine von 40 m Höhe bei $d_o = 0{,}5$, 1,0 und 1,5 m lichtem oberen Durchmesser,

Zahlentafel 93.

Einfluß der Abkühlung der Gase im Schornstein auf den Schornsteinzug bei einem gemauerten Schornstein von 40 m Höhe.

Gasgeschwindigkeit w in m/sk		2	4	6	8
	d_o				
Gastemperatur an der Schornsteinmündung t_o	0,5	128	179	200	211
	1,0	200	223	231	236
	1,5	218	232	239	242
Mittlere Gastemperatur t_m	0,5	189	215	225	230
	1,0	225	237	240	243
	1,5	234	241	245	246
Zugstärke, gerechnet für mittlere Gastemperatur, Z	0,5	17,9	19,6	20,2	20,4
	1,0	20,2	20,8	21,0	21,1
	1,5	20,6	21,0	21,2	21,3
Zugverlust Z_A durch Abkühlung	0,5	3,6	1,9	1,3	1,1
	1,0	1,3	0,7	0,5	0,4
	1,5	0,9	0,5	0,3	0,2

bei 730 mm Barometerstand, 250° Gastemperatur beim Eintritt und 15° Lufttemperatur, berechnet die Gasaustrittstemperatur t_o, die mittlere Temperatur im Schornstein und der Zugverlust infolge der Gasabkühlung gegenüber der Gaseintrittstemperatur.

Die Zahlentafel[1]) 93 erweist, daß der Zugverlust durch Abkühlung um so geringer wird, je höher die Gasgeschwindigkeit wird, oder mit anderen Worten, je höher der Schornstein belastet ist und je größer der Schornsteindurchmesser ist; schon bei $H = 40$ m; $d = 1{,}5$ m und $w = 6$ m ist der Zugverlust nur noch 0,3 mm. Am einfachsten berücksichtigt man diesen Wert, indem man, wie auch in den Formeln 118 geschehen, an Stelle der Gaseintrittstemperatur in den Schornstein die mittlere, geschätzte Temperatur in demselben einsetzt, also sofort $Z = Z_{th} - Z_A$ berechnet.

Zur rascheren Ermittlung der Verhältnisse ist in Zahlentafel 92 für mittlere Werte und verschiedene Lufttemperaturen die Zugstärke für 1 m Schornsteinhöhe berechnet und in Abb. 60 für ca. 15° Außentemperatur dargestellt; es sind also nur die dortigen Werte mit der Schorn-

[1]) Vgl. Dr. Deinlein, Z. d. Bayer. Rev.-V. 1912, S. 12ff.

steinhöhe H zu multiplizieren, um den Höchstwert des erreichbaren Zuges, gemessen am Schornsteinfuße bei geschlossenem Schieber, zu erhalten. Zugrunde gelegt wurde Formel 118, S. 333, ein Luftdruck von 750 mm, eine Luftfeuchtigkeit von 70 vH, also ein spezifisches Gewicht der Luft $\gamma_0 = 1{,}276$ bei 0°; ferner wurde das spezifische Gewicht von wasserdampfhaltigen Verbrennungsgasen bei 10 vH CO_2 angesetzt für mitteldeutsche Braunkohlen mit $\gamma_1 = 1{,}27$, bezogen auf $^0/_{760}$, für deutsche Steinkohlen mit $\gamma_1 = 1{,}325$, bezogen auf $^0/_{760}$.

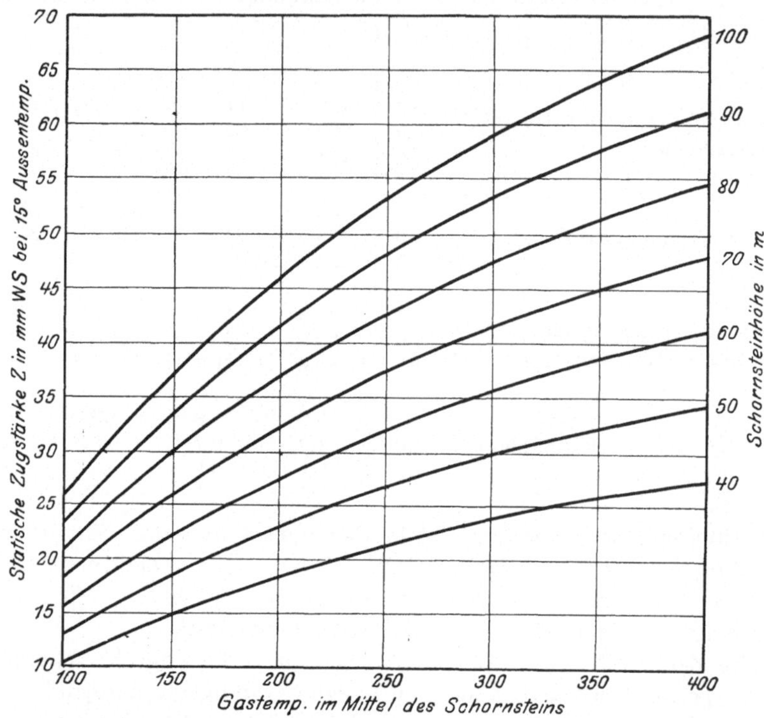

Abb. 60. Erreichbare statische Zugstärke Z für Schornsteine.

Die Tafel 92 ist berechnet für Steinkohlen; und zwar für die Temperatur in der Schornsteinmitte. Kennt man die Temperatur am Fuße des Schornsteins, so ist von diesem Werte ein Abzug vorzunehmen, und zwar für das laufende Meter Schornsteinhöhe etwa 1°. Mit dieser Temperatur kann dann die erreichbare Zugstärke Z des Schornsteins ermittelt werden. Soll der Schornstein für Braunkohlenfeuerung gebaut werden, so ist den in der Zahlentafel enthaltenen Werten noch der in der letzten Spalte aufgeführte Betrag Δ zuzuzählen, ehe die Multiplikation mit der Schornsteinhöhe vorgenommen wird. Die Tabellenwerte entsprechen den Messungen bei geschlossenem Schornsteinschieber am Fuße des Schornsteines unter bereits erfolgter Berücksichtigung der Abkühlung der Gase in der Schornsteinsäule.

Nimmt man an einem Schornsteine bei ganz offenem Schieber eine Messung vor, so ist die gemessene Zugstärke um den Betrag der Geschwindigkeitshöhe (vgl. Formel 120 a) und des Reibungsverlustes kleiner als in der Zahlentafel steht.

4. Zugverluste in der Kesselanlage. Außer den bereits angegebenen treten noch folgende Widerstände in der Gesamtanlage auf, die der Schornstein überwinden muß:

1. Widerstand im Rauchkanale vom Schornsteinfuße bis zum Fuchsschieber $= Z_K$.

Da der Kanal so kurz gehalten wird wie möglich, so ist dieser Wert meist sehr gering; er ist bedingt durch Reibung und Abkühlung.

2. Widerstand durch den Fuchsschieber $= Z_f$.

Der Fuchsschieber ist meist etwas geschlossen, da nicht der ganze Zug erforderlich ist; in diesem Zugüberschusse liegt eine gewisse Reserve. Z_f kann bis 10 mm betragen.

3. Widerstand in den Feuerzügen des Kessels $= Z_z$.

Dieser Wert ist rechnerisch nur sehr unsicher ermittelbar. Man schätzt ihn am besten aus der Erfahrung heraus auf 3—15 mm.

4. Widerstand der Luft beim Rostdurchtritt $= Z_L$.

Er hängt von der Dicke der Feuerschicht, dem Zustande derselben, der Kohle, ob lose liegend oder backend, dem Fortgange der Verbrennung, der Weite der Roststäbe u. a. m. ab. Erfahrungsgemäß beläuft sich der Wert auf 1—7 mm.

5. Widerstand der Verbrennungsluft beim Eintritt in die Aschenfalltür $= Z_t$.

Es ist gewöhnlich sehr klein und nimmt nur dann einen größeren Wert an, wenn mit dieser Tür der Zug reguliert wird, statt mit dem Fuchsschieber.

Die gesamte Zugstärke des Schornsteins verteilt sich also auf Deckung folgender Widerstände:

$$Z = (Z_{th} - Z_A) - Z_w - Z_R - Z_K - Z_f - Z_Z - Z_L - Z_t \qquad 123)$$

c) Berechnung der Schornsteinweite.

Die Weite des Schornsteines ist nach der Gasmenge zu bestimmen, welche der Schornstein herausbefördern muß. Erfahrungsgemäß arbeiten die Schornsteine mit Ausströmungsgeschwindigkeiten an der oberen Mündung von $w = 4-10$ m in der Sekunde; im allgemeinen setzt man:

für 1 bis 3 Kessel $w = 4$ bis 5 m/sk,
4 bis 6 Kessel $w = 5$ bis 7 m/sk,
7 und mehr Kessel $w = 7$ bis 9 m/sk

als zweckmäßige Geschwindigkeit an.

Dieselbe richtet sich natürlich nach den Widerständen, welche die Gase auf ihrem Wege vom Eintritt in den Rost an zu überwinden haben. Sind für eine Anlage der Widerstand der Kanäle sowie die Zugverluste durch Gasabkühlung und der Reibungsverlust im Schornstein selbst bekannt, so bleibt als Rest die für die Erzeugung der Geschwindigkeit verfügbare Geschwindigkeitshöhe übrig. Der Zugverlust bis zum Fuße des Schornsteins beträgt im Mittel bei gewöhnlichen Anlagen 60—75 vH.

Liegt nun der Fall so, daß für eine bestimmte zu errichtende Anlage der Zugbedarf bekannt ist, gemessen am Schornsteinfuße oder vor dem Rauchgasvorwärmer, so läßt sich die erforderliche Höhe der Esse unter Berücksichtigung der Temperatur am Eingang der Gase in den Schornstein leicht berechnen, wenn man mit einer bestimmten Gasgeschwindigkeit arbeiten will; man muß dabei dann auch die Verluste durch Abkühlung und Reibung berücksichtigen sowie Widerstände durch Rauchgasvorwärmer, Flugaschenfänger usw. Aus der Gasmenge, die von dem Schornstein abgezogen werden soll, und der Geschwindigkeit w ergibt sich die erforderliche Weite des Schornsteines.

Bedeutet:

B = Brennstoff verbrannt in 1 h in kg,
V_0 = Gasmenge $^0/_{760}$ für 1 kg Brennstoff in m³,
V_t = Gasmenge bei $t°$ für 1 kg Brennstoff in m³,
F = Querschnitt des Schornsteins an der oberen Mündung in m²,
$1 + v L_0$ = Gasmenge in kg für 1 kg Brennstoff bei v-fachem Luftüberschuß,
γ_1 = Gewicht eines m³ der wasserdampfhaltigen Rauchgase bei 0° und 760 mm,
t = Temperatur der Gase am Schornsteinkopfe,
w = Gasgeschwindigkeit am Schornsteinein- oder -austritt oder in Schornsteinmitte in m/sk.

Für 1 kg Brennstoff ist dann zu rechnen eine Gasmenge in m³ bei $t°$ und 760 mm Barometerstand:

$$V_t = \frac{1 + v L_0}{\gamma_1} \cdot \frac{273 + t}{273}; \qquad 124)$$

der Schornsteinquerschnitt in m² wird dann, wenn B kg Brennstoff verbrannt werden in 1 h:

$$F = \frac{B \cdot V_t}{3600 \cdot w} = \frac{B(1 + v L_0) \cdot (273 + t)}{\gamma_1 \cdot 3600 \cdot 273 \cdot w} \qquad 125)$$

V_t, L_0 sind aus Abschnitt 7 und 8, Formel 47 bzw. Zahlentafel 45, zu entnehmen; γ_1 ist zu berechnen nach Abschnitt 3e oder nach S. 334 zu wählen.

Man kann auch durch Einsetzen der entsprechenden Werte für Temperatur und Gasmenge in obige Formel den unteren oder mittleren Schornsteinquerschnitt ermitteln; da der Schornstein sich nach oben verjüngt, so ist infolge der Zusammenziehung der Gase beim Abkühlen, die Strömungsgeschwindigkeit an allen Stellen des Schornsteines ungefähr die gleiche.

Zusammengefaßt ergeben sich aus obigen Besprechungen folgende Verhältnisse:

1. Die Zugstärke $Z = Z_{th} - Z_A$ wächst im geraden Verhältnis zu der Schornsteinhöhe.
2. Die Zugstärke wächst mit steigender Temperatur.
3. Je weiter der Schornsteinquerschnitt, desto größer die Gasmenge, die abgesaugt werden kann.
4. Es lassen sich viele verschiedene Schornsteine mit verschiedener Höhe und Weite bauen, welche denselben Zug hervorrufen und die gleiche Gasmenge abführen bei gleicher Temperatur; dies ist bedingt durch verschiedene Zugverluste nach Formel 119 infolge Abkühlung, Strömung und Reibung, welche die verschiedenen Schornsteine erfahren.
5. Unter einer gewissen Schornsteinweite wachsen Z_w, Z_A, Z_R sehr stark an; es wird dann sehr viel Zugkraft im Schornstein selbst verbraucht, und es kann nur wenig nutzbar abgegeben werden; unter einer gewissen Größe zieht der Schornstein überhaupt nicht mehr (etwa 0,3 m ob. l. $\varnothing$).
6. Die Abkühlung im Schornstein hat bei einer gewissen Weite den kleinsten Wert; darüber und darunter wächst sie an.
7. Für jeden Schornstein gibt es eine günstigste Höhe und Weite bei jeder Gastemperatur, bei der ein Höchstwert des Zuges erreicht wird; dabei wird eine bestimmte Gasmenge bewältigt. Mit steigender oder zunehmender Gasmenge nimmt die Zugstärke ab.

Sämtliche Verhältnisse lassen sich zeichnerisch darstellen, indem man über verschiedenen Schornsteinweiten auf der Wagerechten die Schornsteinhöhe, die Gasaustrittstemperatur und die einzelnen Zugverluste Z_A, Z_R, Z_w als Senkrechte einträgt für eine bestimmte Gasmenge und Temperatur und eine bestimmte nutzbare Zugstärke Z_n, berechnet nach Formel 119.

Oder man zeichnet ein Schaubild für eine bestimmte Schornsteinhöhe und Weite, indem man verschiedene Rauchgasgewichte und Rauchgastemperaturen wagerecht, die sich daraus ergebenden nutzbaren Zugstärken auf der Senkrechten aufträgt.

d) Erfahrungsformeln und Erfahrungswerte.

Für die rasche Ermittlung eines Schornsteines und die oberflächliche Nachrechnung einer vorhandenen Anlage seien noch einige, aus der Erfahrung abgeleitete Formeln angegeben. Sie gelten alle für Anlagen ohne Rauchgasvorwärmer. Ist ein solcher vorhanden, so kann die obere lichte Weite des Schornsteines kleiner gewählt werden, weil die Gase kälter sind, also einen geringeren Rauminhalt einnehmen; dagegen muß die Höhe größer werden, weil ein größerer Widerstand zu überwinden ist; der Betrag für die Vergrößerung der Höhe wird etwa 10—20 vH betragen, und zwar ist bei kleineren Schornsteinen der größere Wert zu nehmen; am sichersten berücksichtigt man die Verhältnisse, wenn man von den Temperaturen ausgeht, also Formel 118 und Zahlentafel 92 benutzt.

Pietzsch gibt folgende umgestaltete Formel von Péclet an für die Rauchgasmenge Q in kg, die in 1 sk von einem Schornsteine abgesaugt werden kann:

$$Q = \varphi \sqrt{\frac{d_o^5 \cdot H}{L + H + 260\, d_o}} \quad \text{126)}$$

Darin bedeutet:

φ = 10,11 für runde Schornsteine,
d_o = ob. l. Schornsteindurchmesser in Metern,
H = Höhe des Schornsteines über der Feuerung in Metern,
L = Zuglänge in Metern vom Rost bis Schornstein, gemessen an einem Kessel, der die längsten Kanäle hat,
Q = Rauchgasmenge in kg/sk.

Man kann auch annäherungsweise folgende Formel von Strupler für Steinkohlen verwenden. Sie ergibt die Schornsteinhöhe in m:

$$H = 5{,}6 \sqrt[3]{\text{Heizfläche in m}^2} \quad \text{127)}$$

Unter Heizfläche ist die Summe der Heizflächen von Kessel, Überhitzer und Rauchgasvorwärmer zu verstehen.

Ferner kann man nach Heinicke für Anlagen ohne Rauchgasvorwärmer die Mindesthöhe H bei Kesselbeanspruchungen von etwa 25 kg/m²/h ermitteln aus:

$$H = 18 + 2{,}6 \sqrt[3]{\text{Heizfläche}}, \quad \text{127a)}$$

dabei ist ein Zuschlag zu machen für Überhitzer 4—6 m, für erdige Kohle 9—13 m, für komplizierte Kessel bis 10 m.

Für Anlagen mit Rauchgasvorwärmern gilt:

$$H = 30 + 3{,}2 \sqrt[3]{\text{Heizfläche}} \quad \text{127b)}$$

mit Zuschlägen: für Überhitzer 6—8 m, für erdige Kohle 12—17 m, für komplizierte Kessel bis 14 m, Abzug für Unterwind 9 m.

Alle diese Formeln dienen nur für rohe angenäherte Bestimmungen des Schornsteines als ersten Überschlag. Für genaue Bestimmungen und in Zweifelsfällen wird man gut tun, die eingangs besprochene Rechnungsweise zu benutzen.

Das Verhältnis von oberem Schornsteindurchmesser zur Höhe wird ausgeführt:

$$d_o = \frac{1}{20} \text{ bis } \frac{1}{30} H .$$

Für Steinkohlen wird gewählt:
oberer Schornsteinquerschnitt bei kleineren Anlagen von 1—3 Kesseln:

$$F = \frac{1}{4} \text{ bis } \frac{1}{6} \text{ Rostfläche},$$

bei größeren Anlagen bis 12 Kesseln:

$$F = \frac{1}{6} \text{ bis } \frac{1}{10} \text{ Rostfläche}.$$

Für Braunkohlen:
oberer Schornsteinquerschnitt bei kleineren Anlagen von 1—3 Kesseln:

$$F = \frac{1}{5,5} \text{ bis } \frac{1}{8} \text{ Rostfläche},$$

bei größeren Anlagen bis 12 Kesseln:

$$F = \frac{1}{8} \text{ bis } \frac{1}{14} \text{ Rostfläche}.$$

Für den erforderlichen Zug können folgende Mittelwerte gelten, gemessen am Schornsteinfuße bei offenen Fuchsschiebern:

Für Kesselanlagen	bis 100	m²	etwa	13—18	mm	Wassersäule
„ „	100— 400	„	„	18—23	„	„
„ „	400— 800	„	„	23—28	„	„
„ „	800—1200	„	„	28—35	„	„
„ „	1200—1800	„	„	35—40	„	„
„ „	1800—2500	„	„	40—48	„	„

Es sind Zuschläge für Zugverluste zu machen:

Für Dampfüberhitzer	1—3 mm,
„ Flugaschenfänger	1—3 „
„ Rauchgasvorwärmer	1—4 „

Einen guten Anhalt für Berechnung der Schornsteinhöhe geben nachstehende Zahlen[1]):

1. Schornsteinquerschnitt = 1 m² für 1 t Dampf/h bei $v = 1$ m/sk Austrittsgeschwindigkeit der Rauchgase aus der Schornsteinmündung.

[1]) Vgl. Vereinfachte Schornsteinberechnung v. O. Hoffmann, Verlag Spamer.

2. Schornsteinhöhe $\geqq 30 \times$ Durchmesser unter 2 m ⌀ bis herab zu $25 \times$ Durchmesser über 2 m ⌀.

3. Schornsteinzug $= \sim 0{,}4$ H bei $175 \div 200°$
$= \sim 0{,}5 \div 0{,}55$ H bei $250 \div 300°$
$= \sim 0{,}66$ H bei 400° Temperatur der Rauchgase am Schornsteinfuß.

4. Ausströmgeschwindigkeit der Rauchgase $= \sim {}^1/_{10}$ H, jedoch $\leqq 7 \div 8$ m/sk.

Korrekturen zu 1.:

a) für feste Brennstoffe unter $4000 \div 4500$ kcal/kg und Generatorgas bis + 10 vH Zuschlag, für feste Brennstoffe unter 2500 kcal/kg und Hochofengas + $15 \div 20$ vH;

b) für je $\pm 25°$ Temperaturunterschied der Rauchgase am Schornsteinfuß gegenüber 273° $\pm$ 5 vH;

c) für je ${}^1/_{10}$ Luftüberschuß mehr oder weniger als 1,5fach je ~ 6 vH;

d) für je 10° warmes Speisewasser und für jedes Prozent höheren Wirkungsgrad als 75—76 vH je 1 vH abziehen.

Hauskamine[1]**).**

$$\text{Querschnitt m}^2 = \frac{\text{stündl. Heizgasmenge (kg)}}{924\sqrt{H}} \quad \text{nach Redtenbacher}$$

H = Schornsteinhöhe in m
B = Brennstoffmenge kg/h

bei $v = 2$ fachen Luftüberschuß. Für Steinkohle wird die Heizgasmenge = 20 kg/kg Kohle damit

$$F = \frac{20 \cdot B}{924\sqrt{H}} = \frac{B}{46{,}2\sqrt{H}} \quad . \ . \ . \ . \ . \ . \ . \ . \quad 128)$$

Es sollen höchstens 3 Feuerstellen an einen Kamin angeschlossen werden.

Feuerstellen	Kamin l. Abmessungen in cm		Querschnitt cm²
	eckig	rund	
1	14 × 14	—	196
2	14 × 21	20	294
3	21 × 21	24	441

Auf Rostfläche bezogen = $R_m{}^2$ z. B. Gaskoks $B = 53\,R$ wird Formel

$$F = \frac{53\,R}{46{,}2\sqrt{H}} = \frac{1{,}15\,R}{\sqrt{H}} \quad . \ . \ . \ . \ . \ . \ . \ . \quad 128\text{a})$$

$$H = \quad 4 \quad 6 \quad 8 \quad 10 \quad 12 \quad 14 \quad 16 \text{ m}$$

$$F = \frac{R}{1{,}74} \quad \frac{R}{2{,}13} \quad \frac{R}{2{,}46} \quad \frac{R}{2{,}75} \quad \frac{R}{3{,}07} \quad \frac{R}{3{,}20} \quad \frac{R}{3{,}48}\,\text{m}^2.$$

[1]) Arch. f. Wärmewirtschaft 1922, S. 145.

Beispiel 38. Nachstehend seien einige Meßwerte an ausgeführten Anlagen gegeben, welche mit deutschen Braunkohlen von etwa 2600 bis 3000 kcal arbeiten. (Nach Messungen des Verf.)

Kesselheizfläche in Betrieb	m^2	1292	633	527
Kesselbauart		5 Garbekessel	8 Zweifl.	6 Zweifl.
Schornsteinhöhe	m	63,7	50	40
Obere lichte Weite	m	2,2	2,0	1,4
Untere lichte Weite	m	2,58	2,4	1,6
Oberer Querschnitt	m^2	3,80	3,14	1,54
Rostfläche in Betrieb	m^2	51,9	26,7	24,8
Oberer Schornsteinquerschnitt: Rostfläche		1: 13,7	1: 8,5	1: 16,1
Feuerungsart		Treppenrost	Treppenrost	Muldenrost
Überhitzer	m^2	340	—	135
Rauchgasvorwärmer	m^2	—	—	240
Verfeuerte Kohle	kg/h	11 700	8300	6700
Kohlenheizwert	kcal	2 660	2885	2580
Kohlenstoffgehalt der Kohle	vH	31,2	31,0	29,2
Wasserstoffgehalt	vH	2,77	2,8	2,5
Wassergehalt	vH	54,44	48,0	52,6
Aschegehalt	vH	6,66	5,3	6,6
Gasmenge in m^3 $^0/_{760}$ für 1 kg Kohle		7,32	6,20	5,27
Temperatur der Gase am Schornsteinfuße	°C	303	450	366
Kohlensäuregehalt	vH	9,2	11,0	12,5
Zug bei offenem Schieber	mm	31	30	19,5
Gasgeschwindigkeit am Schornsteinkopfe	m/sk	12,0	11,3	14,0
Gasgeschwindigkeit in Schornsteinmitte	m/sk	10,60	—	12,5
Außenlufttemperatur	°C	+ 11	+ 27	+ 6

Zu den Versuchen ist zu bemerken, daß bei dem ersten der Schornstein gut zieht und seinen Dienst völlig verrichtet, wenn die angeschlossene Kesselheizfläche noch um etwa 250 m^2 vergrößert wird; darüber hinaus versagt der Schornstein.

Der mittlere Schornstein arbeitet infolge der sehr hohen Gastemperatur sehr gut, mit scharfem Zuge und fördert die Gase mit 11 m Geschwindigkeit hinaus.

Der dritte Schornstein von 40 m Höhe ist knapp und kann nur mühsam die Dampf- und Kohlenleistung schaffen; bei heißem Wetter arbeitet er noch schlechter. Der Schornstein ist zu niedrig und zu eng. Bei dem Versuche zog ein Teil (nur etwa $^1/_5$) der Rauchgase durch den Rauchgasvorwärmer; mehr konnte nicht hindurchgelassen werden, weil sonst die Kesselleistung rasch sank. Falls alle Gase unmittelbar nach dem Schornstein ziehen und dann etwa 430° am Fuße besitzen, arbeitet der Schornstein besser; der Zug steigt ein wenig und die Ausströmungsgeschwindigkeit in Schornsteinmitte steigt auf 13,3 m/sk an. Es wird aber trotz des erhöhten Reibungsverlustes durch die Temperatursteigerung ein besserer Zug erreicht. Gerade dieses Beispiel ist lehrreich, weil die Anlage allmählich vergrößert wurde, zugleich unter Einbau der Überhitzer und des Rauchgasvorwärmers, bis sie an die Grenze der Leistungsfähigkeit kam. Der eingebaute Rauchgasvorwärmer kann vicht voll ausgenützt werden; erst nach Erhöhung des Schornsteins wird eine Besserung eintreten.

Zu der Berechnung sei noch nachgetragen: Gasmenge für 1 kg Kohle bei 12,5 vH CO_2 nach Formel 47

$$G_{\mathrm{m}^3\,{}^0/_{760}} = \frac{29{,}2 \cdot 1{,}86}{12{,}5} + \frac{0{,}025 \cdot 9 - 0{,}526}{0{,}804} = \mathbf{5{,}275\ m^3}$$

einschließlich Wasserdampf.

Erzeugt werden also bei 345° in Schornsteinmitte

$$6700\ \mathrm{kg} \cdot 5{,}275 \cdot \left(\frac{273 + 345}{273}\right) 80\,000\ \mathrm{m}^3$$

Gase von 345°; bei einem mittl. Schornsteinquerschnitte von 1,77 m² ist also

$$w = \frac{80\,000}{1{,}77 \cdot 3600} = \mathbf{12{,}5\ m/sk.}$$

Nach Zahlentafel 92 wird für 345° und 6° Lufttemperatur

$$Z = 0{,}66 \cdot H = 26{,}4\ \mathrm{mm}.$$

Strömungsverlust. Es ist $\gamma_1 = 1{,}27$; $\gamma_m = 0{,}665$; damit wird:

$$Z_w = \frac{0{,}665 \cdot 12{,}5^2}{19{,}62} = 4{,}4\ \mathrm{mm}.$$

Der Reibungsverlust sei nach Zahlentafel 91, S. 337, geschätzt zu $Z_R = 2{,}0$ mm, so daß wird:

$$Z_n = 26{,}4 - 4{,}4 - 2{,}0 = 20{,}0\ \mathrm{mm};$$

gemessen wurde 19,5 mm, so daß sich zwischen Rechnung und Messung eine vorzügliche Übereinstimmung ergibt.

Beispiel 39, aus dem Betrieb. In einer Kesselanlage von sechs Zweiflammrohrkesseln von je 115 m² Heizfläche und 12 at Überdruck, in welcher Braunkohle von 2650 kcal auf Fränkel-Muldenrosten verfeuert wird, steht ein Schornstein von 60 m Höhe und 2,5 m oberer und 2,70 m unterer l. Weite. Die Anlage soll um vier weitere Zweiflammrohrkessel von je 130 m² Heizfläche erweitert werden. Außerdem sollen Überhitzer auf die Kessel gesetzt und an Stelle des dicht vor dem Schornstein befindlichen Flugaschenfängers nach dessen Abbruch ein gußeiserner Rauchgasvorwärmer in den Fuchs eingebaut werden. Es wird auf eine Dampfleistung der Anlage nach dem Ausbau auf 10 Kessel von stündlich im Mittel 25 000 kg, höchstens 33 000 kg, gerechnet mit einer Temperatur von 300 °C. Es ist zu ermitteln, ob der vorhandene Schornstein, der bereits auf Vergrößerung der Anlage hin gebaut war, den gesteigerten Anforderungen genügen wird.

Folgende Messungen wurden vor der Vergrößerung vorgenommen:

Zug über den Feuerungen 9—11 mm = Verlust beim Strömen der Luft durch den Rost,
Zug hinter den Flammrohren 16—20 mm,
Zug vor den Kesselschiebern 21—24 mm,
Zug dicht vor dem Flugaschenfänger 28—29 mm,
Temperatur der Luft 25°,
Gastemperatur an den Kesselschiebern 375—425°,
Gastemperatur dicht vor dem Flugaschenfänger 340°,
Kohlensäuregehalt vor dem Flugaschenfänger 12—13 vH.

Infolge der stärkeren Beanspruchung der Anlage wird die Temperatur hinter den Füchsen etwas steigen; es ist hinter dem Rauchgasvorwärmer, der 600 m² groß werden soll, eine Temperatur von 260° zu erwarten bei 11 vH CO_2.

Der Schornstein wird für die Höchstleistung von 33 000 kg Dampf in der Stunde berechnet unter Zugrundelegung nachstehender Werte:

Die Kohle mit 30,6 vH Kohlenstoff, 2,7 vH Wasserstoff und 52 vH Wasser ergibt eine Gasmenge von 6,12 m³ bei $^0/_{760}$ für 1 kg und einer Verbrennung mit 11 vH CO_2, gemessen am Schornsteinfuße. Das entspricht einer Gasmenge von rund 11,5 m³ bei 240 °C.

Da bei einer künftigen Speisewassertemperatur von 135° und einer Überhitzung auf 300° eine 2,9 fache Verdampfung bei 65 vH Wirkungsgrad zu erwarten ist, so muß mit einem stündlichen Kohlenverbrauche von $\frac{33000}{2,9} = 11300$ kg gerechnet werden. Es gelten also folgende Werte:

Gastemperatur am Schornsteinfuße	°C	260
Gastemperatur in Schornsteinmitte	t_m	240
CO_2-Gehalt der Gase in Schornsteinmitte	vH	11
Außenlufttemperatur	t_a	25
Spez. Gewicht der Luft bei + 25° und 750 mm .	γ_a	1,165
Spez. Gewicht der Verbrennungsgase $^0/_{760}$	γ_1	1,27
Spez. Gewicht der Verbrennungsgase bei 750 mm und bei 240°	γ_m	0,675
Dampfmenge in 1 h	kg	33 000
Kohlenmenge in 1 h	kg	11 300

Der Schornsteinzug. Nach der Formel 118 (oder Zahlentafel 92) $Z = H(\gamma_a - \gamma_m)$ wird $Z = 60\,(1{,}165 - 0{,}675) = 29{,}4$ mm bei 25° Lufttemperatur, der höchsterreichbare Zug unter Berücksichtigung des Abkühlungsverlustes im Schornstein; davon geht ab der Zugverlust zur Erzeugung der Geschwindigkeit:

Es ist die Gasmenge = 11 300 · 11,5 = 130 000 m³/h; bei einem mittleren Schornsteindurchmesser von 2,60 m ergibt sich eine mittlere Gasgeschwindigkeit $w = 6{,}8$ m/sk, und damit wird nach der Formel 120a die Geschwindigkeitshöhe

$$Z_w = \frac{\gamma_m \cdot w^2}{2\,g} = \frac{0{,}675 \cdot 6{,}8^2}{19{,}62} = \mathbf{1{,}6\ mm.}$$

Der Zugverlust durch Reibung wird nach der Formel 121

$$Z_R = \frac{\beta \cdot \gamma_m \cdot w^2 \cdot H}{\delta} = \frac{0{,}53 \cdot 0{,}675 \cdot 6{,}8^2 \cdot 60}{2700} = 0{,}36\ \text{mm}\,,$$

$$= \text{etwa}\ 0{,}4\ \text{mm}\,,$$

wenn nach Zahlentafel 112 gesetzt wird $\beta = 0{,}53$ bei einer Gasmenge in 1 h von 11 300 · 1,27 · 6,12 = 88 000 kg.

Es ermittelt sich also der nutzbare Zug Z_n zu

$$Z_n = 29{,}4 - 1{,}6 - 0{,}4 = 27{,}4\ \text{mm}.$$

Dies ist der bei geöffnetem Fuchsschieber wirklich meßbare Wert des Schornsteinzuges. Beim Strömen der Gase durch den Rauchgasvorwärmer tritt ein weiterer Zugverlust auf, den man erfahrungsgemäß auf 2 mm bewerten darf; vom Rauchgasvorwärmer bis zu den Schiebern hinter den Kesseln wurde der Verlust mit etwa 4 mm gemessen, so daß an den Kesselschiebern nur noch zur Verfügung bleibt:

$$27{,}4 - 2{,}0 - 4{,}0 = \mathbf{21{,}4\ mm}.$$

Dieser Wert ist für eine Anlage, welche mit etwa 25—30 kg Dampf auf das Quadratmeter Heizfläche und Stunde belastet werden soll, nicht hoch; er wird nur knapp ausreichen; es empfiehlt sich deshalb, den Schornstein zu erhöhen; im vorliegenden Falle könnten 7 m aufgesetzt werden; damit würde man einen Zug erhalten von

$$Z = 68\,(1{,}165 - 0{,}675) = \mathbf{33{,}3\ mm}\,,$$

also um etwa 4 mm mehr als vorher; an den Kesselfüchsen würde der Zug dann auf etwa 25—26 mm ansteigen, was als ausreichend bezeichnet werden kann.

Der Schornstein ist für ungünstige Verhältnisse, und zwar für einen heißen Sommertag, berechnet worden; im Winter zieht er besser, z. B. bei 5° Kälte wird bei $H = 60$ m der Zug

$$Z = 60\,(1{,}293 - 0{,}675) = \mathbf{37\ mm}\,,$$

da das spezifische Gewicht der mittelfeuchten Luft dann $\gamma = 1{,}293$ ist bei 750 mm Barometerstand; es tritt also eine Zugverbesserung um 7,6 mm ein.

e) Die Zugmessung.

Jeder Brennstoff bedarf, wie aus Zahlentafel 45 ersichtlich ist, zur wirtschaftlichen Verbrennung eine bestimmte Luftmenge; um dieselbe durch die Rostschicht und die Züge der Kesselanlage zu saugen, ist ein gewisser Zugunterschied zwischen dem Brennraume und der Außenluft nötig. Da man aus Preisrücksichten an eine nicht zu große Schornsteinhöhe gebunden ist, so haben sich gewisse mittlere Verhältnisse herausgebildet für die angewendete Zugstärke; dieselbe beträgt im Durchschnitt am Schornsteinfuße, gemessen bei geschlossenem Fuchsschieber, etwa 20—35 mm. Die Widerstände beim Strömen der Gase durch die Kanäle und Rohrreihen, Rauchgasvorwärmer und Überhitzer usw. verbrauchen einen Teil dieses verfügbaren Unterdruckes, so daß über dem Roste im Mittel der Unterdruck noch 6—15 mm beim Betriebe beträgt. Je höher der Rost bedeckt wird, desto geringer wird die durch den Rost gesaugte Luftmenge, desto höher aber der Unterdruck über dem Roste, da dann der gesamte Raum über dem Roste und in den Zügen mehr und mehr ein von der Außenluft abgeschlossener Raum wird, der in seinem Unterdrucke sich dem Höchstwerte des vom Schornstein erzeugten Unterdruckes nähert. Diese Erscheinung macht sich nicht nur mit steigender Schichthöhe bemerkbar, sondern auch bei Bedeckung des Rostes mit feinkörnigem Brennstoffe, mit zunehmender Verschlackung des Rostes, mit Abdrosselung des Luftzutrittes usw. Man sieht also, das angewendete Verfahren der einfachen Zugmessung bietet keinen einwandfreien Hinweis für die Regulierung der Verbrennungsvorgänge.

Einen besseren Anhalt gibt das Verfahren, bei dem man den Zugunterschied zwischen Kesselende und Brennraum mißt; denn je höher dieser ist, desto mehr Luft tritt durch den Rost entsprechend der Beziehung $v = \sqrt{2\,g\,h}$ und desto mehr Kohle wird verbrannt, während beim Sinken des Unterschiedes ein abnehmender Lufteintritt angezeigt wird, entweder bei zu hoher Schichthöhe, bei zunehmender Verschlackung oder beim Schließen der Aschenfalltür. Man wird dann stets, um zu hohen Luftüberschuß zu vermeiden, mit dem geringsten Zugunterschiede arbeiten, mit dem der Betrieb gehalten werden kann; bei derselben Kesselanlage ist die durchgesaugte Luftmenge annähernd proportional der Wurzel aus diesem Zugunterschiede. Das einwandfreieste Bild würde geboten durch unmittelbare Messung und Anzeige der erzeugten Gasmengen, etwa durch Messen mit einer Stauscheibe, weil unter annähernd gleichen Verbrennungsverhältnissen die Gasmenge gleichmäßig mit der verbrannten Kohlenmenge ansteigt (vgl. S. 330).

Zum Feststellen der Höhe des Zuges, also des Unterdruckes an einer bestimmten Stelle der Zugkanäle, verwendet man eine U-förmig gebogene, beiderseitig offene, mit Wasser gefüllte Glasröhre, deren eines Ende man durch ein senkrecht zum Gasstrome gestelltes Rohr mit dem betreffenden Gaskanale verbindet. Zu feineren Messungen benutzt man geneigt liegende Glasrohre oder Zugmesser, die mit zwei verschiedenen, im spezifischen Gewichte sehr nahe aneinanderliegenden, sich aber nicht mischenden Flüssigkeiten gefüllt sind, oder ähnliche Instrumente, deren heute eine ganze Zahl zuverlässig arbeitende zur Verfügung stehen, sog. Differenzzugmesser.

Beispiel 40. Es sei ein Beispiel für eine Zugmessung gegeben, die an einem Zweiflammrohrkessel von 82,6 m² Heizfläche und 10,0 m Länge ausgeführt wurde. Die Kesselbeanspruchung betrug 31,8 kg/m²/h, bezogen auf Wasser von 0° und Dampf von 100°. Der Kessel besitzt eine Schüttfeuerung von 3,70 m² zur Verfeuerung von deutscher Braunkohle von 2800 kcal; er ist so eingemauert, daß die Gase nach Durchströmen der beiden Flammrohre von 650—750 mm ∅ rechts und links vom Kessel durch Seitenzüge gemeinsam nach vorn ziehen, sich unter dem Kessel vorn vereinigen und in einem gemeinsamen Unterzuge unter dem Kessel entlang wieder nach hinten in den Fuchs streichen. Ein gemeinsamer Abzugskanal führt die Gase von noch vier anderen gleichgroßen, ebenso eingemauerten Kesseln nach einem gemeinsamen Flugaschenfänger, der 8 m hinter dem Kessel dicht vor dem Schornstein steht; der Schornstein ist 50,0 m hoch und besitzt einen oberen lichten Durchmesser von 2,0 m. Die Querschnitte sind folgende: In der engsten Stelle der zwei Flammrohre zusammen 0,665 m², in den beiden Seitenzügen zusammen 0,96 m², im Unterzuge 0,685 m², im Fuchskanale 0,80 m², im gemeinsamen Fuchse aller fünf Kessel etwa 5,0 m², an der oberen Mündung des Schornsteines 3,14 m²; nachstehende Aufstellung gibt Zug- und Temperaturmessung an.

	Über der Feuerung	Am Flammrohrende	Mitte des Seitenzuges		Umkehr von den Seitenzügen in den Unterzug	Fuchs vor dem Schieber	Gemeinsamer Fuchs aller Kessel	Im Schornstein in 15 m Höhe
			oben	unten				
Zug mm . . .	13	17,5	21	22	22	26,5	29,5	30,5
Temperatur °C	—	—	—	—	—	491	465	445

Die niedrigere Temperatur im gemeinsamen Fuchse erklärt sich dadurch, daß die anderen Kessel etwas niedrigere Temperaturen besaßen und durch die undichten Schieber Luft eingetreten ist.

Beispiel 41. Als weiteres Beispiel seien noch einige Messungen gleicher Art an dem auf S. 218 beschriebenen Garbekessel von

254 m² Heizfläche für 14 at Überdruck angeführt für zwei Versuchsreihen.

Beanspruchung kg Dampf auf m² Heizfläche und h ⁰/₁₀₀°	Zug über dem Rost mm	Zug hinter dem Überhitzer mm	Zug vor dem Fuchsschieber mm	Dampftemperatur hinter Überhitzer °C	Gastemperaturen vor dem Überhitzer °C	Gastemperaturen hinter dem Überhitzer °C	Gastemperaturen vor dem Fuchsschieber °C	CO_2-Gehalt vor dem Fuchsschieber vH
19,3	12,3	13,1	16,2	253	362	253	273	12,4
22,05	13,0	14,0	19,0	263	409	263	293	12,4

VIII. Rohrleitungen.

30. Wärmeabgabe geheizter nackter Rohre an Luft.

Die durch Berührung eines Körpers von der Oberflächentemperatur $\vartheta°$ mit der Luft von $t°$ abgegebene Wärmemenge wird ausgedrückt durch (Formel 25, S. 86)

$$S_2 = \alpha \cdot F \cdot z(\vartheta - t) . \;.$$

Wamsler[1]) fand für wagerechte nackte Rohre, die in einem Raume ohne Luftbewegung gelegt waren, daß α nicht konstant ist, sondern vom Temperaturunterschied und dem Stoff sowie vom Durchmesser der wärmeabgebenden Rohre abhängig ist. Er gibt folgende Werte an für ruhende Luft, neben die die Werte von Eberle[2]) gestellt sind.

Zahlentafel 94.

Wärmeabgabe in kcal/m²/h für 1° Temperaturunterschied durch Berührung.

Material	Nach Wamsler: mm äußerer Rohrdurchmesser	Nach Wamsler: α beim Temperaturunterschied von 50°	100°	150°	Nach Eberle: äußerer Rohrdurchm. mm	Nach Eberle: α beim Temperaturunterschied von 120°	160°
Schmiedeeisen	33	7,0	7,8	8,7	70	6,16	6,30
„	59	6,6	7,4	8,3			
„	89	4,7	5,5	6,3	150	5,90	6,30
Gußeisen	59	5,8	6,6	7,4			
Kupfer	59	6,1	6,8	8,1			

¹) Forschungshefte 98/99, S. 42/45. Als Erfahrungsformel gibt Wamsler an:

$$\alpha = \frac{p(\vartheta - t)^{0,233}}{d^{0,3}}.$$

d ist äußerer Rohrdurchmesser in Metern,
$p = 0,97$ für Gußeisen, ϑ = Rohroberflächentemperatur,
$= 0,91$ für Schmiedeeisen, t = Lufttemperatur.
$= 1,04$ für Kupfer.

²) Z. V. d. I. 1908, S. 539, Zahlentafel 5.

Die durch Strahlung abgegebene Wärmemenge S_1 beträgt etwa 40—60 vH der Gesamtwärmeabgabe und nimmt mit der Temperatur des Rohres mehr zu als die durch Berührung abgegebene Wärmemenge.

Die Gesamtwärme, die von 1 m² Rohroberfläche abgegeben wird, ist zu setzen:

$$Q = k \cdot F \cdot z \cdot (\vartheta - t).$$

Für die Wärmeabgabe k für 1 m² Rohroberfläche für 1 h und 1° Temperaturunterschied zwischen Heizmittel und stiller Luft kann man die Werte aus Zahlentafel 95 entnehmen (vgl. auch S. 78).

Der Anstrich beeinflußt die Wärmeabgabe nur sehr wenig, sie wird etwa 4,0 vH geringer bei einer Rohroberflächentemperatur von 25—125°.

Zahlentafel 95.

Wärmedurchgangszahl k in kcal/h für 1° Temperaturunterschied zwischen Heizmittel und Außenluft und 1 m² Rohroberfläche.

Äußerer Rohrdurchmesser mm	Temperaturunterschied zwischen Luft und Heizmittel °C										
	Wasser an Luft						Dampf an Luft				
	40	60	70	80	über 80	50	90	100	120	150	190
Schmiedeeisen											
bis 33	10,5	11,5	12,0	12,5	12,5	11,9	13	13,5	14	16,0	—
33 bis 60	9,0	10,0	10,5	10,5	11,0	11,6	12	12,5	13,8	14,5	16,0
60 bis 100	8,5	9,0	10,5	10,5	10,5	9,9	—	—	—	—	—
über 100	8,0	8,5	8,5	8,5	8,8	—	11,5	12	12,5	—	—
Gußeisen 59						10,9	—	13,0	—	16,0	—
Kupfer 59						6,8	—	8,0	—	9,6	11,5

Bei vorstehenden Zahlen ist ruhende Luft und wagerechte Rohrführung angenommen, bei senkrechter Rohrführung wachsen die k-Zahlen um ca. 4 vH. Wenn die Geschwindigkeit des wärmenden Mittels (Luft), die bei vorstehenden Zahlen zu $v \leqq 0{,}8$ m/sk anzunehmen ist, größer wird, so werden die Wärmedurchgangszahlen wesentlich größer.

31. Abkühlungsverlust (durch Berührung und Strahlung) beim Strömen von gesättigtem und überhitztem Dampfe durch nackte und umhüllte Leitungen.

a) Gesättigter Dampf.

1. Nackte Rohre. Beim ruhigen Stehen von Dampf in Rohrleitungen, ebenso beim Durchströmen derselben entstehen Wärmeverluste, die ein Niederschlagen eines Teiles des eingeschlossenen Dampfes hervorrufen; dieses Niederschlagwasser bedeutet einen Verlust und muß abgeführt werden, wenn es nicht Störungen in den Maschinen und Apparaten hervorrufen soll. Der Wärmeverlust einer Rohrleitung wird in Wärmeeinheiten für 1 m² Rohroberfläche und Stunde gemessen, dabei sind die Flanschenoberflächen mit ihrer vollen Fläche einzusetzen. Genaue Versuche, die Eberle[1]) an Rohrleitungen vornahm, zeigten folgende allgemein gültige Verhältnisse:

Sowohl bei gesättigtem wie überhitztem Dampfe ist die Temperatur im Querschnitte einer Rohrleitung an allen Stellen praktisch gleich groß; sie ist bei gesättigtem Dampfe am Rande nur etwa 1° geringer als in der Mitte, bei überhitztem Dampfe von etwa 250° nur etwa 2° niedriger.

Die Temperatur der nackten Rohroberfläche ist praktisch bei gesättigtem Dampfe gleich derjenigen des im Rohre befindlichen Dampfes (nur etwa 1° geringer); die der nackten Flanschen dagegen 16—17° niedriger; ist der Flansch ebenfalls umhüllt, so ist der Temperaturunterschied nur noch 3—5°.

Der Wärmeübergang an die umgebende Luft erfolgt durch Berührung und Strahlung; dabei ist festgestellt:

daß der Wärmeverlust eines nackten Ventils demjenigen von etwa 1,0 m der zugehörigen Rohrleitung entspricht;

daß der Wärmedurchgangsverlust k, gemessen in Wärmeeinheiten auf 1 m² Rohroberfläche (einschl. Flanschenoberfläche) und 1 h bei 1° Temperaturunterschied zwischen Dampf (t_1) und Luft (t_2) nach der Beziehung

$$Q = k\,(t_1 - t_2)$$

wächst mit dem Temperaturunterschiede zwischen Dampf und Luft, außerdem mit der zunehmenden Dampftemperatur sowie mit zunehmender Lufttemperatur, mit ersterer jedoch wesentlich mehr;

daß k in den Grenzen von 70—150 mm lichtem Rohrdurchmesser von diesem unabhängig ist;

daß k von der Strömungsgeschwindigkeit des Dampfes unabhängig ist.

Zahlentafel 96 gibt k in Abhängigkeit von der Dampftemperatur bei Lufttemperaturen von 20—30° und nackten Rohrleitungen von 70 bis 150 mm l. ∅.

Dargestellt sind diese Werte in Abb. 61 und 62, woselbst sowohl k als auch der Abkühlungsverlust in Wärmeeinheiten auf 1 m² nackter Rohroberfläche und Stunde eingetragen sind.

Der Abkühlungsverlust, welchen der gesättigte Dampf beim Durchströmen der Leitung erfährt, äußert sich darin, daß ein gewisser Teil des Dampfes kondensiert, und zwar hat das Dampfwasser, das nach dem Ende der Leitung fließt, die Temperatur und den Druck des Dampfes an der betreffenden Stelle, wo es entnommen wird.

[1]) Z. V. d. I. 1908, S. 481ff.

Zahlentafel 96.

Wärmedurchgangszahl k bei nackten Rohrleitungen von 70—150 mm lichtem Durchmesser. Für gesättigten Dampf und 20—30° Lufttemperatur.

Dampftemperatur t_1 °C	Wärmedurchgangszahl k in kcal für 1 m² und 1° Temperaturunterschied	Dampftemperatur t_1 °C	Wärmedurchgangszahl k in kcal für 1 m² und 1° Temperaturunterschied
100	11,59	160	14,23
110	12,03	170	14,68
120	12,47	180	15,12
130	12,92	190	15,56
140	13,36	200	16,00
150	13,80		

Man kann die Kondensatmenge aus folgender Überlegung erhalten: Der Druck des in die Leitung einströmenden Dampfes nimmt infolge der Strömungswiderstände der Leitung der Ventile, Krümmer usw. ab; man bestimmt diesen Druckabfall nach der Formel 132, somit ist für jede Stelle der Leitung der Druck und die zugehörige Sättigungstemperatur

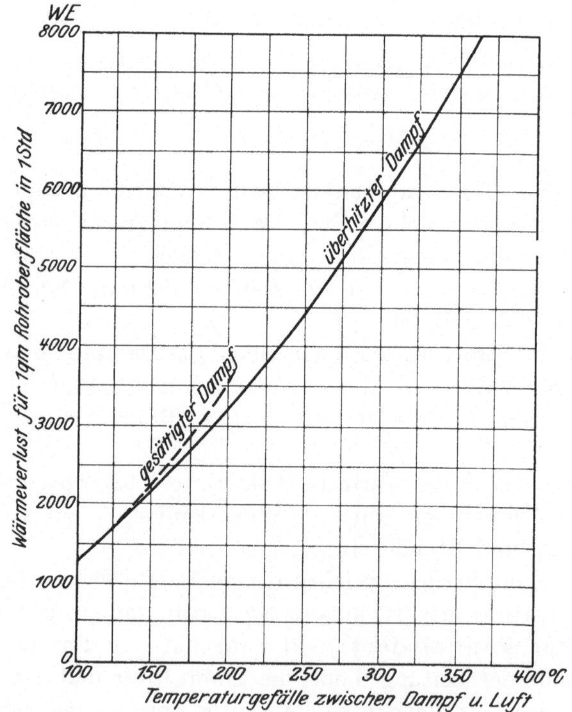

Abb. 61. Stündlicher Wärmeverlust bei nackten Leitungen für gesättigten und überhitzten Dampf.

bekannt. Der Abkühlungsverlust ist nach vorstehendem (vgl. auch Beispiel 43, S. 374) berechenbar; dann gilt, daß der Wärmeinhalt des einströmenden Dampfes $G_1 \cdot \lambda_1$ den Druckabfall zu decken hat, den Wärmeinhalt des Kondensates $(G_1 - G_2)\,q_2$, der aus Kondensatmenge mal Flüssigkeitswärme besteht, und den Abkühlungsverlust W. Wenn nun G_2 die am Ende der Leitung noch in 1 h abströmende Dampfmenge bedeutet, so ergibt sich:

$$G_1 \cdot \lambda_1 = G_2 \lambda_2 + (G_1 - G_2)\,q_2 + W \quad . \quad . \quad . \quad . \quad . \quad . \quad 129)$$

Beispiel 42: 5000 kg Dampf strömen stündlich durch eine Leitung von 100 m Länge und 100 mm l. ∅; sie treten mit 10,0 ata Druck ein (179°) und mit 9,34 ata Druck aus (176°); die Leitung hat 10 Flanschenpaare und eine Gesamtoberfläche von 36,0 m^2 einschl. Flanschen; sie ist nicht umhüllt. Der Gesamtwärmeverlust beträgt demnach bei 20° Lufttemperatur für die mittlere Dampftemperatur nach Zahlentafel 96 bzw. Abb. 62 mit $k = 14{,}8$

$$36{,}0 \cdot 14{,}8 \cdot 157{,}5 = 83\,700 \text{ kcal für 1 h.}$$

Daraus ergibt sich die Kondensatmenge aus:

$$5000 \cdot 662{,}5 = G_2 \cdot 661{,}9 + (5000 - G_2) \cdot 179 + 83\,700 \text{ zu } G_2 = 4830 \text{ kg,}$$

mithin eine Kondensatmenge von 160 kg für 1 h.

2. Umhüllte Rohre. Die im vorigen Abschnitt angegebenen Werte für die Abkühlung nackter Rohre vermindern sich sehr stark, wenn die Rohre mit einer Schutzschicht umkleidet werden; die Ersparnisse an Wärmeverlusten betragen je nach der Güte, Stärke usw. der Umhüllung 71—83 vH, wenn die Flanschen nicht umhüllt sind, und steigen auf 80—89 vH bei umhüllten Flanschen bei 100—200° Temperaturgefälle zwischen Dampf und Luft (vgl. Abb. 62 und 63).

Dabei gilt folgendes:

1. Die Wärmeersparnis wächst bei allen Schutzmitteln ganz wesentlich mit dem Temperaturgefälle zwischen Dampf und Luft.

2. Bei umhüllten Rohren ohne Flanschenumhüllung wächst k mit steigender Dampftemperatur ein wenig an; sind jedoch die Flanschen ebenfalls umkleidet, so wird k für den ganzen Temperaturbereich nahezu konstant.

3. Der Wirkungsgrad der Umhüllung wächst mit der Zunahme des Rohrdurchmessers ebenfalls, z. B. für einen Wärmeschutz, bestehend aus gebrannten Schalen, von 60 mm Stärke bei 100° Temperaturunterschied von 80,6—89 vH bei Ansteigen des lichten Rohrdurchmessers von 45—300 mm.

4. Die Wärmeersparnis wächst mit der Stärke der Umhüllung an; allerdings über eine bestimmte Dicke derselben nur sehr wenig, so daß

die Kosten einer weiteren Verstärkung der Umhüllung nicht mehr im richtigen Verhältnis zu den erzielten Ersparnissen stehen; bei etwa 50 mm Schutzstärke dürfte für die meisten Fälle diese Grenze liegen.

Zahlentafel 97.

Stärke der Umhüllung mm	Absolute Dampfspannung kg/cm²	Temperaturgefälle zwischen Dampf und Luft °C	k kcal/m²/h 1 Temperaturgefälle	Wärmeersparnis vH	Wärmeersparnis kcal
30	6,7	147	3,61	75	—
	13,2	178	3,46	78	2200
60	6,8	147	2,81	81	—
	13,2	175	2,79	82	2312

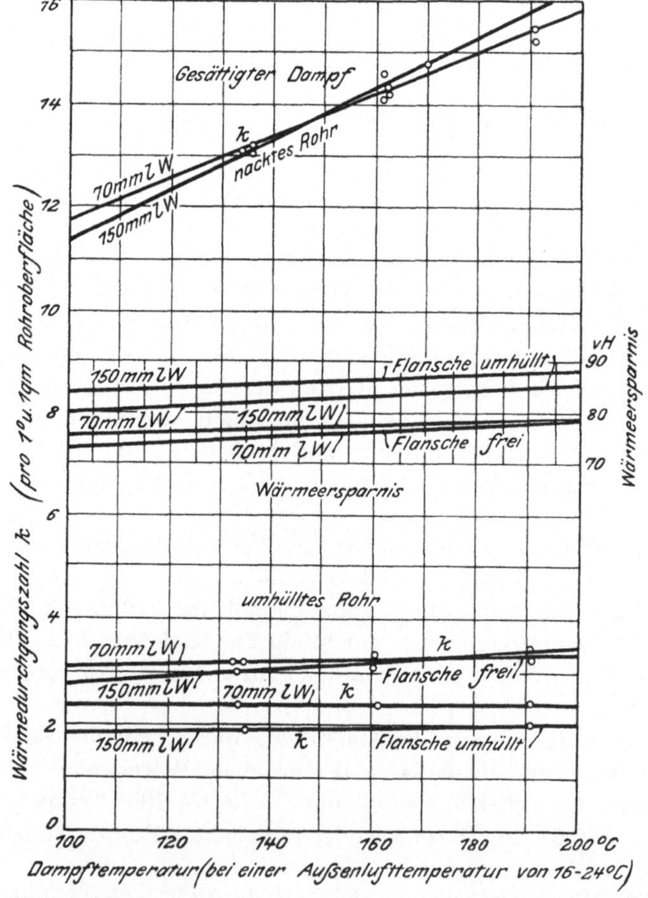

Abb. 62. Wärmedurchgangszahl k an nackten und umhüllten Rohrleitungen für gesättigten Dampf sowie die Wärmeersparnisse.

Vorstehende Zahlentafel 97 zeigt diese Verhältnisse für eine Rohrleitung von 70 mm l. Durchmesser und gesättigten Dampf bei umhüllten Flanschen (vgl. auch Zahlentafel 107).

Ferner ist die Wärmeersparnis um so größer: je höher die Rohrtemperatur, je größer der Rohrdurchmesser, je kleiner die Wärmeleitzahl des Wärmeschutzmittels ist.

Ganz wesentlich hängt die Höhe der Ersparnis von der Art der Umhüllung und den verwendeten Schutzmitteln ab. Dieselben setzen dem Wärmedurchgange nämlich ein Hindernis entgegen, das um so größer ist, je kleiner die Wärmeleitungszahl λ (vgl. S. 77) ist. Für Isolierstoffe ist dieses λ nicht konstant, sondern wie neuere Versuche von Nusselt[1]), Gröber[1]) und Poensgen[2]) gezeigt haben, steigt λ mit der Temperatur an und bei losen Stoffen mit der Dichte, auf welche sie gepreßt werden. Die Zahlentafeln 98 und 99 geben darüber Aufschluß.

Eberle[3]) hat mit vielen Wärmeschutzmitteln, die nach verschiedenen Verfahren auf Dampfrohre aufgebracht wurden, eingehende Versuche angestellt, von denen eine Anzahl wesentlicher Ergebnisse in Zahlentafel 100 wiedergegeben sind; sie umfassen Rohre mit und ohne Umkleidung der Flanschen. Es wurde gesättigter Dampf von 1,3—13,3 atü Spannung für die Untersuchung verwendet; die Wärmedurchgangszahl k, Spalte 7 und 8, ergab sich je nach der Güte des Isolierstoffes zu 1,6 bis 3,2 kcal.

Für eine Rohrumkleidung mit Kieselgurschalen[4]), 60 mm stark mit 5 mm Luftschicht, sind die wichtigsten Werte in Abb. 62 eingetragen. Sie geben ein gutes Bild aller Verhältnisse und können den Bestimmungen für Abkühlungsverluste als Mittelwerte zugrunde gelegt werden, solange man nicht bestimmte Werte für eine besondere Isolierung hat.

Eine weitere Zahlentafel 101 nach Rietschel gibt die Wärmeersparnis in Hundertsteln für verschiedene Wärmeschutzmittel an bei verschiedener Stärke der Umhüllung, geordnet nach der Güte der Schutzstoffe.

Es ist zu bemerken, daß die organischen Stoffe, wie Seide und Filz, die an sich vorzügliche Wärmeschutzmittel sind, mit sehr niedriger Wärmeleitungszahl λ höhere Temperaturen als etwa 150° nicht vertragen; sie müssen gegen unmittelbare Einwirkung der Wärme, z. B. bei überhitztem Dampf, durch Luftschichten oder unverbrennbare Stoffe gegen Verkohlung geschützt werden. Trotzdem liegt die oberste Verwendungsgrenze, abgesehen von ihrem hohen Preise, etwa bei 300°. Von der Anwendung der Luftmäntel kommt man indes heute immer mehr ab; denn falls die Luft im Mantel nicht völlig dicht eingeschlossen ist, zieht die-

[1]) Z. V. d. I. 1908, S. 1006, und ebenda 1910, S. 1323.

[2]) Z. V. d. I. 1912, S. 1656.

[3]) Eberle, Z. d. Bayer. Rev.-V. 1909, Nr. 11 usw.

[4]) Eberle, Z. V. d. I. 1908, S. 570.

Zahlentafel 98.

Wärmeleitungszahl λ bei Isolierstoffen[1]).

λ steigt mit der Temperatur und bei losen Stoffen mit der Dichte, auf die sie gepreßt werden.

Material	Spez. Gew.	Nach Groeber			Nach W. Nusselt									
	kg/m³	−150°	−100°	−50°	0°	50°	100°	150°	200°	250°	300°	350°	400°	500°
Korkmehl 1—3 mm	161				0,031	0,041	0,048	0,052	0,055					
Schafwolle	136				0,033	0,042	0,050							
Seide	101	0,026	0,032	0,037	0,038	0,045	0,051							
Seidenzopf	147				0,039	0,047	0,052							
Baumwolle	81	0,033	0,037	0,042	0,047	0,054	0,059							
Blätterholzkohle aus Krautblättern	190				0,050	0,056	0,063							
Sägemehl	215					0,055								
Torfmull (getrocknet)	160					0,055	bei 25°							
	190					0,052								
Kieselgur, lose	350				0,052	0,060	0,066	0,070	0,074	0,076	0,078	0,079		
Asphaltierter Korkstein	200					0,061	bei 18°							
Isoliermasse a. Korkstückchen, Asbest, Kieselgur, Stroh und Bindemittel	405				0,06	0,07	0,076	0,079	0,081					
Gebrannter Kieselgurstein	200				0,064	0,071	0,078	0,085	0,092	0,099	0,106	0,113	0,120	
	300	Nach Groeber					0,075				0,101			0,125
Kieselgur, geb., m. Wasser angerührt	580							0,083				0,123		
Isoliermasse, geb., m. Wasser angerührt	690							0,100		0,12	bei	220°		
Hochofenschaumschlacke	360					0,095								
Asbest	576				0,130	0,153	0,167	0,175	0,180	0,183	0,186	0,189	0,192	0,198
	702	0,180	0,190	0,195	0,20									
Glaswolle, regellos gestopft	410	Nach Groeber					0,064		0,086		0,108			
Hochofenschlackenbeton:														
9 R.-T. Schlacke, 1 R.-T. Zement	550													
Rheinischer Bimskies, haselnußgroß	292					0,20								
Patentgurit (Gichtstaubmasse)		Nach Groeber					0,072	0,08	0,088	0,096				

[1]) Weitere Versuchswerte nach van Rinsum siehe Z. V. d. I. 1918, S. 640 und Abb. 6 und 1921, S. 398.
Ausführliche Zusammenstellung von Versuchswerten, siehe Prioform-Handbuch 1925 der deutschen Prioform-Werke G. m. b. H., Köln am Rhein.

Zahlentafel 99. Versuchswerte für λ nach Poensgen (1912).

	Gewicht kg/m³	Temperatur °C	λ
		15	0,44
Maschinenziegel	1672	40	0,46
		80	0,47
Ziegelmauerwerk	1850	20	0,35
		47	0,38
Hohlziegelmauerwerk		20	0,28
		59	0,31
		10	1,08
Natursandstein, 6 Monate getrocknet	2251	20	1,11
		30	1,14
Beton 1:4, $^1/_2$ Jahr getrocknet	2180	20	0,65
		23	0,66
Schamotte	1716	10	0,49
		40	0,51
		60	0,53
Gipsplatten mit eingeschl. Korkstückchen	685	30	0,24
Kiefernholz, senkrecht zur Faser	546	15	0,13
		30	0,14
Kiefernholz, parallel zur Faser	551	20	0,30
		25	0,32
Eichenholz, senkrecht	825	15	0,18
		50	0,17
Eichenholz, parallel zur Faser	819	20	0,31
		50	0,37
Linoleum, 7,3 mm stark	1183	20	0,16
Asphalt zum Straßenbau	2120	10	0,56
		30	0,64
Korkplatten	61	20	0,035
	154	50	0,044
	180	50	0,042
	254	45	0,051
	350	10	0,056
		60	0,058
Torfplatten	192	—	0,048
	830		0,142
Filzplatten	600	0	0,076
		20	0,080
Kieselgursteine, gebrannte	451	20	0,075
		50	0,080
		100	0,087
		200	0,100
Gewachsener Erdboden[1]	2020		2,00[3]
Schamottesteine[2]		200	0,51
		600	0,66
		1000	0,82
Magnesitsteine[2]		200	1,15
		600	1,29
		1000	1,43

[1]) Hencky, Z. f. Kälte-Ind. 1915, S. 79.

[2]) Hencky, Arch. f. Wärmewirtschaft 1922, S. 184.

[3]) Bei 28,3 vH des Vol. Feuchtigkeit.

Zahlen-

Versuche von Eberle über Wärmeverluste mit Wärme-

Ausführung der Umhüllung eines Rohres von 70 mm l. ∅	Schichtstärke insgesamt mm	Dampfüberdruck atü	Temperaturgefälle zwischen Dampf und Luft °C
1	2	3	4
Kieselgurmasse mit Bandage; Flanschen mit doppelten Blechkappen, dazwischen Kieselgur (Versuch Nr. I) . . .	58	3,4—13,0	130—184
Gebrannte Schalen. 5 mm Kieselgurmörtelbänder, darüber gebrannte Schalen von 50 mm Dicke, darüber ebenso geglättet und Nesselbänder mit Ölfarbenanstrich; Flanschen mit Asbestschläuchen bewickelt, darüber Blechmantel (Versuch Nr. III).	60	3,2—13,0	117—172
Seidenisolierung. Spiraldraht von 6 mm ∅, darauf Weißblechmantel; darüber 22 mm Remanitseide, Wellblechpappe und Nesselumwicklung; Flanschen mit doppelten Blechkappen mit Luftzwischenraum, Seidenpolster, Nessel (Versuch Nr. V).	33	1,3—6,7	85—142
Patentgurit (Gichtgasstaub). 20 mm Patentgurit, dann 10 mm Luftschicht (Spiraldraht), darüber Blechmantel mit 25 mm Patentgurit und Nesselumwicklung. Flanschen mit doppelwandigem Blechmantel mit Asbestkissen und Schlakkenwolle (60 mm) (Versuch Nr. XIV)	65	3,4—13,0	120—175
Glaswolle. Glaswollenschicht von 30 mm, darüber Wellpappe und Juteumwicklung mit Ölfarbenanstrich; Flanschen mit Asbestpappe, darüber Glaswolle u. Blechmantel (V. Nr. XVI)	33	3,35—13,2	108—166

selbe hindurch und es findet ein vermehrter Wärmeverlust statt; außerdem wird durch eine gute Schutzmasse dieselbe Wirkung erzielt. Ebenso ist bei Anwendung von Flanschenkappen auf durchaus dauernden dichten Abschluß zu achten und darauf, daß weder die Rohrmanschette noch die Flanschenkappe an irgendeiner Stelle metallische Verbindung mit dem Dampfrohre hat, weil sonst von Eisen zu Eisen Wärme fortgeleitet wird.

Der Wärmeverlust[1]) durch Luftschichten kann durch die Wärmeleitzahl des wärmetechnisch gleichwertigen festen Stoffes ausgedrückt werden, genannt die „äquivalente Wärmeleitzahl" (vgl. Zahlentafel 102).

Darnach sind Luftschichten nur bei niedriger Temperatur und geringem Abstande der Grenzwände den festen Stoffen im Wärmeschutz

[1]) Nach Arch. f. Wärmewirtschaft 1922, S. 182: Dr. Hencky, „Merkblatt über die wärmetechnische Bedeutung und Beurteilung der Wärmeschutzmittel".

ℓel 100.

ıutzmitteln an Rohrleitungen (l. ∅ = 70 mm) bei Sattdampf.

;dl. Wärmeverl. in kcal für ° Temperaturgefälle zwischen ımpf und Luft und 1 m² Rohr- ɔerfläche (einschl. Flanschen) k		Wärmeersparnis in vH gegenüber nacktem Rohre		Wärmeverlust für 1 m² Rohroberfläche und h kcal		Lufttemperatur
Flanschen frei	Flanschen umhüllt	Flanschen frei	Flanschen umhüllt	Flanschen frei	Flanschen umhüllt	°C
5	6	7	8	9	10	11
,30—3,49	2,85—3,10	75,6—78	77,1—82	430—636	406—526	6—9
;,22—3,40	2,27—2,35	76,2—78,9	83,2—85,6	376—570	278—300	11—24
!,55—2,93	1,87—1,97	79,3—79,8	84,7—86,3	217—415	156—277	18—21
!,88—3,03	1,66—1,72	78,8—80,7	87,8—89,1	347—528	202—299	15—17
2,82—3,06	1,86—2,02	79,2—80,6	86,2—87,2	303—586	205—335	25—28

gleichwertig. Bei mittleren oder höheren Temperaturen ist der Wärmeschutz wegen Zunahme der Strahlung gering. Bei Entlüftungsmöglichkeiten bieten Luftschichten nur ganz geringen Wärmeschutz.

Für die Isolierung von Rohrleitungen mit verschiedenen Isolierstoffen übereinander ergibt sich aber die Forderung, das schlecht leitende Material mit niedrigem λ an die Innenseite zu legen, wo die höhere Temperatur herrscht; dies ist praktisch verwirklicht, wenn man das Rohr z. B. zuerst mit Schläuchen umwickelt, die mit loser Kieselgurmasse gefüllt sind (λ ist klein), und dann darüber eine festere Schicht von Kieselgurmasse streicht.

Bei dieser Anordnung ergibt sich sowohl der geringste Wärmedurchgang pro laufenden Meter, als auch die geringste aufgespeicherte Wärmemenge in kcal pro 1³ m Isoliermasse.

Zahlentafel 101.

Versuchsergebnisse der gebräuchlichsten Wärmeschutzmittel nach Rietschel.

Nr.	Art der Umkleidung	Wärmeersparnis in Prozenten der Wärmeabgabe des unbekleideten Rohres bei einer Umhüllung von:			
		15 mm	20 mm	25 mm	30 mm
1.	Strohseil mit Lehm	31	36	40	43
2.	Asbest, Schnur aus Asbestklöppelung mit Asbestfaserfüllung	41	44	46	48
3.	Kieselgur:				
	a) Kieselgur mit Schwammteilchen bandagiert und schwarz gestrichen	52	56	58	60
	b) Asbestschlauch mit Kieselgurfüllung	54	58	60	61
	c) Aufrollbare Kieselgur-Rippen-Platten mit Hohlräumen und Luftschichten	57	61	63	64
	d) Kieselgur m. Korkteilchen, nicht bandagiert	65	69	72	74
	e) Kieselgurschalen	66	70	73	75
	f) Kieselgur ohne Fremdkörper, kalziniert, d. h. die organischen Bestandteile verbrannt	68	74	77	80
4.	Kunsttuffsteinschalen	62	67	70	72
5.	Korkschalen	56	65	71	76
6.	Rohseide:				
	a) Seidenpolster mit Luftschicht, Luftschicht durch reibeisenartige auf das Rohr gewickelte Blechstreifen hergestellt. Die Stärke der Luftschicht etwa 30 vH der Gesamtstärke der Umwickelung	73	76	78	79
	b) Seidenzöpfe ohne Luftschicht	75	78	80	81
	c) Seide, darunter eine Schicht Kieselgur:				
	20 vH der Umhüllung ist Seide	72	76	79	80
	60 vH der Umhüllung ist Seide	75	78	80	81
	d) Remanit, karbonisierte Seide, Zöpfe	75	78	80	81
	e) Remanitpolster zwisch. weitmaschigem aus dünnem Eisendraht bestehenden Gewebe	77	80	82	83
7.	Filz, weiches, braunes Material ohne Bandage oder bandagiert und mit Dextrin gestrichen	81	84	86	87

Zahlentafel 102.

„Äquivalente Wärmeleitzahlen λ" bei Luftschichten zwischen rauhen, ebenen Wänden, bei luftdichtem Abschlusse der Hohlwände.

Mittlere Temperatur	Dicke der Luftschicht in mm				
	5	20	40	80	120
0	0,05	0,11	0,20	0,35	0,48
100	0,11	0,18	0,42	0,79	1,15
200	0,17	0,40	0,78	1,52	2,25
400	0,30	1,1	2,2	4,3	6,4
600	0,60	2,3	4,6	9,2	13,8

b) Überhitzter Dampf.

1. Allgemeines. Der überhitzte Dampf kann beim Strömen durch eine Leitung seinen Wärmeinhalt ändern durch Verminderung der Temperatur, durch Druckabfall und durch teilweisen Niederschlag, sobald die Temperatur der Rohrwand unter die Sättigungsgrenze sinkt.

Zahlentafel 103.

Temperaturen der **nackten** Rohrwand bei **überhitztem** Dampfe bei $\alpha = 150$ und 25 m Dampfgeschwindigkeit in der Sekunde. Rohrdurchmesser 70 mm i. L. Lufttemperatur = 20°.

Dampftemperatur °C	Temperaturgefälle zw. Dampf und Luft °C	Wärmedurchgangsziffer k	Wärmedurchgang auf 1 h und 1 m² Rohroberfläche kcal	Äußere Wandungstemperatur °C	Temperaturgefälle zw. Dampf und Wandung °C
100	80	11,6	930	94	6
125	105	12,5	1310	116	9
150	130	13,4	1740	138	12
175	155	14,4	2230	160	15
200	180	15,3	2760	182	18
225	205	16,2	3320	203	22
250	230	17,1	3930	224	26
275	255	18,0	4600	244	31
300	280	18,9	5300	265	35
325	305	19,8	6050	285	40
350	330	20,8	6860	304	46
375	355	21,7	7700	324	51
400	380	22,6	8590	343	57

Auf diese Erscheinung stützt sich auch die Verwendung von überhitztem Dampfe bei Fortleitung auf längere Strecken und die vorteilhafte Benutzung für Dampfmaschinen (vgl. S. 261). Der überhitzte Dampf kühlt sich erst ab, ohne sich niederzuschlagen, so lange, bis er die Sättigungstemperatur erreicht hat; oberhalb dieser Grenze verhält er sich wie ein Gas. An den Rohrwänden aber tritt dennoch Niederschlag ein.

Im Gegensatze zu gesättigtem Dampfe, bei dem die äußere Wandungstemperatur der nackten Rohrwand praktisch gleich der Dampftemperatur ist, zeigt sich, daß die Wandungstemperatur von nackten Rohrleitungen, durch welche überhitzter Dampf strömt, ganz wesentlich unter der Dampftemperatur liegt. Es wächst nämlich die Wärmeübergangsziffer α[1]) zwischen Dampf und Wand aus der Gleichung

[1]) Vgl. Poensgen, Die Wärmeübertragung von strömendem überhitzten Wasserdampfe an Rohrleitungen (Z. V. d. I. 1916, S. 49), wo genaue Werte für α für beliebige Rohrdurchmesser angegeben sind.

$Q = \alpha (t - \vartheta)$, vgl. Formel 13, mit der Dampfgeschwindigkeit in hohem Maße, dabei ist α aber für überhitzten Dampf ganz bedeutend geringer als für gesättigten, bei dem α etwa 2000 beträgt. Eberle fand für ein nacktes Rohr von 150 mm l. ⌀ bei etwa 300° Dampftemperatur, 11° Lufttemperatur und einer Strömungsgeschwindigkeit von 30 m in der Sekunde bei 6,7 at abs. ein Temperaturgefälle zwischen Dampf und Außenwand von etwa 34° bei einem $\alpha = 166$.

Die oft verwendete Formel $\alpha = 2 + 10\sqrt{v}$ ist für überhitzten Dampf nicht brauchbar.

Der absolute Wärmeverlust ist bei rasch strömendem Dampf höher als bei langsamer strömendem, und das Temperaturgefälle zwischen Dampf und Außenwand nimmt mit der Dampftemperatur zu, wie aus Aufstellung (S. 365) ersichtlich.

2. Wärmeverluste bei nackter Leitung. Für den Wärmeverlust eines nackten Rohres von 70 mm l. ⌀, das von überhitztem Dampfe durch-

Zahlentafel 104.

Wärmeverlust für eine **nackte** Dampfleitung von 70 mm bis 150 mm i. L.; für überhitzten Dampf bei 20° Lufttemperatur, $\alpha = 150$; Dampfgeschwindigkeit $v = 25$ m/sk.

Temperaturgefälle zwischen Dampf und Luft °C (Lufttemperatur = 20°)	Wärmedurchgangsziffer k	Wärmeverlust auf 1 m² Rohroberfläche und Stunde kcal
80	11,8	945
105	12,4	1300
130	13,2	1720
155	14,0	2170
180	14,8	2660
205	15,7	3220
230	16,5	3800
255	17,5	4460
280	18,5	5180
305	19,5	5950
330	20,5	6750
355	21,7	7700
380	23,0	8740

strömt wird, sind die in vorstehender Zahlentafel 104 aufgeführten Werte ermittelt worden; mit $\alpha = 150$ und einer mittleren Dampfgeschwindigkeit von $v = 25$ m/sk. Wie ersichtlich, steigt k und der Wärmeverlust auf ein Quadratmeter Oberfläche und Stunde mit der Dampftemperatur an. Diese allgemein gültigen Werte sind in Abb. 61 und 62 eingetragen, für überhitzten und für gesättigten Dampf übereinander. Man beobachtet, daß der Wärmeverlust für überhitzten Dampf nur unwesentlich geringer ist als für gesättigten Dampf, und zwar ist dies eine Folge der niedrigeren Wandtemperatur bei überhitztem Dampfe (α ist kleiner). Indessen sind die Gesamtverluste bei Fortleitung des überhitzten Dampfes infolge der höheren Temperaturgefälle doch höher als bei Sattdampf. Für eine andere Dampfgeschwindigkeit v' kann man den Abkühlungsverlust durch Multiplikation mit $\frac{v}{v'}$ erhalten, d. h. derselbe ist etwa umgekehrt proportional der Dampfgeschwindigkeit.

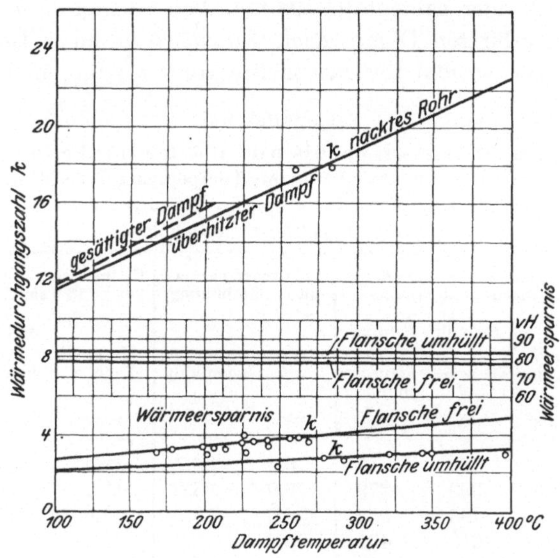

Abb. 63. Wärmedurchgangszahlen k an nackten und umhüllten Leitungen für überhitzten Dampf.

Kurz zusammengefaßt ergibt sich also für nackte Rohre und überhitzten Dampf folgendes: Die äußere Wandtemperatur ist niedriger als die Dampftemperatur, und zwar um so niedriger, je höher die Überhitzungstemperatur und je geringer die Dampfgeschwindigkeit ist. Deshalb steigt der Wärmeverlust für 1 m² Oberfläche und Stunde, ebenso die Wärmedurchgangszahl k mit der Dampfgeschwindigkeit an bei gleicher Dampftemperatur.

3. Wärmeverluste bei umhüllten Rohren. Etwas anders gestalten sich die Verhältnisse, sobald die Dampfrohre umkleidet werden. Die Dampfgeschwindigkeit übt auf den Wärmeverlust zwischen 5 und 55 m/sk keinen Einfluß mehr aus. Die Wärmedurchgangsziffer liegt zwischen 100 und 200° bei nackten Leitungen für überhitzten Dampf nur wenig unter der für gesättigten Dampf; bei umhüllten Leitungen ist k bei der gleichen Isolierung zwischen 100 und 200° ebenfalls für beide Dampfarten etwa gleich groß; über 200° hinaus wächst k jedoch für überhitzten Dampf weiter an. Die Wärmeersparnis durch Umhüllung steigt bei überhitztem Dampfe wesentlich langsamer als bei gesättigtem Dampfe; es bleibt nämlich die Wandungstemperatur bei überhitztem Dampfe hinter der Dampftemperatur zurück, also wächst auch der Wärmeverlust langsamer als bei gesättigtem Dampfe.

In nachstehender Zahlentafel 105 und Abb. 63 sind diese Werte dargestellt für überhitzten Dampf nach Versuchen an einer Dampfleitung von 70 mm l. ⌀, sowohl für das nackte Rohr als für ein mit Schalen

Zahlentafel 105.

Wärmeverluste, Wärmeersparnis und Wärmedurchgangsziffer k für überhitzten Dampf in Abhängigkeit vom Temperaturgefälle (Rohrdurchmesser im Lichten = 70 mm; Dampfgeschwindigkeit = 25 m/sk; α = 150; Umkleidung mit 50 mm gebrannten Schalen).

Temperaturgefälle zwischen Dampf und Luft	Wärmeverlust für 1 m² Rohroberfläche und Stunde			Wärmeersparnis durch Umhüllung		Wärmeverl. für 1 m² Rohroberfl. 1 h u. 1° Temperaturgefälle = k		
	nackte Leitung	umhüllte Leitung		Flansche frei	Flansche umhüllt	nackte Leitung	umhüllte Leitung	
		Flansche frei	Flansche umhüllt				Flansche frei	Flansche umhüllt
° C	kcal	kcal	kcal	vH	vH	kcal	kcal	kcal
100	1225	295	212	75,9	82,7	12,3	2,95	2,12
125	1640	393	279	76,0	83,0	13,1	3,14	2,23
150	2090	495	352	76,3	83,2	13,9	3,30	2,35
175	2625	610	434	76,7	83,5	15,0	3,49	2,48
200	3200	740	520	76,9	83,7	16,0	3,67	2,60
225	3770	870	610	76,9	83,8	16,8	3,87	2,71
250	4425	1015	705	77,0	84,1	17,8	4,06	2,82
275	5160	1170	820	77,3	84,1	18,8	4,25	2,98
300	5925	1330	930	77,5	84,3	19,8	4,43	3,10
325	6750	1500	1040	77,8	84,6	20,7	4,62	3,20
350	7580	1680	1160	77,8	84,7	21,7	4,80	3,31
375	8475	1870	1294	77,9	84,7	22,6	4,99	3,45
400	9440	2065	1432	78,1	84,8	23,6	5,16	3,58

von 50 mm Stärke umkleidetes Rohr, mit $\lambda = 0{,}075$ bei 100° und $\lambda = 0{,}105$ bei 300°. Die Dampfgeschwindigkeit beträgt dabei 25 m/sk und die Wärmeübergangszahl α ist = 150 gesetzt.

Die Umkleidung bestand aus schmalen Bändern aus Kieselgurmasse, auf welche 50 mm starke Schalen aus poröser gebrannter Masse von 0,3—0,35 spez. Gewicht aufgelegt waren, so daß zwischen Rohr und Schale etwa 5 mm Luftschicht blieb, die Fugen zwischen den Schalen waren mit Kieselgurmasse gedichtet, und über die Schalen war mit Asphaltlack gestrichener Nessel gewickelt. Da diese Umhüllung eine gute mittlere Ausführung bedeutet, so haben die Zahlen und die Angaben des Schaubildes allgemeine Gültigkeit.

Für die Praxis ist in erster Linie maßgebend der Abkühlungsverlust in °C für 1 laufendes Meter Rohrlänge; diese Zahl umfaßt die obigen Werte mit und läßt sich an verschiedenen Stellen der Rohrleitung durch Thermometer, welche bis in die Mitte der Dampfleitung hineinragen, am leichtesten feststellen; sie ist auch für die Abgabe einer Garantie am geeignetsten.

Bei gleichem Gesamtwärmeverlust ist der Temperaturabfall um so kleiner:

je größer die spezifische Wärme des durch die Leitung fließenden Wärmeträgers (Dampf, heißes Wasser, Heißluft usf.) ist,

je schneller derselbe strömt,

je größer der Rohrdurchmesser ist.

Der Temperaturabfall pro laufenden Meter allein gestattet kein endgültiges Urteil über die Güte des Wärmeschutzmittels.

Nachstehend einige Angaben für Abkühlungsverluste in °C für überhitzten Dampf für 1 laufenden Meter Rohrleitung bei mittelguter und besonders guter Umhüllung; beide etwa in Stärke von 50 mm bis 200 mm Rohrdurchmesser, darüber von 60 mm; dazu ist noch zu bemerken, daß der Temperaturabfall je laufenden Meter um so größer ist, je lang-

Zahlentafel 106.

Abkühlung des Dampfes von etwa 350° für 1 laufenden Meter Rohr in °C beim Strömen durch Rohrleitungen.

Lichter Rohrdurchmesser mm	Mittl. Dampfgeschw. m/sk	Abkühlung des Dampfes in °C auf 1 lfd. m Rohr		Lichter Rohrdurchmesser mm	Mittl. Dampfgeschw. m/sk	Abkühlung des Dampfes in °C auf 1 lfd. m Rohr	
		mittelgute Isolierung	sehr gute Isolierung			mittelgute Isolierung	sehr gute Isolierung
125		0,75	0,39	125		0,57	0,15
150		0,70	0,32	150		0,47	0,14
175		0,63	0,26	175		0,41	0,13
200	10	0,57	0,23	200	30	0,33	0,11
250		0,50	0,18	250		0,21	0,10
300		0,40	0,16	300		0,15	0,09
350		0,36	0,13	350		0,13	0,08
125		0,72	0,22	125		0,45	0,13
150		0,66	0,20	150		0,36	0,12
175		0,54	0,17	175		0,28	0,10
200	20	0,48	0,15	200	40	0,23	0,09
250		0,35	0,13	250		0,15	0,07
300		0,26	0,10	300		0,11	0,06
350		0,22	0,09	350		0,10	0,06

samer die Dampfgeschwindigkeit ist, oder, was dasselbe ist, je geringere Dampfmengen durch das Rohr strömen; ebenso nimmt der Temperaturabfall zu bei gleicher Dampfgeschwindigkeit mit der Abnahme des Rohrdurchmessers (vgl. Abschnitt 19d).

Die Flanschen werden heute vielfach derart umhüllt, daß man 20—30 mm starke Asbestschläuche, die mit Isoliermasse gefüllt sind, um die Flanschen legt und ein dünnes offenes Tropfröhrchen einwickelt, welches ein Undichtwerden des Flansches durch Dampf- oder Wasseraustritt anzeigt. Über diese Wickelschnur kommt entweder eine zweiteilige Blechkappe oder eine Schicht Isoliermasse, die durch Nessel- oder Jutebinden gehalten wird.

Zweckmäßig verwendet man auch besondere Flanschenkappen aus doppelten Blechwänden mit Kieselgurfüllung in zweiteiliger, bequem abnehmbarer Ausführung. Die Auflagestellen auf der Umkleidung müssen auf Dichthalten gut überwacht werden.

4. Die Auswahl und Stärke der Wärmeschutzmittel. In allen Fällen ist das Wärmeschutzmittel mit der kleinsten Wärmeleitungszahl λ wärmetechnisch das beste.

Zahlentafel 107 enthält für Schutzmittel von verschiedenen λ von 0,06—0,12 (vgl. Zahlentafel 98) die Wärmeverluste bei gleicher Isolierstärke und die erforderliche Isolierstärke, um bei verschiedenem λ den gleichen Wärmeverlust zu erzielen.

Es ergibt danach das gute Wärmeschutzmittel mit kleinem λ: den geringeren Wärmeverlust im Dauerbetriebe, geringere Gewichtsbelastung durch die Umhüllung und die kleinere Wärmeaufspeicherung in der Umhüllung, somit die geringeren Wärmeverluste beim gänzlichen oder teilweisen Auskühlen und Wiederanheizen.

Ein schlechteres Isoliermittel von höherer Wärmeleitzahl λ erfordert nach Zahlentafel 107 eine wesentlich größere Auftragsstärke, um den gleichen geringen Wärmeverlust zu ermöglichen, wie ein solches von niedrigem λ; man muß z. B. bei dem 150 mm-Rohre, um den Wärmeverlust je Quadratmeter Rohroberfläche und Stunde auf 311 kcal zu halten, die Isolierstärke von 70 mm bei $\lambda = 0{,}06$, auf 217 mm erhöhen, also um das 3fache, wenn ein Schutzmittel mit $\lambda = 0{,}12$, also von dem doppelten Werte verwendet wird. Bei ebenen Flächen verhalten sich die erforderlichen Isolierstärken wie die Wärmeleitzahlen.

Bei Unterbrechung des Betriebes kühlt sich in einer 8—12stündigen Betriebspause bereits bei einer Dampfleitung mittleren Durchmessers die Isolierung fast vollständig ab; die darin aufgespeicherte Wärme (das gleiche gilt für Kesseleinmauerungen) ist also verloren. Bei dieser am meisten vorkommenden Betriebsweise ist daher die Verwendung eines guten Wärmeschutzmittels von kleinem λ besonders wichtig.

Zahlentafel 107[1]).

Die Bedeutung der Wärmeleitzahl λ für die praktische und wirtschaftliche Anwendung der Wärmeschutzstoffe.

Annahme: Temperatur der Gefäßwand . . . . . 300° C
Temperatur der Umgebungsluft . . . 20° C

	Oberfläche	Bei gleicher Isolierstärke: Wärmeschutzmittel Wärmeleitzahl	Raumgewicht	Dicke	Gewicht der Isolierung	Wärmeverlust	Wärmeverlust	Wärmedurchgangszahl	In der Isolierung aufgespeicherte Wärme	Bei gleichem Wärmeverluste: Wärmeschutzmittel Dicke	Gewicht der Isolierung	Wärmeverlust	Wärmeverlust	Wärmedurchgangszahl	In der Isolierung aufgespeicherte Wärme
	m²	λ	kg/m³	mm	kg	kcal in 1 h	kcal/m² in 1 h	k	kcal	mm	kg	kcal in 1 h	kcal/m² in 1 h	k	kcal
Rohr: ∅ = 50 mm		0,06	300	50	4,7	87	555	1,98	152	50	4,7	87	555	1,98	152
Länge = 1,0 m	0,157	0,09	540	50	8,5	127	809	2,88	280	114	31,7	87	555	1,98	985
		0,12	720	50	11,3	165	1045	3,73	382	230	145,7	87	555	1,98	4450
Rohr: ∅ = 150 mm		0,06	300	70	14,5	147	311	1,11	465	70	14,5	147	311	1,11	465
Länge = 1,0 m	0,47	0,09	540	70	26,2	213	452	1,61	858	131	62,5	147	311	1,11	1960
		0,12	720	70	43,8	279	591	2,11	1168	217	180,5	147	311	1,11	5500
		0,06	300	130	39,0	122	122	0,435	1220	130	39,0	122	122	0,435	1220
Ebene senkrechte Wand	1,0	0,09	540	130	70,2	179	179	0,640	2240	195	105,2	122	122	0,435	3360
		0,12	720	130	93,6	234	234	0,835	3030	260	187,1	122	122	0,435	6060

[1]) Dr. Ing. Hencky: Merkblatt über die wärmetechnische Bedeutung und Beurteilung der Wärmeschutzmittel. Arch. f. Wärmewirtschaft 1922, S. 186.

Z. B. kann bei einer ebenen Gefäßwand, wenn der Betrieb von Sonnabend abend bis Montag früh unterbrochen wird, bei Verwendung eines Wärmeschutzmittels von $\lambda = 0{,}06$ statt eines solchen von $\lambda = 0{,}12$ bei gleicher Isolierstärke im Jahre soviel an Anheizwärme gespart werden, daß der Wärmeverlust des Gefäßes während eines Monates gedeckt wird.

Über die zweckmäßige Stärke der Umhüllung gibt Zahlentafel 108 einen guten Anhalt; Schichtstärken von 80 mm und darüber wendet man erst für Rohre von 200 mm ∅ und mehr an.

Zahlentafel 108.

	Rohrdurchmesser in mm	bis 50	50 - 75	75 - 100	100 - 150	150 - 200	über 200
Heißdampf bis 350°	Stärke der Schutzschicht in Millimeter	30—45	45—60	60—70	70—80	80—90	90—100
Abdampf und Sattdampf bis 180°		30—40	40—50	50—60	60—70	70—75	75—80

Das Ergebnis von Versuchen, die Eberle und Rietschel über den Einfluß der Stärke der Umhüllung auf die Wärmeersparnis anstellten, sind in Abb. 64 dargestellt. Die Versuche von Rietschel umfassen Seidenumhüllungen von 15—30 mm Stärke an Rohren von 33 mm ∅ und sind bis zum Nullpunkt verlängert. Die Kurve läuft nahezu zusammen mit Versuchen von Eberle, die derselbe mit Rohren von 76 mm Durchmesser mit kalzinierter Kieselgurmasse von 30—60 mm Stärke vorgenommen hat. Nach der Darstellung steigt die Wärmeersparnis gegenüber einem nackten Rohre zunächst sehr stark an, und zwar bei 20 mm Isolierstärke auf 75 vH, bei 30 mm bereits auf 80 vH. Dann erfolgt nur eine ganz langsame Steigerung mit wachsenden Isolierstärken, so daß die Verstärkung der Umhüllung über gewisse Grenzen hinaus kaum noch einen wirtschaftlichen Vorteil bringt. Abb. 65 gibt an, wie bei gleicher Isolierstärke (60 mm) bei wachsendem Rohrdurchmesser die Wärmeersparnis gegenüber nackten Rohren zunimmt. Bei Dampftemperaturen bis 200° und umhüllten

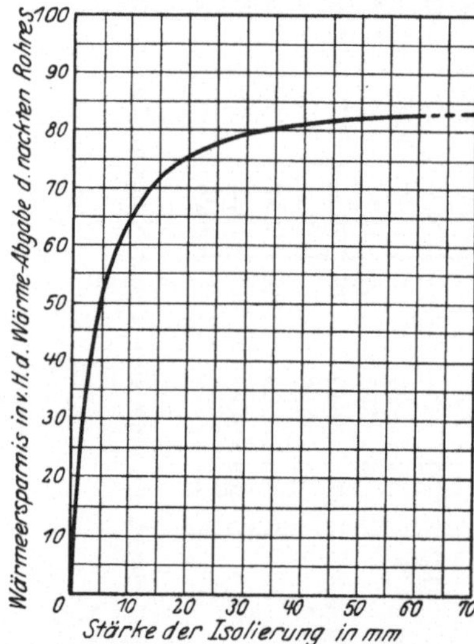

Abb. 64. Wärmeersparnis in vH durch verschiedene Isolierstärken bei kalzinierter Kieselgurmasse. Rohr ∅ 33—80 mm. (Eberle-Rietschel).

Rohrleitungen mit Flanschenisolierung war die Wärmeersparnis nahezu gleichbleibend und stieg bei überhitztem Dampfe bis 400° noch langsamer an als bei Sattdampf.

Wirtschaftliche Isolierstärke[1]). Dafür soll der Maßstab gelten, daß diejenige Isolierstärke zur Ausführung kommen soll, bei der der Gesamtwert von Anlagekosten und laufenden Betriebskosten durch Wärmeverluste zusammen der geringste ist. Die Anlagekosten wachsen mit der Dicke der Isolierschicht, dagegen nehmen entsprechend die laufenden Kosten des Wärmeverlustes ab. Großen Einfluß hat dabei die Annahme der Zeitlänge für die Abschreibung. Im allgemeinen sind bei annähernder Preisgleichheit zweier Isolierstoffe mit verschiedener Wärmeleitfähigkeit λ die Gesamtkosten der Isolierung bei Verwendung des besseren Isolierstoffes mit dem kleineren λ die geringeren. Für das etwa im September 1922 gültige Preisverhältnis gibt nachstehende Zusammenstellung eine ungefähre Übersicht.

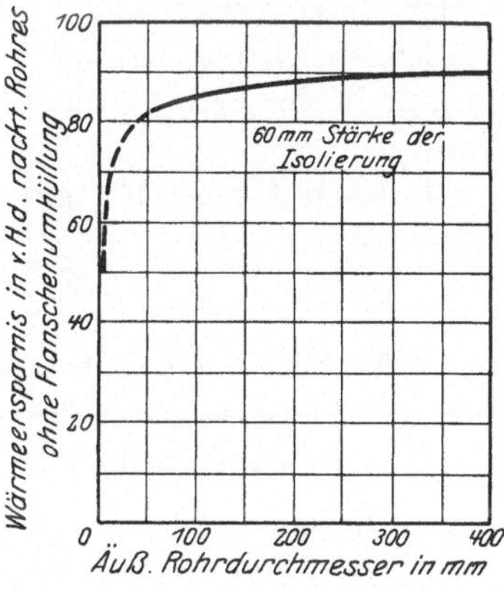

Abb. 65. Zunahme der Wärmeschutzwirkung mit wachsendem Rohrdurchmesser bei 60 mm Stärke der Isolierung. (Eberle.)

Zahlentafel 109.

	Wirtschaftlichste Isolierstärke in mm bei einer Rohrtemperatur in °C					
	100		200		300	
	und einer Amortisationsquote von vH					
	20	50	20	50	20	50
Rohr ∅ 50 mm $\lambda = 0{,}08$	50	30	70	48	82	60
$\lambda = 0{,}12$	55	40	75	58	87	70
Rohr ∅ 200 mm $\lambda = 0{,}08$	83	50	95	73	105	87
$\lambda = 0{,}12$	95	57	108	82	117	95

Im allgemeinen kann eine kurze Leitung verhältnismäßig schwächer isoliert werden wie eine lange Leitung. Verteilt man die Amortisation auf eine größere Anzahl Jahre, z. B. 5 Jahre, so liegt die wirtschaftlichste Isolierstärke höher; man kann also eine stärkere Isolierung wählen, als wenn man die ganze Anlage schon z. B. in 2 Jahren abgeschrieben haben will.

[1]) Dr.-Ing. Hencky: Praktisch wichtige Forschungsergebnisse über den Wärmeschutz. Mitteilungen aus dem Forschungsheim für Wärmeschutz (E. V.) München. H. 3.

Je höher die Rohrtemperatur ist und je größer der Leitungsdurchmesser, desto höher liegt auch die wirtschaftliche Isolierstärke.

Beispiel 43. Es sollen für den Betrieb einer Dampfmaschine für 12 at absol. bei einer Anfangstemperatur des Dampfes von $t_d = 320°$ durch eine Leitung von 62 m Länge mit einem Ventile im Mittel $G = 5000$ kg/h Dampf geschickt werden; während der Einströmzeit steigt diese Menge auf 22000 kg/h; es soll der Leitungsdurchmesser berechnet werden, so daß bei der höchsten Dampfmenge der Druckverlust in der Leitung nicht mehr als 0,75 kg/cm² beträgt. Lufttemperatur 20°.

1. Nach Formel 131 gilt als Druckverlust:

$$Z_d = \frac{0{,}00105 \cdot \gamma \cdot l \cdot v^2}{10000 \cdot d};$$

es ist für eine mittlere Temperatur von 310° und den mittleren Druck von 11,65 kg/cm², $\gamma = 4{,}28$.

Da nun ein Ventil einem Leitungsverluste von 16,0 m entspricht, so ergibt sich, da $v = \frac{22000}{3600 \cdot \frac{\pi d^2}{4}}$ ist, mit $l = 62 + 16 = 78$ m

$$0{,}75 = \frac{0{,}00105}{10000} \cdot 4{,}28 \cdot \frac{78}{d} \cdot \left(\frac{22000}{3600 \cdot \frac{\pi d^2}{4} \cdot 4{,}28} \right)^2$$

$$\mathbf{d = 175\ mm},$$

damit wird die mittlere Dampfgeschwindigkeit $v = 13{,}5$ m/sk.

2. Diese Leitung enthält 16 Flanschen; sie hat $d_i = 175$ mm, $d_a = 191$ mm, Flanschen $\varnothing = 330$ mm und besitzt je laufenden Meter $= 0{,}60$ m² Oberfläche; während 1 Flanschenpaar $= 0{,}41$ m² Oberfläche hat. Gesamtoberfläche des Rohres und der Flanschen 38,85 m²; 1 Ventil hat etwa $= 0{,}6$ m² Oberfläche $= 1$ m Leitungslänge. Es soll der Wärmeverlust dieser nackten Leitung ermittelt werden.

Die Gesamtoberfläche beträgt $F = 38{,}85 + 0{,}6 = 39{,}45$ m²; es gilt nun

$$F \cdot k \left(t_d - \frac{\delta}{2} - t_l \right) = G \cdot c_{pm} \cdot \delta,$$

worin t_l = Lufttemperatur bedeutet. δ = Temperaturabfall des Dampfes in der Leitungsstrecke, c_{pm} = mittl. spez. Wärme zwischen t_d und $t_d - \delta$.

Man muß nun zuerst am besten eine Annahme machen für den Temperaturabfall x; er sei nach anderen Erfahrungen $= 70°$ gesetzt; man entnimmt nun der Abb. 63 für die mittlere Dampftemperatur von 285° ein $k = 18{,}3$ und aus der Zahlentafel 72 ein $c_{pm} = 0{,}52$; mit diesen Werten ergibt sich:

$$39{,}45 \cdot 18{,}3 \left(320 - \frac{\delta}{2} - 20\right) = 5000 \cdot 0{,}52 \cdot \delta$$

$$\delta = 73^\circ; \quad \text{für} \quad 1 \text{ lfd. m} = 0{,}94^\circ.$$

Es beträgt also die Dampftemperatur am Ende der Leitung noch 320 — 73 = 247° und der Gesamtwärmeverlust in 1 h:

$$5000 \cdot 0{,}52 \cdot 73 = 189\,500 \text{ kcal}.$$

Man könnte auch, falls die mittlere Temperatur einer Rohrleitungsstrecke bekannt ist, aus der Abb. 61 den Wärmeverlust für 1 m² Oberfläche und Stunde entnehmen und daraus den Gesamtverlust bestimmen, also im vorliegenden Falle wird für die mittlere Temperatur von 284° bzw. 264° Temperaturunterschied zwischen Dampf und Luft der Wärmeverlust = 4800 kcal; also der Gesamtverlust 4800 · 39,45 = 189 000 kcal in 1 h.

3. Wärmeverlust dieser Leitung, wenn sie einschließlich Flanschen vollständig umhüllt ist.

Nach Abb. 63 ist für eine Umhüllung mittlerer Güte in den Temperaturgrenzen von 320 bis ca. 280° die Wärmeersparnis etwa 83 vH (für eine andere Isolierung ein entsprechender Wert). Für obiges Beispiel angewendet ist also der Wärmeverlust = 189500 · 0,17 = 32200 kcal/h; bzw. 816 kcal/m²/h, daraus ergibt sich wieder das gesamte Temperaturgefälle aus 32200 = 5000 · 0,52 · x

$$\delta = 12{,}4^\circ, \quad \text{für 1 lfd. m also} \quad \frac{12{,}4}{78} = 0{,}15^\circ.$$

Man kann dasselbe Ergebnis erhalten, wenn man, wie oben, aus Erfahrungswerten etwa nach Zahlentafel 106 einen Temperaturabfall schätzungsweise annimmt, dafür k aus dem Schaubilde wählt und auf das wirklich eintretende Temperaturgefälle nachrechnet.

4. Wärmeverlust der umhüllten Leitung mit nackten Flanschen, aber umkleidetem Ventil.

Es möge für jedes Flanschenpaar eine Leitungsstrecke von 200 mm ohne Umhüllung bleiben; es sind also nicht umhüllte Leitungsstrecken von insgesamt vorhanden:

8 Flanschenpaare = 8 · 0,41	= 3,28 m²
8 · 0,15 blanke Leitungsstrecken	= 1,20 ,,
	4,48 m²

wenn das Flanschenpaar zusammen etwa 5 cm dick ist.

Bei einer mittleren Dampftemperatur, die etwas kleiner ist wie bei völlig umhüllter Leitung, also bei etwa 310°, beträgt für diese nackte Leitung $k = 19$ bzw. der Abkühlungsverlust = 5500 kcal/m²/h, der Gesamtverlust der nackten Teile also

$$5500 \cdot 4{,}48 = 24\,600 \text{ kcal/h}.$$

Für die umhüllte Fläche von $39{,}45 - 4{,}48 = 35\ \mathrm{m}^2$ ist nach obigem der Abkühlungsverlust

$$\begin{aligned} 35 \cdot 816 &= 28\,600\ \mathrm{kcal/h} \\ \text{Flanschenverlust} &= \underline{24\,600\ \quad ,,\quad} \\ \text{Gesamtverlust} &= 53\,200\ \mathrm{kcal/h.} \end{aligned}$$

Der Temperaturverlust beläuft sich auf

$$x = \frac{53\,200}{5000 \cdot 0{,}52} = \mathbf{20{,}5^\circ}, \quad \text{also auf} \quad \frac{20{,}5}{78} = \mathbf{0{,}26}^\circ \text{ für 1 lfd. m.}$$

Der Gesamtwärmeverlust ist also bei nackten Flanschen nahezu doppelt so groß als bei völlig umkleidetem Rohre. Die Wärmeersparnis gegenüber völlig nackter Leitung beträgt demnach nur noch

$$\frac{189\,500 - 53\,200}{189\,500} = 72\ \mathrm{vH}\,,$$

also um 11 Hundertteile bzw. 13 vH weniger als bei ganz umhüllter Leitung; oder, wenn man will, der Verlust durch die Flanschen allein ermittelt sich zu $\frac{24\,600}{189\,500} = 13{,}0$ vH des gesamten Verlustes bei nackten Rohren.

Zusammengestellt zeigt sich folgendes Bild:

Art der Umhüllung der 175-mm-Leitung	Temperaturverlust °C	Wärmeverlust in 1 h kcal	Temperaturverlust für 1 m in °C	Wärmeersparnis in vH
Nackte Leitung 78 m	73	189 500	0,94	—
Leitung umhüllt, Flanschen nackt	19,6	53 200	0,26	72
Leitung völlig umhüllt	12,4	32 200	0,16	83

Der Wärmeverlust durch nackte Flanschen berechnet sich im Jahr bei 300 Arbeitstagen zu je 10 h zu

$$24\,600 \cdot 300 \cdot 10 = 73\,800\,000\ \mathrm{kcal},$$

oder er kostet eine Dampferzeugung von rund 110 000 kg; oder, wenn man für 100 000 kcal im Mittel 0,45 M. Kohlenkosten rechnet, ergibt sich ein Kohlenmehrverbrauch von 333 Mark.

Die Kosten für die Umhüllung von 8 Flanschenpaaren werden bereits durch die Kohlenersparnisse von 2 Monaten gedeckt. In Wirklichkeit ist indes bei zehnstündigem Betrieb der Wärmeverlust durch nackte Flanschen noch bedeutend größer, da jeden Tag durch Anwärmen der Leitung noch eine weitere Wärmemenge verloren geht.

Beispiel 44: Messung des Verfassers an einer Dampfleitung von 300 mm $l \cdot \varnothing$ ($F = 0{,}0705\ \mathrm{m}^2$), die 60 mm stark mit Patentguritmasse umhüllt ist, einen Unterstrich mit Asbestfaserbeimengung besitzt, darüber Haarbeimengung, Jutebandage und Anstrich; die Flanschen sind umwickelt mit Asbestschnur mit Kieselgurfüllung, darüber ist eine Blechkappe gelegt. Die Leitung führt von der ersten Meßstelle im Kesselhause etwa 9 m durch dasselbe und läuft dann völlig in einem unterirdischen abgeschlossenen begehbaren Kanale, in dem eine Temperatur von 54 °C herrscht, ohne Ventile od. dgl. nach der zweiten Meßstelle vor einem Wasserabscheider (insges. 105 m Länge). Mittels eines Wassermessers wurde ein Dampfdurchgang in der Versuchszeit festgestellt von 18 000 kg in 1 h von 11,5 at Überdruck und im Mittel 230° (Vol. eines Kilogramms = 0,178). Verwendet wurden untereinander verglichene Glasthermometer, die in Eintauchhülsen, die mit Öl gefüllt bis in die Rohrmitte reichten, so eingehängt waren, daß die Quecksilberkuppe mit der Öloberfläche abschnitt. Die Ablesungen erfolgten $^1/_4$ Stunde lang halbminutlich; die Schwankungen blieben unter 1 vH. Nach Abgabe von etwa 5000 kg Dampf/h führt die Leitung durch einen offenen, etwas zugigen Rohrkanal von 22 °C Lufttemperatur weiter; die glatte Meßstrecke, die keine Ventile usf. enthält, beträgt 36 m. Die Temperatur der Außenluft war 18°. Die Dampfabkühlung betrug 0,15 bis 0,19° je 1 laufenden Meter Rohrleitung, was als durchaus günstig betrachtet werden muß. Die anderen Angaben sind nachstehend zusammengestellt.

Dampfüberdruck	Rohrlänge zwischen den Meßstellen	Lufttemperatur neben der Dampfleitg.	Dampftemperatur der Maßstrecke am		Temperaturabfall auf 1 lfd m	Dampfgeschwindigkeit
			Anfang	Ende		
atü	m	°C	°C	°C	°C	m/sk
11,5	105	54	238,7	223,0	0,150	12,65
11,3	36	22	216,6	209,8	0,189	ca. 9,5

32. Berechnung von Dampfleitungen[1]).

Das in 1 h ein Rohr durchströmende Dampfgewicht D in Kilogrammen erhält man aus folgender Beziehung:

$$D = v_d \cdot \gamma \cdot \frac{\pi \cdot d^2}{4} \cdot 3600 \quad \ldots \ldots \ldots \quad 130)$$

d = Rohrdurchmesser in Metern,
v_d = Dampfgeschwindigkeit in Metern in 1 sk,
γ = spez. Gewicht des Dampfes in kg/m³.

Man geht dann bei Rohrberechnungen zweckmäßig davon aus, daß man einen gewissen Druckverlust z_d für zulässig erachtet und daraus Dampfgeschwindigkeit, Dampfmenge und Rohrleitungsquerschnitt ermittelt.

---

[1]) Genaue Besprechung von Rohrleitungsnetzen siehe Fußnote S. 380.

Stündliches Dampfgewicht D in Kilogramm bei 1 m G

Dampfdruck in at abs	Gewicht von 1 m³ gesättigter Dampf in kg γ	I										
		50	60	65	70	75	80	90	100	125	130	150
		0,00197	0,00283	0,00332	0,00385	0,00442	0,00503	0,00636	0,00785	0,0122	0,0132	0,017
0,8	0,4713	3,33	4,80	5,62	6,52	7,50	8,52	10,80	13,35	20,4	22,5	30,0
1,0	0,5807	4,11	5,92	6,83	8,04	9,24	10,52	13,3	16,4	25,6	27,7	36,9
1,2	0,6887	4,86	7,00	8,21	9,53	10,95	12,5	15,8	19,5	30,2	32,8	43,7
1,4	0,7955	5,62	8,10	9,49	11,0	12,7	14,4	18,2	22,5	35,1	38,6	50,6
1,8	1,006	7,10	10,25	12,1	14,0	16,0	18,3	23,1	28,5	44,3	48,0	63,8
2,0	1,110	7,84	11,3	13,2	15,4	17,6	19,6	25,4	31,3	48,9	52,9	70,5
2,5	1,368	9,64	13,9	16,3	18,9	21,7	24,7	31,3	38,6	60,2	65,2	86,7
3,0	1,622	11,5	16,5	19,4	22,5	25,8	29,4	37,2	45,9	71,6	77,4	103,2
3,5	1,874	13,3	19,1	22,4	26,0	29,8	33,9	42,9	53,0	82,7	89,4	119,2
4,0	2,124	15,0	21,6	25,4	29,5	34,4	38,4	48,6	60,0	93,7	101,6	135,1
5	2,618	18,4	26,6	31,2	36,2	41,6	47,2	59,9	73,6	115,1	124,6	166,0
6	3,106	21,9	31,6	37,2	43,1	49,4	56,2	71,1	87,6	137,0	148,2	197,2
7	3,589	25,4	36,6	42,9	49,8	57,1	65,0	82,2	101,2	158,5	171,3	228,0
8	4,068	28,8	41,5	48,5	56,4	64,7	73,6	93,1	114,8	179,5	194,0	258,1
9	4,545	32,1	46,3	54,2	63,0	72,2	82,1	104,0	128,0	201,0	216,8	288,2
10	5,018	35,4	51,2	59,8	69,5	79,8	90,8	115,0	141,8	221,8	239,7	319,0
11	5,489	38,8	56,0	65,5	76,0	87,3	99,4	125,8	154,8	242,2	262,1	348,5
12	5,960	42,1	60,8	71,1	82,6	94,8	108,0	136,8	168,1	263,2	284,9	379,1
13	6,425	45,5	65,5	76,6	89,1	102,1	116,2	147,2	181,2	284,0	307,0	408,0
14	6,889	48,6	70,2	82,1	95,5	109,6	124,8	157,9	194,0	304,0	329,2	437,0
15	7,352	52,0	75,1	87,7	101,8	117,0	133,0	168,7	207,0	324,8	351,0	466,5
16	7,814	55,2	79,5	93,1	108,2	124,2	141,1	179,0	220,8	344,5	372,4	496,0
17	8,275	49,6	84,2	98,7	114,8	131,9	150,0	189,8	234,2	365,5	395,2	526,0
18	8,734	62,4	90,0	105,6	122,6	140,8	160,2	202,4	250,0	390,1	421,8	561,8
19	9,192	65,0	93,6	109,9	127,5	146,3	166,6	210,9	260,0	405,8	439,0	584,5
20	9,648	68,2	98,2	115,2	134,0	153,9	175,0	221,5	273,0	425,8	461,0	613,5
30	14,730	104,4	150,0	176,0	204,2	234,2	267,0	337,0	417,0	651,0	701,0	941,0

Nach neueren Untersuchungen können auch die im nächsten Abschnitt für Strömung von Luft gefundenen Werte für Berechnung des Druckabfalles bei gesättigtem und überhitztem Dampf benutzt werden. Das stündliche Dampfgewicht in Kilogrammen, welches bei 1 m Geschwindigkeit in 1 sk durch eine Rohrleitung strömt, kann aus Zahlentafel 109 entnommen werden, man kann also die Dampfmenge bei v_d m Geschwindigkeit durch Multiplikation der Tafelwerte mit v_d erhalten.

Für überhitzten Dampf mit dem spez. Gew. $= \gamma_{ü}$ sind die Werte noch im Verhältnis der spezifischen Gewichte, vgl. Zahlentafel 70, S. 252, zu verkleinern also mit $\frac{\gamma_{ü}}{\gamma}$ zu multiplizieren.

afel 110.

ligkeit in 1 sk; $D = F \cdot \gamma \cdot 3600 \cdot v_d$ für **gesättigten** Dampf. (F in m², v_d in m/sek).

nesser in mm												
200	225	250	275	300	325	350	375	400	425	450	475	500
chnitt in m²												
0,0314	0,0397	0,0491	0,0594	0,0706	0,083	0,0962	0,110	0,126	0,142	0,159	0,177	0,196
53,3	67,4	83,3	100,9	120,0	140,8	163,3	187,5	213,2	240,5	269,8	300,9	333,5
65,7	94,0	102,9	124,4	147,9	173,5	201,5	230,8	262,6	296,5	332,5	370,5	410,5
77,8	98,3	121,7	148,1	175,2	205,5	238,5	273,7	315,0	351,5	394,0	439,5	486,5
89,0	113,9	140,8	170,0	202,5	237,5	275,5	316,5	359,2	406,5	455,0	507,0	562,5
114,0	144,0	178,0	215,3	256,0	300,5	348,5	400,0	454,5	513,5	575,5	639,0	711,0
125,5	158,7	196,0	237,0	282,0	330,8	383,8	440,8	501,5	566,0	634,5	707,5	784,0
154,6	195,5	241,3	292,0	347,6	347,6	372,5	542,5	617,0	697,0	781,5	871,0	965,0
183,9	232,2	287,0	347,2	413,0	484,5	561,8	645,5	734,5	828,0	929,0	1038	1149
212,0	268,1	331,5	400,5	477,0	559,0	649,5	745,0	847,5	955,5	1072	1196	1326
240,3	296,2	375,0	453,5	540,0	633,5	735,0	844,0	959,8	1085	1217	1358	1502
295,2	374,0	462,6	557,5	664,9	749,8	689,0	1073	1180	1332	1498	1668	1845
351,8	444,7	548,9	663,0	789,9	925,0	1074	1276	1402	1585	1778	1980	2190
405,8	513,2	635,0	765,8	911,5	1070	1240	1475	1620	1831	2058	2287	2532
460,0	582,0	718,9	868,5	1032	1211	1405	1670	1838	2077	2328	2590	2868
514,4	650,0	802,6	969,2	1151	1351	1570	1867	2050	2318	2600	2895	3200
567,3	718,0	887,5	1071	1278	1502	1738	2062	2265	2565	2878	3200	3540
621,6	779,5	971,0	1170	1395	1636	1898	2238	2480	2800	3142	3500	3870
675,0	852,7	1058	1272	1520	1780	2062	2452	2693	3048	3420	3800	4210
727,5	919,5	1136	1370	1635	1917	2221	2640	2918	3280	3680	4100	4540
779,5	985,1	1200	1470	1750	2057	2382	2830	3115	3518	3940	4380	4858
832,5	1051,0	1300	1570	1871	2192	2542	3021	3222	3758	4218	4680	5190
882,0	1118	1381	1670	1988	2310	2701	3109	3533	3988	4465	4980	5520
935,5	1184	1463	1770	2106	2472	2865	3292	3743	4225	4740	5283	5850
999,0	1266	1562	1892	2249	2641	3060	3570	4000	4513	5058	5645	6250
1041	1317	1625	1965	2340	2743	3184	3659	4160	4695	5265	5870	6500
1091	1331	1707	2062	2456	2880	3341	3840	4365	4926	5520	6155	6823
1668	2101	2605	3155	3750	4410	5110	5840	6690	7540	8440	9400	10400

Beispiel 45. Durch eine Leitung von 125 mm ∅ soll Dampf mit 25 m/sk strömen bei 9 at Überdruck.

Aus Zahlentafel 109 ermitteln sich:

$$25 \cdot 221{,}8 = \mathbf{5530}\ \mathrm{kg}$$

gesättigter Dampf; ist der Dampf auf 250° C überhitzt, so ist nach Zahlentafel 70 der Rauminhalt eines kg Dampfes $v = 0{,}235$, also

$$\gamma = \frac{1}{0{,}235} = 4{,}25;$$

für gesättigten Dampf war $\gamma = 5{,}010$, also strömt durch die Leitung eine Menge von

$$5530 \cdot \frac{4{,}25}{5{,}01} = \mathbf{4690}\ \mathrm{kg}.$$

Für die Dampfgeschwindigkeit wählt man zweckmäßig folgende Werte:

für gesättigten Dampf $v_d = 20-30$ m/sk,
für überhitzten Dampf $v_d = 30-50$ m/sk,

für hochüberhitzten Dampf etwa über 350° kann man auf noch höhere Werte gehen; man findet Anlagen mit $v_d = 60-70$ m.

Dabei sind folgende Gesichtspunkte maßgebend: Je höher die Dampfgeschwindigkeit, desto kleiner werden die Rohrdurchmesser, desto geringer die Kosten für die Rohre, Umhüllungen, Ventile usw. und desto kleiner die Abkühlungsverluste, die ja unter sonst gleichen Verhältnissen mit der Rohroberfläche wachsen; desto größer wird aber auch der Druckabfall; sehr oft wird ein größerer Druckabfall lieber in Kauf genommen wie ein größerer Wärmeverlust.

Für Dampfzuleitungen zu den Maschinen wähle man eine mittlere Dampfgeschwindigkeit $v_d = 15-20$ m/sk.

33. Druckverlust beim Strömen von Dampf durch Rohrleitungen[1]).

a) Gerade Rohre.

Vom wirtschaftlichen Standpunkte aus wünscht man aus Preisrücksichten den Dampfrohren einen so geringen Querschnitt zu geben, wie irgend zulässig, jedoch ohne zu große Spannungsverluste zu erhalten; dieselben hängen ab vom lichten Durchmesser und der Länge der Rohre, vom spezifischen Gewichte der Dämpfe oder Gase (γ), von der Strömungsgeschwindigkeit v_d in m/sk, von der Rauhigkeit der Rohrinnenfläche, der Zähigkeit des strömenden Dampfes u. a. m.

Allgemein gilt folgende Gleichung:

$$z_d = \frac{\beta \cdot \gamma \cdot l}{d} \cdot v_d^2 \quad \ldots\ldots\ldots\ldots \quad 131)$$

hierin bedeuten:

d = Rohrdurchmesser in Metern,
l = Leitungslänge in Metern,
v_d = Strömungsgeschwindigkeit in m/sk (mittlere),
z_d = Spannungsverlust in kg/cm²,
γ = spez. Gewicht des Dampfes (als Mittelwert zwischen Anfangs- und Endzustand in kg/m³).

[1]) Genaue Gleichungen über den Druckabfall im rauhen Rohr nebst Rechentabellen siehe Z. V. d. I. 1925, S. 752: Dr.-Ing. Speyerer, Die Bestimmung der Zähigkeit des Wasserdampfes. — Ferner Brabbée-Wierz, Vereinfachtes zeichnerisches oder rechnerisches Verfahren zur Bestimmung der Durchmesser von Dampfleitungen. Verlag R. Oldenbourg 1915; mit Tabellen und Kurven.

Nach Untersuchungen von Eberle[1]) gilt für gesättigten und überhitzten (bis 270°) Dampf von 3—10 ata und Geschwindigkeiten zwischen 7 und 74 m/sk für schmiedeeiserne Rohre von 70 mm l. ⌀:

$$\beta = \frac{0{,}00105}{10000} \quad \ldots\ldots\ldots\ldots \quad 132)$$

Bei kleineren Drücken[2]) und Geschwindigkeiten, ebenso bei Vakuumleitungen[2]) steigt β an bis ca.:

$$\beta = \frac{0{,}0020}{10000} \quad \ldots\ldots\ldots\ldots \quad 132\,a)$$

Für Luftleitungen gilt Zahlentafel 112, S. 385; hierbei ist β abhängig vom Luftgewichte G in kg/h.

b) Spannungsverlust beim Durchgang von gesättigtem und überhitztem Dampf durch ein Ventil und Krümmer.

Bei der Anlage von Dampfleitungen wird man ebenso wie bei Leitungen für Flüssigkeiten und für Luft scharfe Krümmungen, Eckstücke usw., die zu Druckverlusten Anlaß geben, möglichst vermeiden; Absperrventile sind nicht zu umgehen; sie stellen stets einen nicht unbedeutenden Druckverlust dar, und zwar ermittelt sich derselbe nach Eberle gleich dem Leitungsverluste eines zugehörigen Rohres von 16,4 m Länge; die Verlustgröße selbst ist nachstehend für zwei Dampfgeschwindigkeiten von 9,4 und 14,2 m/sk angegeben, für Rohre von 70 mm l. ⌀.

Absoluter Dampfdruck vor dem Ventil kg/cm²	Spannungsverlust durch das Ventil kg/cm²	Dampfgewicht in 1 h kg	Dampfgeschwindigkeit m/sk	Ventilwiderstand, ausgedrückt in m Rohrlänge m
10,09	0,0109	668	9,37	16,1
10,86	0,0277	1081	14,14	16,7

Der Druckverlust beim Durchströmen eines Krümmers entspricht dem Widerstande von etwa 12 m Rohrleitung.

Für ein Ventil von 100 mm l. ⌀ können die Druckverluste[3]) in Abhängigkeit von der Dampfgeschwindigkeit wie folgt angesetzt werden.

Dampfgeschwindigkeit m/sk . .	15	20	25	30	40	50	60
Druckverlust kg/cm²	0,037	0,066	0,10	0,148	0,264	0,408	0,59

[1]) Eberle, Z. V. d. I. 1908, S. 664.

[2]) Schüle, Thermodynamik I, 1921, S. 368/369/374.

[3]) Nach Seiffert & Co., Berlin.

Im einzelnen können die Verluste an Druck wie folgt ermittelt werden aus:

$$\Delta p = \zeta \frac{v_d^2}{2g} \cdot \gamma \text{ in kg/cm}^2, \quad \ldots \ldots \ldots \quad 133)$$

sie wachsen mit dem Quadrate der Geschwindigkeit und dem spezifischen Gewichte. Es gilt nach Brabbée[1]):

für gewöhnliche Ventile	$\zeta = 6{,}5$—7
„ Ausgleicher	$= 4$
„ T-Stücke	$= 1$
„ 90° Winkel	$= 1{,}5$—2,0
„ 90° gußeisernen Krümmer	$= 0{,}3$
„ 90° Bogen mit $r > 5\,d$	$= 0$

c) Strömungswiderstand überhitzten Dampfes bei glatten und gewellten Ausgleichrohren.

Nach Formel 131 gilt für den Spannungsverlust:

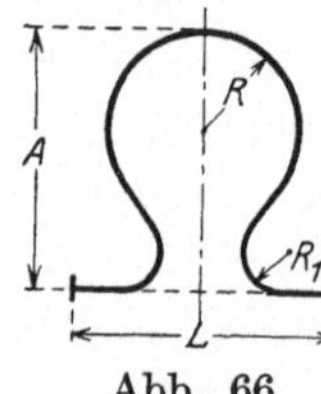

Abb. 66.

$$z_d = \frac{\beta \cdot \gamma \cdot l}{10000 \cdot d} \cdot v_d^2 .$$

Von C. Bach und R. Stückle[2]) wurden glatte und gewellte Ausgleichrohre (sog. Lyrabögen) gleicher Abmessungen auf ihren Strömungswiderstand untersucht; die Rohre hatten folgende Maße (vgl. Abb. 66):

Lichter Rohrdurchmesser	mm	55	100
Baulänge L	mm	1090	1145
Ausladung A	mm	1060	990
Krümmungshalbmesser R	mm	325	350
Krümmungshalbmesser R_1	mm	275	225
Länge der Rohrmittellinie	mm	3165	2960
Wellentiefe im Lichten	mm	8 bis 8,5	13,75
Anzahl der Wellen		100	69
Äußerer Durchmesser der mit Kieselgur umhüllten Rohre	mm	160	210

Die Untersuchungen wurden für die Ausgleichrohre von 55 mm l. ⌀ für Dampftemperaturen von 350—364° vorgenommen bei Dampfdrücken von 5,0—12,8 at Überdruck und Dampfgeschwindigkeiten von 51 bis 121 m/sk. Innerhalb dieser Grenzen ergaben sich ziemlich unveränderliche Zahlen für den Wert β des Rohrleitungswiderstandes.

[1]) Vgl. Fußnote S. 380. [2]) Z. V. d. I. 1913, S. 1136.

Es gilt für:

Gewellte Ausgleichrohre von 55 mm l. ∅ umhüllt:

$$\beta = 0{,}0032 - 0{,}0036.$$

Glatte Ausgleichrohre von 55 mm l. ∅, umhüllt:

$$\beta = 0{,}00163.$$

Für nicht umhüllte gewellte Rohre sind die Werte 4—5 vH höher.
Für nicht umhüllte glatte Rohre sind die Werte 8—9 vH höher.

Das gewellte Ausgleichrohr von 100 mm ∅ wurde bei einer Dampftemperatur von 354° innerhalb der Grenzen von 3—9 at Überdruck und bei Dampfgeschwindigkeiten von 25—55 m untersucht.

Gewellte Ausgleichrohre von 100 mm l. ∅, umhüllt:

$$\beta = 0{,}00492.$$

Die Durchflußwiderstände gewellter Ausgleichrohre von 55 mm ∅ sind also etwa doppelt so groß als diejenigen entsprechend gebauter glatter Rohre.

Legt man den von Eberle für gerade Rohre gemessenen Wert $\beta = 0{,}00105$ (Formel 132) zugrunde, so entspricht der Widerstand eines Meters glatten Ausgleichrohres von 55 mm ∅ dem von 1,55 m gerader Rohrstrecke, der eines gewellten Rohres einer Strecke von 3,1—3,5 m; während das Ausgleichrohr von 100 mm ∅ einen entsprechenden Wert von 4,7 m ergab.

Der diesen erhöhten Widerständen entgegenstehende Vorteil der gewellten Ausgleichbögen ist ihre erheblich größere Federung; sie ergibt unter Einwirkung einer Kraft P senkrecht zu den beiden Flanschen, also in der Richtung der schiebenden Rohrleitung, nachstehende Werte:

	Rohrdurchmesser mm	Belastungsstufe kg	Federung mm
Gewelltes Ausgleichrohr	55	0/20	35,5
„ „	55	0/40	73,2
Glattes „	55	0/20	6,5
„ „	55	0/40	12,9
Gewelltes „	100	50	22
Gewelltes Ausgleichrohr $L = 1135$; $A = 1420$; $R = 485$; $R_2 = 305$	100	50	48
Glattes Ausgleichrohr (gleicher Maße)	100	50	8,8

34. Druckverlust[1]) beim Strömen von Luft durch Rohrleitungen.

(Auch gültig für gesättigten und überhitzten Dampf.)

Beim Strömen von Luft durch Rohrleitungen unterscheidet man zwei Fälle:

1. Die Geschwindigkeit ist kleiner als eine gewisse kritische Geschwindigkeit, vgl. Zahlentafel 111, dann bleibt eine geordnete schichtenweise Stromlinienbewegung erhalten.

2. Die Geschwindigkeit ist größer als die kritische, dann tritt eine wirbelnde Strömung ein.

Bei allen technisch wichtigen Fällen liegt die Geschwindigkeit über der kritischen; es gilt dann:

G = Kilogramm Luft in 1 h,
γ = spez. Gewicht in kg/m³ im Mittel,
w = Strömungsgeschwindigkeit in m/sk im Mittel,
δ = Rohrdurchmesser in Millimetern,
l = Leitungslänge in Metern,
dP = Druckverlust in kg/m² oder in mm Wassersäule,
dp = Druckverlust in Atmosphären (kg/cm²).

$$dP = \frac{\beta \cdot \gamma \cdot w^2 \cdot l}{\delta} \text{ in mm Wassersäule} \quad \ldots \quad 134)$$

oder

$$dp = \frac{\beta \cdot \gamma \cdot w^2 \cdot l}{10000 \cdot \delta} \text{ in kg/cm}^2 \quad \ldots \ldots \quad 134a)$$

Diese Formeln können auch für gesättigten und überhitzten Dampf verwendet werden.

Zahlentafel 111.

Kritische Geschwindigkeit für Luft von 20° in m/sk.

Rohrdurchmesser mm	25	50	100	250	500
Ausflußdruck kg/cm²					
0,2	6,0	3,0	1,5	0,6	0,3
1,0	1,2	0,6	0,3	0,12	0,06
10	0,12	0,06	0,03	0,012	0,006

Die Werte von G und β können aus Zahlentafel 112 entnommen werden.

---

[1]) Mitteilungen über Forschungsarbeiten Fritsche, Heft 60.

Zahlentafel 112.

Widerstandszahlen für Rohrleitungen.

G kg/st	β	G	β	G	β	G	β
10	2,03	100	1,45	1 000	1,03	10 000	0,73
15	1,92	150	1,36	1 500	0,97	15 000	0,69
25	1,78	250	1,26	2 500	0,90	25 000	0,64
40	1,66	400	1,18	4 000	0,84	40 000	0,595
65	1,54	650	1,10	6 500	0,78	65 000	0,555
100	1,45	1000	1,03	10 000	0,73	100 000	0,520

Beispiel 46. Durch eine gerade Rohrleitung von 200 mm l. ⌀ und 60 m Länge strömen in einer Stunde 3000 kg Luft von 20° und 755 mm Barometerstand bei 75 vH Luftfeuchtigkeit ($\gamma = 1{,}190$). Wie groß ist der Druckabfall?

Der Rauminhalt der Luft ist $\frac{3000}{1{,}190} = 2520\ \text{m}^3$, daraus ergibt sich die Geschwindigkeit der Luft zu $\frac{2520}{3600 \cdot 0{,}0314} = 22{,}3$ m/sk.

Nach obiger Zahlentafel wird bei $G = 3000$ kg/h, $\beta = 0{,}88$, dadurch wird der Druckverlust in mm Wassersäule

$$dP = \frac{0{,}88 \cdot 1{,}190 \cdot 22{,}3^2 \cdot 60}{200} = \mathbf{156\ mm}\ \text{Wasser}.$$

Druckverlust in schraubenförmig gewundenen Rohrschlangen[1]).

$$dp = \frac{\gamma \cdot v_d^2}{d}\left(0{,}00128 + 0{,}00479\,\frac{d}{D}\right). \quad \dots\dots \quad 135)$$

Darin bedeuten außer den Beziehungen auf S. 384:

D = Durchmesser der Rohrwindung in m

μ = Zähigkeitszahl in $\frac{\text{kg} \cdot \text{sk}}{\text{m}^2}$.

Die Angaben gelten für schmiedeeiserne Rohre, deren Durchmesser nicht weit von den Versuchsrohren (nahtlose Gasrohre von $^5/_4{}'' = d$) abweicht, bei einem Windungsdurchmesser D von 0,210 bzw. 0,630 m. Außerdem gelten sie für Reynoldssche Zahlen von

$$\frac{v_d \cdot d \cdot \gamma}{\mu} \cdot 10^{-6} \geqq 1{,}1\,.$$

[1]) Wärmeübergang und Druckverlust in Rohrschlangen von Dr.-Ing. H. Jeschke, Duisburg. Techn. Mechanik. VDI.-Verlag 1925, S. 24.

IX. Unreine Heizflächen.

35. Einfluß des Kesselsteinbelages der Heizflächen auf den Wärmedurchgang[1]).

Viel umstritten ist die Frage über den Einfluß des Kesselsteins auf die Wirtschaftlichkeit von Heizvorrichtungen; der Einfluß wurde meist überschätzt bei Dampfkesseln und bei Vorwärmern usw. und nicht richtig beurteilt.

a) Einfluß des Kesselsteins auf die Durchgangszahl k bei Heizung durch Gasberührung.

Reutlinger fand für den Wärmeübergang von heißen Gasen an eine Wand $\alpha = 20 =$ konstant innerhalb weiter Temperaturgrenzen.

Besitzt die Wand einen Kesselsteinbelag mit folgender Zusammensetzung:

	Steinbelag I vH	Steinbelag II vH	Steinbelag III vH
Kohlensaurer Kalk . .	15,2	2,7	—
Schwefelsaurer Kalk. .	80,8	82,2	—
Kohlensaure Magnesia .	2,4	14,6	—
Steinstärke δ mm . .	1,48	5,5	5,5
Leitungsfähigkeit λ . .	1,91	2,96	1,0
Beschaffenheit	hart u. fest	hart u. fest	

so kann die Beziehung (S. 79)

$$\frac{Q'}{Q} = \frac{k'}{k} = \frac{1}{1 + \frac{\delta'}{\lambda'} \cdot k} \qquad \text{136)}$$

zur Berechnung der Verminderung des Wärmedurchgangs dienen und es ist der Verlust durch Kesselstein

$$\zeta = \frac{k - k'}{k} \cdot 100 \text{ in vH} \qquad \text{137)}$$

Beispiel 47. Es errechnet sich für Steinbelag II, wenn für die gleiche Wand ohne Steinbelag $k = 19{,}52$ war, die Wärmedurchgangszahl zu

$$k' = \frac{19{,}52}{1 + \frac{0{,}0055}{2{,}96} \cdot 19{,}52} = \mathbf{18{,}84.}$$

Dann ergibt sich folgendes Bild bei reiner und verunreinigter Heizfläche für die Wärmedurchgangszahl k, wenn der Wärmeübergang

[1]) Dr.-Ing. Reutlinger, Z. V. d. I. 1910, S. 545ff.

von Gas an Wasser zu beiden Seiten einer Heizfläche nur durch Berührung des Gases mit der zu beheizenden Wand erfolgt, also Strahlungserscheinungen ausgeschlossen sind (z. B. also innerhalb von Heizrohren bei Kesseln). Es sei

$$\delta \text{ der Wand} = 0{,}020 \text{ m}, \quad \lambda = 56{,}2 \quad \text{und} \quad \alpha = 20$$

Zustand der Heizfläche	Wärmedurchgangszahl k	Verminderung des Wärmedurchganges k ζ in vH
Rein.	19,52	—
Steinbelag I . .	19,24	1,4
„ II . .	18,84	3,5
„ III . .	17,63	9,7

k ist für Berührung allein innerhalb weiter Temperaturgrenzen als konstant zu betrachten.

Also bei einem sehr harten und schlecht leitenden Steine von 5,5 mm Stärke beträgt die Verminderung der Wärmeübertragung nur durch Berührung bis 9,7 vH.

Ändert sich die Wärmeübergangszahl α, z. B. bei Verringerung der Strömungsgeschwindigkeit des Heizgases von 10 auf 25, so tritt nur eine Verminderung der Wärmedurchgangszahl k von 5,2 vH auf 11,4 vH ein bei sehr hartem 5,5 mm starkem Kesselsteine (III).

b) Einfluß des Kesselsteins auf die Durchgangszahl k, wenn mit Sattdampf oder heißem Wasser geheizt wird.

Sehr ungünstig wirkt Kesselstein an Heizflächen, die durch heißes Wasser oder kondensierenden Dampf, also nur durch Berührung beheizt werden; wächst α, z. B. für ruhendes Wasser von $\alpha = 1000$ bis $\alpha = 6000$ (lebhaft bewegtes Wasser), so kann der Wärmedurchgang k bis um 80 vH

Zahlentafel 113.

Wärmedurchgangszahl k für Sattdampf an siedende Flüssigkeit. Wagerechte ebene Eisenwand mit $\alpha_w = 1154$.

Übergangszahl vom Heizmittel an Wand α_l	Wärmedurchgangszahl k			Verminderung ζ in vH		
	reine Heizfläche	Steinbelag II	Steinbelag III	Steinbelag II	Steinbelag III	
1000	449	245	129	45	71	Wasser ruhend
2000	579	279	138	52	76	
3000	642	293	142	54	78	
4000	678	300	143	55	79	
5000	702	305	144	56	79	
6000	718	308	145	57	80	Wasser stark bewegt. Dampfkochung durch Doppelböden

sich verringern, je nach der Dicke und Leitungsfähigkeit der Verunreinigung (Zahlentafel 113).

(Vgl. Zahlentafel 86, S. 299, Formel 96 und Zahlentafel 85 für Sattdampf/kaltes Wasser).

c) Einfluß des Kesselsteins auf die Durchgangszahl k bei Wärmeübertragung durch Berührung, Leitung und Strahlung bei Beheizung von Wasser durch Gas.

k ist veränderlich.

Alle Untersuchungen und Berechnungen ergeben, daß im Gegensatze zur Wärmeübertragung durch Berührung allein k nicht mehr gleich bleibt, sondern sich mit der Heizgastemperatur verändert, wenn Strahlungsheizung mitwirkt. Für einen Wärmedurchgang von Gas an siedendes Wasser von 180° ist für Steinbelag II (III) die Wärmedurchgangszahl k bei 480° Temperatur der strahlenden Fläche um 6,5 vH (19,1 vH), bei 980° um 11,2 vH (33,4 vH) kleiner als bei reiner Heizfläche. Bei einem 0,2 mm starken Teeranstrich ist die Verringerung des Wärmedurchganges bereits größer als die des Steinbelages III.

Dieser Fall tritt bei Kesseln auf, soweit die Heizflächen einer Berührung und Strahlung der heißen Gase ausgesetzt sind, also für den ersten Teil von Flammrohrkesseln, von Wasserrohrkesseln usw.

Es ist z. B. bei einer Heizgastemperatur

$t_1 = 500°$	600°	800°	
$k = 55$	67	98	bei reiner Heizfläche
$k' = 52$	63	90	bei Steinbelag II.

d) Einfluß des Kesselsteines auf die Wärmeausnutzung in Heizvorrichtungen, Wärmedurchgang nur durch Berührung.

1) **t_1 = Temperatur der heizenden Flüssigkeit = unveränderlich.**
t_2 = Temperatur der geheizten Flüssigkeit = veränderlich.

Heizvorrichtungen, bei denen die Temperatur der wärmeliefernden Flüssigkeit t_1 konstant ist und die der wärmeaufnehmenden Flüssigkeit t_2 während des Durchströmens veränderlich, sind dampfbeheizte Röhrenvorwärmer, Oberflächenkondensatoren usw., bei denen also die Wärmeübertragung in der allergrößten Hauptsache durch Berührung vor sich geht; dabei wird Wasser durch Dampf beheizt bzw. Dampf durch Wasser niedergeschlagen; es ist dabei also k vom Temperaturunterschied unabhängig.

Bei mittleren normalen Heizflächen und mittlerem Steinbelag wird der zu erwartende Wärmeausnutzungsverlust $\zeta = 15-30$ vH betragen; bei kleinen Heizflächen und sehr günstigen Wärmedurchgangszahlen k (kurze und enge Heizrohre) kann indessen ζ auch bis auf etwa 50 vH anwachsen.

Beispiel 48. Setzt man für einen bestimmten Fall des Wärmeüberganges, z. B. von Dampf an Wasser $\alpha = 6000$ (Zahlentafel 113), das k ein in die Gleichung für Q, so kann man berechnen, wieviel Heizfläche nötig ist, um eine bestimmte Wassermenge $G = 3000$ kg in 1 h von einer bestimmten Eintrittstemperatur, z. B. $t_2 = 10°$, bis auf $t_2'' = 40°$ zu erwärmen; es wird dann für diesen Fall bei reiner Heizfläche F und $k = 718$, wobei $\vartheta_m = 74{,}3$ sich ergibt aus Formel 37, S. 91, wenn mit Dampf von 100° geheizt wird, bei sauberer Heizfläche die Wärmemenge Q:

$$Q = F \cdot k \cdot \vartheta_m = G\,(t_2'' - t_2') \text{ in kcal}$$
$$Q = F \cdot 718 \cdot 74{,}3 = 3000 \cdot (40 - 10) = 90000 \text{ kcal},$$
$$F = 1{,}69 \text{ m}^2,$$

Ist nun die Heizfläche mit einem Stein III von $\delta = 0{,}0055$ m Dicke und $\lambda = 1$ belegt, so wird $k' = 145$ aus Zahlentafel 113, und bei der gleichen bestrichenen Heizfläche $F = 1{,}69$ m² wird dann eine andere niedrigere Endtemperatur des Wassers erreicht, die sich aus derselben Gleichung für Q ermittelt, wenn man diese Werte einsetzt, also

$$1{,}69 \cdot 145 \cdot \vartheta_m = 3000\,(t_2'' - 10),$$

dabei ist ϑ_m aus Gleichung 36, S. 90 durch t_2'' auszudrücken; es errechnet sich dann $t_2'' = 17{,}0°$ und $\vartheta_m = 87{,}0°$; oder mit anderen Worten: die erzielte Endtemperatur des Wassers nach Bestreichen der Fläche $F = 1{,}69$ m² wird bei verunreinigter Heizfläche nur 17,0° statt 40°, und die übergegangene Wärmemenge verringert sich von 90000 kcal bei reiner Fläche auf $1{,}69 \cdot 145 \cdot 87 = 21300$ kcal; der Wärmeausnutzungsverlust ζ wird also

$$\frac{90000 - 21300}{90000} \cdot 100 = 76{,}5 \text{ vH}.$$

Sind $F = 16{,}25$ m² Heizfläche bestrichen, so wird bei reiner Heizfläche die Temperatur des erwärmten Wassers $t_2'' = 98°$; der mittlere Temperaturunterschied zwischen Dampf und Wasser $\vartheta_m = 22{,}6$, und bei Steinbelag III wird $t_2'' = 58{,}9°$, dagegen $\vartheta_m = 62{,}7°$; ϑ_m hat sich also um 177,5 vH erhöht, dagegen ist der Wärmeausnutzungsverlust ζ durch den Steinbelag bis auf 44,5 vH gefallen. Bei noch größerer Heizfläche würden sich die Werte in gleichem Sinne noch weiter ändern.

2) **t_1 = Temperatur der heizenden Gase = veränderlich,**
t_2 = Temperatur der geheizten Flüssigkeit = unveränderlich.

Dieser Fall tritt hauptsächlich bei Kesseln mit siedendem Wasser auf, die durch Gase oder feste Brennstoffe beheizt werden, und zwar an den Heizflächenteilen, die nicht mehr durch Strahlung, sondern durch Gasberührung getroffen werden; also z. B. bei Oberkesseln innerhalb der Rauchrohre oder Flammrohre, bei Flammrohrkesseln mit Vorfeuerung kurz nach Eintritt der Gase in die Flammrohre, bei abgasbeheizten Kesseln usw. (gültig für Temperaturen bis etwa 550°).

Sind die in 1 h vorbeistreichenden Gasmengen G in Kilogramm mit der spez. Wärme c_p bekannt, sowie der Temperaturunterschied ϑ_a zwischen Heizgasen und Wasserinhalt zu Beginn einer Heizfläche F_α, so kann der Temperaturunterschied ϑ_{F_1} zwischen Gasen und Wasser, der sich nach Bestreichen einer Heizfläche F_1 eingestellt hat, berechnet werden aus[1]):

$$\vartheta_{F_1} = \vartheta_\alpha \cdot e^{-\frac{(F_1 - F_\alpha) \cdot k}{G \cdot c_p}} \quad \ldots \ldots \ldots \quad 138)$$

worin die Basis der nat. Logarithmen $e = 2{,}718$ bedeutet, k ist nach S. 387 innerhalb weiter Temperaturgrenzen (bei Berührung allein) als unveränderlich anzusehen.

Auch hier findet man, wie im Falle vorher, daß die Temperatur der Gase bei verschmutzter Kesselblechfläche höher bleibt als bei reiner; dadurch wird aber auch ϑ_m (vom Beginn der Heizfläche an gerechnet) ebenfalls höher, und der Wärmedurchgang vom Gas an das Wasser wird verhältnismäßig größer, als er in Rücksicht auf das wesentlich verringerte k werden sollte. Der Wärmeausnutzungsverlust bleibt also in kleinen Grenzen, die für mittlere Verhältnisse 3—5 vH nicht übersteigen.

Dabei ist noch zu berücksichtigen, daß ja nicht alle von den Heizgasen berührten Flächenteile gleich stark mit Kesselstein belegt sind.

Beispiel 49. Es durchziehen ein Heizrohrsystem in 1 h $G = 4000$ kg Gase von der spez. Wärme c_p für 1 kg $= 0{,}25$; sie sei als konstant gesetzt für den Temperaturbereich (der Fehler durch steigende spez. Wärme beträgt zwischen 500 und 250° etwa 1 vH); der Wärmeübergang von Gas an Heizfläche sei $\alpha = 20$; für reine Heizfläche ist nach Zahlentafel, S. 387, $k = 19{,}5$; für Steinbelag III ($\lambda = 1{,}0$; $\delta = 5{,}5$ mm) ist $k' = 17{,}6$. Die Gase seien am Heizflächenbeginn 500° warm. Das Wasser habe 100°. Wie stellen sich die Temperaturen und der Wärmeausnutzungsverlust ζ nach 15 und 50 m² Heizfläche? In die Formel eingesetzt ergibt sich:

$$\vartheta_F = (500 - 100) \cdot e^{-\frac{15 \cdot 19{,}5}{4000 \cdot 0{,}25}},$$

$$\vartheta_F = 400 \cdot 2{,}718^{-0{,}2925}; \quad \frac{400}{\vartheta_F} = \log \operatorname{nat} 0{,}2925 \cdot 0{,}434\,.$$

[1]) Lorenz, Technische Wärmelehre 1904, S. 450. +-Zeichen entspricht Gleichstrom, —-Zeichen entspricht Gegenstrom.

$\vartheta_F = 300{,}2°$; also die Gastemperatur am Ende der Heizfläche von 15 m² ist $300{,}2 + 100 = 400{,}2°$.

Die anderen Werte zeigt diese Zusammenstellung:

Bestrichene Heizfläche m²	Heizgastemperaturen am Ende der Heizfläche °C		Gesamte übertragene Wärme von Anfang an kcal		Mittlerer Temperaturunterschied von Anfang der Heizfläche an °C ϑ_m		Verminderung der Wärmeausnutzung ζ in vH
	reine Heizfläche	mit Steinbelag III	reine Heizfläche	mit Steinbelag III	reine Heizfläche	mit Steinbelag III	
5	463	466	36 500	33 700	374	383	7,7
15	400	407	99 800	92 800	341	351	7,0
50	253	266	246 400	234 100	253	266	5,0

3) **Temperatur t_1 der heizenden Flüssigkeit, Temperatur t_2 der beheizten Flüssigkeit veränderlich.**

Zu dieser Gruppe gehören Warmwasserapparate, Vorwärmer, Rauchgasvorwärmer, Rieselkondensatoren usw. Dabei genügt die Annahme einer Wärmeübertragung durch Berührung, so daß die Annahme gleichbleibender Wärmedurchgangszahlen k und k' berechtigt ist. Der Temperaturunterschied ϑ_e am Ende der Heizfläche berechnet sich aus der Gleichung 138.

Für Apparate, die mit überhitztem Dampfe oder Gasen beheizt sind, ist ein Wärmeausnutzungsverlust von 5—15 vH zu erwarten, für enge Heizrohre sowie für zwei bewegte Flüssigkeiten mit $k \sim 700$ (vgl. Zahlentafel 113, S. 387) ein solcher nach früheren Angaben bis 50 vH.

Beispiel 50. Bei einem Rauchgasvorwärmer von 144 m² Heizfläche, einer Gaseintrittstemperatur $= 300°$ und einer Wärmedurchgangszahl $k = 12$ können in 1 h 3237 kg Wasser von 10° auf 100° erwärmt werden, wenn die Gasmenge von 7770 kg mit $c_p = 0{,}25$ auf 150° herabgekühlt wird. Bei einem Steinbelag von 5,5 mm Dicke und $\lambda = 1$ wird nach S. 387: $k = 11{,}4$, und die Gase kühlen sich von 300° auf 163° ab, während das Wasser von 10° auf 92° erwärmt wird. Der Wärmeausnutzungsverlust beträgt also 8,7 vH.

e) Einfluß des Kesselsteins auf die Wärmeausnutzung in Heizvorrichtungen bei Wärmeübertragung durch Berührung und Strahlung.

t_1 = Temperatur der heizenden Gase = veränderlich.
t_2 = Temperatur der beheizten Flüssigkeit = unveränderlich.

Unter diese Betrachtung fallen solche Heizflächen (bzw. Teile derselben) bei Dampfkesseln, welche vom Roste, von den Flammen oder erhitztem Mauerwerke auf ihrer ganzen Ausdehnung bestrahlt werden; also bei Innenfeuerung bei Flammrohrkesseln die Flammrohrfläche, soweit die Flamme reicht; bei Wasserrohrkesseln ebenfalls der von der Flamme bestrichene Teil usw. (vgl. S. 162).

Die Verhältnisse des Wärmeüberganges α, der Durchgangszahl k usw. sind für den Fall einer Dampfkesselheizfläche, an welche 4000 kg Heizgase stündlich mit 1000° herantreten, für eine Wassertemperatur von 180° und $\alpha = 20 =$ konstant im Schaubild 67 dargestellt (vgl. auch Abschn. 16 und Abb. 34).

Für den Verlauf des Wärmeausnutzungsverlustes, des Temperaturabfalles usw. gilt das gleiche wie im vorhergehenden Falle der Berührung

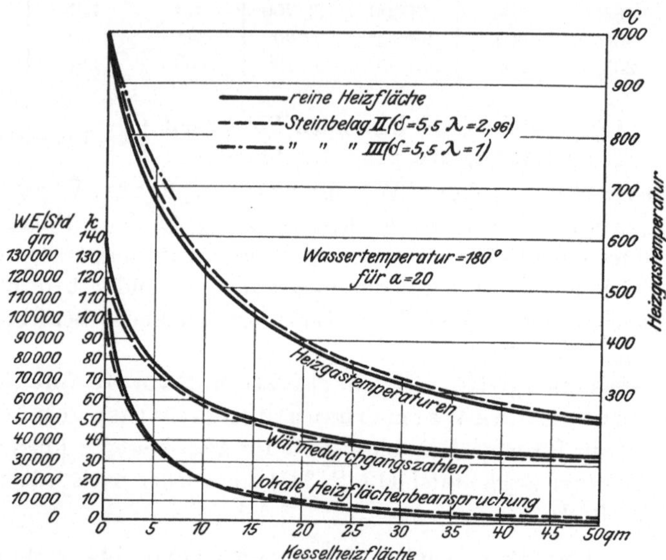

Abb. 67. Wärmedurchgang bei Strahlungs- und Berührungsübertragung längs der ganzen Heizfläche.

allein. Dagegen ist die Wärmedurchgangszahl k sehr wesentlich von der Gastemperatur abhängig. Die von 1 m² Heizfläche und Stunde vom Wasser aufgenommene Wärmemenge ist anfänglich bei der bestrahlten Fläche sehr hoch, annähernd 100 000 kcal; sie sinkt aber sehr rasch ab, wenn die Gase nur noch durch Berührung heizen, und es zeigt sich dabei die merkwürdige Erscheinung, daß im vorliegenden Falle bereits nach 7 m² der Einfluß des höheren Temperaturunterschiedes den der verminderten Wärmedurchgangszahl k überwiegt, so daß die Leistung der unreinen Heizfläche von hier ab größer wird als die der reinen; es wird deshalb der zuerst höhere Verlust an Wärmeausnutzung von etwa 10 vH später wesentlich vermindert und ausgeglichen bis auf kleine Beträge von 2—3 vH. Der Gesamtverlust an Wärmeausnutzung wird also selbst bei sehr schlecht leitendem Steinbelage 5 vH nicht übersteigen.

Beispiel 51. Es sei die Kesselwandtemperatur ϑ_1 an der von den Gasen bestrichenen Seite berechnet, nachdem 10 m² Heizfläche bestrichen sind, für eine Kesselwand von $\delta_1 = 20$ mm, $\lambda_1 = 56$ mit einem Steinbelage von $\delta_2 = 5{,}5$ mm, $\lambda_2 = 2{,}96$ und einer Wassertemperatur von $t_2 = 180°$; dabei trete Wärmedurchgang infolge Strahlung und Berührung ein (vgl. Abb. 67); $t_1 = 533$ bei reiner Heizfläche bzw. 551 bei Steinbelag; entsprechend $k = 60$ bzw. 58 und $Q_1 = 21200$ bzw. 21480.

Nach Formel 31, S. 87 ist die Wandtemperatur

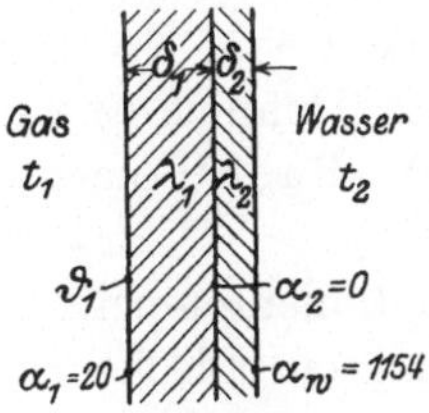

$$\vartheta_1 = t_2 + Q_1\left(\frac{\delta_1}{\lambda_1} + \frac{\delta_2}{\lambda_2} + \frac{1}{\alpha_w}\right),$$

$$\vartheta_1 = 180 + 21480\left(\frac{0{,}020}{56} + \frac{0{,}0055}{2{,}96} + \frac{1}{1154}\right) = \mathbf{246}°,$$

Abb. 68.

dabei besteht zwischen Q_1 und k die Beziehung (S. 87):

$$Q_1 = k\,(t_1 - t_2) \text{ in kcal/m}^2\text{/h},$$

also in unserem Falle:

$$21\,480 = k\,(551 - 180); \quad k = 58\,.$$

Wäre die Heizfläche frei von Kesselstein, so wäre in der Formel der Wert $\frac{\delta_2}{\lambda_2} = 0$ zu setzen; es ergibt sich dann unter Verwendung der entsprechenden Zahlen

$$\vartheta_1 = 180 + 21200\left(\frac{0{,}020}{56} + \frac{1}{1154}\right)$$

$$= 180 + 21200 \cdot 0{,}001226 = \mathbf{206}°.$$

Der anhaftende Kesselstein erhöht also die Temperatur der den Heizgasen ausgesetzten Kesselwandseite um 40°.

f) Strahlungsübertragung nur am ersten Teil der Kesselheizfläche wirksam, am anderen Teil nur Berührungsübertragung.

t_1 = Temperatur der heizenden Gase, veränderlich.
t_2 = Temperatur der beheizten Flüssigkeit, unveränderlich.

Bei allen Dampfkesseln wird nur der erste Teil der Heizfläche von Wärme bestrahlt, bei Unterfeuerungen ein größerer Teil, bei Innenfeuerungen dagegen hört der Bestrahlungseinfluß bald hinter der Feuerbrücke auf, und es wird weiterhin die Wärme an die Heizfläche nur noch durch Berührung übertragen (vgl. S. 163). Der Verlust ζ wird bei Steinbelag II und III etwa 3 bis 6 vH betragen, bei stärkerer Kesselbeanspruchung, wobei Gastemperaturen und Gasmenge steigen, etwa bis 8 vH.

36. Erhöhung der Kesselblechtemperaturen durch Kesselsteinbelag und Ölschichten sowie dadurch bedingte Abnahme der Blechfestigkeit.

Ölablagerungen verursachen eine sehr starke Abnahme der Wärmedurchgangszahlen; Schichten von 0,2—0,3 mm Stärke eines Teeranstriches bewirken bereits höhere Wärmeverluste als Kesselsteine von 5,5 mm Stärke mit $\lambda = 1$; Öl und Fettablagerungen, die aus ungereinigt verspeisten Maschinenkondensaten entstammen, wirken ganz ähnlich. Mineralöl z. B. besitzt eine Leitfähigkeit von $\lambda = 0{,}1$, so daß eine Ölschicht von $^1/_2$ mm Stärke bereits ebenso schädlich ist wie der starke Kesselstein von 5,5 mm Dicke mit $\lambda = 1{,}0$. Bach[1]) machte zuerst auf diese schädlichen Einflüsse aufmerksam.

Nach obigen Ausführungen ergibt sich die Wandinnentemperatur des Kesselbleches auf der Wasserseite bei verunreinigtem Bleche zu:

$$\vartheta_2 = t_2 + Q\left(\frac{\delta_2}{\lambda_2} + \frac{1}{\alpha_3}\right) \quad \ldots\ldots\ldots \quad 139)$$

δ_2, λ_2 gilt für den Steinbelag.

α_3 = Wärmeübergangszahl von Kesselstein an Wasser.

Es steigt also die Blechinnentemperatur mit der übergangenen Wärmemenge, mit der Schichtstärke δ_2 des Kesselsteines und mit der Abnahme der Leitfähigkeit λ_2 der Verunreinigung. Ölschichten sowie Teeranstriche ergeben also höhere Temperaturen als gleich starke Steinschichten. Es wird nämlich bei Verunreinigung der Heizflächen die vom Gase abgegebene Wärmemenge so lange zur Erhöhung der Blechtemperatur verwendet, bis die Temperatursteigerung genügt, um den Leitungswiderstand der Verunreinigung zu überwinden. Örtliche Überhitzungen der Bleche, die schädlich sein können, sowie Entstehen von Zusatzspannungen können die Folge sein an Stellen, die besonders scharfem Feuer ausgesetzt sind. Tatsächlich sind durch Messungen an Kesseln, die durch Öl verunreinigt waren, mittels Schmelz-

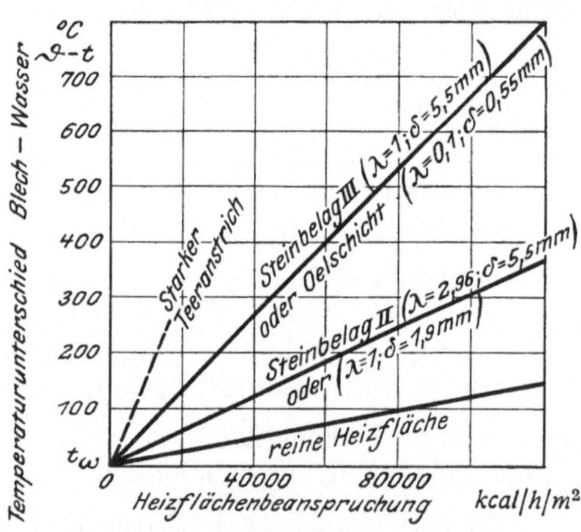

Abb. 69. Erhitzung des Kesselbleches bei Verunreinigung durch Kesselstein.

[1]) Z. V. d. I. 1887, S. 458, 526; 1894, S. 1420; 1910, S. 1018.

pfropfen Temperaturen der Blechinnenseiten von 350°, ja bis etwa 570°, festgestellt worden.

Die nebenstehende Abb. 69[1]) bietet einen Einblick in diese Verhältnisse; es ist auf der Senkrechten der Unterschied von Blechaußentemperatur und Wassertemperatur ($\vartheta - t$) aufgetragen, auf der Wagerechten der Wärmedurchgang in Wärmeeinheiten durch 1 m² Heizfläche und Stunde, wie solcher in dem ersten Teile eines Kessels bei Wärmeübertragung durch Berührung und Strahlung erfolgt. Die verschiedenen Strahlen zeigen, wie mit zunehmender Belagstärke bei gleichem Wärmeübergang die Blechaußentemperatur anwächst, am meisten bei einer Ölschicht und bei Teeranstrich.

Bei örtlichen Ölablagerungen usw. treten also Temperaturunterschiede gegen die Nachbarteile des Kessels auf, die besonders an Stellen

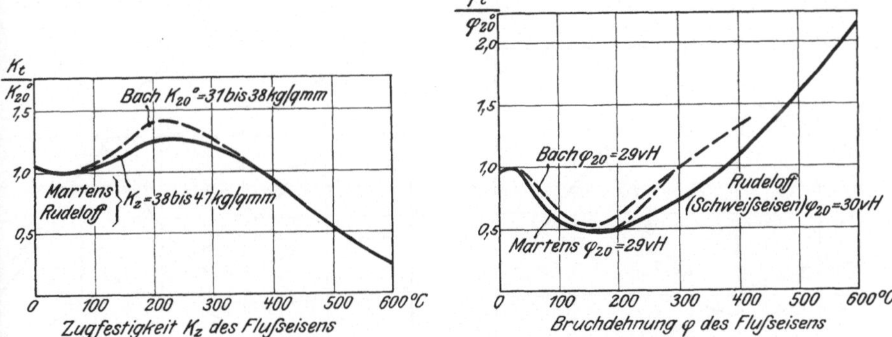

Abb. 70. Abnahme der Zugfestigkeit und der Bruchdehnung von Flußeisen bei zunehmender Erwärmung.

geringer Nachgiebigkeit zu beträchtlichen Zug- oder Druckspannungen führen können; bei Flußeisen beträgt diese Zusatzspannung bei 1° Temperaturunterschied schon etwa 25 kg/cm². Folgen davon können Undichtigkeiten an Rohrbefestigungen, Nietnähten usw. sein, auch Einbeulungen und Risse an Heizplatten usw., die leicht zu unangenehmen Betriebsstörungen führen können. Auch nimmt die Blechzugfestigkeit K_z selbst bei Erhöhung der Temperatur ab; sie ist z. B. für Flußeisenblech bis etwa 400° noch die gleiche wie bei Zimmertemperatur; bei 500° dagegen beträgt sie nur noch 55 vH davon, bei 600° sogar nur noch 25 vH. Vgl. Abb. 70, in der das Verhältnis von K und φ bei t° und bei 20° über verschiedenen Temperaturen aufgetragen ist. Die einzelnen Blechsorten weisen dabei ein verschiedenes Verhalten[2]) auf.

[1]) Abb. 69, 70, 72 zusammengestellt von Reutlinger, Z. V. d. I. 1910, S. 545ff.

[2]) Näheres über den Stand der Frage siehe R. Baumann, Die Festigkeitseigenschaften der Metalle in Wärme und Kälte.

Ähnliches Verhalten zeigt die **Bruchdehnung** φ des Flußeisens, wobei unter Bruchdehnung die Längenänderung im Verhältnis zur ursprünglichen Stablänge verstanden ist, die beim Bruche des zerrissenen Stabes eintritt. Dieselbe ist bereits bei etwa 400° nach Versuchen von Bach nahezu 1,5 mal so groß als bei kaltem Zustande.

Das Eisen ist am sprödesten bei etwa 300°. Versuche von Olry und Bonet haben erwiesen, daß Formänderungen von Blechteilen, die bei etwa 300° (Blauwärme) eintreten, dauernde Sprödigkeit zur Folge haben können.

Die **Dehnungszahl** α **des Eisens steigt** ebenfalls mit der Temperatur an bis etwa 600° langsam, dann sehr rasch; sie ist bei 600° etwa

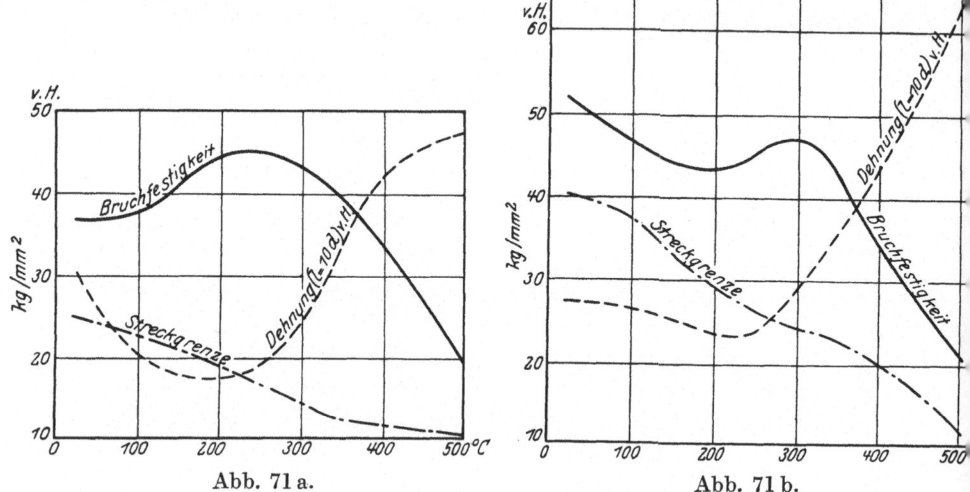

Abb. 71 a. Abb. 71 b.

Abb. 71a und 71b[1]). a) Abhängigkeit der Festigkeitseigenschaften des weichen Siemens-Martin-Flußeisens von der Temperatur. b) Abhängigkeit der Festigkeitseigenschaften fünfprozentigen Nikelstahls von der Temperatur.

das 1,5fache so groß als bei kaltem Zustande. Wächst die Dehnungszahl, so bedeutet dies, daß eine Formänderung bei höheren Temperaturen durch eine geringere Beanspruchung bereits verursacht wird wie bei kaltem Zustande.

In Abb. 71a sind die Bruchfestigkeiten, die Dehnung und die Streckgrenzen für Siemens-Martin-Flußeisen in kg/mm² in Abhängigkeit von der Temperatur aufgeführt[2]). Die Versuchsbleche wurden einem nahtlos geschmiedeten und an beiden Enden zugekümpelten Versuchskessel von 760 mm l. D. entnommen, und zwar aus dem zylindrischen, ungekümpelten Teile, parallel als auch senkrecht zur Achse.

[1]) V. D. I.-Sonderheft „Hochdruckdampf" 1924. S. 16 und 18.

[2]) P. Goerens, Essen: „Die Kesselbaustoffe". Hochdruckdampf. S. 16 u. 18. V. d. I. Verlag 1924,

Die gleiche Darstellung für 5prozentigen Nickelstahl gibt Abb. 71b nach Proben von einem ebenso bearbeiteten Kessel.

Bei gewöhnlicher Temperatur sind Streck- und Bruchgrenze beim Nickelstahl wesentlich höher als bei Flußeisen. Die höchste Bruchfestigkeit liegt bei ca. 300° (48 kg/mm²) und fällt dann rasch bei 500° auf 20 kg/mm². Innerhalb der Grenzen von 200—300°, entsprechend Dampfdrücken von 15—100 at, sind die Festigkeiten des Nickelstahls und Flußeisens nicht sehr stark voneinander verschieden.

Die Festigkeitseigenschaften des Kupfers nehmen mit wachsender Temperatur noch rascher ab als die von Eisen (vgl. Abb. 72).

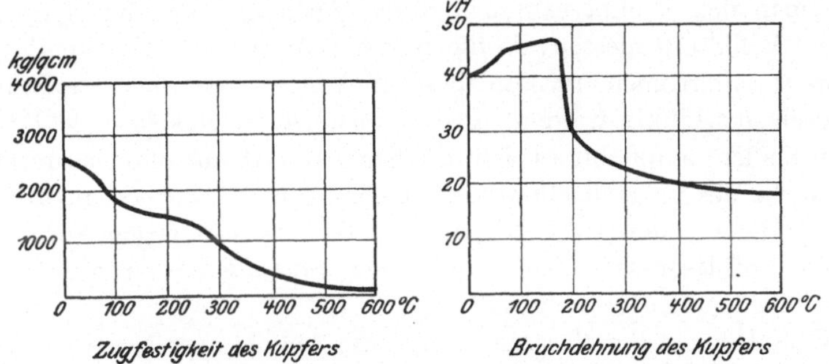

Abb. 72. Abnahme der Zugfestigkeit K_z und der Bruchdehnung φ von Kupfer bei zunehmender Temperatur (nach Stribeck).

Bronze zeigt auch ein ähnliches, aber stark von der Zusammensetzung beeinflußtes Verhalten. So untersuchte Bach 1901 eine Bronze mit folgender Zusammensetzung: Kupfer 85,95 bis 87 vH; Zinn 9,75 bis 8,88 vH; Zink 3,64 bis 4,3 vH; Blei 0,35 bis 0,498 vH: Eisen 0,036 bis 0,09 vH; Phosphor 0,015 bis 0,40 vH. Arsen, Antimon, Schwefel waren nur in Spuren vorhanden. Es ergab sich:

Temperatur . . . . . °C	20	100	200	300	350	400	500
Zugfestigkeit K_z . kg/cm²	2491	2477	2381	1610	1158	1113	693
Bruchdehnung φ . . . vH	17,4	20,1	17,9	6,8	2,0	1,5	0,3
Querschnittsverminderung ψ . . . . . vH	22,5	20,0	19,1	8,8	1,5	1,0	—

Alles in allem also verlieren die Kesselbaustoffe an Festigkeit und Widerstandsfähigkeit in jeder Beziehung bei Erhitzung, und die Betriebssicherheit nimmt durch Verunreinigungen der Heizfläche wesentlich ab; es ist daher Sache des Betriebes, durch sorgfältige Wartung und Fernhaltung schädlicher Einflüsse die Betriebssicherheit der Kessel hochzuhalten.

X. Betriebsüberwachung.

37. Winke für die Vornahme von Messungen.

a) Messung des Niederschlagwassers.

Im Betriebe werden die Abkühlungsverluste an Rohrleitungen, durch welche Dampf strömt, der Dampfverbrauch von Rohrsystemen, Heizapparaten u. dgl. meistens durch Messungen der Kondensate bestimmt, welche von den Kondenstöpfen herausbefördert werden.

In einfacher und für praktische Zwecke hinreichender Weise kann man den Dampfverbrauch durch Auffangen der Kondensate in offenen Behältern messen; da die Kondensate meist ungleichmäßig, oft stoßweise, entströmen, müssen diese Messungen über mehrere Stunden hindurch ausgeführt werden. Um Verluste durch ausblasende Dämpfe zu vermeiden, empfiehlt es sich, die Kondensatablaufrohre bis unter die Oberfläche des im Meßgefäße sich ansammelnden Wassers einzuführen. Werden die Kondensate heftig ausgestoßen, so hilft gegen Verspritzen oft ein Aufblasenlassen auf Reisigbesen oder Bedecken der Wasserspiegelfläche mit Holzwolle od. dgl.

Eberle[1]) hat die Messungen über die Abkühlungsverluste an Rohrleitungen mit stehendem Dampfe ausgeführt und das entstehende Niederschlagwasser aus den Leitungen mit Hilfe von Bohrungen in besonderen Meßflanschen, in welche auch die Thermometer zu stehen kamen, abgeführt in ein völlig geschlossenes Gefäß mit Wasserstand und einem kleinen, dicht schließenden Ventilchen, das auf gleichen Wasserstand im Gefäße eingestellt wurde. Dampfverluste werden hierdurch ganz vermieden.

Man muß sich bei dieser Messungsweise darüber klar sein, daß Fehler nach mehreren Richtungen hin begangen werden.

1. Man mißt nicht nur das wirkliche von den Heizflächen niedergeschlagene Kondensat, sondern dazu noch den Niederschlag der Kondensleitung bis zum Kondenstopf und in diesem selbst.

2. Wird das Kondensat noch hinter dem Kondenstopf in einer Leitung ein Stück weit bis zur Wägestelle geführt, so wird — da ja die Kondenstöpfe stets etwas Dampf durchlassen, der sonst frei ausströmen würde — auch in dieser Leitung ein Niederschlag eintreten, der mitgewogen wird. Der durch Undichtigkeiten der Kondenstöpfe sonst noch ausblasende Dampf hat den Heizkörper unberührt durchströmt; er wird nicht mitgewogen.

3. Die Wasseroberfläche der Meßgefäße verdunstet etwas Wasser, wodurch Verluste entstehen. Abdecken der Meßgefäße mit einem Deckel

---

[1]) Z. V. d. I. 1908, S. 485.

oder Lappen beschränkt den Verlust auf ein Minimum, das unbeachtet bleiben kann.

4. Tritt das Kondensat aus einer Leitung aus, in der ein höherer Druck wie in der Außenatmosphäre herrscht, so tritt zwangsweise eine Nachverdampfung ein, da eine Entspannung des Dampfes vor sich geht. Die abfließenden Kondensate dampfen daher mehr oder weniger stark, selbst bei dichten Kondenstöpfen. Bei Kondensaten, die mit Atmosphärendruck oder wenig darüber austreten, erfolgt keine Nachverdampfung. Dagegen werden die Wasserverluste durch die Nachverdampfung um so größer (d. h. die gemessene oder gewogene Kondensatmenge ist zu gering), je höher der Druck in der Leitung ist, aus der der Kondenstopf abführt. Die Fehler können sehr erheblich sein, bis 10 vH und mehr.

Wird z. B. Kondensat aus einer Leitung mit 4 ata abgeführt, so hat das Niederschlagswasser, ehe es austritt, 142,9° bzw. eine Flüssigkeitswärme $i'' = 143{,}8$ kcal.

Bei der Entspannung auf 1,0 ata fällt der Wärmeinhalt auf 99,2 kcal. Es werden also $(143{,}8 - 99{,}2) = 44{,}6$ kcal zur Verdampfung frei.

Da bei gewöhnlichem Atmosphärendruck die Verdampfungswärme

$$r = i'' - i' = 639{,}4 - 99{,}2 = 540{,}2 \text{ kcal}$$

beträgt, so können aus 1 kg Kondensat gebildet werden

$$x = \frac{i' - 99{,}2}{r} = \frac{143{,}8 - 99{,}2}{540{,}2} = 0{,}0825 \text{ kg Dampf}$$

von Atmosphärenspannung, entsprechend 8,2 vH der gemessenen Kondensatmenge.

Diese Summe muß dann zu den gewogenen oder gemessenen Kondensatmengen hinzugefügt werden, um die wirklich von der Heizfläche niedergeschlagene Dampfmenge zu bekommen.

Um eine vollständig einwandfreie Kondensatmessung zu erhalten, muß man feststellen, welche Menge den Kondenstopf als Wasser und welche als Dampf passiert. Dazu ist notwendig, daß das Kondensat durch eine Kühlschlange geführt und das Kühlwasser gemessen wird.

Temperatur vor dem Kondenstopf	°C	t_3
Wärmeinhalt des Dampfes vor dem Kondenstopf	kcal/kg	i
Kondensatmenge hinter der Kühlschlange . . .	kg	$D = D_1 + D_2$
Temperatur des Kondensates hinter der Kühlschlange	°C	t_4
Kondensatanteil, der den Kondenstopf als Dampf passiert hat	kg	D_1

Kondensatanteil, der den Kondenstopf als Wasser passiert hat, d. h. die vom Heizkörper ausgenutzte Dampfmenge . . . . kg D_2
Kühlwassermenge . . . . kg G
das Kühlwasser wird erwärmt von . . . . . . °C t_1 auf t_2

Hiernach ergibt sich die Gleichung

$$G \cdot (t_2 - t_1) = D_1 \cdot i + D_2 \cdot t_3 - D \cdot t_4 \quad \text{. . . . . . 140)}$$

Da $D_2 = D - D_1$ ist, so ergibt sich die unausgenutzt durch den Kondenstopf strömende Dampfmenge

$$D_1 = \frac{G \cdot (t_2 - t_1) - D \cdot (t_3 - t_4)}{i - t_3} \quad \text{. . . . . . 141 a)}$$

Die tatsächlich im Heizkörper ausgenutzte Wärmemenge beträgt demnach

$$(D - D_1) \cdot (i - t_3) \text{ kcal} \quad \text{. . . . . 141 b)}$$

und der Kondensatniederschlag der Heizfläche ist

$$D_2 = D - D_1 .$$

Ähnliches gilt von den Wasserabscheidern, Apparaten, die meist aus einem in die Rohrleitung eingeschalteten Topfe mit Blecheinbauten oder Scheidewänden bestehen, an denen der durchströmende Dampf beim Anstoßen bzw. Richtungswechsel das in ihm enthaltene Wasser abgeben soll; dies geschieht auch bis zu einem gewissen Grade, aber nie vollkommen; die Abscheidung wird um so geringer, je rascher der Dampf strömt, weil er dann eben zu wenig Zeit findet, das Wasser abzugeben; bei einer Dampfgeschwindigkeit von 38 m liefert ein gewöhnlicher Wasserabscheider bereits 32 vH zu wenig Niederschlagswasser. Es ist deshalb notwendig, Versuche über Wärmeverluste mit gesättigtem Dampfe bei in der Leitung ruhendem Dampfe unter großer Sorgfalt in der Beobachtung der verwendeten Einrichtung vorzunehmen. Viele in der Praxis ausgeführten. einander stark widerstreitenden Versuche beweisen, wie notwendig Vorsicht ist. Der Dampf hinter Wasserabscheidern hat nach vorgenommenen Untersuchungen[1]) meist weniger Nässe als 1 vH.

b) Messung der Dampftemperaturen[2]).

Bei vielen Versuchen ist die Dampftemperatur sehr wichtig; deshalb muß bei der Messung derselben besonders vorsichtig verfahren werden, weil gerade hier wieder sehr leicht Fehler begangen werden durch falsche

[1]) Wamsler, Forschungshefte 98.

[2]) Weitere Angaben vgl. Hencky, Gesundheitsing. 1918, S. 88; Nusselt, Z. V. d. I. 1909, S. 1750; Poensgen, Forschungsheft 191.

Verwendung der Instrumente. Bei gesättigtem Dampfe zeigen Glasthermometer, die in Hülsen getaucht werden, welche möglichst bis in die Mitte der Rohrleitung reichen und mit Öl gefüllt sind, durchaus zuverlässig an, in gleicher Weise wie Thermoelemente; die Temperatur ist bei gesättigtem Dampfe am Rande der Leitung nur etwa bis 1° geringer als in der Mitte.

Bei überhitztem Dampfe zeigen Glasthermometer nur dann einigermaßen zuverlässig an, wenn sie bis in die Mitte der Leitung geführt werden, am besten in Hülsen, die mit Öl gefüllt sind. Reichen die Einsatzröhrchen nicht weit genug in die Rohrleitung hinein, so wird durch dieselben mehr Wärme nach außen abgeführt, wie der überhitzte Dampf abgibt; die Temperaturen werden also zu niedrig gemessen; bei 150 mm Rohrleitungen zeigten[1]) sich bei 6 at Dampfdruck und Eintauchtiefen von 70 und 20 mm Temperaturunterschiede von 35° (gemessen wurden 290 und 255°).

Für genaue Messungen sollten nur Thermoelemente verwendet werden, deren Drähte noch ein Stück (etwa 500 mm) im Rohre entlang geführt sind in der Tiefenlage, in welcher man die Messung vornehmen will, ehe sie aus dem Rohre herausgeführt werden, weil dann eine Wärmeabführung durch Fortleitung an den Drähten ausgeschlossen ist. Solche Messungen ergaben dann bei 75 und 10 mm Eintauchtiefe bei 12 at Druck nur noch Temperaturunterschiede von etwa 2,5°; womit der Beweis erbracht ist, daß auch bei überhitztem Dampfe nach außen zu in der Rohrleitung nur ein geringer Temperaturabfall stattfindet, so daß derselbe für praktische Messungen vernachlässigt werden kann, wenn nur die Mitteltemperatur sorgfältig festgestellt ist.

Ehe man Messungen des Temperaturabfalles zwischen zwei Stellen einer Dampfleitung vornimmt, tut man gut, die verwendeten Glasthermometer, etwa 7 mm starke Thermometer mit aufgeätzter Teilung, miteinander zu vergleichen, und zwar bei der betreffenden Temperatur. Man kann dazu die Eintauchhülsen benutzen, z. B. am Überhitzer oder in der Rohrleitung, in welche die Thermometer zusammen eingetaucht werden, nachdem man die Hülse vorher mit hochsiedendem Zylinderöle, das bei den betreffenden Temperaturen noch nicht ins Kochen gerät, gefüllt hat. Da bei gut umhüllten Leitungen auf etwa 6—12 m nur 1° Temperaturabfall zu rechnen ist (vgl. S. 369), so ist eine sorgfältige Ablesung unbedingt erforderlich, wenn man sich keinen Täuschungen hingeben will. Es ist auch zweckmäßig, an einer Stelle der Dampfleitung zwei Stutzen dicht hintereinander von $1^1/_2''$ bis $2''$ l. ⌀ aufzuschweißen, weil man dann die Betriebsthermometer, die oft recht falsch zeigen, in dem einen Stutzen mit einem richtig zeigenden Glasthermometer im anderen Stutzen vergleichen kann.

[1]) Eberle, Z. V. d. I. 1908, S. 448ff.

Eintauchstutzen[1]) und darin eingesteckte Thermoelemente oder Glasthermometer für Messung der Temperatur von Gasen und überhitztem Dampf, bewehrt oder nicht bewehrt, geben Anlaß zu Meßfehlern infolge Abführung der Wärme durch die Eintauchhülse und durch die Thermometerrohre. Die Instrumente zeigen zu niedrig an, und zwar um 3—50° bei ca. 240° wahrer Gastemperatur. Die Fehler können verkleinert werden durch folgende Maßnahmen: 1. Durch vergrößerte Luftgeschwindigkeit (also größeren Wärmeübergang α) des strömenden Gases an das Meßrohr. 2. Verkleinern der Metallquerschnittsteile der Eintauchhülse und die Wahl eines Stoffes für dieselbe mit kleinerer Wärmeleitfähigkeit λ (Neusilber $\lambda = 35$; Messing $\lambda = 100$). 3. Verkleinerung der aus dem Gasraume herausragenden Teile des Messinstruments und Vergrößern der in den Gasraum hereinragenden Teile. 4. Die Wand des Strömungskanals soll isoliert sein, um zu erreichen, daß die Wandtemperatur der Gastemperatur möglichst angenähert ist. 5. Füllt man, zwecks besseren Wärmeüberganges, die Eintauchstutzen, in welche die Thermometer eingesteckt werden, mit Öl, so darf, entsprechend den neuesten Versuchen der Stutzen nur so weit mit Öl gefüllt werden, daß gerade der meßempfindliche Teil des Thermometers, also die Thermometerkugel, mit Öl bedeckt ist; bei höherer Füllung wächst der Fehler durch Fortführung der Wärme von der tiefsten Stelle des Stutzens durch das Öl.

Die beste praktisch ganz fehlerfreie Ausführung solcher Eintauchstutzen für Meßzwecke in Rohrleitungen oder iu Gaskanälen usf. ist die, daß der untere Teil des Eintauchrohrs mit Rippen senkrecht zur Achse versehen wird (Ausführung wie ein Rippenheizrohr), damit die Wärme schneller und intensiver an das Eintauchrohr von unten herangeführt wird.

c) Messung der Oberflächentemperaturen.

Anhalten von Thermometern an Rohroberflächen oder an eine Wand, deren Temperatur man feststellen will, gibt keine zuverlässigen Werte; die Temperatur wird zu niedrig angezeigt. Denn das angelegte Thermometer führt durch Leitung und Strahlung Wärme von der berührten Körperoberfläche ab und erniedrigt die Temperatur der Meßstelle; sodann berührt auch das Thermometer den heißen Körper nur an kleiner Fläche, befindet sich selbst in einer Umgebung niedrigerer Temperatur, zeigt also zu wenig an; während es eben nur richtige Angaben machen kann, wenn es in seiner ganzen Masse die zu messende Oberflächentemperatur annimmt. Umhüllt man das Thermometer mit Putzwolle, so zeigt es richtiger an als bei bloßer Berührung. Wesentlich besser z. B.

[1]) Reiher und Cleve, Temperaturmeßfehler bei strömenden Gasen. V. d. I.-Verlag „Technische Mechanik", Berlin 1925, S. 49.

ist es bei Messung einer Mauerwerkstemperatur, das Thermometer in eine kleine Fuge oder Vertiefung zu bringen und mit etwas Kitt oder Lehm abzudichten.

Am zuverlässigsten aber sind Messungen mit Thermoelementen, die z. B. an die Rohroberfläche angelötet sind oder die mittels eines etwa 5 mm breiten, sehr dünnen und etwa 10 mm langen Metallblättchens durch zwei Schräubchen von 2—3 mm Stärke angepreßt werden; das Metallblättchen wird dann mit einer dünnen Schicht Kitt umhüllt.

Dabei ist dann wieder wichtig, daß der Thermoelementdraht eine Strecke lang auf der zu messenden Oberfläche entlang geführt wird; eine Wärmeabführung durch die Drähte tritt zwar auch so noch ein, aber die Wärme wird durch dieses entlang geführte Drahtstück von der Umgebung der Meßstelle entnommen und nicht von dieser Meßstelle selbst.

Ein neues Oberflächenmeßverfahren hat Hencky[1]) ausgearbeitet. Auf ein rundes Kupferblättchen von 30 mm ⌀ und 1 mm Dicke wird der Thermoelementdraht von 0,6 mm aus Kupferkonstantan in der Mitte der Unterseite eingelötet, dann in einer spiralförmigen, eingefrästen Nut von etwa zwei Umgängen und 10 cm Länge mit Kitt eingebettet und über die Oberfläche fortgeführt. Das Plättchen wird mit Holzgriff oder besser noch mit einer Hartgummispitze an die Oberfläche (Rohr, Isolierstoffe usf.) angedrückt, so daß es dieselbe lückenlos berührt. Bei Metalloberflächen genügen etwa 2 Minuten, bei Isolierstoffen sind etwa 15 Minuten erforderlich, bis die richtige Temperatur erreicht ist.

d) Messung von Gastemperaturen.

Voraussetzung jeder Messung ist natürlich ein richtig anzeigendes Thermometer, das dem Verwendungszwecke entsprechend geeicht sein muß. Am zweckmäßigsten und dankbarsten sind heute die zu großer Vollendung (1 vH Genauigkeit) gebrachten Thermoelemente, die für Temperaturen bis 800° aus Eisenkonstantandraht hergestellt werden, für höhere Temperaturen bis 1200° aus Pyrkon, und aus Platin- und Platinrhodiumdrähten bis 1600°. Da diese Instrumente nur Temperaturunterschiede anzeigen zwischen der Lötstelle, die im Gasstrome liegt, und den Klemmen am Thermoelementkopfe (bzw. bei Verwendung von Kompensationslitze, die eine Verlängerung des Elementes bis zum Galvanometer darstellt, zwischen Lötstelle und Klemmen des Galvanometers), so ist der Zeiger des Galvanometers auf die Lufttemperatur am Elementkopfe einzustellen, die man durch ein besonderes Thermometer mißt.

Weniger zuverlässig, auch empfindlicher im Gebrauch sind Glasthermometer bis etwa 600° mit Kohlensäurefüllung. Diese Instrumente zeigen nicht immer bei allen Temperaturen richtig an und sind

[1]) Näheres hierüber Hencky, Gesundheitsing. 1918, S. 91, und Knoblauch u. Hencky. Z. V. d. I. 1920, S. 217.

deshalb am besten vor dem Versuche mit einem daneben in gleicher Tiefe eingesenkten Thermoelemente zu vergleichen; sie sollen auch nicht zu rasch abgekühlt sowie erhitzt werden, weil sich dabei leicht infolge von Formänderungen der Kapillare die Anzeige dauernd ändert. Wichtig ist die richtige Eichung der Glasthermometer; die Anzeige der Temperatur wird nämlich durch die Abkühlung des aus dem Mauerwerke herausragenden Quecksilberfadens nicht unwesentlich beeinflußt (bis etwa 30° bei etwa 0,8 m Länge). Da nun die bei Kesselanlagen benutzten 1—2 m langen Thermometer ziemlich weit herausragen, und ein Teil des Thermometers das wesentlich kühlere Mauerwerk durchdringt, während nur das unterste Ende im Gasstrome steckt, so muß das Thermometer gleich bei der Herstellung unter ähnlichen Verhältnissen unter Berücksichtigung dieser Umstände geeicht sein, wenn es richtige Anzeigen liefern soll.

Bei Vornahme von Messungen ist ferner stets zu beachten, daß das Thermometer weit genug in den zu messenden Raum hineinragt, und daß es auch wirklich im Gasstrome steckt und nicht in einer toten Ecke, die von den Gasen nicht bespült wird; man muß also, falls man z. B. die Abgastemperatur hinter Schiebern mißt, durch welche die Gase geströmt sind, auch so tief mit dem Thermometer hineingehen, daß man wirklich den Gasstrom erreicht, also bis unter die wirkliche Öffnungsstelle des Schiebers; das gleiche gilt für die Stellen, an denen Richtungswechsel der strömenden Gase stattfinden. Gegen Abstrahlungsverluste an umgebende kältere Heizflächen sollte man die Thermometer mit einem Strahlungsschutze, d. h. einem weiteren Rohre, umgeben. Oftmals wird gegen diese Grundregeln der Meßtechnik verstoßen, und viele widerstreitende Ergebnisse werden hierdurch erklärt.

Benutzt man bei einem Versuche mehrere Thermometer, so vergleicht man dieselben am besten in heißem Wasser, sodann an einer Stelle gleichbleibender Temperatur des Gasstromes, in den man sie alle bis auf gleiche Tiefe herabführt; dabei muß man sie lange genug beobachten, weil je nach der zu erwärmenden Masse der Thermometer dieselben verschieden rasch die Temperatur bzw. deren Schwankung annehmen. Will man die Temperaturabkühlung zwischen zwei aufeinanderfolgenden Stellen des Gasstromes feststellen, so muß man gleichzeitig bzw. kurz hintereinander ablesen. Nur bei Beachtung dieser Vorsichtsmaßregeln kann man auf zuverlässige Ergebnisse rechnen.

e) Zugmessung.

Gewöhnlich werden für Zugmessungen einfache U-förmig gebogene Röhren verwendet, deren Schenkel der bequemeren Ablesung halber dicht aneinander gebogen sind; oder wenn man genau messen will, benutzt man Zugmesser mit einem schräg liegenden Schenkel. Man hat stets die untere Kuppe bei Wasserfüllung, die obere Kuppe bei Quecksilberfüllung abzulesen. Das Auge ist dabei, um Fehler zu vermeiden, genau auf die Höhe der Kuppe zu bringen. Fetthaltiges Wasser, oder durch Öl oder Fett verschmutzte Röhren, sind nicht brauchbar, weil das Wasser am Rande des Glases anhängt und keine benutzbare Kuppe bildet. Verwendet man längere Schläuche zwischen Meßrohr und Meßstelle, so ist sorgfältig darauf zu achten, daß in den Schlauch kein Wasser hineinkommt, weil dasselbe sofort durch Blasenbildung eine fehlerhafte Einstellung der Wasserspiegel ergibt; man erkennt Wasser im Schlauche am raschesten daran, daß sich beim Heben und Senken des Meßröhrchens die Höhe des Einspielens der Wasserkuppen ändert.

Bei Vornahme von Zugmessungen braucht man, im Gegensatze zu den Temperaturmessungen, nicht bis in den Gasstrom hineinzugehen, weil sich der Unterdruck überallhin fortpflanzt, dagegen ist die Öffnung, durch welche man das Meßrohr in den Zug hineinführt, durch Verstopfen mit Putzwolle oder Lehm gegen die Außenluft zu schließen, weil sonst die einströmende Luft die Anzeige beeinflußt. Den Unterdruck am Schornsteinfuße mißt man am besten, wenn der Hauptschieber geschlossen ist, da man dann nur den wahren, nicht durch Strömung beeinflußten Unterdruck erhält; sobald der Schieber geöffnet wird, sinkt der Zug um die zur Erzeugung der Strömungsgeschwindigkeit verwendete Druckhöhe (vgl. Abschnitt 79); deshalb muß bei Zugmessungen zwischen Feuerung und Fuchsschieber stets die Stellung des letzteren beobachtet werden. Über Gasmengenmessungen mit der Stauscheibe s. S. 330.

f) Gasuntersuchung.

Die Rauchgasbestimmungen werden meist auf CO_2 und O_2 ausgeführt, bisweilen auch noch auf CO. Kennt man die Kohlensorte, die verbrannt wird, in ihrer Zusammensetzung einigermaßen genau, so kann man sich zur Bestimmung der unverbrannten Gase ebenfalls mit der Untersuchung auf Kohlensäure und Sauerstoff begnügen und CO aus den Schaubildern 26, 28, 29 (vgl. auch S. 179) ermitteln. Für rasche Übersicht über den Betriebszustand genügen sogar nur CO_2-Untersuchungen; man stellt die Feuerung zweckmäßig so ein, daß z. B. bei Flammrohrkesseln hinter den Flammrohren, bei Wasserrohrkesseln innerhalb der ersten Rohrreihen, das heißt also hinter der Feuerung an Stellen, wo noch nicht Luft durch Spalten und Risse im Mauerwerke eingetreten sein kann, noch ein CO_2-Gehalt von 12—15 vH vorhanden ist. Sind mehr als 15 vH gefunden, so kann man mit Bestimmtheit auf Bildung von Kohlenoxyd schließen, vgl. S. 177ff.

Benutzt wird für die Gasuntersuchungen im Betriebe und für Versuche meist der sogenannte Orsatapparat oder ein ähnlich gebauter nach Fischer oder Hempel, Lomtschakoff od. dgl.

Will man sichere, fehlerfreie Angaben erhalten, so hat man einige Vorsichtsmaßregeln zu beobachten. Vor allem muß das Gasentnahmerohr auch tief genug in den Gasstrom hineinragen, also durch das Kesselmauerwerk hindurchreichen, damit nicht Gas aus toten Ecken entnommen wird. Sodann muß lange genug gepumpt werden mit der Gummiballpumpe oder am einfachsten mit der Wasserflasche allein, damit auch wirklich das Gas sich im Apparat befindet; man erkennt das Gas am sichersten an dem scharfen, meist schwefligen Geruch beim Ausströmen aus der Pumpe; da die Pumpenventile selten gut arbeiten, so hält man während der Ansaugeperiode, also während der Ball sich aufbläht, am besten das Schlauchende der Pumpe an der Ausblaseseite zu damit nicht durch diese Seite Luft rückwärts in die Leitung gesaugt wird. Ebenso tut man gut, vor endgültigem Ansaugen des Gases in das Meßgefäß einmal Gas anzusaugen durch Herabsenken des Wasserspiegels und den Apparat auszuspülen und läßt die Öffnung erst frei beim Zusammendrücken des Balles, also beim Luftausblasen. Am besten arbeitet man überhaupt ganz ohne Pumpe, indem man die Niveauflasche dazu benutzt, um mehrere Male den Meßzylinder mit Gas aus der Leitung zu füllen, und es wieder auszustoßen, dabei öffnet man und schließt jeweilig den entsprechenden Hahn. Da der Apparat gewöhnlich während des ganzen Versuches an der Gasleitung hängt, so wird man beobachten, daß der Schornsteinzug rückwärts durch die Pumpe hindurch Luft hineinsaugt und Apparat und Leitung mit Luft füllt; es ist daher zweckmäßig, einen Quetschhahn vor dem Apparat einzuschalten.

Zum Entnahmerohr für die Gase eignen sich am besten hochwertige Glas-, Porzellan- oder Tonrohre, die die höchsten Temperaturen vertragen und gegen Gase chemisch unwirksam sind. Da sie leicht zerbrechlich und unbequem zu tragen sind, so begnügt man sich meist mit Eisenrohren oder Messing- bzw. Kupferrohren; doch sollte man dieselben nur bis zu den Temperaturen verwenden, die unter ihrer Rotglut liegen, also bis etwa 450°, weil bei glühenden Rohren Reduktionen der Gase eintreten und die Analysen sodann falsch werden.

Wasser hat die Eigentümlichkeit, Kohlensäure aufzunehmen, deshalb ist es zweckmäßig, das Sperrwasser in dem Meßgefäße mit Gasen stark zu sättigen oder am besten 50 vH Glyzerin zu verwenden, das überhaupt keine Gase aufnimmt. Versuche zeigen, daß selbst bei stark gesättigtem Wasser noch bis 1 vH zu geringe Kohlensäuremengen gemessen werden.

Da die Feuerungen nie ganz gleichmäßig brennen, so sind die Gasprüfungen so rasch hintereinander vorzunehmen wie möglich, am besten in Abständen von 3 Minuten. In größeren Pausen von $^1/_4$ Stunde, wie oft üblich, genommene Proben ergeben keinen richtigen Durchschnittswert über einen Versuch. Die sichersten und genauesten Durchschnittswerte erhält man, wenn während der ganzen Versuchszeit Gase über Glyzerin in einer Flasche angesammelt werden. Zur Ermittlung der Abwärmeverluste ist die genaue Durchschnittsprobe des Kohlensäuregehaltes wichtiger als die Wahl der Berechnungsweise, vgl. S. 179; für die Beobachtung und rasche Einstellung der Feuerung und des Verbrennungsvorganges leistet dagegen die schnell erhältliche Gasprüfung auf CO_2 bzw. noch auf O_2 unschätzbare Dienste.

Vorschrift für Ansetzen der Aufsaugeflüssigkeiten des Orsatapparates:

1. Kalilauge anzusetzen aus chem. reinem Ätzkali mit Wasser im Verhältnis von 1 : 3 bis 1 : 2,5 für die Bestimmung von CO_2.
2. Pyrogallolsaure Kalilauge für die Bestimmung von O_2 anzusetzen aus 3 Teilen Kalilauge 1 : 3 bis 1 : 2,5 und 1 Teil Pyrogallussäurelösung 1 : 5 bis 1 : 3 oder konzentrierter: 35 g Pyrogallussäure auf 75 g Wasser und dann 75 cm^3 dieser Lösung auf 125 cm^3 Kalilauge.
3. Gesättigte Lösung von Kupferchlorür in gesättigter Salzsäure für Bestimmung von CO.

Prüfung der Lösungen.

Kalilauge. Man schließt den Orsatapparat an ein kohlensäurehaltiges Rauchgas an und liest nach $^1/_4$ Minute ab.

Pyrogallussäure. Man prüft durch eine Luftanalyse. Bei einem mit Drahtspulen gefüllten Absorptionsgefäße sollen nach $^3/_4$—1 Minute bereits 20,5—20,7 vH Sauerstoff absorbiert sein. Dann ist die Lösung einwandfrei brauchbar. Ist noch über 20,0 vH absorbiert, so kann die Lösung auch noch benutzt werden, sie arbeitet nur langsamer und die Gasprobe muß mehrere Male eingeleitet werden, bis zwei aufeinanderfolgende Ablesungen keinen Unterschied mehr zeigen. Wird weniger als 20 vH angezeigt, so ist die Lösung zu erneuern.

Haltbarkeit der Lösungen. Angesetzte Kalilösung ist in verkorkten Flaschen unbegrenzt haltbar; sie verändert sich auch an der Luft nur wenig.

Pyrogallolsaure Kalilauge ist in vollgefüllten Flaschen unter vollkommenem Luftabschlusse, im Dunkeln aufbewahrt, auch lange Zeit haltbar. Pyrogallussäurelösung allein aufbewahrt hält sich ebenfalls unbegrenzt lange.

Kupferchlorürlösung ist gut haltbar, solange sie mit metallischem Kupfer in Berührung bleibt; sie absorbiert aber sehr langsam und bindet CO nicht fest genug, so daß es leicht vorkommt, daß sie bei Erschütterungen bereits vorher gebundenes CO wieder abgibt, wodurch die Messungen ungenau werden. Man verzichtet daher bei dem niedrigen

CO-Gehalte, wie er bei Kesselfeuerungen vorkommt, fast stets unter 2 vH, am zweckmäßigsten auf die Analyse von CO und wendet besser das auf S. 159 beschriebene Verfahren der Bestimmung von CO aus der Differenz des zum gemessenen CO_2-Gehalte gehörigen Kurvenwertes und der gemessenen Summe von $CO_2 + O_2$ an. Zur Bestimmung des Verlustes durch CO kann das Schaubild 29 benutzt werden.

Prüfung auf Dichthalten der Hähne.

Man probiert dieselben, indem man die Niveauflasche hoch oder tief stellt; das Niveau in der Meßbürette darf sich dann nicht ändern. Die Glashähne sollen mit Staufferfett oder Borsalbe leicht eingefettet werden; Hahnfett und Vaseline verseifen leicht. Die Hähne müssen so leicht gehen, daß sie mit einem Finger bewegt werden können; man soll sie nicht fest hineindrücken, sonst tritt beim Drehen leicht Luft ein, weil sie sich dann lösen; deshalb bewegt man die Hähne am besten stets nur mit einem Finger.

Ist während der Gasanalyse Kalilauge oder Pyrogallolsäure in das Wasser der Meßbürette geraten, so schadet das nichts, weil ja, wenn auch in der Meßbürette noch eine Gasabsorption eintritt, die entnommene Gasmenge bereits gemessen war. Nach der Analyse aber muß das Sperrwasser erneuert werden. Es wird auch empfohlen, das Sperrwasser mit Methyl-Orange zu färben, weil die Ablesung dann leichter geht und der Übertritt von Kalilauge durch Entfärben leicht bemerkt wird; doch ist dieses Verfahren bei Untersuchungen in fremden Betrieben, wo bereits vielerlei mitgenommen werden muß, ziemlich umständlich.

Die Gasproben entnimmt man bei Untersuchung eines Kessels zweckmäßig vor dem Schieber, also bevor durch die Undichtheiten desselben Luft eintritt; bei mehreren Kesseln am Schornsteinfuße oder aus dem gemeinsamen Sammelkanale.

g) Die Entnahme der Kohlenprobe.

Für die Ermittlung der Ergebnisse eines Heizversuches und die Untersuchung der Kohle im Laboratorium ist eine sachgemäß genommene Durchschnittsprobe von größter Wichtigkeit, weil die einzelnen Kohlenstücke verschiedene Beimengungen enthalten, die den Heizwert beeinflussen. Man verfährt deshalb bei der Entnahme einer Kohlenprobe nach folgender bewährten Regel. Von jeder zur Ablagerung auf einen Haufen oder, bei einem Heizversuch, zur Verfeuerung gelangenden Karre Kohle wirft man eine Schaufel voll beiseite auf einen sauberen, trockenen Platz; je grobstückiger der Brennstoff ist, desto mehr muß man beiseite tun. Von einem bereits abgeladenen größeren Haufen muß man die Probekohle an den verschiedensten Stellen, also auch von innen und unten entnehmen. Dieser größere Haufen wird dann zu einer runden Schicht ausgebreitet, die größeren Stücke werden bis auf etwa Walnußgröße zerkleinert und gut gemischt. Dann zerlegt man die Kreisfläche durch zwei sich rechtwinklig kreuzende Striche in vier Teile, nimmt zwei einander gegenüberliegende heraus und verfährt mit dem übriggebliebenen Teile in gleicher Weise so lange, bis nur noch einige Kilo vorhanden sind, die nun eine dem Durchschnittswerte der Kohle genau entsprechende Probe darstellen. Diese Probe wird sofort in eine Blechbüchse verpackt, verlötet und an eine Versuchsstation eingesandt. Holzkisten sollen nicht benutzt werden, weil dieselben die in der Kohle enthaltene Feuchtigkeit aufsaugen und somit den Heizwert der Kohle verändern. Überhaupt ist alles zu vermeiden, was auf den Zustand der zu untersuchenden Kohle Einfluß haben könnte. So darf sie z. B. nicht im Sonnenschein oder im Regen gelagert werden, auch nicht offen in warmen Räumen stehen usw.

Die Untersuchung der Kohle wird dann im Laboratorium vorgenommen auf den Wassergehalt, Aschengehalt und Heizwert.

h) Über die Verwertung der Meßergebnisse.

Wie besprochen, können während der Vornahme von Versuchen allerlei Fehler vorkommen; man tut deshalb gut, während eines Versuches schon möglichst die Hauptergebnisse zu ermitteln, solange noch alle Instrumente und Vorrichtungen in Tätigkeit sind. Zwischenabschlüsse in kürzeren Zeitabschnitten, auf Grund deren man z. B. die Verdampfung der Kessel auf 1 m^2 Heizfläche und Stunde sowie die von 1 kg Brennstoff verdampfte Wassermenge, den Wirkungsgrad unter Zugrundelegung eines angenäherten Kohlenheizwertes usw. feststellt, sind sichere Mittel der Prüfung. Von großem Werte für ein Urteil über die Belastungsschwankungen im Betriebe der untersuchten Anlage ist es auch, stündliche Abschlüsse der verdampften Wassermenge im Kessel vorzunehmen, wenn nicht ein Dampfmesser vorhanden ist, der aber geprüft werden muß; man achtet dabei auf annähernd gleichen Druck und liest am Wasserstandsglase den Wasserstand ab. Dann errechnet man aus dem Unterschiede dieses Wasserstandes gegen den bei Versuchsbeginn die fehlende oder zuviel eingespeiste Wassermenge aus der Größe der Wasseroberfläche. Hat sich ebenfalls ein wesentlicher Druckunterschied gezeigt, so muß auch hierfür eine Korrektur vorgenommen werden (vgl. S. 411). Es ist nämlich stets sehr peinlich, wenn nach vollständiger Beendung der mit viel Mühe, Zeit- sowie Kostenaufwand durchgeführten Versuche sich unmögliche Ergebnisse herausstellen, z. B. ein Wirkungsgrad der Anlage von 92 vH und mehr; oder Abgangstemperaturen, die mit der Kesselbeanspruchung nicht zusammenstimmen können. Schaubild 6 und 33 geben stets guten Anhalt. Besonders muß man darauf achten, daß Anfangs- und Endablesung angenähert dieselben Werte ergeben, nicht etwa darf man z. B. mit 8,0 at anfangen und mit 9,0 at einen Versuch enden, oder Endfuchstemperaturen von 100 und mehr Grad Unterschied gegen den Anfang zulassen; der Versuch ist in solchen Fällen so lange fortzusetzen, bis die Anfangswerte angenähert wiederkehren. Außergewöhnlich hohe Abgangstemperaturen deuten, falls keine übermäßige Beanspruchung der Anlage vorliegt, darauf hin, daß ein Teil der Gase durch eine undichte Stelle der Zugmauerung auf kürzerem Wege abzieht, wie die Gasführung vorschreibt. Umgekehrt kann eine rasche Abnahme der Gastemperatur in Kanälen zwischen Fuchsschieber und Schornstein auf Hereinziehen kalter Luft hinweisen, die durch undichte Schieber, Risse, nicht schließende Einsteigöffnungen oder auch durch die Züge und schlechtschließenden Schieber und Klappen zur Reinigung offenstehender Kessel Eingang findet; in diesem Falle gibt die gleichzeitige Untersuchung der Gase auf CO_2 und ihre Temperatur an den beiden fraglichen Stellen darüber Aufschluß; denn wenn CO_2 stark abnimmt, ist viel kalte Luft beigemengt worden. Auch kann eine zu starke Abkühlung der Gase durch schlechtes dünnes Mauerwerk, das viel Wärme abführt, schuld sein an raschem Temperaturabfall; bisweilen, und öfters als man glaubt, tritt auch der Fall ein, daß aus dem nassen Erdreich, durch hohen Grundwasserspiegel, undichte Wasserrohre usf. Wasser in das Kanalmauerwerk einzieht, sogar oft Wasser im Kanale steht; ein Teil der Gaswärme wird dann naturgemäß zum Trocknen des Mauerwerks verbraucht. Schädlich sind solche Verhältnisse stets, weil die Zugkraft des Schornsteins durch die Temperaturverluste geschwächt wird und eine erhöhte Belastung des Schornsteins durch das Volumen der nachzuverdampfenden Wassermenge eintritt, oder weil bei Rauchgasvorwärmern die Wirkung dieses Apparates beeinträchtigt wird. Man erhält auch bei längeren Kanälen ein falsches Bild über die weitere Ausnützungsmöglichkeit von Abgasen irgendwelcher Art in Abhitzekesseln od. dgl.; es muß deshalb stets eine Kontrollmessung dicht hinter den Kesseln oder Öfen erfolgen. Bei einem gut geleiteten Versuche dürfen also die Meßergebnisse nicht nur einfach hingenommen werden, sondern es muß dabei die Nachprüfung der Messungen auf ihre Möglichkeit hin erfolgen. Die Literatur der Versuche bietet genügend Beispiele solcher falschen Messungen.

Beispiel 52. Folgender Versuch an einem Rauchgasvorwärmer kann mit Rücksicht auf die Berechnungen auf S. 281 auf seine Richtigkeit hin beurteilt werden.

Speisewassertemperatur bei Eintritt in den Rauchgasvorwärmer . . . . 12,5° C

Speisewassertemperatur bei Austritt aus dem Rauchgasvorwärmer . . . . 82,0°

Gastemperatur beim Eintritt in den Rauchgasvorwärmer 217°
Gastemperatur beim Austritt aus dem Rauchgasvorwärmer 103°
CO_2-Gehalt beim Eintritt . . . . 12,8 vH
Dampferzeugung in 1 h . . . . 2694 kg
Dampferzeugung auf 1 m² Heizfläche und h . . . . . . 22,4 kg
Heizfläche des Rauchgasvorwärmers . . . . 120 m²
Kohlenverbrauch in 1 h . . . . 336 kg
Kohlenheizwert . . . . 6436 kcal.

Nach Diagramm 6 enthalten die Rauchgase von 1 kg Kohle bei 6436 kcal und 12,8 vH CO_2 rund 3,4 kcal bei Abkühlung um 1 °C; es standen also dem Vorwärmer zur Verfügung

$$336 \cdot 3{,}4 \cdot (217 - 103) = 130\,230 \text{ kcal}$$

in 1 h, einschließlich Deckung der Abkühlungsverluste. Der Rauchgasvorwärmer hat aber 2694 kg Wasser um 69,5° erwärmt, also 187 630 kcal aufgenommen, somit ca. 25 vH mehr Wärme, wie ihm zur Verfügung stand. Es kann also nur ein Meßfehler vorgelegen haben, und zwar scheint offenbar die Gaseintrittstemperatur zu niedrig gemessen zu sein (vgl. Abb. 33), sie muß bei 22,4 kg Beanspruchung entschieden höher liegen als bei 217°, und zwar um etwa 100°.

Bei oberflächlicher Prüfung des Versuches an Hand der Abb. 6 und 33 konnte der Fehler beizeiten gemerkt werden.

i) Verbesserung der Versuchsergebnisse auf Druck und Wasserstand.

In Formeln ausgedrückt ergibt sich der Berechnungsgang mit nachstehenden Bezeichnungen: Index 1 für Anfangszustand, Index 2 für Endzustand im Kessel, Index N.W. für „Niedrigsten Wasserstand", Index 0 für reduzierte Größen.

V = Inhalt des Kessels in m³,
G = „ „ „ „ kg,
γ = spezifisches Gewicht des Wassers in kg/m³,
m = Wasserstand über „Niedrigsten Wasserstand" in mm,
F = Oberfläche des Wasserspiegels in m²,
W = verspeistes Wassergewicht in kg,
D = erzeugtes Dampfgewicht in kg,
ΔD = Korrektur des Dampfgewichtes in kg $= G_1 - G_2$,
Q = Wärmeinhalt des Kessels in kcal,
i = Erzeugungswärme im Kessel in kcal/kg,
λ = Flüssigkeitswärme in kcal,
d = wahre Verdampfung $= \frac{D_0}{B}$,
B = Brennstoffgewicht in kg.

Wasserstands- und Druckkorrektur.

Es ist der Inhalt des Kessels zu Versuchsbeginn:

$$G_1 = V_1 \cdot \gamma_1 = (V_{\text{N.W.}} + 0{,}001\, m_1 F) \cdot \gamma_1, \quad \ldots\ldots \quad 142)$$

zu Versuchsende:

$$G_2 = V_2 \cdot \gamma_2 = (V_{\text{N.W.}} + 0{,}001\, m_2 \cdot F) \cdot \gamma_2. \quad \ldots \quad 142\text{a})$$

Durch Abzug der beiden Gleichungen voneinander ergibt sich:

$$V_2 = V_1 + 0{,}001\,(m_2 - m_1)\,F = V_1 - 0{,}001 \cdot \delta \cdot F\,. \quad . \quad 143\text{a})$$

wenn $m_1 - m_2 = \delta$ gesetzt wird; und es ermittelt sich das im Kessel und am Versuchsende vorhandene Wassergewicht zu:

$$G_2 = V_1 \cdot \gamma_2 - 0{,}001 \cdot \delta \cdot F \cdot \gamma_2 \quad \ldots\ldots \quad 143\text{b})$$

Der Wasserinhalt in Kubikmeter für verschiedene Kesseltypen kann aus Abb. 73 entnommen werden.

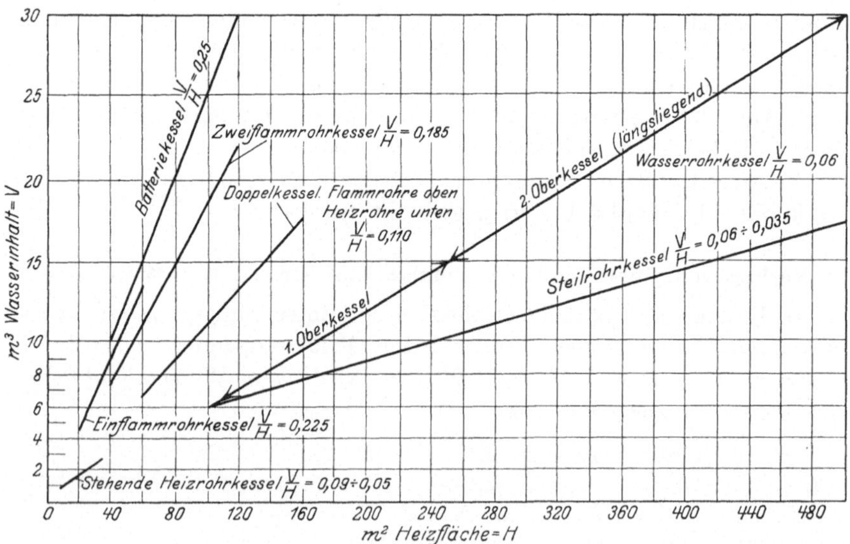

Abb. 73. Mittlere Werte für den Wasserinhalt in m³ verschiedener Kesseltypen.

Dampfkorrektur.

Die erzeugte Dampfmenge zwischen Anfangszustand und Endzustand ergibt sich, wenn in diesem Zeitabschnitte die Wassermenge W in Kilogramm verspeist wurde, zu:

$$D = W + (G_1 - G_2) = W + \varDelta D\,,$$
$$D = W + V_1\,(\gamma_1 - \gamma_2) + 0{,}001 \cdot \delta \cdot F \cdot \gamma_2 \quad \ldots\ldots \quad 144\text{a})$$

und die Dampfkorrektur zu:

$$\varDelta D = G_1 - G_2 = V_1\,(\gamma_1 - \gamma_2) + 0{,}001 \cdot \delta \cdot F \cdot \gamma_2\,. \quad . \quad 144\text{b})$$

Kohlenkorrektur.

Es beträgt der Wärmeinhalt des Kessels bei der Flüssigkeitswärme λ in kcal:

zu Versuchsbeginn:

$$Q_1 = G_1 \cdot \lambda_1 \quad \ldots \ldots \ldots \ldots \ldots \ldots \ldots \quad 145\,\text{a)}$$

zu Versuchsende:

$$Q_2 = G_2 \cdot \lambda_2 = G_1 \cdot \lambda_2 - (G_1 - G_2)\,\lambda_2 = G_1\,\lambda_2 - \Delta D\,\lambda_2\,. \quad 145\,\text{b)}$$

$$\Delta Q = Q_1 - Q_2 = G_1\,(\lambda_1 - \lambda_2) + \Delta D \cdot \lambda_2\,.$$

Das reduzierte Dampfgewicht ergibt sich zu:

$$D_0 = D - \frac{\Delta Q}{i} = D - D_1\,. \quad \ldots \ldots \ldots \quad 146)$$

Die wahre Verdampfung beläuft sich demnach auf:

$$d = \frac{D_0}{B} = \frac{D - D_1}{B} = \frac{D}{B_0} \quad \ldots \ldots \ldots \quad 147)$$

und die korrigierte Brennstoffmenge endlich ergibt sich zu:

$$B_0 = \frac{D}{d} = B \cdot \frac{D}{D - D_1} = B \cdot \frac{D}{D_0} \ldots \ldots \ldots \quad 148)$$

Der Gang der Berechnung wird am besten an Hand eines Versuches gezeigt.

Beispiel 53. An einem Zweiflammrohrkessel von 68,9 m² mit 7400 mm Länge und $d = 2100$ mm Durchmesser, der zur Verwertung der Abhitze über einem Glühofen aufgestellt ist, liegt der niedrigste Wasserstand $a = 543$ mm über Kesselmitte; der Wasserstand stand zu Versuchsbeginn 110 mm über der Oberkante der unteren Mutter des Wasserstandsglases, also $m_1 = 56$ mm über N.W. Der Anfangsdruck betrug 8,2 at Überdruck, der Enddruck 6,5 at. Die während der gesamten Versuchsdauer von 7,03 h verspeiste Wassermenge von $t_w = 30°$ belief sich auf $W = 4308$ kg, die im Ofen verfeuerte Koks- und Steinkohlenmenge zusammen auf 1182 kg. Der Wasserstand war zu Anfang und Ende gleich hoch; also $m_1 = m_2$.

Druckkorrektur. Der gesamte Wasserinhalt des Kessels ermittelte sich bei Beginn zu 14,2 m³, also bei dem spez. Gew. von $\gamma_1 = 0{,}891$ (vgl. Zahlentafel 12) zu $G_1 = 12\,700$ kg. Die Wasserspiegelbreite bei N. W. errechnet sich als Sehne des Kreises aus

$$\sqrt{d^2 - (2\,a)^2}\,,$$

wenn man, von dem Schnittpunkt der Wasserstandslinie mit dem Querschnittskreise des Kessels ausgehend, einen Durchmesser zieht, zu

$$\sqrt{2{,}1^2 - 1{,}086^2} = 1{,}8\ \text{m}.$$

Die Wasseroberfläche F beläuft sich demnach auf $1{,}8 \cdot 7{,}4 = 13{,}35\ m^2$ und 1 mm Wasserstandshöhe zu $13{,}35 \cdot 0{,}891 = 11{,}9$ kg. Hiernach also wäre z. B. der Abzug bei höherem Wasserstande — bzw. der Zuschlag für Mehrverdampfung bei niedrigerem Wasserstand — zu Versuchsende auszuführen. Nun steht der Kesselinhalt zu Anfang und zu Ende unter verschiedenen Drücken; der Unterschied beträgt 1,7 at; demnach ist auch das spez. Gew. des Wassers verschieden.

Der Unterschied im Gewichte eines m^3 bei 175° für 8,2 atü und 167° für 6,5 atü ermittelt sich aus Zahlentafel 12 zu 9,0 kg; demnach ergibt sich das Mehrgewicht des Wassers im Kessel zu $9{,}0 \cdot 14{,}2 = 128$ kg, das von dem gemessenen abzuziehen ist; die wahre verdampfte Wassermenge beträgt also

$$D = 4308 - 128 = 4180 \text{ kg.}$$

Bequemer, ziemlich genau und ohne die etwas umständliche Interpolation findet man den Unterschied in den spezifischen Gewichten für 1 m^3 Kesselwasserinhalt und 1 at Druckunterschied aus dem Schaubild Nr. 74. In demselben ist das spezifische Gewicht γ als Funktion des Druckes p aufgetragen; der Unterschied $\Delta\gamma$ z. B. von 6 auf 7 ata = 6 kg/m² läßt sich daraus abgreifen. In größerem Maßstabe findet sich $\Delta\gamma$ in Kilogramm für 1 m^3 und 1 at Druckunterschied direkt aus der darunterliegenden Kurve.

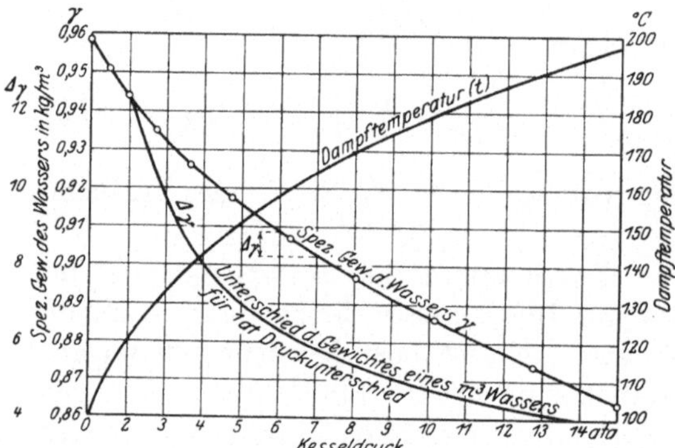

Abb. 74. Wasserstandskorrektur zuzählen bei gestiegenem Enddruck.

Für das obige Beispiel: Anfangsdruck 8,2 atü, Enddruck 6,5 atü, Druckunterschied = 1,7 at; geht man auf der mittleren Abszisse, zwischen den beiden Werten, also bei 7,3 atü = 8,3 ata senkrecht in die Höhe bis zur Kurve für $\Delta\gamma$ und liest links auf der Ordinate 5,3 kg/1 at Druckunterschied ab. Mithin Korrektur: $5{,}3 \cdot 1{,}7 = 9\ kg/m^3$ Wasser; insgesamt also bei 14,2 m^3 Kesselinhalt sind $14{,}2 \cdot 9 = 128$ kg von der gemessenen Wassermenge abzuziehen. Ist dagegen der Druck zu Versuchsende höher als zu Versuchsanfang, so ergibt sich ein Mindergewicht des Wassers im Kessel und die wahre verdampfte Wassermenge vergrößert sich, um bei obigem Beispiel zu bleiben, um 128 kg. Mit anderen Worten: I s t d e r E n d d r u c k h ö h e r a l s d e r A n f a n g s d r u c k, s o m u ß d i e K o r r e k t u r z u g e z ä h l t w e r d e n, u n d u m g e k e h r t.

Kohlenkorrektur. Es mußten also $\Delta D = 128$ kg Wasser zuviel im Kessel auf 6,5 atü erwärmt werden; die zuviel aufgewendete Flüssigkeitswärme ergibt sich demnach zu

$$128 \cdot (169 - 30) = 17\,800 \text{ kcal},$$

wenn das Wasser mit 30° verspeist wurde. Aus dem gesamten Kesselinhalte und dem Unterschiede der Flüssigkeitswärme ermittelt sich die am Schluß im Kessel fehlende Wärmemenge zu

$$12\,700\,(178 - 169) = 114\,000 \text{ kcal}.$$

Es ist also eine dem Unterschiede von

$$\Delta Q = 114\,000 - 17\,800 = 96\,200 \text{ kcal}$$

entsprechende Menge Kohlen noch aufzuwenden, um diese Wärmemenge aufzubringen bzw. zu verdampfen. Da die Erzeugungswärme i eines kg Wassers bei 8,2 atü sich auf $662 - 30 = 632$ kcal stellt, so wären also noch $\frac{\Delta Q}{i} = \frac{96\,200}{632} = 152$ kg Dampf (D_1) zu entwickeln gewesen.

Nun sind während des Versuchs mit $B = 1182$ kg Koks wirklich $D_0 = 4180$ kg Dampf erzeugt worden, bei einer Verdampfung von 3,44. Demnach ergibt sich eine wahre Verdampfung von $d = \frac{D - D_1}{B} = \frac{4180 - 152}{1182} = 3{,}41$; und die korrigierte Brennstoffmenge B_0 errechnet sich zu $B_0 = B \cdot \frac{D}{D - D_1} = \frac{D}{d} = \frac{4180}{3{,}41} = 1227$ kg.

Oder der Kohlenzuschlag beträgt $\frac{152}{3{,}41} = 45$ kg; damit ergibt sich ebenfalls die wirkliche Kohlenmenge zu $1182 + 45 = 1227 \text{ kg} = B_0$.

Es stellen sich also die wirklichen Versuchswerte auf 4180 kg Wasser (statt 4308), auf 1227 kg Kohle (statt 1182) und die wirkliche Verdampfung auf 3,41 (statt 3,64).

Die Verbesserung infolge des erheblichen Druckunterschiedes von 1,7 at zu Versuchsanfang und Ende durfte also nicht vernachlässigt werden.

38. Die Überwachung des Betriebes.

Je nach den Verhältnissen und nach der Größe der Anlage kann man die Betriebsüberwachung mehr oder weniger weit ausdehnen; schon eine geringe Prüfung ist von Wert und wird die aufgewendete Mühe reichlich bezahlt machen. Die Überwachung kann sich erstrecken 1. auf die verbrauchten Stoffe, wie Kohle und Wasser oder Dampf, und 2. auf die technischen Verhältnisse des Betriebes, wie Druck, Zug, Temperaturen, Zusammensetzung der Verbrennungsgase usw.

Für sehr viele Verhältnisse wird bereits eine dauernde Messung der Kohlen- und Wasser- oder Dampfmengen ausreichen; aus dem Verhältnis von verbrauchtem Wasser zu verbrauchter Kohlenmenge erhält man die sogenannte rohe Verdampfungsziffer, welche angibt, wieviel Kilogramm Wasser von 1 kg Kohle unter den bestehenden Betriebsverhältnissen verdampft wurde. Zu genauen Vergleichen, auch mit anderen Betrieben, muß diese Zahl auf Verdampfung von Wasser von 0° zu Dampf von 100° umgerechnet werden. Sind jedoch während des Betriebes der Kesseldruck, die Speisewassertemperatur, die Überhitzungstemperatur und der Kohlenheizwert annähernd gleich, so genügt auch die rohe Verdampfungsziffer. Ändert sich diese Zahl innerhalb des Zeitabschnittes, in welchem man sie festgestellt (Tag, Woche, Monat), nicht wesentlich, so ist auch der wirtschaftliche Gütegrad der Anlage ungefähr der gleiche, vorausgesetzt, die verbrauchte Kohle hat ihren Heizwert nicht geändert. Wesentliche Fehler, die gemacht werden, schlechtere Kohlenlieferung, Schäden, die an der Anlage auftreten, wie etwa Einfallen von Mauern in den Zügen, sich bildende Risse im Kesselmauerwerk, Eintreten von Wasser in die Kanäle, zunehmende Verschmutzung des Kessels innen und außen usw., machen sich dann durch Abnehmen der Verdampfungsziffer bemerkbar, so daß man rechtzeitig auf Übelstände aufmerksam gemacht wird, die vielleicht sonst monatelang der Kenntnis verborgen bleiben, und für Abhilfe sorgen kann. Die dauernde Feststellung der verfeuerten Kohlenmengen kann man, falls eine mechanische Bekohlungsanlage vorhanden ist, durch eingeschaltete automatische Wagen vornehmen, durch Gleiswagen, welche die mittels Kippwagen eingebrachten Kohlenmengen selbsttätig verwiegen, durch Zählen der hereingeförderten Wagen, deren Inhalt vorher festgestellt ist usw. Zur Feststellung des Wassers können Messungen in geeichten Behältern dienen, aufzeichnende Kippwassermesser oder andere zuverlässig arbeitende Wassermesser, wie etwa die auf dem Kolbensystem beruhenden, oder Rotationswassermesser usw.

Weiter sind einige Instrumente im Kesselhause von Wert, wie das Manometer, Thermometer für die Dampf- und Wassertemperaturen an verschiedenen Stellen und ein Differenzzugmesser, den man in der Form benutzt, daß der Heizer stets die höchste Leistung und den höchsten Druck mit dem geringst möglichen Zugunterschiede erzeugt; auch kann man einen selbsttätig aufzeichnenden Differenzzugmesser verwenden; er bietet dann zugleich einen Einblick in die Bedienungsweise des Feuers, da z. B. bei Handfeuerung das jedesmalige Öffnen der Feuertür sowie das Kohlenaufwerfen sich durch einen Strich auf dem Papierstreifen kenntlich macht.

Abb. 75 zeigt ein solches, mit einem Differenzzugmesser zwischen Fuchs und Flammrohr aufgenommenes Schaubild, das vom selben Tage stammt wie das darunter abgebildete Kohlensäurediagramm Abb. 76 des CO_2-Gehaltes der aus dem Flammrohr abziehenden Gase.

Bemerkenswert ist, wie sich die Pausen gegen 9 Uhr, von 12–1½ und gegen 3¾ Uhr durch einen sehr geringen Zugunterschied in mm Wassersäule ausdrücken. Es wurden Braunkohlenbrikette auf einer Topfschen Stufenrostfeuerung unter einem Einflammrohrkessel von 21 m² verbrannt.

Der Kesseldruck soll zweckmäßig stets so dicht an der höchsten zulässigen Dampfspannung gehalten werden wie möglich, weil der Wärmeaufwand mit der Druckzunahme nur sehr wenig ansteigt, dagegen die Dampfmaschine für die gleiche Leistung bei höherem Drucke be-

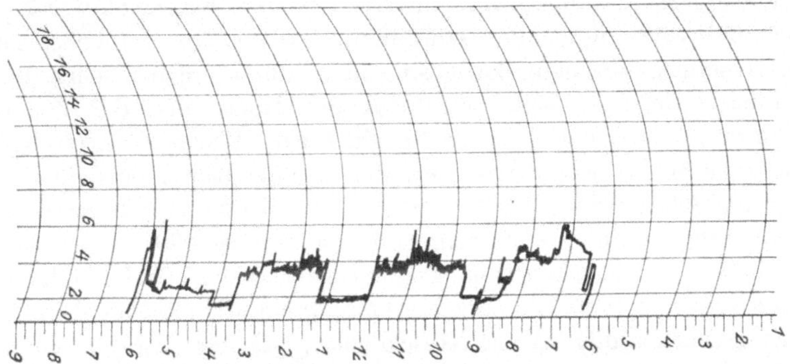

Abb. 75. Aufzeichnung eines Differenzzugmessers.

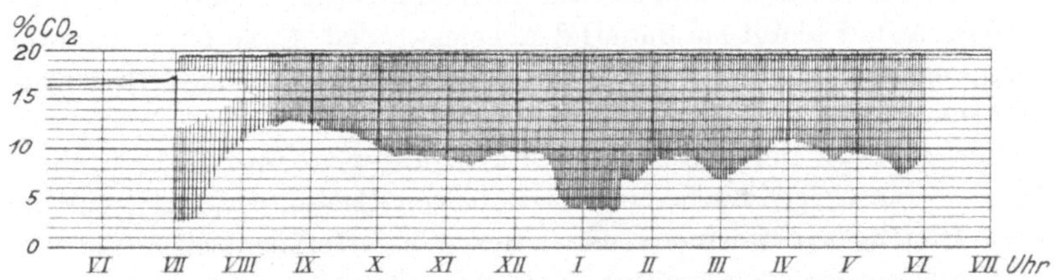

Abb. 76. Kohlensäuregehalt hinter dem Flammrohr bei Verfeuerung von Braunkohlenbriketten auf Stufenrosten (gehörig zu Abb. 75).

deutend weniger Dampf braucht. Auf den Wirkungsgrad der Kesselanlage selbst sind dagegen Druckschwankungen von 1—2 at ohne wesentlichen Einfluß.

Die Überhitzungstemperatur ist so hoch zu halten, daß an der Dampfmaschine gemessen mindestens noch schwach überhitzter Dampf ankommt, den die älteste Maschine noch verträgt; ist höhere Überhitzung zulässig, dann um so besser, weil mit zunehmender Dampftemperatur an der Maschine auch die Ersparnisse ansteigen. Im Mittel wird man bei guten Ventilmaschinen auf etwa 325—350° C gehen können, neuerdings bis 375°; bei Dampfturbinen noch wesentlich höher.

Für die feuertechnische Prüfung selbst kommt hauptsächlich die Messung der Temperaturen und die Bestimmung des Kohlensäuregehaltes der Verbrennungsgase sowie des Bestandteiles an unverbrannten Gasen in Frage. Über den Zusammenhang dieser Werte und über den Einfluß auf die Verluste im Kesselbetriebe siehe S. 201 und folgende sowie Abb. 30, 32, 33 usw. Die Temperaturmessungen ergeben in Verbindung mit der Ermittlung des Kohlensäuregehaltes rasch die Größe des Abgasverlustes (Abb. 30).

Man sollte deshalb gleich bei Neuanlagen eine hinreichende Zahl von Temperaturmeßstutzen in der Rohrleitung vorsehen. Geeignete Plätze sind hinter dem Überhitzer, vor der Dampfmaschine, vor Heizapparaten; bei langen Leitungen vor Austritt aus dem Kesselhause usf. Je länger und verzweigter die Dampfleitung ist, desto wertvoller sind diese Messungen, die dem Betriebsingenieur durch einen raschen Blick eine Einsicht in die Arbeitsverhältnisse der Anlage und den Zustand der Rohrumhüllung geben. Dasselbe gilt für die Warmwasserleitungen.

Im dauernden Betriebe werden sich Temperaturen einstellen, die den in den Schaubildern 32, 33 angegebenen Mittelwerten entsprechen; Schwankungen in den Fuchstemperaturen von 50—80° haben keine wesentlichen Bedeutungen, solange sie vorübergehend sind. Stellt sich dagegen eine dauernde Temperaturerhöhung ein, die man nicht auf zunehmende Verschmutzung des Kessels oder gestiegene Dampferzeugung zurückführen kann, so muß den Gründen der auffälligen Erscheinung nachgeforscht werden. Läßt sich die Fuchstemperatur einer Anlage nicht erniedrigen und bleibt sie dauernd über etwa 300° C, so ist stets zu erwägen, ob sich vielleicht die Abgase durch Einbau eines Rauchgasvorwärmers oder dgl. besser ausnutzen lassen.

Hier sei noch der aufzeichnenden Thermometer Erwähnung getan, die für viele Zwecke, wie Messung von Gastemperaturen vor und hinter Rauchgasvorwärmern usw., der Wassertemperaturen vor und hinter Speisewasservorwärmern, der Dampftemperaturen bei Austritt aus dem Kesselhaus und vor Eintritt in die Betriebsmaschine usw., wertvolle Dienste leisten. Man erhält ein fortlaufendes Schaubild, das Aufschluß über Tag- und Nachtbetrieb und seine Störungen bietet.

Den tiefsten Einblick in die Verbrennungsvorgänge gibt die Kenntnis der Zusammensetzung der Verbrennungsgase. Die Höhe des Kohlensäuregehaltes gewährt nämlich einen wichtigen Anhalt für den Betrieb. Für Stichproben benutzt man den bekannten Orsatapparat, welcher ermöglicht, eine Untersuchung in 2—3 Minuten auszuführen. Wünscht man eine dauernde Prüfung der Gaszusammensetzung, so empfiehlt es sich, einen Aspirator aufzustellen, welcher den ganzen Tag über Gase aufsaugt und sammelt. Eine Analyse mittels eines Orsatapparates bietet dann einen Mittelwert über die Verbrennung des ganzen Tages. Saugt man die Gase hinter dem Flammrohr beim Flammrohrkessel oder in den ersten Rohrreihen beim Wasserrohrkessel ab, so bekommt man ein einwandfreies Bild über die Güte der Verbrennung, da bis zu diesen Entnahmestellen hin noch keine Luft von außen eingezogen ist, welche die Verbrennungsgase verdünnte; hier sollen etwa 12—15 vH CO_2 vorhanden sein. Entnimmt man die Gase dagegen beim Austritt aus den Kesselzügen vor dem Schieber, hinter den Wasservorwärmern oder am Schornsteinfuße, so werden an diesen Stellen sich weniger Prozent Kohlensäure vorfinden, als weiter nach der Feuerung hin, weil durch die unvermeidlichen Undichtigkeiten des Mauerwerkes, der Schieber, Kratzerketten usf. Luft von außen eingetreten ist. Bei guten Einmauerungen soll der Unterschied an Kohlensäure zwischen Flammrohrende und Fuchs nicht mehr als 2—3 vH betragen; ist sie größer, so weist dies auf unzulässige Risse und Undichtigkeiten im Mauerwerk hin, was auch durch Auftreten eines erheblichen Temperaturabfalles festgestellt werden kann. Das beste Bild über die Verbrennungsvorgänge und eine Prüfung derselben gewinnt man durch Apparate, welche dauernde Aufzeichnungen des Kohlensäuregehaltes und der unverbrannten Gase[1]) ausführen. Sie arbeiten entweder so, daß sie bestimmte Gasmengen abmessen und in ein Gefäß mit Lauge drücken, worin die Kohlensäure aufgenommen wird — der Antrieb geschieht in diesem Falle durch Wasser —, oder sie benutzen Gaswägungen auf Grund des Umstandes, daß das spezifische Gewicht der Verbrennungsgase sich mit dem Kohlensäuregehalt ändert; neuerdings sind auch Apparate in den Handel gekommen, bei denen zwei Gasuhren die Gasmenge vor und nach der Aufsaugung der Kohlensäure messen, und andere, welche die Eigenschaften der Schwere und Zähigkeit der Gase beim Durchgang durch eine Düse und Kapillare sich zunutze machen. Die unverbrannten Gase, in der Hauptsache CO, werden in einer besonderen Verbrennungskapillare festgestellt.

Sehr bequem, weil wenig Wartung erfordernd, sind die elektrischen CO_2- und CO-Meßapparate, welche sowohl direkt den jeweiligen Befund anzeigen oder ebenfalls laufende Aufzeichnung ermöglichen.

Diese Gasprüfer schaltet man zweckdienlich in den gemeinsamen Gaskanal hinter den Wasservorwärmer ein, um auch die Wirkung der Undichtigkeiten desselben mit zu erhalten. Vorteilhaft ist es auch, hinter den Kesseln entlang eine Gasleitung zu legen mit Entnahmestellen hinter jedem einzelnen Kessel oder an sonst wünschenswerten Stellen, und den Gasprüfer umschaltbar zu machen, so daß man an beliebiger Stelle wechselnd prüfen kann. Dieses Wechselstück ist am besten verschließbar und verdeckt zu gestalten, damit die jeweilige Probestelle dem Wärterpersonale unbekannt bleibt, und nicht gerade nur der jeweils geprüfte Kessel besonders gut bedient wird, um gute Aufschreibungen zu

[1]) Haarmann, „Unvollkommene Verbrennung und Feuerungskontrolle." Feuerungstechnik 1922, Heft 16.

erhalten. Die Gasleitung selbst soll an jeder Abzweigung, jeder rechtwinkligen Umbiegung und an den Enden mit leicht herausschraubbaren Verschlußstücken (Doppel-T-Stücken usf.) versehen sein, damit der sich leicht ansetzende Staub, der mit dem Kondenswasser sonst eine feste Kruste bildet und die Rohre zusetzt, gut ausgeblasen werden kann. Die Entnahmerohre legt man zweckmäßig mit einer Neigung nach außen, weil bei umgekehrter Neigung das sich bildende Kondenswasser verdampft und mit dem Flugstaube zusammen bald die Rohre sich mit einer Kruste vollsetzen.

In Abb. 77—82 sind eine Anzahl solcher Schaubilder dargestellt, die an gut und schlecht eingestellten Feuerungen aufgenommen wurden. Man erkennt an dem ersten Schaubilde 77, welches einer Planrostfeuerung entstammt, jedes Kohlenaufwerfen, das sich durch eine Spitze bemerkbar macht. Die anderen Bilder sind an Schüttfeuerungen aufgezeichnet. Schaubild 78 entspricht einer Halbgasfeuerung, auf der Brikette verarbeitet wurden; da dieselben rasch abbrennen und schnell Lücken bilden, durch die kalte Luft eintritt, sind Spitzen im Bilde bemerkbar; die Brikette wurden durch eine Absperrklappe immer zeitweise aufgefüllt. Der Rost war zu groß, daher der niedrige CO_2-Gehalt. Abb. 79 zeigt an, daß der verwendete Stufenrost, der für minderwertige Braunkohle bestimmt war, für Verfeuerung von Briketten mit Braunkohlen zu groß ist, daher der geringe CO_2-Gehalt. Abb. 80 zeigt den Betriebszustand auf derselben Feuerung, nachdem der Rost für Brikette entsprechend verkleinert wurde. Abb. 81 veranschaulicht die Verbrennungsvorgänge auf demselben Stufenroste bei Verfeuerung von Steinkohlenschlamm in Mischung mit Briketten und Braunkohle, Abb. 82 die Vorgänge auf einem Muldenroste für Braunkohle von 2700 kcal (vgl. Abb. 17 und 18). Kennzeichnend für die Schaubilder an Schüttfeuerungen und Muldenrosten ist das gleichmäßig verlaufende Bild das nur leichte wellenförmige Schwankungen enthält infolge der gleichmäßigen selbsttätigen Beschickung. Gibt man indes von Zeit zu Zeit größere Mengen auf, oder wird ein Brennstoff verarbeitet, der zum Festhängen und Festbacken neigt, so werden die Bilder spitzer, wenn auch immer noch in viel längeren Pausen als bei Handfeuerungen. Mittagspausen, unzulässiges Abbrennen oder zu hohes Auffüllen des Rostes usw. machen sich in solchen Schaubildern stets bemerkbar.

Man kann diese Aufzeichnungen benutzen, um mit dem Heizer eine Prämie[1]) zu vereinbaren für gute Bedienung der Feuerung. Die Berechnung derselben kann so vorgenommen werden, daß man einen mittleren Kohlensäuregehalt, am gemeinsamen Fuchse gemessen, zugrunde legt, der im Mittel des Tages nicht unterschritten werden darf, z. B. 10 vH. Bleibt das Tagesmittel darunter, so erhält der Heizer nichts;

[1]) Z. B. Mittels der „Abgaßverlustzähler“; E. Brettling und H. Grüß: „Eine praktische Methode zur Ermittlung von Heizerprämien“.

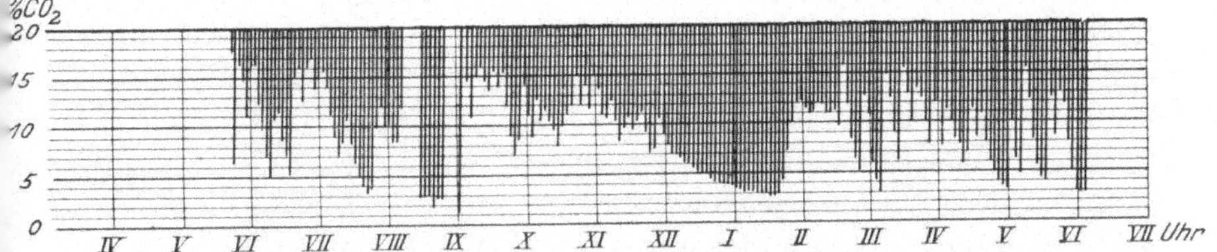

Abb. 77. Braunkohle und Braunkohlenbrikette auf Planrost.

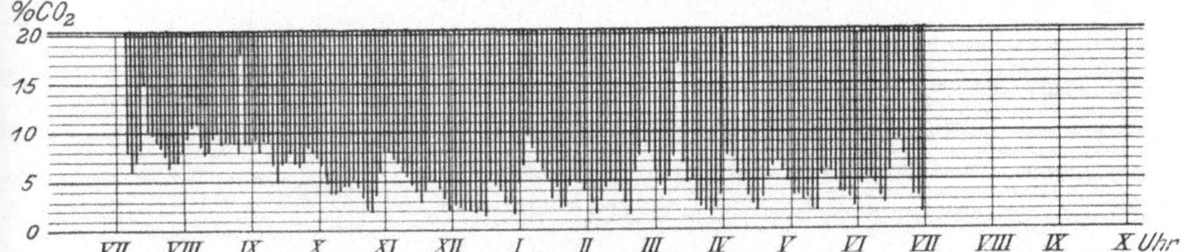

Abb. 78. Braunkohlenbrikette auf Halbgas-Schrägrost; zeitweise Beschickung. Rost zu groß.

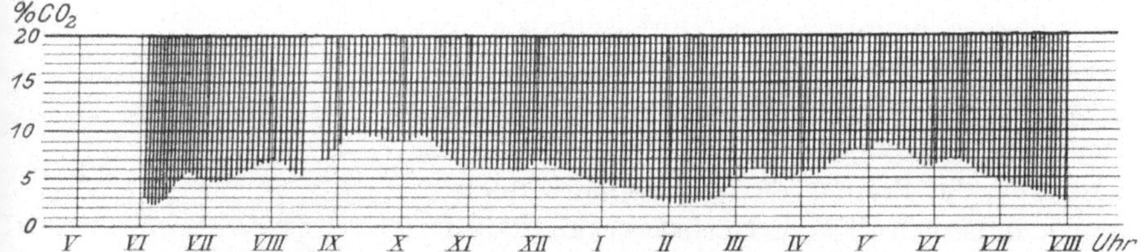

Abb. 79. Braunkohlen und Braunkohlenbrikette auf Stufenrost. Rost zu groß.

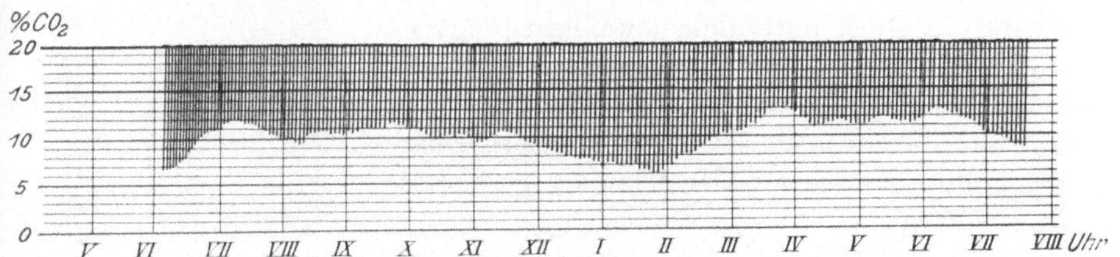

Abb. 80. Braunkohle und Braunkohlenbrikette auf Stufenrostfeuerung. Rost besitzt richtige Größe.

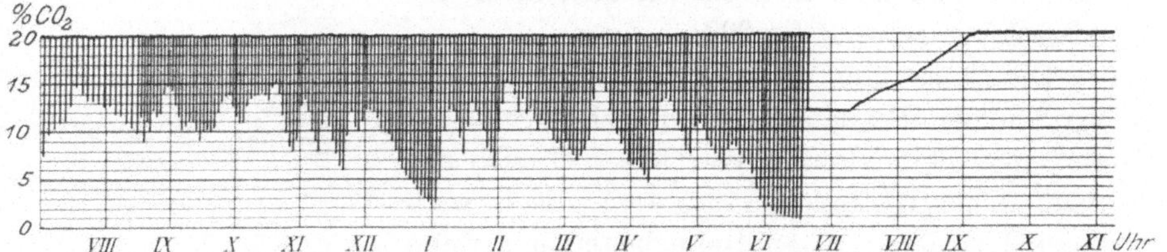

Abb. 81. Mischung von Steinkohlenschlamm, Braunkohlen und Braunkohlenbrikette auf Stufenrostfeuerung.

Abb. 77 bis 81. Schaubilder des Kohlensäuregehaltes hinter dem Flammrohr eines Einflammrohrkessels.

bleibt es darüber, so erhält er eine gewisse Prämie, die für 1 h zwischen 10 und 11 vH CO_2 z. B. 2—3 Pf. beträgt und mit höheren Mittelwerten ansteigt bis zum Höchstwerte bei 13 vH CO_2 mit etwa 5—6 Pf.

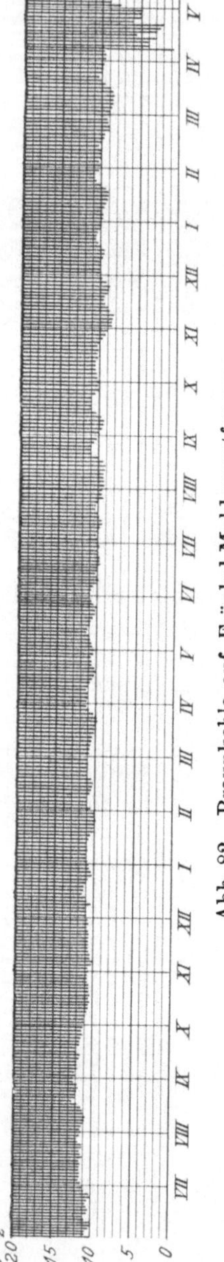

Abb. 82. Braunkohle auf Fränkel-Muldenrostfeuerung.

Höhere Werte zuzulassen empfiehlt sich nur, wenn zugleich CO aufgezeichnet wird, da sonst leicht Kohlenoxyd sich in den Gasen findet (vgl. S. 176), weil die Heizer, durch die Prämie angereizt, gern einzelne Kessel mit Luftmangel arbeiten lassen, um ein hohes Ergebnis zu erzielen.

Man kann auch die über einen gewissen mittleren Betriebszustand hinaus erzielte Kohlenersparnis zur Grundlage der Prämie machen, indem man den Heizer z. B. mit 2—4 vH am Gewinne teilnehmen läßt. Der Hamburger Verein für Feuerungsbetrieb und Rauchbekämpfung verwendet einen Rauchgassauger, der die ganze Betriebszeit hindurch eine Durchschnittsprobe ansaugt, die dann mit dem Orsatapparat auf CO_2 und $CO_2 + O_2$ untersucht wird. Mit steigendem CO_2-Gehalt wächst die Kohlenersparnis, also auch die Prämie, an bis zu einem Höchstwerte; dabei soll aber der Höchstwert an $CO_2 + O_2$ entsprechend der Zusammensetzung der Kohle (vgl. Abschnitt 10, S. 152ff.) erreicht werden. Bleibt $CO_2 + O_2$ unter dem jeweiligen $(k_s)_m$, so sind unverbrannte Gase vorhanden, die die Kohlenersparnis herabsetzen. Es ist dann für diesen Fall ein Abzug von der Prämie zu machen. Diese Zahlentafel ist für jede Kesselanlage gesondert zu ermitteln.

Als Beispiel[1]) seien Zahlentafel 114 und 115 hergesetzt für einen Brennstoffverbrauch von etwa 7000 kg in 12 h, Preis für 1000 kg 28 M., Abgastemperatur 315—290°.

Die Aufstellung der zweiten Zahlentafel 115 wird in den Betrieben oft auf Schwierigkeiten stoßen, weil die Summe von $CO_2 + O_2$ sich nur dann sicher bestimmen läßt, wenn die verwendeten Lösungen einwandfrei arbeiten, und wenn die selbsttätigen Apparate auch CO aufzeichnen.

[1]) Ztschr. f. Dampfk. u. M. 1908, S. 169.

Man wird sich daher mit der ersten Zahlenreihe meist begnügen können, wenn man die Vorsicht gebraucht, daß über einen bestimmten CO_2-Gehalt hinaus, der je nach Kohle und Anlage etwa 12—13,5 vH betragen soll, gemessen im gemeinsamen Fuchs, nicht gearbeitet werden darf[1]). Ein anderes Verfahren[2]) gründet die Heizerprämie auf den Schornsteinverlust (Abwärme und unverbrannte Gase) und bestimmt den Verlust durch die Rauchgasanalyse im Schornstein.

Zahlentafel 114.

1. Prämie nach dem CO_2-Gehalt der Abgase bzw. nach der Größe des Abwärmeverlustes.

Durchschnitts-kohlensäuregehalt der Abgase	Unterschied in der Ausnutzung	Brennstoff-Weniger-Verbrauch		Gewinn in der Schicht	Prämie 2 bis 4 vH d. Gewinnes
vH	vH	vH	kg	M.	M.
7,5	—	—	—	—	—
8,0	1,9	3,0	210	5,90	0,10
8,5	3,7	5,7	399	11,16	0,20
9,0	5,2	7,8	546	15,30	0,30
9,5	6,6	9,7	679	19,0	0,40
10,0	7,8	11,2	784	21,9	0,50
10,5	8,9	12,6	882	24,6	0,60
11,0	9,9	13,8	966	27,0	0,80
11,5	10,8	14,9	1043	29,2	1,00
12,0	11,7	16,0	1120	31,4	1,20

Zahlentafel 115.

2. Abzug nach dem Gehalt der Abgase an $CO_2 + O_2$ bzw. nach der ungefähren Größe der Verluste durch unvollkommene Verbrennung bei einem mittleren CO_2-Gehalt von 10 vH.

Mittlerer Gehalt an Kohlensäure und Sauerstoff	Rückgang in der Ausnutzung	Brennstoff-mehrverbrauch		Verlust in der Schicht	Abzug von der Prämie etwa 2—4 vH des Verlustes
vH	vH	vH	kg	M.	M.
19,0	1,2	1,8	126	3,54	0,04
18,8	2,4	3,6	252	7,06	0,10
18,6	3,6	5,5	385	8,00	0,20
18,4	4,8	7,5	525	14,70	0,40
18,2	6,0	9,5	665	18,60	0,70
18,0	7,2	11,8	826	23,20	1,00

Für die Messung der Dampfmenge selbst werden Dampfmesser[3]) benutzt, die darauf beruhen, daß der Druckabfall vor und

---

[1]) Ein zweites Verfahren siehe Redenbacher, Ztschr. d. Bayer. Rev.-V. 1913, S. 1.

[2]) Hamburger Verein für Feuerungsbetrieb und Rauchbekämpfung.

[3]) Weiteres siehe: Einiges über Dampfmesser. Claaßen, Z. V. d. I. 1918, S. 521. Röver, Z. V. d. I. 1919, S. 100.

hinter einem in die Dampfleitung eingebauten Drosselflansche $(p - p_1)$ ermittelt und daraus die durch die Öffnung der Drosselstelle f strömende Dampfmenge D errechnet wird aus:

$$D = k \cdot f \cdot \sqrt{(p - p_1) \cdot \gamma} \quad \ldots \ldots \ldots \quad 149)$$

Darin ist γ das spez. Gewicht des Dampfes und k eine Erfahrungszahl. Die Apparate geben je nach der Eichung die sekundlich oder stündlich durchströmende Dampfmenge an, zeichnen sie fortlaufend auf oder zeigen, als Dampfuhr eingerichtet, die erzeugten Kilogramm Dampf. Man kann mit ihnen also den Dampfbedarf jedes beliebigen Leitungsstranges jeder Abteilung oder Maschine feststellen. Sie geben durch ihre fortlaufenden Aufzeichnungen tiefe Einblicke in die Arbeitsweise des Betriebes über die fortgesetzten Schwankungen des Dampfbedarfes, sind daher unerläßlich zur Beurteilung der Frage, ob z. B. ein Dampf-

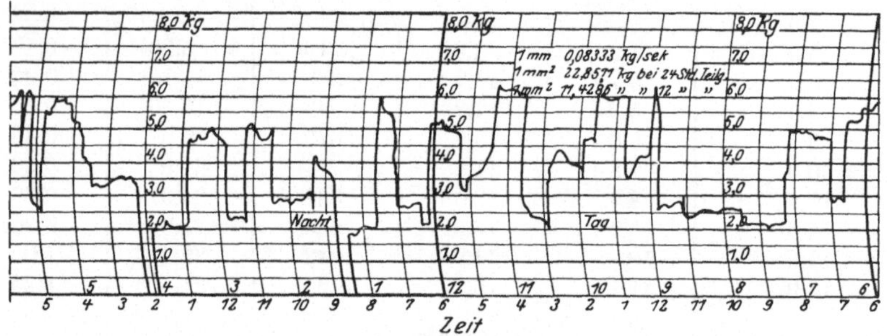

Abb. 83. Dampfmesser-Diagramm einer Kocherei in einer Zellulosefabrik.

speicher angebracht ist, ob Gegendruck- oder Zwischendampfentnahme stattfinden kann usf. Abb. 83 zeigt ein solches Dampfdiagramm einer Zellstoffkocherei mit den Schwankungen des Dampfbedarfes, der stundenweise das 3fache des niedrigsten Wertes annimmt.

Die Prüfung auf unverbrannte Gase wird mit Hilfe der Abb. 26, 27 und 29 nach dem auf S. 159 angegebenen Verfahren am leichtesten auszuführen sein. Unverbrannte Gase in Mengen über 1 vH dürfen im wirtschaftlichen Betriebe bei Handfeuerung nur kurz nach dem Aufwerfen von frischer Kohle auftreten und dann auch nur ganz kurze Zeit; entsprechende Einführung von Zusatzluft beschränkt ihre Bildung auf das geringste Maß. Durch eine zu dicke Brennschicht wird stets die Kohlenoxydbildung begünstigt; sie ist so gut wie sicher vorhanden, wenn, vom Kesselende aus betrachtet, sich eine dicke, schwere, mit dunklen Wolken durchsetzte Flamme durch das Flammrohr wälzt, oder wenn der Kohlensäuregehalt, hinter dem Flammrohre gemessen, höher als 15 vH ist. Eine richtige kohlenoxydfreie Flamme, die auch keinen Anlaß zum Rauchen gibt, soll nicht ganz weiß sein, sondern rot bis gelb; sie muß, abgesehen von den Fällen bei ganz mageren Kohlen und Koks, lang und voll sein und wirbelnde Bewegungen machen. Ein kurzes, abgerissenes, flatterndes Aussehen der Flamme, die den Querschnitt des Flammrohres nicht füllt, deutet stets auf eine zu dünne Kohlenschicht und Luftüberschuß hin; dabei tritt eine Rauchbildung allerdings nicht ein, jedoch auf Kosten der Wirtschaftlichkeit.

Doch genügt die Beobachtung der Flamme, der man vom Kesselende entgegensieht, obwohl sie für den Sachkundigen einen guten Anhalt bietet, allein nicht für die richtige Prüfung des Feuers, ein sicheres Mittel gibt erst die Gasuntersuchung.

Naturgemäß sollte allen diesen Beobachtungen ein Heizversuch vorausgehen und eine zuverlässige Bestimmung des Heizwertes der verwendeten Kohlen, um für die Kesselanlage die mittleren erreichbaren Wirkungsgrade und die unvermeidlichen Verluste kennenzulernen. Man bildet dann aus den ermittelten Werten den Preis für 1000 kg Dampf (Formel 40) und besitzt an dieser Zahl einen Wertmesser für die Güte der Anlage. Zweckmäßig ist es auch, von Zeit zu Zeit den Heizwert der Kohlen bestimmen zu lassen zwecks Prüfung gleichmäßiger Kohlenlieferungen und die Wärmepreise (vgl. Formel 39) der verschiedenen in Wahl stehenden Brennstoffe zu berechnen.

Diese Heizversuche indessen sollten möglichst unter den gleichen Bedingungen, wie sonst auch der Betrieb geführt wird, vorgenommen werden und nicht unter besonders vorteilhaften, eigens hergestellten Belastungsverhältnissen. Man bekäme sonst ein schiefes, zu günstig gefärbtes Bild der Arbeitsweise. Selbstverständlich ist während der Versuche durch sorgfältiges Beobachten der Einzelwerte eine vorteilhafte Bedienung einzustellen, sollen doch auch diese Versuche dazu dienen, das Heizpersonal auf wirtschaftlichste Betriebsführung einzulernen.

Der gleiche Grundsatz gilt für die nach Fertigstellung einer Neuanlage oder Erweiterung vorzunehmenden Abnahme- und Garantieversuche. Ein sogenannter Paradeversuch, unter möglichst hochgeschraubten Bedingungen für den Lieferer, dient gewöhnlich nur zur Selbsttäuschung, da ja diese mit allen Kunstgriffen und von besonderem Personal unter günstigsten, im Betriebe sonst kaum eintretenden Bedingungen ausgeführten Versuche kein wahres Bild der Betriebsmöglichkeit ergeben. Und das soll ja gerade ein Heizversuch anstreben. Auch überscharfe Garantiebedingungen, die zu Sonderbauarten führen, haben, unter diesem Gesichtspunkte betrachtet, keinen praktischen Wert.

Im Auge ist bei all diesen Maßnahmen zu behalten, daß sich die Prüfung in erster Linie auf das Gesamtergebnis zu richten hat, also auf die Endwerte, da diese den Gesamtwirkungsgrad im Jahresdurchschnitt (den Wirkungsfaktor vgl. S. 199) hauptsächlich bedingen. Die Einzelmessungen sollen die jeweilige Betriebseinstellung ermöglichen und Anhalt geben zur Auffindung und rechtzeitigen Abstellung eingeschlichener Übelstände.

Jedenfalls wird es sich stets im Betriebe lohnen, je nach den verfügbaren Kräften, das eine oder das andere obiger Prüfverfahren auf die Dauer einzurichten, denn wie bei allen verwickelten technischen Vorgängen, kann man nur durch dauernde Beobachtungen Einblick in die Arbeitsweise der Anlage gewinnen und den Kesselbetrieb nach wirtschaftlichen Grundsätzen führen.

39. Winke für Kohlenersparnis.

Trotzdem an allen geeigneten Stellen bereits auf zweckmäßige Maßnahmen zur Führung eines wirtschaftlichen Betriebes hingewiesen ist, so sei hier nochmals kurz darüber im Zusammenhange gesprochen. Vorausgesetzt sei eine bereits gut ausgestattete Anlage.

1. Man schenke der Feuerbedienung besondere Aufmerksamkeit und sorge für einen gewissenhaften Heizer. Der Rost muß stets genügend mit Brennstoff bedeckt sein, auch hinten, wo er schneller abbrennt und wo Asche und Schlacke liegt. Je stärker der Zug ist, desto höhere Kohlenschicht ist erforderlich, und je feiner das Korn ist, desto niedrigere. Man wirft am besten wenig und oft Kohle auf; wird auf einmal viel Brennstoff aufgegeben, so braucht er längere Zeit zur Entzündung, schwelt, raucht und bildet Ruß. Die Feuertür öffne man so selten und kurz als möglich. Ist der Rost für zeitweilige Belastung zu groß, so kann man sich bei Planrosten durch reichliches Bedecken des hinteren Teiles mit Asche und Schlacke helfen oder durch Abmauern mit Schamottesteinen. Minderwertige, staubförmige oder Gruskohle verfeuert man am besten mit Ventilatorunterwind, falls der erforderliche hohe Schornsteinzug nicht vorhanden ist; das ist gewöhnlich billiger, als wenn die gesamten Gase abgesaugt werden. Starker Wind treibt aber leicht viel unverbrannten Flugkoks in die Züge, was einen erheblichen Verlust bedeuten kann. Dampfgebläse für Unterwinderzeugung verbrauchen viel Dampf (bis 9 vH), verursachen außerdem störendes Geräusch. Stark backende oder fließende Kohle, die den Rost leicht mit zäher, flüssiger Schlacke verlegt und Luftmangel hervorruft, kann leichter verfeuert werden, wenn man durch ein Rohr mit Zweigrohren von etwa $1/2''$, die mit feinen Löchern ausgestattet sind, etwas Dampf unter den Rost leitet; der Dampf kühlt den Rost, hindert die Schlacke am Verschmelzen, hält das Feuer locker, erleichtert das Abschlacken und trägt zur Schonung des Rostes bei. Auch wassergekühlte Hohlroste verfolgen denselben Zweck.

Die Herdrückstände enthalten oft 30—40 vH und mehr brennbare Bestandteile, weil die Rostspalten zu weit sind oder Asche und Schlacke zu früh herausgeholt oder, z. B. bei Wanderrosten, zu rasch abgestoßen werden. Bei Schrägrosten ist oft eine falsche Einstellung der Rostneigung daran schuld, daß zu viel unverbrannte Kohle auf den Schlackenrost kommt und von diesem heruntergezogen wird. Man sorge für Abhilfe; sonst hat man dauernde Verluste. Die Rückstände kann man durch ein Sieb werfen und das Unverbrannte nochmals verfeuern, am besten auf Unterwindrosten. Bei großen Schlackenhalden und großen Kesselanlagen lohnt sich unter Umständen eine Aufbereitung der Schlacken auf nassem oder trockenem Wege.

2. Der Dampfverbrauch der Maschinen ist so niedrig als möglich zu halten. Man arbeite deshalb stets mit dem höchsten Kesseldruck und hoher Überhitzung, dann laufen die Maschinen am sparsamsten; durch Indizieren der Maschinen von Zeit zu Zeit überzeuge man sich vom Zustande der Steuerung, von der Dichtigkeit des Dampfkolbens usf. und stelle gefundene Fehler rasch ab. Kleine Dampfmaschinen für Hebezeuge, Pumpen usf., sogenannte Dampffresser, ersetze man durch elektrischen Antrieb. Überhaupt achte man in den Werkstätten darauf, daß unnötiges Leerlaufen von Maschinen, Wellensträngen u. dgl. vermieden, kein Dampf oder heißes Wasser verschwendet wird u. dgl. mehr.

3. Man vermeide peinlichst alle Dampf- und Wärmeverluste, ebenso alle Gas-, Luft-, Zug- und Wasserverluste, auch da, wo sie nur unwesentlich erscheinen. Die Verluststellen können unzählige sein, z. B. undichte Flanschen, Stopfbüchsen, Packungen, Kondenstöpfe, Hähne, Ventile, Fehlen von Reduzierventilen, so daß der Dampf höher gespannt als notwendig in die Leitungen eintritt, Ventile oder Hähne am Schlusse von Heizungen (an Stelle von Kondenstöpfen), die offengehalten werden, „damit es besser heizt" und die Kondensate ablaufen können, fehlende Isolierung und anderes mehr; das sind Verlustquellen, durch deren Summierung sehr große Werte verlorengehen (vgl. S. 188 über Abkühlung und S. 324).

Bei reichlichem Kondensatanfall stellt man eine Rückspeiseanlage auf. Austretender Dampf näßt unter den Verpackungen, verdirbt dieselben und kühlt ab. Abblasen der Sicherheitsventile und Offenhalten der Hähne an den Dampfmaschinen und Pumpen ist zu vermeiden. Alles rissige Mauerwerk ist am besten durch Ableuchten mit einer Kerze auf Luftdurchtritt zu untersuchen und abzudichten; ebenso undichte Schieber. Gern werden auch die Durchdringungsstellen des Kessels durch das Mauerwerk, die Austrittsstellen der Überhitzerschlangen und der Vorwärmerrohre schadhaft und lassen kalte Luft in die Züge hinein. Diese wirkt abkühlend, verringert dadurch die Wärmeabgabe am Kessel, Überhitzer und Vorwärmer, belastet unnütz die Kanäle und vermindert den Zug. Außerdem erfahren dadurch während der Pausen und des Nachts das Kesselmauerwerk und der Kesselinhalt eine Abkühlung, der Dampfdruck sinkt unnötig viel und der Kohlenverbrauch zum Anheizen und für Leerlauf steigt; Leerlaufverluste werden verhältnismäßig um so kleiner, je länger die Arbeitszeit und voller die Beschäftigung ist. Eine durchlaufende Arbeitszeit, die bei achtstündiger Arbeitsschicht leicht möglich ist, verringert die Leerlaufverluste und erspart die Wärmeabgabe für Heizung in den Pausen sowie Kraft für Lichtstrom in den gewonnenen Abendstunden.

4. Restlose Ausnutzung aller Abdämpfe, Abwärme und Abgase ist anzustreben; heiße Abwässer, sofern sie rein sind, sollen wieder verspeist werden, am besten unter Druck; unreine Abwässer können in Rohrschlangen zur Wassererwärmung dienen, ebenso überschüssige Abdämpfe. Mittel dafür sind unter Abschnitt VI angegeben,auch zur Verwertung des Auspuffdampfes, Zwischendampfes und der Abhitze.

5. Alle Heizflächen müssen innen und außen sauber gehalten werden. Belag von Asche, Schlamm, Kesselstein und Glanzruß behindert den Wärmedurchgang (vgl.Abschnitt 35); deshalb sind die Kessel rechtzeitig zu reinigen sowie Wasserrohre, Überhitzer und Vorwärmer öfters abzublasen. Die Wasserreinigungsanlage muß unter scharfer Auf sicht gehalten werden, damit hier schon die Schlammabsonderung vor sich geht und nicht erst im Kessel; aus diesem ist die Entfernung teuer, und viel Bodenschlamm erfordert öfteres Öffnen der Schlammablaßventile, was wieder einem vermehrten Wärmeverluste gleichkommt.

6. Gleichmäßige Kesselbelastung muß, soweit angängig, durch geeignete Verteilung der Arbeiten und der Dampfabgabe angestrebt werden; starker, schneller Wechsel in der Belastung wirkt sehr ungünstig auf den Kohlenverbrauch ein, besonders wenn die Feuerung nicht so rasch folgen kann; bei plötzlicher Abnahme der Belastung ist der Rost noch unter starkem Feuer, der Kesseldruck steigt dann, die Ventile blasen ab, und der Heizer öffnet die Feuertüren und reißt die Glut herunter, um die Dampfspannung zum Sinken zu bringen. Unter Umständen sind zum Ausgleich Dampfspeicher am Platze; ebenso ist zu geringe Belastung verlustbringend, weil die unvermeidlichen Verluste im Verhältnis zur Leistung zu groß werden.

7. Das Speisen der Kessel soll möglichst gleichmäßig erfolgen. Überspeisen ist zu vermeiden, weil bei zu hohem Wasserstande leicht Wasser und Schlamm in die Leitungen gerissen wird (vgl. Abschnitt 16c).

8. Der Brennstoff ist trocken zu lagern. Schnee und Nässe bewirken Zerfall des Brennstoffes, verschlechtern das Anbrennen, da ja das Wasser erst verdampft werden muß, und begünstigen Rauch- und Rußbildung.

9. Es sollte in jeder Anlage eine ihren Verhältnissen und ihrer Größe angepaßte laufende Kesselhausüberwachung mit Meßapparaten eingerichtet werden.

40. Unkostenaufstellung des Kesselhausbetriebes.

Zum Schluß sei noch auf den Wert laufender Kostenaufstellungen hingewiesen, welche den gesamten Kesselhausbetrieb nebst allen zugehörigen Kosten umfassen; diese Aufstellungen verursachen, einmal eingerichtet, nur wenig Mühe; man wählt je nach dem Bedürfnis die Form täglicher, wöchentlicher oder monatlicher Betriebsnachweise, die halbjährlich oder jährlich durch Aufstellung der gesamten, außerhalb des Kesselbetriebes liegenden allgemeinen Unkosten ergänzt werden. Das Kesselhaus ist wie jede andere Abteilung eines größeren Werkes gewissermaßen als ein gesondertes Unternehmen zu betrachten, dessen einzige Aufgabe darin besteht, den erforderlichen Dampf völlig sicher und so billig als möglich zu liefern. Den einzig richtigen Maßstab dafür bietet der Preis für 1000 kg Dampf, wie er aus dem Kesselhause abgegeben wird; ob die Dampfanlage groß oder klein ist, bleibt für diese Betrachtung gleichgültig; der Wert der Kostenaufstellungen wächst naturgemäß mit der Größe und Zahl der Kesselanlagen; diese Unkostenberechnungen erst bieten einen genauen Einblick in die Arbeitsweise und zeigen den Wert der auf die Kesselanlage verwendeten Mühe des Ingenieurs. Man gewinnt durch sie eine rasche Übersicht über die Unregelmäßigkeiten, die sich einschleichen, man beobachtet den Erfolg oder Schaden getroffener Maßnahmen, kann die Zusagen der liefernden Firmen prüfen und ermessen, wie weit die durch einen sachgemäß ausgeführten Heizversuch festgestellten günstigsten Arbeitsverhältnisse im Dauerbetriebe eingehalten werden.

Es lassen sich die Unkosten folgendermaßen anordnen:

1. Löhne für Heizer, Pumpenwärter, Kesselreinigung, Kohlentransporte, Aschenabfuhr, Wasserreinigung usw.

2. Verbrauchsstoffe, wie Wasser, Kohle, Packungen, Chemikalien für Kesselreinigung, Gas, Öl, elektrischer Strom für Kraft und Beleuchtungszwecke, kleinere Ersatzstücke usw.

3. Allgemeine Verteilungskosten, wie Gehaltsanteile der Beamten, Feuerversicherung, Revisionskosten, Anteil der Generalunkosten des ganzen Unternehmens usw.

4. Besitzkosten, bestehend aus Abschreibung und Verzinsung des Grund und Bodens sowie sämtlicher zum Kesselhausbetriebe gehöriger Gebäude, Maschinen, Apparate, Kessel, Vorwärmer und sonstiger Einrichtungen.

Man kann nun je nach Belieben und Bedarf die einzelnen Hauptgruppen mehr oder weniger auseinander- oder zusammenziehen. Gruppe 1 und 2 bezeichnet man für gewöhnlich mit „Betriebskosten“ und begnügt sich mit deren Feststellung, was durchaus ungenügend ist. Wenn man sich der Mühe unterzieht, einmal die unter 3 und 4 aufgeführten Unkosten zusammenzustellen, so wird man über die Höhe des Anteiles derselben an den Gesamtkosten gewöhnlich recht erstaunt sein. Gruppe 4 pflegt etwa 15—30 vH der Betriebskosten auszumachen. Die beiden letzten Gruppen umfassen die sogenannten „festen Kosten", die sich dauernd in gleicher Höhe bewegen, mag die Anlage voll oder wenig beansprucht sein, einen hohen oder schlechten Wirkungsgrad, eine lange oder kurze Betriebsdauer besitzen.

Es ist einleuchtend und soll an Hand des nachstehend besprochenen Beispieles gezeigt werden, daß die Betriebskostenfrage in weitestem Maße abhängig von der Betriebsdauer und den Belastungsverhältnissen der Anlage ist. Man hat in bezug auf die Betriebsdauer zu unterscheiden:

1. Betriebe, die Tag und Nacht durcharbeiten,
2. Tagesbetrieb,
3. zeitweiligen Betrieb.

Außerdem in Hinsicht auf die Belastung:

a) gleichmäßige Belastung,
b) schwankende Belastung,
c) Pendelbelastung.

Ferner ist von Bedeutung die im Betriebe vorkommende kleinste und höchste Belastung sowie die wirtschaftliche Durchschnittsbelastung. Die verschiedensten Beziehungen ergeben sich hieraus.

Am günstigsten arbeitet eine Anlage, die Tag und Nacht in Betrieb (1) und gleichmäßig belastet ist (a), wie etwa bei Bergwerksbetrieben, Mühlen, Papierfabriken u. dgl. In solchen Fällen ist man in der Höhe der Anlagekosten am unbeschränktesten, und Unkosten, Gruppe 3 und 4, haben gegenüber den Gesamtkosten nur einen geringen Anteil. Mit fallender Betriebsdauer steigt indes dieser Betrag.

Bei Tagesbetrieb (2) und gleichmäßiger normaler Belastung (a) fallen demnach die Baukosten, dementsprechend auch die Besitzkosten, sowie die Generalunkosten schon wesentlich mehr ins Gewicht. Dieser verteuernde Einfluß steigt noch weiter, je mehr ungünstige Umstände hinzutreten, wie schwankende Belastung, Pendelbelastung, unterbrochener Betrieb oder dauernde Unterbelastung des Betriebes, wie ihn z. B. eine auf Zuwachs gebaute Anlage besitzt. An Hand der Abb. 84 kann man diese Verhältnisse sich verdeutlichen. Auch das Kohlenkonto aller durch Nacht- und Mittagspausen unterbrochenen Betriebe ist naturgemäß höher als bei sonst gleichartigen Dauerbetrieben. In den Pausen geht ein Teil der im Kessel und Mauerwerk aufgespeicherten Wärme verloren und muß durch erneutes Anheizen wieder ersetzt werden. Der Wirkungsfaktor aller stark wechselnden oder durch lange Pausen unterbrochenen Betriebe wird daher durch diese Umstände ungünstig beeinflußt.

Bei gemischten Betrieben, z. B. wenn die Hauptkraft des Werkes von gekaufter Elektrizität geliefert wird und das Kesselhaus nur noch als Ausgleich und Aushilfe dient, kann es sogar vorkommen, daß die Unkosten von Gruppe 4 höher sind als von Gruppe 2.

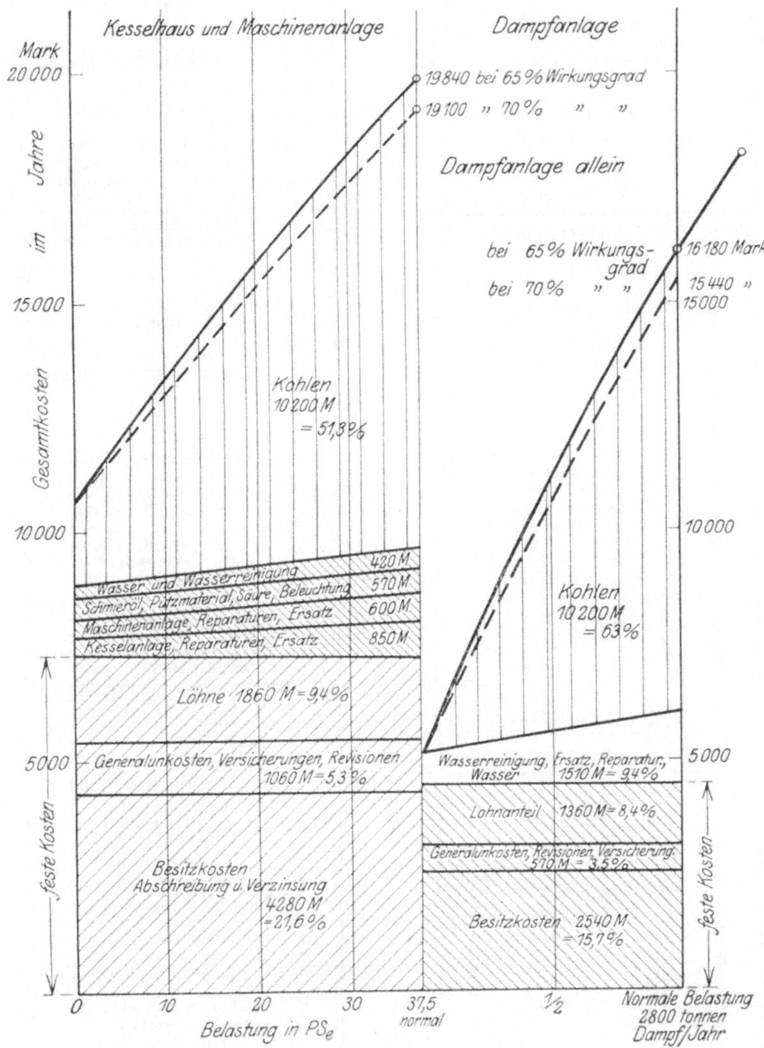

Abb. 84. **Jahresunkostenaufstellung.**

In beigefügter Aufstellung 116 sind die Kesselhausselbstkosten möglichst vollständig angeführt; jeder kann daraus für seinen Bedarf die betreffenden Posten entnehmen oder beliebige, für den jeweiligen Betrieb wichtige Posten einfügen.

Zahlentafel 116.

Kesselhausbetriebskosten.

Gruppe	Spalte	Einheit
Monat/Jahr		
Betrieb		
Leistung des Betriebes	an elektrischem Strom	100 kW/h
	Hierher kommt eventuelle Produktion	
Kesselhaus		
Allgemeine Angaben aus dem Kesselbetrieb	vorhandene: Kessel	
	vorhandene: Insgesamt Heizfläche	m²
	dav. im Betrieb: Kessel	
	dav. im Betrieb: Insgesamt Heizfläche	m²
	Dampfüberdruck	at
	Kesselbetriebsstunden (Kessel in Betrieb mal Betriebsstunden)	
	Kohlenheizwert	kcal
	Wirkungsgrad	vH
	Speisewassertemperatur	°C
	Abgastemperatur (gemeinsame)	°C
	Überhitzertemperatur	°C
	Erzeugte Dampfmenge	t
	Kohlenverbrauch	kg
Löhne	Kesselwärter	M.
	Aschefahrer	M.
	Speisepumpen und Wasserreinigung	M.
	Kesselreinigung bzw. Anstrich	M.
	Züge und Flugaschenreinigung	M.
	Unterhaltung der Pumpen und Wasserreinigung	M.
	Außerordentliche Unterhaltungsarbeiten	M.
	Sonstige Löhne	M.
	Summe	M.
	Durchschnittliche Löhne für 1 t Dampf	M.
Verbrauchsmaterialien	Kohle, 1 t = M. frei Kesselhaus	M.
	Wasser, 1 m³ = Pf.	M.
	Eisen, Holz, Mauersteine (lfd.)	M.
	Schmier- und Liderungsmaterial	M.
	Speisewasserreinigung	M.
	Kesselanstrich (innerer)	M.
	Apparate, Geräte, Handwerkszeug	M.
	Beleuchtung	M.
	Kraftstrom	M.
	Größere Ersatzteile	M.
	Summe	M.
	Durchschnittl. Materialkosten für 1 t Dampf	M.
	Durchschnittliche Betriebskosten (Löhne und Materialien) für 1 t Dampf.	M.
Allgemeine Kosten	Revisionskosten	M.
	Reparaturen und Versuche	M.
	Feuerversicherung	M.
	Versicherung der Arbeiter und Beamten, Unfall, Invalidität, Haftpflicht	M.
	Gehaltsanteile der Beamten	M.
	Generalunkosten, Haupt- u. Betriebsbureau	M.
	Sonstiges	M.
	Summe	M.
	Durchschn. allgemeine Kosten für 1 t Dampf	M.
Besitzkosten, Verzinsung u. Abschreibg. (n. Bilanz)	Grundstück, Gebäude, Schornstein, Kessel-, Bekohlungs-, Speise-, Vorwärm.-, Aschefängeranlage mit den dazugehörigen Rohrleitungen	M.
	Durchschn. Besitzkosten für 1 t Dampf	M.
Gesamtsumme		M.
	Durchschnittliche Gesamtkosten für 1 t Dampf	M.

Die Verhältnisse sollen auf Grund einer Betriebsuntersuchung an einem Beispiele erläutert werden.

Beispiel 54. In einer kleineren Fabrik steht in Betrieb eine Einzylinderdampfmaschine von etwa 50 PS für Kraft- und elektrischen Lichtbetrieb, der aus einer Dynamo von 20 kW mit Schaltanlage und einer Batterie besteht.

Der Maschinendampf wird in einem Einflammrohrkessel mit Quersieder und Tenbrinkfeuerung von 60 m² Heizfläche und 8 at Druck erzeugt. Etwas Frischdampf wird für Fabrikationszwecke entnommen. Der Abdampf wird zur Speise- und Gebrauchswassererwärmung und Heizung benutzt. Das Zubehör besteht aus Speisewasservorwärmer, Speisepumpe, Wasserreiniger und Kondensatrückspeiseanlage. Der Schornstein ist 29 m hoch bei 0,74 m oberer lichter Weite.

Wert der Dampfkesselanlage nebst Schornstein, Gebäude, Grundstück	25 300 M.
Wert der Maschinenanlage nebst Gebäude und Grundstück	10 200 ,,
Wert der elektrischen Anlage	8 000 ,,
Wert der Gesamtanlage	43 500 M.

Der Wirkungsgrad der Dampfanlage beträgt im Mittel 65 vH. 1 t Kohle frei Kesselhaus kostet 26,5 M.

Erzeugt werden im Jahre an Dampf:

Direkter Dampf für

Färben, Kochen usf.	210 t,	entspr.	760 M.	Kohl.
Heizdampf, Zusatzdampf	140 t,	,,	510 ,,	,,
Maschinendampf . . .	2450 t,	,,	8930 ,,	,,
	2800 t,	entspr.	10200 M.	Kohl.

Die Maschinenleistung beträgt 120 000 PS_e/h/Jahr.

Die Jahresbetriebskosten insgesamt verteilen sich wie folgt:

Dampfanlage	16 180 M.	= 81,5 vH
Dampfmaschinenanlage	2 640 ,,	= 13,3 vH
Elektrische Betriebsanlage	1 020 ,,	= 5,2 vH
Gesamtbetriebkosten	19 840 M.	

Es kosten:

1000 kg Dampf an Kohle allein . . . $\frac{10200}{2800} = 3{,}64$ M.

1000 kg insgesamt ab Kesselhaus . . $\frac{16180}{2800} = 5{,}78$,,

1 PS_e/h an Kohlen allein . . . . . $\frac{8930}{120000} = 7{,}5$ Pf.

1 PS_e/h insgesamt nach Abzug des zur direkten Heizung usf. verwandten Dampfes

$$\frac{2450 \cdot 5{,}78 + 3660 \text{ (Maschinenhauskosten)}}{120000} = 14{,}9 \text{ Pf.}$$

Auf Grund der Einzelermittlungen wurde das Schaubild 84 gezeichnet. Der linke Teil stellt die Kostenverhältnisse für die Gesamtkraftanlage dar, aufgetragen über der Belastung der Dampfmaschine, der rechte Teil zeigt die entsprechenden Verhältnisse für das Kesselhaus allein in Beziehung zur Gesamtdampferzeugung. Die Ausgaben für Löhne, Verwaltung sowie die Besitzkosten (Abschreibungen nebst Verzinsung) bleiben bei allen Belastungsstufen die gleichen; sie sind also durch wagerechte Linien dargestellt und stets in Rechnung zu setzen. Bei normaler Belastung betragen sie für den Gesamtkraftbetrieb im einzelnen: Löhne 9,4 vH, Generalunkosten 5,3 vH, Besitzkosten 21,6 vH, zusammen also bereits 36,3 vH; für die Kesselanlage stellen sie sich für Löhne auf 8,4 vH, für Generalunkosten auf 3,5 vH, für Besitzkosten auf 15,7vH, zusammen also auf 27,6vH. Man sieht, wie stark diese drei Posten bereits ins Gewicht fallen bei gewöhnlicher Beanspruchung der Anlage.

Mit Abnahme der Belastung nehmen nur die Kosten für Verbrauchsstoffe, wie Kohlen, Öl, Ersatzstoffe, Ausbesserungen usf., ab, wie durch die schrägen Linien angedeutet ist, so daß bei halber Belastung der Anlage die Gesamtkosten nur von 19 840 M. auf 15 700 M. fallen, also noch 79 vH betragen. Die erwähnten drei Posten stellen sich jetzt schon auf rund 46 vH. Der Betrag für Kohlen allein hatte bei voller Belastung 51,3 vH betragen, bei halber Belastung stellt er sich noch auf 40 vH; er sinkt also im Verhältnis wenig, zumal ja auch der Wirkungsgrad der Dampfanlage bei Unterbelastung abnimmt. Entsprechend ändern sich die Verhältnisse für das Kesselhaus allein. Es ist aus dieser Darstellung deutlich ersichtlich, daß eine Unkostenaufstellung, in welcher die Beträge für Besitz, Verwaltung, Versicherung u. dgl. fehlen, nur ein ganz unvollständiges und schiefes Bild ergeben kann, das um so mehr von der Wirklichkeit abweicht, je reichlicher die Anlage auf Zuwachs eingerichtet ist und je mehr in Bereitschaft steht. Die zeichnerische Darstellung gibt einen anschaulichen Einblick in die Verhältnisse und zeigt, eine wie hohe, dauernde Unkostenbelastung eine zu groß oder zu teuer angelegte Dampfanlage für das Unternehmen bedeuten kann. Daran kann dann eine Erhöhung des Wirkungsgrades der Dampfanlage nicht mehr viel ändern, da bei einer nicht ganz schlecht bedienten oder ausgeführten Anlage die Verbesserung meist nur wenige Hundertstel betragen kann und auch meist wieder neue Geldmittel erfordert. In der Abb. 84 ist dies dargestellt, und zwar ist eine Verbesserung des Wirkungsgrades im Jahresdurchschnitt von 65 vH auf 70 vH angenommen, d. h. eine Verkleinerung des Kohlenverbrauches auf $10200 \cdot \frac{65}{70} = 9460$ M., also um $\frac{70 - 65}{70} \cdot 100 = 7{,}2$ vH, eingetreten. Die punktierte Linie ganz oben gibt an, um wieviel sich die Gesamtkosten erniedrigen; sie fallen bei der Dampfanlage von 16180 M. auf 15440 M., also um 740M. Ersparnis an Kohlen, ein an sich erfreuliches Ergebnis, das aber gegenüber den Gesamtkosten nur wenig mitspricht. Der Kohlenverbrauch fällt bei der Dampfanlage um 7,2 vH; die Gesamtkosten erniedrigen sich aber nur um 4,6 vH. Ganz anders ausschlaggebend wäre es, wenn man aus der Anlage unter sonst gleichen Umständen mehr Leistung herausziehen könnte. Würde z. B. die Belastung um $^1/_4$ vergrößert, also eine Dampfleistung von 3500 t aus der Anlage herausgezogen, so stiegen die Gesamtkosten der Dampfkesselanlage auf etwa 18300 M., also nur um 13 vH; im wesentlichen wäre diese Erhöhung der Unkosten durch Kohlenmehrverbrauch bedingt. Die Kosten für 1000 kg Dampf fielen aber von 5,78 M. auf 5,22 M., also um 9,7 vH, in ähnlicher Weise ebenfalls die Kosten für 1 PS_e/h.

Ausschlaggebend für die Wirtschaftlichkeit der Gesamtanlage ist also in erster Linie die Belastung und die Dauer der Betriebszeit. Die Höhe der Anlagekosten wird um so wichtiger, je geringer eine Anlage beansprucht ist. Selbstverständlich ist, daß bei Errichtung und im Betrieb einer Dampfanlage von vornherein auf möglichst hohen Wirkungsgrad gesehen wird.

41. Elektrisierung von Dampfanlagen.

Oft wird der Ingenieur vor die Frage gestellt, ob er im Falle eines Neubaues eine eigene Kraftanlage errichten, ob er bei Vergrößerung des Werkes die vorhandene Dampfanlage ebenfalls erweitern oder Anschluß an ein benachbartes Elektrizitätswerk suchen soll. Auch die Möglichkeit der gänzlichen Stillegung der eigenen Kraftanlage, besonders wenn solche schon älter ist und notwendige Verbesserungen, die mit mehr oder weniger großen Kosten verknüpft sind, bedingt, wird vielfach zu überlegen sein, wenn günstige Tarife für Elektrizitätsbelieferung in Aussichtstehen. Die Fälle können sehr vielseitig sein. Immer ist die notwendige Vorarbeit für jede Entscheidung die sorgfältige Kostenaufstellung nach Zahlentafel 116, am besten unter Zuhilfenahme des Schaubildes 84 auf Grund genauer kaufmännischer und technischer Ermittlungen aus dem Betriebe. Der Preisvergleich beider Betriebsarten ist vorzunehmen an Hand der ermittelten Gesamtkosten einer selbsterzeugten PS_e/h oder kW/h und der vom Elektrizitätswerke zu liefernden, unter Hinzurechnung aller Neukosten. Es müssen also hinzugeschlagen werden die laufenden Besitzkosten für Neuanschaffungen von Leitungen, Schaltanlagen, Umformern u. dgl., für bauliche Änderungen oder Vergrößerungen; ferner die laufenden Mehrkosten für Versicherungen, Prüfungen, Wartung, Ersatzstoffe, Betriebsstoffe usf. entsprechend der Aufstellung 116.

Mit diesem einfachen Preisvergleiche ist indes die Frage der Elektrisierung meist lange noch nicht genügend geklärt. Es spielen gewöhnlich noch andere Umstände mit, wie vor allem die schwerwiegende Beschaffung der Heizung für die Fabrik- und Bureauräume, von Fabrikationsdampf und Heißwasser für Betriebe, wie z. B. Färbereien, Brauereien, Wäschereien, Trikot- und Lederfabriken, usf.

Kurz es handelt sich dabei um die Frage der Verwertung der aus dem Kraftbetriebe anfallenden Abwärme aller Art in Form von Zwischendampf, wenn die benötigte Dampfmenge für Heizzwecke geringer ist als die von der Dampfmaschine selbst aufgenommene, und ein höherer Druck verlangt wird; oder um gänzliche Ausschaltung der Kondensationsanlage und Verwertung des Auspuffdampfes (also um ein Abgehen von der bis vor kurzem betriebenen technischen Entwicklung, welche die Dampfmaschine einseitig nur als Kraftquelle aufgefaßt hat). Das ist selbst in solchen Fällen oft noch die günstigste Lösung, wenn im Sommer nicht der gesamte Auspuffdampf verwendet werden könnte, sondern noch ein Teil über Dach puffen müßte. Auch kommt die Lieferung von Wärme an Nachbarfabriken und sonstige Anlieger und Verbraucher, selbst 1—2 km entfernte, in Frage, eine bisher sehr wenig gepflegte, oft sehr vorteilhafte Lösung, die aber meist am Mangel an Eingehen auf soziale Erfordernisse und am mangelnden Willen gescheitert ist, mit anderen in einer Weise in Verbindung zu treten, die eine gegenseitige gewisse Abhängigkeit bedingt.

Wie ersichtlich, taucht eine Fülle von Fragen auf. Viele völlig verfehlten Kraftanschlüsse an Elektrizitätswerke erweisen indes, daß obige Überlegungen oft leider außer acht gelassen wurden.

Bisweilen liegt die günstige Möglichkeit vor, bei notwendiger Erweiterung die vorhandene Anlage in erster Linie für den Wärmebetrieb und die Beilieferung von Kraft zu benutzen, und den Neubedarf an Kraft und Licht elektrisch anzuschließen.

Für diesen Neubedarf wäre dann nur ein geringes Kapital festzulegen. Unter Umständen kann man auch vorteilhaft bei vergrößertem Bedarfe an Kraft einzelne Maschinengruppen, insonderheit solche, die nur stundenweise laufen, für die aber bei eigenem Kraftbetriebe dauernd ein Wellenstrang arbeiten müßte, elektrisch anschließen. Im allgemeinen wird man sagen können, daß bei kleineren Anlagen ein elektrischer Anschluß günstiger ist als bei großen. Doch spielen Sonderfragen des einzelnen Betriebes, wie auch die Tarifbestimmungen des liefernden Elektrizitätswerkes, stark mit. Unter besonders günstigen Umständen, wenn der Fabrik eine Wasserkraftanlage zur Verfügung steht, ergibt sich auch die Möglichkeit, alle Betriebsteile derart zu kombinieren, daß sogar aus der parallel laufenden Dampfmaschine, wenn sich völlig ihre Abwärme nutzbringend verwenden läßt, noch Strom in das Landeselektrizitätsnetz während der Arbeitszeit zurückgespeist werden kann. Die Wasserturbine selbst sollte dies außerhalb der Betriebszeit stets tun. Es können hier nur allgemeine Gesichtspunkte für die Beurteilung angedeutet werden; in jedem Einzelfalle muß dann auf Grund sorgfältiger Ermittlungen die jeweilig passendste Lösung gefunden werden.

Aus allen Ausführungen erweist sich, daß die Wärmewirtschaft in einschneidendster Weise in die gesamte Betriebsführung, ja sogar in die allgemeine Volkswirtschaft, eingreift, viel tiefer als gewöhnlich vermutet wird, und daß zur richtigen Durchführung ihrer Maßnahmen nicht nur reiche technische Kenntnisse, sondern ein erhebliches Maß sozialen Verständnisses und sozialen Verantwortungsgefühles gehören.

Zahlentafel 117.

1	2	3	4	5	6	7	8	9	10	11	12	13	14
Temperatur	Absolute Temperatur	Sättigungsdruck	Spez. Volumen des gesättigten Dampfes	Spezifisches Gewicht des Dampfes	Wärme-Inhalt der Flüssigkeit	Wärme-Inhalt des Dampfes	Verdampfungswärme	Äußere Verdampfungswärme	Innere Verdampfungswärme	Entropie der Flüssigkeit	Entropie des Dampfes	$s''-s'=$	Temperatur
°C	°C	kg/cm²	m³/kg	kg/m³	kcal/kg	kcal/kg	kcal/kg	kcal/kg	kcal/kg	kcal/°C/kg	kcal/°C kg		°C
t	T	p_s	v''	γ''	i'	i''	$i''-i'=r$	$AP_s(v''-v')$	$\varrho = r-AP_s(v''-v')$	s'	s''	r/T	t
0	273,1	0,006226	206,5101	0,0048424	0,0	596,8	596,8	30,12	566,7	0,0000	2,1859	2,1859	0
5	278,1	0,008896	147,1606	0,0067953	5,0	599,0$_5$	594,0$_5$	30,67	563,4	0,0182	2,1546	2,1364	5
10	283,1	0,012520	106,4274	0,0093961	10,0	601,3	591,3	31,21	560,1	0,0361	2,1252	2,0891	10
15	288,1	0,017386	77,9822	0,012823	15,0	603,6	588,6	31,76	556,8	0,0536	2,0968	2,0432	15
20	293,1	0,023840	57,8442	0,017288	20,0	605,8	585,8	32,30	553,5	0,0708$_5$	2,0697$_5$	1,9989	20
25	298,1	0,032298	43,4136	0,023034	25,0	608,1	583,1	32,84	550,3	0,0877$_5$	2,0438$_5$	1,9561	25
30	303,1	0,043267	32,9411	0,030357	30,0	610,2	580,2	33,39	546,8	0,1043$_5$	2,0191	1,9147$_5$	30
35	308,1	0,057340	25,2572	0,039592	35,0	612,5	577,5	33,92	543,6	0,1207	1,9955	1,8748	35
40	313,1	0,075218	19,5580	0,051128	40,0	614,8	574,8	34,46	540,3	0,1367$_5$	1,9727$_5$	1,8360	40
45	318,1	0,09773	15,2854	0,065422	45,0	617,0	572,0	34,99	537,0	0,1526	1,9509	1,7983	45
50	323,1	0,12577	12,0573	0,082937	50,0	619,2	569,2	35,52	533,7	0,1682	1,9299	1,7617	50
55	328,1	0,16048	9,5893	0,10428	55,0	621,3	566,3	36,04	530,3	0,1835$_5$	1,9098$_5$	1,7263	55
60	333,1	0,20309	7,6869	0,13009	60,0	623,5	563,5	36,56	526,9	0,1986$_5$	1,8905$_5$	1,6919	60
65	338,1	0,25498	6,2091	0,16105	65,0	625,6	560,6	37,08	523,5	0,2136	1,8720	1,6584	65
70	343,1	0,31771	5,0518	0,19795	70,0	627,7	557,7	37,59	520,1	0,2283	1,8541	1,6258	70
75	348,1	0,39306	4,1382	0,24165	75,0	629,8	554,8	38,09	516,7	0,2427	1,8368	1,5941	75
80	353,1	0,4828	3,4131	0,29299	80,0	631,9	551,9	38,59	513,3	0,2571	1,8202	1,5631	80
85	358,1	0,5895	2,83100	0,35323	85,0	633,9	548,9	39,08	509,8	0,2711	1,8041	1,5330	85
90	363,1	0,7148	2,36370	0,42307	90,1	635,9	545,8	39,56	506,2	0,2851	1,7886	1,5035	90
95	368,1	0,8620	1,98369	0,50411	95,1	637,9	542,8	40,03	502,8	0,2989	1,7736	1,4747	95
100	373,1	1,0333	1,67417	0,59731	100,1	639,8	539,7	40,50	499,2	0,3125	1,7591	1,4466	100
105	378,1	1,2319	1,42018	0,70414	105,2	641,7	536,5	40,95	495,5	0,3259	1,7450	1,4191	105
110	383,1	1,4610	1,21062	0,82602	110,3	643,5	533,2	41,40	491,8	0,3392	1,7314	1,3922	110
115	388,1	1,7241	1,03680	0,96451	115,3	645,2$_5$	529,9$_5$	41,83	488,1	0,3523	1,7181	1,3658	115
120	393,1	2,0247	0,89191	1,1212	120,4	647,0	526,6	42,25	484,3	0,3653	1,7051$_5$	1,3398$_5$	120

1	2	3	4	5	6	7	8	9	10	11	12	13	14
125	398,1	2,3670	0,77046	1,2979	125,5	648,6	523,1	42,66	480,4	0,3781	1,6926	1,3145	125
130	403.1	2,7549	0,66830	1,4963	130,6	650,2$_5$	519,6$_5$	43,06	476,6	0,3908$_5$	1,6803$_5$	1,2895	130
135	408,1	3,1915	0,58212	1,7179	135,7	651,8	516,1	43,44	472,7	0,4034$_5$	1,6684	1,2649$_5$	135
140	413,1	3,685	0,50857	1,9663	140,8$_5$	653,3$_5$	512,5	43,81	468,7	0,4159	1,6568	1,2409	140
145	418,1	4,238	0,44591	2,2426	146,0	654,8	508,8	44,16	464,6	0,4282$_5$	1,6454	1,2171$_5$	145
150	423,1	4,855	0,39235	2,5487	151,1	656,1	505,0	44,50	460,5	0,4405	1,6343	1,1938	150
155	428,1	5,542	0,34635	2,8873	156,3	657,4	501,1	44,82	456,3	0,4526	1,6234	1,1708	155
160	433,1	6,303	0,30658	3,2618	161,5	658,6	497,1	45,10	452,0	0,4646	1,6127	1,1481	160
165	438,1	7,147	0,27127	3,6864	166,7	659,7	493,0	45,23	447,8	0,4764$_5$	1,6021	1,1256$_5$	165
170	443,1	8,079	0,24249	4,1239	171,9	660,8	488,9	45,68	443,2	0,4883	1,5918	1,1035	170
175	448,1	9,102	0,21665	4,6157	177,2	661,7$_5$	484,5$_5$	45,96	438,6	0,4999	1,5816	1,0817	175
180	453,1	10,225	0,19385	5,1586	182,4	662,6	480,2	46,16	434,0	0,5115$_5$	1,5716	1,0600$_5$	180
185	458,1	11,454	0,17393	5,7494	187,6	663,4	475,8	46,36	429,4	0,5231	1,5617	1,0386	185
190	463,1	12,799	0,15638	6,3947	193,0	664,1	471,1	46,54	424,6	0,5345	1,5520	1,0175	190
195	468,1	14,262	0,14092	7,0962	198,3	664,7	466,4	46,70	419,7	0,5458	1,5424	0,9966	195
200	473,1	15,854	0,12723	7,8598	203,6$_5$	665,2$_5$	461,6	46,82	414,8	0,5571	1,5329	0,9758	200
205	478,1	17,581	0,11509	8,6889	209,0	665,7	456,7	46,92	409,8	0,5683	1,5235$_5$	0,9552$_5$	205
210	483,1	19,453	0,10429	9,5886	214,4	666,1	451,7	46,99	404,7	0,5794	1,5143	0,9349	210
215	488,1	21,475	0,09465	10,565	219,8	666,5	446,7	47,02	399,7	0,5904	1,5052	0,9148	215
220	493,1	23,655	0,08605	11,621	225,2$_5$	666,6	441,3$_5$	47,02	394,3	0,6014	1,4963	0,8949	220
225	498,1	26,003	0,07833	12,766	230,7	666,7	436,0	46,98	389,0	0,6123	1,4875	0,8752	225
230	503,1	28,527	0,07141	14,004	236,2	666,8	430,6	46,91	383,7	0,6231	1,4788	0,8557	230
235	508,1	31,232	0,06518	15,342	241,7	666,8	425,1	46,79	378,3	0,6338	1,4702	0,8364	235
240	513,1	34,132	0,05956	16,790	247,2$_5$	666,7	419,4$_5$	46,64	372,8	0,6445	1,4617	0,8172$_5$	240
245	518,1	37,235	0,05448	18,355	252,8	666,6	413,8	46,44	367,4	0,6551$_5$	1,4535	0,7983$_5$	245
250	523,1	40,547	0,04988	20,048	258,4	666,4	408,0	46,19	361,8	0,6657	1,4453$_5$	0,7796$_5$	250
255	528,1	44,083	0,04571	21,877	264,1	666,2	402,1	45,90	356,2	0,6763	1,4375	0,7612	255
260	533,1	47,850	0,04193	23,849	269,7	665,9	396,2	45,57	350,6	0,6867$_5$	1,4297	0,7429$_5$	260
265	538,1	51,856	0,03848	25,988	275,4$_5$	665,6$_5$	390,2	45,19	345,0	0,6971$_5$	1,4221	0,7249$_5$	265
270	543,1	56,110	0,03534	28,297	281,2	665,4	384,2	44,75	339,4	0,7075	1,4148	0,7073	270
275	548,1	60,625	0,03248	30,788	287,0	665,2	378,2	44,27	333,9	0,7178$_5$	1,4078	0,6899$_5$	275

Zahlentafel 118.

1	2	3	4	5	6	7	8	9	10	11	12	13	14
Druck	Sättigungstemperatur	Absolute Temperatur	Spez. Volumen des gesättigten Dampfes	Spezifisches Gewicht des Dampfes	Wärme-Inhalt der Flüssigkeit	Wärme-Inhalt des Dampfes	Verdampfungswärme	Äußere Verdampfungswärme	Innere Verdampfungswärme	Entropie der Flüssigkeit	Entropie des Dampfes	$s'' - s' =$	Druck
kg/cm² abs.	°C	°C	m³/kg	kg/m³	kcal/kg	kcal/kg	kcal/kg	kcal/kg	kcal/kg	kcal/°C kg	kcal/°C kg		kg/cm² abs.
p	t_s	T_s	v''	γ''	i'	i''	$i'' - i' = r$	$A P_s(v'' - v')$	$\varrho = r - A P_s(v'' - v')$	s'	s''	r/T_s	p
0,02	17,19	290,29	68,2977	0,014642	17,2	604,1$_5$	586,9$_5$	32,00	555,0	0,0611$_5$	2,0848	2,0236$_5$	0,02
0,04	28,63	301,73	35,4735	0,028190	28,6$_5$	609,5$_5$	580,9	33,24	547,7	0,0998	2,0258	1,9260	0,04
0,06	35,82	308,92	24,2000	0,041322	35,8	612,9	577,1	34,01	543,1	0,1233	1,9916	1,8683	0,06
0,08	41,16	314,26	18,4549	0,054186	41,2	615,3	574,1	34,58	539,5	0,1404	1,9676	1,8272	0,08
0,10	45,44	318,54	14,9584	0,066852	45,4	617,2	571,8	35,04	536,8	0,1540	1,9490	1,7950	0,10
0,15	53,59	326,69	10,2172	0,097874	53,6	620,7	567,1	35,90	531,2	0,1792	1,9154	1,7362	0,15
0,20	59,66	332,76	7,79821	0,12823	59,6	623,3$_5$	563,7	36,53	527,2	0,1976	1,8918	1,6942	0,20
0,25	64,56	337,66	6,32508	0,15810	64,5	625,4	560,9	37,03	523,9	0,2123	1,8736	1,6613	0,25
0,30	68,68	341,78	5,33093	0,18758	68,7	627,2	558,5	37,46	521,0	0,2244	1,8587	1,6343	0,30
0,35	72,26	345,36	4,61376	0,21674	72,3	628,7	556,4	37,82	518,6	0,2348	1,8462	1,6114	0,35
0,40	75,42	348,52	4,07083	0,24565	75,4	630,0	554,6	38,13	516,5	0,2439	1,8354	1,5915	0,40
0,45	78,27	351,37	3,64571	0,27429	78,3	631,2	552,9	38,42	514,5	0,2521	1,8259	1,5738	0,45
0,5	80,87	353,97	3,30311	0,30274	80,9	632,2$_5$	551,3$_5$	38,68	512,7	0,2595	1,8174	1,5579	0,5
0,6	85,45	358,55	2,78459	0,35911	85,5	634,1	548,6	39,12	509,5	0,2724	1,8027	1,5303	0,6
0,7	89,45	362,55	2,41047	0,41486	89,5	635,7	546,2	39,51	506,7	0,2836	1,7903	1,5067	0,7
0,8	92,99	366,09	2,12725	0,47009	93,0	637,1	544,1	39,84	504,3	0,2933$_5$	1,7795$_5$	1,4862	0,8
0,9	96,17	369,27	1,90514	0,52490	96,3	638,3	542,0	40,14	501,9	0,3021	1,7702	1,4681	0,9
1,0	99,08	372,18	1,72629	0,57928	99,2	639,4$_5$	540,2$_5$	40,41	499,8	0,3100	1,7617	1,4517	1,0
1,2	104,24	377,34	1,45547	0,68706	104,4	641,4	537,0	40,88	496,1	0,3239	1,7471	1,4232	1,2
1,4	108,73	381,83	1,25990	0,79371	108,9$_5$	643,1	534,1	41,28	492,9	0,3358	1,7348	1,3990	1,4
1,6	112,72	385,82	1,11188	0,89938	113,0	644,5	531,5	41,63	489,9	0,3463	1,7241	1,3778	1,6
1,8	116,33	389,43	0,99580	1,0042	116,7	645,8	529,1	41,94	487,2	0,3558	1,7146	1,3588	1,8
2,0	119,61	392,71	0,90221	1,1084	120,0	646,9	526,9	42,26	484,6	0,3643	1,7062	1,3419	2,0
2,5	126,78	399,88	0,73201	1,3661	127,3	649,3	522,0	42,81	479,2	0,3827	1,6881	1,3054	2,5
3,0	132,87	405,97	0,61698	1,6208	133,5	651,2	517,7	43,28	474,4	0,3981	1,6735	1,2754	3,0
3,5	138,18	411,28	0,53375	1,8735	139,0	652,8	513,8	43,67	470,1	0,4114	1,6610	1,2496	3,5

1	2	3	4	5	6	7	8	9	10	11	12	13	14
5,0	151,10	424,20	0,38177	2,6194	152,3	656,4	504,1	44,59	459,5	0,4431$_5$	1,6318$_5$	1,1887	5,0
5,5	154,71	427,81	0,34889	2,8663	156,0	657,3	501,3	44,81	456,5	0,4519	1,6240	1,1721	5,5
6,0	158,07	431,17	0,32139	3,1115	159,5	658,2	498,7	45,02	453,7	0,4600	1,6168	1,1568	6,0
6,5	161,21	434,31	0,29796	3,3562	162,8	658,9	496,1	45,20	450,9	0,4675	1,6101	1,1426	6,5
7,0	164,16	437,26	0,27780	3,5997	165,8	659,5	493,7	45,37	448,3	0,4745	1,6039	1,1294	7,0
7,5	166,96	440,06	0,26023	3,8428	168,7$_5$	660,1	491,3$_5$	45,53	445,8	0,4811	1,5981	1,1170	7,5
8,0	169,59	442,69	0,24477	4,0855	171,5	660,7	489,2	45,66	443,5	0,4873	1,5926	1,1053	8,0
8,5	172,12	445,22	0,23110	4,3271	174,2	661,2	487,0	45,79	441,2	0,4932	1,5875	1,0943	8,5
9,0	174,52	447,62	0,21887	4,5689	176,6$_5$	661,6$_5$	485,0	45,91	439,1	0,4988	1,5826	1,0838	9,0
9,5	176,82	449,92	0,20790	4,8100	179,1	662,1	483,0	46,02	437,0	0,5041$_5$	1,5779$_5$	1,0738	9,5
10,0	179,03	452,13	0,19797	5,0513	181,4	662,5	481,1	46,11	435,0	0,5093	1,5735	1,0642	10,0
10,5	181,16	454,26	0,18899	5,2913	183,6$_5$	662,8$_5$	479,2	46,21	433,0	0,5142	1,5693	1,0551	10,5
11,0	183,20	456,30	0,18078	5,5316	185,8	663,2	477,4	46,29	431,1	0,5189	1,5652	1,0463$_5$	11,0
11,5	185,18	458,28	0,17326	5,7717	187,9	663,4	475,5	46,37	429,1	0,5235	1,5614	1,0379	11,5
12,0	187,08	460,18	0,16635	6,0114	189,9	663,7	473,8	46,44	427,4	0,5278	1,5577	1,0299	12,0
12,5	188,93	462,03	0,15997	6,2512	191,9	664,0	472,1	46,51	425,6	0,5320	1,5540	1,0220	12,5
13,0	190,71	463,81	0,15406	6,4910	193,8	664,2	470,4	46,57	423,8	0,5361	1,5506	1,0145	13,0
13,5	192,45	465,55	0,14856	6,7313	195,6	664,4	468,8	46,62	422,2	0,5400	1,5472$_5$	1,0072$_5$	13,5
14,0	194,14	467,24	0,14343	6,9720	197,4	664,6	467,2	46,66	420,5	0,5438	1,5440	1,0002	14,0
14,5	195,77	468,87	0,13868	7,2108	199,1	664,8	465,7	46,71	419,0	0,5475$_5$	1,5409	0,9933	14,5
15,0	197,37	470,47	0,13421	7,4510	200,8$_5$	664,9$_5$	464,1	46,75	417,3	0,5511$_5$	1,5378$_5$	0,9867	15,0
16,0	200,44	473,54	0,12608	7,9315	204,1	665,3	461,2	46,82	414,4	0,5581	1,5321	0,9740	16,0
17,0	203,36	476,46	0,11891	8,4097	207,3	665,6	458,3	46,89	411,4	0,5646	1,5266	0,9620	17,0
18,0	206,15	479,25	0,11246	8,8921	210,2$_5$	665,8	455,5$_5$	46,93	408,6	0,5710$_5$	1,5214	0,9503$_5$	18,0
19,0	208,82	481,92	0,10670	9,3721	213,1	666,0	452,9	46,97	405,9	0,5768	1,5165	0,9397	19,0
20,0	211,39	484,49	0,10150	9,8522	215,9	666,2	450,3	47,00	403,3	0,5824$_5$	1,5118$_5$	0,9294	20,0
21,0	213,85	486,95	0,09675	10,336	218,6	666,3	447,7	47,01	400,7	0,5878$_5$	1,5073	0,9194$_5$	21,0
22,0	216,24	489,34	0,09241	10,821	221,1$_5$	666,4	445,2$_5$	47,01	398,2	0,5931$_5$	1,5029$_5$	0,9098	22,0
23,0	218,53	491,63	0,08847	11,303	223,6	666,5	442,9	47,03	395,9	0,5981$_5$	1,4989	0,9007$_5$	23,0
24,0	220,75	493,85	0,08485	11,786	226,1	666,6$_5$	440,5$_5$	47,03	393,5	0,6030	1,4950	0,8920	24,0

Zahlentafel 118 (Fortsetzung).

1	2	3	4	5	6	7	8	9	10	11	12	13	14
Druck	Sättigungstemperatur	Absolute Temperstur	Spez. Volumen des gesättigten Dampfes	Spezifisches Gewicht des Dampfes	Wärme-Inhalt der Flüssigkeit	Wärme-Inhalt des Dampfes	Verdampfungswärme	Äußere Verdampfungswärme	Innere Verdampfungswärme	Entropie der Flüssigkeit	Entropie des Dampfes	$s'' - s' =$	Druck
kg/cm² abs.	°C	°C	m³/kg	kg/m³	kcal/kg	kcal/kg	kcal/kg	kcal/kg	kcal/kg	kcal/°C kg	kcal/°C kg		kg/cm² abs.
p	t_s	T_s	v''	γ''	i'	i''	$i'' - i' = r$	$AP_s(v'' - v')$	$\varrho = r - AP_s(v'' - v')$	s'	s''	r/T_s	p
25,0	222,90	496,00	0,08146	12,276	228,4	666,7	438,3	47,01	391,3	0,6077	1,4912	0,8835	25,0
26,0	224,99	498,09	0,07834	12,765	230,7	666,7	436,0	46,98	389,0	0,6123	1,4875	0,8752	26,0
27,0	227,02	500,12	0,07545	13,254	232,9	666,7$_5$	433,8$_5$	46,96	386,9	0,6166	1,4839	0,8673	27,0
28,0	228,99	502,09	0,07277	13,742	235,1	666,8	431,7	46,94	384,8	0,6209	1,4805	0,8596	28,0
29,0	230,90	504,00	0,07024	14,237	237,2	666,8	429,6	46,89	382,7	0,6250	1,4772	0,8522	29,0
30,0	232,77	505,87	0,06789	14,730	239,2$_5$	666,8	427,5$_5$	46,86	380,7	0,6290	1,4740	0,8450	30,0
32,0	236,36	509,46	0,06360	15,723	243,2	666,7	423,5	46,76	376,7	0,6367$_5$	1,4678$_5$	0,8311	32,0
34,0	239,78	512,88	0,05980	16,722	247,0	666,7	419,7	46,65	373,0	0,6440$_5$	1,4620$_5$	0,8180	34,0
36,0	243,05	516,15	0,05641	17,727	250,7	666,6	415,9	46,53	369,4	0,6510	1,4567	0,8057	36,0
38,0	246,19	519,29	0,05336	18,741	254,1$_5$	666,5	412,3$_5$	46,39	366,0	0,6576$_5$	1,4515$_5$	0,7939	38,0
40,0	249,20	522,30	0,05059	19,767	257,5	666,4	408,9	46,23	362,7	0,6640$_5$	1,4466$_5$	0,7826	40,0
42,0	252,09	525,19	0,04809	20,794	260,8	666,3	405,5	46,08	359,4	0,6701	1,4420	0,7719	42,0
44,0	254,89	527,99	0,04581	21,829	263,9$_5$	666,1$_5$	402,2	45,92	356,3	0,6760	1,4376	0,7616	44,0
46,0	257,58	530,68	0,04372	22,873	267,0	666,0	399,0	45,75	353,2	0,6817	1,4334	0,7517	46,0
48,0	260,19	533,29	0,04180	23,923	270,0	665,9	395,9	45,57	350,3	0,6871$_5$	1,4293$_5$	0,7422	48,0
50,0	262,72	535,82	0,04001	24,994	272,8$_5$	665,7$_5$	392,9	45,36	347,5	0,6924	1,4255	0,7331	50,0
55,0	268,72	541,82	0,03612	27,685	279,7	665,5	385,8	44,87	340,9	0,7049	1,4167	0,7118	55,0
60,0	274,32	547,42	0,03285	30,441	286,1$_5$	665,2	379,0$_5$	44,34	334,7	0,7165	1,4088	0,6923	60,0
1	2	3	4	5	6	7	8	9	10	11	12	13	14

Alphabetisches Sachverzeichnis.

Die Herstellung der Dampfkessel. Von Oberbaurat Dr.-Ing. **M. Gerbel,** beh. aut. Ziviling. für Maschinenbau und Elektrotechnik, Wien. Mit 60 in den Text gedruckten Figuren. III, 82 Seiten. 1907. RM 2.—

Die Werkstoffe für den Dampfkesselbau. Eigenschaften und Verhalten bei der Herstellung, Weiterverarbeitung und im Betriebe. Von Oberingenieur Dr.-Ing. **K. Meerbach.** Mit 53 Textabbildungen. VIII, 198 Seiten. 1922. RM 7.50; gebunden RM 9.—

Nieten und Schweißen der Dampfkessel dargestellt mit Berücksichtigung von Versuchen des Schweizerischen Vereins von Dampfkessel-Besitzern 1924/25 von Oberingenieur **E. Höhn.** Mit 154 Abbildungen im Text und 28 Zahlentafeln. 148 Seiten. 1925. RM 8.—

Zur Sicherheit des Dampfkesselbetriebes. Berichte aus den Arbeiten der Vereinigung der Großkesselbesitzer E. V., Verhandlungen der Technischen Tagung in Kassel 1926 und Forschungen des Arbeitsausschusses für Speisewasserpflege. Herausgegeben von der **Vereinigung der Großkesselbesitzer E. V.** Mit 311 Textabbildungen. VI, 189 Seiten. 1927.
Gebunden RM 28.50

Die Widerstandsfähigkeit von Dampfkesselwandungen. Sammlung von wissenschaftlichen Arbeiten deutscher Materialprüfungs-Anstalten. Herausgegeben von der **Vereinigung der Großkesselbesitzer E. V.**
Erster Band: **Stuttgarter Arbeiten bis 1920** mit einem Anhang neuerer Stuttgarter Arbeiten. Mit 176 Textabbildungen. VIII, 81 Seiten. 1927.
Gebunden RM 13.50

Kesselbetrieb. Sammlung von Betriebserfahrungen als Studie zusammengestellt vom Arbeitsausschuß für Betriebserfahrungen der **Vereinigung der Großkesselbesitzer E. V.** Sonderheft Nr. 14 der Mitteilungen der Vereinigung der Großkesselbesitzer E. V., Charlottenburg. IV, 137 Seiten.
Gebunden RM 10.—

Die Grundlagen der deutschen Material- und Bauvorschriften für Dampfkessel. Von Professor **R. Baumann** in Stuttgart. Mit einem Vorwort von Prof. Dr.-Ing. **C. v. Bach** in Stuttgart. Mit 38 Textfiguren. III, 131 Seiten. 1912. Kartoniert RM 2.90

Die Leistungssteigerung von Großdampfkesseln. Eine Untersuchung über die Verbesserung von Leistung und Wirtschaftlichkeit und über neuere Bestrebungen im Dampfkesselbau. Von Dr.-Ing. **Friedrich Münzinger.** Mit 173 Textabbildungen. X, 164 Seiten. 1922. Gebunden RM 6.—

Amerikanische und deutsche Großdampfkessel. Eine Untersuchung über den Stand und die neueren Bestrebungen des amerikanischen und deutschen Großdampfkesselwesens und über die Speicherung von Arbeit mittels heißen Wassers. Von Dr.-Ing. **Friedrich Münzinger.** Mit 181 Textabbildungen. VI, 178 Seiten. 1923. RM 6.—

F. Tetzner, Die Dampfkessel. Lehr- und Handbuch für Studierende Technischer Hochschulen, Schüler Höherer Maschinenbauschulen und Techniken sowie für Ingenieure und Techniker. Siebente, erweiterte Auflage von **O. Heinrich,** Studienrat an der Beuthschule zu Berlin. Mit 467 Textabbildungen und 14 Tafeln. IX, 413 Seiten. 1923. Gebunden RM 10.—

Die Dampfkessel nebst ihren Zubehörteilen und Hilfseinrichtungen. Ein Hand- und Lehrbuch zum praktischen Gebrauch für Ingenieure, Kesselbesitzer und Studierende. Von **R. Spalckhaver,** Regierungsbaumeister, Professor in Altona a. E., und **Fr. Schneiders †,** Ingenieur in M.-Gladbach (Rhld.). Zweite, verbesserte Auflage. Unter Mitarbeit von Diplom-Ingenieur **A. Rüster.** Oberingenieur und stellvertretender Direktor des Bayerischen Revisions-Vereins. Mit 810 Abbildungen im Text. VIII, 481 Seiten. 1924. Gebunden RM 40.50

Dampfkessel-Feuerungen zur Erzielung einer möglichst rauchfreien Verbrennung. Von **F. Haier.** Zweite Auflage im Auftrage des Vereins Deutscher Ingenieure bearbeitet vom Verein für Feuerungsbetrieb und Rauchbekämpfung in Hamburg. Mit 375 Textfiguren, 29 Zahlentafeln und 10 lithographierten Tafeln. XXIV, 320 Seiten. 1910. Gebunden RM 20.—

Die Kessel- und Maschinenbaumaterialien nach Erfahrungen aus der Abnahmepraxis kurz dargestellt für Werkstätten- und Betriebsingenieure und für Konstrukteure. Von **O. Hönigsberg,** Zivilingenieur, Wien. Mit 13 Textfiguren. VIII, 90 Seiten. 1914. RM 3.—

Anleitung zur Durchführung von Versuchen an Dampfmaschinen, Dampfkesseln, Dampfturbinen und Verbrennungskraftmaschinen. Zugleich Hilfsbuch für den Unterricht in Maschinenlaboratorien technischer Lehranstalten von **Franz Seufert,** Oberingenieur für Wärmewirtschaft. Achte, verbesserte Auflage. Mit 55 Abbildungen. VI, 161 Seiten. 1927. RM 3.60

Einrichtung, Betrieb, Kraftübertragung und Berechnung ortsfester Dampfkessel und Dampfmaschinen. Mit Erörterung der bei der gesetzlichen Prüfung vorkommenden Fragen für Heizer, Maschinenwärter, Besitzer von Dampfmaschinenanlagen und Besucher technischer Lehranstalten. Von Ingenieur **August Ulbrich,** Professor an der Staatsgewerbeschule in Wien. Vierzehnte, umgearbeitete und erweiterte Auflage. Mit 170 Abbildungen, 4 Tafeln und den Kesselgesetzen für Deutschland und Österreich. 478 Seiten. 1922. (Technische Praxis, Band XVI.) Gebunden RM 4.50

Verlag von Julius Springer in Wien I

Die Heizerschule. Vorträge über die Bedienung und die Einrichtung von Dampfkesselanlagen. Ein Lehrbuch zur Ablegung der staatlichen Heizerprüfung. Nach den vom Reichswirtschaftsministerium aufgestellten Richtlinien. Von Regierungsgewerberat **F. O. Morgner** in Chemnitz. Vierte, umgearbeitete und vervollständigte Auflage. Mit 165 Textabbildungen. X, 163 Seiten. 1925. RM 3.90

Höchstdruckdampf. Eine Untersuchung über die wirtschaftlichen und technischen Aussichten der Erzeugung und Verwertung von Dampf sehr hoher Spannung in Großbetrieben. Von Dr.-Ing. **Friedrich Münzinger.** Zweite, unveränderte Auflage. Mit 120 Textabbildungen. XII, 140 Seiten. 1926. RM 7.20; gebunden RM 8.70

Theorien der Wärme. Bearbeitet von K. Bennewitz, A. Byk, F. Henning, K. F. Herzfeld, W. Jaeger, G. Jäger, A. Landé, A. Smekal. Bildet Band IX des „Handbuch der Physik", herausgegeben von H. Geiger, Kiel, und Karl Scheel, Berlin. Mit 61 Abbildungen. VIII, 616 Seiten. 1926. RM 46.50; gebunden RM 49.20

Die Wärmeübertragung. Ein Lehr- und Nachschlagebuch für den praktischen Gebrauch von Professor Dipl.-Ing. **M. ten Bosch** in Zürich. Zweite, stark erweiterte Auflage. Mit 169 Textabbildungen, 69 Zahlentafeln und 53 Anwendungsbeispielen. VIII, 304 Seiten. 1927. Gebunden RM 22.50

Einführung in die Lehre von der Wärmeübertragung. Ein Leitfaden für die Praxis von Dr.-Ing. **Heinrich Gröber.** Mit 60 Textabbildungen und 40 Zahlentafeln. X, 200 Seiten. 1926. Gebunden RM 12.—

Technische Wärmelehre der Gase und Dämpfe. Eine Einführung für Ingenieure und Studierende. Von **Franz Seufert,** Studienrat a. D., Oberingenieur für Wärmewirtschaft. Dritte, verbesserte Auflage. Mit 26 Textabbildungen und 5 Zahlentafeln. II, 83 Seiten. 1923. RM 1.80

Abwärmeverwertung zu Heiz-, Trocken-, Warmwasserbereitungs- und ähnlichen Zwecken. Von Ingenieur **M. Hottinger,** Privatdozent, Zürich. Mit 180 Abbildungen im Text. X, 240 Seiten. 1922.
RM 8.—; gebunden RM 10.—

Die Abwärmeverwertung im Kraftmaschinenbetrieb mit besonderer Berücksichtigung der Zwischen- und Abdampfverwertung zu Heizzwecken. Eine wärmetechnische und wärmewirtschaftliche Studie von Dr.-Ing. **Ludwig Schneider.** Vierte, durchgesehene und erweiterte Auflage. Mit 180 Textabbildungen. VIII, 272 Seiten. 1923. Gebunden RM 10.—

Reutlinger-Gerbel, Kraft- und Wärmewirtschaft in der Industrie. I. Band von Dr.-Ing. **Ernst Reutlinger** in Köln unter Mitwirkung von Oberbaurat Ing. **M. Gerbel** in Wien. Gleichzeitig dritte, vollständig erneuerte und erweiterte Auflage von Urbahn-Reutlinger, Ermittlung der billigsten Betriebskraft für Fabriken. Mit 109 Textabbildungen und 53 Zahlentafeln. V, 264 Seiten. 1927. Gebunden RM 16.50

Die Wärmewirtschaft in der Zellstoff- und Papierindustrie. Von Dr.-Ing. **J. Frhr. v. Laßberg.** Zweite, völlig neubearbeitete Auflage. Mit 68 Textabbildungen. VI, 282 Seiten. 1926. Gebunden RM 24.—